北京理工大学"985工程"国际交流与合作专项资金资助图书

Nonlinear Elastic Waves in Materials

材料非线性弹性波

[乌克兰] 耶利米 · J. 卢士奇斯基（Jeremiah J. Rushchitsky）著
徐春广　李喜朋　阎红娟　李卫彬　译

北京理工大学出版社
BEIJING INSTITUTE OF TECHNOLOGY PRESS

图书在版编目（CIP）数据

材料非线性弹性波／（乌克兰）耶利米·J. 卢士奇斯基著；徐春广等译. —北京：北京理工大学出版社，2021.1

书名原文：Nonlinear Elastic Waves in Materials

ISBN 978－7－5682－9149－1

Ⅰ.①材…　Ⅱ.①耶…②徐…　Ⅲ.①材料科学－弹性波－研究　Ⅳ.①O347.4

中国版本图书馆 CIP 数据核字（2020）第 202753 号

北京市版权局著作权合同登记号　图字：01－2016－5529

Translation from the English language edition:

Nonlinear Elastic Waves in Materials

ByJeremiah J. Rushchitsky

出版发行／北京理工大学出版社有限责任公司

社　　址／北京市海淀区中关村南大街 5 号

邮　　编／100081

电　　话／（010）68914775（总编室）

（010）82562903（教材售后服务热线）

（010）68948351（其他图书服务热线）

网　　址／http：//www.bitpress.com.cn

经　　销／全国各地新华书店

印　　刷／保定市中画美凯印刷有限公司

开　　本／710 毫米×1000 毫米　1/16

印　　张／23.25

字　　数／405 千字

版　　次／2021 年 1 月第 1 版　2021 年 1 月第 1 次印刷

定　　价／110.00 元

责任编辑／封　雪

文案编辑／封　雪

责任校对／周瑞红

责任印制／李志强

图书出现印装质量问题，请拨打售后服务热线，本社负责调换

译者序

基于线性弹性波动理论建立起来的无损检测技术和方法，由于受到线性波动理论的局限以及周围环境噪声等因素的制约，不能对微观或者早期的材料异常现象和状态进行有效的检测/监测、识别与评估。随着现代社会的快速发展，工业材料新颖化和多样化，使得新材料特性和服役构件材料特性的无损检测、监测与评估成为航空航天、兵器电子、船舶车辆、土木钢构、岩石土壤、机械化工等领域技术发展的迫切需求。

随着人们对材料内部物质微观结构不断研究，发现金属材料在循环载荷作用下会经历疲劳成核、微裂纹形成和扩展、宏观裂纹形成和最终失效四个阶段，宏观裂纹形成之前的早期疲劳损伤阶段约占整个寿命周期的80%左右，因此，材料受到疲劳载荷作用时，微裂纹的产生和扩展是引起材料性能退化的关键因素之一。如果采用某种方法能够对材料早期性能退化和微损伤进行检测，并有效地预测材料的剩余疲劳寿命，对于机械装备的早期安全性评估具有重要意义。

材料性能退化与其波动非线性效应密切相关，材料性能退化会引起材料非线性力学行为，进而引起材料中波传播的非线性，即高阶谐波的产生，因此，利用非线性波动理论对材料早期疲劳、损伤和内部织构变化进行解析和表征，对弥补线性弹性波动理论的不足具有积极意义，已经成为国内外疲劳损伤、材料缺陷、材料蠕变、冲击损伤、材料织构分析、地震探测等领域研究和应用的热点。

本书作者耶利米·J. 卢士奇斯基教授曾经先后担任乌克兰国家科学院铁摩辛柯力学研究所所长、苏格兰阿伯丁大学工程学院微纳米力学研究中心主任和乌克兰国立技术大学理学院教授等，在非线性理论、力学和材料科学领域长期从事教学和研究工作，《材料非线性弹性波》正是其长期研究成果的结晶。本书主要分为五个部分：一是关于波和材料的基本介绍；二是弹性非线性和弹性材料基本理论的描述；三是一维非线性位错弹性波的分析，包括纵波以及垂直和水平偏振平面横波；四是对一维柱形和扭转态中的非线性弹性位错波的分析；五是对二维瑞利和勒夫非线性弹性表面波的分析。该书由浅入深、系统性强，特别是在非线性理论基本概念的引入、弹性材料 Murnaghan 模型和五常数模型，不同弹性介质中的非线性平面波、柱面波和扭转波介绍方面，对解决不同环境条件下非线性波动的分析问题具有很强的指导和参考价值。

该书内容丰富，理论有深度，前瞻性强，讲解深入浅出，逻辑性强，通俗易懂，可作为国内从事力学、波动理论研究的研究生和和科研工作者以及其他机械工程、材料科学、应用数学及应用物理等领域的工作者理解和掌握非线性波动理论的重要参考书和工具书。

徐春广教授主持了整个翻译工作，徐春广教授和李喜朋博士对翻译稿进行了多次整理和校正工作。本书共 12 章，其中：徐春广教授负责第 1 章、第 2 章、第 12 章和全书统稿工作；李喜朋博士负责第 3 章、第 4 章、第 5 章的翻译以及文稿的整理和校正工作；阎红娟副教授负责第 6 章、第 7 章、第 8 章的翻译工作；李卫彬副教授负责第 9 章、第 10 章、第 11 章的翻译工作。全书审校工作由肖定国副教授主持完成。在此表示衷心的感谢。

本书的出版得到了北京理工大学国际教育交流与合作教材专著建设计划资金、国家自然科学基金等的资助和支持，同时也得到了北京理工大学、厦门大学、北方工业大学领导和同仁们的大力支持，这里也向他们表达深深的谢意。

由于时间及水平有限，译文错误难免，敬请读者批评指正。

译者　徐春广　李喜朋

2020 年 9 月

前言

本书旨在系统地阐述非线性位错弹性波在材料中的传播理论，这是弹性波非线性理论的现代发展方向之一。

本书可以分为五个基本部分：一是关于波和材料的必要介绍；二是弹性非线性理论和弹性材料的必要介绍；三是一维非线性位错弹性波的分析，包括纵波以及垂直和水平偏振平面横波；四是对一维柱形和扭转态中的非线性弹性位错波的分析；五是对二维瑞利和勒夫非线性弹性表面波的分析。此外，作为科学类书籍，本书包含了前言、目录、参考文献以及后记等必要内容。

本书主要服务于力学和数学领域中具有中等及以上专业技术水平的读者，因此，对本书的阅读，除要求读者必须掌握力学和数学基本知识外，还需系统了解和掌握连续介质力学、数理分析、解析几何、微分几何、复变函数、矢量和张量计算以及高等代数等学科的知识；如果读者已掌握力学其他分支学科的基础理论，那么对于阅读和理解本书也是有帮助的。

本书首先适用于研究固体力学特别是对波动理论感兴趣的读者，包括高年级本科生、研究生和科研工作者。由于力学被广泛认知，因此本书也适合机械及其他工业工程、材料科学、应用数学及应用物理等领域的读者。

本书是笔者多年在非线性理论、力学和材料科学领域研究与教学成果的总结，包括在担任乌克兰国家科学院铁摩辛柯力学研究所所长、苏格兰阿伯丁大学工程学院微纳米力学研究中心主任和乌克兰国立技术大学理学院教授期间的教学与研究成果。

目录

第 1 章

导　论

导论分为三部分，第一部分主要介绍非线性的概念、材料力学中对非线性的狭义认识以及基于几何和物理非线性的弹性材料非线性变形理论建模方法。第二部分主要介绍非线性波动理论发展中的三个经典案例：① 黎曼（Riemann）简单波——线性平面波向非线性平面波转变的最古老案例；② 流体动力学基本方程的恩肖（Earnshow）解——最古老的迭代逼近求解案例；③ 对强调二阶和三阶非线性光学非线性波动分析结果的简要阐述。第三部分对本书的结构、宗旨和面向的读者对象等进行说明。

相关内容在本章参考文献［1－33］所列的关于非线性波动的基本著作中均有阐述。

1.1　材料非线性

著名的特鲁斯德尔（Truesdell）论断表明：力学是一个用来代表自然界某些层面的无穷多模型的集合。材料力学被认为是力学的重要组成部分，它是对无限多材料力学模型的探索成果。通常，每一个力学模型都对应一个力学理论，并用数学公式来表述。如今，理论模型往往由力学结构模型和力学数学模型两部分构成，但人们仍习惯将这两者统称为数学模型。

在固体力学领域，由于材料模型对真实材料进行了理想化处理，因此，应通过测试以确定其可用性。实验力学是力学的一个独特分支，形成了该领域与现实世界直接关联的基础知识[2]。

基础科学研究领域必须重视试验和实践，这一观点的起源可以追溯到莱布尼兹（Leibniz）的《理论与实践》中的表述：任何理论都必须重视和强化试验研究。200 多年后，玻耳兹曼（Boltzman）也曾经说过“理论必须经受实践检验”。1926 年，海森堡（Werner von Heisenberg）在与爱因斯坦（Albert Einstein）的对话中认为，任何一个理论在其构建的过程中，必须基于已经被观察到的事实，但爱因斯坦则认为，试图只根据已观察到的事实来建立理论或许是错误的，事实上，相反的现象经常发生，有时理论决定了我们能观察到什么。

历史经验表明：那些著名实验结果的价值是永恒的，而解释实验现象的某一模型（理论）则可能会被更完善的模型（理论）所取代[2]。因此，新模型会取代旧模型，且最初的模型通常是线性的。线性数学模型仅包含线性方程和线性条件，但现实生活中的绝大多数物理过程（包括力学过程在内）都是非线性的，因此，下面开始探讨如何理解固体力学（材料力学）中的非线性问题。

材料力学形变的任何一个数学模型都是由一系列方程（位移方程、协调方程、运动学方程和本构方程）构成的方程组以及边界条件和初始条件构成的。通常情况下，位移方程和协调方程是不需要任何实验验证的充要条件，而运动学方程和本构方程是非线性唯一来源的必要条件，此方程组必须经过实验验证，因此，存在两种方法将非线性引入形变模型中。

第一种方法与变形体的几何形状相关，这里的变形体指的是体积型材料。在这里，位移具有确定的水平，可以认为小或者不小（有限）。小位移是线性模型的特征，假定变形前后物体的形状不变，同时其运动方程也是线性的。

第二种方法与材料物理性质有关。在此条件下，应力应变关系曲线不是一条直线（对应线性关系），此时，应力应变关系可能是位于直线上方的凹曲线（强非线性）或位于直线下方的凹曲线（弱非线性）。

第一种方法引入所谓的几何非线性，第二种方法引入物理非线性。但在大多数情况下，会同时采用两种方法，因此，模型中的几何非线性和物理非线性以耦合的形式出现。

在建模分析过程中，要考虑因外部条件变化形成的不同材料变形形式的差异。即使在相同条件下，两种不同材料的弹性变形也可能要用不同的模型来描述，可能显示不同类型的有限弹性变形。对于同一种材料而言，由于不同的弹性应变过程与不同的模型相对应，因此，材料力学中包含有多种不同的模型。所以，对非线性弹性波的分析是以大量的非线性波动方程和模型为基础的。

历史上对于材料中波的研究开始于弹性波，因此，线性弹性波理论得到了较好的发展，其研究结果在很多著作中均有论述（第2章）。

弹性波的非线性理论仍在发展中，后面将讨论一些发展方向。本书仅探索性地对目前已存在的研究方向中与非线性声学紧密相关的非线性理论研究方法进行介绍，该研究方法的特点是其波动方程的简洁表达，即左边为对应线性波动方程的被加项，右边是所有非线性被加项。

1.2 非线性波动发展的三个阶段

因为基于优雅的模型和有效的方法获得了很多著名的结果，所以在物理学领域对非线性波动研究的历史进行探究是动人的和令人神往的。非线性波动研究发展历程有两个突出的特点：一是在于各物理学分支对非线性波现象的理解程度不同，二是非线性波在物理学某个分支所取得的成果将会对其他分支领域产生重大的影响。第二个特点是基于通常情况下波的运动模式与其传播物理介质无关的论断得到的。因此，出现了当前对非线性波动的理解从非线性光学转到了等离子体非线性物理学领域、从非线性放射物理学转到了非线性光学领域以及从非线性光学转到了非线性声学领域的现象[23]。在所有的分支中，非线性声学和非线性固体力学的发展要落后于其他分支学科，但目前基于互助原理，材料中的非线性波亦得到了广泛深入的研究。迄今为止，在这一领域的一些发展方向被认为是前瞻性和有前途的，其中，爱沙尼亚学者[3,7,8,24]和俄罗斯学者[1,9,20]的研究是与本书内容相近的两个方向。

如同科学研究中时常发生的现象一样，学者们对非线性弹性波的系统性研究得到的第一个成果并不是在非线性力学领域，而是由声学家（俄罗斯学者的开创性工作）在非线性声学领域中得到的，这在莫斯科学者的开创性著作中已经提到。公平地讲，公开发表的关于非线性弹性波的第一批文献，是用俄语出版的文献[11-14,29]和用英语出版的文献[5,15,16,22,27]。

人们普遍认为：不可压缩流体中平面波的精确解是由泊松（Poisson）在1808年求得的，该解为具有平面行波形式的波，称为简单波。该理论在斯托克斯（Stokes）、艾里（Airy）和恩肖的著作中都得到了进一步扩展和完善。

从黎曼研究空气中简单波的结论[21]出发，进行非线性波的力学分析是符合逻辑和方便的做法。这里我们首先定义简单波（非线性波理论发展的第一个阶段）并展示一些黎曼结论的基本观点（非线性波理论发展的第二个阶段），然后，探讨对非线性波理论具有重要性的恩肖结论（非线性波理论发展的第三个阶段）。

实际上，黎曼的工作已经体现了线性平面波理论到有限幅值波理论的转变，其理论被称为简单波动理论[17-19]，它是力学中非线性波理论的重要组成部分。非线性波理论的发展与二阶和三阶非线性光学理论紧密相关。

1.2.1 黎曼简单波：从线性平面波到非线性波的转变

1. 基本情况

1860年，基于平面扰动的基本条件，针对压力和密度之间为任意函数关系的本构方程和平面扰动的情况，黎曼给出了一维流体动力学方程问题的一般解。

经典平面波被定义为波前为平面的一维波。经典的一维线性波动方程为

$$a^2 \frac{\partial^2 u}{\partial x^2} - \frac{\partial^2 u}{\partial t^2} = f(x,t) \tag{1.1}$$

其含有达朗贝尔（D'Alembert）波形式的解为

$$u(x,t) = f_1(cx - t) + f_2(cx + t) \tag{1.2}$$

这就是波前为平面的平面波表达形式。人们也时常将达朗贝尔波包含在简单波族中，将其看作是构成简单波族的重要组成部分。

在欧拉（Eulerian）坐标系下，使用传统符号，平面流体动力学方程可以表示为

$$\rho_t + \rho v_x + v\rho_x = 0,\ \rho v_t + \rho v v_x + p_x = 0 \tag{1.3}$$

需要注意的是方程组（1.3）为非线性方程组。

可以采用多种方式构造方程组的简单波形式解。其中最简单的构造方式如下。

黎曼引入了一个新的函数：

$$\sigma(\rho) = \int_{\rho_0}^{\rho} [c(\rho)/\rho] \mathrm{d}\rho \tag{1.4}$$

式中：ρ_0 为非扰动介质的密度常数；$c(\rho) = \sqrt{\mathrm{d}p/\mathrm{d}\rho}$ 表示声速。

因为 $\sigma_x = c\rho_x/\rho$，$\sigma_t = c\rho_t/\rho$，方程组（1.3）可以改写为

$$P_t + (c + v)P_x = 0,\ Q_t + (c - v)Q_x = 0 \quad (P = v + \sigma, Q = v - \sigma) \tag{1.5}$$

方程组（1.5）的解为

$$v = (1/2)\{P[t - x/(c + v)] + Q[t + x/(c + v)]\} \tag{1.6}$$

在非线性声学专著[33]中，单独考虑函数 P 或者 Q，就称为简单波。

在非线性波专著[30]中，提出了简单波的其他定义形式：

该定义认为：方程组（1.3）所描述的波动的主要参量，都能够用简单波的一个参数表示。

$$\rho = \rho(u), p = p(u) \text{ 或者 } u = u(\rho), p = p(\rho)$$

假定选取 $\rho = \rho(u)$，$p = p(u)$，并将其代入方程组（1.3），则有

$$\frac{\partial u}{\partial t} + \left(u + \frac{1}{\rho}\frac{\partial p}{\partial u}\right)\frac{\partial u}{\partial x} = 0,\ \frac{\partial \rho}{\partial t} + \frac{\partial}{\partial \rho}(\rho u)\frac{\partial \rho}{\partial x} = 0 \tag{1.7}$$

由此，从方程组（1.7）和表达式 $u = \pm\int(c/\rho)\mathrm{d}\rho = \pm\int[1/(\rho c)]\mathrm{d}p$ 可以得到关系式 $\partial u/\partial\rho = \pm c/\rho$。将其代入方程组（1.7），则关于 u 和 ρ 的方程组可以改写如下：

$$\frac{\partial u}{\partial t} + [u \pm c(u)]\frac{\partial u}{\partial x} = 0,\ \frac{\partial \rho}{\partial t} + [u(\rho) \pm c(\rho)]\frac{\partial \rho}{\partial x} = 0 \tag{1.8}$$

假定边界条件为 $u(0,t) = \Phi(t)$，构造与方程组（1.8）相对应的特征方程 $\mathrm{d}t/1 = \mathrm{d}x/[u \pm c(u)] = \mathrm{d}u/0$，其中的两个积分变量满足 $u = C_1$，$-x + [u \pm c(u)]t = C_2$。

因为 $C_1 = \Phi(t)$，$C_2 = [\Phi \pm c(\Phi)]t$，$C_2 = [C_1 \pm c(C_1)]\Phi^{-1}(C_1)$，则可得

$$u = \Phi\left[t \pm \frac{x}{c(u) \pm u}\right] \tag{1.9}$$

因此，尽管初始定义和推理过程存在差别，但结果表达式（1.6）和式（1.9）最终是相同的。

2. 莱特希尔（Lighthill）说明

莱特希尔[18]对黎曼波进行了巧妙的分析。在他对黎曼波的说明中经常用到“巧妙”一词。

作为19世纪中期最伟大的数学家之一，黎曼最伟大的发现是为近代非线性声平面波理论的研究奠定了基础。对于任意幅值的波，由于其研究结果能够帮助人们将运动方程转变为一种易于处理和理解的形式，因此其发现加速了人们对该学科的理解。

此外，为避免人们对黎曼研究的凭空猜测，作者通过常规的物理推导过程获得了同样巧妙的结论，以帮助人们更加清晰地对黎曼理论的物理含义进行理解。

下面莱特希尔对黎曼波的描述中提出了如下问题：能否仅根据线性声学知识和简单的物理推理，预测任意幅值无衰减平面波的演变规律？

针对该问题，在任意位置 $x = x_1$ 和任意时刻 $t = t_1$ 附近引入空间间隔与时间间隔的概念。由于引入的空间、时间间隔足够小，以至于对应这样的间隔，基本量 u 和 p 相对于 $u_1 = u(x_1, t_1)$ 和 $p_1 = p(x_1, t_1)$ 的扰动都很小，故可以采

用线性理论对该扰动进行描述；但我们需要对该扰动在以恒定速度移动的特殊参考坐标系下进行分析，在此参考坐标系统下，扰动的位置由新的空间坐标 $x-u_1t$ 确定，速度为 $u-u_1$，且其值在引入的间隔内处处微小（相当于线性理论）。此外，局部声速 c_1 可以表示为

$$c_1 = \sqrt{(\partial p/\partial \rho)_{p=p_1,\rho=\rho_1}} \tag{1.10}$$

对于该方法，线性理论给出了空间坐标为（$x-u_1t$）的参考坐标系中达朗贝尔型简单波的一般解：

$$p - p_1 = f(x - u_1t - c_1t) + g(x - u_1t + c_1t)$$

$$u - u_1 = \frac{1}{\rho_1 c_1}f(x - u_1t - c_1t) - \frac{1}{\rho_1 c_1}g(x - u_1t + c_1t)$$

引入符号 $p-p_1=\delta p$，$u-u_1=\delta u$，容易看出，$\delta u+[\delta p/(\rho_1 c_1)]$ 是 $x-(u_1+c_1)t$ 的唯一函数，$\delta u-[\delta p/(\rho_1 c_1)]$ 是 $x-(u_1-c_1)t$ 的唯一函数。

此后，黎曼引入了积分表达式 $\int_{p_0}^{p}\frac{\mathrm{d}p}{\rho_1 c_1}=P(p)$（$p_0$ 为初始压力）。

在微小变动 δp 的情况下，由 $p=p_1$，可得

$$\delta P = P'(p_1)\delta p = \frac{\delta p}{\rho_1 c_1} \tag{1.11}$$

式（1.11）左边可以看作是 $(u+P)$ 在点 (x_1,t_1) 微小邻域内发生的微小偏差 $\delta(u+P)$。因为 $\delta(u+P)$ 是 $x-(u_1+c_1)t$ 的函数，则当 $\delta x-(u_1+c_1)\delta t=0$ 时，存在如下的唯一表达式：

$$\delta(u + P) = 0 \tag{1.12}$$

式中：δx，δt 分别为 x，t 在点 (x_1,t_1) 处的微小变量。

因为函数 $\delta(u+P)$ 在点（x_1，t_1）处的值为零，故在（x_1，t_1）微小邻域内所有点（x，t）处的值均为零。由此可得到空间时间曲线 C_+ 上满足偏微分方程 $\mathrm{d}x=(u+c)\mathrm{d}t$ 的所有点均满足式（1.12）。

从上述分析可以得出：C_+ 曲线表示在以固定速度 u 和质点一起运动的参考坐标系中质点以固定声速 c 运动的轨迹。式（1.12）表明了质点沿着曲线 C_+ 且通过点（x_1，t_1）运动过程中，$u+P$ 值恒等于其在（x_1，t_1）点处的值。由于 $u+P$ 是在点（x_1，t_1）由式（1.11）独立定义的，根据莱特希尔的说法，这是一个美妙的结果，曲线 C_+ 上的任意一点均满足前述讨论，由于函数在曲线 C_+ 上所有点取固定值，即函数沿曲线 C_+ 各点的取值为常数，这些事实形成了黎曼第一结论：

$$u + P = \text{const} \quad 沿曲线\ C_+:\mathrm{d}x = (u + c)\mathrm{d}t \tag{1.13}$$

黎曼第二结论表述如下：

$$u - P = \text{const} \quad 沿曲线 C_-:\mathrm{d}x = (u - c)\mathrm{d}t \tag{1.14}$$

人们也常将表达式（1.13）和式（1.14）称为黎曼不变量[27]。

从上述推理可以看出：人们并不能通过经典的黎曼分析判断黎曼积分 P 是如何出现的，但可以得到简单波表达式是行波从有限幅值线性扰动理论直接推广得到的结论。

在进一步探讨中，莱特希尔将简单波定义为方程的一个如下形式的解：

$$u = P(p - p_0) = \int_0^{p-p_0} \frac{\mathrm{d}(p - p_0)}{\rho c} \tag{1.15}$$

对应的曲线 C_+ 为直线，函数 u 在其上取值为常数，且对不同直线取值也不同。$p-p_0$、c 和 $u+c=\mathrm{d}x/\mathrm{d}t$ 在这些曲线上取与 u 相同的特点。

此处应注意，简单波与线性理论中的平面行波有以下两点区别：

（1）单位横截面［$1/(\rho c)$］传导率是传导率的微分，其值与压力差 $p-p_0$ 有关，它表明在流体介质中的流通速度 u 随压力差 $p-p_0$ 的增加而增加。

（2）不同的压力差以不同的速度 c 传播。由于在流体介质中压力差以相对于其自身适当的速度进行传播，故其绝对传播速度为 $u+c$。

有些研究者以线性行波对任意扰动均沿 Ox 轴以恒定形态和速度 a_0 传播的特点区别构成非线性方程组（1.3）解的波。尽管该非线性方程组（1.3）不存在仅与 $x \pm a_0 t$ 相关的解集，但其含有线性理论广义的达朗贝尔型平面波形式的解 $f(x \pm a_0 t)$。以 $f(x \pm a_0 t)$ 表示的解仅为方程组（1.3）的部分解，其中，速度 u 仅为密度 ρ 的函数［$u = u(\rho)$，$\rho = \rho(x,t)$］。

人们时常将上述形式的解称为黎曼解，与这些解相对应的波称为黎曼波或者简单波。

在一些关于流体或气体的著作中，习惯上将气体中微小扰动的传播问题作为一节内容进行讨论。在研究过程中将微小扰动的传播问题简化为经典波动方程，其达朗贝尔解由两列相速度为常值的简单波构成，这些问题在其他文献中也经常有论述。

1.2.2 流体动力学方程的恩肖解：逐次逼近方法应用的最早实例

本节基于恩肖已经发表的著作[6]和论文[33]进行介绍。

恩肖所采用的流体动力学方程表达形式如下：

连续方程为

$$\partial\rho/\partial t + \nabla(\rho\vec{v}) = m \tag{1.16}$$

欧拉方程为

$$\rho(\partial\vec{v}/\partial t) + \rho(\vec{v}\nabla)\vec{v} = -\nabla p + \vec{F} \tag{1.17}$$

泊松方程为

$$p = p_0(\rho/\rho_0)^{\gamma} \tag{1.18}$$

恩肖引入类似马赫数 $M = v/c$ 的微参量。众所周知，气体和液体中的马赫数是非常小的——气体中的马赫数 $M \approx 1.0 \times 10^{-2}$，流体中的马赫数为 $M \approx 1.0 \times 10^{-3}$ 甚或更小，在此情况下，采用小参数方法求解流体动力学方程具有良好的效果。

下面展示恩肖对方程（1.3）的探讨。

首先写出沿正方向具有简单波（1.6）形式的解：

$$v = S\left(t - \frac{x}{c_0 - \varepsilon v}\right),\ \varepsilon = (\gamma + 1)/2 \tag{1.19}$$

考察振荡活塞激发简单波的问题。在拉格朗日（Lagrangian）坐标系下，假定活塞按 $a = A(t) = A_0(1 - \cos\omega t)$ 规律振荡，速度 $v = A_t = A_t(\tau)H(a - c_0 t)$，以参数形式表示的特征方程为

$$t - \tau = a/c_0\left(1 + \frac{\gamma - 1}{2}\cdot\frac{A_t(\tau)}{c_0}\right)^{\frac{\gamma-1}{\gamma+1}}$$

则

$$\omega(t - \tau) = \frac{ka}{1 + \varepsilon M\sin\omega\tau},\ \varepsilon = (\gamma + 1)/2,\ M = v_{\max}/c_0 = (\omega A_0)/c_0 \tag{1.20}$$

$$U = v/c_0 = M\sin\omega\tau H(\omega t - ka) \tag{1.21}$$

消去参数 τ 的难题可采用小参数和逐次逼近方法相结合的方式解决。

下面的步骤包括选择小参数 M 和将 $\omega\tau$ 按级数展开：

$$\omega\tau = (\omega\tau)^{(0)} + M(\omega\tau)^{(1)} + M^2(\omega\tau)^{(1)} + \cdots,\ (\omega\tau)^{(0)} = \omega t - ka \tag{1.22}$$

则表达式 $U = MU^{(1)} + M^2U^{(2)} + M^3U^{(3)} + \cdots$ 也成立。

$$U^{(1)} = \sin(\omega t - ka) \tag{1.23}$$

$$U^{(2)} = \varepsilon ka\frac{1}{2}\sin 2(\omega t - ka) \tag{1.24}$$

$$U^{(3)} = \varepsilon ka\left[-\frac{\gamma}{8}\cos(\omega t - ka) + \frac{\gamma}{8}\cos 3(\omega t - ka)\right] + (\varepsilon ka)^2\left[-\frac{1}{8}\cos(\omega t - ka) + \frac{3}{8}\cos 3(\omega t - ka)\right] \tag{1.25}$$

此种方法最重要的一点是：随着高阶近似在分析中的不断应用，波动表达

式也更加复杂。在一阶近似情况下，可以得到频率等于活塞震荡频率的常见线性简谐波。在二阶近似情况下，出现了幅值随着波传播时间的增加而连续增加的二阶谐波；在三阶近似情况下，波动情况更加复杂，除了具有与二阶谐波相同的幅值特性外，还同时出现了一阶和三阶谐波。

基于波的互易特性，在非线性声学中，逐次逼近的这些特征，被成功应用于固体介质非线性波动的研究。

此外，解的这种结构形式用于物理学中非线性波的研究已有100多年，且这种结构在前述最早的弹性非线性波理论建立工作中得到了重复。

1.2.3 光学中的非线性波

1. 基本情况

物理学家认为光是电磁现象的一部分，并用麦克斯韦（Maxwell）方程对电场 E（电场强度）和磁场 B（磁场强度）等电磁现象进行描述[25,26,32]。

$$\nabla\times\vec{E} = -\frac{1}{c}\frac{\partial\vec{B}}{\partial t},\ \nabla\times\vec{B} = \frac{1}{c}\frac{\partial}{\partial t}(\vec{E}+4\pi\vec{\tilde{P}})+\frac{4\pi}{c}\vec{J}_{\mathrm{dc}},\ \nabla\cdot(\vec{E}+4\pi\vec{\tilde{P}})=0,\ \nabla\cdot\vec{B}=0 \tag{1.26}$$

式中：$\vec{J}_{\mathrm{dc}}$为恒定电流密度矢量；$\vec{\tilde{P}}$一般为偏振矢量。

偏振矢量 $\vec{\tilde{P}}$ 通常是由线性和非线性两部分构成的电场强度矢量 $\vec{E}$ 的非线性函数。其线性部分与线性光学相对应，在非线性光学领域主要考虑其非线性部分。

人们在19世纪就已经发现，在光频率范围以下，偏振矢量 $\vec{\tilde{P}}$ 与电场强度 $\vec{E}$ 的非线性关系。

气体和固体激光器发明之后，非线性光学效应才被人们所发现。许多物理学家都将非线性光学的起步与激发二阶谐波的试验联系在一起，认为只有激光器才能产生足够的光强度，故在实验过程中，物理学家通过将红宝石激光器产生的红色激光光束照射在石英晶体上得到了含有双频率的蓝色光。

在二阶谐波被人们发现并检测后不久，人们就对如下非线性光学的许多重要现象进行了研究和探索[25,26,32]：三阶谐波生成现象、合频与差频辐射现象、参数共振和参数放大现象、Landsberg-Mandelstamm-Raman 现象、布里渊（Brillouin）现象、瑞利（Rayleigh）强迫散射现象、克尔（Kerr）光学效应、自聚焦现象以及自切换现象等。由此，丰富了物理学理论——推广了许多线性光学的波动定律，形成了许多关于物质新性质的预测。

回到光波动方程的讨论，采用如下方程对光波传播现象进行描述：

$$\nabla^2\vec{E} + \frac{1}{c^2}\frac{\partial^2\vec{E}}{\partial t^2} = -\frac{4\pi}{c^2}\frac{\partial^2\vec{P}_{\text{nlin}}}{\partial t^2} \tag{1.27}$$

该方程可通过对麦克斯韦方程（1.26）进行一系列数学运算得到。

该方程的非线性由偏振的非线性进行定义。因此，偏振现象可以表示为

$$\vec{P} = \vec{P}_{\text{lin}} + \vec{P}_{\text{nlin}} \tag{1.28}$$

研究中人们常常采用线性感知张量 $\kappa = \kappa(x,t)$ 对线性偏振进行表示，线性感知张量通常被认为是一组常数。由此，线性偏振可以表示为

$$\vec{P}_{\text{lin}}(x,t) = \int_0^\infty \kappa(\tau)\vec{E}(x,\tau)\vec{E}(x,t-\tau)\mathrm{d}\tau \tag{1.29}$$

非线性部分被表示为如下的二次、三次等无穷项和的形式：

$$\vec{P}_{\text{nlin}} = P^{(2)} + P^{(3)} + P^{(4)} + \cdots \tag{1.30}$$

对求和项引入适当的感知张量 $\chi^{(k)}(t_1,\cdots,t_k)$ 后有

$$\vec{P}^{(2)}(x,t) = \int_0^\infty\int_0^\infty \chi^{(2)}(\tau_1,\tau_2)\vec{E}(x,t-\tau_1)\vec{E}(x,t-\tau_1-\tau_2)\mathrm{d}\tau_1\mathrm{d}\tau_2 \tag{1.31}$$

$$\vec{P}^{(3)}(x,t) = \int_0^\infty\int_0^\infty\int_0^\infty [\chi^{(3)}(\tau_1,\tau_2,\tau_3)\vec{E}(x,t-\tau_1) \times \vec{E}(x,t-\tau_1-\tau_2)\vec{E}(x,t-\tau_1-\tau_2-\tau_3)]\mathrm{d}\tau_1\mathrm{d}\tau_2\mathrm{d}\tau_3 \tag{1.32}$$

光波通常被认为具有单色性，其幅值 $\vec{\rho}(x)$ 和相位 $\vec{\varphi}(x)$ 依赖于空间坐标：

$$\vec{E}(x,t) = \Re\mathrm{e}\{\vec{A}(x)\mathrm{e}^{\mathrm{i}(kx-\omega t)}\} = \vec{\rho}(x)\cos[(kx-\omega t)-\vec{\varphi}(x)] = \vec{E}(k,\omega) \tag{1.33}$$

对于单色光波 $\vec{E}^{(i)}(k_i,\omega_i)$，波动方程（1.26）可以变换为亥姆霍兹（Helmholtz）方程：

$$\nabla^2\vec{E}^{(i)}(k_i,\omega_i) - \frac{\omega_i^2}{c^2}\varepsilon_0(\omega_i)\vec{E}^{(i)}(k_i,\omega_i) = \frac{4\pi}{c^2}\vec{P}^{(i)}_{\text{nlin}}(k_i,\omega_i) \tag{1.34}$$

非线性光学通常研究的是有限数量的不同单色光在介质中传播时，介质的非线性响应情况。

$$\vec{E}(x,t) = \sum_{i=1}^{N}\vec{\rho}_i(x)\cos[(k_ix-\omega_it)-\vec{\varphi}_i(x)] \tag{1.35}$$

可利用波动的两种属性对非线性波动效应进行合理分类，即参与传播的光

波的数量和传播介质的非线性类型[30]。

下面分别对二阶和三阶非线性现象进行探讨。

2. 波动方程的二阶非线性

如果介质没有反转中心，那么其主体偏振即为式（1.32）表示的二阶非线性偏振。在这种情况下，存在三种波的相互作用。

很多晶体都不存在反转中心，注意到这点是有意义的。这些晶体包括碘酸（三斜晶系，第一类）、酒石酸钾钠（正交晶系，222类）、铌酸锂（三方晶系，3m类）、钛酸钡（四方晶系，4mm类），α－石英（六方晶系，622类）、砷化镓（立方晶系，43m类）等。没有反转中心的材料通常具有压电特性。

不同频率的两列光在介质中激励两列偏振波，其频率分别为两列光频率的和（$\omega_1+\omega_2$）及两列光频率差（$\omega_1-\omega_2$），该两列偏振波可表示为

$$\vec{P}_{+}^{(2)}=\chi^{(2)}(\omega_1+\omega_2)\vec{E}_1\vec{E}_2,\ \vec{P}_{-}^{(2)}=\chi^{(2)}(\omega_1-\omega_2)\vec{E}_1\vec{E}_2^{*} \tag{1.36}$$

任意一列光都能够激励和频（倍频）与差频（零频）两列偏振波：

$$\vec{P}_{d}^{(2)}=\chi^{(2)}(2\omega)(\vec{E}_1)^2,\ \vec{P}_{z}^{(2)}=\chi^{(2)}(0)\vec{E}_1\vec{E}_2^{*} \tag{1.37}$$

偏振波 $\vec{P}_{d}^{(2)}$ 是二阶谐波产生的主要原因，而偏振波 $\vec{P}_{z}^{(2)}$ 不随时间而变化，是时间的常函数，零频偏振波将产生一个恒定的电场。

再来分析式（1.37），由于和频及差频均为组合频率，因此，必然会生成波动频率为组合频率的第三个波，从数学上看，非线性波动方程（1.27）的解描述的是组合频率的波。这表明，在二阶非线性介质中，存在三种频率的波相互作用或者说存在三胞胎波动。

两列波生成和频波的过程中同时将能量传递给和频波，而生成差频波的过程被认为是生成和频波过程的逆过程，这就是所谓的参数变换[26]。

作为规则，参数放大定义为由一个能量较大的泵浦波生成第三个波的过程（第二个波很弱）。两个强度近似的泵浦波将生成差频的第三个波。从数学角度分析，参数放大过程与第三个差频组合波生成过程的区别在于初始条件的不同。

通常利用 van der Pol 方法（慢变幅值方法）对参数放大效应进行研究。但从整体来讲，右边含有二阶非线性项的波动方程（1.27）可以用来对多种非线性波动效应进行理论描述。例如，考察当信号波和空闲波沿相反方向传播这种特殊情况下的参数放大效应时，这种情况被称为逆波参数发生器。各波参数的相互作用形成了两列波的正反馈回路，因此，在这种情况下将产生自激励效应。

3. 波动方程的三阶非线性

如果材料含有反转中心，尽管不会产生二阶谐波，但会产生三阶谐波。类似地，可以证明，所有的气体、流体和晶体都是三阶非线性材料[32]。此外，含有反转中心的材料仅含有三阶非线性特性，因此，在大多数情况下，三阶非线性伴随着三阶谐波的产生而产生。

在三阶非线性的研究过程中，必须将式（1.32）所表示的三阶非线性偏振分量的表达式代入非线性波动方程（1.34）中，此时必然会产生三阶感知张量$\chi^{(3)}$问题。

首先列举出不同阶次感知常数之间的关系[26]：

$$\chi^{(1)} \approx (10^{-2} \sim 10^{-3}), \chi^{(2)} \approx (10^{-7} \sim 10^{-9}), \chi^{(3)} \approx (10^{-12} \sim 10^{-15})$$

已知任意阶次的感知张量均具有对称性质，且其分量满足克莱曼（Kleinman）法则：仅索引顺序不同的张量分量相等。例如，三阶张量$\chi_{ikm}^{(3)}$包含独立非零分量：正方晶系——11，六方晶系——10，立方晶系——7 或者 4，等轴晶系——4。

分别用频率为ω的波激发频率分别为和频（$\omega+\omega+\omega=3\omega$）和差频（$\omega+\omega-\omega=\omega$）的两列偏振波：

$$\vec{P}_s^{(3)} = \chi^{(3)}(3\omega)(\vec{E})^3, \vec{P}_d^{(3)} = \chi^{(3)}(\omega)\vec{E}(\vec{E}\vec{E}^*) \quad (1.38)$$

由此可以看出，偏振$\vec{P}_s^{(3)}$产生了三阶谐波，而偏振$\vec{P}_d^{(3)}$产生了自身频率的谐波（称为单频退化），此与高频克尔效应有关。

三阶非线性介质与二阶非线性介质有很多相似之处，但在三阶非线性介质中：三列波取代两列初始波；组合频率$\omega_q=\omega_1 \pm \omega_2 \pm \omega_3$将取代$\omega_t=\omega_1 \pm \omega_2$；四频率波（四胞波）的相互作用取代三频率波（三胞波）相互作用；

最后，需要注意的是：对三阶非线性光波分析的主要方法仍然是慢变幅值方法。

1.3 本书结构

1.3.1 读者

本书主要以力学和数学领域中具有中等及以上专业技术水平的读者为主，因此，对本书的阅读，除要求读者必须掌握力学和数学基本知识外，还需系统了解和掌握连续介质力学、数理分析、解析几何、微分几何、复变函数矢量和张量计算与高等代数等学科知识，如果读者掌握力学其他分支学科的基础理论，那么对于阅读和理解本书也是有帮助的。

本书首先适合对波动理论感兴趣的固体力学领域的读者，包括高年级本科生、研究生和科学家。由于力学被广泛认知，因此本书也适合机械及其他工业工程、材料科学、应用数学及应用物理等领域的读者。

1.3.2　本书的五个基本部分

本书的主要目的是连贯和系统地介绍材料中的非线性弹性波动位移的传播过程，是弹性波非线性理论的现代发展方向之一。

本书可以划分为以下五个部分：

第一部分，波和材料基本概念与理论。

第二部分，弹性和弹性材料的非线性理论。

第三部分，一维非线性弹性纵波、垂直及水平偏振非线性平面横波。

第四部分，一维非线性弹性柱面波和扭转波。

第五部分，二维非线性弹性瑞利波和勒夫（Love）表面波。

其中，第一部分包含第1章，第二部分包含第2、3章，第三部分包含第4~9章，第四、第五部分分别对应本书的第10章和第11章。

此外，本书也包含科技书必有的目录、前言、章参考文献、后记、作者和主题索引等内容。

1.3.3　本书各章详细结构

第1章导论，由三部分内容构成。第一部分包含非线性基本描述、材料力学中对非线性的局限理解、一种基于几何和物理非线性的弹性材料非线性变形的建模理论。第二部分主要介绍非线性波理论演变的三个例子：① 黎曼简单波，线性波到非线性波的演变过程的最古老描述；② 流体动力学基本方程的恩肖解，展示逐次迭代渐近法的最早应用；③ 以二阶和三阶波动方程为重点，对光学领域非线性波分析结果进行简要阐述。第三部分，介绍本书结构、目标、读者对象。这些关于非线性波的相关内容在本章参考文献列表［1-33］中均可查到。

第2章，主要对波和材料的基本概念进行介绍。本章分为波和材料两部分，第一部分主要对波的基本概念进行介绍，内容包括常见的波现象、波的科学定义、波动研究的一些史实、波的常用分类方法等内容，这些内容可以在本章参考文献［1-40］所列的波动理论著作、［41-60］所列的弹性波文献以及维基百科和Scolarpedia百科检索的文章中见到。本章的第二部分介绍材料的基本概念，该部分首先介绍了材料学的定义和分类方法，包括聚合状态、物质的相、材料基本概况、力学的宏观、细观、微观和纳米力学分类；进一步，简要概述了现代材料结构力学，探讨了材料的连续性和均匀性，得到了材料的连续性和体概念；给出了一些复合材料纳米结构力学的事实，这些关于材料的内容可在本章参考文献［65－91］中查到。

第3章，包括弹性材料的描述理论，这些理论以采用连续体弹性在内的众多物理性质表征材料为基础，对弹性材料进行描述。其中，起源最早、发展最成熟的是连续介质力学中的经典弹性理论。本章包含关于弹性非线性理论的基本运动学和动力学概念，这些概念可以在本章参考文献［1－43］所列的弹性理论著作中查阅得到。首先介绍了体、运动、结构、基矢张量、位移矢量、变形梯度、应变张量、力、矩、应力张量等基本概念，接着简要描述了平衡法则、经典一阶结构模型及非经典二阶结构模型，最后介绍了建立本构方程的重要概念，包括广义弹性、亚弹性、超弹性、各向同性、各向异性以及弹性势等重要概念（详见 Seth，Signorini，Treloar，Mooney，Rivlin-Saunders，John，Murnaghan 等著作）。

第4章，分两部分介绍了线性平面弹性波。第一部分介绍了线性弹性波的基本概念，包括弹性理论中波传播的基本方程、体波和剪切波，经典波动方程及其基本特征和术语，给出了打破其数学上表征波产生过程正确性的经典例子（亥姆霍兹和泰勒（Taylor）不稳定性、Hadamard 实例和 John 判定）。此外本部分亦给出了平面波经典分析理论的注意事项。本章第二部分，考虑了二阶结构模型——线弹性组合体模型，不同于第一部分采用的平均弹性模量模型，该部分简要介绍和分析了在弹性组合体中传播的波动基本方程，包括体波、剪切波和平面波。相关内容在本章所列的关于线弹性理论、线弹性波、组合体理论的著作和文献［1－49］中也可找到。

第5章，基于 Murnaghan 模型，对线弹性平面简谐纵波（获得了最精确研究的一种非线性弹性波）进行了分析。本章分为两部分，分别对二阶非线性弹性平面波和三阶非线性弹性平面波的分析进行了介绍。第一部分，首先推导和分析了基本非线性波动方程，接着演示了逐次迭代近似方法在平面简谐纵波传播问题（按照时间顺序，与子势能最简单变化相对应的第一个问题）中的应用，在证明过程中，作者先后对声波传播的前四阶近似进行讨论，并分析了与每阶近似相对应的波动效应，以附录的形式给出了四个近似理论的数值模型结果；紧接着，对二阶非线性弹性平面偏振波中的三胞波动问题进行了分析；最后，对慢变幅值方法用于平面弹性简谐纵波研究和用于两列平面简谐纵波的自适应问题进行了介绍。第二部分对同时保留二阶和三阶非线情况的第二种非线性分析方法进行了介绍，在该部分推导了非线性波动基本方程，接着对三阶非线性弹性简谐纵波产生新谐波的问题（第一类标准问题）和三阶谐波对弹性平面纵波波形变化的影响进行了分析，相关内容可以在本章所列的关于非线性弹性平面横波的科技出版物［1－34］中查阅。

第6章，分析了对应John和Signorini模型的非线性弹性平面简谐纵波。本章分为两部分进行介绍，第一部分，研究了几何非线性模型（二常数John模型）非线性弹性平面简谐纵波，对二阶和三阶非线性弹性平面纵波的分析是分开进行的。① 推导出了描述平面波二阶非线性的波动方程，介绍了研究几何非线性平面简谐纵波（前两项近似）演变的方法；② 讨论三阶非线性弹性平面纵波，推导了仅保留几何非线性项的非线性波动方程，并对三阶非线性弹性简谐纵波产生新简谐波的问题（第一类标准问题，仅含几何非线性）进行了介绍。第二部分，基于Signorini模型（三常数模型）从三个方面对非线性弹性平面简谐纵波进行了讨论。① 探讨了一般变形在Signorini非线性模型分析中的应用；② 分析了非线性波动方程由Murnaghan模型向Signorini模型的演变情况；③ 提出了确定Signorini常数的方法，最后，讨论了基于Signorini模型的非线性纵波，并将其与Murnaghan模型得到的结论进行对比。这部分内容可在本章所列的有关John和Signorini材料中的非线性弹性平面纵波出版文献［1－46］中查阅。

第7章，主要分析非线性弹性平面简谐横波。本章首先介绍了非线性弹性平面简谐横波的基本方程，紧接着分成两部分进行阐述。第一部分讨论二阶非线性波，第二部分讨论同时保留二阶和三阶非线项的分析方法。第一部分主要讨论采用逐次逼近法求解的第二类和第三类标准问题，考虑了前两项近似，并对前两项近似所对应的波效应进行了分析和探讨；第二部分中主要介绍三阶非线性波，采用了用于弹性平面简谐横波分析的慢变幅值方法进行分析，并探讨了两列弹性平面简谐横波的自适应问题。这些内容可以在本章所列的关于非线性弹性平面横波的科学文献［1－14］中查到。

第8章，主要分为三部分对平面波在亚弹性材料中的传播规律进行了阐释。第一部分主要介绍和讨论了亚弹性材料理论及其基本概念，并给出了弹性平面波的一些基本原理；第二部分致力于常规非线性材料向线性化次弹性材料模型的演变分析，包括线性化本构方程，关键点是存在初始应力和初始速度情况下分析的可行性。第三部分介绍了存在初始压力和初始速度情况下的平面分析实例，在该部分，基于常规方法对各向同性材料的简单情况，分析了初始状态对平面波的类型和数量的影响，讨论了次弹性材料的波动效应特性，特别是预测了初始应力对某些类型平面波生成的阻隔效应。这些内容可在本章所列的关于非线性弹性平面波的科学文献［1－29］中找到。

第9章和第10章是本书内容最多的两章。第9章内容是关于弹性混合介质（一种弹性复合材料模型）中非线性平面波的分析，分为四个部分。第一部分推导了各向同性弹性双组分混合介质和正交弹性双组分混合介质的非线性波动方程。第二部分分析了弹性混合介质内部的非线性平面纵波，包括第一类标准问题（前两阶近似）、确定临界时间和临界距离的总体方案以及该方案在分析弹性混合介质内传播的平面简谐纵波中的应用情况。第三部分致力于三胞波的介绍：首先，介绍了基于频散曲线的图形分析方法，随后，讨论了三胞波的一般分析方法，之后，讨论了非共线波，最后，基于非线性波动方程分析了弹性混合介质内部多个平面波的相互作用情况；接着，基于慢变幅值方法，推导和分析了弹性混合材料中三个平面波相互作用问题的解，包括方程的简化和演变、Manley-Rowe 关系、能量平衡、衰减频谱以及参量放大等；最后介绍了基于慢变幅值方法求解弹性混合介质中二平面波相互作用的结论，推导了演变和简化的方程，讨论了精确解，分析了自适应现象。第四部分，介绍了弹性混合介质内部的非线性平面横波，基于两个一阶近似模型分析了第二类标准问题，主要关注了模式相互作用问题，还介绍了第三类标准问题，此处，重点关注了新叠加波问题。这些内容可在本章所列的关于混合介质内非线性弹性波的科学文献［1－54］中查到。

第10章，分三个部分介绍了柱坐标系下的柱面波和扭转波。第一部分包括柱面坐标系的简要概述、四种不同的基本状态的介绍、四种不同状态下位移和应变 Murnaghan 势、应变等基本公式的推导过程。第二部分介绍了二阶非线性柱面波，基于前两项近似方法提出了两种不同的初始波形演变分析方法，并用数值方法对解析解进行了研究，最后对固体介质中基于 Murnaghan 势模型和基于 Signorini 势模型的柱面波与平面波传播情况进行了对比分析。第三部分分析了二阶非线性扭转波。在该部分中首先对各向同性材料中的二阶非线性扭转波波动方程、基于前两项近似的非线性波动方程解、基于分析解的数值模拟等进行了叙述，接着对横向各向同性介质中二阶非线性扭转波的波动方程、横向各向同性介质的弹性常数、用于数值模拟的材料、前两项近似和演变过程图示等情况进行了分析。这些内容可参见本章所列的关于材料学的参考文献［1－33］。

第11章，分析与 Murnaghan 模型相对应的非线性弹性瑞利波和 Love 表面波。该章内容分两个部分，第一部分分析了瑞利波，在该部分的第一子部分，介绍了弹性表面波、线弹性瑞利表面波理论下的基本情况，探讨了非线性弹性瑞利表面波，包括描述对应二维空间坐标（X_1，X_3）和时间 t 坐标的二维运动的二阶非线性方程的新变型、基本方程、非线性波动方程解的步骤等，最后，得到并探讨了其前两项近似解，得出了非线性的主要效应是在波传播中出现了二阶谐波。对小变形和大变形情况的非线性边界条件进行了分析，推导和讨论了新的非线性瑞利方程，并得到了此时的非线性效应是相速度非线性地依赖于初始幅值。第二部分基于经典理论，假设变形中存在非线性，对弹性勒夫波问题进行了分析，采用了非线性 Murnaghan 模型，推导出了以位移表示的新非线性波动方程，该方程由线性部分和仅包含第三和第五阶非线性项的非线性部分两块组成。在存在物理非线性项的条件下，基于前两项近似的迭代近似方法，获取了具有非线性边界条件的新非线性方程的解。经过推导得到了确定波数的非线性方程，该方程包含了表征初始波形变化的新因素，即在频率不变的情况下，波长变化导致的初始波形变化。这些内容可在本章所列的关于弹性瑞利波和勒夫波的参考文献［1－48］中找到。

本书附注参考书目的目的，一是提供大量的参考问题供读者学习；二是作为资源供进一步深入研究使用。

练 习

1. 提出对特鲁斯德尔关于力学普遍性观点的疑问并寻找其他的观点。

2. 寻找对同一材料基于不同模型的建模实例。

3. 收集不同作者对简单波的定义并判断 Maugin 定义是否是最全面的定义。

4. 建立黎曼不变量与简单波之间的关系。

5. 基于逐次逼近方法更详细地探讨非线性流体动力学方程的恩肖解，并核对二阶谐波及高次谐波是否是由恩尚首先得到的。

6. 探讨现代的材料晶体结构概念（可以本书第 3 章关于弹性波的参考书［6］为起始）并阅读反转中心及其他相关概念的定义。

7. van der Pol 方法是在振动理论中首先建立的，该方法应用在振动和波动中的主要区别是什么？

8. 找出三胞波和四胞波问题的阐述，并用公式对其相同点和不同点进行表征。

参 考 文 献

［1］ Andrianov, I. V., Danishevs'kyy, V. V., Weichert, D., Topol, H.: Nonlinear elastic waves in a 1D layered composite materials: some numerical results. Proceedings of ICNAAM-

2011, pp. 11 -45.
[2] Bell, J. F.: Experimental foundations of solid mechanics. In: Flugge, S. (ed.) Handbuch der Physik, Band VIa/1. Springer, Berlin (1973)
[3] Berezovski, A., Maugin, G. A., Engelbrecht, J.: Numerical Simulation of Waves and Fronts in Inhomogeneous Solids. World Scientific, Singapore (2008)
[4] Braunbrück, A., Ravasoo, A.: Wave interaction resonance in weakly inhomogeneous nonlinear elastic materials. Wave Motion 43, 277 - 285 (2006)
[5] Bretherton, F. P.: Resonant interaction between waves. The case of discrete oscillations. J. Fluid Mech. 20 (3), 457 -479 (1964)
[6] Earnshow, S.: On the mathematical theory of sound. Trans. R. Soc. Lond. 150, 133 - 156 (1860)
[7] Engelbrecht, J.: Nonlinear Wave processes of deformation in solids. Pitman, Boston (1983)
[8] Engelbrecht, J., Berezovski, A., Salupere, A.: Nonlinear deformation waves in solids and dispersion. Wave Motion 44 (6), 493 - 500 (2007)
[9] Erofeev, V. I.: Wave Processes in Solids with Microstructure. World Scientific, Singapore (2003)
[10] Gaponov-Grekhov, A. V. (ed.): Nielineinyie volny. Rasprostranenie i vzaimodeistvie (Nonlinear Waves. Propagation and Interaction). Nauka, Moscow (1981)
[11] Goldberg, Z. A.: On interaction of plane longitudinal and transverse waves. Akusticheskii Zhurnal 6 (2), 307 - 310 (1960)
[12] Hedroitz, A. A.: Nonlinear effects in propagation of ultrasound waves in solids. Candidate of sciences thesis, Moscow State University (1964)
[13] Hedroitz, A. A., Krasilnikov, V. A.: Uprugie volny konechnoi amplitudy v tverdykh telakh I otkloneniia ot zakona Huka (Elastic waves of finite amplitude in solids and deviations from Hooke law). Zhurnal Teoreticheskoi i Eksperimentalnoi Fiziki 43, 1592 - 1594 (1962)
[14] Hedroitz, A. A., Zarembo, L. K., Krasilnikov, V. A.: Uprugie volny konechnoi amplitudy v tverdykh telakh i anharmonichnoct reshotki (Elastic waves of finite amplitude in solids and lattice anharmonicity). Herald (Vestnik) of Moscow State University. Series Physics (3), 92 - 98 (1962)
[15] Jones, G. L., Kobett, D. R.: Interaction of elastic waves in an isotropic solid. J. Acoust. Soc. Am. 35 (3), 5 - 10 (1963)
[16] Kroger, H.: Electron-stimulated piezoelectric nonlinear acoustic effect in CdS. Appl. Phys. Lett. 4 (11), 190 - 192 (1964)
[17] Leibovich, S., Seebass, A. R. (eds.): Nonlinear waves. Cornell University Press, Ithaka (1974)
[18] Lighthill, J.: Waves in fluids. Cambridge University Press, Cambridge (1978)

[19] Maugin, G. A.: Continuum mechanics of electromagnetic solids. North Holland, Amsterdam (1988)

[20] Porubov, A. V.: Amplification of nonlinear strain waves in solids. World Scientific, Singapore (2003)

[21] Riemann, B.: Über die Fortpflanzung ebener Luftwellen von endlichen Schwingungsweite (On propagation of plane air wave with finite amplitude oscillations). Abhandlungen der Königi- schen Gesellschaft zu Göttingen, Bd VIII, S. 43 (1860). In Bernhards Riemann's gesammelte mathematische Werke und wissenschaftlicher Nachlass, 2-te Auflage. Teubner Verlag, Leipzig, S. 157 – 179 (1892). In B. Riemann.: Gesammelte mathematische Werke, wissenschaflicher Nachlass und Nachtrage. Collected papers. Springer/Teubner Verlaggesellschaft, Berlin/Leipzig (1990)

[22] Rollins, F. K.: Interaction of ultrasonic waves in solid media. Appl. Phys. Lett. 2, 147 – 148 (1963)

[23] Rushchitsky, J. J.: Interaction of waves in solid mixtures. Appl. Mech. Rev. 52 (2), 35 – 74 (1999)

[24] Salupere, A., Tamm, K., Engelbrecht, J.: Numerical simulation of solitary deformation waves in micro-structured solids. Int. J. Non Linear Mech. 43: 201 – 208 (2008)

[25] Schubert, M., Wilgelmi, B.. Einführung in die nichtlineare Optik. Teil I. Klassische Beschreibung (Introduction to nonlinear optics. Part I. Classical description). BSB B. G. Teubner Verlagsgesellschaft, Leipzig (1971)

[26] Shen, Y. R.: The principles of nonlinear optics. Wiley, New York (1984)

[27] Smith, R. T.: Stress-induced anisotropy in solids——the acoustoelastic effect. Ultrasonics 1: 135 – 142 (1963)

[28] Truesdell, C.: A first course in rational continuum mechanics. The John Hopkins University, Baltimore (1972)

[29] Victorov, I. A.: On the second order effects in propagation of waves in solids. Akusticheskii zhurnal 9 (2): 296 – 298 (1963)

[30] Vinogradova, M. B., Rudenko, O. V., Sukhorukov, A. P.: Teoriia voln (Theory of Waves). Nauka, Moscow (1990)

[31] Whitham, J.: Linear and nonlinear waves. Wiley Interscience, New York (1974)

[32] Yariv, A.: Quantum electronics. Wiley, New York (1967)

[33] Zarembo, L. K., Krasilnikov, V. A.: Vvedenie v nielineinuiu akustiku (Introduction to Nonlinear Acoustics). Nauka, Moscow (1966)

第2章

材料和波的基础知识

本章分为两部分，一部分论述波动，另一部分论述材料。

第一部分是关于波动的基础知识，内容包括我们周围世界的波动现象、波动的科学定义、波动研究历史的一些事实以及波的常用分类。这些内容可以在关于波动理论的基础书籍以及维基百科和 Scolarpedia 百科全书的论文中找到，参见本章所列不同学科关于波动的参考文献［1－40］（40 条）和关于弹性波的参考文献［41－64］（24 条）。

第二部分讨论了材料的基础知识。首先给出了一些重要定义和分类，包括物质的凝聚态和相，材料概览，力学的宏观力学、细观力学、微观力学和纳米力学分支。进而，简要概述了材料的现代结构力学，讨论了连续化和均匀化方法，用公式表述了材料连续和材料体的概念，给出了复合材料纳米结构力学的一些结论。这些内容可以在关于材料的基础书籍中找到，参见本章所列关于材料的参考文献［65－91］（27 条）。

2.1 波动初论

2.1.1 波动现象和定义

本书讨论了科学意义上的波（维基百科波），而波通常认为是一种子类运动。在科学上，运动被理解为物质存在的一种形式。另外一个普遍认同的科学规律是，整个现实世界处于运动的状态。如果这是真的，人们会发现波无处不在。事实上，波非常频繁地发生在自然界和我们周围的世界中。对波动现象的观察和描述是众所周知的。人们有时认为描述特征是不需要理论概念的。尽管这一观点一直受到质疑，实际上，在对波的描述中，还是自觉或不自觉地给出了波动与其他运动的区分原则。几乎每个人都看到过水、沙或者其他地方的波，似乎，基于已观察到的现象判断正在观察的事物是不是波是件容易的事情。

波的表现是各种形式的（见参考文献书籍关于不同学科领域的波动）。除了众所周知的水或者空气中的波，人们还可以直观地观察冲击波、爆炸波、地震波、光学波、电磁波、磁化波、干涉波、无线电波、洪水波和河流中的滚动波、冰川中的波浪、在隧道中的交通流波、化学代谢波、江河运行和沉积过程中的波与人群波等。

我们周围世界中波动的诸多不同表现，导致维基百科中对“波”进行了这样的描述（见维基百科“波”）：“用一个简单的包罗万象的定义来表述‘波’是很难做到的，若试图创建一种定义，它能涵盖把一种现象称为波的必要的和足够多的特征，则将导致定义的边界模糊。”

以下是不同文献对波的不同定义。

大英百科全书：一般而言，波表示一种特定的某种状态从介质的一处不变或渐变地不间断地到介质的另一处的过程。

韦氏新世界大学词典：由一系列谐振构成的周期运动或扰动在介质或者空间传播，如声音或光的传播：介质不随着波源向外移动，只是在波通过时产生振动。

Encarta®世界英语词典：在介质中传递的一种谐振，是一种能量从介质的一个质点或位置传到另一质点或位置且不引起介质任何永久性的变化。

钱伯斯科技词典：一种位置出数的时变量。

著名的 Whitham 的著作：波是任何一种可识别的信号，具有从媒介的一部分转移到另一部分的可识别的传播速度。

然而，对于大多数上述不同性质的波（包括机械波），具有一些共同的属性：

在某一位置观测到的扰动必定以有限的速度传播到空间的其他位置；一般来说，从时间域观测，这一过程必然是一个接近震荡的过程。

请注意，当一个运动围绕某固定形态存在并受到该状态的制约，在大多数情况下又是重复的，则这种运动被认定为震荡。

人们普遍认识到，对源于生活而高于生活的波动现象的描述都必定与某种理论体系相关联。首先，该体系会赋予波在空间中传播的某些属性。例如，传统的物理理论体系是基于连续体概念的，该理论体系中，将实际几何空间的每一点与一组量即标量、矢量和张量相关联，并以这组量来描述所谓的物理场。对于选定的场和物理介质（声、弹性、电磁等），在数学上用带偏微分的方程（数学物理方程）来描述运动，对于场的描述，这是一种惯用的方法。

因此，相对而言，对波动现象的表述通常只需要了解波的属性就可以了，而若要采用所谓的科学认知方法，则总要提出和使用一些基体理论体系。

每种描述波动的理论都有至少两个独立的参数——时间和空间坐标系。连续体物理理论体系基于这些参数建立了物理场之间的关系，由此，建立了微分方程，且方程的解中必定有描述波动的解。

2.1.2 波的分类

波可按不同的属性分类，而且实际上不同的分类是并存的。例如，波动方程的解的一个特征，如其平滑性，在理论波分析中至关重要。对解的平滑性的认知等同于对其连续性或不连续性的认知，以及对该解的定量估计（不连续性的类型、连续性的阶数等）。很早就分别开始研究波的不连续性和连续性解的解决方案。这种界定的划分是源于对波的激励机制和波动过程物理解释的不同。因此，有两个科学分支都致力于研究相同的物理现象。

非连续性相关研究的分支将波作为一个相对于某些特定的平滑的物理场中的奇异面运动。也就是说，波动被理解为在给定面上的一个场空间的快速移动。

第二个分支与描述连续运动的连续解相关联。这里考虑两类波动。

双曲线波是作为微分方程的解得到的，而双曲线或超双曲线类型可根据这类方程得到明确的定义。

另一种类型的波——离散波，此类型的波由解的形式定义。可以证明，如果波的形式在数学上代表相位为 $\varphi = kx - \omega t$ 的常见函数 F（x 为空间坐标，k 为波数，ω 为频率，t 为时间），且如果波的相位速度 $v = \omega / k$ 的非线性取决于频率，则一个波的传播介质是离散的并且波本身也是离散的。很多时候，离散性被约定在非线性函数 $\omega = W(k)$ 的形式中。

$u = F(kx - \omega t)$ 类型的解不仅被公认为是双曲线微分方程的解，还是抛物线方程和一些积分方程的解。

双曲波线和离散波的评判标准不是互相排斥的；双曲波和离散波是同时发生的。本书讨论的微结构材料中传播的大部分波可以清晰地分为这些类型。

这里我们从物理学角度解决分类标准，它不同于前述提到的具有运动学特征的双曲－离散波分类。包括以下四种类型。

（1）孤立波或脉冲，是持续时间足够短且局部不规则的空间扰动。

（2）周期波（绝大多数是指谐波或单色波），以整体扰动为特征。

（3）波包，局部有规律的空间扰动。

（4）波串，波包群。

值得注意的是，本书的分析对象仅是上述第二种类型的波，并且所有非线性波动都为双曲波类型。

2.1.3　波动研究历史

以下是一些在波的研究历史中的重要事件。可以参考科学历史书[6]和Scolarpedia书[15]。

波的研究可以追溯到古代哲学家，如Pythagoras［前580—前500（490）年］，研究了乐器的弦长与音调的关系。然而，直到Giorani Benedetti（1530—1590）、Isaac Beeckman（贝克曼，1588—1637），Galileo（伽利略，1564—1642）的研究后才发现音调和频率的关系。这是声学科学的开始，声学一词由Joseph Sauveur（1653—1716）创造，他发现了弦可以同时在基本的频率和它整倍数频率下振动，并称它为谐波。Isaac Newton（牛顿，1643—1727）在他的《原理》中首次计算出声速。然而，他的假设是在等温条件下进行的，所以他的理论值与实测值的可比性差。当Pierre Simon Laplace（拉普拉斯，1749—1827）将绝热加热和冷却效应包含进来后，成功地解决了上述差异。Brook Taylor（泰勒，1685—1731）首次得出弦振动的解析解。在这之后，是由第一个线性波动方程解的Daniel Bernoulli（1700—1782）、Leonard Euler（欧拉，1707—1783）和Jean D'Alembert（达朗贝尔，1717—1783）推动了声学的发展。当另一些人发现波可以表示为一些简谐振动的总和时，Joseph Fourier（傅里叶，1768—1830）推测性地提出，任意函数都可由无限的正弦和余弦函数叠加起来表示——也就是现在的傅里叶级数。不过，当时他的猜测富有争议性，并没有被广泛接受。Lejeune Dirichlet（1805—1859）随后在1838年提供了一个证据，即在满足Dirichlet条件时，所有函数都可以用傅里叶级数来表示。最后，John William Strutt（瑞利，1832—1901）在其著作的《声的理论》中通过相对完整的论述确定了经典力学学科。现代声学科学已经进入了不同的领域，如声呐、演艺、电子放大器等。

流体静力学和流体动力学的研究当时是与声学同步发展的。在大家都熟悉的Archimedes（阿基米德，前287—212）的“我找到了！”的时代，他也发现了许多流体静力学原理，成为这方面研究的鼻祖。流体运动理论从17世纪开始在水库、水渠的流量实例中产生影响，尤其是 Galileo 的学生 Benedetto Castelli。Newton 也做出了贡献，在他的《原理》中提出了关于运动阻力和小孔流体最小截面问题（缩脉）。Siméon – Denis Possion（泊松，1781—1840），Navier（纳维尔，1785—1836），Cauchy（柯西，1789—1857），Stokes（斯托克斯 1819—1903），Airy（艾里，1801—1892）和其他人利用快速发展的高级微积分方法建立了严格的液体动力学的基础，包括涡流和水波。如今这个学科已发展为流体动力学和有许多分支，如多相流、湍流、无黏性流、气体动力学及气象学等。

电磁学的研究同样起源很早，但发展一直缓慢，直到 William Gilbert（1544—1603）的《磁石论》才奠定了一定的科学基础直到 18 世纪后期由 Aepinus（1724—1802）、Gavendish（1731—1810）、Coulomb（库仑，1736—1806）和 Volta（伏特，1745—1827）提出了电荷、电容和电势的概念后，才得以快速发展。之后∅rsted（奥斯特，1777—1851）、Ampère（安培，1775—1836）和 Faraday（法拉第，1791—1867）发现了电与磁之间的联系，最后由麦克斯韦（1831—1879）在他的著作《电磁通论》中给出了一个在严格数学定义下的完整统一理论。正是这本书第一次解释了所有的电磁现象和所有的光学现象，涉及了波。它还包括了第一次对光速的理论预测。

人们早在 18 世纪就意识到了工业发展中的固体材料力学性能测定的重要意义[2]。1787 年 Chladni 对棒纵向振动的研究成为固体力学发展的主要推动。表面上看，固体波的研究是由材料声速测定开始的，并与上述同步发展的材料力学性能（首要的是弹性）的测定相关，例如，Thomas Young 深信弹性可以通过声速来表征。

最早测试固体声速的是 Biot（毕奥），他是在巴黎铸铁管道建设施工中检测的，并在 1809 年发表了这个结果。这个方向后续的发展是由 Wertheim（如，1851 年）取得的，他在这之前在弹性材料一维波传播研究方面取得了许多成果。其他的重要进展与 1874 年 Exner 的研究结果中提及的橡胶中的声速测定相关。

20 世纪，固体（材料）中波的理论研究主要集中在三个方向：线性波（主要是弹性波），非线性波（也主要是弹性波），冲击波（主要是弹性波和塑性波）。

第一个（经典的）波的研究方向很接近这本书的主题，在本章参考文献中有许多关于弹性波的精美著作。在这些书中，推荐参考 Achenbach 的经典著作[1]及 Royer 和 Dieulesaint 的相对较新的教科书。

第二个方向会在所有后续章节中讨论，而第三个方向则超出了本书的范围。

2.2 材料初论

2.2.1 材料的一般定义和分类

让我们从一般定义（维基百科：材料）开始。“材料是由一种或多种成分构成的任何物质。木材、水泥、氢、空气和水都是一种材料。有时材料这个词被狭义地定义为投入生产或者制造的具有确切物理特性的物质或组成部分。在这个意义上，从建筑和艺术到恒星和计算机，材料都是构成物质的基本要素。”

物理物质通常被定义为由具有静止质量的离散的粒子（原子、分子及其他更加复杂的形态）聚集而形成。

可明确区分的两种物质状态为聚集态和相态。

众所周知的四种聚集态为气体、等离子体、液体和固体。

气态的特征是分子可以具有移动、旋转和震荡运动。分子之间的间距很大，即分子堆积密度不高。

等离子体态与气态的不同之处在于，它是一种含相同浓度的正电荷和负电荷的雾化气体。指出它的目的在于，正如许多人认为的，宇宙中的物质就是由等离子体组成的。

固态的特征是分子在固定不动的平衡中心可以每秒 $10^{13} \sim 10^{14}$ 的震荡频率做震荡运动。平动和转动是不存在的，且分子之间距离很小，即堆积密度高。

液态在堆积密度方面与固态非常相近，但它在分子运动方面与气态接近。

相态可以通过分子序数的位置和顺序进行区分。有三种状态：晶态、液态和气态。

晶相态的特征是分子间距超过自身尺寸 $10^2 \sim 10^3$ 倍，处于“远”距离状态。

液相态的特征是分子间距仅在几个分子尺寸的距离，处于非常“近”的位置，在更远的距离时状态是不可预测的，通常这种状态被称为非结晶态。非晶态固体物质被称为玻璃态。玻璃状体本质上不同于液态非结晶体状态，有时被称为孤立状态。

聚集的气态和气相状态几乎是一致。

聚集的固态对应两种不同的相态：晶体和玻璃态。

材料被定义为固体聚合状态的物质。传统的材料包括机械制造材料、建筑材料、聚合物及复合材料等。最近，材料被分为五个类型：① 金属和合金；② 聚合物；③ 陶瓷和玻璃；④ 复合材料；⑤ 天然材料：木材、皮革、棉/

毛/丝和骨头。

前面的定义中提到的固态是针对力学属性，即描述指定结构形态特征的物体属性。物体相对于结构的变化通过形变来测量表征。在构建材料力学的一个公理过程的框架内，这两个概念（结构、变形）在材料连续体热力学框架内有精确定义和表述。

经典物理学认为固体是大量相互耦合作用的粒子组成的系统，这些粒子称为离散结构。事实证明，从考虑每个粒子的变形来描述一个物体的变形是一个非常复杂的问题。此外，在经典宏观力学中这种描述是不明智的（1 cm^3 大致含有 10^{22} 个粒子)，因为通过对单个粒子的运动就可以描述微纳米的运动，而在很多情况下，通过宏观来研究物体的变形更有意义。

材料的宏观描述在材料力学中是主体，直到 20 世纪时提出和发展了材料的中观与微观描述（第一个主要是源于对金属的深入分析需要；第二个主要是源于在 20 世纪下半个世纪中复合材料的广泛制造和应用)。这两个新描述都是基于对材料中的细观和微观物质的内部结构的理解，并假定这种结构在研究中观和微观力学的机械处理过程中不可忽视。最近，材料的纳米力学正欣欣向荣地发展。

2.2.2 关于材料结构力学

材料结构力学分为宏观力学、中观力学、细观力学和纳米力学。

材料力学作为材料物理的一部分，主要研究材料中的力学现象，并且主要涉及材料的连续介质模型。众所周知，古典与现代物理学都假设材料由离散结构体系形成。连续化转换可以实现离散系统到连续系统的过渡，即将具有一定体积的离散系统以某些连续分布的物理特性作用在相同体积的连续系统上表述。换句话说，连续化建立了一个实体（体积是 V 而且具有复杂离散的内部结构和模糊外部边界）和一个在三维空间相同的虚拟体积 $v \subset \mathbf{R}^3$（与实体有相同的固定外部边界的结构）的对应关系，并对平均物质特征的集合给予了属性描述。

质量密度 ρ 是其中的第一特征，因此它们形成了热力学特性领域。

已知质量密度 ρ（x，y，z）的场的几何区域 $V \subset \mathbf{R}^3$（有限或无限）在物理上被称为连续体材料或连续体。体的概念被定义为在一个空间的常规区域的材料连续体，但是材料连续性的概念并不足以描述固体的变形过程。

一般来说，连续体是一种“装备过程”（像英文中的 ship，这个词是由著名的莫斯科机械学者 Alexey Il’ushin 提出的)。这意味着质量的标量场是由三个场组成的：位移矢量场、应变张量场和应力张量场。在力学上，这三个概念

（场）具有精确的定义。

因此，离散系统的连续化过程提供了一块材料的连续性描述，可以分开考虑这块材料。它可以被当作是均质的（所有点的物理属性相同）或不均质的（不同点的物理属性不同）。如果材料也都由许多连续的块组成（例如，一块复合材料的颗粒由颗粒嵌入的矩阵组成），则离散系统可以被建模为分段均质材料，可以使用两种基本方法：精确方法——基于每个单独的均匀块的连续体力学方程的应用，近似方法——基于整体分段均质的力学参数的平均过程。

均质化（均质过程）的过程是取一个被物质（材料）占据的一个立方体空间这个立方体单元的尺寸基本上来说要小于不均匀体。这个立方体单元必须包含足够多的小块（否则，取平均值是错误的过程）。通过这种方式选出来的立方体单元（体积）被称立方体（体积）代表单元。通常这个立方体单元的中心是一个点，并且这个点具有所有的立方体单元的属性。因此，现在认为均匀材料具有连续特征，更应该提到的是材料不均匀性特征尺寸的重要作用。长度尺寸数量级也被称为材料内部结构的特征尺寸。对于新参数有两个限制。

限制 1：对于具有不同表面载荷问题，内部结构特征尺寸必须比变化特性长度小至少一个数量级。

限制 2：对于波的问题，内部结构特征尺寸必须比波长小至少一个数量级。

因此，在材料的波动理论分析中应该始终考虑第二条限制。

下述一般要求是对前述限制的集中表述。

基本体积应该具有代表性。

换句话说，内部结构的特征尺寸不能与平均化尺寸相称时，这种情况被称为等效的均质化条件。

最后，平均化过程的最终目标是对材料连续性的等效表述。这个过程也是结构力学的基础。

现在让我们讨论连续性和均质化过程的一个共同特征。让我们从一个事实开始，即这些过程的主要工具是选择一个具有代表性的体积单元。通常这个过程中的体积单元具有立方体形式并且侧面尺寸比物体的较小尺寸部分更小。

这个特征在一个物体具有有限范围或者半无限（如半空间）空间的情况下是显而易见的，当一个虚构的立方单元在物体上连续移动时，一些热力学参数的平均值就被估计出来。此值被认为立方体单元中心的值，同时也被认为是连续体的体心处（虚构）相应的参数值。

但是当立方体处于边界时，立方体单元将失去代表性的属性：到边界的距离至少等于半个立方体单元的距离。因此，在物体表面附近区域，连续化和均质化过程是不太准确的。在波动理论里，这意味着介质中的表面波可以用不精确的模型来描述。在这些情况下，应当采用更适当的模型来描述。

考虑到材料的结构力学是材料力学的分支，其基本关系包括材料内部结构的参数。现在，根据材料内部结构的大小（颗粒、纤维、层厚），结构力学可分为宏观力学、细观力学、微观力学和纳米力学。

但有时这种划分是有充分的条件的，因为相同的材料可以构成具有不同力学性能的研究对象，这需要使用不同于前面提到的四种针对不同尺度的材料力学部分的模型。

例如，当研究的波在千赫频率范围内时，通常适合在宏观力学的框架内进行研究（长波），而在兆赫频率范围（短波）内时，可以更充分地在微观力学框架内进行研究。

2.2.3 纳米材料和纳米技术概述

这里谈一下纳米技术和纳米力学，这是最近材料力学最活跃的研究。

起初，纳米物理学和纳米化学的形成与发展产生了纳米力学。纳米（来源于希腊语“侏儒”）意味着十亿分之一的特定单位。单词“nanotechnology”和“nanomechanics”的前缀“nano”表示 1 nm 的长度（1×10^{-9} m）。

包含纳米力学的新材料分类示意图如图 2.1 所示。

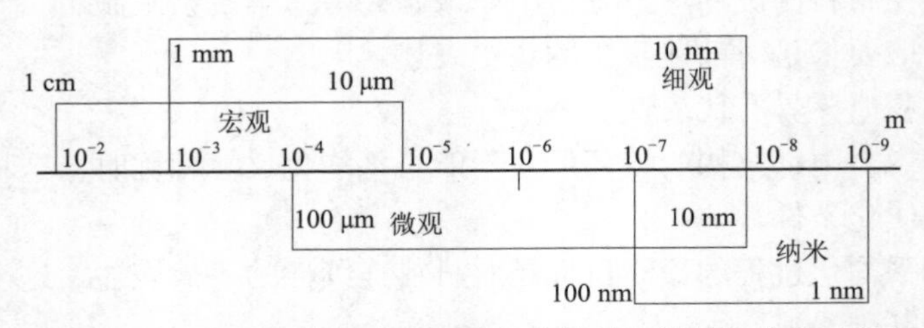

图 2.1　以容许的颗粒尺寸属性进行的材料内部结构分类示意图

人们通常认为第一个预测纳米技术发展的是理查德·费曼。他在 1959 年美国物理学会会议上发表的著名演讲 *There's Plenty of Room at the Bottom* 中阐述了纳米技术的基本原理：“根据物理的原则，据我所知，在原子层面来操纵物体不是不可能的。”

当时没有工具来分析物质的纳米结构。近年来发明的电子显微镜是处理纳米材料的主要工具。1942 年发明了第一个扫描电子显微镜并在 20 世纪 60 年代投入使用，80 年代创造出用于研究纳米材料的扫描隧道显微镜和原子力显微镜［前者是由 Binnig 和 Rohrer（IBM Zürich）在 1981 年发明的，后者是由

Binnig、Quate、Gerber在1986年发明的。两个显微镜的发明者在1986年被授予诺贝尔物理学奖]。通过这些显微镜，可以在纳米尺寸级别观察材料表面。这促进了许多纳米材料实验的成功。

埃里克·德雷克斯勒被认为是第二个纳米科技的先驱。他曾经组织了一个新的技术部门，定义纳米技术本质上是在原子级别上控制物质结构，“这条路拓展了分子工程的能力，使我们能通过控制一个一个原子来构造物体”。

现在原子间的建造被称为是分子纳米技术。

纳米技术作为一个整体可以理解为在原子、分子或者在1~100 nm长度范围级别的大分子上的研究和技术开发，为纳米级别的现象和材料提供基本解释。由于尺寸微小或者中等大小，可以创造和使用那些具有创新属性和功能的结构、器件和系统。

在某些情况下，临界长度的规模可能小于1 nm或大于100 nm。后者包括因为纳米结构和聚合物基材之间的局部桥接或者界合而具备的在200~300 nm范围的独特功能的复合材料（纳米结构填充物基材）。

纳米材料的理论解释中的主要概念包括所有的材料都是由粒子组成的，而这些粒子又都是由原子组成的。这个概念正好与经典概念相协调一致。粒子肉眼可见或不可见，这取决于它们的大小，这些创新事物的引入有助于对经典材料的理解。材料的结构力学所囊括的颗粒尺度从纳米到厘米，等等（例如，在岩石力学中）。

作为纳米材料，其内部结构中存在的纳米尺寸是创新的事物这一观点并非属实。就在最近发现的一些由氧化物、金属、陶瓷和其他物质形成的物质都是纳米材料。例如，在1900年初被发现的普通（黑色）碳，即硅橡胶的一个组成部分，以及气相二氧化硅粉也是一种纳米材料，它在1940年就开始投入商业使用了。然而，只是最近才证实这两种物质组成的粒子具有纳米级尺寸。

尺寸不是纳米颗粒、纳米晶体或者纳米材料的唯一特征。许多纳米结构的一个非常重要的属性是在一个结构表面有大多数原子，与原子散布在粒子体中的普通材料形成鲜明对比。

现在讨论碳纳米颗粒。科学早就证实了碳的三种形式：非晶碳、石墨和金刚石。高度对称的碳分子C_{60}是在1985年发现的。它有一个由五环结构碳原子为表面的类似于足球样子的球形，其中包含60个原子，分别为被六环分割五环结构。这些分子被命名为碳簇，并且研究已经卓有成效。被发现的各种碳簇数量大大增加，已数以千计。

碳簇分子形成可能被视为石墨相关产物的碳纳米管。纳米管可以被认为是由石墨晶格卷成管状；它们有大量的原子 $C_{10\,000} \sim C_{1\,000\,000}$。纳米管在长度、直径和卷成方式方面各不相同。内部腔也可能是不同的，卷管可能多于一层。在碳簇分子末端原子形成“半球形帽”。碳纳米管可能有不同的卷曲形式如曲折、手性和扶手椅结构。有两种纳米管很容易区分：单壁和多壁纳米管。

因此，可以说所有已知粒子的综合属性都体现在它们的尺寸上。它们内部结构有很大的不同。上述高等级的表面分布和各种纳米结构中的化学－物理特性（取决于其宏观世界和原子世界的中间位置）均表现为其特定的力学性能。其力学特征大大超过了传统材料。如今对纳米粒子、纳米结构和纳米材料的研究仍处在早期阶段。只有机械行为的外部特征被观察到，但是它们的机理还没有得到充分的研究。

下面以简短的介绍结束关于纳米力学的讨论，这似乎应当回顾到 1963 年 6—7 月在英国举办的并于 1964 年发表在《英国皇家学会学报》上的关于新型材料的机械性能讨论。组织者之一的伯纳尔教授在结束语中表示如下：

这里我们必须重新考虑我们的目标。我们正在讨论的我们实际感兴趣的新材料，并不在于材料本身，而在于它们所具有功能的结构。

40 年前 John Bernal 雄辩地描述的细观力学的挑战与现在纳米力学面临的是一样的。

2.2.4 复合材料结构纳米力学

现在让我们回到结构力学，并考虑基本要素，即复合材料理论作为极具影响力的材料理论对结构力学产生重大影响。

材料中的经典力学通常将材料分为两类：各向同性和各向异性。

均质材料被认为是具有原子－分子特征的内部结构材料（结构的特征尺寸接近原子或分子）。这意味着这种材料具有离散分子结构。离散分子结构的变化主要由各向同性连续体的模型表述。

异质材料被认为基本上是由大于分子运动学尺寸（分子、晶格等的大小）的内部结构组成的材料。这意味着，这些材料由成分（相）组成并且有宏观非各向同性内部结构。通常各向异性材料是由分段各向同性连续体模型表示的，并假定分段同类连续体内每个内部结构组分也由同类连续体作为模型。因此，正如前面提到的，这种情况应用连续化过程不是针对整体材料，而是针对材料的不同部分。

复合材料是各向异性材料的典型代表，可分为天然和人工复合材料。它们通常定义为由几个具有不同物理性质的组分（相）构成。一般来说，在空间中这些组分多次变化。它们的界面条件、几何形状和组分的物理属性决定了复合的内部结构。

在实际复合材料中，内部结构是最接近周期性的。在连续性描述中最具难度的过程是对界面的描述。宏观、细观和微观力学是基于普通物理概念中的相同位置从实际需要考虑这些处理过程。纳米力学将这个问题引入了新特征，这些新特征与介于普通物理定理和量子力学定理之间的界面过程的中间状态有关。

在连续体模型中，复合材料界面的全部问题都反映在基体与填料之间边界条件的公式上。因此，复合材料纳米力学的新问题（复合材料的宏观、细观和微观力学）都包括在边界条件的适当的公式中，而这些完全不同于旧的学科。

复合材料纳米力学另一个重要的特征是它包含了具有极高力学性能的纳米填料。这个属性在材料力学中是新颖的（例如，极高的杨氏模量数值）。

材料结构力学的全部四个分支最重要的相似性是所有分支连续介质模型分支具有的普遍适应性。

复合材料力学主要与材料特殊的设计有关。通常，复合材料内部结构假设为在分界面上的组分（相）属性和软、硬组分有一个跳跃式（渐进式）的变化。硬组分可以被认为起加强或者加固的作用，并通常称之为填料，而软组分有条件地被称为基体（黏合剂）。复合组分的一些力学性能（如杨氏模量）的差异可以达到 100 ~ 1 000 倍甚至更高。

最常见和最常用的复合材料有颗粒（颗粒为增强填料）、纤维（纤维为增强填料）和层状（薄层片为增强填料）复合材料。

与复合材料力学现象的解析描述有关的复杂性导致创立了近连续体模型。一方面，这些模型保留了系统的主要物理性能；另一方面，这些模型相当简易，并且假设了包括波传播过程的不同力学问题的解析解。

目前，专家们提出了许多比较先进的不同的近似模型。他们考虑材料的内部结构，确定所需的力学参数，解决了几乎所有的重要问题。这些模型可以分为不同阶次的结构模型。基本模型（一阶结构模型）的假设是基于材料为各向同性的连续体，这些材料特性可以由标准试验方法获得。复合材料的内部结构与工程和建筑材料（钢、铁、木头或塑料）的结构相同。在均质化过程中获得的材料属性取决于内部结构的基本参数。它们主要以代数关系形式给出。

这种情况使得在设计阶段就可能预见复合材料的平均特性。模型的预测能力与设计工程复合材料的技术可能性一起构成复合材料力学发展的主要方向之一。大多数情况下，在处理平均特性时，是在经典连续体弹性模型的框架内考虑的。

最后说明的是有关材料的机械特性。在理想情况下，每种材料似乎应该有其固定的物理属性。长期以来，材料力学实验提供了这些数据。这里直接测试是非常有价值的，因为间接测试需要重新计算那些可能不完全可以进行给定测试的理论公式。目前，采用间接测试和理论计算新材料力学性能的实践是非常普遍的，尤其是在纳米力学方面。因此，以这种方式取得的成果和科技文献报道数据应该以一些批判和怀疑的观点来评判。

这一评论似乎是恰当的，因为材料中波动分析需要了解材料的物理特性和处理已成事实的特性数据。

练　习

1. 找出那些能观察到波动现象的科学领域（例如，经济学或者社会学），并且进行数学描述及与传统领域进行比较。

2. 找出第 6 章附加的波的定义，并确切地表述已有定义与附加的定义的区别。

3. 提出新的波的分类并比较新的分类和这一章的分类准则。

4. 复习材料最常用的五种分类法，并设想出其他分类，请表述它们之间的区别。

5. 解释连续化和均质化过程之间的差异。

6. 在科学先进的不同国家已经建立起对材料结构的宏观、细观、微观和纳米量级的不同界定标准。找到和比较这些标准。试着去解释这些差异。

7. 纳米技术可以以非常不同的方式去理解，试着去提出一个定义，使其最适合力学范畴。

8. 列出现有的所有纳米管（碳、硅等），验证在应用和科学调查中碳纳米管是否是纳米管的主导类型。

9. 在复合材料的经典分类（颗粒、纤维、层状）中，确定中间的类型，并尝试构建一个新的细致的复合材料分类。

10. 列出关于材料弹性性能的测定的直接和间接实验（可以先参考引用的材料力学的文献和专著[67]或者参考不同科学领域的波的参考文献[9]），大量比较已经存在的直接和间接的实验。

参 考 文 献

科学不同领域的波动的参考列表

[1] Alexandrov, A. F., Bogdankievich, L. S., Rukhadze, A. A.: Kolebaniia i volny v plazmennykhsredakh (Oscillations and Waves in Plasma Media). Moscow University Publishing House, Moscow (1990)

[2] Ash, E. A., Paige, E. G. S. (eds.): Rayleigh-wave theory and application. Springer Series on Wave Phenomena, vol. 2. Springer, Berlin (1985)

[3] Balakirev, M. K., Gilinsky, I. A.: Volny v piezokrystalakh (Waves in Piezocrystals). Nauka, Novosibirsk (1982)

[4] Boulanger, P., Hayes, M.: Bivectors and waves in mechanics and optics. Chapman & Holl, London (1993)

[5] Brekhovskikh, L. M.: Waves in layered media. Academic, New York, NY (1980)

[6] Bynam, W. F., Browne, E. J., Porter, R. (eds.): Dictionary of the history of science. Princeton University Press, Princeton (1984)

[7] Collocott, T. C. (ed.): Chambers dictionary of science and technology. Chambers, Edinburg (1971)

[8] Crawford Jr., F. S.: Waves. Berkeley Physics Course, vol. 3. Mc Graw-Hill, New York, NY (1968)

[9] Drumheller, D. S.: Introduction to wave propagation in nonlinear fluids and solids. Cambridge University Press, Cambridge (1998)

[10] Encarta® World English Dictionary. Microsoft Corporation, Bloomsbury Publishing (2007)

[11] Encyclopedia Britannica: Encyclopedia Britannica Online (2009)

[12] Griffiths G. W., Schiesser, W. E.: Linear and Nonlinear Waves. Scholarpedia, 4 (7), 4308 (2009)

[13] Hippel, A. R.: Dielectrics and waves. Willey, New York, NY (1954)

[14] Keilis-Borok, V. I.: Interferencionnyie poverkhnostnyie volny (Interferential Surface Waves). An USSR Publication House, Moscow (1960)

[15] Kneubühl, F. K.: Oscillations and waves. Springer, Berlin (1997)

[16] Knobel, R. A.: An introduction to the mathematical theory of waves. Am. Math. Soc. 3, 196 (2000)

[17] Krasilnilov, V. A., Krylov, V. V.: Vvdeniie v fizicheskuiu akustiku (Introduction to Physical Acoustics). Nauka, Moscow (1986)

[18] Krehl, P. O. K.: History of shock waves, explosions and impact: A Chronological and biographical reference. Springer, Berlin (2008)

[19] Kundu, A. (ed.): Tsunami and nonlinear waves. Springer, Berlin (2007)

[20] Levine, A. H.: Unidirectional wave motions. North-Holland, Amsterdam (1978)
[21] Levshin, A. L.: Poverkhnostnyie i kanalnyie seismicheskie volny (Surface and Canal Seismic Waves). Nauka, Moscow (1973)
[22] Lighthill, M. J.: Waves in fluids. Cambridge University Press, Cambridge (1978)
[23] Lundstrom, M.: Fundamentals of carrier transport. Cambridge University Press, Cambridge (2000)
[24] Maggiore, M.: Gravitational waves. Theory and Experiments, vol. 1. Oxford University Press, Oxford (2007)
[25] Nappo, C. J.: An introduction to atmospheric gravity waves, vol. 85. Academic, New York, NY (2002)
[26] Prabhakar, A., Stancil, D. D.: Spin waves: theory and applications. Springer, Berlin (2009)
[27] Rabinovich, M. I., Trubetskov, D. I.: Vvedenie v teoriyi kolebanij i voln (Introduction to Theory of Oscillations and Waves). Nauka, Moscow (1984)
[28] Rose, J. L.: Ultrasonic waves in solid media. Cambridge University Press, Cambridge (1999)

[29] Ross, J., Muller, S. C., Vidal, C.: Chemical waves. Science 240, 460-465 (1988)
[30] Okamoto, K.: Fundamentals of optical waveguides. Academic, New York, NY (2006)
[31] Ostrovsky, L. A., Potapov, A. S.: Modulated waves. Theory and Applications. John Hopkins University Press, Baltimore, MD (2002)
[32] Sachdev, P. I.: Nonlinear diffusive waves. Cambridge University Press, Cambridge (2009)
[33] Scott, A. C.: Active and nonlinear wave propagation in electronics. Wiley-Interscience, New York, NY (1970)
[34] Selezov, I. T., Korsunsky, S. V.: Nestacionarnyie i nelineinyie volny v electroprovodiashchikh sredakh (Nonstationary and Nonlinear Waves in Electroconducting Media). Naukova Dumka, Kiev (1991)
[35] Slawinski, M. A.: Seismic waves and rays in elastic media. Elsevier, London (2003)
[36] Svirezhev, J. M.: Nonlinear waves. Dissipative Structures and Catastrophes in Oecology. Springer, Berlin (1989)
[37] Vinogradova, M. B., Rudenko, O. V., Sukhorukov, A. P.: Teoriia voln (Theory of Waves). Nauka, Moscow (1990)
[38] Whitham, J.: Linear and nonlinear waves. Wiley Interscience, New York, NY (1974)
[39] Zarembo, L. K., Krasilnikov, V. A.: Vvedenie v nielinieinuyu akustiku (Introduction to Non-linear Acoustics). Nauka, Moscow (1966)
[40] Zeldovich, J. B., Barenblatt, G. I., Librovich, V. B., Makhviladze, G. M.: The mathematical theory of combustion and explosions. Springer, Berlin (1980)

弹性波的参考列表

[41] Achenbach, J. D.: Wave propagation in elastic solids. North-Holland, Amsterdam (1973)

[42] Babich, V. M., Molotkov, I. A.: Matematicheskie metody v teorii uprugikh voln (Mathematical Methods in Elastic Waves Theory). Mechanics of Solids. Itogi Nauki i Techniki, vol. 10. Moskva, VINITI (1977)

[43] Bedford, A., Drumheller, D. S.: Introduction to elastic wave propagation. Wiley, Chichester (1994)

[44] Chen, P. J.: Wave motion in solids. Flügge's Handbuch der Physik, Band VIa/3. Springer, Berlin (1972)

[45] Davies, R. M.: Stress Waves in Solids. Cambridge University Press, Cambridge (1956)

[46] Dieulesaint, E., Royer, D.: Ondes elastiques dans les solides. Application au traitement du signal. Masson et C'ie, Paris (1974)

[47] Farnell, G. W.: Elastic surface waves. In: Mason, W. P., Thurston, R. N. (eds.) Physical Acoustics, vol. 6, pp. 139-201. Academic, New York, NY (1972)

[48] Fedorov, F. I.: Theory of elastic waves in crystals. Plenum, New York, NY (1968)

[49] Graff, K. F.: Wave Motion in Elastic Solids. Dover, London (1991)

[50] Guz, A. N.: Uprugie volny v telakh s nachalnymi (ostatochnymi) napriazheniiami (Elastic Waves in Bodies with Initial (Residual) Stresses. A. C. K. - S. P. Timoshenko Institute of Mechanics, Kyiv (2004)

[51] Harris, J. G.: Linear Elastic waves. Cambridge Texts in Applied Mathematics. Cambridge University Press, Cambridge (2001)

[52] Hudson, J. A.: The excitation and propagation of elastic waves. Cambridge University Press, Cambridge (1980)

[53] Kolsky, H.: Stress waves in solids. Oxford University Press, Oxford (1953)

[54] Lempriere, B. M.: Ultrasound and elastic waves: Frequently asked questions. Academic, New York, NY (2002)

[55] Maugin, G.: Nonlinear waves in elastic crystals. Oxford University Press, Oxford (2000)

[56] Miklowitz, J.: The theory of elastic waves and waveguides. North-Holland, Amsterdam (1978)

[57] Nigul, U. K., Engelbrecht, J. K.: Nielineinyie i lineinyie perekhodnyie vonovyie processy deformacii termouprugikh i uprugikh tiel (Nonlinear and Linear Transient Wave Processes of Deformation of Thermoelastic and Elastic Bodies). AN Est. SSR Publishing House, Tallinn (1972)

[58] Royer, D., Dieulesaint, E.: Elastic waves in solids (I, II). Advanced Texts in Physics. Springer, Berlin (2000)

[59] Rushchitsky, J. J.: Theory of waves in materials. Ventus Publishing ApS, Copenhagen

(2011)

[60] Petrashen, G. I.: Rasprostranenie voln v anizotropnykh uprugikh sredakh (Propagation of Waves in Anisotropic Elastic Media). Nauka, Leningrad (1980)

[61] Slepian, L. I.: Niestacionarnyie uprugie volny (Nonstationary Elastic Waves). Sudostroenie, Leningrad (1972)

[62] Tolstoy, I.: Wave propagation. McGraw Hill, New York, NY (1973)

[63] Viktorov, I. A.: Rayleigh and Lamb waves. Plenum, New York, NY (1967)

[64] Wasley, R. J.: Stress wave propagation in solids. M Dekker, New York, NY (1973)

材料力学的参考列表

[65] Asaro, R., Lubarda, V.: Mechanics of solids and materials. Cambridge University Press, Cambridge (2006)

[66] Ashby, M. F.: Materials selection in mechanical design, 3rd edn. Elsevier, Amsterdam (2005)

[67] Bell, J. F.: Experimental foundations of solid mechanics. Flugge's Handbuch der Physik, Band VIa/1. Springer, Berlin (1973)

[68] Cleland, A. N.: Foundations of nanomechanics. From Solid-State Theory to Device Applications. Series Advanced Texts in Physics. Springer, Berlin (2003)

[69] Daniel, I. M., Ishai, O.: Engineering mechanics of composite materials, 2nd ed. Oxford University Press, New York, NY (2006)

[70] Gonis, A., Meike, A., Turchi, P. E. A.: Properties of complex inorganic solids. Springer, Berlin (1997)

[71] Gupta, R. K., Kennel, E., Kim, K. -J. (eds.): Polymer nanocomposites handbook. CRC Press/Taylor & Francis Group, Boca Raton, FL (2010)

[72] Guz, A. N. (ed.): Mekhanika kompozitov (Mechanics of Composites). In 12 vols, ASK, Kiev (1993-2003)

[73] Guz, A. N., Rushchitsky, J. J.: Short introduction to mechanics of nanocomposites. scientific and academic publishing, Rosemead (2012)

[74] Guz, A. N., Rushchitsky, J. J., Guz, I. A.: Introduction to mechanics of nanocomposites. Akademperiodika, Kiev (2010)

[75] Guz, I. A., Rushchitsky, J. J., Guz, A. N.: Mechanical models in nanomaterials. In: Sattler, K. D. (ed.) Handbook of Nanophysics, In 7 vols. Principles and Methods, vol. 1, pp. 24.1-24.12. Taylor & Francis Publisher (CRC Press), Boca Raton, FL (2011)

[76] Kelly, A., Zweben, C. (eds.): Comprehensive composite materials. In 6 vols, Pergamon, Amsterdam (2000)

[77] Le Roux, A.: Etude geometrique de la torsion et de la flexion. Ann. Scient. de L'Ecole Normale Sup. 28, 523-579 (1911)

[78] Mai, Y. -W., Yu, Z. -Z. (eds.): Polymer nanocomposites. Woodhead Publishing, Cambridge (2009)

[79] Milne, I., Ritchie, R. O., Karihaloo, B. (eds): Comprehensive structural integrity. In 10 vols, Elsevier, New York, NY (2003)

[80] Milton, G. W.: The theory of composites. Cambridge University Press, Cambridge (2002)

[81] Sahimi, M.: Heterogeneous materials. Springer, New York, NY (2003)

[82] Nalwa, H. S.: Handbook of nanostructured materials and nanotechnology. Academic, San Diego, CA (2000)

[83] Nemat-Nasser, S., Hori, M.: Micromechanics: Overall properties of heterogeneous materials. North-Holland, Amsterdam (1993)

[84] Qu, J., Cherkaoui, M.: Fundamentals of micromechanics of solids. Pergamon, Amsterdam (2006)

[85] Ramsden, J.: Nanotechnology. Ventus Publishing ApS, Copenhagen (2010)

[86] Sirdeshmukh, D. B., Subhadra, K. G., Sirdeshmukh, L.: Micro- and Macro-properties of solids. Springer, Berlin (2006)

[87] Tabor, D.: Gases, Liquids and solids and other states of matter. Cambridge University Press, Cambridge (1991)

[88] Tilley, R. J. D.: Understanding solids: the science of materials. Pergamon, Amsterdam (2004)

[89] Tjong, S. C.: Carbon nanotube reinforced composites. Metal and Ceramic Matrixes. Wiley- VCH Verlag GmbH &Co, KGaA, Weinheim (2009)

[90] Torquato, S.: Random heterogeneous materials: microstructure and macroscopic properties. Springer, New York, NY (2003)

[91] Wilde, G. (ed.): Nanostructured materials. Elsevier, Amsterdam (2009)

第3章

弹性材料

弹性材料的理论描述是基于将材料看作连续体且具有包括弹性性质在内的一系列物理性质而进行的。经典弹性理论是连续介质力学历史最悠久和发展最成熟的部分之一。本章包括非线性弹性理论的基本运动学和动力学概念，这些概念在许多弹性理论的基本著作中都有表述。可参见本章末尾的参考文献[1－45]。基本概念包括体、运动、结构、基本度量张量、位移矢量、变形梯度、应变张量、力、力矩和应力张量。此外，还简要介绍了平衡定律，并给出了经典模型（一阶结构模型）和非经典模型（二阶结构模型）。最后，介绍了形成本构方程的一些重要概念：一般弹性、亚弹性、超弹性、各向异性、各向同性和弹性势能（Seth，Signorini，Treloar，Mooney，Rivlin-Saunders，John 和 Murnaghan）。

3.1 非线性弹性理论的基本概念

3.1.1 体、运动、结构和位移矢量的基本概念

力学中的主要概念是运动。在研究变形体（材料）的固体力学中，运动分析包含了变形体的形状和尺寸变化。研究运动时需选择一个参考系。

正如第2章所指出，根据材料连续的概念，可通过一种材料（体）所占有的三维空间的几何域来辨识该种材料，将该几何域视为其内部具有质量和物

理性质的质点连续填充，通过这种方式，域被转变成为一种抽象的物理概念，称为体。

假设在欧式空间 $\mathbf{R}^3$ 中给出一个体，符号为 B，则运动可被定义为在一定时间 t 上一组体 B 集合在欧氏空间 $\mathbf{R}^3$ 内域 $\chi(B,T)$ 中的映射，即

$$x=\chi(X,t),X\in B,\ t\in\mathbf{R}^1 \tag{3.1}$$

运动被认为是对时间可微分的（通常不超过二阶）。

速度和加速度分别被定义为 $\dot{x}=\dot{\chi}(X,t),\ddot{x}=\ddot{\chi}(X,t)$。

映射 χ 在 t 时刻的一个图像 $\chi(B,t)$ 可称为一个结构。换句话说，结构就像是运动在一个固定时刻的照片。

体在时刻 t 的结构叫作实际结构。体在任何一个任意选择的初始时刻的结构叫作参考结构。

通过参考结构对体的运动进行的描述叫作参考描述，参考描述在材料力学中被广泛使用。

参考结构和实际结构与拉格朗日和欧拉参考系相关联。

拉格朗日参考系以此方法引入，假设体的材料质点是个体化的，每个质点都与直角坐标 x_k（或曲线坐标 x^k）有关。个体化是在参考结构中进行的。可进一步假设，在运动的过程中（从参考结构向实际结构的转变），坐标 x_k 不发生变化，即质点和它的坐标是永远相关联的。

欧拉参考系以另一种方式引入。假设质点在实际结构中占据一个点位，该点的坐标为 X^α（或 X_α）。此时，质点的坐标与运动无关，因为运动已经发生了（体已经处于某种实际结构中）。

重新考虑运动并在 $\mathbf{R}^3$ 中选择拉格朗日 $\{x^k\}$ 和欧拉 $\{X^\alpha\}$ 参考系，假定给出从一个参考系到另一个参考系的变换关系 $x^k=x^k(X^\alpha),X^\alpha=X^\alpha(x^k)$，则在参考系中运动的描述可以用 $\chi_\kappa(X^\alpha,t)$ 或 $x^m=\chi_\kappa^m(X^\alpha,t)$ 来表示。

通常假定函数 χ_κ^m 是连续可微的，可以微分到需要的阶数，是实函数和单值函数。此外，假设变换 $\chi_\kappa(X^\alpha,t)$ 的雅可比行列式非零，即

$$J=\begin{vmatrix}\dfrac{\partial\chi_1^1}{\partial x_1} & \dfrac{\partial\chi_2^1}{\partial x_2} & \dfrac{\partial\chi_3^1}{\partial x_3}\\[2ex] \dfrac{\partial\chi_1^2}{\partial x_1} & \dfrac{\partial\chi_2^2}{\partial x_2} & \dfrac{\partial\chi_3^2}{\partial x_3}\\[2ex] \dfrac{\partial\chi_1^3}{\partial x_1} & \dfrac{\partial\chi_2^3}{\partial x_2} & \dfrac{\partial\chi_3^3}{\partial x_3}\end{vmatrix}\neq 0 \tag{3.2}$$

体的变形是指其形状或尺寸的变化。

变形的梯度定义为

$$\vec{F} \equiv \vec{F_K}(X^\alpha,t) \equiv \nabla\chi_k(X^\alpha,t),\ F_\alpha^m = x_\alpha^m = \frac{\partial\chi_k^m(X^\alpha,t)}{\partial X^\alpha} \tag{3.3}$$

为描述材料的变形，对于质点 $x\in B$ 从参考结构 B_R 到实际结构 B 的变化，引入了位移矢量来进行描述，即

$$\vec{u} = \{u^m\} \equiv \{u^1,u^2,u^3\},\ u^m(X^\alpha,t) = x^m(X^\alpha,t) - X^m \tag{3.4}$$

在非线性材料力学中，分析描述结构时主要选择拉格朗日坐标系的伴随坐标系，坐标转换关系为

$$\mathrm{d}\theta^i = \left(\frac{\partial\theta^i}{\partial\vartheta^k}\right)\mathrm{d}\vartheta^k = a_k^i\mathrm{d}\vartheta^k$$

表示了两个连续坐标系（θ^1，θ^2，θ^3）和（ϑ^1，ϑ^2，ϑ^3）之间存在一致性。

在这一阶段的分析中，空间（θ^1，θ^2，θ^3）度量的概念并非总是必需的，空间可以是非度量的。

理论描述的下一个重要部分包括运用协变基向量（$\vec{e_1}$，$\vec{e_2}$，$\vec{e_3}$），（$\vec{e_1}'$，$\vec{e_2}'$，$\vec{e_3}'$）（根据定义，这些向量沿着对应坐标线 θ^k 的切线方向）和运用以 $\mathrm{d}\vec{r} = \mathrm{d}\theta^i\,\vec{e_i}$、$\mathrm{d}\vec{r} = \mathrm{d}\,\vartheta^i\,\vec{e_i}$的格式来表示任意无穷小的向量 $\vec{r} = \overrightarrow{M_1M_2}$（$M_1$ 和 M_2 是连续体上无限接近的两个点）。需要注意的是逆变基向量（$\vec{e}^1$，$\vec{e}^2$，$\vec{e}^3$）是协变基向量（$\vec{e_1}$，$\vec{e_2}$，$\vec{e_3}$）的倒数，在此意义上，新的基向量垂直于面 $\theta^k = \mathrm{const}$。引入的协变向量和逆变向量的值通常和基向量有关。

进而，有必要引入由基向量的长度 $\mathrm{d}\vec{r}$定义的空间度量。

$$|\mathrm{d}\vec{r}|^2 = \mathrm{d}s^2 = \mathrm{d}\theta^i\mathrm{d}\theta^k\,\vec{e_i}\cdot\vec{e_k} = \mathrm{d}\theta^i\mathrm{d}\theta^k g_{ik} \tag{3.5}$$

该长度对于坐标系应该是不变的：

$$|\mathrm{d}\vec{r}|^2 = \mathrm{d}\theta^p\mathrm{d}\theta^q\,\vec{e_p}'\cdot\vec{e_q}' = \mathrm{d}\theta^p\mathrm{d}\theta^q g'_{pq} \to g'_{pq} = a_p^i a_q^k g_{ik}$$

表达式（3.5）称为基本二次型。

定义基本度量张量为含有协变量 g_{ik}的张量 $g = g_{ik}\,\vec{e}^i\,\vec{e}^k$。

逆变向量和混合分量向量的定义类似。当从曲线坐标系向笛卡儿坐标系转换时，所有三种类型的度量张量都被转换成分量为克罗内克尔符号的张量。

基于所引入的度量，我们可以构建一个非线性变形理论，作为连续介质力学的一部分。为了这一目标，先前所讨论的结构、参考结构（初始时刻）和实际结构（当前时刻）都是固定的。不同的结构，在先前选择的伴随坐标系中有不同的基向量，参考结构的基向量为 $\{\vec{e}_k^o\}$，实际结构的基向量为 $\{\vec{e}_k^*\}$。如果考虑两个不同的时刻t'和t''，那么对应的结构是用不同的基向量 $\{\vec{e}'^*_k\}$ 和 $\{\vec{e}''^*_k\}$ 来表示的。基本的度量张量也不相同，分别为

$$g' = g'_{ik} \vec{e}'^{*}_i \ \vec{e}'^{*}_k,\ g'' = g''_{ik} \vec{e}''^{*}_i \ \vec{e}''^{*}_k,\ (\mathrm{d}s')^2 = g'_{ik} \mathrm{d}\theta^i \mathrm{d}\theta^k,$$
$$(\mathrm{d}s'')^2 = g''_{ik} \mathrm{d}\theta^i \mathrm{d}\theta^k \tag{3.6}$$

3.1.2　应变张量、不变量、克里斯托弗符号表示的基本概念

应变张量是像位移和位移梯度一样的基本运动学参数。在力学中，已经提出了一系列的应变张量。应变张量可以根据为其分量赋值的基向量是描述参考结构还是描述实际结构的基向量分为两种。

需要指出的是体的形变（应变）可以被理解为是体的形状或者尺寸的变化。

运用式（3.6）可得

$$(\mathrm{d}s')^2 - (\mathrm{d}s'')^2 = 2\varepsilon_{ik} \mathrm{d}\theta^i \mathrm{d}\theta^k,\ \varepsilon_{ik} = \frac{1}{2}(g'_{ik} - g''_{ik}) \tag{3.7}$$

该表达式是变形运动学最重要的组成部分之一。

这里的 ε_{ik} 可以被看作某张量的协变分量。

基于协变分量ε_{ik}，根据所使用的基向量不同（$\{\vec{e}'^{*}_i\}$ 或者 $\{\vec{e}''^{*}_k\}$），ε'^{ik} 或 ε''^{ik} 可以构建两种反变量。

对于两种基向量，通常都用协变张量来定义应变张量，即

$$E' = \varepsilon'_{ik} \vec{e}'^{*}_i \ \vec{e}'^{*}_i,\ E'' = \varepsilon''_{ik} \vec{e}''^{*}_i \ \vec{e}''^{*}_i \tag{3.8}$$

如果对于连续体上所有的点都存在位移矢量 $\vec{u} = \{u_i\}$（通常在固体力学中适用），那么应变张量可以通过基向量 $\vec{e}^{*}_k$ 或 $\vec{e}^{o}_k$ 来表示，即

$$\varepsilon_{ik} = \frac{1}{2}\left(\frac{\partial \vec{u}}{\partial \theta^i} \cdot \vec{e}^{*}_k + \frac{\partial \vec{u}}{\partial \theta^k} \cdot \vec{e}^{*}_i - \frac{\partial \vec{u}}{\partial \theta^i} \frac{\partial \vec{u}}{\partial \theta^k}\right) \tag{3.9}$$

$$\varepsilon_{ik} = \frac{1}{2}\left(\frac{\partial \vec{u}}{\partial \theta^i} \cdot \vec{e}^{o}_k + \frac{\partial \vec{u}}{\partial \theta^k} \cdot \vec{e}^{o}_i - \frac{\partial \vec{u}}{\partial \theta^i} \frac{\partial \vec{u}}{\partial \theta^k}\right) \tag{3.10}$$

通常张量（3.9）被称为 Almansi 应变张量，而张量（3.10）被称为格林或者柯西 – 格林应变张量。在本书中仅使用这两种张量。

柯西 – 格林应变张量在参考结构中通常表示如下：

$$\varepsilon_{nm}(\chi^k, \alpha) \equiv \varepsilon_{nm}(x^k, t) = \frac{1}{2}\left(\frac{\partial u^n}{\partial x^m} + \frac{\partial u^m}{\partial x^n} + \frac{\partial u^n}{\partial x^i} \frac{\partial u^i}{\partial x^m}\right) \tag{3.11}$$

应变张量定义了体对于参考结构的变形（这里的体的度量与体的非变形状态相对应）。

Almansi 应变张量在实际结构中给出，即在体的变形状态中给出，且使用变形状态下的度量：

$$\tilde{\varepsilon}_{\beta\gamma}(X^{\alpha},t)=\frac{1}{2}\left(\frac{\partial U^{\beta}}{\partial X^{\gamma}}+\frac{\partial U^{\gamma}}{\partial X^{\beta}}-\frac{\partial U^{\beta}}{\partial X^{\delta}}\frac{\partial U^{\delta}}{\partial X^{\gamma}}\right) \tag{3.12}$$

向量（3.4）和张量（3.11）或者向量（3.4）和张量（3.12）都充分地描述了体的变形运动。

回顾柯西－格林应变张量和 Almansi 应变张量在理论中经常使用到的一些性质：

（1）两种应变张量的定义都是对称的，且它们的主要取值是正的。

（2）两种应变张量的前三个代数不变量如下：

$$I_1=\mathrm{tr}(\varepsilon)=\varepsilon_{11}+\varepsilon_{22}+\varepsilon_{33},\ \tilde{I}_1=\mathrm{tr}(\tilde{\varepsilon})\equiv\tilde{\varepsilon}_{11}+\tilde{\varepsilon}_{22}+\tilde{\varepsilon}_{33},$$

$$I_2=\varepsilon_{ik}\varepsilon_{ki},\ \tilde{I}_2=\tilde{\varepsilon}_{ik}\tilde{\varepsilon}_{ki} \tag{3.13}$$

$$I_3=\det(\varepsilon)=\varepsilon_{ik}+\varepsilon_{km}+\varepsilon_{mi},\ \tilde{I}_3=\det(\tilde{\varepsilon})\equiv\tilde{\varepsilon}_{ik}+\tilde{\varepsilon}_{km}+\tilde{\varepsilon}_{mi}$$

（3）只有三个可数集的不变量是独立的。通常选择式（3.13）中的第一不变量，并将其命名为基本不变量。

非常重要的一点是应变张量在选择的结构中具有依赖性，也就是说，张量是相对于某个结构来定义的。在选择参考状态的类型时通常假设该状态是没有外力、内应力以及应变的自然状态。进而可以假设相对于该状态，度量没有必要一定是欧式几何的，这样的参考状态可以是虚拟的，然而，真实的连续介质的变形却总是发生在现实（欧几里得）空间中。

在变形运动学中也运用了诸如克里斯托弗符号和黎曼－克里斯托弗张量这样的概念，这些概念是微分几何中的基本概念。具体是，在一般理论中，克里斯托弗符号被称为仿射连通性系数，黎曼－克里斯托弗张量被称为仿射连通性空间的曲率张量。

在非线性材料力学的一些情况下，坐标系是曲线的（如柱面波就是很典型的例子）并且基向量会在点与点之间发生变化，在这种情况中克里斯托弗符号有很大的作用。如此，基向量的变化可以用以下公式来表示：

$$\frac{\partial\vec{e}_k}{\partial\theta^i}=\frac{\partial\vec{e}_i}{\partial\theta^k}=\Gamma_{ki}^{m}\vec{e}_m=\Gamma_{kim}\vec{e}^{m} \tag{3.14}$$

克里斯托弗符号 Γ_{ki}^{m} 和 Γ_{kim} 也会在点与点之间发生变化。在欧式空间和黎曼空间中，克里斯托弗符号通过下面度量张量分量的形式来表示：

$$\Gamma_{ki}^{m}=\frac{1}{2}g^{mn}\left(\frac{\partial g_{kn}}{\partial\theta^i}+\frac{\partial g_{in}}{\partial\theta^k}-\frac{\partial g_{ki}}{\partial\theta^n}\right) \tag{3.15}$$

需要注意的是，在通过协变基向量 $\{\vec{e}_m\}$ 展开的情况下，量 Γ_{ki}^{m} 被称为第一类克里斯托弗符号。在通过逆变基向量 $\{\vec{e}^m\}$ 展开的情况下，量 Γ_{kim} 被称为第二类克里斯托弗符号。它们没有形成张量，但下标运算 $\Gamma^m_{ki} = g^{mn}\Gamma_{nki}$ 和 $\Gamma_{mki} = g_{mn}\Gamma^n_{ki}$ 有效。

根据式（3.15），如果度量张量的分量 g_{ik} 在整个空间中连续，那么克里斯托弗符号处处为零。在欧氏空间中存在从 $\{\theta_k\}$ 到 $\{\theta^*_k\}$ 的坐标转换，等式（3.16）总是成立的，而这在黎曼空间中则不存在。

$$\Gamma^{*s}_{pq} = \left(\Gamma^m_{ki}\frac{\partial\theta^k}{\partial\theta^{*p}}\frac{\partial\theta^i}{\partial\theta^{*q}} + \frac{\partial^2\theta^m}{\partial\theta^{*p}\partial\theta^{*q}}\right)\frac{\partial\theta^{*s}}{\partial\theta^m} = 0 \tag{3.16}$$

3.1.3 力、力矩和应力张量的基本概念

人们普遍接受的是，应变张量突出的是变形过程的几何特点。应力张量则表示的是该过程的另一方面，其主要与力和力矩的力学概念有关。这些概念可以被认为是物理抽象，用于描述体与体之间的作用或者一个体的质点与质点之间的作用。力分为外力和内力两种。

力学中的力是很直观的，任何作用于体上的力都可以用其作用点、方向和大小来描述。因此，用矢量场和该场的分布表示外力是很方便的。如果这种分布是一个体的质量分布，那么力称为质量力。如果该分布沿着表面，那么力称为表面力。以同样的方式，引入线力和点力的概念。

内力作用于体的内部，可以用内应力来描述。应力（省略了“内部”一词）在力学中是一个重要的概念。

应力也是一种抽象概念。这样的抽象是方便的，但不是绝对必需的。顺便一提，从这一点来看，应力波在某种意义上也是一种抽象概念。

考虑到这些介绍性词汇很有用，现在引入应力张量的概念，这个概念在随后的内容中很必要。有很多方式可以引入应力张量，下文叙述其中一种被普遍认可的方式。

在体中选择任意体积 V，并假设体的其余部分对 V 的作用可以用分布于体积 V 的外表面 S 上的力的矢量场的作用来代替。这个过程其实就是欧拉 - 柯西切割原理的本质。

回想一下，面 S 的微元 $\mathrm{d}S(x)$ 是面 S 在点 x 处的一块切平面。作用在面微元 $\mathrm{d}S$ 上的力矢量可以用 $\mathrm{d}\vec{P}$ 来表示。假设等式 $\mathrm{d}\vec{P}(x) = \vec{t}_N\mathrm{d}S(x)$ 成立。这里 $\vec{t}_N$ 为应力张量，该应力张量沿着法向 $\vec{N}$ 作用在面 $\mathrm{d}S$ 上。

矢量 $\vec{t}_N$ 不仅取决于点 x 的位置，也可能和时间有关，还取决于表面的方向矢量 $\vec{N}$。除此之外，还应该注意以下假设：① 内力是局部相互接触的作用

力；② 矢量场在表面上的每个点处都不一样，它取决于点的位置和表面上该点处的法线。

因此，这里介绍的应力矢量的概念与应力张量概念还不一样。考虑到如果矢量 $\vec{t}_N$ 分解到 dS 处三个正交的方向（切线方向、法线方向和副法线方向）上，那么这三个分力就会产生三个应力。这些应力的值可以看作是所得到的与面微元 dS 相关的（在面微元 dS 上分解的）矢量的值。

因此，应力可以简单地描述为与该区域有关的力。

内应力张量通常通过以下方式介绍。引入无穷小的坐标四面体，假设该四面体在四个面上的力 d $\vec{P}$ 的作用下处于平衡状态。此处存在两种可能性，并且两者都实现了：一个基本四面体可以处于没变形的状态也可以处于变形的状态；四面体总是由曲线组成并且它们总是从一个状态转换到另一个状态。

可以用一个简单的公式把一个四面体面的单元面积的非变形状态和变形状态联系起来。从四面体的平衡分析中得到的主要结论是三个坐标面上的 9 个应力组成了一个二阶张量。根据定义，当坐标是仿射时可以根据一些定理转换这样的张量。当四面体固定时，应力张量对于参考坐标系的选择是不变的。

因此，这 9 个应力 $t^{mn}(x^k,t)$ 组成了一个应力张量。它包含了时刻 t 时一个体积元处于变形状态下的表面应力，该变形状态是对参考结构中（在非变形状态）单位面积上测量的。

张量 $\boldsymbol{t}^{mn}(x^k,t)$ 称为皮奥拉－基尔霍夫应力张量。它是不对称的，并不直接决定体内的应力状态。

以同样的方式引入拉格朗日－柯西应力张量 $\sigma^{ik}(X^\alpha,t)$ 。它包含了在实际结构中（变形状态）单位面积上测量得到的应力，该张量是对称的。

皮奥拉－基尔霍夫应力张量和拉格朗日－柯西应力张量是最常用的。当然也会使用其他张量，如皮奥拉张量、哈默尔张量、第二皮奥拉－基尔霍夫张量、真实应力张量和广义应力张量等。

3.1.4 平衡定律基本概念

平衡方程（守恒定律）的分析将在众所周知的经典物理学守恒定律的框架内进行，该经典物理学定律存在通用的公式化方法，且可以用以下的方法来描述。

考虑一些可以以某种方式来表示材料连续的广义张量 $\boldsymbol{A}(\mathrm{x},\mathrm{t})$ ，这可以是质量、温度、脉冲（动量）、动量矩或能量。

使以下三个量与 A 有关：

(1) $\mathscr{A}(x,t)$ 是 A 的体积密度：$A = \int_{V(t)} \mathscr{A} \mathrm{d}V$，其中 $V(t)$ 是一个封闭式连通域。

(2) $A(x,t)$ 是由汇流［例如，由于域 $V(t)$ 内部的源］引起的体积密度 $\mathscr{A}(x,t)$ 的增量。

(3) $\alpha(x,t,\vec{n})$ 是量 A 通过域 $V(t)$ 的边界的通量密度速率［$\vec{n}$ 为表面 $S(t)$ 的法线方向］。

所有三种引入的量都可以是任意张量场。但 $\mathscr{A}(x,t)$ 和 $A(x,t)$ 总是具有相同的维数，而 $\alpha(x,t,\vec{n})$ 则多了一个维度。

守恒定律表达了以下这种平衡：量 A 在单位时间内的改变是其穿过边界面流出和体内的源做功（排出）的结果。

该定律可以通过以下公式来表达：

$$\frac{\mathrm{d}}{\mathrm{d}t}\int_{V(t)} \mathscr{A} \mathrm{d}V = \int_{V(t)} A \mathrm{d}V - \int_{S(t)} \alpha \mathrm{d}S \tag{3.17}$$

在力学中，使用两种不同的张量微分运算。第一种算式表征在一个固定的几何点（位置）处张量场的变化速率；用符号 $\partial/\partial t$ 来表示，被称为局部导数。第二种算式表征在固定的材料点（质点）处张量场的变化速率；用符号 $\mathrm{d}/\mathrm{d}t$ 表示，被称为材料（物质）导数。

如果 A 是向量，并且 $\mathscr{A}$、A、α 均为光滑函数，那么平衡方程可以写成以下微分形式：

$$\frac{\partial}{\partial t}\mathscr{A}_k + (\mathscr{A}_k v_m + \alpha_{km})_m = A_k \tag{3.18}$$

表达式中 $\vec{v} = \{v_m\}$ 是质点的速度矢量（物质点的速度）。

根据守恒定律可以得到在材料力学中需要使用的大多数方程。其中的第一个方程为连续性方程，遵循质量守恒定律。

因此，设 A 为质量。运用物理学中使用的符号 $\rho(x,t)$ 来代替 $\mathscr{A}(x,t)$ 表示质量的体积密度。假设在材料的各部分之间没有材料的互换，即在体中没有源和排放，$A(x,t) = 0$，并且假设也没有通过边界表面的质量流，$S[\alpha(x,t,\vec{n})] = 0$。

那么从式（3.18）中可以得到经典质量守恒方程：

$$\frac{\mathrm{d}}{\mathrm{d}t}\int_{V}\rho(x,t)\mathrm{d}V = 0 \text{ 或} \frac{\partial\rho}{\partial t} + (\rho v_m)_m = 0 \quad \left[\frac{\partial\rho}{\partial t} + \mathrm{d}i(\rho v) = 0\right] \tag{3.19}$$

当 $\rho(x,t)$（在时刻 t 的密度），$\rho_0(x,t)$（在初始时刻的密度）和 $J(x,t)$（雅可比变换）足够平滑，则根据式（3.19）可以得到经典关系式：

$$\rho_0 = \rho J \tag{3.20}$$

第二个重要的平衡方程建立在牛顿第二定律的基础上，运用到了动量守恒。该定理涉及了外力的知识。A 是体 V 的动力学张量（体 V 的动量张量）：

$$A(x,t) = \int_V \rho v(x,t)\,\mathrm{d}V,\ \text{i. e.}\ ,\mathscr{A}_i(x,t) = \rho\, v_i(x,t) \tag{3.21}$$

其他两个量 $A(x,t)$ 和 $\alpha(x,t,\vec{n})$ 在平衡定理中也是必要的，表述了外力和应力张量：

$$A_i(x,t) = F_i(x,t),\ \alpha_i(x,t,n_k) = -\sigma_{ik}(x,t)\,n_k \tag{3.22}$$

现在动量守恒定律可以写成以下形式：

$$\frac{\mathrm{d}}{\mathrm{d}t}\int_V \rho(\xi)\,v_i(\xi,t)\,\mathrm{d}V(\xi) - \int_S \sigma_{ik}(\xi,t)\,n_k\mathrm{d}S(\xi) = \int_V F_i(\xi,t)\,\mathrm{d}V(\xi) \tag{3.23}$$

通常，假设所有的被积函数都是连续可微的。将奥－高定理应用于表面积分，该公式不写成积分的形式，而是通过欧拉坐标以局部（微分）形式表示，即

$$\frac{\partial}{\partial t}(\rho\, v_i) + (\rho\, v_i\, v_k)_{,k} = \sigma_{ik,k} + F_i \tag{3.24}$$

或者，考虑质量守恒方程并经过一些变换，可以得到在三大运动方程中经常使用的形式，即

$$\rho\,\frac{\mathrm{d}\,v_i}{\mathrm{d}t} = \sigma_{ik,k} + F_i \tag{3.25}$$

第三个平衡方程与动量矩有关，使用式（3.23）中的符号，有以下形式：

$$\frac{\mathrm{d}}{\mathrm{d}t}\int_V \rho(\xi) \in_{ilm} \xi_l\, v_i(\xi,t)\,\mathrm{d}V(\xi) - \int_S \sigma_{ik}(\xi,t) \in_{ilm} n_k\mathrm{d}S(\xi) = \int_V \in_{ilm} \xi_l F_i(\xi,t)\,\mathrm{d}V(\xi) \tag{3.26}$$

在这里，假设外力矩仅由外力的作用形成，列维－奇维塔张量用符号 $\in_{ilm}$ 来表示。在一定假设的前提下由平衡方程（3.26）可以推理得到所使用的应力张量是对称的。

第四组平衡关系包括能量守恒方程。体的能量 E 定义为体的动能 K 与体的内能 U 的总和。

最后，能量守恒方程和热力学第一定律其实是一致的。其众所周知的方程可以用以下描述来表示。

体在任意时刻的能量 U 的全微分等于外力作用在体上的功率 P 和体在单

位时间内获得的热量 Q 的总和。

因此，功率的定义是十分重要的。通常认为外力（包括体积力 $\vec{F}=\{F_i\}$ 和表面力 $\vec{S}=\{S_i\}$）的功率可以用以下公式来定义：

$$P=\int_V F_i(\xi,t)\,v_i(\xi,t)\,\mathrm{d}V(\xi)+\int_\Sigma S_i(\xi,t)\,v_i(\xi,t)\,\mathrm{d}\,\Sigma(\xi) \tag{3.27}$$

假设不存在表面力（如在前三组平衡方程中），并且忽略温度的影响（如在弹性变形的经典理论中），那么热力学第一定律可以写成以下形式：

$$\frac{\mathrm{d}}{\mathrm{d}t}E=P \tag{3.28}$$

或者

$$\frac{\mathrm{d}}{\mathrm{d}t}\int_V \rho(\xi,t)\left[\frac{1}{2}v_i(\xi,t)+e\right]\mathrm{d}V(\xi)=\int_\Sigma \sigma_{ik}(\xi,t)\,n_k(\xi)\,v_i(\xi,t)\,\mathrm{d}\,\Sigma(\xi)+\int_V F_i(\xi,t)\,v_i(\xi,t)\,\mathrm{d}V(\xi)$$

这里用 e 来表示特定的内能。

方程（3.28）是弹性体的能量平衡方程。下式成立，因此，其与平衡方程的一般结构（3.16）相对应。

$$\begin{aligned}\boldsymbol{A}&=\rho(\xi,t)\left[\frac{1}{2}v_i(\xi,t)\,v_i(\xi,t)+e\right]\\A&=F_i(\xi,t)v_i(\xi,t)\\\alpha&=\sigma_{ik}(\xi,t)\,n_k(\xi)\,v_i(\xi,t)\end{aligned} \tag{3.29}$$

此外，写出弹性体内能 e 更具体的表达式是十分必要的。

3.2 非线性弹性各向同性材料：弹性材料的三种类型

3.2.1 非线性弹性各向同性材料：普通弹性材料

1. 普通弹性材料：基本性质

弹性形变的基本特征是假设去除导致弹性形变的因素后变形的可逆性。该特性体现在体的初始形状的完全恢复和在变形过程中体所存储能量的完全恢复上。

变形材料的弹性具有严格的经典定义，根据经典定义，弹性变形材料可分为次弹性材料、一般弹性材料和超弹性材料三种。

基于应变、应变率和应力概念，所提到的每一种分类都有确切的定义。

一般来说，变形的弹性不会缩减到只有线性过程。因此，前面提到的所有三种域都是为描述非线性变形的一般情况而引入的。在这里，物体的参考（初始）状态和实际状态之间的区别是必不可少的。更确切地说，对于这些量（在自然状态、初始不受干扰的状态和受干扰的状态下）的度量是必不可少的。

在描述变形的不同方式中，使用不同的应变张量、应变率张量和应力张量是较方便的。在下文中，将以略微不同的形式使用先前定义的两种应变张量。

柯西－格林应变张量用在参考结构和拉格朗日坐标系 $\{x_k\}$ 下的已知位移矢量 $\vec{u}=(x_k,t)$ 来表示，即

$$\varepsilon=\varepsilon_{nm}g^n g^m=\varepsilon^{nm}g_n g_m=\varepsilon_n^m g^n g_m,$$
$$\varepsilon_{nm}=\frac{1}{2}(u_{n,m}+u_{m,n}+u^{k,n}u_{k,m}) \tag{3.30}$$

式（3.30）中的度量是用基本向量（协变向量 $\vec{g}_n$ 或逆变向量 $\vec{g}^n$）和度量张量（g_{nm} 或 g^{nm}）来定义的。

Almansi 应变张量用实际结构和欧拉坐标系 $\{X_\alpha\}$ 下的已知的位移矢量 $\vec{\hat{u}}(X_\alpha,t)$ 来表示，即

$$\hat{\varepsilon}=\hat{\varepsilon}_{nm}\hat{g}^n\hat{g}^m=\hat{\varepsilon}^{nm}\hat{g}_n\hat{g}_m=\hat{\varepsilon}_n^m\hat{g}^n\hat{g}^m$$
$$\hat{\varepsilon}_{nm}=\frac{1}{2}(\hat{u}_{n,m}+\hat{u}_{m,n}+\hat{u}^{k,n}\hat{u}_{k,m}) \tag{3.31}$$

皮奥拉－基尔霍夫应力张量 $t^{nm}(x_k,t)$ 包括在时刻 t 处于变形状态的基本体积元的应力，该应力是在基准参考状态下对单位面积测量的。

拉格朗日－柯西应力张量 $\sigma^{ik}(X_\alpha,t)$ 包括在时刻 t 处于变形状态的基本体积元的应力，该应力是在变形状态下对单位面积测量的。

一般弹性材料可处于自然状态（无应力状态）和自然状态附近的状态，各状态与应力的对应关系，可以用变形梯度的值或者应变张量的值表示，即

$$\sigma_{ik}=F_{ik}(\varepsilon_{lm}) \tag{3.32}$$

在直线对称的情况下，有

$$\sigma_{ij}=A_{ijkl}\,\varepsilon_{kl}+A_{ijklmn}\,\varepsilon_{kl}\,\varepsilon_{mn}+A_{ijklmnpq}\,\varepsilon_{lm}\,\varepsilon_{mn}\,\varepsilon_{pq}+\cdots \tag{3.33}$$

如果式（3.33）中不存在更高阶的张量，那么四阶张量 A_{ijkl} 定义了弹性材料的线性性质。应力张量和应变张量的对称性使独立弹性常数从 81 个减少到 36 个。要想进一步减少常数的数量，需要材料具有额外的对称性。

2. 一般弹性材料：经典模型（一阶结构模型）

在弹性的线性理论中，能量被假定为应变的二次函数。因此，该理论中的本构方程是线性的，并且用常规符号表示有以下形式：

$$\sigma_{ik} = C_{iklm}\varepsilon_{lm} \tag{3.34}$$

该式中，应变张量 ε_{lm} 和应力张量 σ_{ik} 是二阶对称张量；四阶张量 C_{iklm} 的分量是弹性常数。

假定应变很小（或极小或无限小；参考状态和实际状态相同），该假设意味着位移矢量 $\vec{u} = \{u_m\}$ 和应变张量 $\varepsilon = \{\varepsilon_{lm}\}$ 的分量间具有以下线性关系（经典柯西关系）：

$$\varepsilon_{lm} = \frac{1}{2}(u_{m,l} + u_{l,m}) \tag{3.35}$$

线性关系式（3.34）被称为弹性材料的广义胡克定律。基于该定律的弹性变形关系在材料力学中被称为一阶经典结构模型，与非经典二阶非线性结构模型相区别。

由于应变张量和应力张量的对称性以及内能 e 的可微性，矩阵 C_{iklm} 具有对称性，含有21个独立常数。通常情况下，真实材料还具有额外的对称属性。

不同类型的对称性问题的完全解不是在弹性理论中得到的，而是在晶体学的框架内得到的。晶体材料具有许多种对称性。其中有10种对称性构成了最普遍存在的材料。

对于在工程、建筑和其他领域内使用的材料，三种对称性（各向同性、横向各向同性、各向异性）更为常用。

这种分类更倾向于理论分析而不是材料的实际性质。对这三种对称性，开发了以下分析方法。

各向异性材料的弹性性能相对于三个互相垂直的轴是对称的。独立常数的个数是9个。矩阵 C_{iklm} 具有以下形式（由于矩阵相对于主对角线的对称性，只显示上半部分矩阵）：

$$\begin{Bmatrix} C_{1111} & C_{1122} & C_{1133} & 0 & 0 & 0 \\ & C_{2222} & C_{2233} & 0 & 0 & 0 \\ & & C_{3333} & 0 & 0 & 0 \\ & & & C_{2323} & 0 & 0 \\ & & & & C_{3131} & 0 \\ & & & & & C_{1212} \end{Bmatrix}$$

横向各向同性（单变）材料有以下对称性：有所谓的主轴线（一般选作 Ox 轴），那么就弹性而言，垂直于该轴的所有平面都是各向同性的（轴上的任意一点的性质都是相同的）。独立常数的数目是 5 个。矩阵 C_{iklm} 具有以下形式：

$$\begin{Bmatrix} C_{1111} & C_{1122} & C_{1133} & 0 & 0 & 0 \\ & C_{1111} & C_{1133} & 0 & 0 & 0 \\ & & C_{3333} & 0 & 0 & 0 \\ & & & C_{4444} & 0 & 0 \\ & & & & C_{4444} & 0 \\ & & & & & (1/2)(C_{1111} - C_{1122}) \end{Bmatrix}$$

各向同性材料的特征是其弹性常数不依赖于坐标系的选择。特别是张量 C_{iklm} 相对于旋转变换、相对于某一点的翻转变换以及在平面上的映射都是不变的。只有标量或单位张量 δ_{ik} 有这样的性质。张量 C_{iklm} 可以写成以下形式：

$$C_{iklm} = \lambda \delta_{ik} \delta_{lm} + \mu(\delta_{il} \delta_{km} + \delta_{im} \delta_{kl}) \tag{3.36}$$

式中 $C_{1111} = C_{2222} = C_{3333} = \lambda + 2\mu$；$C_{1212} = C_{2323} = C_{1313} = \lambda$；$C_{4444} = C_{5555} = C_{6666} = (1/2)(C_{1111} - C_{1212}) = \mu$。独立常数的数量是两个。弹性常数 λ 和 μ 通常被称为拉梅常量，常数 μ 也被称为剪切模量，拉梅常量与杨氏模量 E 和泊松比 ν 之间存在以下关系：

$$\lambda = \frac{E\nu}{(1+\nu)(1-2\nu)}, \mu = \frac{E}{2(1+\nu)}, E = \frac{\mu(3\lambda + 2\mu)}{\lambda + \mu}, \nu = \frac{\lambda}{2(\lambda + \mu)}$$

矩阵 C_{iklm} 具有以下形式：

$$\begin{Bmatrix} C_{1111} & C_{1212} & C_{1212} & 0 & 0 & 0 \\ & C_{1111} & C_{1212} & 0 & 0 & 0 \\ & & C_{1111} & 0 & 0 & 0 \\ & & & (1/2)(C_{1111} - C_{1212}) & 0 & 0 \\ & & & & (1/2)(C_{1111} - C_{1212}) & 0 \\ & & & & & (1/2)(C_{1111} - C_{1212}) \end{Bmatrix}$$

或者

$$
\begin{Bmatrix}
\lambda+2\mu & \lambda & \lambda & 0 & 0 & 0 \\
 & \lambda+2\mu & \lambda & 0 & 0 & 0 \\
 & & \lambda+2\mu & 0 & 0 & 0 \\
 & & & \mu & 0 & 0 \\
 & & & & \mu & 0 \\
 & & & & & \mu
\end{Bmatrix}
$$

从实验中或者利用材料结构的相关知识从理论上得到平均过程中的弹性常数（推导平均常量值）是一阶经典结构模型的基本概念之一。

目前，开发了许多与经典模型相比更充分考虑了材料结构的二阶非线性结构模型，如 Bolotin 能量连续模型、Achenbach-Hermann 有效刚度模型、高阶有效刚度模型、高阶渐进模型、Drumheller-Bedford 晶格模型、变种微极模型、Pobedria 微观结构模型、Mindlin 微观结构模型、Eringen 和 Eringen-Maugin 微态模型，以及弹性混合物结构模型。

3.2.2　非线性弹性各向同性材料：次弹性材料

为了描述次弹性材料，有必要引进应力变化速度。我们把尧曼提出的几个速度之一称为应力变化速度。对于对称的拉格朗日张量，该速度可以写成以下形式：

$$
\sigma_{ik}^{\triangledown} = (\mathrm{D}\sigma_{ik}/\mathrm{D}t) - \sigma_{in}v_{[k,n]} - \sigma_{kn}v_{[i,n]} \tag{3.37}
$$

这里 $\vec{v} = \dfrac{\partial \vec{u}}{\partial t} = \{v_k\} = \dfrac{\partial u_k}{\partial t}$ 为质点速度，$v_{[k,n]}$ 中的方括号表示 $v_{k,n}$ 的非对称部分。

应该指出的是，在式（3.37）中包含 $W_{kn} = v_{[k,n]}$ 分量的非对称旋转速度张量的出现和之后对称应变速度张量 $V_{kn} = v_{(k,n)}$ 的应用，都是次弹性材料的特点。这些张量不会实际用于对弹性和次弹性材料的描述。必要的是，式（3.37）中出现了旋转张量，这是因为该式用到了相对于静止坐标系而言的应力和应变的速度变化。

次弹性材料被定义为一种具有以下形式本构方程的材料：

$$
\sigma_{ik}^{\triangledown} = C_{iklm}(\sigma_{rs})V_{lm} \tag{3.38}
$$

“次”意味着相对于一些标准有下降。由于“超”意味着相对于一些标准有很大程度上的增加，所以次弹性材料应该具有比普通弹性材料弱的同时比超弹性材料更弱的弹性。

次弹性材料的定义允许其有初始应力。此外，次弹性材料与初始应力相对应的无限小应变是可逆的。根据普拉格的说法，这个事实和次弹性材料不可能发生黏性变形的性质（弹性材料没有内部耗散）一道证明了次弹性这个名字。

3.2.3 非线性弹性各向同性材料：超弹性材料（Seth 和 Signorini 势；Treloa 模型，Mooney 模型和 Rivlin-Saunders 模型；John 和声材料）

超弹性材料可被定义为这样一种弹性材料，其比内能 e 是参考自然状态的应变张量分量的解析函数：

$$e = e(\varepsilon_{lm}) \tag{3.39}$$

超弹性材料的应力可以通过以下公式计算出来：

$$\sigma_{ij} = (1/2)\left[\frac{\partial}{\partial \varepsilon_{ij}} + \frac{\partial}{\partial \varepsilon_{ji}}\right]e(\varepsilon_{lk}) \tag{3.40}$$

根据诺尔（Noll）定理，每种超弹性各向同性材料都是弹性材料的一个特例，次弹性材料也是如此。这在各向异性的情况下并不适用。

式（3.40）证实了超弹性降低了材料各向异性的水平，因为它通过下列等式额外增加了对称性：

$$A_{ijkl} = A_{jikl},\ A_{ijkl} = A_{ijlk},\ A_{ijkl} = A_{klij}$$

独立常数的个数从 36 下降到 21。

通常，在许多书中，这是在弹性理论上建立的，并且没有考虑到被分析的材料是超弹性材料（而不是普通的弹性情况）。

弹性体的非线性力学在实验研究和理论研究上都有很丰富的历史。在构建非线性模型时最大的困难是实现从胡克线性定律向更复杂的非线性相关性的转换。对于各向同性材料可以进行一些简化。能进行简化首先是因为胡克定律的简单性和相对简单地实验能证实线性模型的有效性。

随后讨论的重点是超弹性材料。注意，对于任意一个超弹性体，势能可以写成选定的应变张量（格林张量、Almansi 张量、Hencky 张量或任何其他张量）的三个基本不变量的解析函数。

以下是主要的非线性模型。

最简单的模型是 Seth 模型。在这个模型中，应力 - 应变的相关性定律保留了胡克定律的经典形式，其中保留了拉梅弹性常量，并且微小应变以有限值变化，即

$$t_{ik} = \lambda\, \tilde{\varepsilon}_{kk}\, \delta_{ik} + 2\mu\, \tilde{\varepsilon}_{ik} \tag{3.41}$$

式（3.41）的等号左边是一个非线性应力张量，等号右边是一个非线性 Almansi 应变张量。弹性模量通过实验可以得到。该模型考虑到了在简单剪切

实验中需要额外施加法向力，也考虑到了使样本破裂的力的有限性。但是 Seth 模型不具有超弹性的主要性质，对应于模型相的势能无法写出。

Seth 模型的缺陷在 Signorini 模型中得到了修正。Signorini 模型也给出了应力张量和 Almansi 应变张量之间的联系。但是构建该模型的内能是超弹性介质的内能。

在参考结构是自然状态的情况下，Signorini 模型的势能可以用下列公式表示：

$$W(\tilde{\varepsilon}_{ik}) = \sqrt{\frac{G}{g}}\left\{c\,I_2(\tilde{\varepsilon}) + \frac{1}{2}\left(\lambda + \mu - \frac{c}{2}\right)[I_1(\tilde{\varepsilon})]^2 + \left(\mu + \frac{c}{2}\right)[I - I_1(\tilde{\varepsilon})]\right\} - \left(\mu + \frac{c}{2}\right) \tag{3.42}$$

这里符号 $I_k(\tilde{\varepsilon})$ 被用来表示 Almansi 应变张量的不变量，λ、μ、c 是 Signorini 模型的物理常数，这些参数的选取原则是使其对应的本构方程与胡克定律的差别尽可能地小。

在弹性非线性理论中，经常使用不变量的表示方法。回想一下张量 ε_{ik} 的前三代数不变量 I_k 就是利用带有迹算子“tr”的公式表示的，即

$$I_1 = \mathrm{tr}(\varepsilon_{ik}), I_2 = \mathrm{tr}[(\varepsilon_{ik})^2], I_3 = \mathrm{tr}[(\varepsilon_{ik})^3]$$

更常用的公式如下：

$$I_1(\varepsilon_{ik}) = \varepsilon_{ik}g^{ik}, I_2(\varepsilon_{ik}) = \varepsilon_{im}\,\varepsilon_{nk}g^{ik}g^{nm}, I_3(\varepsilon_{ik}) = \varepsilon_{pm}\,\varepsilon_{in}\,\varepsilon_{kq}g^{im}g^{pq}g^{kn}$$

Signorini 模型的本构方程有以下形式：

$$t_{ik} = \left\{\lambda\,I_1(\tilde{\varepsilon}) + cI_2(\tilde{\varepsilon}) + \frac{1}{2}\left(\lambda + \mu - \frac{c}{2}\right)[I_1(\tilde{\varepsilon})]^2\right\}\delta_{ik} + 2\left\{\mu - \left(\lambda + \mu + \frac{c}{2}\right)[I_1(\tilde{\varepsilon})]\right\}\tilde{\varepsilon}_{ik} + 2c\,(\tilde{\varepsilon}_{ik})^2 \tag{3.43}$$

有时，第三个常数 c 被忽略不计，那么可以得到带有 λ 和 μ 两个模量常数的准线性模型，即

$$t_{ik} = \left\{\lambda\,I_1(\tilde{\varepsilon}) + cI_2(\tilde{\varepsilon}) + \frac{1}{2}(\lambda + \mu)\,[I_1(\tilde{\varepsilon})]^2\right\}\delta_{ik} + 2\{\mu - (\lambda + \mu)[I_1(\tilde{\varepsilon})]\}\,\tilde{\varepsilon}_{ik} \tag{3.44}$$

因为 Signorini 势能在后续的章节中会被广泛使用，在这里适时地插入一些对该势能的历史评价。尽管近年来许多学者确信 Signorini 模型在 20 世纪 40 年代针对可压缩材料和不可压缩材料，但是 Signorini 最后的出版物主要致力于研究不可压缩材料，并且将这种势能与其他同时期的许多非意大利科学家研究的多种势能进行比较。但必须强调的是，这组势能的应用对象是类似于橡胶的

材料。

Signorini 提出的（按他的说法）势能表示为

$$2W(I_1,I_2) = h_2(I_1-3) + h_1(I_2-3) + h_3(I_2-3)^2 \tag{3.45}$$

式中：$h_k(k=1,2,3)$ 为弹性常数。

Signorini 指出，最简单的势能来自不可压缩材料，正如 Treloar 在 1943 年所提出来的：

$$2W(I_1,I_2) = h_2(I_1-3) \tag{3.46}$$

接下来，Signorini 与式（3.45）进行比较的另一个势能是 Mooney 于 1940 年提出来的：

$$2W(I_1,I_2) = h_2(I_1-3) + h_1(I_2-3) \tag{3.47}$$

Signorini 从 1949 年 Rivlin 利用的 Mooney 的势能出发，在出版物中发表建立了相关的势函数。但是在 1951 年的一篇文献中，Rivlin 和 Saunders 提出了不可压缩材料的通用势能表达式：

$$2W(I_1,I_2) = h_2(I_1-3) + \psi(I_2-3) \tag{3.48}$$

其中 ψ 是应变张量（I_2-3）的第二不变量的函数。

因此，Signorini 势能对应着函数 ψ 的特定情况：

$$\psi = h_1(I_2-3) + h_3(I_2-3)^2$$

这就是关于 Signorini 势能的简短历史。

需要注意的是，通过不变量表示势能更为简单的变量相对于线性柯西－格林应变张量的元素是二次的，即

$$W(\varepsilon) = \frac{1}{2}\lambda\left[I_1(\varepsilon)\right]^2 + \mu I_2(\varepsilon) \tag{3.49}$$

约翰提出要在式（3.49）中考虑非线性格林张量的不变量，这样，该势能就适合描述非线性应变了。约翰在力学的各种问题中都用到了该势能。当约翰势能用于弹性平面问题时，会出现与调和函数理论相关的问题。因此，该势能有时也被称为调和约翰势能。

3.2.4 非线性弹性各向同性材料：超弹性材料（三阶势、Murnaghan 势及其变体）

1. 经典 Murnaghan 势

在二阶势之后的另一种势能为三阶势。这种势的第一个变体是被 Murnaghan 针对柯西－格林应变张量提出来的，即

$$\varepsilon_{ik}W(\varepsilon_{ik}) = \frac{1}{2}\lambda(\varepsilon_{mm})^2 + \mu(\varepsilon_{ik})^2 + \frac{1}{3}A\,\varepsilon_{ik}\,\varepsilon_{im}\,\varepsilon_{km} +$$

$$B\,(\varepsilon_{ik})^2\,\varepsilon_{mm}+\frac{1}{3}C\,(\varepsilon_{mm})^3 \tag{3.50}$$

或者使用张量 ε_{ik} 的第一代数不变量 I_k 来表示：

$$W(I_1,I_2,I_3)=(1/2)\lambda I_1^2+\mu I_2+(1/3)A I_3+B I_1 I_2+(1/3)C I_1^3 \tag{3.51}$$

这里 λ 和 μ 是拉梅弹性常量（二阶常数），A、B、C 是 Murnaghan 弹性常数（三阶常数）。

对于该势，有下列三种与式（3.51）不同的表达方式：

$$W(\widehat{I}_1,\widehat{I}_2,\widehat{I}_3)=\frac{1}{2}(\lambda+2\mu)\widehat{I}_1^2-2\mu\widehat{I}_2+n\widehat{I}_3-2m\widehat{I}_1\widehat{I}_2+\frac{l+2m}{3}\widehat{I}_1^3$$

$$W(I_1,I_2,I_3)=\left(\frac{1}{2}\right)\lambda I_1^2+\mu I_2+\left(\frac{4}{3}\right)\nu_3 I_3+\nu_2 I_1 I_2+\left(\frac{1}{6}\right)\nu_1 I_1^3$$

$$W(I_1,I_2,I_3)=\left(\frac{1}{2}\right)\lambda I_1^2+\mu I_2+\left(\frac{c}{3}\right)I_3+b I_1 I_2+\frac{a}{3}I_1^3$$

主不变量 $\widehat{I}_k$ 和代数不变量 I_k 间有以下关系：

$$\widehat{I}_1=I_1,\ \widehat{I}_2=\frac{1}{2}(I_1^2-I_2),\ \widehat{I}_3=\frac{1}{6}(I_1^3-3I_1I_2+2I_3) \tag{3.52}$$

Murnaghan 势是非线性弹性理论中非常经典的势。它描述了一大类的工业材料，被广泛使用，并在非线性固体力学的基础书籍中得到全面介绍。

接下来介绍不同弹性变形理论对 Murnaghan 势的一些修正。

2. 经典 Murnaghan 势：两线构建子势集

对式（3.50）进行某些简化，可得出 Murnaghan 模型的子模型组。第一组模型可以通过位移 u_k 由表达式（3.50）建立。在这种情况下，包含与应变张量 ε_{ik} 相关的二阶和三阶非线性求和项的势（3.50），可以转化成包含与位移梯度有关的二～六阶求和项的另一种势。这样，可建立四种子势及其对应的四种基于 Murnaghan 势的非线性弹性理论子模型。最简单的情况是忽略四～六阶求和项，最初是为了研究非线性弹性波而选择的模型，它对应着如下 Murnaghan 势的一般形式：

$$W=\frac{1}{2}\lambda\,(u_{m,m})^2+\frac{1}{4}\mu\,(u_{i,k}+u_{k,i})^2+\left(\mu+\frac{1}{4}A\right)u_{i,k}u_{m,i}u_{m,k}+\frac{1}{2}(\lambda+B)u_{m,m}\,(u_{i,k})^2+\frac{1}{12}Au_{i,k}u_{k,m}u_{m,i}+\frac{1}{2}Bu_{i,k}u_{k,i}u_{m,m}+\frac{1}{3}C\,(u_{m,m})^3 \tag{3.53}$$

接下来研究考虑第四～六阶求和项的三种情况中第一组模型中的情况选

择，取决于波动问题的描述而不是波的种类，同一个波可以对所有情况分别进行研究。从随后的讨论可以看出，由于模型中允许出现更高阶次的非线性项，理论描述更加复杂，波动现象的解也会更加丰富。

第二组模型是在位移对坐标 $u_k = u_k(x_1, x_2, x_3, t)$ 的依赖性的简化基础上建立的。如果将依赖于三个空间坐标的情况作为第一子模型，那么依赖于两个坐标［如 $u_k = u_k(x_1, x_2, t)$］的情况可以作为第二子模型，依赖于一个坐标［如 $u_k = u_k(x_1, t)$］的情况可以作为第三子模型。将第二组模型的情况与第一组模型的最简单情况相组合。以这种方式，从 12 种可能的组合中选取了最为简单的组合，该组合与下面的 Murnaghan 子势（二阶非线性模型）相对应：

$$\begin{aligned} W^{**} &= (1/2)\lambda(u_{1,1})^2 + \mu[(u_{1,1})^2 + (1/2)\lambda(u_{2,1})^2 + (1/2)\lambda(u_{3,1})^2] + \\ &\quad [\mu + (1/4)A]u_{1,1}[(u_{1,1})^2 + (u_{2,1})^2 + (u_{3,1})^2] + \\ &\quad (1/2)(\lambda + B)u_{1,1}[(u_{1,1})^2 + (u_{2,1})^2 + (u_{3,1})^2] + \\ &\quad (1/12)A(u_{1,1})^3 + (1/2)B(u_{1,1})^3 + (1/3)C(u_{1,1})^3 \\ &= (1/2)\{(\lambda + 2\mu)(u_{1,1})^2 + \mu[(u_{2,1})^2 + (u_{3,1})^2]\} + \\ &\quad [\mu + (1/2)\lambda + (1/3)A + B + (1/3)C](u_{1,1})^3 + \\ &\quad (1/2)(\lambda + B)u_{1,1}[(u_{2,1})^2 + (u_{3,1})^2], \\ &\quad u_k = u_k(x_1, t) \end{aligned} \tag{3.54}$$

当考虑到下一个非线性阶次时，Murnaghan 子势（三阶非线性模型）有以下形式：

$$\begin{aligned} W^{***} &= W^{**} + (1/8)(\lambda + 2\mu + A + 2B)[(u_{1,1})^2 + (u_{2,1})^2 + (u_{3,1})^2]^2 + \\ &\quad (1/8)(3A + 10B + 4C)(u_{1,1})^2[(u_{1,1})^2 + (u_{2,1})^2 + (u_{3,1})^2] \end{aligned} \tag{3.55}$$

最近，第二组模型的情况 2 被以下面的子势形式进行了分析：

$$\begin{aligned} W &= \frac{1}{2}\lambda(\varepsilon_{11} + \varepsilon_{33})^2 + \mu[(\varepsilon_{11})^2 + (\varepsilon_{33})^2 + (\varepsilon_{12})^2 + (\varepsilon_{13})^2 + \\ &\quad (\varepsilon_{23})^2 + (\varepsilon_{21})^2 + (\varepsilon_{31})^2 + (\varepsilon_{32})^2] + \frac{1}{3}A[(\varepsilon_{11})^3 + (\varepsilon_{33})^3 + \\ &\quad 3\varepsilon_{11}(\varepsilon_{12})^2 + 3\varepsilon_{33}(\varepsilon_{31})^2 + 3\varepsilon_{33}(\varepsilon_{32})^2 + 3\varepsilon_{11}(\varepsilon_{13})^2 + \\ &\quad 3\varepsilon_{21}\varepsilon_{32}\varepsilon_{31} + 3\varepsilon_{12}\varepsilon_{13}\varepsilon_{23}] + B[(\varepsilon_{11})^2 + (\varepsilon_{33})^2 + (\varepsilon_{12})^2 + \\ &\quad (\varepsilon_{13})^2 + (\varepsilon_{23})^2 + (\varepsilon_{21})^2 + (\varepsilon_{31})^2 + (\varepsilon_{32})^2](\varepsilon_{11} + \varepsilon_{33}) + \\ &\quad \frac{1}{3}C(\varepsilon_{11} + \varepsilon_{33})^3 \end{aligned} \tag{3.56}$$

假设 $u_2 = 0$ 对式（3.56）进行简化，可转化为平面应力状态进行分

析，即

$$W=\frac{1}{2}\lambda\left(\varepsilon_{11}+\varepsilon_{33}\right)^{2}+\mu\left[\left(\varepsilon_{11}\right)^{2}+\left(\varepsilon_{33}\right)^{2}+\left(\varepsilon_{13}\right)^{2}+\left(\varepsilon_{31}\right)^{2}\right]+\frac{1}{3}A\left[\left(\varepsilon_{11}\right)^{3}+\left(\varepsilon_{33}\right)^{3}+3\varepsilon_{11}\left(\varepsilon_{13}\right)^{2}+3\varepsilon_{33}\left(\varepsilon_{31}\right)^{2}\right]+B\left[\left(\varepsilon_{11}\right)^{2}+\left(\varepsilon_{33}\right)^{2}+\left(\varepsilon_{13}\right)^{2}+\left(\varepsilon_{31}\right)^{2}\right]\left(\varepsilon_{11}+\varepsilon_{33}\right)+\frac{1}{3}C\left(\varepsilon_{11}+\varepsilon_{33}\right)^{3} \tag{3.57}$$

对式（3.57），以位移变量并结合第一组模型的情况1（忽略四阶到六阶的高阶项），则表达式可写成如下形式：

$$\begin{aligned}W=&\left(\frac{1}{2}\right)\lambda\left(u_{1,1}+u_{3,3}\right)^{2}+\mu\left[\left(u_{1,1}\right)^{2}+\left(u_{3,3}\right)^{2}+\frac{1}{2}\left(u_{1,3}+u_{3,1}\right)^{2}+\frac{1}{2}\left(u_{2,1}\right)^{2}+\frac{1}{2}\left(u_{2,3}\right)^{2}\right]+\frac{1}{2}\lambda\left(u_{1,1}+u_{3,3}\right)\left[\left(u_{1,1}\right)^{2}+\left(u_{3,3}\right)^{2}+\right.\\&\left.\left(u_{3,1}\right)^{2}+\left(u_{1,3}\right)^{2}+\left(u_{2,1}\right)^{2}+\left(u_{2,3}\right)^{2}\right]+\mu\{\left(u_{1,1}\right)^{3}+\\&u_{1,1}\left[\left(u_{2,1}\right)^{2}+\left(u_{3,1}\right)^{2}\right]+\left(u_{3,3}\right)^{3}+u_{3,3}\left[\left(u_{1,3}\right)^{2}+\left(u_{2,3}\right)^{2}\right]+\\&\left(u_{1,3}+u_{3,1}\right)\left(u_{1,1}u_{1,3}+u_{2,1}u_{2,3}+u_{3,1}u_{3,3}\right)\}+\\&A\left\{\frac{1}{3}\left[\left(u_{1,1}\right)^{3}+\left(u_{3,3}\right)^{3}\right]+\frac{1}{4}\left[\left(u_{1,3}+u_{3,1}\right)^{2}\left(u_{1,1}+u_{3,3}\right)+\right.\right.\\&\left.\left.u_{1,1}\left(u_{2,1}\right)^{2}+u_{3,3}\left(u_{2,3}\right)^{2}+u_{2,1}u_{2,3}\left(u_{1,3}+u_{3,1}\right)\right]\right\}+B\left(u_{1,1}+u_{3,3}\right)\\&\left[\left(u_{1,1}\right)^{2}+\left(u_{3,3}\right)^{2}+\frac{1}{2}\left(u_{1,3}+u_{3,1}\right)^{2}+\frac{1}{2}\left(u_{2,1}\right)^{2}+\frac{1}{2}\left(u_{2,3}\right)^{2}\right]+\\&\frac{1}{3}C\left(u_{1,1}+u_{3,3}\right)^{3}\end{aligned} \tag{3.58}$$

上个子势被简化为Ox_1x_2面里的平面问题，该处，介质的力学状态变成了平面应力状态。式（3.58）化简为

$$\begin{aligned}W=&\left(\frac{1}{2}\right)\lambda\left(u_{1,1}+u_{3,3}\right)^{2}+\mu\left[\left(u_{1,1}\right)^{2}+\left(u_{3,3}\right)^{2}+\frac{1}{2}\left(u_{1,3}+u_{3,1}\right)^{2}\right]+\\&\frac{1}{2}\lambda\left(u_{1,1}+u_{3,3}\right)\left[\left(u_{1,1}\right)^{2}+\left(u_{3,3}\right)^{2}+\left(u_{1,3}\right)^{2}+\left(u_{3,1}\right)^{2}\right]+\\&\mu\{\left(u_{1,1}\right)^{3}+\left(u_{3,3}\right)^{3}+\left(u_{1,1}+u_{3,3}\right)\left[\left(u_{1,3}\right)^{2}+\left(u_{3,1}\right)^{2}+u_{1,3}u_{3,1}\right]\}+\\&\frac{1}{3}A\left[\left(u_{1,1}\right)^{3}+\left(u_{3,3}\right)^{3}+\frac{3}{4}\left(u_{1,3}+u_{3,1}\right)^{2}\left(u_{1,1}+u_{3,3}\right)\right]+B\left(u_{1,1}+u_{3,3}\right)\\&\left[\left(u_{1,1}\right)^{2}+\left(u_{3,3}\right)^{2}+\frac{1}{2}\left(u_{1,3}+u_{3,1}\right)^{2}\right]+\frac{1}{3}C\left(u_{1,1}+u_{3,3}\right)^{3}\end{aligned} \tag{3.59}$$

需要注意的是，子势的选择是由所研究的波的类型决定的。例如，从模型组1中选择情况1以及选择如式（3.54）的子势对于平面波是很自然的，而从

模型组 2 中选择情况 2 以及选择如式（3.59）的子势模型对于瑞利波、斯通利波、拉姆波和勒夫波也是适宜的。

上述的每个子势都可以分解为两种子子势，其中一个仅考虑几何非线性，另一个仅考虑物理非线性。从形式上看，第一个子子势的非线性项仅包含拉梅弹性常量，而第二个子子势的非线性项仅包含 Murnaghan 常量。例如，上一个势式（3.59）可以分解为两种不同的子势，即

$$\begin{aligned}W_{\text{geom}} = &\left(\frac{1}{2}\right)\lambda\,(u_{1,1}+u_{3,3})^2+\\&\mu\left[(u_{1,1})^2+(u_{3,3})^2+\frac{1}{2}(u_{1,3}+u_{3,1})^2\right]+\frac{1}{2}\lambda(u_{1,1}+u_{3,3})\\&[(u_{1,1})^2+(u_{3,3})^2+(u_{1,3})^2+(u_{3,1})^2]+\mu\{(u_{1,1})^3+\\&(u_{3,3})^3+(u_{1,1}+u_{3,3})[(u_{1,3})^2+(u_{3,1})^2+u_{1,3}u_{3,1}]\}\end{aligned} \tag{3.60}$$

$$\begin{aligned}W_{\text{phys}} = &\left(\frac{1}{2}\right)\lambda\,(u_{1,1}+u_{3,3})^2+\mu\left[(u_{1,1})^2+(u_{3,3})^2+\frac{1}{2}(u_{1,3}+u_{3,1})^2\right]+\\&\frac{1}{3}A\left[(u_{1,1})^3+(u_{3,3})^3+\frac{3}{4}(u_{1,3}+u_{3,1})^2(u_{1,1}+u_{3,3})\right]+\\&B(u_{1,1}+u_{3,3})\left[(u_{1,1})^2+(u_{3,3})^2+\frac{1}{2}(u_{1,3}+u_{3,1})^2\right]+\\&\frac{1}{3}C\,(u_{1,1}+u_{3,3})^3\end{aligned} \tag{3.61}$$

最后，为研究勒夫波的传播问题而特别选择的子模型（3.58）的一个分析模型。众所周知，该问题通常对弹性介质进行描述，该弹性介质的力学状态仅取决于两个空间坐标 x_1 和 x_2，并且只用位移矢量 $\vec{u}_3$ 的一个分量描述。该子子势表示如下：

$$\begin{aligned}W = &\frac{1}{4}\lambda\,[(u_{3,1})^2+(u_{3,2})^2]^2+\\&\mu\left[\frac{1}{2}(u_{3,1})^2+\frac{1}{2}(u_{3,2})^2+\frac{1}{4}(u_{3,1})^4+\frac{1}{4}(u_{3,2})^4+\frac{1}{4}(u_{3,1}u_{3,2})^2\right]+\\&\frac{1}{24}A\{3\,[(u_{3,1})^2+(u_{3,2})^2]^2+(u_{3,1})^6+(u_{3,2})^6+\\&3\,(u_{3,1})^2(u_{3,2})^2[(u_{3,1})^2+(u_{3,2})^2]\}+\frac{1}{8}B[2\,(u_{3,1})^2+\\&2\,(u_{3,2})^2+(u_{3,1})^4+(u_{3,2})^4+(u_{3,1}u_{3,2})^2][(u_{3,1})^2+(u_{3,2})^2]+\\&\frac{1}{24}C\,[(u_{3,1})^2+(u_{3,2})^2]^3\end{aligned} \tag{3.62}$$

式（3.62）的特点是它仅包含位移梯度的两个元素 $u_{3,1}$ 和 $u_{3,2}$ 的偶数阶

项：二阶项（与线性理论对应），四阶项（与三阶非线性理论对应），六阶项（与四阶非线性理论对应）。

式（3.62）可以通过忽略六阶项，仅限于三阶非线性理论进行化简：

$$W=\frac{1}{4}\lambda\left[(u_{3,1})^2+(u_{3,2})^2\right]^2+$$
$$\mu\left[\frac{1}{2}(u_{3,1})^2+\frac{1}{2}(u_{3,2})^2+\frac{1}{4}(u_{3,1})^4+\frac{1}{4}(u_{3,2})^4+\frac{1}{4}(u_{3,1}u_{3,2})^2\right]+$$
$$\frac{1}{8}A\left[(u_{3,1})^2+(u_{3,2})^2\right]^2+\frac{1}{8}B\left[2(u_{3,1})^2+2(u_{3,2})^2\right]$$
$$\left[(u_{3,1})^2+(u_{3,2})^2\right] \tag{3.63}$$

至此，展示了 Murnaghan 势的 12 种不同的子势。这些子势组成了非线性变形的子模型，用以解决波的非线性传播问题。

3. Murnaghan 势的 Guz 修改

基于所建议的对于势的修正，变形过程模型被称为经典弹性。新的势有以下形式：

$$W(I_{1,},I_{2,},I_{3,})=\frac{1}{2}K_{iklm}\,\varepsilon_{ik}\,\varepsilon_{lm}+\frac{c}{3}I_3+b\,I_1\,I_2+\frac{a}{3}I_1^3 \tag{3.64}$$

这里使用了格林应变张量，其中 K_{iklm} 是二阶弹性常数的四秩张量。式中包含了两个不同的非线性部分——二次和三次。

根据笔者的理解，二次项表示的是体在无负载状态下的各向异性材料属性，与线弹性各向异性体的势相对应，三次项与各向同性的体相对应。

该势已经被用于波在多晶体中的传播规律研究，多晶体在自然状态下具有弱各向异性（也就是所谓的准各向同性体）。

4. Murnaghan 势的 Mindlin-Eringen 修正

该修正出自经典弹性理论框架，因为它成了由 Mindlin 和 Eringen 提出的非线性微观理论的基础。

微态介质在运动学上可以用微小位移矢量 $\vec{u}$ 和微小位移的二秩对称张量 Ψ 来描述。变形过程可以用以下三个独立张量进行定义：

宏观应变张量　$$\varepsilon_{ik}=(1/2)(u_{i,k}+u_{k,i}+u_{m,i}u_{m,k}) \tag{3.65}$$

相对扭转张量　$$\gamma_{ik}=u_{i,k}+\Psi_{ik}+u_{m,k}\,\Psi_{mk} \tag{3.66}$$

宏观扭转张量　$$\kappa_{ik,l}=\Psi_{ik,l}+u_{m,k}\Psi_{mk,l} \tag{3.67}$$

该理论的建立与经典超弹性理论类似，即内能被假定为张量式（3.65）~式（3.67）等的解析函数。

接下来的讨论中重点要考虑的是，微态连续体原来是三个著名的微观结构连续体的概括，三个微观结构连续体依次为 Cosserat 连续体、Cosserat 准连续体和 Le Roux 梯度连续体。

在 Cosserat 对称弹性理论中，可以对运动学表达式（3.65）~式（3.67）进行一些化简。这里仅会用到 6 个独立的参数：宏观位移矢量 $\vec{u}$ 和宏观旋转矢量 $\vec{\Psi}$。这样，仅用两个张量就可以定义变形过程：

$$\gamma_{ik} = u_{i,k} - \epsilon_{ikm}(R_m - \Psi_m), R_m = \left(\frac{1}{2}\right)\epsilon_{ikm}u_{i,k} \tag{3.68}$$

$$\kappa_{ikm} = -\epsilon_{ikm}\Psi_{k,m} \tag{3.69}$$

这里，$-\epsilon_{ikm}$ 是常规 Levi – Civita 张量。

内能被定义为两种张量的函数：相对扭转对称张量 γ_{ik} 和弯扭张量 $\Gamma_{km} = \Psi_{k,m}$。

在 Cosserat 理论中使用另一种内能的形式，可以被看作是 Murnaghan 势的修正：

$$\begin{aligned} W = {} & \frac{1}{2}(\mu+\alpha)\gamma_{ik}\gamma_{ik} + \frac{1}{2}(\mu-\alpha)\gamma_{ik}\gamma_{ki} + \frac{\lambda}{2}(\gamma_{kk})^2 + \\ & \frac{1}{2}(\lambda+\varepsilon)\Gamma_{ik}\Gamma_{ik} + \frac{1}{2}(\lambda-\varepsilon)\Gamma_{ik}\Gamma_{ki} + \\ & \frac{\beta}{2}(\Gamma_{kk})^2 + \frac{\nu_1}{6}(\gamma_{kk})^3 + \frac{1}{2}(\nu_2+\delta_1)\gamma_{ik}\gamma_{ki}\gamma_{kk} + \\ & \frac{1}{3}(2\nu_3+\delta_2)\gamma_{ik}\gamma_{km}\gamma_{mi} + \frac{1}{3}(2\nu_3-\delta_2)\gamma_{ik}\gamma_{km}\gamma_{im} + \\ & \sigma_1(\Gamma_{kk})^2\gamma_{mm} + \sigma_2\Gamma_{ik}\Gamma_{ki}\gamma_{mm} + \sigma_3\Gamma_{ik}\Gamma_{ik}\gamma_{mm} \end{aligned} \tag{3.70}$$

式中：λ 和 μ 为拉梅弹性常数；ν_1，ν_2 和 ν_3 为 Murnaghan 弹性常数；α，β，γ 和 ε 为微极介质的线性常数；δ_1，δ_2，σ_1，σ_2 和 σ_3 为微极介质的非线性常数。

从经典弹性理论到对称弹性理论的重要一步是 Voigt 走出的，他提出了除了常规应力张量以外还使用力偶张量。对称弹性的一般理论是 100 年前由 Cosserat 兄弟提出来的，人们普遍认为，该理论在 1960 年被 Truesdell 和 Toupin 重新发现，在 20 世纪 60 年代和之后的一些年，许多优秀的著名力学家都参与到了对称弹性理论的研究中。大多数的问题都得到了覆盖和彻底的解决。值得一提的有乌克兰的 Savin 及其同事的著名出版物。类似地，意大利 Grioli、Ferrarese 等的高水平出版物等中也都有提到。除此之外，波兰科学家 Nowacki 和 Wozniak 也对称弹性理论的发展付出了巨大的努力。

5. Cosserat 准连续体的 Murnaghan 势修正

向 Cosserat 准连续体的转换，假定独立运动学分量减少；仅保留了经典宏

观位移矢量。宏观旋转矢量和微观旋转矢量相同，即

$$R_m = \Psi_m = (1/2)\epsilon_{ikm}u_{i,k}$$

在该连续体中，旋转受限制。

但是准连续体保留了力偶应力和力应力的不对称性。Cosserat 模型的所有物理常数都保留了下来。

内能可仅用向量 $\vec{u}$ 进行表达：

$$\begin{aligned}W = &\frac{1}{2}(\mu+\alpha)\varepsilon_{ik}\varepsilon_{ik} + \frac{1}{2}(\mu-\alpha)\varepsilon_{ik}\varepsilon_{ki} + \frac{\lambda}{2}(\varepsilon_{kk})^2 + \\ &\frac{1}{2}(\lambda+\varepsilon)\Gamma_{ik}\Gamma_{ik} + \frac{1}{2}(\lambda-\varepsilon)\Gamma_{ik}\Gamma_{ki} + \frac{\beta}{2}(\Gamma_{kk})^2 + \\ &\frac{\nu_1}{6}(\varepsilon_{kk})^3 + \frac{1}{2}(\nu_2+\delta_1)\varepsilon_{ik}\varepsilon_{ik}\varepsilon_{kk} + \frac{1}{2}(\nu_2-\delta_1)\varepsilon_{ik}\varepsilon_{ki}\varepsilon_{kk} + \\ &\frac{1}{3}(2\nu_3+\delta_2)\varepsilon_{ik}\varepsilon_{km}\varepsilon_{mi} + \frac{1}{3}(2\nu_3-\delta_2)\varepsilon_{ik}\varepsilon_{km}\varepsilon_{im} + \\ &\sigma_1(\Gamma_{kk})^2\varepsilon_{mm} + \sigma_2\Gamma_{ik}\Gamma_{ki}\varepsilon_{mm} + \sigma_3\Gamma_{ik}\Gamma_{ik}\varepsilon_{mm}\end{aligned} \tag{3.71}$$

宏观应变张量 ε_{ik} 被视为非线性张量，并且宏观旋转张量也应该假定为非线性张量。但是传统上后一个张量是以线性的形式使用的。因此，弯曲扭转张量可以写作 $\Gamma_{ik} = (1/2)\epsilon_{kmn}u_{m,ni}$ 。

6. Le Roux 梯度理论中对 Murnaghan 势的修正

接下来的修正与弹性力矩理论的 Le Roux 的变式有关。变形情况仅用两个张量定义：

宏观应变张量 $\varepsilon_{ik} = (1/2)(u_{i,k} + u_{k,i} + u_{m,i}u_{m,i})$

微观扭曲张量 $\kappa_{ikm} = -u_{i,km}$

以 Le Roux 的方法提出的对势的新的修正与 Guz 修正有一些相似。该修正在于将变形过程中的线性部分和非线性部分分开。二者的耦合仅仅在线性部分中体现，因为耦合的影响非常弱。因此，Le Roux 势可以写成以下形式：

$$\begin{aligned}W = &\mu\varepsilon_{ik}\varepsilon_{ik} + \frac{1}{2}\lambda(\varepsilon_{ii})^2 + 2\mu M^2(\kappa_{ikm}\kappa_{ikm} + \tilde{\nu}\kappa_{ikm}\kappa_{kim}) + \\ &\frac{1}{3}A\varepsilon_{ik}\varepsilon_{mk}\varepsilon_{im} + B\varepsilon_{ik}\varepsilon_{ki}\varepsilon_{mm} + \frac{1}{3}C(\varepsilon_{mm})^3 + D(\varepsilon_{mm})^4 + \\ &G\varepsilon_{ik}\varepsilon_{mk}\varepsilon_{mi}\varepsilon_{nn} + H\varepsilon_{ik}\varepsilon_{ki}(\varepsilon_{nn})^2 + J(\varepsilon_{ik}\varepsilon_{ki})^2\end{aligned} \tag{3.72}$$

式中：λ 和 μ 为拉梅弹性常数；M 和 $\tilde{\nu}$ 是新的微观结构常数；A，B，C，D，H 和 J 是高阶微观结构弹性常数。

7. 混合体弹性理论中对 Murnaghan 势的修正

在这种微观结构理论中，通常对 Murnaghan 势进行两种修正。该理论可以

被看作是经典弹性理论对多重连续介质的直接推广。主要的假设是通过一组相互作用和相互联系的连续体来建立材料的模型。

进一步，考虑两相弹性混合物。变形过程的运动学情况可以用两个局部位移矢量 $\vec{u}^{(\alpha)}$ ($\alpha = 1,2$) 来描述。该混合物作为一个整体，那么它的内能（对于这一整体写出）可以用局部应变张量 $\varepsilon_{ik}^{(\alpha)}$ 和相对位移矢量 $\vec{v} = \vec{u}^{(1)} - \vec{u}^{(2)}$ 这两个不同的运动学参数来描述（当然，也可以使用其他的变量，如 Tiersten 变量）：

$$W = W(\varepsilon_{ik}^{(1)}, \varepsilon_{ik}^{(2)}, \vec{v}) \tag{3.73}$$

作为一项规则，拉丁指数的取值为1，2，3，而希腊指数的取值为1，2。

对 Murnaghan 势的第一个修正源自式（3.73），该修正在势的二阶非线性和三阶非线性部分考虑了交叉影响（在本构方程中的线性和二阶非线性部分）。

$$\begin{aligned} W(\varepsilon_{ik}^{(1)}, \varepsilon_{ik}^{(2)}, v_k) = {} & \mu_\alpha (\varepsilon_{ik}^{(\alpha)})^2 + 2\mu_3 \varepsilon_{ik}^{(\alpha)} \varepsilon_{ik}^{(\delta)} + \frac{1}{2}\lambda_\alpha (\varepsilon_{mm}^{(\alpha)})^2 + \\ & \lambda_3 \varepsilon_{mm}^{(\alpha)} \varepsilon_{mm}^{(\delta)} + \frac{1}{3} A_3 \varepsilon_{ik}^{(\alpha)} \varepsilon_{im}^{(\delta)} \varepsilon_{km}^{(\delta)} + 2 B_3 \varepsilon_{mm}^{(\delta)} \varepsilon_{ik}^{(\delta)} \varepsilon_{ik}^{(\alpha)} + \\ & C_3 \varepsilon_{mm}^{(\alpha)} (\varepsilon_{mm}^{(\delta)})^2 + \beta (v_k)^2 + \frac{1}{3}\beta' (v_k)^3 \end{aligned} \tag{3.74}$$

该势包含了 7 个二阶弹性常数 λ_k，μ_k，β 和 10 个三阶弹性常数A_k，B_k，C_k，β'。

Murnaghan 势针对混合物的第二个修正也源自式（3.73），但同时也进行了一些化简，在势的二阶非线性部分考虑了交叉影响，忽略了三阶非线性部分的交叉影响（即在本构方程中考虑了线性项而忽略了二阶非线性项）：

$$\begin{aligned} W(\varepsilon_{ik}^{(1)}, \varepsilon_{ik}^{(2)}, v_k) = {} & \mu_\alpha (\varepsilon_{ik}^{(\alpha)})^2 + 2\mu_3 \varepsilon_{ik}^{(\alpha)} \varepsilon_{ik}^{(\delta)} + \frac{1}{2}\lambda_\alpha (\varepsilon_{mm}^{(\alpha)})^2 + \\ & \lambda_3 \varepsilon_{mm}^{(\alpha)} \varepsilon_{mm}^{(\delta)} + \frac{1}{3} A_\alpha \varepsilon_{ik}^{(\alpha)} \varepsilon_{im}^{(\alpha)} \varepsilon_{km}^{(\alpha)} + B_\alpha \varepsilon_{mm}^{(\alpha)} (\varepsilon_{ik}^{(\alpha)})^2 + \\ & \frac{1}{3} C_\alpha (\varepsilon_{mm}^{(\alpha)})^3 + \beta (v_k)^2 + \beta' (v_k)^3 \end{aligned} \tag{3.75}$$

该势包含了 7 个二阶弹性常数 λ_k，μ_k，β 和 7 个三阶弹性常数A_α，B_α，C_α，β'。

本章致力于弹性材料的建模。随后的所有分析都是基于各种弹性子势的使用而进行的，所以，所有的波都是超弹性的。在后面的章节中，使用弹性而不是超弹性术语。

练　　习

1. 说明拉格朗日坐标系和欧拉坐标系边界条件公式的差异，并证实使用拉格朗日坐标系的优点。

2. 非零雅可比假设（3.2）是为了什么目的而引入的？

3. 在什么情况下必须使用协变、逆变和混合变换？

4. 说出 Almansi 应变张量和柯西 – 格林应变张量之间的主要不同，并确定它们被用在什么势中。

5. 对二秩对称张量的代数和主要不变量（从微分几何的角度）以及伪不变量（从现代力学的角度）进行比较。

6. 列出在力学中使用的应力张量。

7. 描述非共面直线对（扭子）及其应用（提示：参考［12］）。

8. 在互联网访问诺尔（Noll）的网页（使用关键字 Walter Noll），阅读诺尔定理细节，并评估该定理对于理解三种基本弹性之间的差异时的重要性。

9. 画一个 Murnaghan 势的变量树——势、子势、子子势等。

10. 使用 Tiersten 变量构建混合体理论（参考第 9 章的参考文献［50］），并将其与之前提出的经典变量进行比较。

参 考 文 献

[1] Ascione, L., Grimaldi, A.: Elementi di meccanica del continuo (Elements of Continuum Mechanics). Massimo, Napoli (1993)

[2] Atkin, R. J., Fox, N.: An Introduction to the Theory of Elasticity. Longman, London (1980)

[3] Banfi, C.: Introduzione alla meccanica dei continui (Introduction to Continuum Mechanics). CEDAM, Padova (1990)

[4] Cosserat, E. et F.: Theorie des corpes deformables (Theory of Deformed Bodies). Librairie Scientifique A. Hermann et Fils, Paris (1909)

[5] Dagdale, D. S., Ruiz, C.: Elasticity for Engineers. McGraw Hill, London (1971)

[6] Eringen, A. C.: Nonlinear Theory of Continuous Media. McGraw Hill, New York, NY (1962)

[7] Eringen, A. C.: Mechanics of Continua. Wiley, New York, NY (1967)

[8] Eschenauer, H., Schnell, W.: Elastizitätstheorie I (Theory of elasticity I). Bible Institute, Mannheim (1981)

[9] Fraeijs de Veubeke, B. M.: A Course of Elasticity. Springer, New York, NY (1979)
[10] Fu, Y. B.: Nonlinear Elasticity: Theory and Applications. London Mathematical Society Lecture Note Series. Cambridge University Press, Cambridge (2001)
[11] Fung, Y. C.: Foundations of Solid Mechanics. Prentice Hall, Englewood Cliffs (1965)
[12] Germain, P.: Cours de mechanique des milieux continus. Tome 1. Theorie generale (Course of Continuum Mechanics. Vol. 1, General Theory). Masson et Cie, Editeurs, Paris (1973)
[13] Green, A. E., Adkins, J. E.: Large Elastic Deformations and Nonlinear Continuum Mechanics. Oxford University Press/Clarendon, London (1960)
[14] Griffiths, G. W., Schiesser, W. E.: Linear and nonlinear waves. Scholarpedia, 4 (7), 4308 (2009)
[15] Gurtin, M. E.: An Introduction to Continuum Mechanics. Academic, New York, NY (1981)
[16] Cuz, A. N.: Fundamentals of the Three-dimensional Theory of Stability of Deformable Bodies. Springer, Berlin (1999)
[17] Hahn, H. G.: Elastizitätstheorie (Theory of Elasticity). B. G. Teubner, Stuttgart (1985)
[18] Hanyga, A.: Mathematical Theory of Nonlinear Elasticity. Elis Horwood, Chichester (1983)
[19] Holzapfel, G. A.: Nonlinear Solid Mechanics. A Continuum Approach for Engineering. Wiley, Chichester (2006)
[20] Iliushin, A. A.: Mekhanika sploshnoi sredy (Continuum Mechanics). Moscow University Publishing House, Moscow (1990)
[21] Le Roux, A.: Etude geometrique de la torsion et de la flexion. Ann. Scient. de L'Ecole Normale Sup. 28, 523 – 579 (1911)
[22] Leibensohn, L. S.: Kratkii cours teorii uprugosti (Short Course of Theory of Elasticity). Gostekhizdat, Moscow/Leningrad (1942)
[23] Leipholz, H. E.: Theory of Elasticity. Nordhoof International Press, Amsterdam (1974)
[24] Love, A. E. H.: The Mathematical Theory of Elasticity, 4th edn. Dover, New York, NY (1944)
[25] Lur'e, A. I.: Nonlinear Theory of Elasticity. North-Holland, Amsterdam (1990)
[26] Lur'e, A. I.: Theory of Elasticity. Springer, Berlin (1999)
[27] Maugin, G. A.: Continuum Mechanics of Electromagnetic Solids. North Holland, Amsterdam (1988)
[28] Mu¨ ller, W.: Theorie der elastischen Verformung (Theory of elastic deformation). Akademische Verlagsgesellschaft Geest & Portig K. – G, Leipzig (1959)
[29] Murnaghan, F. D.: Finite Deformation in an Elastic Solid. Wiley, New York, NY (1951/1967)
[30] Novozhilov, V. V.: Osnovy nielinieinoi uprugosti (Foundations of Nonlinear Elasticity).

Gostekhizdat, Moscow (1948)
[31] Novozhilov, V. V.: Foundations of the Nonlinear Theory of Elasticity. Graylock, Rochester, NY (1953)
[32] Nowacki, W.: Theory of Elasticity. PWN, Warszawa (1970)
[33] Nowacki, W.: Teoria niesymetrycznej sprezystosci (Theory of Non-symmetric Elasticity). PWN, Warszawa (1981)
[34] Ogden, R. W.: The Nonlinear Elastic Deformations. Dover, New York, NY (1997)
[35] Pearson, C. E.: Theoretical Elasticity. Harvard University Press, Harvard (1959)
[36] Prager, W.: Introduction to Mechanics of Continua. Ginn, Boston, MA (1961)
[37] Sedov, L. I.: Mekhanika sploshnoi sredy (Mechanics of Continuum), In vols. 1 and 2. Nauka, Moscow (1970)
[38] Sneddon, I. N., Berry, D. S.: The Classical Theory of Elasticity. Flügge, Encyclopedia of Physics, vol. VI. Springer, Berlin (1958)
[39] Sokolnikoff, I. S.: Mathematical Theory of Elasticity. McGraw Hill, New York, NY (1956)
[40] Spencer, A. J. M.: Continuum Mechanics. Longman, London (1980)
[41] Timoshenko, S. P., Goodier, J. N.: Theory of Elasticity, 3rd edn. McGraw Hill, New York, NY (1970)
[42] Truesdell, C.: A First Course in Rational Continuum Mechanics. John Hopkins University, Baltimore, MD (1972)
[43] Truesdell, C., Noll, W.: The Nonlinear Field Theories of Mechanics. Flügge Handbuch der Physik, Band III/3. Springer, Berlin (1965)
[44] Truesdell, C., Toupin, R.: The Classical Field Theories, Flügge Handbuch der Physik, Band III/1. Springer, Berlin (1960)
[45] Wesolowski, Z.: Zagadnienia dynamiczne nieliniowej teorii sprezystosci (Dynamic Problems of the Nonlinear Theory of Elasticity). PWN, Warszawa (1974)

第 4 章

弹性材料中最简单的线性波

本章第一部分对线性弹性波的基本信息进行介绍。该部分内容包括弹性理论中波传播的基本方程，体波和横波，经典波动方程和与之相对应的基本现象、特性和术语，给出了一些破坏数学正确性（亥姆霍兹和泰勒不稳定性以及 Hadamard 例子与 John 判据）的描述波的产生的经典例子，在介绍中，对平面波及其分析进行了重点关注。在第二部分中，考虑了与第一部分所用的均值弹性模量模型不同的线弹性组合模型（二阶结构模型），在该部分介绍了混合材料中的基本波动方程、体波、横波和平面波及其简要分析。这些内容可以在关于线弹性理论、线弹性波和混合体理论的许多基本书籍与文章中找到，参见本章参考文献列表［1－49］。

4.1 弹性理论中的经典线性波

4.1.1 体波和横波的基本方程

线弹性理论是目前已发展完善的经典理论，具有完备的表述。有关线弹性理论的基本方程已经在第 3 章由式（3.25）、式（3.34）和式（3.35）给出。在此处仅列出如下。

动力平衡方程：$\rho\dfrac{\mathrm{d}v_i}{\mathrm{d}t}=\sigma_{ik,k}+F_i$

线性本构方程：$\sigma_{ik} = C_{iklm}\varepsilon_{lm}$

运动学方程（柯西线性关系）：$\varepsilon_{lm} = (1/2)(u_{m,l} + u_{l,m})$

这三个方程构成了经典线性方法下（意指在线弹性理论的框架下）波动的基本方程组。这个方程组形式上由三个相互耦合的关于位移矢量 $u_k(x_1, x_2, x_3, t)$ 的三个分量的二阶偏微分方程构成：

$$C_{iklm}(\partial^2 u_m/\partial x_k \partial x_l) + X_i = \rho(\partial^2 u/\partial^2 t) \tag{4.1}$$

该方程组对应弹性材料各向异性的一般情况。对于体波和横波的经典分析通常是针对各向同性材料进行的，因为此时的弹性张量可以表示为式（3.36）的形式：

$$C_{iklm} = \lambda\delta_{ik}\delta_{lm} + \mu(\delta_{il}\delta_{km} + \delta_{im}\delta_{kl})$$

原始方程组变得简单，为经典的拉梅方程形式：

$$(\lambda + \mu)\text{grad div}\vec{u} + \mu\Delta\vec{u} = \rho(\partial^2 u/\partial^2 t) \tag{4.2}$$

在弹性理论中使用如下方法将运动方程（4.2）分解为两个不同的波动方程。根据亥姆霍兹定理，任意一个矢量 $\vec{u}$ 总可以表示为势函数和涡旋矢量的和 $\vec{u} = \vec{v} + \vec{w}(\text{rot}\vec{v} = 0, \text{div}\vec{w} = 0)$。

当 $\vec{u}$ 表示位移矢量时，因为 $\text{rot}\vec{v} = 0$，$\text{div}\vec{w} = 0$，所以矢量 $\vec{v}$ 仅表示与体积变化相关的位移，矢量 $\vec{w}$ 仅表示与形状变化相关的位移。

第一个矢量 $\vec{v}$ 通常用标量势函数 φ 写出 $\vec{v} = \text{grad}\varphi$，其是时间的任意确定函数，而第二个矢量 $\vec{w}$ 则用矢量势函数写出 $\vec{w} = \text{rot}\vec{\psi}$，其是任意矢量场的任意确定函数。

应用到式（4.2），div 算子给出关于矢量 $\vec{v}$ 的方程：

$$\{\Delta - [\rho/(\lambda + 2\mu)(\partial^2/\partial t^2)]\}\vec{v} = 0 \tag{4.3}$$

rot 算子的应用则给出关于矢量 $\vec{w}$ 的方程：

$$\{\Delta - [\rho/\mu(\partial^2/\partial t^2)]\}\vec{w} = 0 \tag{4.4}$$

方程（4.3）和方程（4.4）是经典的线性波动方程表达形式，其中，方程（4.3）表示的是位移以固定相速度 $v_{\text{ph}} = \sqrt{(\lambda + 2\mu)/\rho}$ 传播的体波，方程（4.4）表示的是位移以固定相速度 $v_{\text{ph}} = \sqrt{\mu/\rho}$ 传播的横波。同时，对应的势函数 φ 和 $\vec{\psi}$ 也满足上述方程。

4.1.2　经典波动方程：基本概念

考虑经典的线性波动方程，它是如下形式的双曲型方程：

$$a^2\left(\frac{\partial^2 u}{\partial x_1^2} + \frac{\partial^2 u}{\partial x_2^2} + \frac{\partial^2 u}{\partial x_3^2}\right) - \frac{\partial^2 u}{\partial t^2} \equiv a^2\Delta u - \frac{\partial^2 u}{\partial t^2} = f(x_1, x_2, x_3, t) \tag{4.5}$$

式中：$u(x_1,x_2,x_3,t)$ 为表示各向同性介质中波动的未知函数；$f(x_1,x_2,x_3,t)$ 为已知函数；$\{x_1,x_2,x_3\}$ 为笛卡儿坐标系；Δ为拉普拉斯算子。

在式（4.5）建立的过程中，除了要考虑各向同性的特性之外，还需要对一些物理过程进行必要的假设。这些必要的假设可以通过最简单的声波的例子进行阐释。

该情况下，函数 $u = p(x,y,z,t) - p_0$ 表示气体介质压力相对于静态压力 p_0 的偏离，给定气体介质中的声速 a 为常数。首先，假设该气体介质是均匀介质。其次假设函数 u 的值本质上小于静态压力（意味着不小于两个数量级）；此外，还需假设气体分子的平均自由运动位移要大大低于波动的线性尺度。最后，声传播理论还提出：气体分子位移导致的气体密度变化微小。基于此假设，声波被认为是气体分子纵向振荡在空间中的传播，其以特定的方向传播，称为波传播的方向。

需要注意的是：以气体分子振荡的频率定义声波的名称。频率低于 16 Hz 的波称为次声波，频率范围在 16 ~ 20 kHz 的波称为声波，频率范围介于 20 kHz ~ 1 GHz 的波称为超声波，频率超过 1 GHz（直到 10^{13} Hz）的波称为特超声波。

考虑式（4.5）的柯西经典问题，该问题就是在给定边界条件

$$u(x,t=+0) = u_0(x),(\partial u/\partial t)(x,t=+0) = u_1(x) \tag{4.6}$$
$$x \equiv (x_1,x_2,x_3)$$

的情况下，对式（4.5）进行求解。

柯西问题式（4.5）和式（4.6）的经典解被认为是函数集 $u(x,t) \in C^2(t>0) \cap C^1(t \geqslant 0)$（对所有的 $t>0$ 二阶连续可微，对所有的 $t \geqslant 0$ 一阶连续可微）中，在 $t>0$ 时满足式（4.5），同时在 $t \to +0$ 时满足初始边界条件（4.6）的函数 $u(x,t)$。此外，式（4.5）和式（4.6）右侧的所有项均必须满足在特定条件下空间坐标连续的要求。

基于解的 Hadamard 适定性定义，任意一个数学物理问题的解如果满足如下三个条件：① 解存在于特定的函数集 M_1；② 解在其他函数集 M_2 中是唯一的；③ 解连续性地依赖于问题的数据，则该问题称为适定性问题，依据解的 Hadamard 定义，称该问题的解是适定的，同时称集合 $M_1 \cap M_2$ 是适定集合。

对于物理问题，作为一个规则，它有解是事先知道的，条件① ~ ③反映了近似表示物理问题的所有连续依赖参数的实际可能性。换句话说，适定性可以看作是求解方法的通用性，亦即在最初给定参数发生小变化时，这种方法仍然有效。因此，这种性质也被称为解的稳定性。

下面的重要定理同样有效：

假设在三维运动（$x = \{x_1;x_2;x_3\};n = 3$）和二维运动（$x = \{x_1;x_2\};n = 2$）情况下，外部作用$f \in \mathbf{C}^2(t \geqslant 0)$，初始条件$u_0 \in \mathbf{C}^3(\mathbf{R}^n)$，$u_1 \in \mathbf{C}^2(\mathbf{R}^n)$；在一维运动（$x = \{x_1\};n = 1$）情况下，外部作用$f \in \mathbf{C}^1(t \geqslant 0)$，初始条件$u_0 \in \mathbf{C}^2(\mathbf{R}^1)$，$u_1 \in \mathbf{C}^1(\mathbf{R}^1)$；均满足给定条件，则柯西问题式（4.5）和式（4.6）的经典解是唯一的，可以有如下几种表示形式。

1．适合于 $n = 3$ 的基尔霍夫（Kirchhoff）公式

$$u(x,t) = \frac{1}{4\pi a^3}\int_{U(x;at)} \frac{f\left(\xi, t - \left|\frac{x - \xi}{a}\right|\right)}{|x - \xi|}\mathrm{d}\xi + \frac{1}{4\pi a^2 t}\int_{S(x;at)} u_1(\xi)\mathrm{d}S + \frac{1}{4\pi a^3} \times \frac{\partial}{\partial t}\left[\frac{1}{t}\int_{S(x;at)} u_0(\xi)\mathrm{d}S\right]$$

2．适用于 $n = 2$ 的泊松（Poisson）公式

$$u(x,t) = \frac{1}{2\pi a}\int_0^t\int_{U[x;a(t-\tau)]} \frac{f(\xi,\tau)\mathrm{d}\xi\mathrm{d}\tau}{\sqrt{a^2(t-\tau)^2 - |x - \xi|^2}} + \frac{1}{2\pi a} \cdot \int_{U[x;a(t-\tau)]} \frac{u_1(\xi)\mathrm{d}\xi}{\sqrt{a^2t^2 - |x - \xi|^2}} + \frac{1}{2\pi a}\frac{\partial}{\partial t}\int_{U[x;a(t-\tau)]} \frac{u_0(\xi)\mathrm{d}\xi}{\sqrt{a^2t^2 - |x - \xi|^2}}$$

3．适用于 $n = 1$ 的达朗贝尔（D'Alembert）公式

$$u(x,t) = \frac{1}{2a}\int_0^t\int_{x-a(t-\tau)}^{x+a(t-\tau)} f(\xi,\tau)\mathrm{d}\xi\mathrm{d}\tau + \frac{1}{2a}\int_{x-at}^{x+at} u_1(\xi)\mathrm{d}\xi + \frac{1}{2}[u_0(x + at) + u_0(x - at)]$$

此外，以上的解连续地依赖于函数$f(x,t)$、$u_0(x)$和$u_1(x)$，从这个意义上说，如果问题的参数略有变化，亦即

$$|f - \tilde{f}| \leqslant \varepsilon, |u_0 - \tilde{u}_0| \leqslant \varepsilon_0, |u_1 - \tilde{u}_1| \leqslant \varepsilon_1,$$
$$(|\mathrm{grad}(u_0 - \tilde{u}_0)| \leqslant \varepsilon_0', n = 2,3)$$

则对应于这些数据的解$u(x,t)$和$\tilde{u}(x,t)$在任意一个有限的时间间隔$0 \leqslant t \leqslant T$内满足如下估计公式。

$$|u(x,t) - \tilde{u}(x,t)| \leqslant \frac{T^2}{2}\varepsilon + T\varepsilon_1 + \varepsilon_0 + aT\varepsilon_0' \quad (n = 2,3),$$
$$|u(x,t) - \tilde{u}(x,t)| \leqslant \frac{T^2}{2}\varepsilon + T\varepsilon_1 + \varepsilon_0 \quad (n = 1)$$

也就是说，事实上连续性依赖意味着问题参数的微小变化必然导致解的微小变化。

需要注意的是：对于问题解的存在性问题有两种明显不同的观点，第一种观点在物理上是典型的，解的存在要从结构方面证明，解是构造和确认出来的(如前述的基尔霍夫，泊松，达朗贝尔等公式)。第二种观点存在于纯数学领域，首先是 Georg Cantor，然后是 Henry Poincare，David Hilbert 以最清晰的形式阐述了解的存在要符合逻辑（不存在矛盾）的观念。

4.1.3 经典波动方程：波是平衡状态被打破的结果

数理物理学中存在着一些适定性被打破（出现不稳定时）的经典例子，现就其中的一些进行介绍。

1. 亥姆霍兹不稳定性

亥姆霍兹所描述的气体和液体界面的波，是违反解对问题数据连续依赖性的第一个经典案例。该问题如下：两个半无限空间有一个平面分界，在每个半无限空间中流体（气体）均匀流动，各流体（或气体，或气体与流体）的密度不同，在分界面附近的流动没有摩擦，也就是说液体或气体沿分界面滑动。

此外，还对运动特性进行了一些假设（例如，不存在涡旋）。因此，运动速度 $\vec{v}^{\alpha}(x,y,z,t)$ 的势函数 $\varphi^{\alpha}(x,y,z,t)$ 满足拉普拉斯方程 $\Delta\varphi^{\alpha}=0$，其中，$\vec{v}^{\alpha}\equiv\{v_x^{\alpha},v_y^{\alpha},v_z^{\alpha}\}$，$\vec{v}^{\alpha}=\nabla\varphi^{\alpha}$，$\alpha=1,2$，式中的上标 1、2 分别与上半空间和下半空间相对应，上述滑动平面为 xOy 平面，且满足如下的三个条件。

(1) 穿过滑动平面的速度分量 $v_z^{\alpha}(x,y,z,t)$ 是连续的，并且该平面受微小扰动变形成了表面［例如，分界面从平面变成了具有微小振幅的波状（正弦）皱褶面］；速度分量 v_z^{α} 等于表面速度 $\partial z(x,y,t)/\partial t$ 的法向分量。

(2) 当 $x\to\pm\infty$ 时，运动速度 $\vec{v}^{\alpha}$ 趋向于 $\{\pm(V/2),0,0\}$（V 表示滑动速度)。

(3) 穿过分界面 S 的压力 p^{α} 连续，而且满足关系式 $p^{\alpha}-p_0=-\rho^{\alpha}[\varphi_t^{\alpha}+(1/2)(\nabla\varphi^{\alpha})^2]$。

所述问题可以用解析法求解。该解可以表征受（波状）扰动的滑动面附近的流动的微小变化。若给定扰动产生的波纹的波长 λ，假定扰动波纹的初始幅值很小并且是未知的关于时间的函数，那么对问题求解即可得出该函数，它是时间和波长 λ 的指数函数，并随着皱褶波波长的减小无限增大，而如此小的波长 λ 总能在滑动面 S 附近的微小变化的流动中存在，对于任意给定时刻 t_0 和任意给定的数字 M，时刻 t_0 的皱褶幅度与其初始值相比，将增大 M 倍。

这种在微小扰动下分界面幅值增加的现象称为亥姆霍兹不稳定性，这种不稳定性是自然界中常见的，根据上述机理，一阵微风就可使平静的湖面有波产生。

2. 泰勒不稳定性

对这个问题的描述和前面的例子基本相同[11,12]。二者的差别是分界面上面流体的密度一定大于分界面下面流体的密度（也就是说上面的流体要比下面的流体重）。此处也假设了分界面上下的流体初始时都不动，且处于静止状态，但与亥姆霍兹描述形成对比的是，在此处要考虑重力因素。在该问题中，正是由于重力和密度的差异才产生了一个新的重力效应，进而产生了与前述案例相类似的解。

此处，再次观察到了流体介质分界面在微小扰动下的幅值增大现象，这种不稳定性称为泰勒不稳定性，该现象可以在一个容器上部的水被下部空气支撑的物理实验中观察到。

3. Hadamard 案例

基于含有特定初始条件的拉普拉斯方程：

$$\Delta u \equiv \frac{\partial^2 u}{\partial x^2} + \frac{\partial^2 u}{\partial t^2} = 0 \tag{4.7}$$

探讨柯西问题，特定初始条件为

$$u(x,0) = 0,\ u'(x,0) = \frac{1}{k}\sin kx \tag{4.8}$$

与其对应的解具有 $u_k(x,t) = (\sin kt)/k^2\sin kx$ 的形式，当 $k \to +\infty$ 时，初始条件式(4.8) 中的表达式 $1/k\sin kx$ 对于 x 均匀地趋向于 0。但遗憾的是，当 $x \neq m\pi$ $(m \in \mathbf{Z})$ 时，方程的解并不趋向于 0，$u_k(x,t) = (\sinh kt)/k^2\sin kt \to 0, k \to +\infty$ 。

因此，在柯西问题式（4.7）和式（4.8）中，因为初始条件并不能保证求得解的连续性，所以，该问题是非适定性的。

4. John 论断

前面例子中描述的不稳定性的性质表现为波浪的形状。关于这一点，可回想很少被引用的 Fritz John 的非凡论断：在物理系统中传播的波存在，可以被理解为是大于其诱因效应的某种形式的不稳定性。

4.1.4　经典波动方程：基本特性和术语

回想一下，波被认为是一个物理系统或其他系统的某个状态的扰动在空间的传播，下面对波的特性进行介绍。

扰动的几何形态（形状、轮廓）是多种多样的，对于波，可以通过其几何形态进行区分，或通过第 2 章所述的运动学特性进行区分。例如，① 孤立波或脉冲波；② 周期波；③ 波包；④ 列波等。这些只是比较常用的分类术语，然而，有些波是在这些类别之外的。

除了形状或者轮廓特征之外，波还可以通过其传播速度和相位进行表征。这些概念通常用波动方程的经典达朗贝尔解进行阐释。当存在某些为零的参数时，该解具有如下的形式：

$$u(x,t) = u_{01}(v_{\mathrm{ph}}t - x) + u_{02}(v_{\mathrm{ph}}t + x) \tag{4.9}$$

式（4.9）中右边的两个表达式中的每一个都被称为一个行波，其中，第一个行波 $u_{01}(v_{\mathrm{ph}}t - x)$ 沿 x 正方向传播，第二个行波 $u_{02}(v_{\mathrm{ph}}t + x)$ 沿 x 负方向传播，函数 u_{01} 和 u_{02} 表示波的形状，波的相位用量 $\sigma = v_{\mathrm{ph}}t \pm x$ 称为波的相位，量 v_{ph} 是波的相速度。

如果行波是周期波，那么把式（4.9）转化为如下形式则更方便分析：

$$u(x,t) = u_{01}\left[\frac{v_{\mathrm{ph}}}{\omega}(\omega t - kx)\right] + u_{02}\left[\frac{v_{\mathrm{ph}}}{\omega}(\omega t + kx)\right] \tag{4.10}$$

此处引入了波数 $k = \omega/v_{\mathrm{ph}} = 2\pi f/v_{\mathrm{ph}} = 2\pi/\lambda$ ，波长 λ ，频率 f 等参数。

通常结合简谐波对行波进行讨论，此时，式（4.10）变为如下简单形式：

$$u(x,t) = A\cos\omega[t - (x/v_{\mathrm{ph}})] \quad 或者 \quad u(x,t) = A\cos(\omega t - kx) \tag{4.11}$$

式中，波数 $k = \omega/v_{\mathrm{ph}}$ 与波长 $\lambda = 2\pi/k$ 相关。如果给定周期 $T = 1/f$ 和频率 $f = \omega/(2\pi)$ ，那么相速度可以表示为 $v_{\mathrm{ph}} = \omega/k$ 或者 $v_{\mathrm{ph}} = \lambda f$, $v_{\mathrm{ph}} = \lambda/T$ 。

相速度规定了波峰、波谷或者波形上任何一个节点的运动速度。

$\varphi(x,t) = \omega t - kx$ 称为相位函数或者相位，它是独立变量 x 和 t 的线性函数。

固定相位值并关注波形上的某一点，根据定值相位的全微分表达式 $\mathrm{d}\varphi = (\partial\varphi/\partial t)\mathrm{d}t + (\partial\varphi/\partial x)\mathrm{d}x = \omega\mathrm{d}t - k\mathrm{d}x = 0$ ，则对于波形上具有相同相位值的点存在有 $\mathrm{d}x/\mathrm{d}t = \omega/k$ ，这些点以速度 v_{ph} 运动，它经常被表述为如果观察者以速度 v_{ph} 运动，则他总是观察到波形上的同一个点。这就是 v_{ph} 被称为相速度的原因。

对这种方法进行推广，假设波为准简谐波，也就是说波的幅值和相位发生缓慢变化，可以得到式（4.11）的近似表达式为 $u(x,t) = A(x,t)\mathrm{e}^{\mathrm{i}\varphi(x,t)}$ ，此时，瞬时频率和瞬时波数定义为 $\omega(x,t) = \partial\varphi/\partial t$, $k(x,t) = \partial\varphi/\partial x$ 。当瞬时参数与先前介绍的局部参数一致时，可以在某一点 $(x_{\mathrm{o}},t_{\mathrm{o}})$ 附近将得到的表达式展开成泰勒级数。

在相同的条件下，对于波而言，介质已经发生了频散现象，但全微分的表

达式 $\partial^2\varphi/\partial x\partial t = \partial^2\varphi/\partial t\partial x$ 依然成立，而且可以得到表达式 $\partial k/\partial t + \partial\omega/\partial x = 0$，或者 $\partial k/\partial t + (\partial\omega/\partial k)(\partial k/\partial x) = 0$。从上述的最后一个表达式可以看出：在运动中波数并没有随着 $\mathrm{d}x/\mathrm{d}t = \omega'(k)$ 的特征变化，因此，当观察者以速度 $\omega'(k)$ 运动时，在任意时刻对波进行观察，观察到的都是波数为 k 的波。速度 $\omega'(k)$ 称为群速度。

群速度除了可以用 $v_{\mathrm{gr}} = \omega'(k)$ 表示外，也常用瑞利公式表示：

$$v_{\mathrm{gr}} = v_{\mathrm{ph}} - \lambda v'_{\mathrm{ph}}(\lambda)$$

群速度出现于频散介质中的波包的传播，在这种情况下，波包在保持其形状和尺度的条件下的传播速度被称为群速度。

群速度可以看作波数扰动的传播速度，对于任意一个给定的波数它都是常数。对于各向异性介质或者多维介质中的波动而言，群速度的定义和公式都非常复杂。群速度的概念对于某些类型的波（如短脉冲或者宽频谱脉冲波）而言是无意义的，因此，在这些情况下不使用群速度的概念。

波的另一个重要特性就是它具有传递能量和脉冲（运动能力）的能力。因此，除了相速度和群速度概念外，在此处还引入能量传播速度的概念。

考虑线性弹性体中的平面纵波问题，该波所对应的波动方程：

$$\rho u''_{tt} - (\lambda + 2\mu) u''_{xx} = 0 \tag{4.12}$$

将在下一节中仔细分析。式中，u 为纵波位移；ρ 为密度；λ 和 μ 为拉梅弹性常数。

在初始条件为 $u(x,0) = u_0(x), u'_t(x,0) = 0$ 的情况下，式（4.12）沿 x 正方向传播的波的解由达朗贝尔公式给出：

$$u(x,t) = u_0(x - v_{\mathrm{ph}} t) \tag{4.13}$$

式中：$x - v_{\mathrm{ph}} t$ 为相位；相速度 $v_{\mathrm{ph}} = \sqrt{(\lambda + 2\mu)/\rho}$ 为常数。

定义能量流动密度与能量密度的比值为能量运动速度 v_{en}，$v_{\mathrm{en}} = P/E$。因为，对于所讨论的平面纵波的情况

$$E = U + K = \frac{1}{2}[(\lambda + 2\mu) + \rho v_{\mathrm{ph}}^2](f')^2 = (\lambda + 2\mu)(f')^2,$$

$$P = (\lambda + 2\mu) v_{\mathrm{ph}} (f')^2$$

所以，可以得到

$$v_{\mathrm{en}} = [(\lambda + 2\mu) v_{\mathrm{ph}} (f')^2 / (\lambda + 2\mu)(f')^2] = v_{\mathrm{ph}} \tag{4.14}$$

式（4.14）表达了经典结论，即在弹性介质中，波的传播无畸变，其相速度与其能量传播速度是相同的。

当波在频散介质中传播时，则会出现一些不同的情况：对于无频散和有频散的情况，简谐波的相位具有相同的形式 $\varphi = kx - \omega t$；但对于频散波，ω 和 k

是在定义频散的条件 $W'(k) \neq 0$ 下相互耦合的，相速度不恒定：$v_{ph} = \omega/k = W(k)/k \neq$ 常数。

在这种情况下，相速度失去了表征波动的地位，应该使用群速度 $v_{gr}(k) = dW(k)/dk$。

下面通过对 Klein-Gordon 波动方程的探讨，来阐明波能量传播的一些特异性。Klein-Gordon 波动方程是频散波理论的经典方程：

$$\rho\varphi''_{tt} - \alpha^2\varphi''_{xx} \pm \beta^2\varphi = 0$$

该方程有谐波形式的解 $\varphi(x,t) = Ae^{i(kx-\omega t)}$。

容易看出，频散关系的表达式为 $\omega = \pm\sqrt{\alpha^2k^2 \pm \beta^2}$，相速度和群速度的表达式为

$$v_{ph}(k) = \frac{\pm\sqrt{\alpha^2k^2 \pm \beta^2}}{k}, \quad v_{gr}(k) = \frac{\alpha^2k}{\pm\sqrt{\alpha^2k^2 \pm \beta^2}}$$

定义相位符号 $kx - \omega t \equiv z$，求解波的能量传播速度：

$$v_{en} = \frac{P}{E}$$

$$P = -\alpha^2k\omega\varphi_o^2\sin^2 z$$

$$K = \frac{1}{2}(\rho\omega^2\varphi_o^2\sin^2 z + \alpha^2k^2\varphi_o^2\sin^2 z + \beta^2\cos^2 z)$$

由此可以看出，三种速度的值是不同的：

$$v_{en} \neq v_{ph}, \quad v_{en} \neq v_{gr}$$

通常来说，我们对波的偏振细节并不感兴趣，因此，P 和 K 可以用偏振周期内的平均值进行表示。因为 $\sin^2 z$ 和 $\cos^2 z$ 的平均值为 1/2，所以有

$$v_{en} = \frac{P_{mean}}{E_{mean}} = \frac{\alpha^2}{v_{ph}} = v_{gr} \tag{4.15}$$

对于平均能量而言，式（4.15）所表示的群速度和能量传播速度相等的关系具有普适性。

经典波动方程除了具有式（4.10）所表示的行波解外，还具有驻波解。如果解式（4.10）是用分离变量的方法构造的，则其可以表示为具有相同结构的被加项的和的形式：

$$u_i(x,t) = X_i(x)\cdot T_i(t) = C_i\cos(k_ix + \varphi_x)\cos(\omega_it + \varphi_t) \tag{4.16}$$

式中：C_i，φ_x，φ_t 为常数，其中，C_i 表示幅值，φ_x，φ_t 表示相位。

式（4.16）表示不传播的振荡，是驻止的，因此称为驻波。

如果存在性定理是有效的，那么式（4.10）和式（4.16）类型的解之

间就存在一定的关联性。事实上，两个行波叠加可以产生驻波，两个驻波拍击（拍频）可得到行波，从这个意义上说，驻波形式和行波形式的解是等效的。

下面基于简谐行波对波的偏振特性进行讨论。

波的振幅矢量和波矢量所形成的夹角，或者更抽象地来讲，波的振幅与相位间的关系决定了波的偏振状态。

在波的传播过程中，当介质材料的质点沿着波的传播方向振动时（前述的夹角为零时），这样的波称为纵向偏振波。

在波的传播过程中，当介质材料的质点穿越波的传播方向振动时（前述的夹角为直角时），这样的波被称为横向偏振波。

横向偏振波有垂直横向偏振波（与质点的垂直横向振动相对应）和水平横向偏振波（与质点的水平横向振动相对应）两种形式。波的偏振状态在本质上会影响波与其他波、波与自身、波与其他物理场的相互作用情况。偏振不仅存在于简谐波中，在复杂形态波、频散波、非周期波和孤立波中也都有偏振状态。

在波的传播过程中，经常存在四种现象：一是频散现象，这在前面已经提到，在后续的章节中还会做进一步的讨论；二是反射和折射现象；三是波的干涉现象，主要存在于两列或者多列波沿着同一个方向传播时相遇或者叠加的过程中；四是波的衍射现象，主要出现在波传播的过程中碰到障碍物时。

4.1.5　经典波动方程：平面波

需要指出，平面波是所有波型中研究得最多的一类波。

选定一个由单位矢量 $\vec{n}^o$ 表示的方向，假设平面波是沿 $\vec{n}^o$ 传播的、相速度 v_{ph} 和幅值 $\vec{u}^o$ 为常数的达朗贝尔波：

$$\vec{u}(x,t) = \vec{u}^o f[t - (\xi / v_{ph})] \tag{4.17}$$

$$\xi = \vec{n}^o \cdot \vec{r} = n_1^o x_1 + n_2^o x_2 + n_3^o x_3, \vec{n}^o = \{n_k^o \equiv \cos\alpha_k^o\}, \vec{r} = \{x_1, x_2, x_3\}$$

那么，在任意时刻，在由方程 $\xi = \vec{n}^o \cdot \vec{r} = n_1^o x_1 + n_2^o x_2 + n_3^o x_3 =$ 常数所确定的平面上函数 $\vec{u}(x,t)$ 恒为常数。

当波运动 Δt 时间时，矢量 $\vec{r}$ 的改变量为 $\Delta\vec{r}$。如果在这个过程中函数 $\vec{u}(x,t)$ 的参数固定不变，则函数值也固定不变，这意味着方向 $\vec{k}$ 是波运动的方向。

另外，变化量 Δt 和 $\Delta\vec{r}$ 是耦合的，即

$$\vec{k}\vec{r} - \omega t = \vec{k}(\vec{r} + \Delta\vec{r}) - \omega(t + \Delta t) = \text{常数或者 } \vec{k}\Delta\vec{r} = \omega\Delta t$$

上面的方程可以看成是一个前行平面在空间移动了距离 $|\Delta\vec{r}|$ 的方程，也就是说，这个平面沿着波矢量的方向运动。在波分析中，式（4.17）表示的简谐波具有平面波前，且该 $\vec{k}$ 波前沿着方向 $\vec{k}$ 运动，这就是该波被称为平面波的原因。

需要指出的是，平面波是由四个参数来表征的：① 由二阶连续可微函数 f 描述的波形轮廓的任意形状；② 任意振幅 $\vec{u}^o$；③ 振幅的固定偏振方向（矢量 $\vec{u}^o$ 的方向）；④ 固定的相速度 v_{ph}。

让我们以位移的形式改写线性弹性理论关于任意弹性各向异性情况下的运动方程：

$$C_{iklm}u_{m,lk} - \rho\ddot{u}_i = 0 \tag{4.18}$$

引入克里斯托弗张量 $\Gamma_{ik} = C_{ijlk}k_jk_l$，并将平面波表达式（4.17）代入式（4.18），可以得到线弹性材料中平面波的克里斯托弗方程：

$$\Gamma_{ik}u_k^o = \rho(v_{\text{ph}})^2u_i^o \tag{4.19}$$

由式（4.19）可知，定义波偏振方向的矢量 $\vec{u}^o$ 的分量是张量 Γ_{ik} 的特征向量，特征向量对应的特征值 $\rho(v_{\text{ph}})^2$ 决定偏振波的相速度。因此，克里斯托弗变换将平面波参数的求解问题简化成数学上求解 Γ_{ik} 张量的特征值问题。

因为表征超弹性材料性质的张量 C_{ijkl} 是对称的，所以克里斯托弗张量 Γ_{ik} 也对称，因此，张量的特征值为实数，其特征向量正交。因为密度 ρ 为正数，所以特征值恒为正数，因此，平面波的相速度值为实数，这就表明平面波真的传播。

对于各向同性介质，克里斯托弗张量可以表示为

$$\Gamma_{ik} = (\lambda + \mu)k_i^ok_k^o + \mu\delta_{ik} \tag{4.20}$$

各向同性介质中的克里斯托弗方程可以表示为

$$(\lambda + \mu)(\vec{k}^o \cdot \vec{u}^o)\vec{k}^o = (\rho v_{\text{ph}}^2 - \mu)\vec{u}^o \tag{4.21}$$

式（4.21）允许两个偏振类型，第一个偏振类型对应的是波矢量与位移矢量共线的情况，它描述的是相速度 $v_{\text{ph}} = \sqrt{(\lambda + 2\mu)/\rho}$ 为常数的纵波；第二个偏振类型定义了波矢量与位移矢量正交形成无穷个方向的情况，它对应的是相速度 $v_{\text{ph}} = \sqrt{\mu/\rho}$ 为常数的横波。因此，对平面波传播的特定方向的选择对波数（仅有两个）、相速度和交互偏振等波的传播特性并没有影响。

下面对横向各向同性介质内平面波的传播情况进行讨论，当波沿对称轴传播时，会存在两种偏振类型和两种类型的波：一是相速度为 $v_{\text{ph}} = \sqrt{C_{3333}/\rho}$ 的纵波，二是在各向同性平面内沿横坐标轴偏振的相速度为 $v_{\text{ph}} = \sqrt{C_{1313}/\rho}$ 的

横波。

当波垂直于对称轴传播时，存在三种偏振类型：一是相速度为 $v_{ph} = \sqrt{C_{1111}/\rho}$ 沿着横坐标轴偏振的纵波，二是相速度为 $v_{ph} = \sqrt{C_{4444}/\rho}$ 沿着对称轴偏振的横波，三是相速度为 $v_{ph} = \sqrt{(1/2)(C_{1111} - C_{2211})/\rho}$ 沿着纵坐标轴偏振的横波。

在正交材料中，纵波、水平偏振横波和垂直偏振横波分别沿着三个对称轴传播。与横向各向同性材料的情况一样，其中的某些波具有完全相同的相速度。

通常，在对各向同性材料中传播的平面波的进一步研究中，假设波的传播方向沿横坐标方向，所以有

$$\vec{u} = \{u_k(x_1, t)\} \tag{4.22}$$

将式（4.22）代入基本方程式（4.18）中，则可以得到三个线性波动方程：

$$\rho\ddot{u}_1 - (\lambda + \mu)u_{1,11} = 0,\ \rho\ddot{u}_2 - \mu u_{2,11} = 0,\ \rho\ddot{u}_3 - \mu u_{3,11} = 0 \tag{4.23}$$

式（4.23）分别表示一个平面纵波（P 波）和两个平面横波：水平偏振平面横波（SH 波）以及垂直偏振平面横波（SV 波）。其对应的谐波解的形式如下：

$$u_1(x_1, t) = u_1^o e^{i(k_L x_1 - \omega t)}, k_L = (\omega/v_L), v_L = \sqrt{(\lambda + 2\mu)/\rho} \tag{4.24}$$

$$u_2(x_1, t) = u_2^o e^{i(k_T x_1 - \omega t)},\ u_3(x_1, t) = u_3^o e^{i(k_T x_1 - \omega t)},\ k_T = \omega/v_T,\ v_T = \sqrt{\mu/\rho} \tag{4.25}$$

从上述可以看出，在线弹性各向同性介质中，平面谐波以恒定速度传播，并且是最简单的无频散波。

下面我们通过一幅三维图和三幅二维图对弹性平面简谐波进行介绍：三维图是波的幅值 - 空间坐标 - 时间图；二维图是特定时刻的幅值 - 空间坐标图、相速度 - 频率图和波数 - 频率图。其中相速度 - 频率图和波数 - 频率图通常情况下称为频散曲线，在各向同性介质最简单的情况下，它们均为直线。

图中所展示的是频率 $\omega = 100$ kHz 的弹性平面纵波在钢中传播的情况。钢的特征参数如下：$\rho = 7.8 \times 10^3$ kg/m^3，$\lambda = 94$ MPa，$\mu = 79$ MPa。相速度 $v_L = \sqrt{(\lambda + 2\mu)/\rho} = 5.68$ km/s，波数 $k_L = \omega/v_L = 17.6$。波相位 $z = kx_1 - \omega t = 17.6x_1 - 100\,000\,t$，其中距离单位为 m，时间单位为 s。

图 4.1 和图 4.2 表示依据公式：$u(x, t) = u^o\cos(17.6x_1 - 100\,000\,t)$ 得到的

波图。假定波的初始振幅很小，$u^{o}=1\times10^{-4}$ m，对应图中的单位坐标，图 4.3 和图 4.4 表示任意频率情况下对应相速度和波数的两条直线 $v_{\mathrm{ph}}=v_{\mathrm{ph}}(\omega)=5.68$ 和 $k=0.176\omega$。

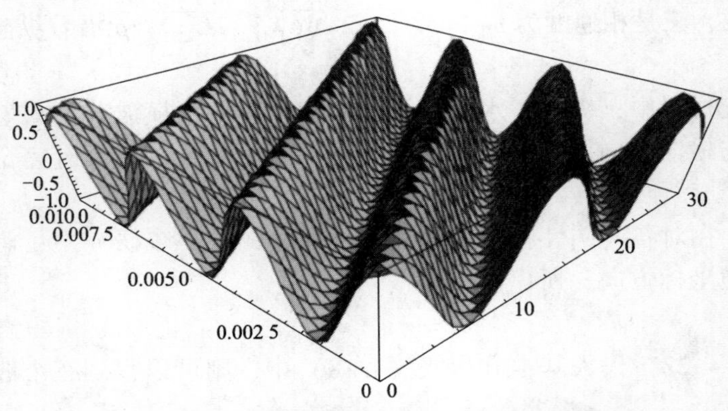

图 4.1　平面波振幅对空间坐标和时间的依赖性

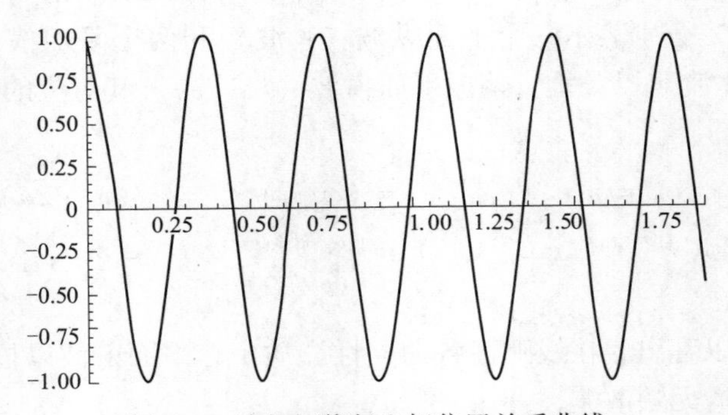

图 4.2　波的幅值与坐标位置关系曲线

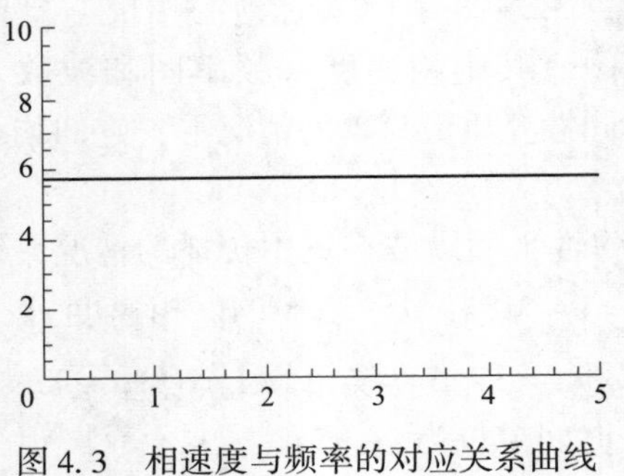

图 4.3　相速度与频率的对应关系曲线

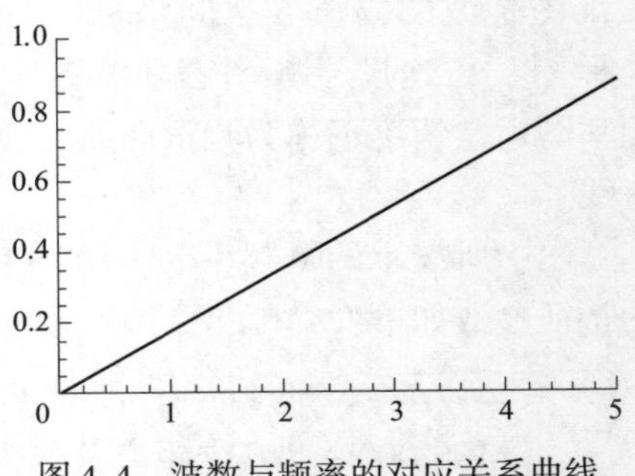

图 4.4　波数与频率的对应关系曲线

平面弹性简谐波表现出最简单的波动行为：在传播过程中正弦曲线波形不发生畸变、无频散（相速度不随频率而变化，为常数）；波数随着频率变化呈线性关系变化。

4.1.6　经典波动方程：柱面波

经典柱面波是在圆柱腔边界面 $r = r_0$ 上施加空间上均匀、时间上简谐变化的压力 $p(t) = p_o e^{i\omega t}$（p_o 为常数）时，无限大线性弹性体中的波。

若选定柱面坐标系 $Or\varphi z$，使坐标轴 Oz 沿腔轴方向，则波动的数学问题是轴对称的，描述波动的所有场函数都只依赖于一个空间坐标（半径 r）和时间坐标 t。

此种情况下，在三个位移中，只有径向位移不为零，即 $u_r(r,t) \neq 0$，$u_\varphi(r,t) = u_z(r,t) = 0$，同时，也仅有三个应力分量不为零，即 $\sigma_{rr}(r,t)$、$\sigma_{\varphi\varphi}(r,t)$ 和 $\sigma_{zz}(r,t)$ 不为零。

在柱面坐标系下，应变和应力张量如下：

$$\varepsilon_{rr} = \frac{\partial u_r}{\partial r},\ \varepsilon_{\varphi\varphi} = u_r r,\ \varepsilon_{zz} = \varepsilon_{r\varphi} = \varepsilon_{\varphi z} = \varepsilon_{rz} = 0$$

$$\sigma_{rr} = \lambda\left(\frac{\partial u_r}{\partial r} + \frac{u_r}{r}\right) + 2\mu\frac{\partial u_r}{\partial r},\ \sigma_{\varphi\varphi} = \lambda\left(\frac{\partial u_r}{\partial r} + \frac{u_r}{r}\right)\frac{1}{r^2} + 2\mu\frac{u_r}{r^3}$$

$$\sigma_{zz} = \lambda\left(\frac{\partial u_r}{\partial r} + \frac{u_r}{r}\right)$$

通过引入势函数 $\Phi(r,t)$，则上述应变和应力可以用势函数表示为

$$u_r = \frac{\partial \Phi}{\partial r},\ \sigma_{rr} = 2\mu\frac{\partial^2 \Phi}{\partial r^2} + \frac{\lambda}{\lambda + 2\mu}\rho\frac{\partial^2 \Phi}{\partial t^2}$$

$$\sigma_{\varphi\varphi} = \frac{2\mu}{\rho}\frac{\partial \Phi}{\partial r} + \frac{\lambda}{\lambda + 2\mu}\rho\frac{\partial^2 \Phi}{\partial t^2},\ \sigma_{zz} = \lambda\Delta_r\Phi \tag{4.26}$$

式中，使用了拉普拉斯算子 $\Delta_r = \partial^2/\partial r^2 + (1/r)(\partial/\partial r)$。

势函数满足波动方程：

$$v_L^2\Delta_r\Phi - \frac{\partial^2 \Phi}{\partial t^2} = 0,\ v_L = \sqrt{\frac{\lambda + 2\mu}{\rho}} \tag{4.27}$$

该方程有一个众所周知的基于 Hankel 函数（圆柱函数）的解，称为柱面波形式的解。柱面波垂直于腔体对称轴从腔体沿其径向坐标向无限远处传播，并且在无穷远处满足有限和辐射的条件（Sommerfeld 条件），因此，方程的解可以用 0 阶第一类 Hankel 函数表示为

$$\Phi(r,t) = \Phi_o H_o^{(1)}(k_L r)e^{i\omega t},\ \Phi_o \text{ 为常数} \tag{4.28}$$

从式（4.27）可以看出，该解包含有和平面纵波一样的相速度，但是，式（4.27）解中的 Hankel 函数与平面纵波解中的指数函数本质上并不一样。因此，柱面波不再是简谐波（它可被称为渐进简谐波），它的强度随着传播距离（或传播时间）的增加而降低。

通过腔体表面的边界条件：

$$\sigma_{rr}(r_o,t) = -p_o e^{i\omega t}$$

可以求得幅值 Φ_o 的值为

$$\Phi_o = \frac{p_o}{k_L(2\mu+\lambda k_L)H_o^{(1)}(k_L r_o) - \frac{2\mu}{r_o}H_1^{(1)}(k_L r_o)}$$

由此，柱面波的径向位移可以表示为

$$u_r(r,t) = \frac{p_0 k_L}{k_L(2\mu+\lambda k_L)H_o^{(1)}(k_L r_o) - \frac{2\mu}{r_o}H_1^{(1)}(k_L r_o)}H_1^{(1)}(k_L r)e^{i\omega t} \quad (4.29)$$

因此，对于任意时间点，柱面波的波形不断重复 Hankel 函数 $H_1^{(1)}(k_L r)$ 的图形［该 Hankel 函数 $H_1^{(1)}(k_L r)$ 图形从 r_o 开始，到无穷远处结束］。柱面波的幅值随着传播距离的增加而减小。在足够远处，柱面波在其参数上非常近似于平面纵波。

4.2　混合介质弹性理论的经典线性波

4.2.1　一些已知的材料微观结构理论

所有的超越宏观弹性常数理论框架的结构理论都与对其进行分析时需考虑其结构的材料有关。需要注意的是：不论是有效弹性常数模型还是接下来要探讨的模型，都是基于将材料的各成分特性和内部结构作为一个整体考虑建立起来的。下面对主要结构模型及其对应理论进行简要概述。

1. Bolotin 能量连续模型

在 Bolotin 的研究成果[11-13]中，对基本方程和边界条件的推导提出了一种变分方法。对介质从微观结构到宏观描述的转换，是基于使问题简化的目的实现的。问题的简化是通过拓展实现的，把层合板变换成应力应变状态随厚度连续变化的单层各向异性板。

Bolotin 后来对其最初引入的能量拓展术语进行了更精确的定义。这种方法现在被称为能量连续性原理。基本方程的构建是建立在以下两个假设基础上的：一是悬臂件本质上要比黏接层坚硬；二是微观结构的特征尺寸与材料整体特征尺寸和描述悬臂件应力应变状态的函数中变化的特征长度尺寸相比很小。

由此可以得出，层状复合材料的平衡连续性方程为

$$L_{\alpha k}u_k^* + X_\alpha^* = 0,\ L_{3k}u_k^* + h^2 M_{3k}u_k^* + X_3^* = 0 \tag{4.30}$$

式中：$L_{\alpha k}$ 和 M_{3k} 分别为二阶和四阶线性微分算子（其中 M_{3k} 在第三个方程中引入了有效刚度的概念），如此选取 u_k^*，使得其在每层中间平面的值与该层的位移 $u_k^{(m)}$ 近似相等，并使层合体的势能等于等效准均质体（虚拟体）的能量；类似地，体积力的分量 X_k 也是扩散的，h 表示加强层的特征厚度。

让我们在这里停下来，考虑一下最后一个特征 h，对于由软硬两层交互构成的双层复合材料板，h 对应于硬层的厚度。因此，对应于 Bolotin 有效刚度模型的方程，包含的尺寸量值等于硬层的厚度。这样一来，该模型变得对层的变迁敏感，如从 10 μm 厚的微米层到 10 nm 厚的纳米层的变迁。随后我们会发现，其他的结构模型也有类似的性质。

此外，式（4.30）具有许多后续结构理论的独特特征，这些理论与各向异性介质的弹性矩理论方程相类似。除了上述性质以外，方程的解是由层内慢变项和边沿效应快速衰减项两部分构成的。

能量连续原理被认为是卓有成效的，已被用于建立各种不同的连续性理论。

2. Achenbach - Hermann 有效刚度模型

这是前述提及的所有模型中最先进的模型，文献［15］对这个模型的现代描述与文献［1］提出的第一个模型不同。基于文献［15，16，18］形成了数量众多的参考书目。如同其他结构理论的建立一样，是建立该模型的基本方法，将具有交替叠层或具有内部纤维单元的离散系统变换为连续体，它包括以下几个步骤：

第一步由位移描述和对局部激励效应的描述构成。对于单元体纵横交错的纤维复合材料结构，在原点位于纤维中心的极坐标系中，单元体 (k,l) 的位移[15]可以表示为

$$\begin{aligned} u_i^{f(k,l)} &= u_i^{(k,l)} + r\cos\Theta\psi_{2i}^{f(k,l)} + r\sin\Theta\psi_{3i}^{f(k,l)} \quad (r < a), \\ u_i^{m(k,l)} &= u_i^{(k,l)} + a\cos\Theta\psi_{2i}^{m(k,l)} + a\sin\Theta\psi_{3i}^{m(k,l)} + \\ &\quad (r-a)\cos\Theta\psi_{2i}^{m(k,l)} + (r-a)\sin\Theta\psi_{3i}^{m(k,l)} \quad (r > a) \end{aligned} \tag{4.31}$$

第二步是将单元体的内部能量和动能表示为位移的函数。采用展开方法确定纤维中心的能量，使全局平均位移等于初始纤维离散单元中心的位移。

这些平均位移定义了一个新的均匀连续体，离散体和单元的能量相等，完

成了能量连续化方案。新连续体中应变能的密度取决于等效模量，但包含与微结构参数相关的附加常数，且具有等效刚度的含义，因此，该模型（理论）称为等效刚度模型（理论）。

在建立该理论的最后一步，应用了哈密顿原理，总体而言，基于能量密度表达式中保留项的数量，得到了不同阶次的连续体理论。

3. 高阶有效刚度模型

Drumheller 和 Bedford[18]提供了一个高阶等效刚度理论，并且提出了能够对层叠复合材料的应力进行任意阶模型建模的方法。

等效刚度模型提供了利用其不同变体研究无限层叠及纤维复合材料中谐波传播的方法。

对层合介质的理论解与精确解进行了对比。请注意，许多科学家都表达过这样的观点：复合材料构件的力学行为并不总是在理论家们需要的精确性之内被认知。由于生产工艺的原因，当构件是复合材料的一部分时，其机械性能可以在某种程度上与其处于隔离状态时有所不同。这意味着，在材料理论中，要求实际解与“精确解”的小数点后三位保持一致似乎是不必要的。在多数情况下，能够保持误差在5% ~10%范围就足够了。

造成前述材料特性差异的原因有二：一是由复合材料的烧结、加热、辐照等加工制造工艺造成的，二是由细纤维、薄膜以及其他小尺寸组分材料的机械特性与同种成分标样机械特性的差异造成的。上述的两个原因降低了利用复合材料内部结构的机械和几何参数来估算材料常数的理论价值，而使通过实验确定材料常数的方法具有了一些优点。

与其他的近似理论一样，等效刚度理论并不能有效描述层合介质对垂直于其传播的波的过滤特性，但精确理论却能够获得被实验验证的复合材料中波动的这些特征。为了改善对频谱的描述，使近似理论的描述尽可能接近精确描述，该理论发展了一种变体，被其笔者称为等价等效刚度理论，该理论能够近似描述波在层合介质中的透射和截止频率范围。

有效刚度理论也存在一个在混合体理论和其他结构理论中同样存在的不足，这与这些模型仅仅能够描述波传播的一阶模态有关。文献［34，37，49］所描述的一系列的实验表明：一阶模态在大多数情况下是起主导作用的。这时用近似模型描述即可。

4. 高阶渐进模型

文献［15］提出了一种描述加强型（层合）复合材料的理论。它和等效刚度理论一样也是基于位移的展开得到的。该理论假设波长大于典型的微观结构尺寸。这种假设保证了连续性。

基于小参数渐进展开中所保留的有效项数，建立了多种阶次的理论。渐进展开被认为是该理论的主要内容，正是基于渐进展开，高阶渐进理论模型与其他基于渐进展开的模型之间建立了必然的联系。这个模型与等效刚度模型的本质区别在于：高阶渐进模型的位移含有高阶梯度，其本构方程具有 N 阶材料方程的形式。此外，基于渐进展开，发展了一种分层连续的方法。

在上述理论模型框架下，对层合复合材料中的平面波传播情况进行了研究，结果表明：基于该连续方法比许多其他模型能够获得更精确的频散曲线。

5. Pobedria 微观结构理论

由 Pobedria[35] 提出的经典微极理论是随着现代平均方法在规则重复单元体复合材料上的应用而出现的。以位移形式写出的线弹性理论中的初始各向异性问题：

$$[C_{ijkl}(x)u_{k,l}]_{,j}+X_i=\rho\frac{\partial^2 u_i}{\partial t^2},\ a_{ij}^{\Sigma}C_{jkln}u_{l,n}n_k+b_{ij}^{\Sigma}u_j=S_i^{\Sigma}$$

$$u_i(x,0)=U_i(x),\ \frac{\partial u_i}{\partial t}(x,0)=V_i(x) \tag{4.32}$$

基于等效弹性模量参数，可以被简化为用位移表示的线弹性理论问题的递归序列：

$$h_{ijmn}w_{m,nj}^{(k)}+X_i^{(k)}=\rho\frac{\partial^2 w_i^{(k)}}{\partial t^2},\ a_{ij}^{\Sigma}h_{jlmn}w_{m,n}^{(k)}n_i+b_{ij}^{\Sigma}w_j^{(k)}=S_i^{\Sigma(k)}$$

$$w_i^{(k)}(x,0)=U_i^{(k)}(x),\ \frac{\partial w_i^{(k)}}{\partial t}(x,0)=V_i^{(k)}(x)$$

此外，初始问题的解 $u_i(x,t)$ 与新问题的解 $w_i^{(k)}(x,t)$ 存在的复杂关联形式如下：

$$u_i(x,t)=\sum_{p+q=0}^{\infty}\alpha^{p+q}N_{ijk_1\cdots k_q}^{(p)}\xi\frac{\partial^p v_{j,k_1\cdots k_q(x,t)}}{\partial\tau^p},\ v_i=\sum_{\alpha=0}^{\infty}\alpha^k w_i^{(k)}$$

式中：小值参数 α 等于结构的特征尺寸与内部单元体结构尺寸的比值，即 $\xi=x/\alpha$。

该模型的特点为单元体内局部位移的零阶近似可以认为等于 $u_i=v_i+\alpha N_{ijk}(\xi)v_{j,k}(x)$。

如果采用其他符号表示，当初始问题用应力表示时，可以将问题简化为弹性理论的齐次力矩问题。与之相对应的，对于各向异性均匀介质而言，基于力顺的等效模数参数，力矩问题可以简化为用应力表示的弹性理论的递归序列问题。目前，求取等效弹性模数和等效力顺模数量值的方法是成熟的。

微结构理论提出者 Pobedrya 认为：该理论可以成功地应用现代数值方法。

6. Drumheller - Bedford 晶格（不连续）微结构模型

基于离散晶格模型的理论形成了复合材料结构分析的一个独立方向，用离散晶格模型表示复合材料的离散结构是该系列理论的基本特征。晶格模型理论最早被应用于层合板结构的建模分析中。晶格理论是基于 Bloch 和 Floquet 定理引入的，该理论的发展形成了连续离散模型[8,15]。需要关注的是，那些非连续晶格模型的理论研究者对构建微结构连续模型也进行了大量的探索。

根据文献［8，15］所述，一维晶格离散模型理论曾被用来对纤维材料中的波进行描述，该理论的出发点是，当波沿着与纤维垂直的方向传播时，纤维结构如同晶格的节点，像刚性障碍物一样影响波的传播。该理论还假设纤维的形状对频散的影响很小，纤维基本是周期性分布的。

该理论提出了若干基于波传播介质复合材料的基本物理参数所对应的系统确定晶格参数的方法。例如，复合材料和晶格的截止频率、与这些频率对应的波数、在晶格和复合材料中传播的纵波的相速度三个参数，对于晶格结构和复合材料必须保持一致，这也意味着晶格结构和复合材料的密度一定要相等。

人们普遍认为：复合材料的连续理论比离散理论更具优势，首先是因为它们与更为宽泛的问题种类相关联，并且更容易应用数学方法；实际上，所有的结构理论都具有非常复杂的构造形式，也许这正体现了复合材料变形的宏观过程的复杂性，抑或更是突出了连续理论发展的水平。

引用一位中世纪哲学家的话："我们应该感谢上帝，他创造了世界，使所有简单的东西都是真理，所有复杂的东西都不是真理。"

7. Mindlin 微观结构理论

该理论具有如下特点：一是基于向量概念；二是它是最早的结构理论之一；三是没有得到进一步的发展并且也没有被应用到实践中。

Mindlin[32] 是最早基于重复单元体构建材料结构理论的学者之一。适用于规则单元体结构是该理论的基本特征。Mindlin 的微结构理论是基于把单元体作为可变形指向体的线性变体进行分析而提出的。

如果将旋转过程中的单元体认为是绝对刚性的，则微观结构模型可以简化为 Cosserat 力矩连续模型。

通常情况下，在微观层次上具有独特微观结构的单元体可以采用连续弹性体进行描述，该连续弹性体的线性形变可以采用三个独立张量表征如下：

（1）宏观应变张量：$\varepsilon_{ij} = (1/2)(\partial_i u_j + \partial_j u_i)$。

（2）相对应变张量：$\gamma_{ij} = \partial_i u_j - \psi_{ij}$。

（3）微观应变梯度张量：$\kappa_{ijk} = \partial_i \psi_{jk}$。

式中的 u_i 表示宏观位移矢量分量，$\psi_{ij} = \partial'_i u'_j$ 表示指向体端点的变形分量。

连续体理论是利用微观结构模型中的运动学参数 ε_{ij}，ψ_{ij} 和 κ_{ijk}，并基于经典弹性理论形式体系建立的。

在确定该理论的物理常数时遇到了压倒性的困难，事实上，对于一般情况存在着 903 个常量，即使对各向同性的情况而言也存在有 18 个独立的常量（而在弹性理论中，只有两个独立的常数）。

8. Eringen 微观结构模型：Eringen – Maugin 模型

与 Mindlin 提出微结构模型同一时期，Eringen 和 Suhubi[20] 也提出了被他们称为微形态理论的模型。在该理论中，宏观弹性用连续体描述，而且该连续体的每一点 X_K 都具有三个可变形的指向体（或者说都是可变形的矢量指向体 $\vec{X}$），微形态用三个运动张量（经典 Green 应变张量 $C_{KL} = x_{k,K}x_{k,L}$ 和两个微应变张量 $S_{KL} = x_{k,K}X_{k,L}$、$\Gamma_{KLM} = x_{k,K}X_{k,LM}$）进行表征。

之后，按照与建立 Mindlin 模型相同的方式建立微形态模型，两种模型整体上是类似的。尽管它们明显都是抽象模型，但它们的运用是完全不同的。

微形态理论在压电材料的波动理论中得到了非同寻常的应用，此处提到的所谓的压电材料是将压电材料粉末压实后得到的颗粒状复合材料。该理论证实了压电材料演化的三个阶段。

需要注意的是，压电现象最初只与晶体材料有关，因为单晶体的结构能够较好地对材料进行表征，但是，在此处并没有涉及材料微观结构的问题。看起来像是压电陶瓷的发现，以及对其中波动的研究引起了人们对陶瓷复合材料的行为及其内部结构的关注。然而，当时的研究认为，只要对陶瓷的特征体积的机械均匀性和偏振的磁畴结构做出假设就足够了，不需要知道微观结构。直到第三代压电材料——粒状压电粉体的研究和应用，才最终迫使我们在其压电行为模型中考虑其微观结构。这些内容在微形态理论框架体系内已经开始研究，并且在混合体理论中得以延续。

将压电弹性理论变换为微形态理论是很自然的，由于压电粉末是由压电陶瓷颗粒和（通常是）萘颗粒或者铅颗粒混合体构成的，因此，可以很方便地采用微观结构模型进行研究。在这些粉末颗粒中，电场极化是决定性的物理参数，通常采用物理学中的矢量场描述。此外，微结构的域可以很方便地以颗粒形式的微结构特征进行表达。总体而言，微形态理论可以很好地解释一些物理效应[27-29]。

该理论感兴趣的主题是波长足够接近内部结构特征尺寸（例如，颗粒的主直径）时颗粒粉末中的波传播问题，该问题的一个好的近似形成了另一个结构模型——混合体模型。

9. 弹性混合体的结构模型

鉴于弹性混合体的连续结构模型是所有模型中发展最为成熟的，因此，特意在此处单独对其进行介绍。该模型的最基本优势就是它具有和经典弹性理论同样的建模构造过程，事实上，它可以被看作是具有相同热力学参数的一维连续模型向多维连续模型的直接泛化。

让我们首先从对具有一维属性的材料研究的评论开始：研究的结论非常明确地证明了一个众所周知的物理原理，即对同一个物理对象而言，根据主要研究目标所要研究的运动现象的不同，可以采用不同的物理模型。

当应用于复合材料时，该原理转化成了如下方式：同一复合材料可以采用数十个不同的，有时甚至是非常奇特的模型进行描述，所有这些模型在某些约束的框架内都是合理和方便的。这些约束应是完全确定的，确定这些约束的过程通常称为模型实用边界的确定。

关于所观察到的模型多样性的一个重要结论值得注意：同一材料在用不同模型描述时，在每个模型的框架内都用其自己的物理常数来描述。通常情况下，对于两个不同的模型，普遍存在着不同的常数集之间存在不同常数的现象。例如，在一些理论体系中传统意义的密度常数变成了一组密度集合常数。因此，对描述材料的一组物理常数的相关性的理解，必须考虑到材料结构力学中的非预期值。

为了证实上述事实，让我们回到混合体模型的讨论。

将多相混合体作为研究对象最早出现在 Adolf Fick（1855）和 Jozef Stefan（1871）的经典著作中。穿透和相互作用的连续性概念形成了该模型的理论基础。

这个概念的本质在于，由混合物填充的域（体）中的每一个几何点都同时被两个（如果混合物为两相）或者三个（如果混合物是三相的）粒子（相，成分）所占据，这些粒子之间会发生相对运动。

适用于复合材料的混合体理论最早是在 Lempriere[25] 和 Bedford 及 Stern[6] 的工作中首先提出的，他们提出了不同成分之间相互作用的剪切力模型。对于层状复合材料，构造了直观的一维结构模型，该模型是基于如下观察建立的：因为不同层之间的剪切特性不同，所以相互接触的层间出现了宏观相互作用力，该力直接正比于相互作用层的宏观位移。根据其物理性质将这种作用机理称为剪切机理。剪切机理并没有将耗散引入混合体的总能量中，因此，与基本概念不矛盾。剪切机理很好地描述了波在复合材料的传播过程中出现的几何频散现象，剪切模型表明混合体的概念对复合材料具有很高的实用性，同时也表明结构混合体理论与复合材料力学中的其他模型方法之间存在紧密联系。

与此同时，在文献［41］的研究工作中提出了弹性两相混合体线性模型的更一般的概念，该概念表明，线弹性变形的基本假设只保留了剪切和惯性两种力的相互作用，其中惯性作用是由于不同相的惯性之间存在差异引起的。可以通过在混合体总体动能中计入混合体不同相之间的相互作用的方式来引入惯性作用，这种机制在许多类型的混合体中都是本质的，许多异构系统的模型中都考虑了这一点。

现在考察一种两相混合体，首先需要采用适用于所有混合理论的基本假设：两相复合材料的微观结构可以用两个连续体来描述，该复合材料的质点同时分布在每个域的几何点并发生相互作用。

每一种连续体均可以用其自身的密度 $\rho_{\alpha\alpha}$、位移矢量 $\vec{u}^{(\alpha)}$、应力张量 $\sigma_{ik}^{(\alpha)}$、应变张量 $\varepsilon_{ik}^{(\alpha)}$、旋度张量 $\omega_{ik}^{(\alpha)}$ 等场特性来表征其特点，此处和以后出现的希腊字母上标与拉丁字母上标分别表示 1，2 和 1，2，3；如果仅仅表示某一相的特性，则相对应的那个参数称为局部参数。

假设质量定律、动量定律、角动量定律和能量守恒定律同样适用于混合体材料，推导出了混合体理论的基本方程。

为便于对基本方程进行书写表达，需要引入一些经典概念和符号。设由混合物构成的复合材料体的体积为 V，在固定的正交笛卡儿坐标系下对混合物各相的运动情况进行描述。形变是弹性的假设使理论为弹性混合体理论。形变以及其他过程的为线性的假设使基本方程系统得以简化。

现在考虑一个线弹性混合体模型，此时，混合体由两个应变张量 $\varepsilon_{ik}^{(\alpha)}$ 和一个相对位移矢量 $(u_k^{(1)}-u_k^{(2)})$ 共三个运动学参数来描述，基于此，复合材料的内能整体上可以表示为 $U(\varepsilon_{ik}^{(1)},\varepsilon_{ik}^{(2)},\omega_{ik}^{(1)},\omega_{ik}^{(2)},u_k^{(1)}-u_k^{(2)})$。

经过一系列经典简化和内能的变换后，线性各向异性复合材料的本构方程可以表达为

$$\sigma_{ik}^{(\alpha)}(x,t)=c_{iklm}^{(\alpha)}\varepsilon_{lm}^{(\alpha)}(x,t)+c_{iklm}^{(3)}\varepsilon_{lm}^{(\delta)}(x,t)(\alpha+\delta=3) \tag{4.33}$$

在线性理论中，可采用三种作用机理描述不同相之间的相互作用：前述的惯性机制、剪切机制以及某个相的应变对另一个相的应力产生的交叉影响机制。

混合弹性体线弹性理论的基本方程系统由 6 个运动方程构成的耦合系统：

$$\frac{\partial\sigma_{ik}^{(\alpha)}}{\partial x_i}+F_k^{(\alpha)}+(-1)^{\alpha}\left[\beta_k(u_k^{(1)}-u_k^{(2)})-\rho_{12}\left(\frac{\partial^2u_k^{(1)}}{\partial t^2}-\frac{\partial^2u_k^{(2)}}{\partial t^2}\right)\right]=\rho_{\alpha\alpha}\frac{\partial^2u_k^{(\alpha)}}{\partial t^2}$$

和 6 个线性本构方程（4.33）组成，由此得到 6 个耦合的二阶双曲型微分方程：

$$c_{iklm}^{(\alpha)}\varepsilon_{lm,i}^{(\alpha)}+c_{iklm}^{(3)}\varepsilon_{lm,i}^{(\delta)}+F_k^{(\alpha)}+(-1)^{\alpha}\cdot$$
$$[\beta_k(u_k^{(1)}-u_k^{(2)})-\rho_{12}(u_{k,tt}^{(1)}-u_{k,tt}^{(2)})]=\rho_{\alpha\alpha}u_{k,tt}^{(\alpha)} \tag{4.34}$$

该理论的下一个重要内容是形成物理常数。有几种不同的方法可用来确定和澄清 β_n 、$c_{iklm}^{(\alpha)}$ 以及 ρ_{12} 等常数的物理意义，但这些方法在确定部分密度方面存在共同点，即 $\rho_{\alpha\alpha}=\rho_{\alpha}c_{\alpha}$ ，该密度是分布在整个单元体内的独立相的密度。

下面基于对平面波传播情况的研究，探讨材料对称的三种经典情况和与之对应的弹性常数的评估方法。

各向同性混合体材料需要确定 8 个常数：

$$a_1=\lambda_1+2\mu_1,\ \mu_1,\ a_2=\lambda_2+2\mu_2,\ \mu_2,\ a_3=\lambda_3+2\mu_3,\ \mu_3,\ \rho_{12},\ \beta$$

通过 2 组每组 4 个波动特性参数来确定［一组用于纵波（P 波）、另一组用于水平横波（SH 波）或垂直横波（SV 波）］。

横观各向同性混合体材料需要确定 18 个常数：

$$c_{11kk}^{(n)},\ c_{3333}^{(n)},\ c_{1313}^{(n)},\ \beta_1=\beta_2,\ \beta_3,\ \rho_{12}$$

通过 5 组每组 4 个波动特性参数来确定［每一组中，一部分参数用于纵波（P 波）、另一部分参数用于水平横波（SH 波）或垂直横波（SV 波）］。

正交混合体材料需要确定 31 个常数：

$$c_{mmkk}^{(n)},\ c_{1212}^{(n)},\ c_{1313}^{(n)},\ c_{2323}^{(n)},\ \beta_n,\ \rho_{12}$$

通过 9 组每组 4 个波动特性参数来确定（3 个坐标方向中的 P 波、SH 波和 SV 波）。

4.2.2 混合体材料中的体波和剪切波基本方程

各向同性混合材料中传播的体波和剪切波基本方程，可以通过对广义各向异性的本构方程组（4.29）简化得到。在经典弹性理论中类似简化得到的是拉梅方程。在混合体弹性理论中，方程组简化为两个耦合的矢量方程，可认为是经典拉梅方程的某种泛化：

$$\mu_{\alpha}\Delta\vec{u}^{(\alpha)}+(\lambda_{\alpha}+\mu_{\alpha})\,\mathrm{grad\,div}\vec{u}^{(\alpha)}+\mu_3\Delta\vec{u}^{(\delta)}+(\lambda_3+\mu_3)\,\mathrm{grad\,div}\vec{u}^{(\delta)}+$$
$$\beta(\vec{u}^{(\delta)}-\vec{u}^{(\alpha)})=(\rho_{\alpha\alpha}-\rho_{12})\ddot{\vec{u}}^{(\alpha)}+\rho_{12}\ddot{\vec{u}}^{(\alpha)}(\alpha,\delta=1,2;\alpha+\delta=3) \tag{4.35}$$

各向同性混合体材料的本构方程为

$$\sigma_{ik}^{(\alpha)}=\lambda_{\alpha}\varepsilon_{mm}^{(\alpha)}\delta_{ik}+2\mu_{\alpha}\varepsilon_{ik}^{(\alpha)}+\lambda_3\varepsilon_{mm}^{(\alpha)}\delta_{ik}+2\mu_3\varepsilon_{ik}^{(\alpha)} \tag{4.36}$$

方程（4.36）中含有 6 个弹性常数 λ_k 和 μ_k ，此外，式（4.35）中含有 4 个机

械常数：3 个密度常数 ρ_{11}，ρ_{22} 和 ρ_{12} 和 1 个混合体内不同相之间相互作用的常数 β。因此，各向同性混合体材料是由总共 10 个常数进行表征的。

对式（4.35）应用经典方法，将合成运动分解成两个独立运动（一个运动关联体积变化，另一个运动关联变形）的形式。同时将局部位移矢量表示为 $\vec{u}^{(\alpha)} = \vec{v}^{(\alpha)} + \vec{w}^{(\alpha)}(\mathrm{rot}\vec{v}^{(\alpha)} = 0, \mathrm{div}\vec{w}^{(\alpha)} = 0)$，则得到两个解耦的方程：

$$(\lambda_\alpha + 2\mu_\alpha)\Delta\vec{v}^{(\alpha)} + (\lambda_3 + 2\mu_3)\Delta\vec{v}^{(\delta)} + \beta(\vec{v}^{(\alpha)} - \vec{v}^{(\delta)}) = (\rho_{\alpha\alpha} - \rho_{12})\frac{\partial^2\vec{v}^{(\alpha)}}{\partial t^2} + \rho_{12}\frac{\partial^2\vec{v}^{(\delta)}}{\partial t^2} \tag{4.37}$$

$$\mu_\alpha\Delta\vec{w}^{(\alpha)} + \mu_3\Delta\vec{w}^{(\delta)} + \beta(\vec{w}^{(\alpha)} - \vec{w}^{(\delta)}) = (\rho_{\alpha\alpha} - \rho_{12})\frac{\partial^2\vec{w}^{(\alpha)}}{\partial t^2} + \rho_{12}\frac{\partial^2\vec{w}^{(\alpha)}}{\partial t^2} \tag{4.38}$$

如此，式（4.35）被分解成了相似的、简单的、解耦的两个方程，分别描述体波和剪切波传播，该方程可以采用统一形式表示为如下形式：

$$a_\alpha\Delta\vec{\varphi}^{(\alpha)} + \mu_3\Delta\vec{\varphi}^{(\delta)} + \beta(\vec{\varphi}^{(\alpha)} - \vec{\varphi}^{(\delta)}) = (\rho_{\alpha\alpha} - \rho_{12})\frac{\partial^2\vec{\varphi}^{(\alpha)}}{\partial t^2} + \rho_{12}\frac{\partial^2\vec{\varphi}^{(\delta)}}{\partial t^2} \tag{4.39}$$

假设描述的过程随着时间的变化发生简谐变化，亦即 $\vec{\varphi}^{(\alpha)}(x,t) = \vec{\tilde{\varphi}}^{(\alpha)}(x)\mathrm{e}^{\mathrm{i}\omega t}(x \equiv x_1, x_2, x_3)$，则式（4.39）可以变换为

$$[a_\alpha\Delta - (\rho_{\alpha\alpha} - \rho_{12})\omega^2 - \beta]\vec{\tilde{\varphi}}^{(\alpha)} + [a_3\Delta - \rho_{12}\omega^2 + \beta]\vec{\tilde{\varphi}}^{(\delta)} = 0$$

更进一步可以变换为

$$\Delta\vec{\tilde{\varphi}}^{(1)} = \tilde{n}_{11}\vec{\tilde{\varphi}}^{(1)} + \tilde{n}_{12}\vec{\tilde{\varphi}}^{(2)}, \Delta\vec{\tilde{\varphi}}^{(2)} = \tilde{n}_{21}\vec{\tilde{\varphi}}^{(1)} + \tilde{n}_{22}\vec{\tilde{\varphi}}^{(2)} \tag{4.40}$$

其中，$\tilde{n}_{\alpha\alpha} = m_\alpha\tilde{a}_\delta - m_3\tilde{a}_3$，$\tilde{n}_{\alpha\delta} = m_3\tilde{a}_\delta - m_\alpha\tilde{a}_3$，$\tilde{a}_k = [a_k/(a_1a_2 - a_3^2)]$，$a_1a_2 - a_3^2 \neq 0$，$m_\alpha = (\rho_{\alpha\alpha} - \rho_{12})\omega^2 + \beta$，$m_3 = \rho_{12}\omega^2 - \beta$

方程式（4.40）的解可以表示为

$$\vec{\tilde{\varphi}}^{(\alpha)} = \bar{\psi}^{(\alpha)} + r_\delta(\omega)\bar{\psi}^{(\delta)} \tag{4.41}$$

其中 $\bar{\psi}^{(\alpha)}$ 是亥姆霍兹方程的解，该亥姆霍兹方程可以表示为

$$\Delta\bar{\psi}^{(\alpha)} + l_\alpha^2\bar{\psi}^{(\alpha)} = 0 \tag{4.42}$$

l_α 是下述双二次方程的根：

$$(a_1a_2 - a_3^2)l^4 - [(a_1\rho_{22} + a_2\rho_{11})\omega^2 - (a_1 + a_2 + 2a_3)(\rho_{12}\omega^2 + \beta)]l^2 + [\rho_{11}\rho_{22}\omega^2 - (\rho_{11} + \rho_{22})(\rho_{12}\omega^2 + \beta)]\omega^2 = 0$$

$$r_{\alpha} = -\left[\frac{a_3 l_{\alpha}^2 - \beta - \rho_{12}\omega^2}{a_1 l_{\alpha}^2 + \beta - (\rho_{\alpha\alpha} - \rho_{12})\omega^2}\right]^{(-1)^{\alpha}}$$

因此，解（4.41）由两个函数相加组成，其每一个函数均表示一个单独的波动。也就是说，运动是两个波运动的叠加。因此，对于式（4.37）和式（4.38）而言，它们分别对应着两个体波和两个剪切波。

因为基本方程（4.35）能够表示在线弹性二相混合体中传播的所有波，因此，我们可以预测，与经典弹性介质相比，混合体中传播的任意类型波的数量都会呈现加倍的现象。

在所有的可能性当中，表达式（4.41）最基本的特征与波的数量无关，而与波的新特性相关。

因为亥姆霍兹方程（4.42）中的系数 l_{α} 本质上依赖于频率的变化而变化，因此，混合体中的体波和剪切波总是频散的。

4.2.3 混合体中平面波的经典波动方程

结构中平面波的定义方法与经典的平面波类似，但是，在混合体结构中，运动由两个位移矢量表示，即混合体的每一个相都有其独立的位移矢量。对于平面波，并不要求这些位移矢量共线，但是这两个位移矢量必须有相同的波前平面。混合结构中平面波的表达式为 $\vec{u}^{(\alpha)}(x,t) = \vec{u}^{o(\alpha)}\mathrm{e}^{\mathrm{i}(\xi-\omega t)}$，其中，$\vec{u}^{o(\alpha)}$ 为任意常数向量，$\xi = \vec{k}\cdot\vec{r}$，$\vec{r}$ 表示任意点 $x \equiv (x_1, x_2, x_3)$ 的矢径。

将平面波的表达式代入各向异性混合结构的基本运动方程（4.34），可以得到

$$k^2\left(c_{iklm}^{(\alpha)}\frac{\partial^2 u_m^{(\alpha)}}{\partial\xi^2} + \boldsymbol{c}_{iklm}^{(3)}\frac{\partial^2 u_m^{(\delta)}}{\partial\xi^2}\right)n_k n_l + \beta_i(u_i^{(\alpha)} - u_i^{(\delta)}) = (\rho_{aa} - \rho_{12})\frac{\partial^2 u_i^{(\alpha)}}{\partial t^2} + \rho_{12}\frac{\partial^2 u_i^{(\delta)}}{\partial t^2} \rightarrow$$

$$\{c_{iklm}^{(\alpha)} n_k n_l (k^2/\omega^2) - [(\rho_{\alpha\alpha} - \rho_{12}) + (\beta_i/\omega^2)]\delta_{im}\} u_m^{o(\alpha)} +$$
$$\{c_{iklm}^{(3)} n_k n_l (k^2/\omega^2) + [(\beta_i/\omega^2)\rho_{12}]\delta_{im}\} u_m^{o(\delta)} = 0 \tag{4.43}$$

该方程可看作是经典克里斯托弗方程对二相混合体情况的直接推广。

为便于分析方程式（4.43），首先需要对一些重要的混合体对称的情况进行说明。

总体上来讲，各向同性、横观各向同性和正交混合物三种材料的弹性特征矩阵 $c_{iklm}^{(n)}$ 具有相同对称阶数。因此，从对应特定情况的式（4.43）的特定表达式可以得到对应混合体各种对称情况的波的类型和数量。

在各向同性混合体中，存在有两种模式的波，纵波（P 波）、水平偏振横波（SH 波）和垂直偏振横波（SV 波）。

在横观各向同性混合体中，每一种类型的波均存在两种模态：它们分别是三种沿着对称轴方向传播的波（分别是纵波和速度相同但具有不同偏振方向的两种横波）和在对称面内传播的三种波（P 波、SV 波和 SH 波）。

在正交混合体中，存在两个模式 9 种类型的波，它们是：沿着三个对称轴的每个轴各有三种类型的波（P 波、SH 波和 S 波）。

下面对各向同性混合物介质中沿着坐标轴 Ox_1 方向传播的平面波情况进行探讨。此时，局部位移矢量 $\vec{u}^{(\alpha)}$ 仅依赖于两个变量，可以表示为

$$\vec{u}^{(\alpha)} \equiv \{u_k^{(\alpha)}(x_1,t)\} \tag{4.44}$$

将式（4.44）考虑在内，则式（4.35）可以简化为三个解耦的方程式（$m=2,3$）：

$$(\rho_{\alpha\alpha}-\rho_{12})\frac{\partial^2 u_1^{(\alpha)}}{\partial t^2}+\rho_{12}\frac{\partial^2 u_1^{(\delta)}}{\partial t^2}-(\lambda_\alpha+2\mu_\alpha)\frac{\partial^2 u_1^{(\alpha)}}{\partial x_1^2}-$$
$$(\lambda_3+2\mu_3)\frac{\partial^2 u_1^{(\delta)}}{\partial x_1^2}-\beta(u_1^{(\alpha)}-u_1^{(\delta)})=0 \tag{4.45}$$

$$(\rho_{\alpha\alpha}-\rho_{12})\frac{\partial^2 u_m^{(\alpha)}}{\partial t^2}+\rho_{12}\frac{\partial^2 u_m^{(\delta)}}{\partial t^2}-\mu_\alpha\frac{\partial^2 u_1^{(\alpha)}}{\partial x_1^2}-\mu_3\frac{\partial^2 u_1^{(\delta)}}{\partial x_1^2}-\beta(u_m^{(\alpha)}-u_m^{(\delta)})=0 \tag{4.46}$$

正如前述的预先推断一样，方程式（4.45）和式（4.46）是分别耦合的，正如预期，每一个方程都描述纵波、水平横波和垂直横波三种波的独立传播情况。

对前述的两个方程都可以用与波型无关的形式表示为

$$(\rho_{\alpha\alpha}-\rho_{12})\frac{\partial^2 u_m^{(\alpha)}}{\partial t^2}+\rho_{12}\frac{\partial^2 u_m^{(\delta)}}{\partial t^2}-a_\alpha^{(k)}\frac{\partial^2 u_k^{(\alpha)}}{\partial x_1^2}-a_3^{(k)}\frac{\partial^2 u_k^{(\delta)}}{\partial x_1^2}-\beta(u_k^{(\alpha)}-u_k^{(\delta)})=0$$
$$(a_m^{(1)}=\lambda_m+2\mu_m,\ a_m^{(2)}=a_m^{(3)}=\mu_m)$$

该方程具有谐波形式的解：

$$u_m^{(\alpha)}(x_1,t)=A_{om}^{(\alpha)}\mathrm{e}^{-\mathrm{i}(k_\alpha^{(m)}x-\omega t)}+l(k_\delta^{(m)})A_{om}^{(\delta)}\mathrm{e}^{-\mathrm{i}(k_\delta^{(m)}x-\omega t)} \tag{4.47}$$

式中的波数 $k_\alpha^{(m)}$ 由频散方程确定：

$$M_1^{(m)}k^4-2M_2^{(m)}k^2\omega^2+M_3^{(m)}\omega^4=0$$

$$M_1^{(m)}=a_1^{(m)}a_2^{(m)}-(a_3^{(m)})^2;\ M_3^{(m)}=\rho_{11}\rho_{22}-(\rho_{11}+\rho_{22})\left(\frac{\beta}{\omega^2}+\rho_{12}\right)$$

$$2M_2^{(m)}=a_1^{(m)}\rho_{11}+a_2^{(m)}\rho_{22}-(a_1^{(m)}+a_2^{(m)}+2a_3^{(m)})\left(\frac{\beta}{\omega^2}+\rho_{12}\right)$$

系数 $l(k_\alpha^{(m)})$ 可以通过下面的简单代数公式计算：

$$l(k_{\alpha}^{(m)}) = \{-[a_{\alpha}^{(m)}(k_{\alpha}^{(m)})^2 + \beta - \rho_{\alpha\alpha}\omega^2]/a_3^{(m)}(k_{\alpha}^{(m)})^2 - \beta\}^{(-1)^{\alpha}} \tag{4.48}$$

式（4.47）描述的波具有以下几点重要特性：

特性1：同时存在由波数 $k_{\alpha}^{(m)}$ 区分（其中，α 决定波的模态，m 表征波的类型）的两种模态的波。

特性2：两种模态的波在本质上都是频散的。

特性3：混合体材料会滤掉一种模态的波，它过滤掉了频率低于 $\omega_{cut}^* = \sqrt{\beta(\rho_{11} + \rho_{22})/\rho_{11}\rho_{22}}$ 的低频波，该频率被称为截止频率。

特性4：两种模态以自身的幅值在各自的相中传播，其幅值与频率在本质上呈现非线性关系，因此，随着频率的变化，波的能量被从一个模态泵浦到另一个模态。

注意：前述的这些效应（尤其是频散效应）均具有结构特征，并且这些波都是线性的。如果假定材料中的频散现象可以是结构的、几何的和黏弹性的，那么混合体中的频散是几何的。

如果选择一阶纵波或横波模态，则它在混合体的两个相中都传播，以纵波为例进行说明。

在第一相混合物中，参照行波的定义，一阶模态纵波以任意幅值传播：

$$u_1^{(1)}(x_1, t) = A_{o1}^{(1)}e^{-i(k_1^{(1)}x - \omega t)} \tag{4.49}$$

在第二相混合物中，该模态纵波以被修正系数（4.48）修正后幅度传播：

$$u_1^{(2)}(x_1, t) = l(k_1^{(2)})u_1^{(1)}(x_1, t) \tag{4.50}$$

如果选择二阶模态，其纵波在第一相混合物中传播的表达式为

$$u_2^{(1)}(x_1, t) = l(k_1^{(1)})u_2^{(2)}(x_1, t) \tag{4.51}$$

其在第二相混合物中的传播表达式为

$$u_2^{(2)}(x_1, t) = A_{o1}^{(2)}e^{-i(k_1^{(2)}x - \omega t)} \tag{4.52}$$

其幅值为第二个独立的任意幅值。

由此可以看出，混合体中的四个波是由两个独立的幅值进行表征的。

图4.5和图4.6是内部结构微米级体积分数为0.1和0.2的纤维复合材料（框架矩阵材料为环氧树脂EPON－828，填充材料为微纳米硅颗粒）中传播的一阶和二阶模态平面简谐横波的典型频散曲线。其中横坐标轴的单位对应的频率为10 MHz，纵坐标轴的单位对应的相速度为1 km/s。这两图幅在高频处的水平渐近线对应于相速度的极限值。

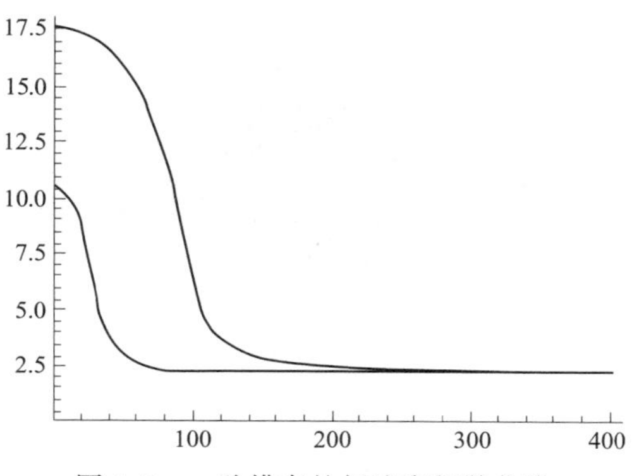

图 4.5　一阶模态的相速度频散曲线

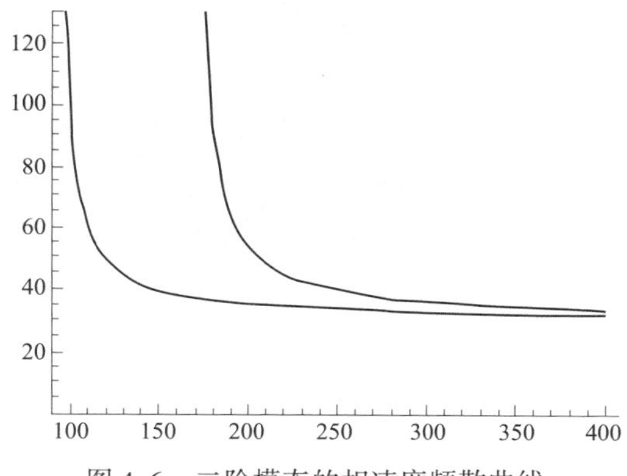

图 4.6　二阶模态的相速度频散曲线

从图 4.5 和图 4.6 中可以看出，一阶模态的速度在本质上要比二阶模态（以及快速模态）的速度慢；图 4.6 中两条频散曲线左边的两条垂直渐近线对应于该频散曲线的截止频率。

图 4.7 是基体矩阵材料为环氧树脂、体积分数为 0.2 填充材料为 Thornal－300 微米纤维的纤维复合材料中波动的典型空间图示。横坐标、纵坐标和垂直坐标的单位分别是单位幅值、单位时间（s）和单位空间坐标（μm）。

图 4.7（a）和图 4.7（b）分别表示一阶和二阶模态的空间波形图。图中相对于时间轴的不同斜坡反映了一阶和二阶模态的不同相速度。图中空间坐标的基本单位为 1 μm，一阶和二阶时间单位分别为 1 μs 和 0.1 μs。两幅图中的对应于频率的横坐标轴的基本单位分别为 100 MHz 和 1 GHz。

图 4.8 和图 4.9 是体积填充分数为 0.2 的 Thornal－300 微米纤维和 Z 字形纳米管纤维复合材料系数 $l(k_1^{(1)},\omega)$ 和 $l(k_1^{(2)},\omega)$ 随频率的变化曲线。

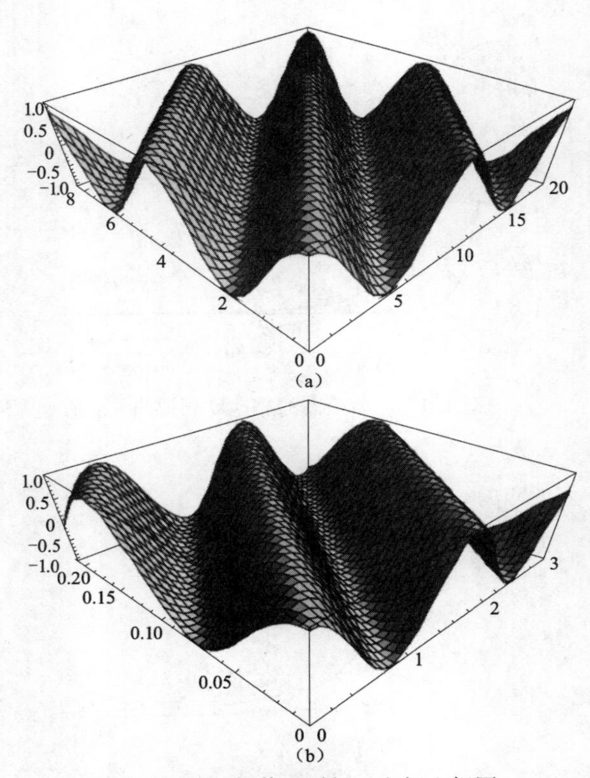

图 4.7　波的幅值 - 时间 - 空间坐标图

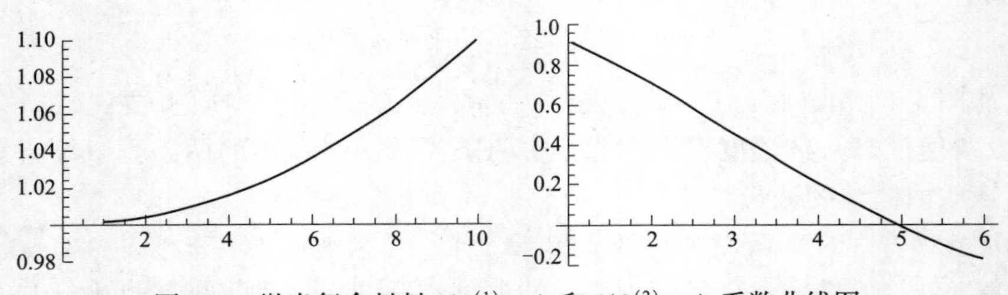

图 4.8　微米复合材料 $l(k_1^{(1)},\omega)$ 和 $l(k_1^{(2)},\omega)$ 系数曲线图

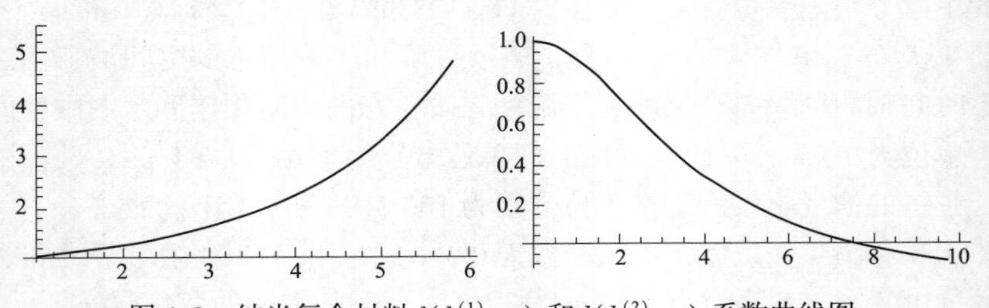

图 4.9　纳米复合材料 $l(k_1^{(1)},\omega)$ 和 $l(k_1^{(2)},\omega)$ 系数曲线图

从图 4. 8 和图 4. 9 中得到的下述结论是与四种类型的波具有的共同特点有联系的，即一阶模态（慢波）在两种材料中分别以幅值 $u_1^{(1)o}$（在第一材料相纤维中）和 $l(k_1^{(1)},\omega)u_1^{(1)o}$（在第二材料相母材中）以相同的相速度进行传播，与此同时，二阶模态（快波）在两种材料中则分别以幅值 $l(k_1^{(1)},\omega)u_2^{(2)o}$（在第一材料相纤维中）和 $u_2^{(2)o}$（在第二材料相母材中）以明显更快的相速度进行传播。

根据图示曲线，由于 $l(k_1^{(1)},\omega)$ 总为正值，因此，当一阶模态传播时，纤维和基体质点的振动总是同相位的。对于微米级材料而言，系数 $l(k_1^{(1)},\omega)$ 从截止频率 $\omega_{cut}=354$ MHz 处开始为正值并在 $\omega_{crit}=500$ MHz 后改变符号变为负值，而对于纳米级材料而言，则从 $\omega_{cut}=2\ 903$ GHz 开始为正值并在 $\omega_{crit}=700$ GHz 后改变符号变为负值。因此，对于所有大于 ω_{cut} 的频率，纤维和基体材料质点的振动将出现反相。这可以看作复合材料脱黏的机理因素之一。

最后请注意，混合模型实现的是复合材料内部结构的同质化，把问题简化成了一个平均状态，即把伴有反射、折射和衍射等现象的波传播的复杂过程进行了平均，把波动的平均特性以几何频散的形式进行了展现。

下面要讨论的问题与混合体中平面波的实验有关，只对复合材料进行了全面而广泛的实验，因此，波的频散现象作为重点现象获得了深入的研究。

当观察特定的波现象时，有必要找到（非常困难而且经常）该现象能以一种孤立的方式在其内显现出来的实际材料。真实的波动现象总是比其理论表达更为复杂，这一点在研究复合材料中的频散现象时是很明显的。比如说，在平面波和体波的试验中，很难分离出几何频散、黏弹性频散和结构频散等不同类型的频散。

通常将材料中存在的由于材料内部结构和波与内部单元体之间的相互作用引起的频散称为几何频散。复合材料中的黏弹性频散通常是由复合材料基体的黏弹性特性造成的。几何频散会使相速度随着频率的增加而降低，然而黏弹性则恰好相反，它会使相速度随着频率的增加而增加。结构频散是由于波与结构体的边界相互作用产生的。

最后，需要对混合结构中传播的平面波相速度的以下两个特性给予关注：一是两种模态的相速度在高频时都趋近于某一有限值；二是建立了二阶结构理论与一阶等效模量理论两种混合体结构理论之间的联系。对于低频率（大波长）的情况，第一模态的相速度往往是等效模量理论公式给出的值。

练 习

1. 建立弹性材料中的体波和剪切波与广义形变（仅5种类型的形变）之间的关系。

2. 确定波动理论中最常用的达朗贝尔公式形式，并对其简易程度进行评估。

3. 引入频率和圆频率对材料中的谐波进行表征有何意义？

4. 推导群速度和相速度瑞利公式，对频散定律的简单情况，基于相速度随波数的变化关系曲线绘制群速度随波数变化的曲线，并对其进行比较。

5. 基于同样的方法理论，分析驻波和行波的存在是否矛盾。

6. 众所周知，平面波的克里斯托弗方程将关于平面波类型和数量的力学问题转化为求解特征值与特征向量的数学问题，证明力学特性（关于张量 $\boldsymbol{c}_{iklm}$）的数学问题假定条件，并从力学观点对其进行评论。

7. 对二阶结构模型中出现的能量连续项进行解释，为什么是能量项？从分段均匀结构向整体均匀结构转换的过程中寻找答案。

8. 描述等效刚度和等效特性之间的差异，解释为什么要采用刚度的概念。

9. 评估晶格点阵模型应用对描述纤维复合材料中波传播的创新性，并解释该模型对波沿着纤维传播以及波横穿纤维传播两种情况的不同适用性。

10. 深度阅读压电粉末颗粒理论，评估压电粉末颗粒理论的适应性（参见参考文献列表中 Maugin 的著作）。

11. 式（4.34）中的因子 $(-1)^{\alpha}$ 决定了在两相弹性复合材料的混合体中，线性脉冲是由哪一部分发射，又由哪一部分接收的；作为一个规律，两种混合组成部分中的一种必为刚性硬度材料，且比另一种材料刚度要高；在此情况下，应该采用哪个数值（$\alpha = 1, \alpha = 2$）来表征该种材料的成分呢？

12. 解释混合体线性理论中波频散的起因。

13. 思考截止频率，并对其理论预测值与波在复合材料中传播时的实验观测值进行比较（首先阅读参考文献列表）。

14. 阅读更多关于质点同相振动和反相振动的理论，并建立伴随复合材料的脱黏可能性其中会出现反相振动的论断。

参 考 文 献

[1] Achenbach, J. D., Hermann, G.: Wave motion in solids with lamellar structuring. In: Hermann, G. (ed.) Proceedings of Symposium on Dynamics of Structured Solids, New York, 23 – 46 (1968)

[2] Atkin, R. J., Crain, R. E.: Continuum theory of mixtures: basic theory and historical developments. Quart. J. Mech. Appl. Math. 29 (2), 209 – 244 (1976)

[3] Bedford, A., Drumheller, D. S.: Theories of immiscible and structured mixtures. Int. J. Eng. Sci. 21 (8), 863 – 960 (1983)

[4] Bedford, A., Drumheller, D. S.: Introduction to Elastic Wave Propagation. Wiley, Chichester (1994)

[5] Bedford, A., Drumheller, D. S., Sutherland, H. J.: On modelling the dynamics of composite materials. In: Nemat-Nasser, S. (ed.) Mechanics Today, vol. 3, pp. 1 – 54. Pergamon Press, New York (1976)

[6] Bedford, A., Stern, M.: Toward a diffusing continuum theory of composite materials. Trans. ASME J. Appl. Mech. 38 (1), 8 – 14 (1971)

[7] Bedford, A., Sutherland, H. J.: A lattice model for stress wave propagation in composite materials. Trans. ASME J. Appl. Mech. 40 (1), 157 – 164 (1973)

[8] Ben-Amoz, M.: On wave propagation in laminated composites. I. Propagation parallel to the laminates. Int. J. Eng. Sci. 14 (1), 43 – 56 (1975)

[9] Ben-Amoz, M.: On wave propagation in laminated composites. II. Propagation normal to the laminates. Int. J. Eng. Sci. 14 (1), 57 – 67 (1975)

[10] Bowen, P. M.: Mixtures and EM field theories. In: Eringen, A. C. (ed.) Continuum Physics, vol. III, pp. 1 – 127. Academic, New York (1976)

[11] Bolotin, V. V.: Ob izgibe plit sostoiashchikh iz bolshogo chisla sloev (On bendingof plates consisting of a great number of layers). Proc. Acad. Sci. USSR Mech. Eng. 3, 65 – 72 (1963)

[12] Bolotin, V. V.: Osnovnyie uravneniia teorii armirovannykh sred (Basic equations of the theory of reinforced media). Mechanika Polymerov (Soviet Compos Mater) 2, 26 – 37 (1965)

[13] Bolotin, V. V.: Vibration of layered elastic plates. Proc. Vib. Probl. 4 (4), 331 – 346 (1963)

[14] Bowen, P. M.: Toward a thermodynamics and mechanics of mixtures. Arch. Ration. Mech. Anal. 24 (5), 370 – 403 (1967)

[15] Broutman, L. J., Krock, R. H. (eds.): Composite Materials. In 8 vols. Academic, New York (1974 – 1975)

[16] Cattani, C., Rushchitsky, J. J.: Wavelet and Wave Analysis as Applied to Materials with

Micro or Nanostructure. World Scientific, Singapore (2007)

[17] Dieulesaint, E., Royer, D.: Ondes elastiques dans les solides. Application au traitement du signal (Elastic waves in solids. Application to a signal processing). Masson et Cie, Paris (1974)

[18] Drumheller, D. S., Bedford, A.: Wave propagation in elastic laminates using a second order microstructure theory. Int. J. Solids Struct. 10 (10), 61 - 76 (1974)

[19] Eringen, A. C.: Theory of micromorphic materials with memory. Int. J. Eng. Sci. 10 (7), 623 - 641 (1972)

[20] Eringen, A. C., Suhubi, E. S.: Nonlinear theory of simple microelastic solids. Int. J. Eng. Sci. 2 (2), 189 - 203 (1964)

[21] Hegemier, G. A., Nayfeh, A. N.: A continuum theory for wavepropagation in composites. Case 1: propagation normal to the laminate. Trans. ASME J. Appl. Mech. 40 (2), 503 - 510 (1973)

[22] Hegemier, G. A., Bache, T. C.: A continuum theory for wave propagation in composites. Case 2: propagation parallel the laminates. J. Elas. 3 (2), 125 - 140 (1973)

[23] Hegemier, G. A., Bache, T. C.: A general continuum theory with the microstructure for the wave propagation in elastic laminated composites. Trans. ASME J. Appl. Mech. 41 (1), 101 - 105 (1974)

[24] Herrmann, G., Kaul, R. K., Delph, T. G.: On continuum modelling of the dynamic behaviour of layered composites. Arch. Mech. 28 (3), 405 - 421 (1978)

[25] Lempriere, B.: On practicability of analyzing waves in composites by the theory of mixtures, Lockheed Palo Alto Research Laboratory, Report No. LMSC - 6 - 78 - 69 - 21, 76 - 90 (1969)

[26] Maugin, G. A.: A continuum approach to magnon-phonon couplings—I, II. Int. J. Eng. Sci. 17 (11), 1073 - 1091, 1093 - 1108 (1979)

[27] Maugin, G. A.: Continuum Mechanics of Electromagnetic Solids. North Holland, Amsterdam (1988)

[28] Maugin, G. A., Eringen, A. C.: On the equations of the electrodynamics of deforarmble bodies of finite extent. J. de Mechanique. 16 (1), 101 - 147 (1977)

[29] McNiven, H. D., Mengi, Y.: A mathematical model for the linear dynamic behavior of two-phase periodic materials. Int. J. Solids Struct. 15 (1), 271 - 280 (1979)

[30] McNiven, H. D., Mengi, Y.: A mixture theory for elastic laminated composites. Int. J. Solids Struct. 15 (1), 281 - 302 (1979)

[31] McNiven, H. D., Mengi, Y.: Propagation of transient waves in elastic laminated composites. Int. J. Solids Struct. 15 (1), 303 - 318 (1979)

[32] Mindlin, R. D.: Micro-structure in linear elasticity. Arch. Ration. Mech. Anal. 16 (1), 51 - 78 (1964)

[33] Nigmatulin, R. I.: Dinamika mnogofaznykh sred (Dynamics of Multi-phase Media), In 2 parts. Nauka, Moscow (1987)

[34] Peck, J. S., Gurtman, G. A.: Dispersive pulse propagation parallel to the interfaces of a laminated composite. Trans. ASME J. Appl. Mech. 36 (2), 479 - 484 (1969)

[35] Pobedria, B. E.: Mechanika kompozicionnykh materialov (Mechanics of Composite Materials). Moscow University Press, Moscow (1984)

[36] Pouget, J.: Electro-acoustic echoes in piezoelectric powders. In: Vaugin, G. A. (ed.) Proceedings of the IUTAM-IUPAP Symposium. North Holland, Amsterdam, pp. 177 - 184 (1984)

[37] Robinson, C. W., Leppelmeier, G. W.: Experimental verification of dispersion relations for layered composites. Trans. ASME J. Appl. Mech. 41 (1), 89 - 91 (1974)

[38] Rushchitsky, J. J.: To the plane problem of theory of mixture of two solids. Soviet Appl. Mech. 10 (2), 52 - 61 (1974)

[39] Rushchitsky, J. J.: On certain case of wave propagation in the mixture of elastic materials. Soviet Appl. Mech. 14 (1), 25 - 33 (1978)

[40] Rushchitsky, J. J.: Determination of physical constants of the theory of mixture of elastic materials using the experimentally obtained dispersion curves. Int. Appl. Mech. 15 (6), 26 - 32 (1979)

[41] Rushchitsky, J. J.: Elementy teorii smesi (Elements of the Theory of Mixtures). Naukova Dumka, Kyiv (1991)

[42] Rushchitsky, J. J.: Interaction of waves in solid mixtures. Appl. Mech. Rev. 52 (2), 35 - 74 (1999)

[43] Rushchitsky, J. J.: Theory of Waves in Materials. Ventus Publishing ApS, Copenhagen (2011)

[44] Rushchitsky, J. J.: Certain class of nonlinear hyperelastic waves: classical and novel models, wave equations, wave effects. Int. J. Appl. Math. Mech. 8 (6), 400 - 443 (2012)

[45] Rushchitsky, J. J., Tsurpal, S. I.: Khvyli v materialakh z mikrostrukturoiu (Waves in Materials with the Microstructure). SP Timoshenko Institute of Mechanics, Kiev (1998)

[46] Sutherland, H. J.: Dispersion of acoustic waves by an alumina-epoxy mixture. J. Compos. Mater. 13 (1), 35 - 47 (1979)

[47] Sutherland, H. J.: On the separation of geometric and viscoelastic dispersion in composite materials. Int. J. Solids Struct. 11 (3), 233 - 246 (1975)

[48] Tiersten, T. R., Jahanmir, M.: A theory of composites modeled as interpenetrating solid continua. Arch. Ration. Mech. Anal. 54 (2), 153 - 163 (1977)

[49] Voelker, L. E., Achenbach, J. D.: Stress waves in a laminated medium generated by transverse forces. J. Acoust. Soc. Am. 46 (6), 1213 - 1216 (1969)

第5章

弹性材料中的非线性平面纵波（Murnaghan 模型，五常数模型）

本章基于研究非线性弹性波最准确的 Murnaghan 模型对非线性平面简谐纵波进行分析研究。本章分为两部分，分别对二阶非线性平面弹性波和三阶非线性平面弹性波两个方面进行阐述。

第一部分，首先对基本的非线性波动方程进行了推导和论证。接着利用逐次渐进方法分析平面简谐纵波传播的问题（在平面波研究中按照逐阶出现的第一类最简单问题）及对其应用进行了论述。我们认为前四阶近似是连续的，（在此基础上）分析每阶近似与其相对应的波动效应，在随后的附件上附上了基于四阶近似理论模型得到数值模型结果，并分析了二阶非线性弹性平面偏振波的三种偏振情况。最后，对平面弹性简谐纵波的渐变幅值方法进行了讨论，随后提出了用于研究平面弹性谐波纵波的幅值渐变法，并在此方法的框架下，连续地给出了两列弹性纵波的自切换问题。

第二部分内容对二阶和三阶非线性项同时存在的非线性方法进行讨论。推导了基本非线性波动方程，并对三阶非线性弹性平面简谐纵波的产生（第一类标准问题）和对弹性平面纵波传播导致简谐波的产生与演变影响进行了分析。

相关内容参见参考文献［1－34］所列的关于非线性弹性平面横波的科学文献。

5.1　二阶非线性弹性平面纵波

5.1.1　平面波二阶非线性波动方程

在研究非线性声学时，第一种子势能在有关非线性弹性平面波开创性著作中已经被使用过，如式（3.57）所示，为方便，此处引用：

$$W = \frac{1}{2}\lambda(u_{m,m})^2 + \frac{1}{4}\mu(u_{i,k} + u_{k,i})^2 + \left(\mu + \frac{1}{4}A\right)u_{i,k}u_{m,i}u_{m,k} + \frac{1}{2}(\lambda + B)u_{m,m}(u_{i,k})^2 + \frac{1}{12}Au_{i,k}u_{k,m}u_{m,i} + \frac{1}{2}Bu_{i,k}u_{k,i}u_{m,m} + \frac{1}{3}C(u_{m,m})^3 \tag{5.1}$$

该子势能仍然是非线性的，并且保留了基本系统中的三阶非线性。但在此处，非线性被定义为与位移梯度相关，而与经典 Murnaghan 势能理论中假设的柯西－格林应变张量无关。因此，该子势能仅包含了二阶和三阶非线性项的和。

推导非线性波动方程需要以下两步：第一步，由于存在关系 $t_{ik} = \partial W/\partial u_{k,i}$，则可以用位移梯度（非对称的基尔霍夫应力张量构成了一对位移梯度，而对称的拉格朗日梯度张量则构成了柯西－格林应变张量对）表示基尔霍夫应力 t_{ik}：

$$t_{ik} = \mu(u_{i,k} + u_{k,i})\lambda u_{k,k}\delta_{ik} + [\mu + (1/4)A](u_{l,i}u_{l,k} + u_{i,l}u_{k,l} + 2u_{l,k}u_{i,l}) + (1/2)(B - \lambda)[(u_{m,l})^2\delta_{ik} + 2u_{i,k}u_{l,l}] + (1/4)Au_{k,l}u_{l,i} + B(u_{l,m}u_{m,l}\delta_{ik} + 2u_{k,i}u_{l,l}) + C(u_{l,l})^2\delta_{ik} \tag{5.2}$$

第二步，将式（5.2）代入波动方程 $t_{ik,i} + X_k = \rho\ddot{u}_k$，得到非线性下经典拉梅方程的类比方程如下：

$$\rho\ddot{u}_m - \mu u_{m,kk} - (\lambda + \mu)u_{n,mm} = F_m \tag{5.3}$$

将所有的非线性项都移至右边，则

$$F_i = [\mu + (1/4)A](u_{l,kk}u_{l,i} + u_{l,kk}u_{i,l} + 2u_{i,lk}u_{l,k}) + [\lambda + \mu + (1/4)A + B](u_{l,ik}u_{l,k} + u_{k,lk}u_{i,l}) + (\lambda + B)u_{i,kk}u_{l,l} + (B + 2C)u_{k,ik}u_{l,l} + [(1/4)A + B](u_{k,lk}u_{l,i} + u_{l,ik}u_{k,l}) \tag{5.4}$$

从式（5.4）中可以得到：其中非线性是二阶的，其对应的弹性介质和平面波被称为二阶非线性弹性介质与二阶非线性平面波。

基于本书前面提到的早期研究，我们首先研究平面偏振波及其对应的波动方程。在此处，首先假设波沿着横坐标轴 x_1 开始传播，其位移可以表示为 $\vec{u} =$

$u_k(x_1, t)$。为便于后续问题的分析，子势能表达式（5.1）可以简化为如下形式：

$$W = (1/2)\{(\lambda + 2\mu)(u_{1,1})^2 + \mu[(u_{2,1})^2 + (u_{3,1})^2]\} + [\mu + (1/2)\lambda + (1/3)A + B + (1/3)C] + (1/2)(\lambda + B)u_{1,1}[(u_{2,1})^2 + (u_{3,1})^2] \tag{5.5}$$

相应的应力可以表示为

$$\begin{aligned} t_{11} &= (\lambda + 2\mu)u_{1,1} + (3/2)[\lambda + 2\mu + 2(A + 3B + C)](u_{1,1})^2 + (1/2)[\lambda + 2\mu + (1/2)A + B][(u_{2,1})^2 + (u_{3,1})^2] \\ t_{12} &= \mu u_{2,1} + (1/2)[\lambda + 2\mu + (1/2)A + B]u_{1,1}u_{2,1} \\ t_{13} &= \mu u_{3,1} + (1/2)[\lambda + 2\mu + (1/2)A + B]u_{1,1}u_{3,1} \end{aligned} \tag{5.6}$$

将式（5.6）代入运动方程可以得到平面偏振 P 波、SH 波和 SV 波三个二阶非线性波动方程：

$$\rho u_{1,tt} - (\lambda + 2\mu)u_{1,11} = N_1 u_{1,11}u_{1,1} + N_2(u_{2,11}u_{2,1} + u_{3,11}u_{3,1}) \tag{5.7}$$

$$\rho u_{2,tt} - \mu u_{2,11} = N_2(u_{2,11}u_{1,1} + u_{1,11}u_{2,1}) \tag{5.8}$$

$$\rho u_{3,tt} - \mu u_{3,11} = N_2(u_{3,11}u_{1,1} + u_{1,11}u_{3,1}) \tag{5.9}$$

$$N_1 = 3[(\lambda + 2\mu) + 2(A + 3B + C)],\ N_2 = \lambda + 2\mu + (1/2)A + B \tag{5.10}$$

完整的非线性波动方程式（5.7）~式（5.9），其左边为经典线性波动方程，右边仅含有二阶非线性项的和。这种表达形式方便后续的研究。此外，另一个创新点是：与线性方程相比，非线性方程是非对称的耦合方程，这将会在以后的章节中进行讨论。

在接下来的研究中，将基于逐次逼近法和幅值渐变法两种基本方法对弹性波动方程进行分析，但这些分析都是基于弹性介质的弱非线性假设基础上的，即存在对弹性常数和波动特性（振幅、波长）的约束。

5.1.2 应用于超弹性平面谐波研究的逐次逼近法

平面简谐纵波传播问题是与势能最简单变化对应的第一类问题。下面对其所采用的逐次逼近法过程进行讨论。

假设入射到介质中的波仅为纵波，该类问题通常称为标准的第一类问题。方程式（5.7）~式（5.9）可以简化为一个非线性方程：

$$\rho u_{1,tt} - (\lambda + 2\mu)u_{1,11} = N_1 u_{1,11}u_{1,1} \text{ 或 } u_{1,tt} - (v_L)^2 u_{1,11} = (N_1/\rho)u_{1,11}u_{1,1} \tag{5.11}$$

式中：$v_L = \sqrt{(\lambda + 2\mu)/\rho} = \omega/k_L$ 为线性平面纵波的相速度，ω 为频率，

k_L 为波数。

这里需要指出的是，作为用马赫数表示的简单有限幅值波辐射问题的二阶近似，式（5.11）的解与19世纪中期思尚求解的方程的精确解保持一致。

如果初始项的封闭解已知，则对式（5.11）应用微扰方法（逐次逼近法，微扰系数法）进行求解是非常方便的。在此处中，封闭问题及其解由式（5.11）的线性变化部分及其经典解所决定，式（5.11）的线性变化部分可以表示为

$$u_{1,tt} - (v_L)^2 u_{1,11} = 0 \tag{5.12}$$

将微扰参数 ε 按照如下的方式引入非线性方程（5.11）中：在 $\varepsilon = 1$ 的情况下，方程必须与式（5.11）保持一致；在 $\varepsilon = 0$ 的情况下，方程必须与式（5.12）保持一致。由此可以得到该方程必定有如下形式：

$$u_{1,tt} - (v_L)^2 u_{1,11} = \varepsilon (N_1/\rho) u_{1,11} u_{1,1} \tag{5.13}$$

基于微扰方法，式（5.13）的解 $u_1(x_1,\ t,\ \varepsilon)$ 可以用收敛级数形式表示：

$$u_1(x,t,\varepsilon) = \sum_{n=0}^{\infty} \varepsilon^n u_1^n(x,t) \tag{5.14}$$

式中：$u_1^{(0)}(x_1,\ t)$ 为线性方程（5.12）的解。

将式（5.14）代入式（5.13），可以得到任意阶近似的周期性方程：

$$u_{1,tt}^{(n)} - (v_L)^2 u_{1,11}^{(n)} = (N_1/\rho) u_{1,11}^{(n-1)} u_{1,1}^{(n-1)} \tag{5.15}$$

在 $u^n(x,\ t)$ 近似已知的情况下，则式（5.11）的解可以表示为无穷项近似值和的形式：

$$\begin{aligned} u_1(x_1,t) &= u_1(x_1,t,\varepsilon = 1) = \sum_{n=1}^{\infty} u_1^n(x_1,t) \\ &= u_1^{(1)}(x_1,t) + u_1^{(2)}(x_1,t) + u_1^{(3)}(x_1,t) + \cdots \end{aligned} \tag{5.16}$$

对于式（5.12）经典的一阶近似解，在初始幅值 u_{1o} 和频率 ω 已知的情况下，一阶近似解可以表示为

$$u_1^{(1)}(x_1,t) = u_{1o}\cos(k_L x_1 - \omega t) \tag{5.17}$$

式（5.17）所描述的线性波动效应存在于传播时没有发生波形畸变和自我相互作用的一阶线性简谐波中。

根据式（5.13），可以得到非齐次线性方程的二阶近似解。

$$u_{1,tt}^{(2)} - (\omega^2/k_L^2) u_{1,11}^{(2)} = (N_1/\rho) u_{1,11}^{(1)} u_{1,1}^{(1)} \tag{5.18}$$

式（5.18）的右边可以根据一阶表达式（5.17）获得。首先，基于式（5.17），式（5.18）右边的导数可以表示为

$$u_1^{(1)}(x_1,t) = u_{1o}\cos(k_L x_1 - \omega t),$$

$$(u_1^{(1)})' = [u_{1o}\cos(k_L x_1 - \omega t)]' = -u_{1o}k_L\sin(k_L x_1 - \omega t),$$

$$(u_1^{(1)})'' = [u_{1o}\cos(k_L x_1 - \omega t)]'' = -u_{1o}(k_L)^2\cos(k_L x_1 - \omega t),$$

$$\ddot{u}^{(2)} - (v_{ph})^2 u^{(2)''} = \frac{N}{\rho}[-u_{1o}(k_L)^2\cos(k_L x_1 - \omega t)][-u_{1o}k_L\sin(k_L x_1 - \omega t)]$$

二阶近似项的波动方程表示为

$$u_{1,tt}^{(2)} - (v_L)^2 u_{1,11}^{(2)} = \frac{1}{2\rho}N_1(u_{1o})^2(k_L)^3\sin2(k_L x_1 - \omega t) \tag{5.19}$$

方程式的右边包含齐次方程的二阶谐波解。该齐次方程是可解的，其解应该具有与参数共振情况相同的形式，即 $u_1^{(1)} = Ax_1\cos2(k_L x_1 - \omega t)$。未知常数 A 可以通过如下过程进行确定：

$$\ddot{u}_1^{(1)} = -4Ax_1\omega^2\cos2(k_L x_1 - \omega t)$$

$$(u_1^{(1)})'' = [Ax_1\cos2(k_L x_1 - \omega t)]'' = -4k_L A[\sin2(k_L x_1 - \omega t) + x_1 k_L\cos2(k_L x_1 - \omega t)]$$

$$-(v_{ph})^2[-4Ak_L\sin2(k_L x_1 - \omega t)] = \frac{1}{2\rho}N_1(u_{1o})^2(k_L)^3\sin2(k_L x_1 - \omega t)$$

$$A = \frac{N_1}{8(\lambda + 2\mu)}(u_{1o})^2(k_L)^2$$

由此可以将二阶近似表示为

$$u_1^{(2)} = \frac{N_1}{8(\lambda + 2\mu)}(u_{1o})^2(k_L)^2 x_1\cos2(k_L x_1 - \omega t) \tag{5.20}$$

则方程包含前两项近似解可以表示为

$$\begin{aligned} u_1(x,t) &= u_1^{(1)}(x_1,t) + u_1^{(2)}(x_1,t) \\ &= u_{1o}\cos(k_L x_1 - \omega t) + x_1\left[\frac{N_1}{8(\lambda + 2\mu)}(u_{1o})^2(k_L)^2\right]\cdot \\ &\quad \cos2(k_L x_1 - \omega t) \end{aligned} \tag{5.21}$$

研究中发现，采用如下的符号表示形式比较方便分析：

$$M = \frac{N_1}{8(\lambda + 2\mu)}u_{1o}(k_L)^2 = \frac{1}{8\rho}N_1 u_{1o}\frac{k_L^2}{v_L^2} = \frac{1}{8\rho}N_1 u_{1o}\frac{\omega^2}{v_L^4}$$

将式（5.21）的解表示为

$$\begin{aligned} u_1(x,t) &= u_1^{(1)}(x_1,t) + u_1^{(2)}(x_1,t) \\ &= u_{1o}\cos(k_L x_1 - \omega t) + u_{1o}Mx_1\cos2(k_L x_1 - \omega t) \end{aligned} \tag{5.22}$$

式（5.22）常被用于探讨如何从理论上验证二阶谐波产生的问题。主要的波动效应与初始线性谐波有微小区别，但随着波传播距离的增加（或者传播时间的增加），一阶谐波与二阶谐波叠加在一起形成调制波。由此二阶谐波效应逐渐增加并占据主导地位。

通常用红宝石激光器产生的红光在磷酸二氢铵晶体中传播时转变成紫光的光波实验对二阶谐波产生的本质进行有效的解释。更抽象意义上来讲，对于具有二阶非线性的介质，声波入射时就会产生二阶谐波，由于波传播过程中的自我干涉作用，从介质中出来的波具有二阶谐波的形式。该实验证明了当简谐波穿过具有二阶非线性特性的介质时能够产生基于其自身波动特性的二阶谐波。

需要注意的是，此时的一阶谐波和二阶谐波的幅值单位不一致。在 $Mx_1 \approx 1$ 时，其单位相近的值表示二阶谐波占主导地位时的极限情况。因此，分析参量 M 的变化情况具有特殊意义。

参量 M 包含与材料选择有关的三个参数：密度 ρ、纵波相速度 v_{ph}、只包含弹性常数的参数 $N_1 = 3(\lambda + 2\mu) + 2(A + 3B + C)$ 和一个与波动特性有关的参数（频率 ω 或者波数 k）。

对于大多数的金属、合金以及聚合物等真实使用的材料，M 通常为负值，且其在国际单位制中的数量级为 $N \sim 10^{12}$，密度和相速度具有完全一样的数量级，其中 ρ 在 $10^3 \sim 10^4$ 范围内，v_{ph} 在 $10^3 \sim 10^4$ 范围内。

为了在数值分析模型中使用，如果在超声波频率 ω 范围（$10^4 \sim 10^6$）内选择波动频率，则波数的数量级为 $k = (\omega / v_{ph})$ 在 $10 \sim 10^3$ 范围内，这与波长的范围1 cm～100 μm相对应。假定初始值很小，则其波长将会比其波长小两个数量级（10～50 倍），即其幅值 u_o 的范围为 $10^{-5} \sim 10^{-6}$ m。由此则可以评估出参数 M 的数量级为 $M \approx 10^{-4} \times 10^{11} \times 10^{-5} \times 10^{-14} \times 10^{10} = 10^{-2}$。

如果波传播 100 倍波长的距离，即 x_1 在 $10^{-2} \sim 1$ 范围内，则依据式(5.22)，由关系式 Mx_1 所确定一阶谐波和二阶谐波之间关系为 Mx 在 $10^{-4} \sim 10^{-2}$范围内。因此，从本质上来讲，需要波传播的距离足够长时才能够表现出明显的二阶谐波效应。

考虑三阶近似的情况，它可以通过求解如下所述的非齐次线性波动方程的解得到

$$u_{1,tt}^{(3)} - (v_L)^2 u_{1,11}^{(3)} = (N_1 / \rho) u_{1,11}^{(2)} u_{1,1}^{(2)} \tag{5.23}$$

后续的求解过程与前述二阶近似情况相同，首先，右边的项可以通过下述公式确定：

$$[u_1^{(2)}]' = Mu_{1o}[\cos 2(k_L x_1 - \omega t)] - 2k_L x_1 \sin 2(k_L x_1 - \omega t)$$

$$\begin{aligned}[u_1^{(2)}]'' &= Mu_{1o}[-4k_L \sin 2(k_L x_1 - \omega t) - 4k_L^2 x \cos 2(k_L x_1 - \omega t)] \\ &= -4Mu_{1o}k_L[\sin 2(k_L x_1 - \omega t) + k_L x_1 \cos 2(k_L x_1 - \omega t)]\end{aligned}$$

$$\frac{N_1}{\rho}u_1^{(2)\prime\prime}u_1^{(2)\prime} = \frac{N_1}{\rho}4Mu_{1o}k_L[-\sin2(k_Lx_1-\omega t)-k_Lx_1\cos2(k_Lx_1-\omega t)]\times$$
$$\{Mu_{1o}[\cos2(k_Lx_1-\omega t)-2k_Lx_1\sin2(k_Lx_1-\omega t)]\}$$
$$=-\frac{2N_1}{\rho}M^2(u_{1o})^2k_L\{(1-2k_L^2x_1^2)\sin4(k_Lx_1-\omega t)-k_Lx_1[1-3\cos4(k_Lx_1-\omega t)]\}$$

因此，方程的右边项含有四个函数：$\sin4(k_Lx_1-\omega t)$，$x_1^2\sin4(k_Lx_1-\omega t)$，$x_1$，$3x\cos4(k_Lx_1-\omega t)$。

每一个函数产生一个对应于式（5.23）的解。采用代入式（5.23）的方式对基于已得到的方程四个解的正确性进行了检验。关于三阶近似的结果表述如下：

$$u_1^{(2)} = u_{1o}(M_L)^3(x_1)^3\left\{-\frac{8}{3}+\frac{5}{2k_Lx_1}\sin4(k_Lx_1-\omega t)+\left[-\frac{4}{3}+\frac{11}{8(k_L)^2(x_1)^2}\right]\cos4(k_Lx_1-\omega t)\right\} \quad (5.24)$$

如同二阶近似在一般波形上产生二阶谐波类似，三阶近似将会额外引入四阶谐波。

基于三阶近似的波动方程具有如下形式的解：

$$\begin{aligned}u_1(x,t) &= u_1^{(0)}(x_1,t)+u_1^{(1)}(x_1,t)+u_1^{(2)}(x_1,t)\\ &= u_{1o}\cos(k_Lx_1-\omega t)+u_{1o}M_Lx_1\cos(k_Lx_1-\omega t)+\\ &\quad u_{1o}(M_L)^3(x_1)^3\left\{-\frac{8}{3}+\frac{5}{2k_Lx_1}\sin4(k_Lx_1-\omega t)+\left[-\frac{4}{3}+\frac{11}{8(k_L)^2(x_1)^2}\right]\cos4(k_Lx_1-\omega t)\right\}\end{aligned} \quad (5.25)$$

主要的波动效应与线性谐波初始时有微小区别，但随着波传播距离的增加（或者传播时间的增加），初始谐波与二阶谐波和四阶谐波相叠加形成了弱调制波；随着时间的增加，二阶谐波效应逐渐增加并占据主导地位；同时四阶谐波效应也逐渐增加，在时间足够长的情况下，四阶谐波将会在波的传播过程中起主导作用。这种情况下我们讨论了该方法涉及波传播多远距离（或传播多久时间）范围内其结论才正确的问题（在波传播多久或者多远时，该方法得到的结论才与实际情况相符合）。

二阶谐波产生的原因则是更为根本的问题。正如前面所述，基于二阶近似的基础，渐变幅值法或者逐次逼近法可以从理论上解释试验中观测到的二阶谐波产生的问题。但从某种意义上说，在三阶近似的框架内得到的方程解打破了二阶近似充分解释的波动特性改变过程。四阶谐波占主导的可能性表明在四阶谐波近似中也存在八阶谐波占主导的可能，依次类推，在后续的近似中也会存在同样的现象。但是，如果在三阶近似中出现四阶谐波是等可能的，这可以确定二阶近似中四阶谐波的优势以及二阶谐波的优势。因此，有必要对其二阶近似进行准确的分析。

首先考虑四阶近似的情况，研究发现四阶近似为如下方程的解：

$$u_{1,tt}^{(4)} - (v_L)^2 u_{1,11}^{(4)} = (N_1/\rho) u_{1,11}^{(3)} u_{1,1}^{(3)} \tag{5.26}$$

方程的求解过程与前述类似，求得的四阶近似结果如下所示：

$$\begin{aligned} u_1^{(1)}(x_1,t) = {} & u_{1o}(M_L)^7(x_1)^7\Big\{\Big[-\frac{512}{63}-\frac{424}{5(k_L)^2(x_1)^2}-\frac{287}{6(k_L)^4(x_1)^4}\Big]- \\ & \Big[\frac{256}{9k_Lx_1}+\frac{416}{3(k_L)^3(x_1)^3}\Big]\sin4(k_Lx_1-\omega t)- \\ & \Big[\frac{1\,664}{15(k_L)^2(x_1)^2}+\frac{88}{3(k_L)^4(x_1)^4}\Big]\cos4(k_Lx_1-\omega t)+ \\ & \Big[\Big(-\frac{80}{3k_Lx_1}-\frac{1\,760}{3(k_L)^3(x_1)^3}+\frac{44}{(k_L)^5(x_1)^5}\Big)\sin8(k_Lx_1-\omega t)+ \\ & \Big(-\frac{256}{63}-\frac{1\,054}{15(k_L)^2(x_1)^2}-\frac{117}{2(k_L)^4(x_1)^4}\Big)\cos8(k_Lx_1-\omega t)\Big]\Big\} \end{aligned} \tag{5.27}$$

最后，在四阶近似框架内的解可表示为

$$\begin{aligned} u_1(x,t) = {} & u_1^{(0)}(x_1,t)+u_1^{(1)}(x_1,t)+u_1^{(2)}(x_1,t)+u_1^{(3)}(x_1,t) \\ = {} & u_{1o}\cos(k_Lx_1-\omega t)+u_{1o}Mx_1\cos(k_Lx_1-\omega t)+- \\ & u_{1o}(M)^3(x_1)^3\Big\{\frac{8}{3}-\frac{5}{2k_Lx_1}\sin4(k_Lx_1-\omega t)+ \\ & \Big[\frac{4}{3}-\frac{11}{8(k_L)^2(x_1)^2}\Big]\cos4(k_Lx_1-\omega t)\Big\}+ \\ & u_{1o}(M)^7(x_1)^7\Big\{\Big[\frac{512}{63}+\frac{424}{5(k_L)^2(x_1)^2}+\frac{287}{6(k_L)^4(x_1)^4}\Big]+ \\ & \Big[\frac{256}{9k_Lx_1}+\frac{416}{3(k_L)^3(x_1)^3}\Big]\sin4(k_Lx_1-\omega t)+ \\ & \Big[\frac{1\,664}{15(k_L)^2(x_1)^2}+\frac{88}{3(k_L)^4(x_1)^4}\Big]\cos4(k_Lx_1-\omega t)+ \\ & \Big[\Big[\frac{80}{3k_Lx_1}+\frac{1\,760}{3(k_L)^3(x_1)^3}-\frac{44}{(k_L)^5(x_1)^5}\Big]\sin8(k_Lx_1-\omega t)+ \\ & \Big[\frac{256}{63}+\frac{1\,054}{15(k_L)^2(x_1)^2}+\frac{117}{2(k_L)^4(x_1)^4}\Big]\cos8(k_Lx_1-\omega t)\Big\} \end{aligned} \tag{5.28}$$

对分析过程中有用的一些特征进行介绍：① 四阶近似中包含八阶谐波，这表明其具有连续二阶谐波或者采用偶次谐波对波进行表征的；② 与前三近似项比较，所有四次项的求和公式中包含有公共项（M）^{7}，它们功能类似，都表明所有近似表达式中的幅值因子 M，对于（M）^{0}，（M）^{1}，（M）^{3}，（M）^{7} 所表示的近似谐波特征顺序中某一项的能量较小；③ 在一般波形图中，前三阶近似的主要作用来自幅值因子 $u_{1o}(M)^0(x_1)^0$，$u_{1o}(M)^1(x_1)^1$ 和 $u_{1o}(M)^3(x_1)^3$，相应地在四阶近似中的因子为 $u_{1o}(M)^7(x_1)^7$，这表明 M 和 x_1 增长的一致性；由此可以得到四阶近似（八阶谐波）将会产生与二阶（二阶谐波）和三阶（四阶谐波）相类似的影响。

上述的四阶近似特征表明：四阶近似使前三阶近似的波形发生了变化。因此对幅值的影响规律将存在于下一阶近似中。在依赖于波传播距离所形成的波形图中，不同的近似幅值受其传播距离的限制比较明显（短距离内二阶谐波占主导，长距离内四阶谐波占主导，更远的距离八阶谐波占主导，等等，以此类推）。

5.1.3 前述数值模型小节附件

首先从第一个二阶近似开始，考虑式（5.22）所示的解。

计算机建模的主要目的是评估波形变化可以被检测且清晰表示的频率及幅值范围。波形的变化可以分为以下四个阶段。

第一阶段，初始波形为余弦波；在相位角 ϕ 常数控制下向下倾斜，此时的最大正值在减小，最大负值在增加。

第二阶段，波形顶部逐渐变低，在相位角 ϕ 作用下，波峰逐渐降低并被波形突出部分取代；随着波形逐渐降低，波形的突出部分中间部位降下来，波形的单峰凸起被双凸起所取代；此时，相同波形的重复频率和初始振荡频率相等。

第三阶段，保存前面的频率信息，随着中间低部位逐渐接近横坐标轴，具有两个波峰凸起的波形变得更加清晰。

第四阶段，中间松弛部分增加，其轮廓类似于具有二阶谐频但幅值非等幅变化的简谐波，具体表现为：向上的幅值可以达到最大幅值，但向下幅值大致等于前一个向下幅值的一半，再次向上的幅值稍微大于前一个向上的幅值，再次向下的幅值近似于前一个向下最低幅值的两倍。因此，在此处我们可以观察到初始谐波波形转变为二阶谐波波形的渐变过程。

依据式（5.22），给出一些计算机模拟的波形演变结果。首先给出 18 种颗粒复合材料在计算机模拟过程中所需要的密度、2 个拉梅常数和 3 个 Murnaghan 常数共 6 个物理常数。这些材料可以用 KM 表示，其中，$K=1$ 表示颗粒为不锈钢，基体为聚苯乙烯；$K=2$ 表示颗粒为铜，基体为聚苯乙烯；$K=3$ 表示颗粒为铜，基体为钨；$K=4$ 表示颗粒为铜，基体为钼；$K=5$ 表示颗粒为钨，基体为铝；$K=6$ 表示颗粒为钨，基体为钼。K 标记材料的三种变化用 M 进行标记，可以通过颗粒 c_1 和基体 c_2 的体积变化率进行表示。与之相对应的是，$M=1$ 表示 $c_1=0.2$，$c_2=0.8$；$M=2$ 表示 $c_1=0.4$，$c_2=0.6$；$M=3$ 表示 $c_1=0.6$，$c_2=0.4$。模拟过程中所需要的物理常数值参见参考文献［33］中的表 5.2 所示。

下面用图片代表波在材料 11、41 及 62（注：原文中的材料代号）等中的波形变化情况。在演化的过程中所采用的频率在超声频率范围内从相对较小频率（只有经过无数次震荡之后才能够显现波形畸变的频率）到相对较大频率（波形畸变仅需经过两三个振荡周期即可显现的频率）变化；幅值严格限制在 0.05 mm（被认为是能够处理的位移下限）到 0.5 mm（能够处理的位移上限）范围内；在所有的试验中畸变波的最大幅值均恰好为初始波幅值 1.5 倍的现象，可以由非线性波动理论中已有的理论进行解释，即逐次逼近法的初始假设对大幅值无效。

基于波形的不同演化阶段，我们将这些波形图片分为两组。在所有的图片中，横坐标表示沿 x 方向的距离，以 m 为单位；纵坐标表示位移幅值 u_1，以 mm 为单位；时间为同一时刻。第一组图片对应相同初始幅值 $u_1^0=0.1$ mm 时，频率变化的情况。

图 5.1 主要是对材料 11、41 和 62 在固定时间点，其波形演化第一阶段——斜面向下倾斜情况进行表征。由于材料不同，对波形的变化影响也不一样，对于相速度相对较低（$v_{11}=1.848\times10^3$ m/s，$v_{62}=1.7\times10^3$ m/s）的材料 11 和 62，其对波形的影响能够清晰地在波形图上表示出来，但对相速度相对较高的材料 41（$v_{41}=5.78\times10^3$ m/s）其对波形的影响则表现不明显。鉴于材料 11 和材料 41 内波形传播过程中演化情况与材料 62 的情况类似，图 5.1 仅为材料 62 在最小超声频率 10 kHz、最小初始幅值 0.1 mm 情况下，不同距离处的波形图。

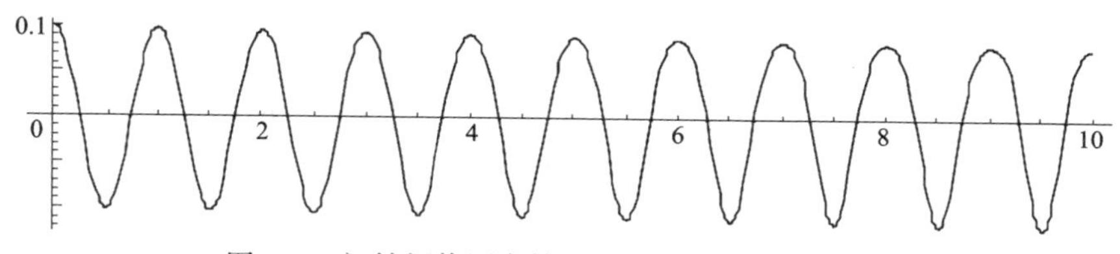

图 5.1　初始幅值固定情况下的波形演化初始阶段

接下来的图 5.2 和图 5.3 在 50 kHz 频率下，波在材料 41 中传播演化的第一阶段和波在材料 11、62 中传播演化的前三阶段情况进行了展示。在给定初始小幅值情况下，对于波在材料 41 中传播，大约需要经过 10 m 其第一阶段才发生明显变化，这对大多数工程问题而言距离有些长；对于材料 11 和 62，其在 2 m 范围内已经完成了前三个阶段的波形变化。

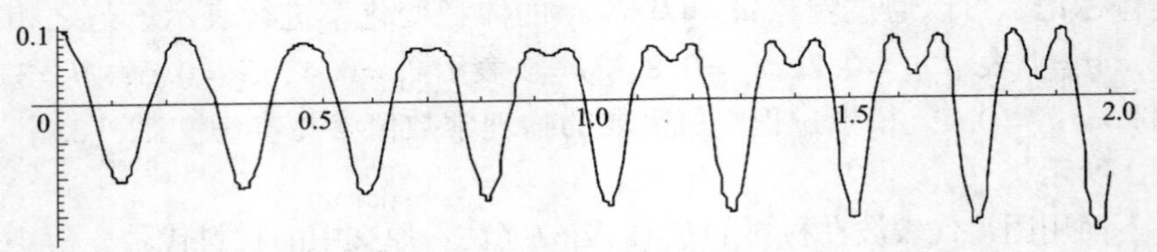

图 5.2　初始幅值固定情况下的波形演化发展阶段（材料 11）

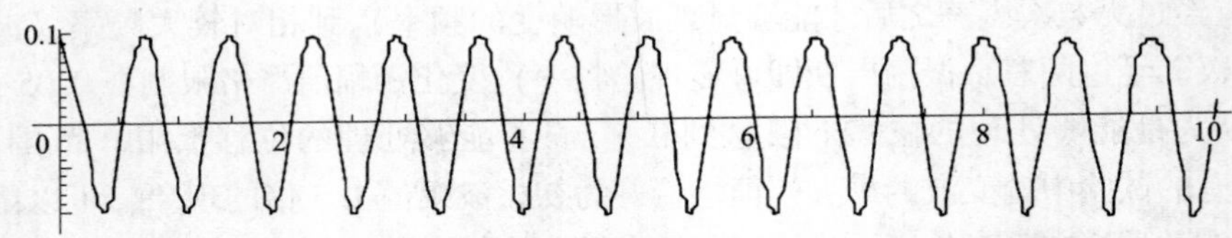

图 5.3　初始幅值固定情况下的波形演化发展阶段（材料 41）

图 5.4 和图 5.5 对 100 kHz 情况下的材料 11、41 和 62 中波传播瞬时情况进行表征。100 kHz 对于材料 11 和材料 62 很高，在此频率下传播的波在开始传播的瞬间已经开始发生显著的畸变；但对材料 41 而言，处于其中间频率范围 100 kHz 情况下仅能观察到波形变化的前两个阶段，如果要完全观察到波形变化，需要将频率提高到 500 kHz。

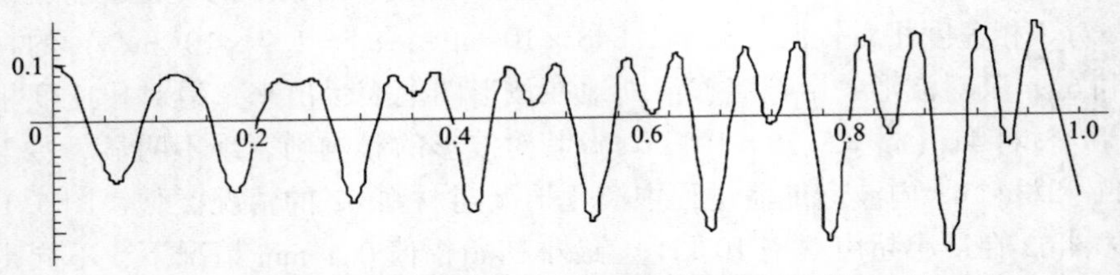

图 5.4　初始幅值固定情况下的波形演化发展高级阶段（材料 11）

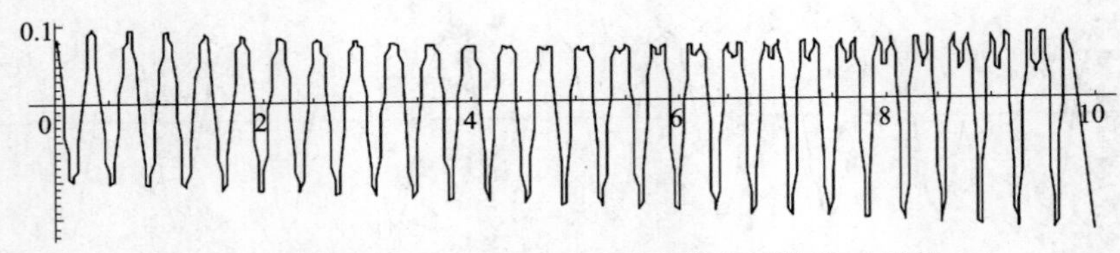

图 5.5　初始幅值固定情况下的波形演化高级阶段（材料 51）

第二组波形图片表示在 40 kHz 频率情况下，波形随着初始幅值变化情况。与前面的第一组情况类似，此处也分四个部分对第二组的情况进行介绍。图 5.6 和图 5.7 显示在给定较小的初始幅值 $u_1^0=0.05$ mm 情况下，波形的变化缓慢，材料 11、62 在 1.5 m，材料 41 在 28 m 处，波形显示表明在其内传播的波仍处于第一阶段。

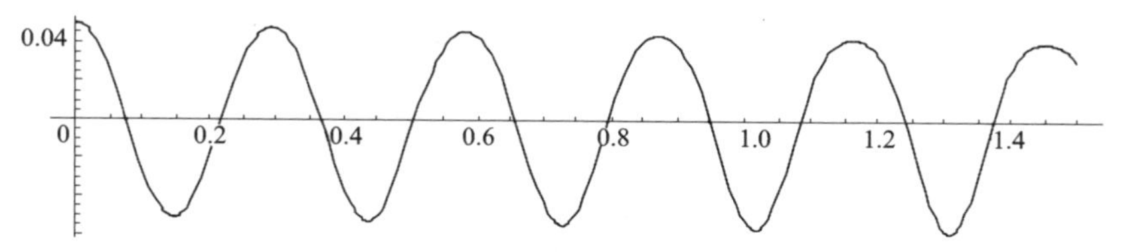

图 5.6　固定频率情况下波形演化的微弱阶段（材料 11）

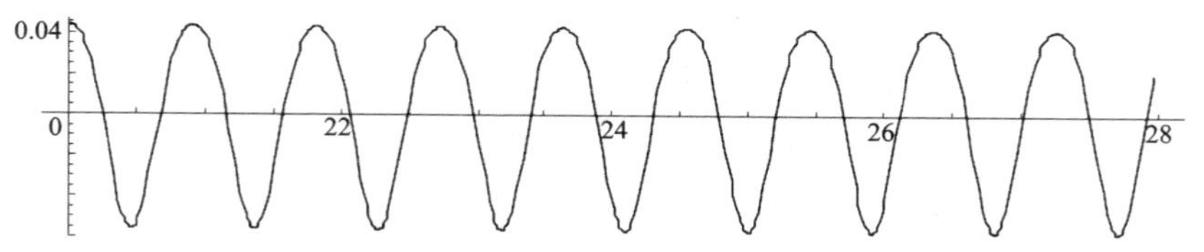

图 5.7　固定频率情况下波形演化的微弱阶段（材料 41）

图 5.8 和图 5.9 与第二部分对应，表明在幅值 $u_1^0=0.1$ mm 的大幅值情况下，波形的演化进程依然缓慢，鉴于材料 11 和材料 62 的波形演化过程类似，此处仅对材料 41 和材料 62 的情况给予展示。

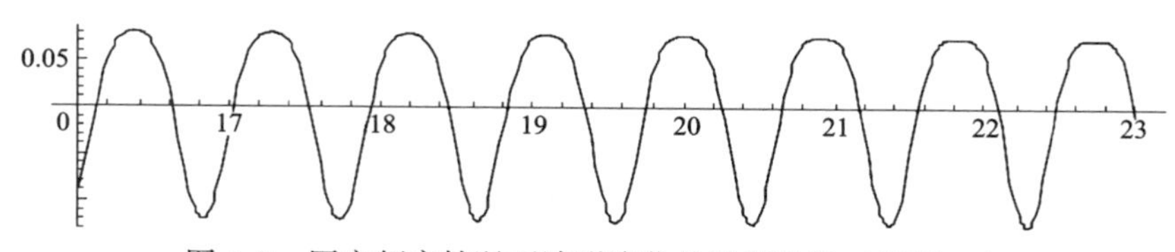

图 5.8　固定频率情况下波形演化的缓慢阶段（材料 41）

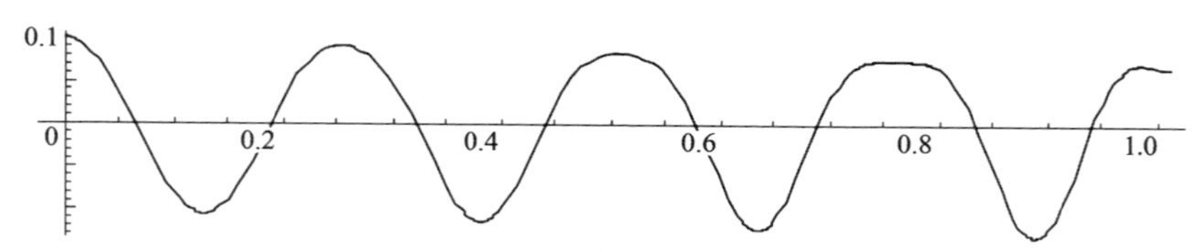

图 5.9　固定频率情况下波形演化的缓慢阶段（材料 62）

接下来对初始幅值（$u_1^0=0.05$ mm）放大三倍的情况进行建模分析。在此情况下，波形演变达到第二阶段的最佳状态，如图 5.9 所示；图 5.10 和图 5.11 对该条件下，材料 41 和材料 62 的波形演化情况进行展示。

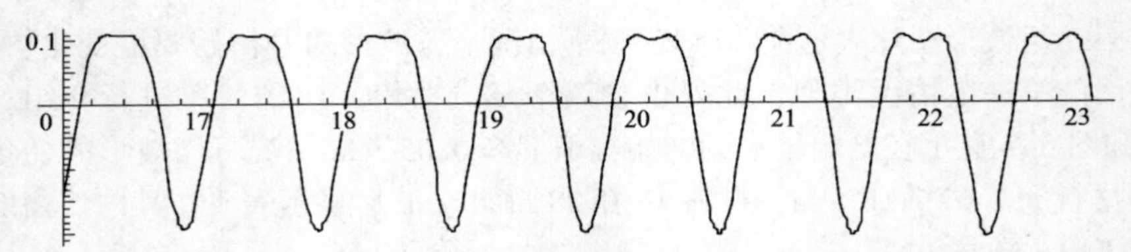

图 5.10　固定频率情况下波形演化的中间阶段（材料 41）

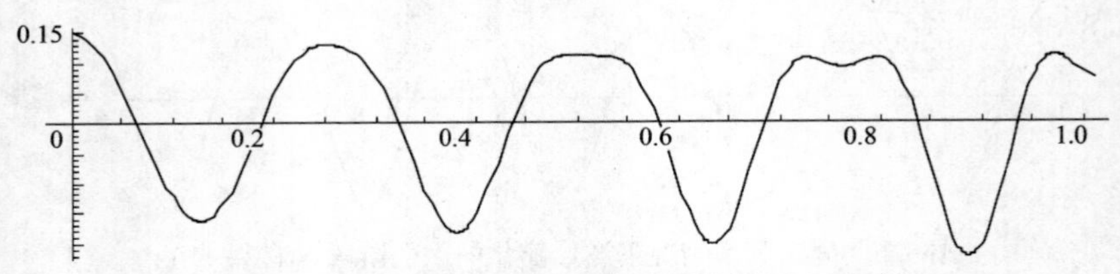

图 5.11　固定频率情况下波形演化的中间阶段（材料 62）

最后对 $u_1^0=0.5$ mm 情况进行探讨。通过建模结果分析得到了两种不同波传播速度的情况，其中，波在材料 11 和材料 62 中以较小速度传播，在材料 41 中以较大速度进行传播。针对材料 11 和材料 62 所表示的第一类材料，初始幅值增加 10 倍将直接导致波形在演变过程中出现变化的临界状态，如图 5.12 所示。图 5.13 表示了在足够长距离（20 m）情况下，波形不同阶段的演变情况；图 5.14 演示了在材料 62 中的波形演化情况。

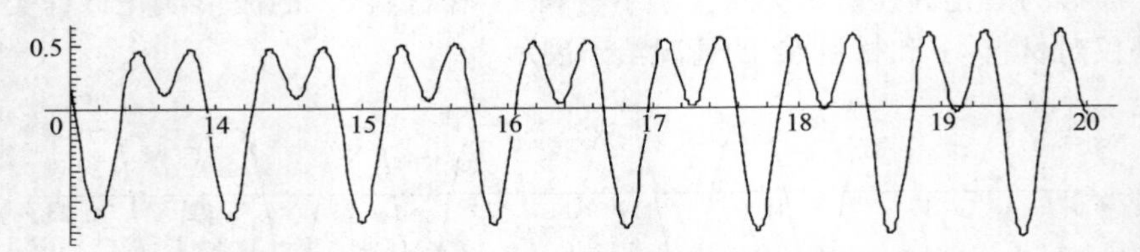

图 5.12　固定频率情况下波形演化的临界阶段（材料 41）

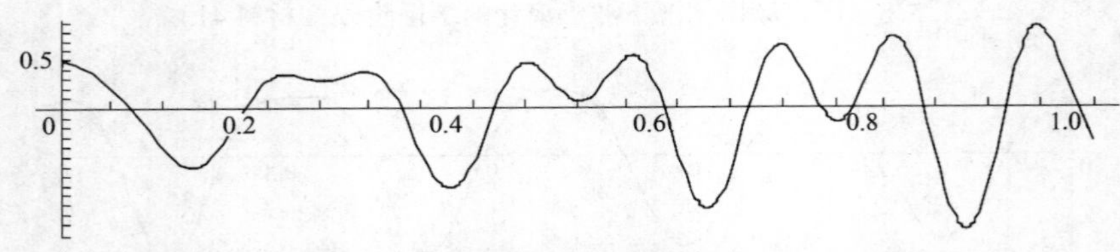

图 5.13　固定频率情况下波形演化的临界阶段（材料 62）

如果想要表征所有的四个变化阶段，有必要引入有限大变形。因此，从本质上来讲，初始幅值变化对波形演化的影响要小于初始谐波频率的变化对波形演化的影响。

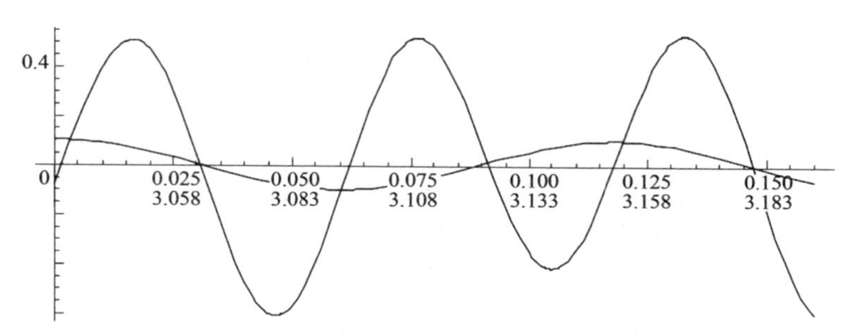

图 5.14　初始激励一阶谐波向二阶谐波的转变情况

最后，仅考虑在初始一阶谐波向二阶谐波演化的影响条件下，图 5.14 对频率仅从 ω 到 2ω 的波演变情况进行了表征。图中材料 11 中传播的频率 $\omega=100$ kHz、初始幅值 $u_1^0=0.1$ mm 波初始阶段和最后阶段波形在同一个坐标系，以在横轴上列出两行不同距离数值参数的形式进行了展示。

尽管在前两阶近似框架内显示了一系列的新的波动效应，但是后续近似分析方法的约束将会使上述图片中显示的波形发生巨大的变化，因此，有必要进一步开展波形近似变化情况的分析研究。

下面仅对前三阶近似和式（5.25）的解进行分析，不针对材料的具体类型和波的具体参数对波的演化实施定性分析。

首先观测当二阶谐波的幅值近似等于一阶谐波幅值的$\frac{1}{3}$时，二阶谐波使初始一阶谐波波形发生显著变化，一阶谐波具有向二阶谐波转变的倾向。因此，后续的每一种近似与前述近似不同，其首先满足级数收敛的必要条件。

在这种情况下，波形的变化可认为是在波前两阶和三阶近似的约束框架内从 0 传播到 x_1^* 过程中发生的。此处，需要固定与零相位 $k_Lx_1-\omega t=0$ 邻域相对应且被 2π 整除的时间点，由此可以得到二阶和四阶谐波控制下波传播距离 x_1^* 的临界值。前两阶和前三阶近似可以分别采用如下公式进行表征：

$$u_1(x_1,t^*)=u_{1o}\cos k_Lx_1+u_{1o}\frac{M_L}{k_L}k_Lx_1\cos 2k_Lx_1$$
$$=u_{1o}\cos z+u_{1o}M^*z\cos 2z \tag{5.29}$$

$$u_1(x_1,t^*)=u_{1o}\cos z+u_{1o}M^*z\cos 2z+\frac{8}{3}u_{1o}(M^*)^3(z)^3+$$
$$u_{1o}M^{*3}(z)^3\left(-\frac{4}{3}+\frac{29}{8z^2}\right)\cos 4z+u_{1o}M^{*3}(z)^3\frac{13}{2z}\sin 4z \tag{5.30}$$

式（5.30）的 6 项和仅存在于下面的结论中：从式（5.25）得到的最后

两个被加数$\frac{29}{8}u_{1o}M^{*3}z\cos4(z-\omega t)$、$\frac{13}{2}u_{1o}M^{*3}(z)^2\sin4(z-\omega t)$对形成波形的贡献要弱于前四项被加数。

此处的建模分析过程中，可以假定随着传播距离的增加，二阶谐波占主导控制波形的情况将逐渐停止，波形将逐渐由二阶谐波占主导构成的情况逐步转变成二阶谐波和四阶谐波共同控制并最终转变为四阶谐波占主导构成的情形。

选定铝、钨、聚苯乙烯和两种颗粒复合材料（由聚苯乙烯构架填充铜颗粒，体积分数为0.2的K21复合材料；由铝构架填充钨颗粒，体积分数为0.2的K51复合材料）开展数值模型研究[33]。

确定M^*数值的相关参数值如表5.1所示。

表5.1　构成M^*的参数参考值

材料	铝	钨	聚苯乙烯	K21	K51
$N_1/[8(\lambda+2\mu)]$	2 101	1 260	1 316	1 760	1 990
$v_L/(\mathrm{km\cdot s^{-1}})$	6.27	4.97	2.58	1.76	4.53
ω/kHz	50	50	50	50	50
	200	200	200	200	200
	500	500	500	500	500
k_L/m^{-1}	79.7	100.6	193.8	284.1	110.4
	319.0	402.4	775.2	1 136	441.6
	797	1 006	1 938	2 841	1 104
u_{1o}/mm	1.0	1.0	1.0	1.0	1.0
M^*	−167.45	−126.76	−255	−616.5	−219.7
	−669.8	−507.02	−1.020	−2.466	−878.8
	−1 674.5	−1 267.6	−2 550	−6 165	−2 197

表5.1包含很多参数信息，表格第二列表明：对于常用材料而言，构成M^*的典型弹性常数比率比较小，且在1.26到2.10之间变化。

对于给定初始幅值u_{1o}和初始材料（包含相速度v_L）的情况，M^*数值的主要差别很明显由波数或者频率来决定。对于大多数实际材料，与含有柔性物理非线性特征相对应的负的Murnaghan弹性常数将产生负的M^*值。

表5.1包含的数值信息和式（5.29）、式（5.30）可以用来对波形初始演变情况进行数值建模。

在图5.15～图5.24中，波形纵坐标数值与归一化位移（归一化振幅）$u_1(x_1,t^*)/u_{1o}$值相等，波形上点的横坐标值与$z=k_Lx_1$值相对应。

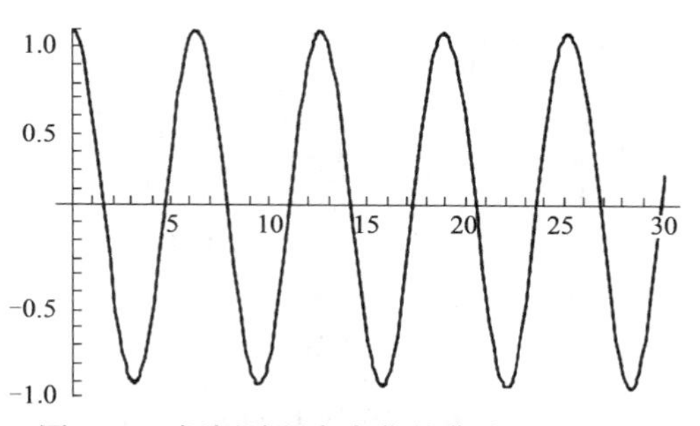

图 5. 15　振幅随距离变化的曲线（阶段 1）

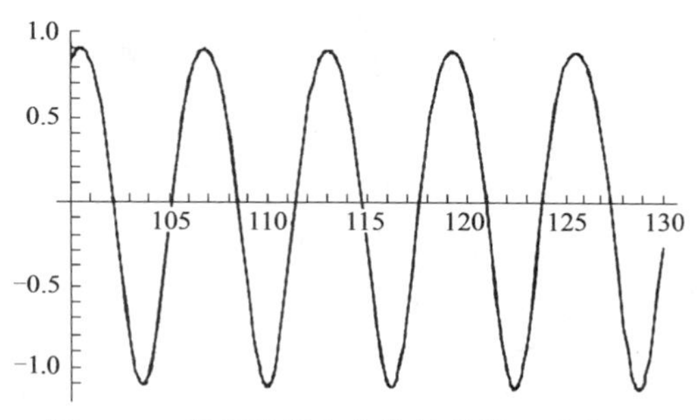

图 5. 16　振幅随距离变化的曲线（阶段 2）

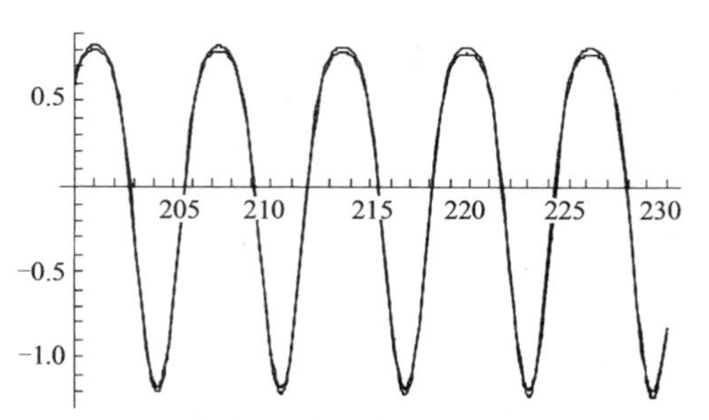

图 5. 17　振幅随距离变化的曲线（阶段 3）

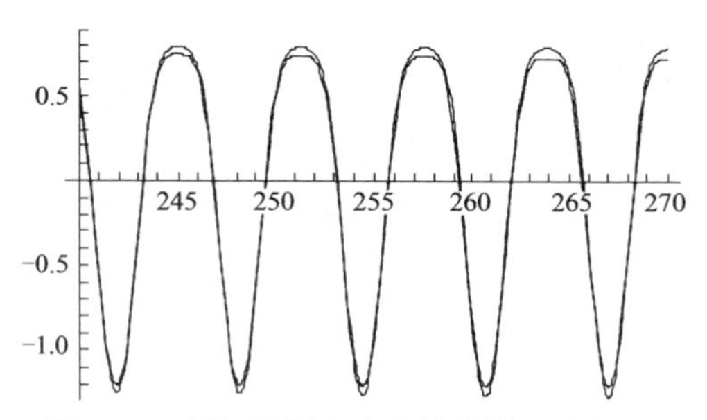

图 5. 18　振幅随距离变化的曲线（阶段 4）

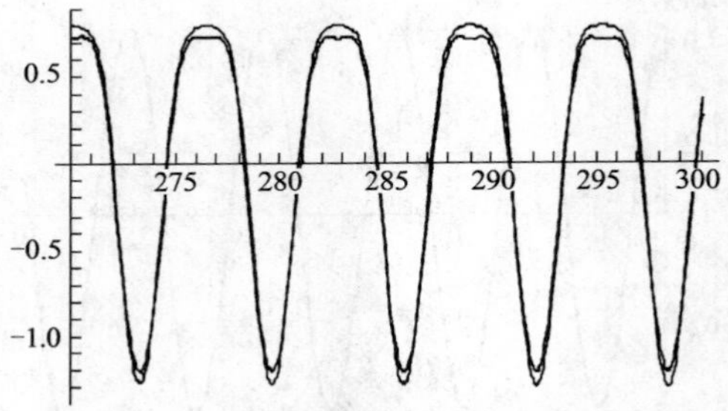

图 5.19　振幅随距离变化的曲线（阶段 5）

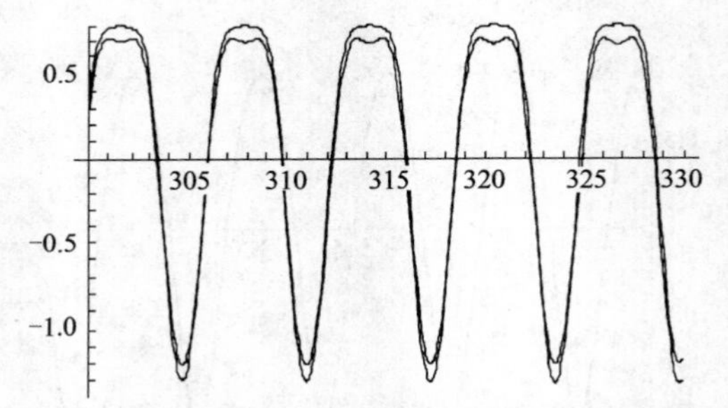

图 5.20　振幅随距离变化的曲线（阶段 6）

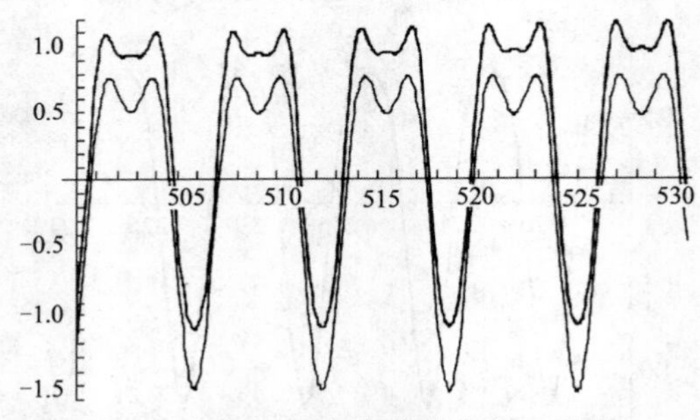

图 5.21　振幅随距离变化的曲线（阶段 7）

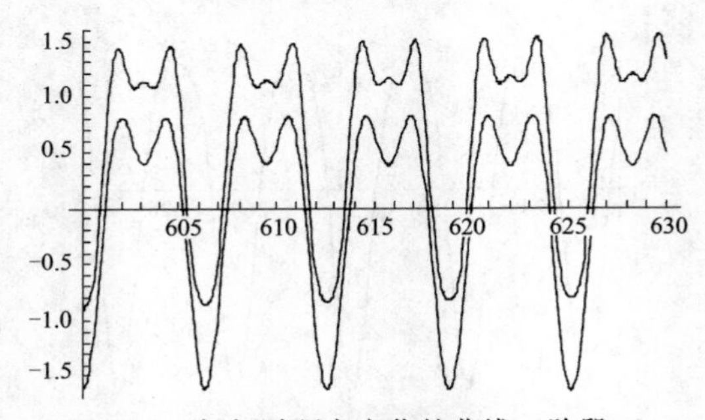

图 5.22　振幅随距离变化的曲线（阶段 8）

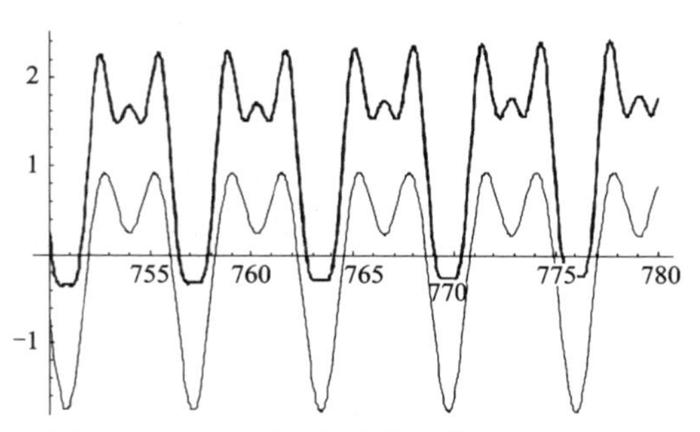

图 5.23　振幅随距离变化的曲线（阶段 9）

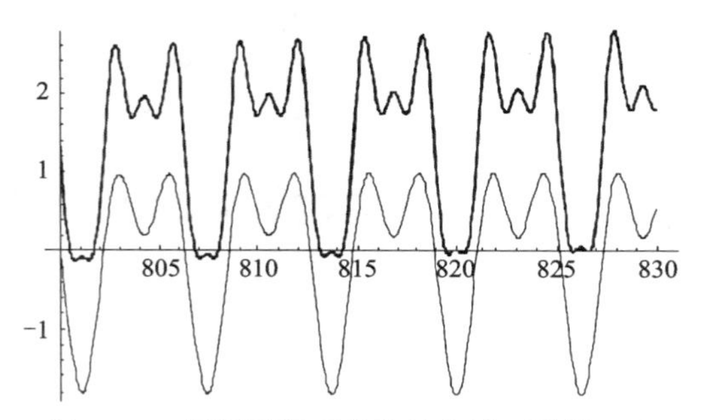

图 5.24　振幅随距离变化的曲线（阶段 10）

因为参数 M^* 变化仅关系到图横坐标尺度的变化，因此在建模中，基于表 5.1 中的 M^* 值变化范围，选取 $M^* = 1\ 000$ 作为平均值进行建模分析。

在图 5.15～图 5.24 中，处于下方的曲线对应于前两阶近似，处于上方的曲线与前三阶近似的两种变化情况相对应，其一为式（5.30）中最后两项和被修正，其二为不包含式（5.30）中最后两项。

从图 5.15～图 5.24 中可以看出，无论是否包含式（5.30）中的最后两项和，波形表现出的变化均一致。通过图的形式有效地证明了式（5.30）中的最后两项对波的结构形态影响很小这一前期假设。

图 5.15～图 5.24 展示了在前述的前两阶近似框架内分析的固定振幅逐渐降低到负值的情况。因此，由于负的振幅，材料中传播的波振幅随着时间发生周期性的变化。如同前面提到的总论，一阶谐波占据的幅值为 $M^* = (1/4)$，意味着二阶谐波所达到的振幅值等于一阶谐波幅值的 1/4，但是这些曲线降低的情况在所有的图中均能立刻显现，而对四阶谐波而言，从 $M^* z = (1/5)$ 开始的修正值却加速了曲线的下降进程。

在二阶和三阶近似约束范围内，当 $M^* z \in (1/4,\ 1/3)$，在曲线顶端最先形成了一个水平区域，接着在顶端水平曲线区域出现了一个凹陷区域，曲线表现出逐渐向二阶谐波转变的趋势。在二阶近似的限制下，这种趋势更加明显，但此时二阶谐波仍然占据主导地位，但这种趋势和主导性随着三阶近似的修正值的变化而变化，当 $M^*z=1/3$ 时，四阶谐波将占据主导地位。

图 5.21 和图 5.22 对一个波形顶部平缓曲线由一个凹陷向两个凹陷的形成过程以及在两个凹陷中间形成一个隆起峰值的过程进行了演示。这些变化恰好描述了四次谐波的产生过程，因为波形曲线的下半部分没有发生变形。当 M^*z 的值首次达到 3/4 时（图 5.23），在较低区域形成水平区域和隆起的峰，这表明四阶谐波正在形成。

最后，需要说明的是：当仅有纵波入射到介质中时，首先考虑本章 5.1.2 中所述的第一类标准问题，然后才开展经典的第二类、第三类标准问题（甚至是非经典的第四类、第五类、第六类）的分析。

5.1.4 关于二阶非线性弹性平面偏振波的三重态问题

前文所述的平面纵波均被认为是具有相同频率和传播方向的波。如果去除这两个约束条件，则将使问题变得复杂。在非线性声学领域中，已经对该问题进行了讨论，并基于声学理论将其演化为声波的散射问题。文献［6，10］开展了有关散射的经典变化问题的研究。

在广义非线性物理学领域，该问题可以被理解为二阶非线性介质中波的同步性问题。研究表明：在这种介质中同步传播的波不超过三种类型，三种类型的波同步的情况称为三重态，与之相对的波传播问题称为三重态问题。

在后续内容中，将讨论分析三重态问题研究的两种不同方法。但首先将逐步地对在非线性声学理论中发展起来的经典方法进行阐述。

首先假定：该波动问题为基于二阶近似框架下在二阶非线性弹性介质内传播的波动问题。在此情况下，可以方便地将线性波传播方程组用一个矢量拉梅方程表示：

$$(\lambda+\mu)\,\mathrm{grad}\ \mathrm{div}\vec{u}+\mu\Delta\vec{u}=\rho\ddot{\vec{u}} \tag{5.31}$$

假定在初始一阶近似条件下，激励两个非共线的平面波，或者说两个完全不同的平面波：

$$\vec{u}(x_1,\ x_2,\ x_3,\ t)=\vec{A}_{1o}\cos(\omega_1 t-\vec{k}_1\vec{r})+\vec{A}_{2o}\cos(\omega_2 t-\vec{k}_2\vec{r}) \tag{5.32}$$

$\vec{r}\equiv\overline{OM}$，$M\equiv(x_1,\ x_2,\ x_3)$。两列波按照不同方式进行偏振，亦即两列波的幅值矢量既可以平行也可以垂直，或构成任意夹角。

此外，假定每一列波是在局部空间传播的一束波的集合，也就是说，干扰波动只存在于有限横截面的圆柱形区域内，需要说明的是该假定虽然在物理学其他分支领域被广泛应用，但在非线性弹性理论中的真实性尚存争议。

基于以上简化和假设，可以将二阶近似问题简化为求解非齐次矢量拉梅方程问题：

$$\ddot{\vec{u}}^{(2)} - (v_L)^2 \nabla \nabla \vec{u}^{(2)} - (v_T)^2 \nabla \times \nabla \times \vec{u}^{(2)} = (1/\rho)\vec{F}(\vec{u}^{(1)}) \quad (5.33)$$

式（5.33）的右边可通过将式（5.32）的表达式代入式（5.4）计算得到。进一步分析过程中不考虑波自身的相互作用，仅考虑由两列不同波相互作用产生的能够表征两列波之间相互作用的项，则可以下面的表达形式进行表示：

$$\begin{aligned}
\vec{F}(\vec{u}^{(1)}) &= \vec{F}(\vec{r},t) \\
&= \vec{I}^{+}\sin[(\omega_1+\omega_2)t-(\vec{k}_1+\vec{k}_2)\vec{r}] + \vec{I}^{-}\sin[(\omega_1-\omega_2)t-(\vec{k}_1-\vec{k}_2)\vec{r}]
\end{aligned}$$

$$\begin{aligned}
\vec{I}^{\pm} = -\frac{1}{2}\left(\mu+\frac{1}{4}A\right)\{&(\vec{A}_{1o}\vec{A}_{2o})(\vec{k}_2\vec{k}_2)\vec{k}_1 \pm [(\vec{A}_{1o}\vec{A}_{2o})(\vec{k}_1\vec{k}_1)\vec{k}_2 + \\
&(\vec{A}_{2o}\vec{k}_1)(\vec{k}_2\vec{k}_2)\vec{A}_{1o} \pm (\vec{A}_{1o}\vec{k}_2)(\vec{k}_1\vec{k}_1)\vec{A}_{2o} + \\
&2(\vec{A}_{1o}\vec{k}_2)(\vec{k}_1\vec{k}_2)\vec{A}_{2o} \pm 2(\vec{A}_{2o}\vec{k}_1)(\vec{k}_1\vec{k}_2)\vec{A}_{1o}] - \\
&\frac{1}{2}\left(\lambda+\mu+\frac{1}{4}A+B\right)[(\vec{A}_{1o}\vec{A}_{2o})(\vec{k}_1\vec{k}_2)\vec{k}_2 \pm (\vec{A}_{1o}\vec{A}_{2o})(\vec{k}_1\vec{k}_2)\vec{k}_1] + \\
&(\vec{A}_{2o}\vec{k}_2)(\vec{k}_1\vec{k}_2)\vec{A}_{1o} \pm (\vec{A}_{1o}\vec{k}_1)(\vec{k}_1\vec{k}_2)\vec{A}_{2o}\} - \\
&\frac{1}{2}\left(\frac{1}{4}A+B\right)[(\vec{A}_{1o}\vec{k}_2)(\vec{A}_{2o}\vec{k}_1)k_1 \pm \\
&(\vec{A}_{1o}\vec{k}_1)(\vec{A}_{2o}\vec{k}_1)\vec{k}_2 + (\vec{A}_{1o}\vec{k}_2)(\vec{A}_{2o}\vec{k}_1)\vec{k}_2 \pm (\vec{A}_{1o}\vec{k}_2)(\vec{A}_{2o}\vec{k}_1)\vec{k}_1] - \\
&\frac{1}{2}(B+2C)[(\vec{A}_{1o}\vec{k}_1)(\vec{A}_{2o}\vec{k}_2)k_2 \pm (\vec{A}_{1o}\vec{k}_1)(\vec{A}_{2o}\vec{k}_2)\vec{k}_1] - \\
&\frac{1}{2}(\lambda+\mu+B)[(\vec{A}_{1o}\vec{k}_1)(\vec{k}_1\vec{k}_2)\vec{A}_{2o} \pm (\vec{A}_{2o}\vec{k}_2)(\vec{k}_1\vec{k}_2)\vec{A}_{1o}]
\end{aligned} \quad (5.34)$$

对式（5.34）进行时域傅里叶变换，则其可以简化为

$$\begin{aligned}
\vec{f}(\vec{r},\omega) = &\frac{\vec{I}^{+}}{4i\rho}[\delta(\omega+\omega_1+\omega_2)e^{-i(\vec{k}_1+\vec{k}_2)\vec{r}} - \delta(\omega-\omega_1-\omega_2)e^{i(\vec{k}_1+\vec{k}_2)\vec{r}}] + \\
&\frac{\vec{I}^{-}}{4i\rho}[\delta(\omega+\omega_1-\omega_2)e^{-i(\vec{k}_1-\vec{k}_2)\vec{r}} - \delta(\omega-\omega_1+\omega_2)e^{i(\vec{k}_1-\vec{k}_2)\vec{r}}]
\end{aligned} \quad (5.35)$$

式中：$\delta(\omega)$ 为 Dirak 函数；ω 为傅里叶变换参数。

进一步假定初始给定的两列波以波束的形式传播，因此在有限空间域 V 内相交，则在该空域内式（5.35）右边项非零。

那么经典的反对称张量 Green 函数族 $\vec{G}(\vec{r},\vec{r}',\omega)$，如应用于亥姆霍兹方程的纵向和横向 Green 函数 $\vec{G}_L(\vec{r},\vec{r}',k_L)$，$\vec{G}_T(\vec{r},\vec{r}',k_T)$ 可以表示为[11,15]

$$\vec{G}(\vec{r},\vec{r}',\omega)=\frac{1}{(v_L)^2}\vec{G}_L\left(\vec{r},\vec{r}',\frac{\omega}{v_L}\right)+\frac{1}{(v_T)^2}\vec{G}_T\left(\vec{r},\vec{r}',\frac{\omega}{v_T}\right) \tag{5.36}$$

则傅里叶变换后的解可以表示为

$$\vec{u}(\vec{r},\omega)=\int_V\vec{G}(\vec{r},\vec{r}',\omega)\vec{f}(\vec{r}',\omega)\mathrm{d}V(\vec{r}') \tag{5.37}$$

在此处，还需证明傅里叶变换后的解满足 Sommerfeld 条件（有限性和放射性条件）。

进一步引入一个观测点，用矢径 $\vec{R}=\vec{r}-\vec{r}'$，$R=|\vec{R}|$ 表示。

考虑在距离空间域 V 足够远（$[\omega/v_{L(T)}]R=k_{L(T)}R\gg 1$，$|\vec{r}'|\ll|\vec{r}|\Rightarrow R\approx\vec{r}-\vec{r}^o\vec{r}'$）条件下的解。在此情况下，可以简化 Green 函数的表达式，通过式（5.37）得到方程的解，然后对方程的解进行逆变换：

$$\begin{aligned}\vec{u}(\vec{r},t)=&\frac{(\vec{I}^+\ \vec{r}^o)\vec{r}^o}{4\pi\rho\ (v_L)^2r}\int_V\sin\left\{\left(\frac{\omega_1+\omega_2}{v_L}\vec{r}^o-\vec{k}_1-\vec{k}_2\right)\vec{r}'-(\omega_1+\omega_2)\right.\\&\left.\left(\frac{r}{v_L}-t\right)\right\}\mathrm{d}V+\frac{(\vec{I}^+\ \vec{r}^o)\vec{r}^o}{4\pi\rho(v_L)^2r}\int_V\sin\left\{\left(\frac{\omega_1-\omega_2}{v_L}\vec{r}^o-\vec{k}_1+\vec{k}_2\right)\vec{r}'-\right.\\&\left.(\omega_1-\omega_2)\left(\frac{r}{v_L}-t\right)\right\}\mathrm{d}V+\frac{\vec{I}^+-(\vec{I}^+\ \vec{r}^o)\vec{r}^o}{4\pi\rho(v_T)^2r}\int_V\sin\\&\left\{\left(\frac{\omega_1+\omega_2}{v_T}\vec{r}^o-\vec{k}_1-\vec{k}_2\right)\vec{r}'-(\omega_1+\omega_2)\left(\frac{r}{v_L}-t\right)\right\}\\&\mathrm{d}V+\frac{\vec{I}^+-(\vec{I}^+\ \vec{r}^o)\vec{r}^o}{4\pi\rho(v_T)^2r}\int_V\sin\left\{\left(\frac{\omega_1-\omega_2}{v_T}\vec{r}^o-\vec{k}_1+\vec{k}_2\right)\vec{r}'-\right.\\&\left.(\omega_1-\omega_2)\left(\frac{r}{v_L}-t\right)\right\}\mathrm{d}V\end{aligned} \tag{5.38}$$

下面对式（5.38）进行分析，式（5.38）的前两项表示两列频率不同的纵波，其中一列波为和频 $\omega_1+\omega_2$，另一列波为差频 $\omega_1-\omega_2$；式（5.38）的后两项表示两列频率不同的横波，其中一列波为和频 $\omega_1+\omega_2$，另一列波为差频 $\omega_1-\omega_2$。

在正弦符号内部的两个表达式中，第二个表达式与积分变量无关，第一个表达式与积分变量和与所选积分方向相关的两个固定边界的波动情况有关。因此，在式（5.38）中，在空间不同点的不同方向上，这四列波的幅值在一定的范围内波动。也就是说，在这种情况下，相互作用的两列波在各个方向散射的能量近似相同。

但有一个特殊情况：当正弦符号内部第一个项为零时，相互作用的两列波向各个方向散射能量相同的情况将发生根本性变化。

在这种情况下，被积函数变为常数，在空间域内的所有点，波振幅值随着积分域的增加成正比地增加，这与共振的情况相类似，因此，这种共振波的实现条件称为共振条件。

从式（5.38）中可以得到四种不同的共振条件，其表示如下：

$$\frac{\omega_1 + \omega_2}{v_L}\vec{r}^o - \vec{k}_1 - \vec{k}_2 = 0 \tag{5.39}$$

$$\frac{\omega_1 - \omega_2}{v_L}\vec{r}^o - \vec{k}_1 + \vec{k}_2 = 0 \tag{5.40}$$

$$\frac{\omega_1 + \omega_2}{v_T}\vec{r}^o - \vec{k}_1 - \vec{k}_2 = 0 \tag{5.41}$$

$$\frac{\omega_1 - \omega_2}{v_T}\vec{r}^o - \vec{k}_1 + \vec{k}_2 = 0 \tag{5.42}$$

因此，共振条件式（5.39）~式（5.42）反映了相互作用两列波的能量完全转化为一个新的、另一种频率波的情况，这种波的频率为初始两列波频率的和或差，即

$$\omega_3 = \omega_1 \pm \omega_2 \tag{5.43}$$

基于共振条件式（5.39）~式（5.42），也可以推导出其波数为

$$\vec{k}_3 = \vec{k}_1 \pm \vec{k}_2 \tag{5.44}$$

在非线性物理学领域中，这种通过条件式（5.43）和式（5.44）相互关联的三种波称为波的三重态。

至此，我们已经研究了式（5.32）中所述两列波的相互作用，在满足相互共振条件式（5.39）~式（5.42）的条件下构成三重态波的三个分量波之间可以存在如下变化关系：

$$\begin{aligned} &L(\omega_1) + L(\omega_2) = L(\omega_3),\ T(\omega_1) + T(\omega_2) = T(\omega_3), \\ &L(\omega_1) + L(\omega_2) = T(\omega_3),\ T(\omega_1) + T(\omega_2) = L(\omega_3), \\ &L(\omega_1) + T(\omega_2) = L(\omega_3),\ L(\omega_1) + T(\omega_2) = T(\omega_3) \end{aligned} \tag{5.45}$$

式中，一般采用字母 L 表示纵波，字母 T 表示横波。此外，两列初始波可通过不同方式发生偏振作用，与构成主波波矢量的平面或垂直或平行。

第三个波也存在两种偏振形式。

在接下来的研究中，有必要分析初始波相遇角度的变化范围，因为并不是这个角度下所有的波都能够发生相互作用。

这种研究方法中，主要依靠限制初始波频率范围确保两列波能够产生相互作用。

在关于波的三重态的研究中，另一个相对复杂的问题是计算第三个波的幅值。

正如前面所提到的，在声学研究中，三重态问题被认为是由声波相互作用导致声散射并构成散射波的复杂问题。研究结果表明，散射波幅值直接与波数三次方成正比，而产生的二阶谐波幅值与波数的二次方成正比，复合调制波的幅值仅与波数成正比，因此，波长越短振幅越大，也就是说，频率越高，能检测到的由波相互作用产生的新的波越多。

5.1.5 慢变幅值方法在平面超弹性简谐纵波研究中的应用

众所周知，逐次渐近法的主要优点是能够在每一个近似过程中对非齐次线性波动方程进行求解，然而该方法只在初始幅值没有大幅增加（如增加一半）的情况下有效。该方法不能应用于对自影响、大能量变化、自调制等非线性效应的研究，在这种情况下，该研究引入了慢变幅值方法。

慢变幅值方法是 Balthazar van der Pol 在对无线电物理学的非线性振荡问题研究中提出来的，因此，它又被称为 van der Pol 法，该方法被广泛应用于震荡力学领域，随着非线性光学和无线电物理学的发展，该方法才开始应用于波动问题研究中。现在将其重新应用于波动力学。

在波动力学研究中有一个基本假设：弱非线性系统的解与线性系统的解近似，慢变幅值表示波在传播一个波长距离内其振幅发生微小变化。

以式（5.11）所示二阶非线性波动方程作为简单例子，以其线性解（5.14）作为基础进行分析，则所求非线性解应满足如下形式：

$$u_1(x_1,t) = A_1(x_1)\mathrm{e}^{\mathrm{i}(k_1x_1-\omega t)} \tag{5.46}$$

或者

$$u_1(x_1,t) = \mathrm{Re}\{A_1(x_1)\mathrm{e}^{\mathrm{i}(k_1x_1-\omega t)}\} = a_1(x_1)\cos[k_1x_1-\omega t+\varphi_1(x_1)] \tag{5.47}$$

然后我们研究两列、三列或者四列等有限数量波之间的相互作用。假定式（5.11）的解可表示如下：

$$u_1(x_1,t) = \sum_{m=1}^{M}A_{1m}(x_1)\mathrm{e}^{\mathrm{i}\sigma_m},\ \sigma_m = k_{1m}x_1-\omega_m t \tag{5.48}$$

接下来通过实施如下几步：① 将式（5.48）代入式（5.11）；② 考虑式（5.48）为与式（5.11）对应的线性方程解的情况；③ 考虑到没有外部能量流入，忽略二阶导数；④ 仅保留波之间的相互作用和自作用下的幅值。则可以得到简化方程组为

$$\sum_{m=1}^{M} k_{1m}(A_{1m})_{,1}\mathrm{e}^{\mathrm{i}\sigma_m} = -\frac{N_1}{2(\lambda+2\mu)}\sum_{n=1}^{M}\sum_{p=1}^{M} k_{1n}k_{1p}^2 A_{1n}A_{1p}\mathrm{e}^{\mathrm{i}(\sigma_n+\sigma_p)} \tag{5.49}$$

与式（5.11）所示的偏微分方程相比，该方程组被简化为求解常微分方程组。

研究中，也可以采用将式（5.48）的幅值看作渐变坐标函数 $A(\tilde{x}_1)=A(\varepsilon x_1)$，其中的 ε 为微小变量的第二种方程简化的方法，则在此情况下，需要对前述四个方程简化步骤进行调整：① 前两步不变；② 接下来需要对最后两步进行调整——忽略含有 ε 高阶小量的项，仅在式（5.11）的两边保留含有 ε 一阶量的项。

下面从波的三种特异性（① 三种波同时激励；② 仅研究三种类型波的交叉耦合；③ 忽略波的自作用效应）考虑对简化后的方程做进一步优化，则可以得到 $M=3$ 情况下的简化方程为

$$\begin{aligned}
&k_{L1}\frac{\mathrm{d}A_{11}}{\mathrm{d}x_1}\mathrm{e}^{\mathrm{i}(k_{L1}x_1-\omega_1 t)} + k_{L2}\frac{\mathrm{d}A_{12}}{\mathrm{d}x_1}\mathrm{e}^{\mathrm{i}(k_{L2}x_1-\omega_2 t)} + k_{L3}\frac{\mathrm{d}A_{13}}{\mathrm{d}x_1}\mathrm{e}^{\mathrm{i}(k_{L3}x_1-\omega_3 t)}\\
&= -\frac{\mathrm{i}N_1}{2(\lambda+2\mu)}\{k_{L1}k_{L2}(k_{L1}+k_{L2})A_{11}A_{12}\mathrm{e}^{\mathrm{i}[(k_{L1}+k_{L2})x_1-(\omega_1+\omega_2)t]} +\\
&\quad k_{L1}k_{L3}(k_{L1}+k_{L3})A_{11}A_{13}\mathrm{e}^{\mathrm{i}[(k_{L1}+k_{L3})x_1-(\omega_1+\omega_3)t]} +\\
&\quad k_{L2}k_{L3}(k_{L2}+k_{L3})A_{12}A_{13}\mathrm{e}^{\mathrm{i}[(k_{L2}+k_{L3})x_1-(\omega_2+\omega_3)t]}\}
\end{aligned} \tag{5.50}$$

在后续研究中，对波数 k_{1m} 和频率 ω_m 之间的关系做进一步假定。首先对频率同步（匹配）条件进行假设（或称为频率同步假设）：

$$\omega_1 \pm \omega_2 = \omega_3 \tag{5.51}$$

在此假设条件下，简化方程可以分解为三个演化方程：

$$\begin{aligned}
&(A_{11})_{,1} = \sigma_1\bar{A}_{12}A_{13}\mathrm{e}^{\mathrm{i}(k_{13}-k_{12}-k_{11})x_1}\\
&(A_{12})_{,1} = \sigma_2\bar{A}_{11}A_{13}\mathrm{e}^{\mathrm{i}(k_{13}-k_{12}-k_{11})x_1}\\
&(A_{13})_{,1} = \sigma_3 A_{11}A_{12}\mathrm{e}^{\mathrm{i}(k_{13}-k_{12}-k_{11})x_1}\\
&\sigma_\alpha = -\frac{N_1k_{1\delta}k_{13}(k_{1\delta}+k_{13})}{2(\lambda+2\mu)k_{1\alpha}},\ \sigma_\alpha = -\frac{N_1k_{11}k_{12}}{2(\lambda+2\mu)}(\alpha+\delta=3)
\end{aligned} \tag{5.52}$$

一般的研究是基于第二类匹配假设（波数匹配）条件对演化方程式

(5.52) 进行分析，第二类匹配条件为

$$k_{11} \pm k_{12} = k_{13} \tag{5.53}$$

通常会在式 (5.52) 中引入相位不匹配误差量 $\Delta k_1 = k_{13} - k_{12} - k_{11}$ 。

式 (5.52) 所示耦合非线性方程组让我们可以从理论上解释二阶谐波的产生。为此，还需进行更进一步假设：第一，假定第三种波在初始状态下并没有被激励，则存在有 $A_3(0) = 0$ ；第二，假定第一种波和第二种波完全相同，亦即在此假设下，两种波的幅值、波数和频率完全一致；第三，基于二阶谐波产生的试验，可以简化为 $\mathrm{d}A_1/\mathrm{d}x_1 = 0$ ，$A_1 = \text{const}$ 。

在上述三个进一步的假设条件下，仅需对方程组 (5.52) 中第三个方程求解。该解具有如下形式：

$$A_{13}(x_1) = -\frac{N_1(k_{11})^3}{2(\lambda + 2\mu)(\Delta k_1 - 2k_{11})}(A_{11})^2 \frac{[1 - \cos(x_1 \Delta k_1)] - \mathrm{i}\sin(x_1 \Delta k_1)}{-\mathrm{i}\Delta k_1}$$

在满足相位匹配条件 $\Delta k_1 = k_{13} - 2k_{11} = 0$ 的情况下，上式可以简化为

$$A_{13}(x_1) = -\frac{N_1(k_{11})^2}{2(\lambda + 2\mu)}(A_{11})^2 x_1 \tag{5.54}$$

经过适当简化后，第三种波的频率为 $2\omega_1$ 、波数为 $2k_{11}$ ，即该波为第一种波的二阶谐波，在波传播的过程中，幅值增加与波传播距离、第一种波幅值的平方、第一种波波数的平方成正比变化，因此，在波群中，可以通过对相关参数的恰当选择获取必要的二阶谐波输出量。需要注意的是：对弹性材料中参量 $N_1/[2(\lambda + 2\mu)]$ ，其变动范围很小。

由此已知波振幅随着波传播距离的增加成正比增加，这意味着其幅值可以无限增加，与共振的情况相类似，这就是我们将完全同步条件称为共振条件的原因。

基于上述讨论，得到的适用性结论如下：在完全同步条件下的两列波相互作用产生第三种波，且相互作用的两列波的所有能量也将传递到第三种波中。这种能量传递过程十分有趣，研究中通常采用 Manley-Rowe 能量关系对波能量传递的现象进行描述，因此，有必要对该能量关系进行重点说明。

首先，在完全同步条件下对三个方程进行简化的前提下，我们由演化方程的经典表达式开始分析，这与物理学中其他研究很相似：

$$\begin{aligned}
[A_{11}(x_1)]' &= \sigma_1[\bar{A}_{12}(x_1)A_{13}(x_1) - A_{12}(x_1)\bar{A}_{13}(x_1)] \\
[A_{12}(x_1)]' &= \sigma_2[\bar{A}_{11}(x_1)A_{13}(x_1) - A_{11}(x_1)\bar{A}_{13}(x_1)] \\
[A_{13}(x_1)]' &= \sigma_3[A_{11}(x_1)A_{12}(x_1) - A_{11}(x_1)A_{12}(x_1)]
\end{aligned} \tag{5.55}$$

并引入每列波的波强——这一新的特征参数（理论研究表明：波传输的能量与

幅值的平方成正比）：

$$\widetilde{N}_{1m}(x_1) = A_{1m}\bar{A}_{1m} = |A_{1m}|^2 \tag{5.56}$$

演化方程组（5.55）含有用波强表示的积分项。通过对方程组进行代数变换得到的积分显式表达式为

$$\begin{aligned} \sigma_1 \widetilde{N}_{11}(x_1) - \sigma_1 \widetilde{N}_{12}(x_1) &= C_1 \\ \sigma_3 \widetilde{N}_{12}(x_1) + \sigma_2 \widetilde{N}_{13}(x_1) &= C_2 \\ \sigma_3 \widetilde{N}_{11}(x_1) + \sigma_1 \widetilde{N}_{13}(x_1) &= C_3 \end{aligned} \tag{5.57}$$

因为式中 C_m 为第一次积分，因此其值为任意常数；由于仅有两个积分相互独立，第三个积分是前两个积分的结果，因此，式（5.57）的积分方程组并不能构成方程的一个解，但式（5.57）传递了演化方程中另一个新的信息，在非线性光学系统中，方程组（5.57）所示的方程之间的关系称为 Manley-Rowe 关系。

通常情况下，在研究中会给出相互作用的两列波都是低频波（或高频波）或其中一列波的初始能量大于其他两列波的能量等补充信息，然后基于 Manley-Rowe 关系即可预测该波动系统的演变规律。

对 Manley-Rowe 关系方程组进行求和，可以得到三个波在传播过程中的能量守恒方程（能量守恒规律）：

$$\sum_{m=1}^{3} \omega_m \sigma_m A_{1m}^2 = \text{const} \tag{5.58}$$

对波强而言，因为式（5.58）可以在几何学上代表半轴具有如下形式的三维椭球体：

$$\sqrt{\omega_2\omega_3},\ \sqrt{\omega_1\omega_3},\ 1/\sqrt{\omega_1\omega_2} \tag{5.59}$$

因此，可以在三维变量空间（A_{11}，A_{12}，A_{13}）构建演变方程系统的相位图。对于式（5.57）给定的能量水平，构成了三轴椭球体能量恒定的表面；椭球体与圆柱体表面相交构成了相位轨迹曲线，其满足的 Manley-Rowe 关系如下：

$$\begin{aligned} \sigma_3 A_{11}^2 + \sigma_1 A_{13}^2 &= \text{const} \\ \sigma_3 A_{12}^2 + \sigma_2 A_{13}^2 &= \text{const} \\ \sigma_2 A_{11}^2 - \sigma_1 A_{12}^2 &= \text{const} \end{aligned} \tag{5.60}$$

在轴 A_{11}，A_{12} 附近的轨迹曲线为椭圆形，这表明：在前两个波的振幅发生微小变化的情况下，其轨迹曲线仅发生轻微的振荡，这是比较稳定的过程。但轨迹线与第三轴相交构成的椭圆表示第三列波能够将其所有能量传递给其他两列波，即波发生分解的情况。在非线性光学和无线电物理学

领域，一列波分解为其他两列波的现象称为波的分解（或波算子问题的谱分解）。

5.1.6 慢变幅值法：两列弹性平面简谐纵波自适应

我们以两列超弹性平面简谐纵波相互作用情况作为前述对多列波相互作用情况分析的特例进行讨论。这一问题最早是在非线性光学中提出来的，19世纪80年代，光学研究人员在研究中通过观测发现了一个与传统非线性波动现象非常接近的、新的波动现象——电磁波自适应现象。

对光波而言，该现象主要包括：① 尽管在纤维光导中首先观测到自适应现象，接着在许多其他的光学系统的研究中也发现了自适应现象，但我们仅对二阶非线性光学介质中的两列波系统感兴趣；② 对两波耦合系统进行研究时我们发现，在进入介质或光导的入口处，一列波很强大（该波为具有较大幅值的脉动波），而另一列波很小（该波为具有较小幅值的控制信号）；③ 在参数固定的两列波从入射位置开始在介质内传播有限距离（从介质中传出）基础上，得到在某些情况下，控制信号的微小变化将导致从介质中传出波强度的快速变化；而部分区域，具有较大幅值的脉动波频率可以完全转变为控制信号频率并随即变回其自身频率。

下面对弹性波进行研究，我们的目的是分析经典非线性方法体系下弹性波自适应现象是否存在。

首先以纵波为研究对象，其初始方程为

$$\rho \frac{\partial^2 u_1}{\partial t^2} - (\lambda + 2\mu) \frac{\partial^2 u_1}{\partial x_1^2} = N_1 \frac{\partial^2 u_1}{\partial x_1^2} \frac{\partial u_1}{\partial x_1} \tag{5.61}$$

当式（5.61）右边项为零时，其解是线性变化的，如同典型谐波的形式，其幅值、频率和波数等参数均为常数，即 $u_{1\text{lin}}(x_1, t) = A_{1\text{lin}} \mathrm{e}^{\mathrm{i}(k_{1\text{lin}} x_1 - \omega t)}$。

首先基于渐变幅值方法，探讨两列具有不同频率的纵波入射进入介质中的情况。第一步，假定入射到介质中的信号波和简谐振动的脉动波，在空间坐标下的幅值为 $A_{\text{pum}}(x_1)$，$A_{\text{sign}}(x_1)$，同时具有固定频率 $\omega_{\text{pum}}, \omega_{\text{sign}}$ 和固定波数 $k_{\text{pum}}, k_{\text{sign}}$，该谐波可以表达为

$$\begin{aligned} u_{\text{pum}}(x_1, t) &= A_{\text{pum}}(x_1) \mathrm{e}^{\mathrm{i}(k_{\text{pum}} x_1 - \omega_{\text{pum}} t)} \\ u_{\text{sign}}(x_1, t) &= A_{\text{sign}}(x_1) \mathrm{e}^{\mathrm{i}(k_{\text{sign}} x_1 - \omega_{\text{sign}} t)} \end{aligned} \tag{5.62}$$

接下来的表述中，可以很方便地将波表达形式从式（5.62）所示的常用复数形式变为实函数形式：

$$u_{\text{pum}}(x_1, t) = \text{RE}\{A_{\text{pum}}(x_1) \mathrm{e}^{\mathrm{i}(k_{\text{pum}} x_1 - \omega_{\text{pum}} t)}\}$$

$$= a_{\mathrm{pum}}(x_1)\cos[k_{\mathrm{pum}}x_1 - \omega_{\mathrm{pum}}t + \varphi_{\mathrm{pum}}(x_1)]$$

$$u_{\mathrm{pum}}(x_1,t) = \mathrm{RE}\{A_{\mathrm{sign}}(x_1)\mathrm{e}^{\mathrm{i}(k_{\mathrm{sign}}x_1-\omega_{\mathrm{sign}}t)}\}$$

$$= a_{\mathrm{sign}}(x_1)\cos[k_{\mathrm{sign}}x_1 - \omega_{\mathrm{sign}}t + \varphi_{\mathrm{sign}}(x_1)] \quad (5.63)$$

需要说明的是：式（5.63）表明波的幅值 $a_{\mathrm{pum(sign)}}(x_1)$ 和相位 $\varphi_{\mathrm{pum(sign)}}(x_1)$ 都会随着传播过程发生变化，这与振动力学理论中的 van der Pol 方法结论相一致。

第二步为基于幅值缓慢变化和无外加能量的假设条件下对方程进行简化。在此过程中，需要弄清楚哪些相互作用需要考虑，而哪些可以忽略，当前研究的强弱波相互作用需要满足两组特殊假设。

在单个简化方程中主要考虑第一组特定假设。

假设 1：能量较小波的频率不超过能量较大波的两倍，即

$$2\omega_{\mathrm{sign}} = \omega_{\mathrm{pum}} \quad (5.64)$$

假设 2：由于能量较强波的自生作用将产生一个与自适应效应无关的波动效应，因此在研究过程中忽略能量较强波的自适应效应，仅对能量较小波的自适应效应进行研究，因为其对能量较强波产生影响，将生成一个与能量较强波频率相同的波。

假设 3：考虑常见的两列波相互作用产生的非线性效应。

基于上述假设，可以得到控制信号波和脉动波的传播与相互作用情况的简化方程。

$$(\lambda + 2\mu)\left[k_{\mathrm{pum}}\mathrm{e}^{\mathrm{i}(k_{\mathrm{pum}}x_1-\omega_{\mathrm{pum}}t)}\frac{\mathrm{d}A_{\mathrm{pum}}}{\mathrm{d}x_1} + k_{\mathrm{sign}}\mathrm{e}^{\mathrm{i}(k_{\mathrm{sign}}x_1-\omega_{\mathrm{sign}}t)}\frac{\mathrm{d}A_{\mathrm{sign}}}{\mathrm{d}x_1}\right]$$
$$= -k_{\mathrm{pum}}k_{\mathrm{sign}}(k_{\mathrm{pum}} + k_{\mathrm{sign}})N_1A_{\mathrm{pum}}A_{\mathrm{sign}}\mathrm{e}^{\mathrm{i}[(k_{\mathrm{pum}}+k_{\mathrm{sign}})x_1-(\omega_{\mathrm{pum}}+\omega_{\mathrm{pum}})t]} -$$
$$(k_{\mathrm{sign}})^3N_1(A_{\mathrm{sign}})^2\mathrm{e}^{2\mathrm{i}(k_{\mathrm{sign}}x_1-\omega_{\mathrm{sign}}t)} \quad (5.65)$$

注意：式（5.65）所示的简化方程与相类似的表征二阶非线性介质中电磁波方程是不同的。在式（5.65）的右边是不存在含有虚部单位 i 的项，这是光学和力学领域对非线性的表示形式差异造成的，在光学领域用偏振的平方来表示非线性，而在力学领域则是用一阶导数与二阶导数的乘积对非线性进行表示。

第三步，基于简化方程可以得到演化方程组。在此处，需要提出第二组假设。

假设 1：由于预测到弱强度波对高强度波并不产生直接作用，因此，忽略弱强度波直接作用到高强度波上产生的影响。

假设 2：必须考虑高强度波对弱强度波产生的直接影响。

在这种情况下，演化方程组包含两个解耦方程，第一个方程对信号波进行描述，第二个方程描述了与第一个信号波不同的高强度波的演化。

$$\frac{\mathrm{d}A_{\mathrm{pum}}}{\mathrm{d}x_1}=\frac{N_1}{\lambda+2\mu}\frac{(k_{\mathrm{sign}})^2}{k_{\mathrm{pum}}}(A_{\mathrm{sign}})^2\mathrm{e}^{\mathrm{i}(2k_{\mathrm{sign}}-k_{\mathrm{pum}})x_1}$$

$$\frac{\mathrm{d}\bar{A}_{\mathrm{sign}}}{\mathrm{d}x_1}=-\frac{N_1}{\lambda+2\mu}k_{\mathrm{pum}}(k_{\mathrm{pum}}+k_{\mathrm{sign}})\bar{A}_{\mathrm{pum}}A_{\mathrm{sign}}\mathrm{e}^{\mathrm{i}(2k_{\mathrm{sign}}-k_{\mathrm{pum}})x_1} \tag{5.66}$$

根据式 $A_{\dots}(x_1)=\rho_{\dots}(x_1)\mathrm{e}^{\mathrm{i}\varphi_{\dots}(x_1)}$，采用幅值和相位的实部重写演变方程组（5.66）并代入式（5.65）；同时，从相位出发，将两个方程联合起来构成相位差的一个方程，由此，则可以得到用两个实数幅值 $\rho_{\mathrm{pum}}(x_1)$、$\rho_{\mathrm{sign}}(x_1)$ 和一个相位差 $\varphi(x_1)=2\varphi_{\mathrm{sign}}-\varphi_{\mathrm{pum}}+\Delta k$ 描述的三个方程构成的方程组：

$$[\rho_{\mathrm{pum}}(x_1)]'=S_{\mathrm{pum}}[\rho_{\mathrm{sign}}(x_1)]^2\cos\varphi(x_1)$$

$$[\rho_{\mathrm{sign}}(x_1)]'=-S_{\mathrm{sign}}\rho_{\mathrm{sign}}(x_1)\rho_{\mathrm{pum}}(x_1)\cos\varphi(x_1)$$

$$[\varphi(x_1)]'=\Delta k-\left\{2S_{\mathrm{sign}}\rho_{\mathrm{pum}}(x_1)-S_{\mathrm{pum}}\frac{[\rho_{\mathrm{sign}}(x_1)]^2}{\rho_{\mathrm{pum}}(x_1)}\right\}\sin\varphi(x_1) \tag{5.67}$$

式中：

$$S_{\mathrm{pum}}=\frac{N_1}{\lambda+2\mu}\frac{(k_{\mathrm{sign}})^2}{k_{\mathrm{pum}}},\ S_{\mathrm{sign}}=\frac{N_1}{\lambda+2\mu}k_{\mathrm{pum}}(k_{\mathrm{pum}}+k_{\mathrm{sign}}) \tag{5.68}$$

$$\Delta k=2k_{\mathrm{sign}}-k_{\mathrm{pum}} \tag{5.69}$$

注意：由于前面提及的在最开始对非线性方程表达上的差异，方程组（5.67）与类似的描述光波的方程组稍有不同。

下面引入两个波强量：

$$I_{\mathrm{pum}}(x_1)=|A_{\mathrm{pum}}(x_1)|^2=[\rho_{\mathrm{pum}}(x_1)]^2$$

$$I_{\mathrm{sign}}(x_1)=|A_{\mathrm{sign}}(x_1)|^2=[\rho_{\mathrm{sign}}(x_1)]^2$$

利用这些波强量，在式（5.67）的第一个方程的两边乘以 $\rho_{\mathrm{pum}}(x_1)$，第二个方程的两边乘以 $\rho_{\mathrm{sign}}(x_1)$，可以推导得到 Manley-Rowe 关系式：

$$\frac{[\rho_{\mathrm{pum}}(x_1)]'\rho_{\mathrm{pum}}(x_1)}{S_{\mathrm{pum}}}=[\rho_{\mathrm{sign}}(x_1)]^2\rho_{\mathrm{pum}}(x_1)\cos\varphi(x_1)-$$

$$\frac{[\rho_{\mathrm{sign}}(x_1)]'\rho_{\mathrm{sign}}(x_1)}{S_{\mathrm{sign}}}=[\rho_{\mathrm{sign}}(x_1)]^2\rho_{\mathrm{pum}}(x_1)\cos\varphi(x_1)$$

$$\rightarrow\frac{[\rho_{\mathrm{pum}}(x_1)]'\rho_{\mathrm{pum}}(x_1)}{S_{\mathrm{pum}}}+\frac{[\rho_{\mathrm{sign}}(x_1)]'\rho_{\mathrm{sign}}(x_1)}{S_{\mathrm{sign}}}=0\rightarrow\frac{I_{\mathrm{pum}}(x_1)}{S_{\mathrm{pum}}}+\frac{I_{\mathrm{sign}}(x_1)}{S_{\mathrm{sign}}}=F \tag{5.70}$$

式（5.70）就是 Manley-Rowe 关系式，其本质上是方程组（5.57）的一阶积分。其中 F 可以为任意常数，在光学和力学领域中有不同的物理意义，与波的能量传递相关。

对方程组（5.57）的第三个方程式进行变换，并基于方程组（5.57）的前两个方程可得到系数 S_{pum} 和 S_{sign} 为

$$S_{\text{pum}} = \frac{[\rho_{\text{pum}}(x_1)]'}{[\rho_{\text{sign}}(x_1)]^2\cos\varphi(x_1)},\ S_{\text{sign}} = -\frac{[\rho_{\text{sign}}(x_1)]'}{\rho_{\text{sign}}(x_1)\rho_{\text{pum}}(x)\cos\varphi(x_1)}$$

将得到的相关量代入方程组（5.57）的第三个方程并进行简化，则其可表达成如下形式：

$$[\varphi(x_1)]' = \Delta k - \frac{\sin\varphi(x_1)}{\cos\varphi(x_1)}\{\ln[\rho_{\text{sign}}(x_1)^2\rho_{\text{pum}}(x_1)]\}' \tag{5.71}$$

为了进一步简化，我们将强度归一化并引入新变量 $\xi = \sqrt{S_{\text{sign}}F}x_1$：

$$\widehat{I}_{\text{pum}}(x_1) = \frac{I_{\text{pum}}(x_1)}{S_{\text{pum}}F} = \frac{[\rho_{\text{sign}}(x_1)]^2}{S_{\text{pum}}F},\ \widehat{I}_{\text{sign}}(x_1) = \frac{I_{\text{sign}}(x_1)}{S_{\text{sign}}F} = \frac{[\rho_{\text{sign}}(x_1)]^2}{S_S F}$$

至此，方程组中的所有方程都可以采用简单形式表示。首先，Manley-Rowe 关系的简单形式为

$$\widehat{I}_{\text{pum}}(\xi) + \widehat{I}_{\text{sign}}(\xi) = 1 \tag{5.72}$$

演化方程组也可以简化表示为

$$\left(\sqrt{\widehat{I}_{\text{pum}}(\xi)}\right)'_{\xi} = -\widehat{I}_{\text{sign}}(\xi)\cos\varphi(\xi) \tag{5.73}$$

$$\left(\sqrt{\widehat{I}_{\text{sign}}(\xi)}\right)'_{\xi} = \sqrt{\widehat{I}_{\text{pum}}(\xi)\,\widehat{I}_{\text{sign}}(\xi)}\cos\varphi(\xi) \tag{5.74}$$

$$[\Delta(\xi)]'_{\xi} = \Delta\widehat{k} - \tan\varphi(\xi)\left[\ln\left(\widehat{I}_{\text{sign}}(\xi)\sqrt{\widehat{I}_{\text{pum}}(\xi)}\right)\right]'_{\xi}\ (\Delta k = \sqrt{S_{\text{sign}}F}\Delta\widehat{k}) \tag{5.75}$$

在接下来的分析中，对式（5.73）~式（5.75）构成的方程组的求解都是建立在考虑到已经得到一阶积分式（5.72）的基础上进行的。可以分两种情况进行更进一步的分析：情况 1，波数的不匹配，存在小误差 Δk；情况 2，波数相匹配（$\Delta k = 0$）。对自适应现象分析而言，匹配误差比较大的情况是没什么研究意义的。

以式（5.75）开始探讨第二种情况。式（5.75）具有这样的结构：如果两个波的波数完全匹配，则对其积分将非常简单，对其唯一的要求就是其表达式必须具有如下形式：

$$\frac{\cos\varphi(\xi)}{\sin\varphi(\xi)}[\varphi(\xi)]'_{\xi} = -\left\{\ln\left[\widehat{I}_{\text{sign}}(\xi)\sqrt{\widehat{I}_{\text{pum}}(\xi)}\right]\right\}'_{\xi}$$

$$\to [\ln\sin\varphi(\xi)]'_{\xi} = -\left\{\ln\left[\widehat{I}_{\text{sign}}(\xi)\sqrt{\widehat{I}_{\text{pum}}(\xi)}\right]\right\}'_{\xi}$$

$$\to \left\{\ln\left[\widehat{I}_{\text{sign}}(\xi)\sqrt{\widehat{I}_{\text{pum}}(\xi)}\right]\sin\varphi(\xi)\right\}'_{\xi} = 0$$

由此，积分变为

$$\widehat{I}_{\text{sign}}(\xi)\sqrt{\widehat{I}_{\text{pum}}(\xi)}\sin\varphi(\xi) = G$$

$$\widehat{I}_{\text{sign}}(\xi)\sqrt{\widehat{I}_{\text{pum}}(\xi)}\sin\varphi(\xi) = G = \widehat{I}_{\text{sign}}(\xi)\sqrt{\widehat{I}_{\text{pum}}(\xi)}\sin\varphi(\xi) = G \tag{5.76}$$

表达式（5.76）中的参数 G 为任意常数，该式可以看作演变方程组除了式（5.72）之外的另一个积分。因此，对于含有三个未知函数的方程组系统，在其中的两个积分已知的情况下，找到其中的唯一的函数是很有必要的。

为此，我们需要考虑在演变方程式（5.73）和式（5.74）中提及的积分，事实上，仅有式（5.74）是必须的，将该方程变形如下：

$$\left[\sqrt{\widehat{I}_{\text{sign}}(\xi)}\right]'_{\xi} = \sqrt{\widehat{I}_{\text{pum}}(\xi)\widehat{I}_{\text{sign}}(\xi)}\cos\varphi(\xi)$$

$$\to \sqrt{\widehat{I}_{\text{sign}}(\xi)}\left[\sqrt{\widehat{I}_{\text{sign}}(\xi)}\right]'_{\xi} = \sqrt{\widehat{I}_{\text{pum}}(\xi)\widehat{I}^{2}_{\text{sign}}(\xi)}\cos\varphi(\xi)$$

$$\to \frac{1}{2}[\widehat{I}_{\text{sign}}(\xi)]'_{\xi} = \sqrt{\widehat{I}_{\text{pum}}(\xi)\widehat{I}^{2}_{\text{sign}}(\xi)}\cos\varphi(\xi)$$

$$\to \frac{1}{4}\{[\widehat{I}_{\text{sign}}(\xi)]'_{\xi}\}^{2} = \widehat{I}_{\text{pum}}(\xi)\widehat{I}^{2}_{\text{sign}}(\xi)[1-\sin^{2}\varphi(\xi)]$$

$$\to \frac{1}{4}\{[\widehat{I}_{\text{sign}}(\xi)]'_{\xi}\}^{2} = \widehat{I}_{\text{pum}}(\xi)\widehat{I}^{2}_{\text{sign}}(\xi) - G^{2}$$

$$\to [\widehat{I}_{\text{sign}}(\xi)]'_{\xi} = \pm 2\sqrt{\widehat{I}_{\text{pum}}(\xi)\widehat{I}^{2}_{\text{sign}}(\xi) - G^{2}}$$

$$\to [\widehat{I}_{\text{sign}}(\xi)]'_{\xi} = \pm 2\sqrt{[1-\widehat{I}_{\text{sign}}(\xi)]\widehat{I}^{2}_{\text{sign}}(\xi) - G^{2}} \tag{5.77}$$

基于此，可得到信号波强度未知的一阶常微分方程，方程中的 ± 符号与初始方程中的函数 $\cos\varphi(\xi)$ 定义的符号保持一致。

式（5.77）是一个简单的变量分离的微分方程，其解可以表示如下：

$$\xi = \pm\frac{1}{2}\int_{\widehat{I}_{\text{sign}}(0)}^{\widehat{I}_{\text{sign}}(\xi)} \frac{\mathrm{d}\widehat{I}_{\text{sign}}}{\sqrt{\widehat{I}_{\text{sign}}(1-\widehat{I}^{2}_{\text{sign}})^{2} - G^{2}}} \tag{5.78}$$

需要注意的是：通过解三次方程 $\widehat{I}_{\text{sign}}(1-\widehat{I}^2_{\text{sign}})^2-G^2=0$，可以得到式（5.78）更有吸引力的解表达式。方程的三个根均为归一化强度，因此，其根均为取值范围为［0；1］的真分数。

考虑最简单的 $G=0$ 的情况，该情况存在三个变形。

变形1：能量较强波的初始强度为零，$\widehat{I}_{\text{pum}}(0)=0$。

变形2：信号波的初始强度为零，$\widehat{I}_{\text{sign}}(0)=0$。

变形3：相位相匹配，两列波的初始相位差为零，$2\varphi_{\text{sign}}(0)-\varphi_{\text{pum}}(0)=0$。从方程 $\widehat{I}_{\text{sign}}(1-\widehat{I}^2_{\text{sign}})^2-G^2=0$ 根的角度，相位相匹配也就意味着前文所述的三次方程简化为 $\widehat{I}_{\text{sign}}(1-\widehat{I}^2_{\text{sign}})^2=0$，且其根为 $\widehat{I}_{\text{sign}(3)}=\widehat{I}_{\text{sign}(2)}=1$，$\widehat{I}_{\text{sign}(1)}=0$。

在 $G=0$ 的情况下，可以采用初等函数计算椭圆积分式（5.78）的值：

$$\begin{aligned}\xi &= \pm\frac{1}{2}\int_{\widehat{I}_{\text{sign}(0)}}^{\widehat{I}_{\text{sign}(\xi)}}\frac{\mathrm{d}\widehat{I}_{\text{sign}}}{\sqrt{\widehat{I}_{\text{sign}}(1-\widehat{I}^2_{\text{sign}})^2-G^2}}=\int_{\widehat{I}_{\text{sign}(0)}}^{\widehat{I}_{\text{sign}(\xi)}}\frac{\mathrm{d}\sqrt{\widehat{I}_{\text{sign}}}}{1-\left(\sqrt{\widehat{I}_{\text{sign}}}\right)^2}\\ &= \operatorname{Arth}\sqrt{\widehat{I}_{\text{sign}}(\xi)}\,\Big|_{\widehat{I}_{\text{sign}(0)}}^{\widehat{I}_{\text{sign}(\xi)}}\rightarrow\xi-\xi_o=\operatorname{Arth}\sqrt{\widehat{I}_{\text{sign}}(\xi)}\\ &= \left[\xi_o\operatorname{Arth}\sqrt{\widehat{I}_{\text{sign}}(0)}\right]=\rightarrow\sqrt{\widehat{I}_{\text{sign}}(\xi)}=\operatorname{th}(\xi+\xi_o)\end{aligned}\tag{5.79}$$

利用式（5.79）的解可以根据 Manley-Rowe 关系式（5.72）得到振动波强度：

$$\sqrt{\widehat{I}_{\text{pum}}(\xi)}=\operatorname{csh}(\xi+\xi_o)\tag{5.80}$$

需要注意的是：解（5.79）和解（5.80）与归一化在［-1，1］区间内的双曲函数描述的波强度假设相对应（正切函数相对于坐标原点反对称，且 th0=0；正割函数关于纵轴对称，且 sch0=0）。

同时还需要注意：如果信号波的初始强度为零（信号波的初始幅值为零），则任意常数 ξ_o 也为零，在此情况下，振动波初始强度随时间的增加而逐渐递减，而信号波强度在持续增加直到所有的强度较大波的能量转变进入信号波。

再来考虑 $G\neq 0$ 且根 $\widehat{I}_{\text{sign}(3)}\geqslant\widehat{I}_{\text{sign}(2)}\geqslant\widehat{I}_{\text{sign}(1)}$ 的情况，引入函数 $z^2(\xi)=\dfrac{\widehat{I}_{\text{sign}}(\xi)-\widehat{I}_{\text{sign}}(1)}{\widehat{I}_{\text{sign}}(2)-\widehat{I}_{\text{sign}}(1)}$，定义 $\theta=\dfrac{\widehat{I}_{\text{sign}}(2)-\widehat{I}_{\text{sign}}(1)}{\widehat{I}_{\text{sign}}(3)-\widehat{I}_{\text{sign}}(1)}\leqslant 1$。

用第三类椭圆积分则式（5.78）表示如下：

$$\xi = \pm \frac{1}{\sqrt{\widehat{I}_{\text{sign}(3)} - \widehat{I}_{\text{sign}(2)}}} \int_{z(0)}^{z(\xi)} \frac{\mathrm{d}z}{\sqrt{(1 - z^2)(1 - \theta^2 z^2)}} \tag{5.81}$$

在此情况下，前面引入的函数 $z(\xi)$ 具有雅可比椭圆函数形式

$$z(\xi) = \mathrm{sn}^2\left[\sqrt{\widehat{I}_{\text{sign}(3)} - \widehat{I}_{\text{sign}(1)}}(\xi - \xi_o), \theta\right]$$

或者

$$\widehat{I}_{\text{sign}}(\xi) = \widehat{I}_{\text{sign}(1)} + (\widehat{I}_{\text{sign}(2)} - \widehat{I}_{\text{sign}(1)})\mathrm{sn}^2\left[\sqrt{\widehat{I}_{\text{sign}(3)} - \widehat{I}_{\text{sign}(1)}}(\xi - \xi_o), \theta\right] \tag{5.82}$$

则根据 Manley-Rowe 关系式（5.72），振动波强度可由下式确定：

$$\widehat{I}_{\text{pum}}(\xi) = 1 - \widehat{I}_{\text{sign}}(\xi) \tag{5.83}$$

式（5.83）是两波相互作用问题求得解析解的分析过程。

现在返回波的自适应现象，并以描述信号波频率等于脉动波频率两倍的表达关系式（5.64）开始，亦 $\omega_{\text{sign}} = 2\omega$，$\omega_{\text{pum}} = \omega$，则有 $k_{\text{sign}} = 2v_{\text{ph}}\omega$，$k_{\text{pum}} = v_{\text{ph}}\omega$，$v_{\text{ph}} = \sqrt{(\lambda + 2\mu)/\rho}$（经典线性弹性平面纵波的相速度）。

前面假设振动波为能量较大的波，而信号波为能量较小的波，并且这两种波被指定入射到非线性弹性介质中。前文分析的目的之一是确定波入射进介质，并传播一定距离 l 后从介质中传出时的强度和相位差异。

在分析过程中同样必须注意：在波数不匹配度为零的情况下，相位的差异可以表示为 $\varphi(\xi) = 2\varphi_{\text{sign}}(\xi) - \varphi_{\text{pum}}(\xi)$。基于前面已经得到的解（5.79）和解（5.80），波强度和相位差可以计算如下：

$$\begin{aligned}
&\widehat{I}_{\text{sign}}(\xi_l) = \widehat{I}_{\text{sign}(1)} + \\
&\qquad (\widehat{I}_{\text{sign}(2)} - \widehat{I}_{\text{sign}(1)})\mathrm{sn}^2\left[\sqrt{\widehat{I}_{\text{sign}(3)} - \widehat{I}_{\text{sign}(1)}}(\xi_l - \xi_o), \theta\right] \\
&\widehat{I}_{\text{pum}}(\xi_l) = 1 - \widehat{I}_{\text{sign}}(\xi_l) \\
&\xi_l = l\sqrt{S_{\text{sign}}F} \\
&\varphi(\xi_l) = \arcsin \frac{G}{\widehat{I}_{\text{sign}}(\xi_l)\sqrt{\widehat{I}_{\text{pum}}(\xi_l)}}
\end{aligned} \tag{5.84}$$

在下面两种条件都满足的情况下，将会发生自适应现象：

$$\theta = \frac{\widehat{I}_{\text{sign}}(2) - \widehat{I}_{\text{sign}}(1)}{\widehat{I}_{\text{sign}}(3) - \widehat{I}_{\text{sign}}(1)} \approx 1, \ \mathrm{e}^{\sqrt{\widehat{I}_{\text{sign}(3)} - \widehat{I}_{\text{sign}(1)}}(\xi_l - \xi_o)} \gg 1 \tag{5.85}$$

考虑假定脉动波为能量较大的波，将信号波为能量较小的波，条件式（5.85）可以具体表示成 $\widehat{I}_{\text{pum}}(0) \approx 1$，$\widehat{I}_{\text{sign}}(0) \ll 1$，且 $G^2 \approx \widehat{I}_{\text{sign}}(0) \cdot \sin^2\varphi(0)$。

进一步探讨前面所述的相位不匹配度很小的三次方程 $\widehat{I}_{\text{sign}}(1 - \widehat{I}^2_{\text{sign}})^2 - G^2 = 0$，该方程的根可以近似表示如下：

$$
\begin{aligned}
&\widehat{I}_{\text{sign}(1)} \approx [\widehat{I}_{\text{sign}}(0)]\sin^2\varphi(0) \\
&\widehat{I}_{\text{sign}(2,3)} \approx 1 \mp \sqrt{\widehat{I}_{\text{sign}}(0)}\sin\varphi(0)
\end{aligned}
\tag{5.86}
$$

验证式（5.85）的两个条件：

$$
\theta = \frac{\widehat{I}_{\text{sign}}(2) - \widehat{I}_{\text{sign}}(1)}{\widehat{I}_{\text{sign}}(3) - \widehat{I}_{\text{sign}}(1)} = \frac{1 - \sqrt{\widehat{I}_{\text{sign}}(0)}\sin\varphi(0) - \widehat{I}_{\text{sign}}(0)\sin^2\varphi(0)}{1 + \sqrt{\widehat{I}_{\text{sign}}(0)}\sin\varphi(0) - \widehat{I}_{\text{sign}}(0)\sin^2\varphi(0)}
$$

$$
\sqrt{\widehat{I}_{\text{sign}(3)} - \widehat{I}_{\text{sign}(1)}}(\xi_l - \xi_o) \approx \xi_l \tag{5.87}
$$

显然，条件一得到满足，条件二被 $e^{\xi_l} \gg 1$ 所代替（例如，在 $\xi_l \geqslant 4$ 时，该表达式即可有效进行替换）。为了表示从介质中传出的信号波强，在光学领域提出了一个非常有用的近似公式，该公式在弹性波领域可以变形如下：

$$
\widehat{I}_{\text{sign}}(\xi_l) \approx \left(\frac{1-U}{1+U}\right)^2, U = 4\widehat{I}_{\text{sign}}(0)\sin^2\varphi(0)e^{2\xi_l} \tag{5.88}
$$

有两种有趣的情况：情况1为信号波初始强度为零 [$\widehat{I}_{\text{sign}}(0) = 0$]，从式（5.86）中可以得到 $\widehat{I}_{\text{sign}}(\xi_l) = 1 = \widehat{I}_{\text{pum}}(0)$。在这种情况下，振动波的所有能量都传递给了信号波。研究中观测到：在入射点给定进入介质中的入射波的情况下，入射到介质中的一阶波将在传出介质时转变为另一种二阶波，亦即波将从一阶谐波转变为二阶谐波。情况 2 为信号波的强度很小，但不为零的情况，假定功率较强波的能量仅有很小一部分转变为信号波能量，从介质中传出的归一化信号波强度可以计算如下：

$$
\begin{aligned}
&\widehat{I}_{\text{sign}}(\xi_l) \approx \left(\frac{1-U}{1+U}\right)^2 \ll 1, U = 4\widehat{I}_{\text{sign}}(0)\sin^2\varphi(0)e^{2\xi_l} \approx 1 \\
&\rightarrow \widehat{I}_{\text{sign}}(\xi_l) \approx \frac{64\widehat{I}_{\text{sign}}(0)}{\sin^2\varphi(0)}e^{-2\xi_l} \ll 1[\sin\varphi(0) \approx 1]
\end{aligned}
\tag{5.89}
$$

在此条件下，可以观测到另外一种情况：当入射的信号波强度很小时，入射进介质中的强度较大，波在传出介质时基本不发生变化，因此，在接收点，

可以检测到频率为 ω 的振动波和一个弱的信号波。当信号波的强度为零时，在接收点处检测到的信号波的频率固定为 2ω，这也就是波的自适应现象。

5.2 三阶非线性弹性平面纵波

5.2.1 基本非线性波动方程

接下来的分析中基于子势能表达式（3.55）提出一套理论，该理论同时包含与位移梯度相关的二阶、三阶和四阶非线性项：

$$\begin{aligned} W = &(1/2)\lambda(u_{1,1})^2 + \mu[(u_{1,1})^2 + (1/2)(u_{2,1})^2 + (1/2)(u_{3,1})^2] + \\ &[\mu + (1/4)A]u_{1,1}[(u_{1,1})^2 + (u_{2,1})^2 + (u_{3,1})^2] + \\ &(1/2)(\lambda + B)u_{1,1}[(u_{1,1})^2 + (u_{2,1})^2 + (u_{3,1})^2] + \\ &(1/12)A(u_{1,1})^3 + (1/2)B(u_{1,1})^3 + (1/3)C(u_{1,1})^3 \\ = &(1/2)\{(\lambda + 2\mu)(u_{1,1})^2 + \mu[(u_{2,1})^2 + (u_{3,1})^2]\} + \\ &[\mu + (1/2)\lambda + (1/3)A + B + (1/3)C](u_{1,1})^3 + \\ &(1/2)(\lambda + 2\mu)u_{1,1}[(u_{2,1})^2 + (u_{3,1})^2] + \\ &(1/8)(\lambda + 2\mu + A + 2B)[(u_{1,1})^2 + (u_{2,1})^2 + (u_{3,1})^2]^2 + \\ &1/8(3A + 10B + 4C)(u_{1,1})^2\{(u_{1,1})^2 + [(u_{1,1})^2 + \\ &(u_{2,1})^2 + (u_{3,1})^2]\}, \\ u_k = &u_k(x_1, t) \end{aligned} \tag{5.90}$$

为构建与三阶非线性弹性平面纵波相对应的非线性方程组，首先非对称的基尔霍夫（Kirchhoff）应力张量表示如下：

$$\begin{aligned} t_{11} = &(\lambda + 2\mu)u_{1,1} + \frac{3}{2}[\lambda + 2\mu + 2(A + 3B + C)](u_{1,1})^2 + \\ &\frac{1}{2}\left(\lambda + 2\mu + \frac{1}{2}A + B\right)[(u_{2,1})^2 + (u_{3,1})^2] + \frac{1}{2}[\lambda + 2\mu + \\ &4(A + 3B + C)](u_{1,1})^3 + \frac{1}{4}[2(\lambda + 2\mu) + 5A + 14B + \\ &4C]u_{1,1}[(u_{2,1})^2 + (u_{3,1})^2] \end{aligned} \tag{5.91}$$

$$\begin{aligned} t_{12} = &\mu u_{2,1} + \frac{1}{2}\left(\lambda + 2\mu + \frac{1}{2}A + B\right)u_{1,1}u_{2,1} + \\ &\frac{1}{2}(\lambda + 2\mu + A + 2B)(u_{2,1})^3 + \frac{1}{4}[2(\lambda + 2\mu) + \\ &5A + 14B + 4C]u_{2,1}(u_{1,1})^2 + \frac{1}{2}(3A + 10B + 4C)u_{2,1}(u_{3,1})^2 \end{aligned} \tag{5.92}$$

$$t_{13} = \mu u_{3,1} + \frac{1}{2}\left(\lambda + 2\mu + \frac{1}{2}A + B\right)u_{1,1}u_{3,1} + \frac{1}{2}(\lambda + 2\mu + A + 2B)(u_{3,1})^3 + \frac{1}{4}[2(\lambda + 2\mu) + 5A + 14B + 4C]u_{3,1}(u_{1,1})^2 + \frac{1}{2}(3A + 10B + 4C)u_{3,1}(u_{2,1})^2 \tag{5.93}$$

将式（5.91）~式（5.93）代入运动方程 $t_{1k,1} = \rho u_{k,tt}$，则可以得到与之相对应的包含二阶和三阶非线性项的波动方程：

$$\rho u_{1,tt} - (\lambda + 2\mu)u_{1,11} = N_1 u_{1,11}u_{1,1} + N_2(u_{2,11}u_{2,1} + u_{3,11}u_{3,1}) + N_3 u_{1,11}(u_{1,1})^2 + N_4(u_{2,11}u_{2,1}u_{1,1} + u_{3,11}u_{3,1}u_{1,1}) \tag{5.94}$$

$$\rho u_{2,tt} - \mu u_{2,11} = N_2(u_{2,11}u_{1,1} + u_{1,11}u_{2,1}) + N_4 u_{2,11}(u_{2,1})^2 + N_5 u_{2,11}(u_{1,1})^2 + N_6 u_{2,11}(u_{3,1})^2 \tag{5.95}$$

$$\rho u_{3,tt} - \mu u_{3,11} = N_2(u_{3,11}u_{1,1} + u_{1,11}u_{3,1}) + N_4 u_{3,11}(u_{3,1})^2 + N_5 u_{3,11}(u_{1,1})^2 + N_6 u_{3,11}(u_{2,1})^2 \tag{5.96}$$

$$N_1 = 3[(\lambda + 2\mu) + 2(A + 3B + C)],\ N_2 = \lambda + 2\mu + \frac{1}{2}A + B$$

$$N_3 = \frac{3}{2}(\lambda + 2\mu) + 6(A + 3B + C),\ N_4 = \frac{1}{2}[2(\lambda + 2\mu) + 5A + 14B + 4C]$$

$$N_5 = \frac{3}{2}(\lambda + 2\mu + A + 2B),\ N_6 = 3A + 10B + 4C$$

在非线性弹性波相互作用分析中，与只包含二阶非线性的式（5.7）~式（5.9）构成的方程组相比，式（5.94）~式（5.96）构成的方程组至少存在 7 种新的可能性。

可能性 1：如前所述，只包含二阶非线性项的弹性波相互作用分析的第一类标准问题，实际上是在初始条件下仅第二个波被激励产生二阶平面简谐纵波的情况。在忽略三阶项和横波的情况下可表示成式（5.7）。因为纵波波动方程（5.94）中增加的二阶非线性项（$N_1 u_{1,11} u_{1,1}$）是初始激励的一阶谐波生成二阶谐波的结果，所以可以很容易地预测得到式（5.94）中的三阶非线性加数项也必然会导致三阶谐波产生。这种生成三阶谐波的情况，在对纵波进行解析分析和计算机分析（所有的物理常数已知）的过程中是可能发生的。

可能性 2：为可能性 1 中必然存在的特殊情况。单独分析初始纵波（在时域和空间域）演变为二阶和三阶谐波的过程，并对比单独虚拟分析结果，但最后还是需要将两种分析的结果进行综合考虑。

可能性 3：横波传播方程（5.95）和方程（5.96）中出现的项 $N_4u_{2,11}(u_{2,1})^2$ 和 $N_4u_{3,11}(u_{3,1})^2$ 表明在子势能理论中，一个简谐横波可以生成其自身的三阶简谐波。此处需要注意的是（在前述的二阶表达式中被加数被忽略），初始的一阶简谐横波仅能产生简谐横波，因此，第二类标准问题就与横波没有关系，但是随着对三阶非线性波的深入介绍，该问题具有了新的意义。

可能性 4：式（5.95）和式（5.96）中出现的与 N_6 相关的项是在 SH 波被激励的情况下，随着 SV 波出现的新调制波的必然结果，反之亦然，二阶非线性表达式不能对该现象进行表示，因此，需要一种新的可能性对 SV 波和 SH 波的相互作用情况进行分析。

可能性 5：在使用子势能理论框架的分析中，出现了一个新的问题——第四类标准问题。当初始激励某类型的横波（如，垂直横波）会产生其他横波（如水平横波），因此，第四类标准问题使描述能量从一个横波传递到另一个横波的能量阶跃效应成为可能。

接下来的两种可能性与慢变幅值方法相对应。在此情况下，我们需要将前文所述的方法应用到式（5.94）~式（5.96）中，此时存在许多可能性，下面仅对其中两种方法进行概述。值得注意的是，当基于式（5.94）~式（5.96），我们仅能得到并分析三阶非线性项的简化和演化方程。

可能性 6：利用演化方程使得研究四个波的相互作用（或波的四重问题）成为可能。对于选择的四种弹性波，需要考虑与参数放大问题相类似的包含“两个振动波 + 一个信号波 + 一个自由波”在内的多种不同可能性。

可能性 7：基于包含三阶非线性的演变方程开始分析自适应现象（前面二阶非线性弹性波中已经探讨）。在分析框架体系中，可以对弹性波的频率转变到三倍自身频率或者三倍自身频率转换到单倍频率的频率转换机理进行表示。

前面提及的 7 种可能性被认为是构造模型进一步分析的特殊情况，每一种可能性都可以被看作一种新波动效应预测理论。

在对给定的子模型分析中，存在多种可能性，本章的后续部分将对前两种可能性中的内容进行分析。

5.2.2 基于三次非线性弹性平面简谐纵波产生的新谐波（第一类标准问题）

在初始仅激励出弹性平面简谐纵波，而无弹性平面简谐横波激励的情况下对标准化问题进行了阐述。其初始波动方程为式（5.94）省略掉含有横波位移项：

$$\rho u_{1,tt} - (\lambda + 2\mu) u_{1,11} = N_1 u_{1,11} u_{1,1} + N_3 u_{1,11} (u_{1,1})^2 \tag{5.97}$$

其一阶近似表现为线性，可表示如下：

$$u_1^{(1)}(x,t) = u_{1o}\cos(k_1^{(1)} x - \omega t),$$
$$u_2^{(1)}(x,t) = u_3^{(1)}(x,t) = 0 \tag{5.98}$$

亦即经典的线性弹性平面简谐纵波在传播。

接下来阐述的所有近似情况都是针对线弹性平面简谐纵波的。

推导其二阶近似表达方程式为

$$\rho u_{1,tt}^{(2)} - (\lambda + 2\mu) u_{1,11}^{(2)} = N_1 u_{1,11}^{(1)} u_{1,1}^{(1)} + N_3 u_{1,11}^{(1)} (u_{1,1}^{(1)})^2$$

或者

$$\rho u_{1,tt}^{(2)} - (\lambda + 2\mu) u_{1,11}^{(2)} = N_1 (u_{1o})^2 (k_1^{(1)})^3 \cos(k_1^{(1)} x - \omega t)\sin(k_1^{(1)} x - \omega t) + N_3 (u_{1o})^3 (k_1^*)^3 \cos(k_1^* x - \omega t)[\sin(k_1^* x - \omega t)]^2$$

或者

$$\rho u_{1,tt}^{**} - (\lambda + 2\mu) u_{1,11}^{**} = \frac{1}{2} N_1 (u_{1o})^2 (k_1^*)^3 \sin 2(k_1^* x - \omega t) + \frac{1}{4} N_3 (u_{1o})^3 (k_1^*)^4 [\cos(k_1^* x - \omega t) - \cos 3(k_1^* x - \omega t)] \tag{5.99}$$

其解为拟合表达式：

$$u_1^{(2)}(x_1,t) = \frac{1}{8} x_1 \left(\frac{N_1}{\lambda + 2\mu}\right) (u_{1o})^2 (k_1^{(1)})^2 \cos 2(k_1^{(1)} x_1 - \omega t) - \frac{1}{8} x_1 \left(\frac{N_3}{\lambda + 2\mu}\right) (u_{1o})^3 (k_1^{(1)})^3 \sin(k_1^{(1)} x_1 - \omega t) + \frac{1}{24} x_1 \left(\frac{N_3}{\lambda + 2\mu}\right) (u_{1o})^3 (k_1^{(1)})^3 \sin 3(k_1^{(1)} x_1 - \omega t) \tag{5.100}$$

在平面简谐纵波激励情况下，式（5.94）中的二阶和三阶非线性被加项修正值可以用来对式（5.94）的前三阶谐波进行表征。三阶谐波幅值与其传播距离成正比，其相关特性也可用这次参数完全表征。以上结论表明：首先，上述的前三阶谐波将导致初始谐波发生畸变，针对三阶谐波的分析表明，通过对二阶谐波的幅值 A_2 和三阶谐波的幅值 A_3 的对比，可以得到 $A_3 = \frac{9}{4} u_{1o} k_1^* A_2$ 。

对于与小位移 $u_{1o} \approx 1 \times 10^{-4}$m 对应的初始幅值，仅在兆赫兹范围内，其二阶和三阶谐波的幅值是可以检测的。在小频率情况下，三阶谐波振幅的值变得更小，三阶谐波也很难被观察到。

5.2.3 三阶谐波演变进程对弹性平面纵波波形的影响

如果仅考虑三阶非线性，波动方程可用二阶近似表示为

$$\rho u_{1,tt}^{(2)} - (\lambda + 2\mu) u_{1,11}^{(2)} = N_3 u_{1,11}^{(1)} (u_{1,1}^{(1)})^2 \tag{5.101}$$

其对应的解为

$$\begin{aligned} u_1(x_1,t) = & u_{1o}\cos(k_1^{(1)}x - \omega t) + \\ & \frac{1}{8}x_1\left(\frac{N_3}{\lambda + 2\mu}\right)(u_{1o})^3(k_1^{(1)})^3\sin(k_1^{(1)}x_1 - \omega t) - \\ & \frac{1}{24}x_1\left(\frac{N_3}{\lambda + 2\mu}\right)(u_{1o})^3(k_1^{(1)})^3\sin3(k_1^{(1)}x_1 - t) \end{aligned} \tag{5.102}$$

图5.25～图5.31表示了三阶谐波对纵波演化的影响。需要特别声明的是：在本章前面部分所用的材料（11，41，62）被认为是具有典型特征的材料。考虑一个参数固定，另一个参数变化的条件，整个图被分为两部分，每一部分包含三组曲线。为了在恰当的距离内观测到明显的影响，与二阶非线性情况相比的本质区别是必须在提高应变幅值的同时将初始频率进一步提高。

同时还需要声明的是：基于前面提出的 Murnaghan 势约束范围，应变在从小到有限大范围内的变化都是可行的。

图5.25对演化的三个观察阶段得到的结果进行演示。同一条曲线的四个不同部分相互叠加（在水平轴下方有四行表示距离值的坐标，与横坐标对应的波传播距离在下一幅图中表示）。在此情况下，波形的演化阶段可采用如下形式进行描述。

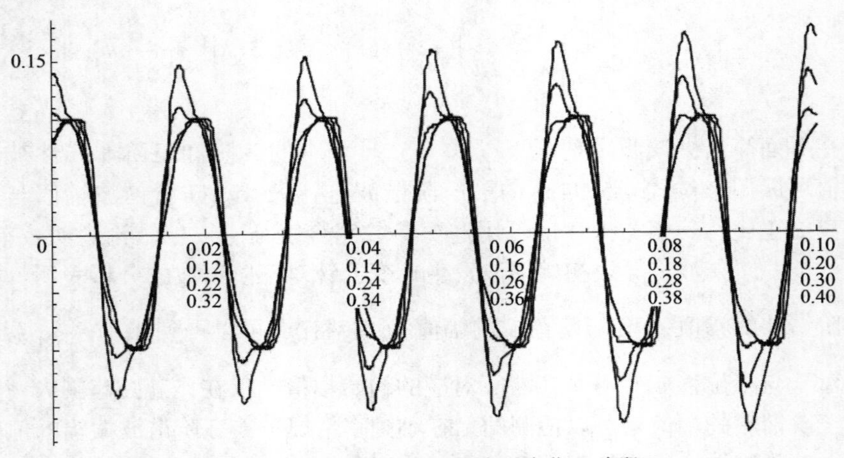

图5.25　三阶谐波引起的波形演化三阶段

阶段 1，余弦曲线顶部左边降低（或者向初始的垂直对称轴移动），而顶部右边并未发生变化，这种情况发生在约占最大幅值一半的顶部区域。

阶段 2，左边返回到与固定的右侧平齐位置，且与最初的余弦形状坐标稍微偏离。与此同时，在较高的平稳处逐渐形成两个峰值，这两个峰值与初始峰值处于同一数量级内。

阶段 3，右边峰值逐渐达到平稳变化凸起水平，接着达到初始峰值水平并保持不变。左边的峰值逐渐增长，并且其右边曲线有点儿陡峭。当幅值位于初始幅值和其半幅值之间时（在所用方法有效性的限制范围内），在所有的图片中均存在这种增长变化。

第一组曲线图（图 5. 25 ~ 图 5. 28）对应于初始幅值固定为 0. 1 mm 而频率变化的情况。图 5. 26 表示了材料 11、41 和 62 的变化曲线，在该图中仅可以观察到左侧倾向于纵轴的曲线第一个阶段。不同的材料其曲线变化也不相同——材料 11 和 62 变化非常明显，但材料 41 的变化则相反。图 5. 26 中的曲线表示频率为 100 kHz，幅值为 0. 1 mm 的情况。因为材料 11 和 62 的曲线近似，因此，在图 5. 26（a），（b）中分别对材料 41 和 62 的曲线进行了显示。第二套图片（图 5. 27 中）初始频率为 400 kHz，其中图 5. 27（b）表示材料 41 波形演化的第一个阶段，图 5. 27（a）表示材料 11 波形演化的前两个阶段，图 5. 27（c）表示材料 62 的前两阶段和开始进入第三阶段的波形。

图 5. 28 表示的是初始频率为 700 kHz 的情形，这对材料 11 和 62 而言已足够高。表示材料 62 变化的图 5. 27（b）展示了在微小距离情况下的快速演化情况。对材料 41 而言，图 5. 28 对演化较慢的情况进行了演示，其高级变化仅在传播距离较长的情况下出现，较长传播距离为较小传播距离的几百倍。

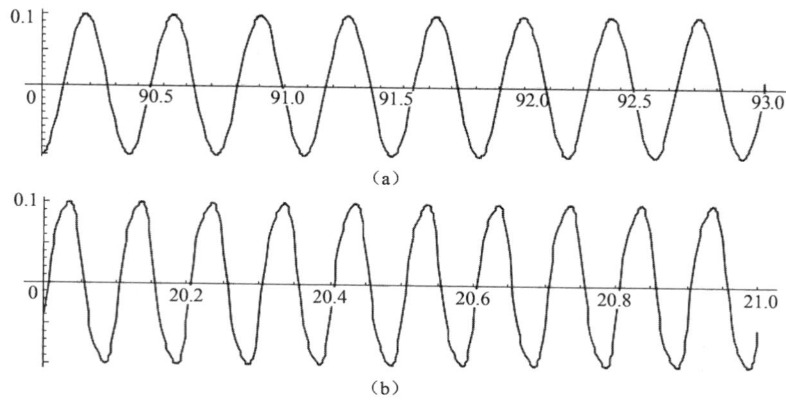

图 5. 26　在幅值固定情况下三阶谐波进程对演化影响的初始阶段

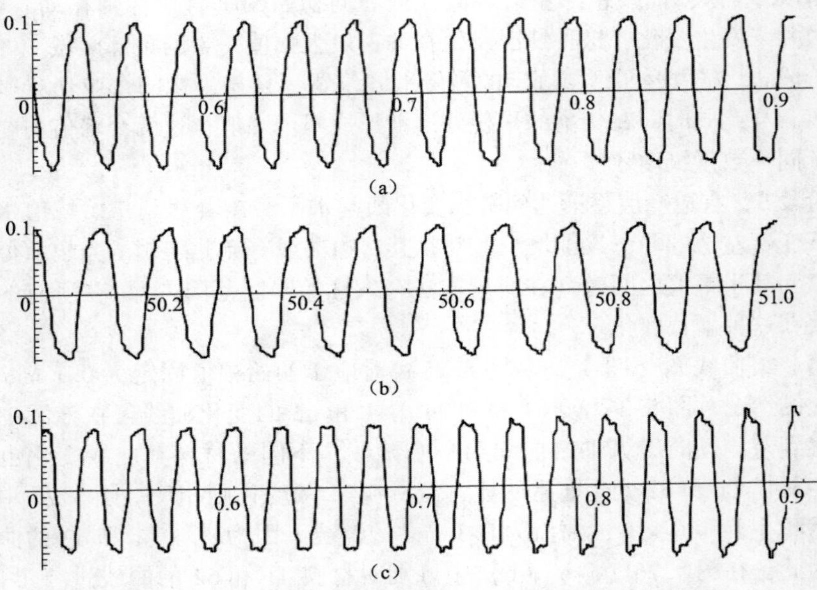

图 5.27 在幅值固定情况下三阶谐波对演化影响的中间阶段

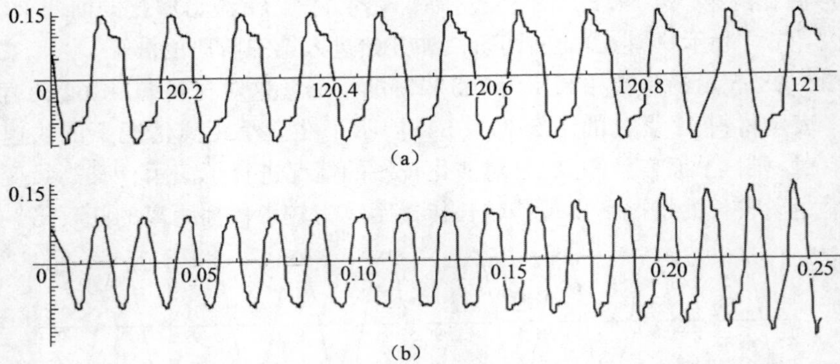

图 5.28 在幅值固定情况下三阶谐波对演化进程影响的限制阶段

第二组图片（图 5.29 ~ 图 5.31）对应于频率固定（400 kHz）初始幅值变化的情况，此组图片与本节前面部分图片相类似。

当初始幅值固定为 0.05 mm 时，图 5.29 对演化相对不足的情况进行了展示，三种材料具有三种不同的演化速度，其中，如图 5.29（b）所示，材料 62 的波形演化速度最快，其可以在 50 cm 的短距离内对前两个波形变化阶段进行清晰的演示，而材料 11 演示相同的波形变化进程需要 3.5 m［图 5.29（a）］，材料 41 则需要的距离最长，约为 250 m。

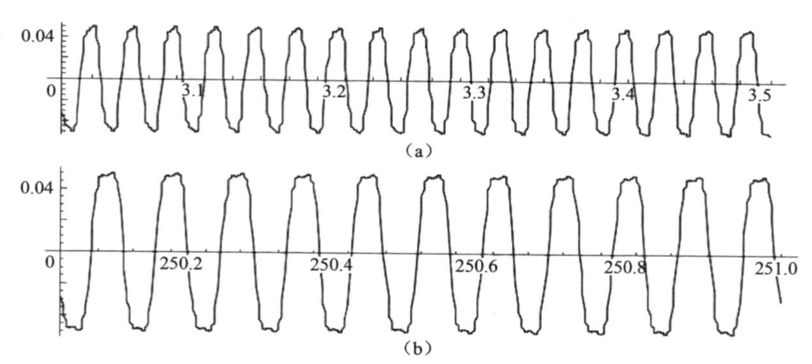

图5.29　固定初始频率条件下，三阶谐波的产生导致的演变不充分阶段

紧接着的第二个图形集合（图5.30）是初始幅值增加2倍（其值为0.1 mm）的情况。与前一个集合（图5.29）表达形式相类似，此处也对三种材料的相同演变进程进行了演示，但对不同的材料在较短的距离下其演变进程不同的情况进行了解释，在该组合中观察到的主要现象是：幅值的稳定增加促进波形的演化进程以稳定的加速度发生变化，同时在这些图形中也存在与前面所述一样的不同材料之间的固定变化。

最后一组图形（图5.31）表示的是初始幅值大于0.5 mm的情况（幅值展示如图5.30所示），此时材料11和62处于经过几个初始振动后波形发生严重畸变的极限阶段，相反地，此时材料41中波形演变的三个阶段曲线在图中得以完整清晰地展示。

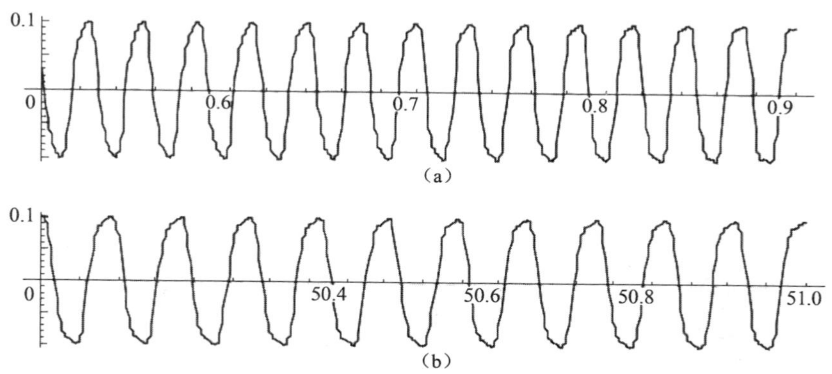

图5.30　固定初始频率条件下，三阶谐波的产生导致的演化中间阶段

在幅值增加10倍的情况下，对于材料11和62，图5.31（从0.05 mm到0.5 mm）在短距离内对演化进程中所有阶段进行了完整展示。而如图所示，材料41在此情况下波形演化进程比较缓慢。

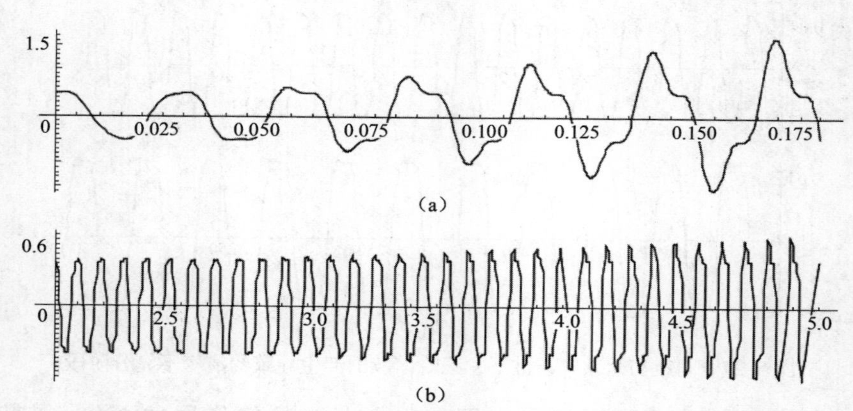

图 5.31 固定初始频率条件下，三阶谐波的产生导致的完全演化阶段

基于三阶非线性分析得到的结论 1，从根本上来讲，初始幅值对波形的影响大于频率对波形的影响，这与二阶非线性分析中得到的频率对波形演变的影响大于幅值对波形演变影响的结论恰好相反，亦即图中（图 5.25 ~ 图 5.31）波形的演化形式完全不同。

结论 2，为有效检测三阶谐波的影响，必须将初始激励条件限制为较大的初始幅值和较高的初始频率。

结论 3，该结论具有一般特征，在产生二阶谐波演化的频率和初始幅值范围内，也会产生三阶谐波，因此，在二阶谐波占主导且刚产生三阶谐波的边界区域，可同时观测到二阶谐波和三阶谐波对波形轮廓的影响。

练　习

1. 观察从式（5.1）到式（5.2）的变化，求解用式 $t_{ik} = (\partial W/\partial u_{k,i})$ 表示的应力张量分量。

2. 根据 N 阶近似仅由 $N-1$ 阶近似唯一确定的结论，思考对于式(5.15)，四阶近似是否可以不用考虑一阶和二阶近似？

3. 三阶近似式（5.24）包含奇异的非简谐系数（$-8/3$），四阶近似表达式（5.27）的第一行包含三个相似的系数，定量评估这些系数的影响，并在其他物理学领域（例如声学领域）寻找类似的解。

4. 非线性振动理论中引入的轻特性和重特性概念，在非线性材料领域转变为轻非线性和重非线性，分别绘制非线性振动理论和非线性材料中的 $\sigma \sim \varepsilon$ 的曲线，并比较其差异。

5. 深入了解 affinor Green 函数及其验证公式（5.36）。

6. 基于表达式（5.45）计算三波连体的变体数量，并判断参与波能否改变偏振方向。

7. 推导简化方程（5.50）到演化方程（5.52）的转变过程。

8. 基于演化方程组（5.55）（参见不同科学领域中的波参考文献列表[27]）推导 Manley-Rowe 关系式（5.57）。

9. 认真阅读参考文献[27]相对应的内容，绘制式（5.79）所示的椭圆球和相位图，并讨论弹性波的分解。

10. 探讨从 5.1.5 节开始的情况 1（前几个步骤），并与情况 2 进行比较，观察问题的复杂变化程度。

11. 详细回顾分析从式（5.79）到式（5.80）的变化并绘制对应的曲线。

12. 解释自适应这一术语，事实上，弱波的适应性变化依赖于外部因素“上帝的手指”来控制弱波的产生和消失。

13. 选择本章在对三次非线性项修正过程中（参见 5.1.5 节单个方程简化假设）未述及的可能性，从理论上分析哪些新现象将会被表征。

参 考 文 献

[1] Bell, J. F.: Experimental foundations of solid mechanics. Flugge's Handbuch der Physik, Band VIa/1. Springer, Berlin (1973)

[2] Cattani, C., Rushchitsky, J. J.: Plane waves in cubically nonlinear elastic media. Int. Appl. Mech. 38 (11): 1361 - 1365 (2002)

[3] Cattani, C., Rushchitsky, J. J.: Generation of the third harmonic by the plane waves in materials with Murnaghan potential. Int. Appl. Mech. 38 (12): 1482 - 1487 (2002)

[4] Cattani, C., Rushchitsky, J. J.: Cubically Nonlinear Elastic Waves: Wave Equations and Methods of Analysis. Int. Appl. Mech. 39 (10): 1115 - 1145 (2003)

[5] Cattani, C., Rushchitsky, J. J.: Cubically nonlinear elastic waves versus quadratically ones. Int. Appl. Mech. 39 (12): 1361 - 1399 (2003)

[6] Cattani, C., Rushchitsky, J. J.: Wavelet and wave analysis as applied to materials with micro or nanostructure. World Scientific, Singapore/London (2007)

[7] Cattani, C., Rushchitsky, J. J., Sinchilo, S. V.: Cubic nonlinearity in elastic materials: theoretical prediction and computer modelling of new wave effects. Math. and Comp. Modelling in Dynamical Systems 10 (3 - 4): 331 - 352 (2004)

[8] Ingard, K. U., Pridmore-Brown, D. S.: Scattering of sound on sound. J. Acoust. Soc. Amer. 28 (4): 367 - 375 (1956)

[9] Krylov, V. V., Krasilnilov, V. A.: Vvedieniie v fizicheskuiu akustiku (Introduction to physical acoustics). Nauka, Moscow (1986)

[10] Morse, P. M., Ingard, K. U.: Theoretical Acoustics. McGraw Hill, New York, NY (1968)

[11] Rushchitsky, J. J.: Interaction of elastic waves in two-phase material. Int. Appl. Mech. 28 (5): 284-290 (1992)

[12] Rushchitsky, J. J.: The nonlinear plane waves in orthotropic body. Proc. of Acad. of Sci. of Ukraine 12: 60-62 (1993)

[13] Rushchitsky, J. J.: Interaction of compression and shear waves in composite material with non linearly elastic components in microstructure. Int. Appl. Mech. 29 (4): 267-273 (1993)

[14] Rushchitsky, J. J.: Three-wave interaction and the second harmonic generation in one- and two-phase hyperelastic media. Int. Appl. Mech. 32 (5): 512-518 (1996)

[15] Rushchitsky, J. J.: Interaction of waves in solid mixtures. App Mech Rev 52 (2): 35-74 (1999)

[16] Rushchitsky, J. J.: Self-switching of waves in materials. Int. Appl. Mech. 37 (11): 1492-1498 (2001)

[17] Rushchitsky, J. J.: Self-switching of displacement waves in elastic nonlinearly deformed materials. Comptes Rendus de l'Academie des Sciences, Serie IIb Mecanique, Tome 330 (2): 175-180 (2002)

[18] Rushchitsky, J. J.: Features of development of the theory of elastic nonlinear waves. (Matematychni metody ta fizyko-mekhanichni polia-Mathematical Methods and PhysicalMechanical Fields) 46 (3): 90-105 (2003)

[19] Rushchitsky, J. J.: Fragments of the theory of transistors: switching the plane transverse hypersound wave in nonlinearly elastic nanocomposite materials. J. of Math. Sciences (Matematychni metody ta fizyko-mekhanichni polia-Mathematical Methods and PhysicalMechanical Fields) 51 (3): 186-192 (2008)

[20] Rushchitsky, J. J.: Similarity of description of the plane wave motion in elastic composites and magnetoelastic materials. Int. Appl. Mech. 44 (12): 1352-1370 (2008)

[21] Rushchitsky, J. J.: On phenomenom of self-switching of hypersound waves in quadratically nonlinear elastic nanocomposite materials. Int. Appl. Mech. 45 (1): 73-93 (2009)

[22] Rushchitsky, J. J.: Analysis of a quadratic nonlinear hyperelastic longitudinal plane wave. Int. Appl. Mech. 45 (2): 148-158 (2009)

[23] Rushchitsky, J. J.: Certain Class of Nonlinear Hyperelastic Waves: Classical and Novel Models, Wave Equations. Wave Effects. Int. J. Appl. Math. Mech. 8 (6): 400-443 (2012)

[24] Rushchitsky, J. J., Bilyi, V. A.: On decay instability of triplets in hyperelastic two-phase

medium. Proc. of NAS of Ukraine 11: 63 – 69 (1996)

[25] Rushchitsky, J. J., Cattani, C.: On sub-harmonic resonance and the second harmonic of plane wave in nonlinearly elastic bodies. Int. Appl. Mech. 39 (1): 93 – 98 (2003)

[26] Rushchitsky, J. J., Cattani, C.: Evolution equations of interaction of plane cubically nonlinear elastic waves. Int. Appl. Mech. 40 (1): 70 – 76 (2004)

[27] Rushchitsky, J. J., Cattani, C., Sinchilo, S. V.: Comparative analysis of evolution of the elastic harmonic wave profile due to generation of the second and third harmonics. Int. Appl. Mech. 40 (2): 183 – 189 (2004)

[28] Rushchitsky, J. J., Cattani, C., Sinchilo, S. V.: Distinctions in effect of heavy and soft nonlinearities of evolution of hyperelastic nonlinear waves in fibrous nanocomposites. Proceedings of International Workshop "Waves and flows", pp. 75 – 79. Kyiv (2006)

[29] Rushchitsky, J. J., Ostrakov, I A.: Generation of new harmonics of nonlinear elastic waves in composite material. Proc. Acad. Sci. UkrSSR, Ser. A 10: 63 – 66 (1991)

[30] Rushchitsky, J. J., Ostrakov, I. A.: Distortion of plane harmonic wave propagating in two-phase material. Proc. Acad. Sci. UkrSSR, Ser. A 11: 51 – 54 (1991)

[31] Rushchitsky, J. J., Savelieva, E. V.: Evolution of harmonic wave propagating through composite material. Int. Appl. Mech. 28 (9): 860 – 865 (1992)

[32] Rushchitsky, J. J., Sinchilo, S. V., Khotenko, I. N.: On generation of the second, fourth, eighth, and next harmonics of quadratically nonlinear hyperelastic plane longitudinal wave. Int. Appl. Mech. 46 (6): 661 – 670 (2010)

[33] Rushchitsky, J. J., Tsurpal, S. I.: Khvyli v materialakh z mikrostrukturoiu (Waves in Materials with the Microstructure). SP Timoshenko Institute of Mechanics, Kiev (1998)

[34] Zarembo, L. K., Krasilnikov, V. A.: Vvedenie v nielinieinuiu akustiku (Introduction to nonlinear acoustics). Nauka, Moscow (1966)

第 6 章

弹性介质中的非线性平面纵波（John 模型、两常数模型和 Signorini 模型、三常数模型）

本章主要分析基于 John 模型和 Signorini 模型的非线性弹性平面纵波，内容分为两部分。

第一部分对仅包含几何非线性因素的两常数 John 模型中的非线性弹性平面简谐纵波进行了研究，并分别对三阶非线性弹性平面纵波分别进行了分析。第一子部分，首先推导了描述平面波的二阶非线性方程，接着演示了前两阶近似情况下几何非线性平面弹性谐波研究的演变过程。第二子部分，讨论了三阶非线性弹性平面纵波。推导了仅包含几何非线性的基本非线性方程，对纵向三阶非线性弹性平面谐波产生新谐波的问题进行了描述（第一标准问题，仅包含几何非线性）。

第二部分在 Signorini 模型（三常数模型）框架下，讨论了非线性弹性平面简谐纵波。叙述分为三个子部分。第一子部分讨论了一般变形在 Signorini 非线性模型分析中的使用。第二子部分讨论了基于 Murnaghan 模型的非线性方程向基于 Signorini 模型的非线性方程的转变。第三子部分提出了一种识别 Signorini 常数的方法，分析了基于 Signorini 模型的非线性纵波，并与基于 Murnaghan 模型得到的结果进行了对比。

该部分内容可参考关于 John 和 Signorini 材料中非线性弹性平面纵波的科技出版物，详见本章参考文献［1－46］。

6.1 非线性弹性平面简谐纵波（John 模型、两常数模型和仅包含几何非线性的模型）

6.1.1 二阶非线性弹性平面纵波

1. 二阶非线性平面波方程

选择以式（3.57）形式表达的子势函数，保留几何非线性，忽略物理非线性，则子势函数可以简化为

$$W = \frac{1}{2}\lambda(u_{m,m})^2 + \frac{1}{4}\mu(u_{i,k} + u_{k,i})^2 + \mu u_{i,k}u_{m,i}u_{m,k} + \frac{1}{2}\lambda u_{m,m}(u_{i,k})^2 \quad (6.1)$$

式（6.1）子势函数仍具有非线性，保留了仅由二阶和三阶非线性项求和形成的基本的系统三阶非线性项。

用常用的方法变换非线性方程。以位移梯度表达的基尔霍夫应力 t_{ik} 表达式，应根据关系 $t_{ik} = (\partial W/\partial u_{k,i})$ 进行表述为：

$$t_{ik} = \mu(u_{i,k} + u_{k,i}) + \lambda u_{k,k}\delta_{ik} + \mu(u_{l,i}u_{l,k} + u_{i,l}u_{k,l} + 2u_{l,k}u_{i,l}) - (1/2)\lambda[(u_{m,l})^2\delta_{ik} + 2u_{i,k}u_{l,l}] \quad (6.2)$$

将式（6.2）代入运动方程 $t_{ik,i} + X_k = \rho\ddot{u}_k$，对于经典拉梅方程，可以得到一些非线性项：

$$\rho\ddot{u}_m - \mu u_{m,kk} - (\lambda + \mu)u_{n,mn} = F_m \quad (6.3)$$

将所有非线性项集中到等式右侧：

$$F_i = \mu(u_{l,kk}u_{l,i} + u_{l,kk}u_{i,l} + 2u_{i,lk}u_{l,k}) + (\lambda + \mu)(u_{l,ik}u_{l,k} + u_{k,lk}u_{i,l}) + \lambda u_{i,kk}u_{l,l} \quad (6.4)$$

此处非线性是二阶非线性，对应的弹性介质和平面波可被称为二阶非线性。假定波沿横坐标轴传播：标准假定情况，即 $\vec{u} = \{u_k(x_1,t)\}$，则子势式（6.1）可简化为

$$W = (1/2)\{(\lambda + 2\mu)(u_{1,1})^2 + \mu[(u_{2,1})^2 + (u_{3,1})^2]\} + [\mu + (1/2)\lambda](u_{1,1})^3 + (1/2)\lambda u_{1,1}[(u_{2,1})^2 + (u_{3,1})^2] \quad (6.5)$$

对应的应力为

$$t_{11} = (\lambda + 2\mu)u_{1,1} + (1/2)(\lambda + 2\mu)[3(u_{1,1})^2 + (u_{2,1})^2 + (u_{3,1})^2],$$

$$t_{12} = \mu u_{2,1} + (1/2)(\lambda + 2\mu) u_{1,1} u_{2,1},$$
$$t_{13} = \mu u_{3,1} + (1/2)(\lambda + 2\mu) u_{1,1} u_{3,1} \tag{6.6}$$

将式（6.6）代入运动方程，得到关于 P 波，SH 波 SV 波三种偏振平面弹性波的二阶非线性波动方程

$$\rho u_{1,tt} - (\lambda + 2\mu) u_{1,11} = (\lambda + 2\mu)(3u_{1,11}u_{1,1} + u_{2,11}u_{2,1} + u_{3,11}u_{3,1}) \tag{6.7}$$
$$\rho u_{2,tt} - \mu u_{2,11} = (\lambda + 2\mu)(u_{2,11}u_{1,1} + u_{1,11}u_{2,1}) \tag{6.8}$$
$$\rho u_{3,tt} - \mu u_{3,11} = (\lambda + 2\mu)(u_{3,11}u_{1,1} + u_{1,11}u_{3,1}) \tag{6.9}$$

2. 几何非线性平面弹性谐波的演化（前两次近似）

考虑几何非线性平面简谐纵波的传播问题，将其简化为仅有纵波传入介质（第一类标准问题），系统方程式（6.7）~式（6.9）简化为一个非线性方程：

$$\rho u_{1,tt} - (\lambda + 2\mu) u_{1,11} = 3(\lambda + 2\mu) u_{1,11} u_{1,1} \text{ 或 } u_{1,tt} - (v_L)^2 u_{1,11} = 3\,(v_L)^2 u_{1,11} u_{1,1} \tag{6.10}$$

式中：$v_L = \sqrt{(\lambda + 2\mu)/\rho} = (\omega/k_L)$ 为线性平面纵波的相速度；ω 为波频率；k_L为波数。

使用逐次逼近法求解式（6.10）。波的初始幅值 u_{1o}和频率 ω 的一次（线性）近似，具有如下经典形式：

$$u_1^{(1)}(x_1, t) = u_{1o}\cos(k_L x_1 - \omega t) \tag{6.11}$$

第二次近似是寻找非齐次线性方程的解：

$$u_{1,tt}^{(2)} - (v_L)^2 u_{1,11}^{(2)} = \frac{3}{2}(v_L)^2 (u_{1o})^2 k_L^3 \sin 2(k_L x_1 - \omega t) \tag{6.12}$$

因此，第二次近似有如下形式：

$$u_1^{(2)} = \frac{3}{8}(u_{1o})^2 (k_L)^2 x_1 \cos 2(k_L x_1 - \omega t) \tag{6.13}$$

前两次近似形式的解为

$$u_1(x,t) = u_1^{(1)}(x_1,t) + u_1^{(2)}(x_1,t) = u_{1o}\cos(k_L x_1 - \omega t) + \frac{3}{8}x_1 (u_{1o})^2 k_L^2 \cos 2(k_L x_1 - \omega t) \text{ 或}$$

$$u_1(x,t) = u_{1o}\cos(k_L x_1 - \omega t) + u_{1o} M_{Lx_1} \cos 2(k_L x_1 - \omega t) \tag{6.14}$$

式（6.14）描述的主要波效应包括：初始时波与线性谐波区别不大；随着波传播的时间或距离的增加，一阶谐波与二阶谐波叠加，形成一个调制波。

二阶谐波效应逐渐增加，二阶谐波变成为主导波。

现在考虑第三次近似。被看成是寻找非齐次线性方程的解：

$$u_{1,tt}^{(3)} - (v_L)^2 u_{1,11}^{(3)} = [3(\lambda + 2\mu)/\rho] u_{1,11}^{(2)} u_{1,1}^{(2)} \tag{6.15}$$

与上面推导方式相同，前三次近似形式的解为

$$u_1(x_1,t) = u_1^0(x_1,t) + u_1^{(1)}(x_1,t) + u_1^{(2)}(x_1,t) = u_{1o}\cos(k_L x_1 - \omega t) + u_{1o}M_L x_1\cos 2(k_L x_1 - \omega t) + u_{1o}(M_L)^3(x_1)^3\Big[-\frac{8}{3} + \frac{5}{2k_L x_1}\sin 4(k_L x_1 - \omega t) + \Big(-\frac{4}{3} + \frac{11}{8(k_L)^2(x_1)^2}\Big)\cos 4(k_L x_1 - \omega t)\Big] \tag{6.16}$$

此处，主要波效应在于：初始时线性谐波（一阶谐波）逐渐发生变形，随着波传播距离的增加，一阶谐波与二阶和四阶谐波叠加，形成了弱调制波。

随着时间增加，二阶谐波效应增加，二阶谐波成为主导波，随着时间的进一步增加，四阶谐波效应增加，四阶谐波成为主导波。

6.1.2　三阶非线性弹性平面纵波

1. 基本非线性方程（仅几何非线性）

选择子势式（3.55），建立同时包含与位移梯度相关的二阶、三阶和四阶非线性项，同时仅考虑几何非线性，建立理论，此时，该式可简化为

$$W = (1/2)\lambda(u_{1,1})^2 + \mu[(u_{1,1})^2 + (1/2)(u_{2,1})^2 + (1/2)(u_{3,1})^2]. (1/2)(\lambda + 2\mu)u_{1,1}[(u_{1,1})^2 + (u_{2,1})^2 + (u_{3,1})^2] \tag{6.17}$$

此时，基尔霍夫应力张量简化为

$$t_{11} = (\lambda + 2\mu)u_{1,1} + \frac{1}{2}(\lambda + 2\mu)\{3(u_{1,1})^2 + (u_{2,1})^2 + (u_{3,1})^2 + (u_{1,1})^3 + u_{1,1}[(u_{2,1})^2 + (u_{3,1})^2]\} \tag{6.18}$$

$$t_{12} = \mu u_{2,1} + \frac{1}{2}(\lambda + 2\mu)[u_{1,1}u_{2,1} + (u_{2,1})^3 + u_{2,1}(u_{1,1})^2] \tag{6.19}$$

$$t_{13} = \mu u_{3,1} + \frac{1}{2}(\lambda + 2\mu)[u_{1,1}u_{3,1} + (u_{3,1})^3 + u_{3,1}(u_{1,1})^2] \tag{6.20}$$

考虑二阶与三阶非线性，所形成的波动方程为：

$$\rho u_{1,tt} - (\lambda + 2\mu)u_{1,11} = (\lambda + 2\mu)[3u_{1,11}u_{1,1} + u_{2,11}u_{2,1} + u_{3,11}u_{3,1} + 3u_{1,11}(u_{1,1})^2 + u_{2,11}u_{2,1}u_{1,1} + u_{3,11}u_{3,1}u_{1,1}] \tag{6.21}$$

$$\rho u_{2,tt} - \mu u_{2,11} = (\lambda + 2\mu)[u_{2,11}u_{1,1} + u_{1,11}u_{2,1} + u_{2,11}(u_{2,1})^2 + 3u_{2,11}(u_{1,1})^2] \tag{6.22}$$

$$\rho u_{3,tt} - \mu u_{3,11} = (\lambda + 2\mu)[u_{3,11}u_{1,1} + u_{1,11}u_{3,1} + u_{3,11}(u_{3,1})^2 + 3u_{3,11}(u_{1,1})^2] \tag{6.23}$$

在仅考虑几何非线性的条件下，分析非线性波相互作用，式（6.21）~式（6.23）（与仅描述二阶非线性的方程相比）有六种新的可能性。

可能性1：纵波传播方程（6.21）中的二阶非线性项 $u_{1,11}u_{1,1}$ 表示初始激励谐波产生的二阶谐波，三阶谐波项 $u_{1,11}(u_{1,1})^2$ 表示产生的三阶谐波。

可能性2：二阶和三阶谐波（在时间或空间上）进程对初始纵波谐波波包演化影响的分析可以分别进行。

可能性3：横波传播方程（6.22）和方程（6.23）中求和项 $u_{2,11}(u_{2,1})^2$、$u_{3,11}(u_{3,1})^2$ 的出现证明了在所用的子势中，谐振横波将激发自身的三阶谐波。

可能性4：在所用的子势结构中，可以构造第四类标准问题，它包括某一初始激励横波以及其他再生横波分析描述。

描述一种横波变为另一种横波的能量泵效应成为可能。

可能性5：利用此演化方程使研究四种波的相互作用（四重波问题）成为可能。

可能性6：从包含三阶非线性的演化方程出发，可分析波形自转化问题。在该结构下，可以描述弹性波的频率从 ω 转换到 3ω 的频率转换机理，反之亦然。

2. 基于纵向平面三阶非线性弹性谐波的新谐波的产生（第一标准问题，几何非线性）

假设初始时，仅激发纵向平面弹性谐波，不激发横向平面弹性谐波。因为忽略了包含横波位移的被加数项，因此初始波动方程（6.21）可以简化为

$$\rho u_{1,tt} - (\lambda + 2\mu)u_{1,11} = 3(\lambda + 2\mu)[u_{1,11}u_{1,1} + u_{1,11}(u_{1,1})^2] \tag{6.24}$$

一次近似为

$$u_1^{(1)}(x_1,t) = u_{1o}\cos(k_1^{(1)}x_1 - \omega t),\ u_2^{(1)}(x_1,t) = u_3^{(1)}(x_1,t) = 0 \tag{6.25}$$

式（6.25）为经典纵向平面弹性线性谐波的传播方程。下面所有近似仅对这种波的传播进行描述。

第二次近似波动方程为

$$\begin{aligned}\rho u_{1,tt}^{(2)} - (\lambda + 2\mu)u_{1,11}^{(2)} = \frac{3}{4}(\lambda + 2\mu)(u_1^o)^2(k_1^{(1)})^3[&u_1^o k_1^{(1)}\cos(k_1^{(1)}x - \omega t) + \\ &2\sin 2(k_1^{(1)}x - \omega t) - u_1^o k_1^{(1)}\cos 3(k_1^{(1)}x - \omega t)]\end{aligned} \tag{6.26}$$

通过拟合可得式（6.26）的解为

$$\begin{aligned}u_1(x_1,t) &= u_1^{(1)}(x_1,t)u_1^{(2)}(x_1,t) \\ &= u_{1o}\cos(k_1^{(1)}x_1 - \omega t) - \frac{3}{8}x_1(u_{1o})^3(k_1^{(1)})^3\sin(k_1^{(1)}x_1 - \omega t) +\end{aligned}$$

$$\frac{3}{8}x_1\ (u_{1o})^2\ (k_1^{(1)})^2\cos2(k_1^{(1)}x_1-\omega t)\ +$$
$$\frac{1}{8}x_1\ (u_{1o})^3\ (k_1^{(1)})^3\sin3(k_1^{(1)}x_1-\omega t) \tag{6.27}$$

在初始激励为纵向平面谐波和仅考虑几何非线性的条件下，波动方程式6.24中，非线性二次项和三次项余量和表达式的出现，可以用来描述前三阶谐波的产生。所有三阶谐波的共同特征是其幅值直接与传播距离成比例，这首先表明了这些谐波将使初始波形轮廓失真。

最后请注意，对包含几何非线性余量的子模型的应用需要在每个具体案例中仔细证明。

6.2 非线性平面纵向弹性谐波（Signorini 模型——三常数模型）

6.2.1 通用变形在 Signorini 非线性模型分析中的应用

1. Signorini 非线性模型

有关超弹性材料的大部分文献提出的方法都是基于内在能量（弹性能）显式非线性地依赖于有限应变张量或其不变量的假设基础上提出来的[9-11,14,15,18,19,25-29]。实际上，基于推测考虑提出的所有势能变量都可与自然现象的理论相关联，但在最终的分析中，势能中出现的物理常数的确定却是采用与推测性考虑无关的方法（主要是实验）进行的[14]。

在弹性波研究中，最常用的是 Murnaghan 势函数。这可以从势函数中存在的三个代数不变量可以包含一系列波现象这些事实中得到部分解释[10,11]。另外，随着时间的推移，Murnaghan 和其后的研究者认识到了确定弹性常数（两个拉梅常数和三个 Murnaghan 常数）的实验研究非常重要。因此，迄今为止，几十种工程材料的弹性常数已经已知。

但并不是所有势函数的研究者都如此幸运。这可能与实际采用的推测分析的理论和仅在势函数研究的最后阶段才进行实验等实际情况有关。显然，不是所有势函数研究者都能意识到确定物理常数的重要性。众所周知，Signorini[10] 关于实验开始时间的陈述是“越晚越好”。或许，正是因此，Signarini 没有留下关于以其名字命名的 Signorini 势函数对新常数分析的明显踪迹[25-29]。尽管自身势函数具有优越性（该势函数仅包含一个三阶常数，而 Murnaghan 势函数包含了三个三阶常数），Signorini 相对于 Murnaghan 还是失去了后续研究者的青睐。根据理论物理学，在描述某些物理现象的可能性相同的情况下，使用最少的物理常数的方法是首选的。Signorini 没有利用好其势函数的这一优势。但经历多年遗忘以后，Signorini 势函数被用于描述弹性介质中的非线性波。

在欧拉坐标系 $\{X_\alpha\}$ 或拉格朗日坐标系 $\{\theta_k\}$ 中，Almansi 应变张量是由实际结构中的位移矢量 $\vec{u}(X_\alpha,t)$ 给出的。欧拉－柯西应力张量 T^{ik} 与 Almansi 应变张量构成自然变量对。运动方程包括了物质（材料）的时间导数，形式如下：

$$\nabla_i T^{ik} - \rho \frac{\mathrm{D}^2}{\mathrm{D}t^2}u^k = 0 \quad \left[\frac{\mathrm{D}^2}{\mathrm{D}t^2} \equiv \left(\frac{\partial}{\partial t} + v^m \nabla_m\right)^2, \nabla_m u^n \equiv \frac{\partial u^n}{\partial \theta^m} + \Gamma^{\,n}_{sm} u^s\right]$$

使用 Almansi 应变张量表达的超弹性变形能（内能）为

$$W = (1/\sqrt{A_{A3}^*})\left\{cA_{A2} + (1/2)[\lambda + \mu - (c/2)](A_{A1})^2 + [\mu + (c/2)](1 - A_{A1})\right\} - [\mu + (c/2)] \tag{6.28}$$

式中：A_{Ak}（$k=1$，2，3）为 Almansi 张量的前三个代数不变量（在笛卡儿坐标中）：

$$A_{A1} = \varepsilon_{kk},\ A_{A2} = \varepsilon_{kk}\varepsilon_{mm} - \varepsilon_{ik}\varepsilon_{lm},$$

$$A_{A3} = \det\varepsilon_{ik} = (1/3)[\varepsilon_{ij}\varepsilon_{ik}\varepsilon_{jk} - (\varepsilon_{kk})^3] + (1/2)(\varepsilon_{kk}\varepsilon_{mm} - \varepsilon_{ik}\varepsilon_{lm})\varepsilon_{mm}$$

$A_{A3}^* = 1 - 2A_{A1} + 4A_{A2} - 8A_{A3}$ 是 Almansi 测量的第三个不变量；λ、μ 为典型拉梅弹性常数；c 为 Signorini 弹性常数。

方程（6.28）对应的 Signorini 模型的本构方程有如下形式：

$$T = \left[\lambda A_{A1} + cA_{A2} + \frac{1}{2}\left(\lambda + \mu - \frac{c}{2}\right)(A_{A1})^2\right]g + 2\left[\mu - \left(\lambda + \mu + \frac{c}{2}\right)A_{A1}\right]\varepsilon^A + 2c(\varepsilon^A)^2,$$

$$T_{11} = \left[\lambda(\varepsilon_{11} + \varepsilon_{22} + \varepsilon_{22}) + 2\mu\varepsilon_{11} + cA_{A2} + \frac{1}{2}\left(\lambda + \mu - \frac{c}{2}\right)(\varepsilon_{11} + \varepsilon_{22} + \varepsilon_{22})^2\right] - 2\left(\lambda + \mu + \frac{c}{2}\right)(\varepsilon_{11} + \varepsilon_{22} + \varepsilon_{22})\varepsilon_{11} + 2c(\varepsilon_{11})^2,$$

$$T_{12} = 2\mu\varepsilon_{12} + 2\left[2c\varepsilon_{12} - \left(\lambda + \mu + \frac{c}{2}\right)(\varepsilon_{11} + \varepsilon_{22} + \varepsilon_{22})\right]\varepsilon_{12} \tag{6.29}$$

式中：$T \equiv \{T_{ik}\}$ 是欧拉－柯西应力张量；$g \equiv \{g_{ik}\}$ 为度量张量；$\varepsilon^A \equiv \{\varepsilon_{ik}^A\}$ 为 Almansi 应变张量。

本构方程（6.29）是二阶非线性方程，包含三个弹性常数。

2. 通用变形

下面讨论均质弹性材料理论描述的一些事实。众所周知，在均质弹性材料中存在五种类型的通用变形[7]。通用变形概念与以下两个必要条件有关：

必要条件1：可以存在于任何材料中。

必要条件2：仅是表面载荷作用的结果。

尽管简单，但是通用变形是特有的，其特有的重要性在于利用它们可能在实验中用于确定材料的特性[2]。正是由于实验确定工程材料性能的必要性，才使得如简单剪切、单向拉伸和均匀体积压缩等通用变形得到了详细研究。通用变形的另一应用领域是复合材料力学。在平均模量理论中，内部约束材料被看作均质弹性介质。不同作者采用不同方法，基于复合材料中形成具有通用变形状态的可能性，对具体的平均常数类型案例进行评价。例如，能量等效的方法包括了普通状态作为必要组成部分的假设。对各向同性复合材料，要研究单元体积的能量积累，分析两种常用变形：单剪和体积压缩形变就足够了。应用的第三个领域与材料非线性力学有关。与上述研究相关联的是被称为指向性的非线性现象。该现象在1784年被库仑首次发现。1857年 Wertheim 对该现象进行了实验研究和合适的评价。Wertheim 研究了圆柱体的扭曲，建立了小变形情况下圆柱体积改变正比于扭转角的平方。他评价该现象为非线性的表现。Pointing 在1909年和1912年两次发表文章描述了扭转状态下空管体积变化的实验。证明了圆管直径的减小与扭转角的平方成正比。直到20世纪50年代，Rivlin 和 Saunders 阐明了不可压缩弹性材料的有限变形非线性模型（Rivlin – Saunders 模型）的 Pointing 效应。

3. Signorini 理论中的通用变形

进一步研究两种通用变形——**体积压缩和简单剪切**（在 Signorini 势函数描述非线性变形的框架下和细化研究 Signorini 模型的目标下）。

表征简单剪切的过程通常从选择坐标平面开始（假设为 X_1OX_2），假设仅有一个不为零的位移梯度分量 $[u_{1,2}=(\partial u_1/\partial X_2)\neq 0]$。那么简单剪切可以在几何上解释为具有平行于坐标轴边长 $\mathrm{d}X_1$，$\mathrm{d}X_2$的单元矩形 $ABCD$，由于矩形边 BC 的纵向移位变形为平行四边形的变形，剪切角 $\angle BAB'=\gamma$ 与位移梯度分量 $u_{1,2}$有如下关系：

$$u_{1,2}=\tan\gamma=\tau>0 \tag{6.30}$$

简单剪切情况下 Almansi 张量由两个非零分量表征：

$$\varepsilon_{22}^{A}=\frac{1}{2}(\widehat{u}_{2,2}+\widehat{u}_{2,2}-\widehat{u}^{k,2}\widehat{u}_{k,2})=-\frac{1}{2}\tau^2$$

$$\varepsilon_{12}^{A}=\frac{1}{2}(\widehat{u}_{1,2}+\widehat{u}_{2,1}-\widehat{u}^{k,1}\widehat{u}_{k,2})=\frac{1}{2}\tau$$

该张量的不变量为

$$A_{A1}=-\frac{1}{2}\tau^2,\ A_{A2}=-\frac{1}{4}\tau^2,\ A_{A3}=0,\ A_{A3}^{*}=1$$

那么 Signorini 势能可表示为

$$W = cA_{A2} + (1/2)[\lambda + \mu - (c/2)](A_{A1})^2 - [\mu + (c/2]A_{A1}$$
$$= \frac{1}{8}[\lambda + \mu - (c/2)]\tau^4 + \frac{1}{2}\mu\tau^2 > 0 \qquad (6.31)$$

由定义可知，该势能作为内力的功对于非零 τ 为正。势能（6.31）为正的充分条件是如下系数为正：

$$\lambda + \mu - c/2 > 0,\ \mu > 0 \qquad (6.32)$$

因此，得到 Signorini 常数不大于 2（$\lambda+\mu$）的条件：

$$2(\lambda + \mu) > c \qquad (6.33)$$

式（6.32）中第二个条件与线性弹性理论中剪切模量为正的经典条件是一致的。

因此，简单剪切通用变形的研究使我们发现了弹性常数变化范围的极限。

现在研究体积压缩通用变形。它由位移梯度的下述分量定义：

$$u_{k,k} = \partial u_k/\partial X_r = \varepsilon > 0,\ u_{k,m} = \partial u_k/\partial X_m = 0(r \neq m)$$

在这种情况下，Almansi 应变张量的分量为

$$\varepsilon_{nn}^A = \varepsilon - \frac{1}{2}\varepsilon^2,\ \varepsilon_{ik}^A = 0 \quad (i \neq k)$$

其相应的不变量有如下形式：

$$A_{A1} = \varepsilon_{kk} = 3\left(\varepsilon - \frac{1}{2}\varepsilon^2\right) \equiv 3\tilde{\varepsilon},\ A_{A2} = 0,\ A_{A3} = \tilde{\varepsilon}^3,\ A_{A3}^* = 1 - 6\tilde{\varepsilon} - 8\tilde{\varepsilon}^3$$

因此，Signorini 势能具有如下简单形式：

$$W = (1/\sqrt{A_{A3}^*})\left\{cA_{A2} + (1/2)[\lambda + \mu - (c/2)](A_{A1})^2\right\} - [\mu + (c/2)]$$
$$= (1/\sqrt{A_{A3}^*})\left\{(1/2)[\lambda + \mu - (c/2)](A_{A1})^2 + [\mu + (c/2)].\right.$$
$$\left.(1 - A_{A1} - \sqrt{A_{A3}*})\right\}$$
$$= \frac{1}{\sqrt{1 - 6\tilde{\varepsilon} - 8(\tilde{\varepsilon})^3}}\left\{(2/9)[\lambda + \mu - (c/2)](\tilde{\varepsilon})^2 + 4[\mu + (c/2)](\tilde{\varepsilon})^3\right\}$$
$$(6.34)$$

关于式（6.34）取正值的讨论与前面情况一致。但是此时应考虑第三个不变量 $A_{A3}{}^*$ 总是正值的条件。式（6.34）中系数为正的条件：

$$\lambda + \mu - (c/2) > 0,\ \mu + (c/2) > 0 \qquad (6.35)$$

也是式（6.34）为正的条件。

式（6.35）的第一个条件与式（6.32）中第一个条件一致，综合式（6.32）和式（6.35）中的第二个条件可得如下不等式：

$$2(\lambda+\mu)>c>-2\mu \tag{6.36}$$

式（6.36）限制了 Signorini 常数的变化范围。

进一步考虑应变张量 T_{kk} 的第一不变量和引入的全尺寸（均匀）拉伸参数 $\tilde{\varepsilon}$ 之间的联系：

$$T_{kk}=3(3\lambda+2\mu)\tilde{\varepsilon}+\frac{3}{4}(5c-6\lambda-6\mu)\tilde{\varepsilon}^{2} \tag{6.37}$$

对于均匀拉伸，假设均匀拉伸的参数 $\tilde{\varepsilon}$ 是正值，第一不变量 T_{kk} 也是正值。那么式（6.37）中的系数是正值，则有：

$$3\lambda+2\mu>0\ ,\ 5c-6\lambda-6\mu>0 \tag{6.38}$$

式（6.38）的第一个条件与线性弹性理论中均匀拉伸－压缩模量取正值的经典条件是一致的。第二个条件给出了对 Signorini 常数的更低要求和写出新不等式的可能性：

$$2(\lambda+\mu)>c>\frac{6}{5}(\lambda+\mu) \tag{6.39}$$

现在，给出通用变形的第二个应用领域，并证明 Signorini 模型描述了 Pointing 效应。为此，评估与简单剪切参数相对应的应力张量的分量：

$$\begin{aligned}
T_{11}&=-\frac{1}{2}\left(\lambda+\frac{1}{2}c\right)\tau^{2}-\frac{1}{32}\left(\lambda+\mu-\frac{1}{2}c\right)\tau^{2}\ ,\\
T_{22}&=-\frac{1}{2}\left(\lambda+2\mu+\frac{1}{2}c\right)\tau^{2}-\frac{1}{32}\left(3\lambda+3\mu-\frac{27}{2}c\right)\tau^{4}\ ,\\
T_{33}&=-\frac{1}{2}\left(\lambda+\frac{1}{2}c\right)\tau^{2}-\frac{1}{32}\left(\lambda+\mu-\frac{1}{2}c\right)\tau^{4}\ ,\\
T_{12}&=-\mu\tau-2\left[c\tau-\left(\lambda+\mu+\frac{1}{2}c\right)\frac{1}{4}\tau^{2}\right]\tau
\end{aligned} \tag{6.40}$$

从式（6.40）中第四个公式可以看出，剪切应力 T_{12} 与剪切参数 τ 和小剪切角 γ 的关系是非线性的。因此，有如下两个结论：

结论 1：线性近似是真的。

结论 2：常数 μ 可看作剪切模量。

在线性理论中，简单剪切只由剪切应力 T_{12} 进行表征。

但是在很多非线性理论中，情况似乎更复杂。从式（6.40）可知，Signorini 理论从多方面描述了 Pointing 效应。为了支持该理论，请注意式（6.40）中的前三个公式，该三式表明，平行六面体单元各面的正应力依赖于剪切参数的二次方或四次方，这是一个 Pointing 效应的组成分量。非零正应力（垂直于剪切平面）的存在证明了 Kelvin 效应，它证明了简单剪切时的体积恒定性。正应力和的不等式及正应力和对剪切参数平方的依赖性可参阅 Kelvin 效应的证明。

不同剪切平面的正应力是有区别的。为了证明这一点，使用式（6.40）中前两个公式计算其差异：

$$T_{22} - T_{11} = -\mu\tau^2 - \frac{1}{32}(2\lambda + 2\mu - 13c)\tau^4$$

很显然，这种差异仅在零剪应力时才不存在。这可看作是 Pointing 效应的另一方面。

因此，在 Signorini 理论中通用变形允许我们建立弹性常数约束式，并解释了经典非线性 Pointing 效应。

6.2.2 从基于 Murnaghan 的非线性波动方程向基于 Signorini 的非线性波动方程的转变

1. 基本思路

选择 Signorini 势函数作为出发点，构造非线性波动方程。此处有两种方法。

第一种方法遵从一般 Signorini 方案，采用 Almansi 非线性应变张量构建弹性势能，注意，Almansi 应变张量与欧拉 – 柯西应力张量 T^{ik} 自然成对，运动方程包含了实体（材料）导数运算符。

这种方法虽符合逻辑但有些不便。不便之处在于由这种方法得到的简谐波运动的解难于与早期得到的解相比较。通常，后者的解是基于拉格朗日坐标系的，所有参量都是由体结构参量表示的，而应用的大部分的 Murnaghan 势函数则是由柯西 – 格林应变张量不变量表征的。

第二种方法基于欧拉坐标系向拉格朗日坐标系的转变[9-11]。该转变还在于不使用 Almansi 应变张量不变量表达弹性势能，而是通过柯西 – 格林应变张量不变量表示势能。进一步建立了在拉格朗日坐标系下推导运动方程的方法。它使用柯西 – 格林应变张量和拉格朗日应力张量。随后由 Murnaghan 势函数和 Signorini 势函数平面波的分析结果比较表明，第二种方法似乎更好。

下面给出了第二种方法实现的必要步骤。

由 Signorini 势能框架下的变形表达出发，首先，Almansi 应变张量应写成式（3.12）的形式。进而，根据必须使用的 Almansi 张量 A_{Ak} 和柯西 – 格林张量 A_k 的代数不变量之间的依赖性：

$$A_{A1} = \frac{A_1 + 2(A_1)^2 - 2A_2 + 2(A_1)^3 - 6A_1A_2 + 4A_3}{1 + 2A_1 + 2(A_1)^2 - 2A_2 + \frac{4}{3}(A_1)^3 - 4A_1A_2 + \frac{8}{3}A_3} \tag{6.41}$$

$$A_{A2} = \frac{1}{2}(A_1)^2 - \frac{(A_1)^2/2 - A_2/2 + (A_1)^3 - 3A_1A_2 + 2A_3}{1 + 2A_1 + 2(A_1)^2 - 2A_2 + \frac{4}{3}(A_1)^3 - 4A_1A_2 + \frac{8}{3}A_3} \tag{6.42}$$

$$A_{A3} = \frac{2}{3}A_1A_2 - \frac{1}{4\sqrt{3}}(A_1)^3 \frac{(A_1)^2 - A_1A_2 + 2A_3}{1 + 2A_1 + 2(A_1)^2 - 2A_2 + \frac{4}{3}(A_1)^3 - 4A_1A_2 + \frac{8}{3}A_3} \tag{6.43}$$

应注意关系式（6.41）~式（6.43）没有共性。对于参考结构和实际结构而言，这些关系式对一组三个方向正交，且与 Almansi 张量和柯西－格林张量的主方向一致的情况有效。使用这种方法获得的波动方程，将仅描述所示类型的变形形成的波的传播。平面波的运动学条件满足所表述的条件。

下面的步骤，在于将式（6.41）~式（6.43）代入 Signorini 势能式（6.18）和利用柯西－格林张量不变量重写本构方程。本步骤，抛开由 Signorini 提出的概念：欧拉坐标系、Almansi 有限应变张量、欧拉－柯西真实应力张量等，而引入 Murnaghan 模型的典型概念：共动参考坐标系、柯西－格林有限应变张量、对称拉格朗日应力张量或非对称基尔霍夫应力张量等。其优点是：允许其解与先前得到的 Murnaghan 模型解进行比较，以及采用共动参考坐标系使运算过程简单化。但是采用这种方法将失去本构方程的简洁性。暂停对所研究平面波的本构方程的考察，做如下考虑。

2. 基于 Signorini 模型的非线性波动方程

如果基于势能的本构方程已知，则可忽略 Signorini 势能表达式，因此，使用式（6.29）形式的本构方程。

采用对应伴随坐标系的应变、应力张量，假定伴随坐标系统中的关系式（6.29）不但表征不变量式（6.41）~式（6.43）对应系统的变换，也表征欧拉－柯西真实应力张量 T^{nm} 到基尔霍夫应力张量 t^{nm} 的变换或与其真实应力张量 $\tau^{\alpha\beta}$ 有关：

$$t^{nm} = \sqrt{A_3}\,\tau^{nk}(g_k^n + \nabla_k u^m) \tag{6.44}$$

为此，可以使用如下公式[9-11]：

$$T^{nm} = \tau^{\alpha\beta}\frac{\partial X^n}{\partial \theta^\alpha}\frac{\partial X^m}{\partial \theta^\beta} \tag{6.45}$$

式中：X^n，θ^n分别为实际和参考曲线坐标。由于（平面波）变形的局部性，这些坐标是一致的，因此张量 T^{nm} 和 $\tau^{\alpha\beta}$ 也是一致的。

现在，本构方程（6.29）左侧的张量 T^{nm} 应换为张量 $\tau^{\alpha\beta}$，其右侧也考虑通过代入式（6.41）~式（6.43）进行变形。在该步骤中，还应考虑应用 Murnaghan 模型的经验：替换不变量，代入本构方程，通过相对于坐标 x_1 的位移矢量分量及其导数表达不变量的二阶非线性。表达式为了得到这些表示方式，需要以下步骤，首先，通过位移矢量分量求解柯西－格林非线性应变张量。

因此，使用位移矢量分量的协变分量或逆变分量的协变导数评价柯西－格林非线性应变张量的分量[9-11]。对于沿笛卡儿坐标 x_1 方向传播的平面波，有如下形式：

$$\varepsilon_{ij} = \frac{1}{2}(u_{i,j} + u_{j,i} + u_{i,k}u^{j,k})$$

$$\varepsilon_{11} = u_{1,1} + \frac{1}{2}(u_{1,1})^2,\ \varepsilon_{12} = \frac{1}{2}u_{2,1},\ \varepsilon_{13} = \frac{1}{2}u_{3,1},\ \varepsilon_{22} = \varepsilon_{33} = \varepsilon_{23} = 0$$

通过求解柯西－格林应变张量的前三个代数不变量。它们有如下形式：

$$A_1 = \varepsilon_{ii} = u_{1,1} + \frac{1}{2}(u_{1,1})^2,$$

$$A_2 = \varepsilon_{ik}\varepsilon_{ki} = (u_{1,1})^2 + \frac{1}{2}(u_{1,1})^3 + \frac{1}{2}(u_{2,1})^2 + \frac{1}{2}(u_{3,1})^2,$$

$$A_3 = \varepsilon_{ij}\varepsilon_{jk}\varepsilon_{ki} = (u_{1,1})^3 \tag{6.46}$$

需要注意的是，因为应变张量是二阶非线性的，因此其第一不变量不包含高阶非线性。进一步假定保留不变量的二阶和三阶非线性并忽略更高阶的非线性。基于 Murnaghan 势能的非线性弹性波分析中采用了这种假设。

将式（6.46）代入式（6.41）~式（6.43），式中存在$(A_1)^2$、$(A_1)^3$ 和 A_1A_2项，因此，权宜之计是首先求解这三个量：

$$(A_1)^2 = \left[u_{1,1} + \frac{1}{2}(u_{1,1})^2\right]^2 = (u_{1,1})^2 + (u_{1,1})^3$$

$$(A_1)^3 = \left[u_{1,1} + \frac{1}{2}(u_{1,1})^2\right]^3 = \frac{5}{2}(u_{1,1})^3$$

$$A_1A_2 = \left[u_{1,1} + \frac{1}{2}(u_{1,1})^2\right]\left[(u_{1,1})^2 + \frac{1}{2}(u_{1,1})^3 + \frac{1}{2}(u_{2,1})^2 + \frac{1}{2}(u_{3,1})^2\right]$$

$$= u_{1,1}\left[(u_{1,1})^2 + \frac{1}{2}(u_{2,1})^2 + \frac{1}{2}(u_{3,1})^2\right] \tag{6.47}$$

考虑式（6.47），重新计算式（6.41）~式（6.43），可以求解本构方程中的前两个不变量 A_{A1}、A_{A2}（限制二阶和三阶非线性项，考虑到三个代数不变量相对于单位值很小的情况下的近似解）：

$$A_{A1}=\frac{1-[(u_{2,1})^2+(u_{3,1})^2]-6(u_{1,1})^3-2u_{1,1}[(u_{2,1})^2+(u_{3,1})^2]}{1+2u_{1,1}+(u_{1,1})^2+3(u_{1,1})^3-[(u_{2,1})^2+(u_{3,1})^2]-2u_{1,1}[(u_{2,1})^2+(u_{3,1})^2]}$$
$$=1-2u_{1,1}-(u_{1,1})^2-6(u_{1,1})^3+u_{1,1}[(u_{2,1})^2+(u_{3,1})^2] \tag{6.48}$$

$$A_{A2}=\frac{1}{2}[(u_{1,1})^2+(u_{1,1})^3]-$$
$$\frac{1}{4}\frac{-[(u_{2,1})^2+(u_{3,1})^2]+7(u_{1,1})^3-6u_{1,1}[(u_{2,1})^2+(u_{3,1})^2]}{1+2u_{1,1}+(u_{1,1})^2+3(u_{1,1})^3-[(u_{2,1})^2+(u_{3,1})^2]-2u_{1,1}[(u_{2,1})^2+(u_{3,1})^2]}$$
$$=\frac{1}{4}\{2(u_{1,1})^2-5(u_{1,1})^3-[(u_{2,1})^2+(u_{3,1})^2]+6u_{1,1}[(u_{2,1})^2+(u_{3,1})^2]\} \tag{6.49}$$

首先需注意，在 Almansi 张量的第一不变量中出现了三阶非线性表达式，一般而言，它不能表征第一不变量的特征，而是它们所在的坐标系与欧拉坐标系张量不对应有关。

其次应注意，本构方程（6.29）中缺失的 Almansi 张量的第三不变量，在变换公式（6.41）~式（6.43）中由柯西－格林张量的第三不变量所填补。

重复波动方程的推导过程，首先求解应力张量的必要分量：

$$T_{11}=(\lambda+2\mu)u_{1,1}+\frac{1}{2}(-\lambda+5c)(u_{1,1})^2+\frac{1}{2}c[(u_{2,1})^2+(u_{3,1})^2],$$
$$T_{21}=\mu u_{2,1}-\left(\lambda+\mu+\frac{c}{2}\right)u_{1,1}u_{2,1}+2c(u_{2,1})^2,$$
$$T_{31}=\mu u_{3,1}-\left(\lambda+\mu+\frac{c}{2}\right)u_{1,1}u_{3,1}+2c(u_{3,1})^2 \tag{6.50}$$

将式（6.50）代入运动方程得到下述基于 Signorini 模型的非线性波动方程，方法在前面已介绍过：

$$\rho u_{1,tt}-(\lambda+2\mu)u_{1,11}=\frac{1}{2}(-\lambda+5c)u_{1,11}u_{1,1}+\frac{1}{2}c(u_{2,11}u_{2,1}+u_{3,11}u_{3,1}) \tag{6.51}$$

$$\rho u_{2,tt}-\mu u_{2,11}=2\left(\lambda+\mu+\frac{c}{2}\right)(u_{2,11}u_{2,1}+u_{1,11}u_{2,1})+4cu_{2,11}u_{2,1} \tag{6.52}$$

$$\rho u_{3,tt}-\mu u_{3,11}=2\left(\lambda+\mu+\frac{c}{2}\right)(u_{3,11}u_{1,1}+u_{1,11}u_{3,1})+4cu_{3,11}u_{3,1} \tag{6.53}$$

非线性方程（6.51）~方程（6.53）可以与相似的基于 Murnaghan 模型和二阶非线性子势的方程式（5.7）~式（5.9）作比较。为方便讨论，将后者方程式写出于此：

$$\rho u_{1,tt} - (\lambda + 2\mu) u_{1,11} = N_1 u_{1,11} u_{1,1} + N_2 (u_{2,11} u_{2,1} + u_{3,11} u_{3,1})$$

$$\rho u_{2,tt} - \mu u_{2,11} = N_2 (u_{2,11} u_{2,1} + u_{1,11} u_{2,1})$$

$$\rho u_{3,tt} - \mu u_{3,11} = N_2 (u_{3,11} u_{1,1} + u_{1,11} u_{3,1})$$

很容易看出式（5.7）~式（5.9）与式（6.51）~式（6.52）相似但不相同。相似性很明显，首先表现在，纵波方程式（5.7）和式（6.51）的非线性项系数精确一致。区别在于横波方程式（6.52）和式（6.53）中新增项 $4cu_{2,11}u_{2,1}$ 和 $4cu_{3,11}u_{3,1}$ 的存在，它将对称性引入了式（6.51）~式（6.53），相比而言，式（5.7）~式（5.9）是非对称的。

随后，在实验中，将对不同系统进行比较分析。但是现在先叙述与新 Signorini 常数有关的一些观察结果。

3. Signorini 常数的识别

前面提及的非线性波动方程式（5.7）和式（6.51）相似性允许我们深入分析其相似点。考虑第一标准问题，其二阶非线性方程变简单了：

$$\rho u_{1,tt} - (\lambda + 2\mu) u_{1,11} = 3[(\lambda + 2\mu) + 2(A + 3B + C)] u_{1,11} u_{1,1} \quad (6.54)$$

$$\rho u_{1,tt} - (\lambda + 2\mu) u_{1,11} = \frac{1}{2}(-\lambda + 5c) u_{1,11} u_{1,1} \quad (6.55)$$

因为基于式（6.54）对二阶谐波产生的理论描述与实验观察结果具有良好的确定的对应关系，可以认为式（6.54）和式（6.55）右侧的系数是相等的，因此，可以得到如下关系式：

$$c = \frac{1}{5}[7\lambda + 12\mu + 12(A + 3B + C)] \quad (6.56)$$

因此，新 Signorini 弹性常数 c 可以通过拉梅常数和 Murnaghan 弹性常数确定，而拉梅常数和 Murnaghan 弹性常数对很多工程材料都是已知的。

显然，新 Signorini 弹性常数具有 Murnaghan 常数的量级，其值超过拉梅常数一个量级。

6.2.3 Signorini 模型非线性纵波

现在考虑出现平面纵波的 Signorini 模型的两个标准问题。第一问题是当初始仅给定纵向振动时平面波传播问题，应求解式（6.55）的变形：

$$u_{1,tt} - (v_L)^2 u_{1,11} = \frac{5c - \lambda}{2\rho(\lambda + 2\mu)} u_{1,11} u_{1,1} \quad (6.57)$$

与式（5.21）一样，使用式（5.11）和式（6.57）的同一性，可以写出前两项近似解：

$$u_1(x,t) = u_1^{(1)}(x_1,t) + u_1^{(2)}(x_1,t) = u_{1o}\cos(k_L x_1 - \omega t) + x_1\left[\frac{5c-\lambda}{16(\lambda+2\mu)}(u_{1o})^2 k_L^2\right]\cos 2(k_L x_1 - \omega t) \tag{6.58}$$

因此，与解（5.21）相同，解（6.58）描述了纵波的自生及其二阶谐波的产生。

第二问题比较新颖。描述为当初始忽略纵波振动，仅考虑横向垂直振动时，平面波的传播问题。此时，需同时求解非线性波动方程式（6.53）：

$$u_{3,tt} - (v_T)^2 u_{3,11} = \frac{4}{\rho}\frac{c}{\mu}u_{3,11}u_{3,1} \tag{6.59}$$

以及式（6.51）的简化式：

$$u_{1,tt} - (v_L)^2 u_{1,11} = \frac{1}{2\rho}\frac{c}{\lambda+2\mu}u_{3,11}u_{3,1} \tag{6.60}$$

求解的初始条件为

$$u_3(0,t) = u_3^o\cos\omega t,\ u_1(0,t) = u_2(0,t) = 0$$

因此，这个问题中，Signorini 模型给出非线性波动方程，与 Murnaghan 模型的方程不完全相同。

前两项近似形式下的解有如下形式：

$$u_3(x,t) = u_3^{(1)}(x,t) + u_3^2(x,t) = u_3^o\cos(k_3 x - \omega t) - \frac{1}{4}x\left(\frac{c_1}{\mu}\right)(u_3^o)^2(k_3)^2\cos 2(k_3 x - \omega t) \tag{6.61}$$

$$u_1(x,t) = u_1^*(x,t) + u_1^{**}(x,t) = u_1^o\cos(kx - \omega t) + \frac{c(u_{3o})^2 k_3}{2\mu\rho[(v_{1\mathrm{ph}})^2 - (v_{3\mathrm{ph}})^2]}\sin[(k_3 - k_1)x]\cos[(k_1 + k_3)x - 2\omega t] \tag{6.62}$$

对平面垂直横波的解（6.61）包含了一个二阶谐波被加数，该二阶谐波被加数给出了波的两个基本非线性效应——自生和二阶谐波的产生。因此，起始于二阶近似的 Signorini 模型更适用于真实波形的描述。而 Murnaghan 模型的三阶近似才开始反映这一效应，因为在 Murnaghan 模型中，纵波是由横波以两种波的形式产生的——纵波的一阶谐波和由双倍频及波数的和及差构成的调制波。

练　习

1. 比较式（6.6）中 M_L 和式（5.22）中 M，并注释 Murnaghan 和 John 方法的区别。

2. 从 Murnaghan 势能表达式（6.17）推导应力张量分量式（6.18）～式（6.20）。

3. 试给出实现第150页给出的6个可能性之一的步骤（例如，考虑第四标准问题）。

4. 比较由三阶非线性方法得到的解（6.27）和由二阶非线性方法得到的解（5.22），分析其不同之处和相似之处。

5. 定义单剪和纯剪，并比较二者的区别。

6. 证明第154页中的表述：势能作为内力的功始终是正值。

7. 定义全尺度（均匀）拉伸。

8. 描述 Pointing 效应和 Kelvin 效应。用公式表示二者的不同。

9. 从书籍中寻找本书第161页中没有提到的 Almansi 和柯西－格林应变张量式（6.41）～式（6.43）中代数不变量之间的依赖关系。

参考文献

[1] Ascione, L., Grimaldi, A.: Elementi di meccanica del continuo (Elements of Continuum Mechanics). Massimo, Napoli (1993)

[2] Bell, J. F.: Experimental Foundations of Solid Mechanics. Flugge's Handbuch der Physik, Band VIa/1, Springer, Berlin (1973)

[3] Cattani, C., Rushchitsky, J. J.: Cubically nonlinear elastic waves: wave equations and methods of analysis. Int. Appl. Mech. 39 (10), 1115－1145 (2003)

[4] Cattani, C., Rushchitsky, J. J.: Cubically nonlinear elastic waves versus quadratically ones: main wave effects. Int. Appl. Mech. 39 (12), 1361－1399 (2003)

[5] Cattani, C., Rushchitsky, J. J.: On nonlinear plane waves in hyperelastic medium deforming by Signorini's law. Int. Appl. Mech. 42 (8), 895－903 (2006)

[6] Cattani, C., Rushchitsky, J. J.: Similarities and differences in description of evolution of quadratically nonlinear hyperelastic plane waves by Murnaghan's and Signorini's potentials. Int. Appl. Mech. 42 (9), 997－1010 (2006)

[7] Cattani, C., Rushchitsky, J. J.: Wavelet and wave analysis as applied to materials with micro or nanostructure. World Scientific, Singapore/London (2007)

[8] Cattani, C., Rushchitsky, J. J., Sinchilo, S. V.: Cubic nonlinearity in elastic materials: theoretical prediction and computer modelling of new wave effects. Math. Comput. Model Dyn. Syst. 10 (3-4), 331-352 (2004)

[9] Eringen, A. C.: Nonlinear Theory of Continuous Media. McGraw Hill, New York, NY (1962)

[10] Fu, Y. B.: Nonlinear Elasticity: Theory And Applications. London Mathematical Society Lecture Note Series. Cambridge University Press, Cambridge (2001)

[11] Green, A. E., Adkins, J. E.: Large Elastic Deformations and Nonlinear Continuum Mechanics. Oxford University Press/Clarendon Press, London (1960)

[12] Guz, A. N.: Uprugie volny v tielakh s nachalnymi napriazheniiami (Elastic Waves in Bodies with Initial Stresses). Naukova dumka, Kiev (1987)

[13] Guz, A. N.: Fundamentals of the Three - Dimensional Theory of Stability of Deformable Bodies. Springer, Berlin (1999)

[14] Guz, A. N.: Uprugie volny v tielakh s nachalnymi (ostatochnymi) napriazheniiami (Elastic Waves in Bodies with Initial (residual) Stresses. A. C. K, Kiev (2004)

[15] Holzapfel, G. A.: Nonlinear Solid Mechanics. A Continuum Approach for Engineering. Wiley, Chichester (2006)

[16] Hanyga, A.: Mathematical Theory of Nonlinear Elasticity. Elis Horwood, Chichester (1983)

[17] Lur'e, A. I.: Nonlinear Theory of Elasticity. North - Holland, Amsterdam (1990)

[18] Lur'e, A. I.: Theory of Elasticity. Springer, Berlin (1999)

[19] Murnaghan, F. D.: Finite Deformation in an Elastic Solid. Wiley, New York, NY (1951/1967)

[20] Noll, W., Truesdell, C.: The Nonlinear Field Theories of Mechanics. Flügge Encyclopedia of Physics, vol. Ⅲ, part 3. Springer, Berlin (1964)

[21] Novozhilov, V. V.: Osnovy nielinieinoi uprugosti (Foundations of Nonlinear Elasticity). Gostekhizdat, Moscow (1948)

[22] Novozhilov, V. V.: Foundations of the Nonlinear Theory of Elasticity. Graylock, Rochester, NY (1953)

[23] Nowacki, W.: Theory of Elasticity. PWN, Warszawa (1970)

[24] Ogden, R. W.: The Nonlinear Elastic Deformations. Dover, New York, NY (1997)

[25] Rivlin, R. S., Saunders, D. W.: Large elastic deformations of isotropic materials. Ⅶ. Experiments on the deformation of rubber. Philos. Trans. R. Soc. Lond., Ser. A 243, 251-288 (1951)

[26] Rivlin, R. S.: The solution of problems in second order elasticity theory. Arch. Ration. Mech. Anal. 2, 53-81 (1953)

[27] Rushchitsky, J. J.: Features of development of the theory of elastic nonlinear waves.

(Matemamatychni metody ta fizyko - mekhanichni polia - Mathematical Methods and Physical - Mechanical Fields) 46 (3), 90 - 105 (2003)
[28] Rushchitsky, J. J. : On development of the theory of nonlinear waves in materials, based on Murnaghan and Signorini potentials. Int. Appl. Mech. 45 (8), 809 - 846 (2009)
[29] Rushchitsky, J. J. : Theory of waves in materials. Ventus Publishing ApS, Copenhagen (2011)
[30] Rushchitsky, J. J. : Certain class of nonlinear hyperelastic waves: classical and novel models, wave equations, wave effects. Int. J. Appl. Math. Mech. 8 (6), 400 - 443 (2012)
[31] Rushchitsky, J. J. , Cattani, C. : Nonlinear acoustic waves in materials: retrospect and some new lines of development. Proc. Int. Workshop "Potential Flows and Complex Analysis", pp. 135 - 145. Kyiv, Ukraine (2003)
[32] Rushchitsky, J. J. , Cattani, C. : On certain direction in the nonlinear wave analysis in elastic materials. Proc. XXXI Summer School "Advanced Problems in Mechanics", pp. 185 - 194. St. Petersburg, Russia (2004)
[33] Rushchitsky, J. J. , Cattani, C. , Lassera, E. : Nonlinear Signorini model as the basis for studying the Volterra distortions. Proc. Int. Workshop "Waves and flows", pp. 65 - 69. Kyiv, Ukraine (2006)
[34] Rushchitsky, J. J. , Ergashev, B. B. : On relationships for physical constants of isotropic mixture. Soviet Appl. Mech. 25 (11), 62 - 67 (1989)
[35] Rushchitsky, J. J. , Tsurpal, S. I. : Khvyli v materialakh z mikrostrukturoiu (Waves in Materials with the Microstructure). SP Timoshenko Institute of Mechanics, Kiev (1998)
[36] Signorini, A. : Transformazioni termoelastiche finite. Annali di Matematica Pura ed Applicata, Serie Ⅳ 22, 33 - 143 (1943)
[37] Signorini, A. : Transformazioni termoelastiche finite. Annali di Matematica Pura ed Applicata, Serie Ⅳ 30, 1 - 72 (1949)
[38] Signorini, A. : Transformazioni termoelastiche finite. Solidi Incomprimibili. A Mauro Piconenel suo 70ane compleano. Annali di Matematica Pura ed Applicata, Serie Ⅳ 39, 147 - 201 (1955)
[39] Signorini, A. : Questioni di elasticite non linearizzata. Edizioni Cremonese, Roma (1959)
[40] Signorini, A. : Questioni di elasticite non linearizzata e semilinearizzata. Rendiconti di Matematica 18 (1 - 2), 95 - 139 (1959)
[41] Signorini, A. : Transformazioni termoelastiche finite. Solidi Vincolati. A Giovanni Sansone nelsuo 70ane compleano. Annali di Matematica Pura ed Applicata Serie Ⅳ 51, 320 - 372 (1960)
[42] Truesdell, C. : A First Course in Rational Continuum Mechanics. John Hopkins University,

Baltimore, MD (1972)

[43] Truesdell, C.: Second order effects in the mechanics of materials. Proc. Int. Symp. on 2nd Order Effects, pp. 1 - 47. Haifa, (1962)

[44] Truesdell, C., Toupin, R.: The Classical Field Theories. Flu¨gge Handbuch der Physik, Band III/1. Springer, Berlin (1960)

[45] Wineman, A.: Some results for generalized neo - Hookean elastic materials. Int. J. Non Linear Mech. 40 (2 - 3), 271 - 289 (2004)

[46] Zarembo, L. K., Krasilnikov, V. A.: Vvedenie v nielineinuiu akustiku (Introduction to Nonlinear Acoustics). Nauka, Moscow (1966)

第 7 章

弹性介质中的非线性平面横波（Murnaghan 模型，五常数模型）

本章分析了非线性弹性平面横向谐波。从非线性平面横波的基本非线性波动方程开始，随后分为两部分论述。第一部分是二阶非线性波。第二部分是对二阶和三阶非线性同时存在的非线性问题的分析方法。第一部分，使用逐次逼近法求解第二类和第三类标准问题，考虑前两项逼近，并描述和讨论相应的波动效应。第二部分，考虑三阶非线性波。此处，应用了与研究平面弹性谐振横波一样的缓变振幅法，随后，介绍了两个横向弹性平面波自转换问题。

这一部分内容可以在非线性弹性平面横波的相关出版物中找到，相关出版物列表见本章参考文献［1－14］。

7.1 二阶非线性弹性平面横波

7.1.1 描述平面横波的二阶非线性波动方程

从三偏振平面弹性波，P 波、SH 波、SV 波的二阶非线性波动方程式(5.7)～式(5.9)入手，将其重写于此处：

$$\rho u_{1,tt} - (\lambda + 2\mu) u_{1,11} = N_1 u_{1,11} u_{1,1} + N_2 (u_{2,11} u_{2,1} + u_{3,11} u_{3,1}) \tag{7.1}$$

$$\rho u_{2,tt} - \mu u_{2,11} = N_2 (u_{2,11} u_{1,1} + u_{1,11} u_{2,1}) \tag{7.2}$$

$$\rho u_{3,tt} - \mu u_{3,11} = N_2(u_{3,11}u_{1,1} + u_{1,11}u_{3,1}) \tag{7.3}$$

请再次注意，与线性波动方程相对照，二阶非线性波动方程是耦合方程组，并且这种耦合是非对称的，这一点将在后面的内容中讨论。

随后的内容，使用逐次逼近法和缓变振幅法分析了此处列出的非线性弹性波动方程。

7.1.2 使用逐次逼近法研究平面横向弹性谐波：第二类标准问题（前两项近似）

考虑所谓的第二类标准问题，此时，仅有横向垂直振动进入介质，没有横向水平位移和纵向位移。这在数学上意味着两个波动方程式（7.1）和式（7.3）成为

$$\rho \frac{\partial^2 u_1}{\partial t^2} - (\lambda + 2\mu)\frac{\partial^2 u_1}{\partial x_1^2} = N_2 \frac{\partial^2 u_3}{\partial x_1^2}\frac{\partial u_3}{\partial x_1} \tag{7.4}$$

$$\rho \frac{\partial^2 u_3}{\partial t^2} - \mu \frac{\partial^2 u_3}{\partial x_1^2} = 0 \tag{7.5}$$

且以0为初始条件和如下边界条件求解：

$$u_3(0,t) = u_{3o}\cos\omega t,\ u_2(0,t) = u_1(0,t) = 0 \tag{7.6}$$

让我们用逐次逼近法求解该问题，注意，式（7.4）和式（7.5）的第一次近似表示线性解：

$$u_1^{(1)}(x_1,t) = u_{1o}\cos(\omega t - k_1 x_1) \tag{7.7}$$

$$u_3^{(1)}(x_1,t) = u_{3o}\cos(\omega t - k_3 x_1) \tag{7.8}$$

在第二次近似中，需求解下面两个方程。第一个方程是非齐次的，第二个方程是齐次的：

$$\rho \frac{\partial^2 u_1^{(2)}}{\partial t^2} - (\lambda + 2\mu)\frac{\partial^2 u_1^{(2)}}{\partial x_1^2} = N_2 \frac{\partial^2 u_3^{(1)}}{\partial x_1^2}\frac{\partial u_3^{(1)}}{\partial x_1} \tag{7.9}$$

$$\rho \frac{\partial^2 u_3^{(2)}}{\partial t^2} - \mu \frac{\partial^2 u_3^{(2)}}{\partial x_1^2} = 0 \tag{7.10}$$

方程式（7.9）和式（7.10）是耦合的，它们的耦合形式是这样的：第二个方程是自发的，而第一个方程不仅包括基本纵向位移，还包含非线性形式的横向位移。观察到的不对称性现象表明：采用不同的非对称方法进行处理时，可以观察到纵波和横波的传播过程。在前两项近似解的结构下，纵波自我产生并形成其二阶谐波。该事实称为纵波相互作用的第一性质。纵波相互作用的第二性质是其只产生纵波不产生其他类型波。

横波传播中不产生类似的效应——二阶近似与一阶近似一致，不产生新的

波形，仅有一个线性谐振横波在传播：

$$u_3(x_1,t) = u_3^{(1)}(x_1,t) + u_3^{(2)}(x_1,t) = u_{3o}\cos(k_3x_1 - \omega t) \quad (7.11)$$

换句话说，此波不能自我相互作用，不产生二阶谐波，只重新生成其原来形式的横波。

同时，这些横波表现出另一特性，它们产生某种类型的纵波。这一结论由式（7.9）得出，这些波可在式（7.9）的解中找到。为了得到式（7.9）的一个解，必须先使用式（7.8）的已知解计算其右侧的值

$$N_2 \frac{\partial^2 u_3^{(1)}}{\partial x_1^2}\frac{\partial u_3^{(1)}}{\partial x_1} = \mathrm{i}N_2(k_3)^3(u_{3o})^2\cos2(k_3x_1 + \omega t) \quad (7.12)$$

在式（7.12）右侧表达式的主项是余弦的情况下，通过适当选择很容易找到其解：

$$u_1^{(2)}(x_1,t) = \frac{\left(\lambda + 2\mu + \frac{1}{2}A + B\right)k_3(u_{3o})^2}{4\rho[(v_L)^2 - (v_T)^2]}\sin[(k_3 - k_1)x_1]\cdot \cos[2\omega t - (k_3 + k_1)x_1] \quad (7.13)$$

式（7.13）包含了把两个波数不同步的谐波之和转换为一个幅值调制波的变换。

因此，横波产生了以给定频率两倍的频率传播的纵波，该纵波在空间内总是调制波。这种波被称为叠加波或复合波。

7.1.3 使用逐次逼近法研究平面横向弹性谐波：第三类标准问题（前两项近似）

现在考虑第三类标准问题，加入了第一类和第二类问题的边界条件，意味着在半平面边界 $x_1=0$ 上，质点的纵向和横向谐振为

$$u_3(0,t) = u_{3o}\cos\omega t,\ u_2(0,t) = 0,\ u_1(0,t) = u_{1o}\cos\omega t \quad (7.14)$$

条件（7.14）有一个结论：在第一个线性近似中纵波和横波都出现。因此，有必要从没有水平横向位移的耦合方程式（7.1）和式（7.3）出发，处理和注明第三类标准问题。

$$\rho u_{1,tt} - (\lambda + 2\mu)u_{1,11} = N_1u_{1,11}u_{1,1} + N_2u_{3,11}u_{3,1} \quad (7.15)$$

$$\rho u_{3,tt} - \mu u_{3,11} = N_2(u_{3,11}u_{1,1} + u_{1,11}u_{3,1}) \quad (7.16)$$

相应地，在第二项近似中，上述解系统耦合，并分解为两个非齐次波动方程：

$$\rho\frac{\partial^2 u_1^{(2)}}{\partial t^2} - (\lambda + 2\mu)\frac{\partial^2 u_1^{(2)}}{\partial x_1^2} = N_1\frac{\partial^2 u_1^{(1)}}{\partial x_1^2}\frac{\partial u_1^{(1)}}{\partial x_1} + N_2\frac{\partial^2 u_3^{(1)}}{\partial x_1^2}\frac{\partial u_3^{(1)}}{\partial x_1} \quad (7.17)$$

$$\rho \frac{\partial^2 u_3^{(2)}}{\partial t^2} - \mu \frac{\partial^2 u_3^{(2)}}{\partial x_1^2} = N_2\left(\frac{\partial^2 u_3^{(1)}}{\partial x_1^2}\frac{\partial^2 u_1^{(1)}}{\partial x_1} + \frac{\partial^2 u_1^{(1)}}{\partial x_1^2}\frac{\partial^2 u_3^{(1)}}{\partial x_1}\right) \quad (7.18)$$

求解方程式（7.17）和式（7.18）的过程与求解早先的标准问题的过程是相同的。首先，必须要由第一次近似的已知解——纵波和横波的一阶谐波求解式（7.17）和式（7.18）的右侧值。

对于式（7.17），由于等式是线性的，这个过程可简化，因此如果右侧两个被加数的解都已知，叠加原理是有效的。正是因为这些是已知的——第一被加数的解是第一个标准问题（5.21）的解，第二被加数的解是第二个标准问题（7.13）的解。

因此，在弹性二阶非线性材料中同时激励纵波和横波的条件下，纵波是三个波形的叠加：典型谐波式（5.17）、式（5.20）表示的具有特定幅值的第二类谐波和式（7.13）所表示的空间调制复合纵波。

$$\begin{aligned} u_1(x,t) &= u_1^{(1)}(x_1,t) + u_2^{(2)}(x_1,t) = u_{1o}\cos(k_1x_1 - \omega t) + \\ &x_1\left[\frac{N_1}{8(\lambda + 2\mu)}(u_{1o})^2k_1^2\right]\cos 2(k_1x_1 - \omega t) + \\ &\frac{[\lambda + 2\mu + (1/2)A + B]k_3\,(u_{3o})^2}{4\rho[(v_L)^2 - (v_T^2)]}\sin[(k_3 - k_1)x]\cdot \\ &\cos[2\omega t - (k_3 + k_1)x_1] \end{aligned} \quad (7.19)$$

为了求解式（7.18），仔细遵循整个过程，则得到的解具有如下形式：

$$\begin{aligned} u_3(x,t) &= u_3^{(1)}(x_1,t) + u_3^{(2)}(x_1,t) = u_{3o}\cos(k_1x_1 - \omega t) + \\ &\frac{N_2\omega u_{1o}u_{3o}}{\rho\,(v_T)^3}\sin\left[\frac{1}{2}(k_3 - k_1)x_1\right]\left\{\frac{a_{LT}+1}{3a_{LT}^2 - 2a_{LT} + 1}\times\right. \\ &\left.\cos\left[2\omega t - \frac{1}{2}(3k_3 + k_1)x_1\right] - \frac{1}{a_{LT} - 1}\cos\left[\frac{1}{2}(k_3 - k_1)x_1\right]\right\} \end{aligned} \quad (7.20)$$

因此，用这种方法解出：垂直横波由经典线性波（一阶谐波）和小周期调制的复合横波所组成。

7.2 三阶非线性弹性平面横波

7.2.1 三阶非线性波动方程

第 5 章讨论了包含二阶和三阶非线性的平面偏振波动方程，我们在下面重复第 5 章中的推导过程：

$$\rho u_{1,tt} - (\lambda + 2\mu) u_{1,11} = N_1 u_{1,11} u_{1,1} + N_2 (u_{2,11} u_{2,1} + u_{3,11} u_{3,1}) + N_3 u_{1,11} \cdot (u_{1,1})^2 + N_4 (u_{2,11} u_{2,1} u_{1,1} + u_{3,11} u_{3,1} u_{1,1}) \tag{7.21}$$

$$\rho u_{2,tt} - \mu u_{2,11} = N_2 (u_{2,11} u_{1,1} + u_{1,11} u_{2,1}) + N_4 u_{2,11} (u_{2,1})^2 + N_5 u_{2,11} \cdot (u_{1,1})^2 + N_6 u_{2,11} (u_{3,1})^2 \tag{7.22}$$

$$\rho u_{3,tt} - \mu u_{3,11} = N_2 (u_{3,11} u_{1,1} + u_{1,11} u_{3,1}) + N_4 u_{3,11} (u_{3,1})^2 + N_5 u_{3,11} (u_{1,1})^2 + N_6 u_{3,11} (u_{2,1})^2 \tag{7.23}$$

式（7.21）~式（7.23）保留了二阶非线性波动方程式（7.1）~式（7.3）的两个基本特征：它们有独立的线性和非线性部分，而且是耦合的。它们包含了在第5章中已注意到的新的耦合特征。

回顾第5章所示的关于分析三阶非线性的六种可能性之一。

可能性3：在横波传播方程式（7.22）和式（7.23）中，被加项 $u_{2,11}(u_{2,1})^2$ 和 $u_{3,11}(u_{3,1})^2$ 的出现表明，在用到的子势函数中谐振横波将产生自己的三阶谐波。

这个可能性将在下一步考虑中实现。

7.2.2 两个非线性弹性平面垂直谐振横波（缓变振幅法分析，两个相异波的情况）

这个问题需要一些初步处理。从波动方程式（7.21）~式（7.23）开始，这组方程包含了二阶和三阶非线性项。在方程式（7.21）~式（7.23）中，垂直横波由下式描述：

$$\rho u_{3,11} - \mu u_{3,tt} = N_2 (u_{3,11} u_{1,1} + u_{1,11} u_{3,1}) + N_4 u_{3,11} (u_{3,1})^2 + N_5 u_{3,11} (u_{1,1})^2 + N_6 u_{3,11} (u_{2,1})^2 \tag{7.24}$$

与式（7.3）比较，该方程包括三个新的描述不同平面波之间非线性相互作用的三阶非线性被加数，具有系数 N_5 和 N_6 的求和项分别对应纵波与垂直横波的相互作用和两个不同横波的相互作用。具有系数 N_4 的求和项对应垂直横波的自身相互作用（自激励）。

正是由于这一求和项的存在，我们才得以研究谐振垂直横波从频率 ω 到频率 3ω 的自转换，反之亦然。

首先简化这个问题：使初始时仅激励谐振垂直横波。则式（7.24）简化为

$$\rho u_{3,tt} - \mu u_{3,11} = N_4 u_{3,11} (u_{3,1})^2 \tag{7.25}$$

让我们把使用缓变振幅法描述的自转换的经典方案作为分析两个波相互作用的方案。首先，选择具有不可通约幅值的两个波（两个垂直偏振横波）：具

有幅值 A_p、波数 k_{Tp} 和频率 ω_p 的功率泵浦波和具有幅值 A_s、波数 k_{Ts} 和频率 ω_s 的弱信号波。

根据缓变振幅法，式（7.25）可写成如下标准形式：

$$u_3(x_1,t) = A_p(x_1)\mathrm{e}^{\mathrm{i}(k_{Tp}x_1-\omega_p t)} + A_s(x_1)\mathrm{e}^{\mathrm{i}(k_{Ts}x_1-\omega_s t)} \tag{7.26}$$

式中：幅值 $A_p(x_1)$，$A_s(x_1)$ 为未知的缓变复复函数，其余的波参数是对应于线性波理论的实常数。

进一步，为了得到简化方程，应在标准假设的条件下允许将式（7.26）代入式（7.25），因此，对应问题的简化方程为

$$\begin{aligned} & k_{Tp}\frac{\mathrm{d}A_p}{\mathrm{d}x_1}\mathrm{e}^{\mathrm{i}(k_{Tp}x_1-\omega_p t)} + k_{Ts}\frac{\mathrm{d}A_s}{\mathrm{d}x_1}\mathrm{e}^{\mathrm{i}(k_{Ts}x_1-\omega_s t)} \\ = & -\frac{iN_4}{2\mu}[(k_{Tp})^4(A_p)^3\mathrm{e}^{\mathrm{i}3(k_{Tp}x_1-\omega_p t)} + (k_{Ts})^4(A_s)^3\mathrm{e}^{\mathrm{i}3(k_{Ts}x_1-\omega_s t)} + \\ & (k_{Tp})^2k_{Ts}(2k_{Tp}+k_{Ts})(A_p)^2A_s\mathrm{e}^{\mathrm{i}[(2k_{Tp}+k_{Ts})-(2\omega_p+\omega_s)t]} + \\ & k_{Tp}k_{Ts}^2(k_{Tp}+2k_{Ts})A_p(A_s)^2\mathrm{e}^{\mathrm{i}[(k_{Tp}+2k_{Ts})x_1-(\omega_p+2\omega_s)t]}] \end{aligned} \tag{7.27}$$

式（7.27）是考虑了问题的特异性所做的简化。特异性包括：① 同时激励两个波；② 忽略了功率泵浦波的自激励效应，因此式（7.27）中第一个非线性求和项被忽略了；③ 考虑了信号波的自激励效应，即考虑了第二个非线性求和项。第三个和第四个非线性求和项描述了两个波的相互作用，但弱信号波的幅值以不同的形式包含在这两项中——在第三个求和项中是线性的，因此在第三项中被保留，在第四个求和项中是非线性的，因其幅值小而被忽略。

因此，式（7.27）可写成两个耦合的三阶非线性方程的形式：

$$\begin{aligned} &(\mathrm{d}A_s/\mathrm{d}x_1) = -iS_s(A_p)^3\mathrm{e}^{\mathrm{i}[(3k_{Tp}-k_{Ts})x_1-(3\omega_p-\omega_s)t]}, \\ &(\mathrm{d}\bar{A}_p/\mathrm{d}x_1) = iS_p\bar{A}_s(A_p)^2\mathrm{e}^{\mathrm{i}[(3k_{Tp}-k_{Ts})x_1-(3\omega_p-\omega_s)t]}, \\ &S_p = (N_4/2\mu)k_{Tp}k_{Ts}(2k_{Tp}+k_{Ts}),\ S_s = N_4k_{Tp}^4/(2\mu k_{Ts}) \end{aligned} \tag{7.28}$$

假设频率同步性条件为

$$\omega_s = 3\omega_p \tag{7.29}$$

那么式（7.28）变成演化方程：

$$\begin{aligned} &\mathrm{d}A_s/\mathrm{d}x_1 = -iS_s(A_p)^3\mathrm{e}^{\mathrm{i}(3k_{Tp}-k_{Ts})x_1}, \\ &(\mathrm{d}\bar{A}_p/\mathrm{d}x_1) = iS_p\bar{A}_s(A_p)^2\mathrm{e}^{\mathrm{i}(3k_{Tp}-k_{Ts})x} \end{aligned} \tag{7.30}$$

上述方程可转换为与幅值模和变量 $a_{s(p)}(x_1) = |A_{s(p)}(x_1)|$，$\varphi_{s(p)}(x_1) = \arg[A_{s(p)}(x_1)]$ 相关的两个耦合方程组。

系统保留三阶非线性：

$$[a_s(x_1)]' = S_s[a_p(x_1)]^3\sin\varphi(x_1),$$

$$[a_p(x_1)]' = -S_p a_s(x_1)[a_p(x_1)]^2 \sin\varphi(x_1) \tag{7.31}$$

$$[\varphi_s(x_1)]' = -S_s\{[a_p(x_1)]^3/a_s(x_1)\}\cos\varphi(x_1),$$

$$[\varphi_p(x_1)]' = -S_p a_s(x_1) a_p(x_1)\cos\varphi(x_1),$$

$$\varphi(x_1) = 3\varphi_p(x_1) - \varphi_s(x_1) + \Delta k_T \cdot x_1,\ \Delta k_T = 3k_{Tp} - k_{Ts} \tag{7.32}$$

系统（7.31）允许我们得到下列方程：

$$\left\{[a_s(x_1)]^2/S_s\right\} + \left\{[a_p(x_1)]^2/S_p\right\} = F \tag{7.33}$$

式中：F 为一个任意的积分常数。

请再次注意（见第5章），式（7.33）在非线性光学中称为 Manley - Rowe 关系式。引入波强度如下：

$$I_{s(p)}(x_1) = [a_{s(p)}(x_1)]^2$$

那么式（7.33）服从：

$$[I_s(x_1)/S_s] + [I_p(x_1)/S_p] = F$$

如果我们采用赋范强度：

$$\widehat{I}_{s(p)}(x_1) = I_{s(p)}(x_1)/(FI_{s(p)})$$

和一个新的独立变量：

$$\xi = FS_p\sqrt{S_pS_s} \cdot x_1$$

那么 Manley - Rowe 关系式简化为

$$\widehat{I}_s(\xi) + \widehat{I}_p(\xi) = 1 \tag{7.34}$$

耦合系统方程式（7.31）和式（7.32）可用新符号写为

$$\left[\sqrt{\widehat{I}_s(\xi)}\right]'_\xi = \widehat{I}_p(\xi)\sqrt{\widehat{I}_p(\xi)}\sin\varphi(\xi),$$

$$\left(\sqrt{\widehat{I}_p(\xi)}\right)'_\xi = \widehat{I}_p(\xi)\sqrt{\widehat{I}_s(\xi)}\sin\varphi(\xi) \tag{7.35}$$

$$(\varphi(\xi))'_\xi = \Delta\widehat{k}_T + \left\{\ln\left[\widehat{I}_p(\xi)\sqrt{\widehat{I}_p(\xi)\,\widehat{I}_s(\xi)}\right]\right\}'_\xi \cdot \frac{\cos\varphi(\xi)}{\sin\varphi(\xi)},$$

$$\Delta\widehat{k}_T = \Delta k_T/(FS_P\sqrt{S_pS_s}) \tag{7.36}$$

进一步引入波数匹配条件：

$$\Delta\widehat{k}_T = \Delta k_T = 3k_{Tp} - k_{Ts} = 0$$

并且满足完全同步性条件：

$$\omega_s = 3\omega_p,\ k_{Ts} = 3k_{Tp}$$

则意味着信号波是功率泵浦波的三阶谐波。在这种情况下，式（7.35）可以

积分为

$$\widehat{I}_p(\xi)\sqrt{\widehat{I}_p(\xi)\,\widehat{I}_s(\xi)}\cos\varphi(\xi) = G,$$

$$G = \widehat{I}_p(0)\sqrt{\widehat{I}_p(0)\,\widehat{I}_s(0)}\cos[3\varphi_p(0) - \varphi_s(0)] \tag{7.37}$$

式（7.37）与 Manley－Rowe 关系式（7.34）一起，形成了式（7.35）的积分。另外，信号波的强度方程可以从式（7.35）和式（7.37）得出

$$[\widehat{I}_s(\xi)]'_\xi = \pm 2\sqrt{[1-\widehat{I}_s(\xi)]^3\,\widehat{I}_s(\xi) - G^2} \tag{7.38}$$

式（7.38）的解可以写为

$$\xi = \pm\frac{1}{2}\int_{\widehat{I}_s(0)}^{\widehat{I}_s(\xi)}\frac{\mathrm{d}\widehat{I}_s}{\sqrt{[1-\widehat{I}_2(\xi)]^3\,\widehat{I}_s(\xi) - G^2}} \tag{7.39}$$

当条件 $G=0$，积分简化为

$$\xi = \pm\frac{1}{2}\int_{\widehat{I}_s(0)}^{\widehat{I}_s(\xi)}\frac{\mathrm{d}\widehat{I}_s}{[1-\widehat{I}_s(\xi)]^{3/2[\widehat{I}_s(\xi)]^{1/2}}} \tag{7.40}$$

式（7.40）的积分给出了：

$$\xi = \pm\left[\sqrt{\frac{\widehat{I}_s(\xi)}{1-\widehat{I}_s(\xi)}} - \sqrt{\frac{\widehat{I}_s(0)}{1-\widehat{I}_s(0)}}\right] \text{或} \ \xi = \pm\left[\sqrt{\frac{\hat{I}_s(\xi)}{\hat{I}_p(\xi)}} - \sqrt{\frac{\hat{I}_s(0)}{\hat{I}_p(0)}}\right] \tag{7.41}$$

值得回顾的是，下列假设仍是真的：与功率泵浦波的初始强度相比，信号波的初始强度非常小。

$$\widehat{I}_s(0) \ll \widehat{I}_p(0)$$

因此，由式（7.41）可得到下列关系式：

$$\frac{\widehat{I}_s(\xi)}{\widehat{I}_p(\xi)} \approx \xi^2,\ \widehat{I}_s(\xi_1) \approx \frac{\xi^2}{1+\xi^2},\ \widehat{I}_p(\xi_1) \approx \frac{1}{1+\xi^2} \tag{7.42}$$

因此，初始弱信号波的强度随着坐标 ξ 的增加而增加，初始功率泵浦波的强度同时减少。

式（7.42）可以在特定传播介质和特定波的信息未知（知道波是谐振弹性波、传播介质是三阶非线性就足够了）的情况下进行讨论，分析实例如下。

图 7.1 中水平轴（横轴）对应于变量 ξ（赋范空间坐标）的值，而垂直轴

（纵轴）对应于两种波的赋范强度值。上升曲线表示频率为 3ω 的信号波强度，下降曲线表示频率为 ω 的功率泵浦波强度。

图 7.2 与图 7.1 不同，此处对应曲线表示赋范幅值 $\widehat{a}_{s(p)}=\sqrt{\widehat{I}_{s(p)}}$。图 7.1 和 7.2 表示了相同的事实：

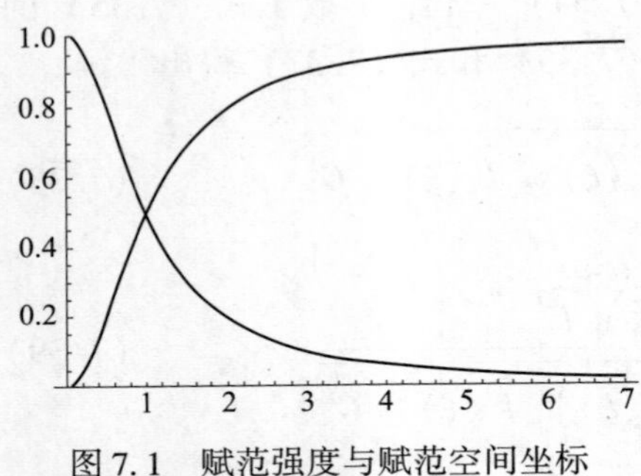

图 7.1　赋范强度与赋范空间坐标

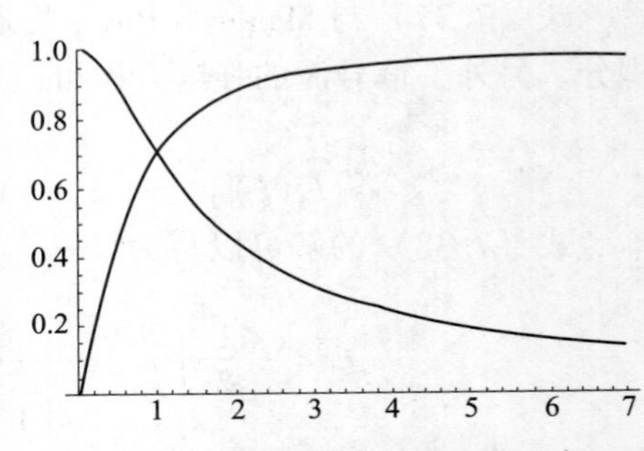

图 7.2　赋范幅度与赋范空间坐标

从初始点 $\xi=0$ 到 $\xi=1$ 处的特征距离内，弱信号波幅值与泵浦波幅值相等。而且信号波幅值很快增加，而泵浦波幅值缓慢减小。

注意：曲线交点对应的 ξ 值为

$$\xi^{*}=FS_p\sqrt{S_pS_S}\cdot x^{*}$$

该值有时称为特征值。它是非线性弹性介质和相互作用波参量的共同特征值。

由于：

$$F=\frac{[a_s(x)]^2}{S_s}+\frac{[a_p(x)]^2}{S_p},\ S_p=\frac{N_4}{2\mu}k_{Tp}k_{Ts}(2k_{Tp}+k_{Ts}),\ S_s=\frac{N_4}{2\mu}\frac{k_{Tp}^4}{k_{Ts}}$$

因此，可得下列结论：

在超弹性三阶非线性材料中，最初激发频率为 ω 的功率泵浦波和频率为 3ω 的弱信号波，在两波同时传播的过程中，能量从功率波泵到了弱信号波。在这种作用下，发生了波的频率从 ω 变到 3ω 的自转换。在仅激发功率波时，转换现像不会发生。

下列问题很重要：转换过程需要多长时间？当持续时间可接受时，所述的平面横波在超弹性三阶非线性材料中的转换理论从技术上令人感兴趣，因为转换过程与经典晶体管类似。

练　习

1. 从多本书中查找调制波的定义。式（7.13）是哪种意义的调制波？

2. 分别画出式（7.19）中的三个纵波：一阶谐波、二阶谐波和复合波。在一个图中绘制三种波形，简述式（7.19）所述波的演变。

3. 分别画出式（7.20）的两个横波：一阶谐波和复合波。在一个图中绘制两个波，简述式（7.20）所述波的演变。

4. 比较三阶非线性方法的简化方程（7.27）与二阶非线性方法的相似方程（5.65）。分析它们有什么区别和相似之处？

5. 比较三阶非线性方法的演变方程（7.30）和二阶非线性方法的相似方程（5.66）。分析它们有什么区别和相似这处？

6. 比较式（7.31）（三阶非线性方程组）和式（5.70）（二阶非线性方程组）。分析从不同方程组得到相同的（其中的 S 不同…）Manley – Rowe 关系式的过程。

参考文献

[1] Cattani, C., Rushchitsky, J. J.: Plane waves in cubically nonlinear elastic media. Int. Appl. Mech. 38 (11), 1361 – 1365 (2002)

[2] Cattani, C., Rushchitsky, J. J.: Generation of the third harmonic by the plane waves in materials with Murnaghan potential. Int. Appl. Mech. 38 (12), 1482 – 1487 (2002)

[3] Cattani, C., Rushchitsky, J. J.: Cubically nonlinear elastic waves versus quadratically ones. Int. Appl. Mech. 39 (12), 1361 – 1399 (2003)

[4] Cattani, C., Rushchitsky, J. J.: Wavelet and Wave Analysis as Applied to Materials with Micro or Nanostructure. World Scientific, Singapore (2007)

[5] Cattani, C., Rushchitsky, J. J., Sinchilo, S. V.: Cubic nonlinearity in elastic materials: theoretical prediction and computer modelling of new wave effects. Math. Comput. Model. Dyn. Syst. 10 (3 – 4), 331 – 352 (2004)

[6] Rushchitsky, J. J.: Self – switching of waves in materials. Int. Appl. Mech. 37 (11), 1492 – 1498 (2001)

[7] Rushchitsky, J. J.: Self – switching of displacement waves in elastic nonlinearly deformed materials. Comptes Rendus de l'Academie des Sciences, Serie IIb Mecanique, Tome 330 (2), 175 – 180 (2002)

[8] Rushchitsky, J. J.: Fragments of the theory of transistors: switching the plane transverse hypersound wave in nonlinearly elastic nanocomposite materials. J. Math. Sci. (Matematychni metody ta fizyko – mekhanichni polia—Mathematical Methods and Physical – Mechanical Fields) 51 (3), 186 – 192 (2008)

[9] Rushchitsky, J. J.: On phenomenom of self – switching of hypersound waves in quadratically nonlinear elastic nanocomposite materials. Int. Appl. Mech. 45 (1), 73 – 93 (2009)

[10] Rushchitsky, J. J. : Certain class of nonlinear hyperelastic waves: classical and novel models wave equations, wave effects. Int. J. Appl. Math. Mech. 8 (6), 400 - 443 (2012)

[11] Rushchitsky, J. J. , Cattani, C. , Sinchilo, S. V. : Comparative analysis of evolution of the elastic harmonic wave profile due to generation of the second and third harmonics. Int. Appl. Mech. 40 (2), 183 - 189 (2004)

[12] Rushchitsky, J. J. , Savelieva, E. V. : On the interaction of transverse cubically nonlinear waves in elastic materials. Int. Appl. Mech. 42 (6), 661 - 668 (2006)

[13] Rushchitsky, J. J. , Savelieva, E. V. : Self - switching of transverse plane wave when is being passed in the elastic composite material. Int. Appl. Mech. 43 (7), 763 - 781 (2007)

[14] Rushchitsky, J. J. , Tsurpal, S. I. : Khvyli v materialakh z mikrostrukturoiu (Waves in Materials with the Microstructure). SP Timoshenko Institute of Mechanics, Kiev (1998)

第 8 章

次弹性介质中的非线性平面波

在本章中，将详细说明平面波在次弹性介质中传播的规律。内容分为三部分。第一部分介绍和探讨了次弹性介质理论的主要内容和基本概念，并给出弹性平面波相关的必要信息。第二部分致力于从一般非线性模型到次弹性材料线性化模型（包括线性化本构方程）的转换分析，关键点是分析初始应力和初始速度存在的可能性。第三部分给出具有初始应力和初始速度的平面波分析实例，用常用方法和初始各向同性介质的简单案例，研究了初始状态对平面波类型和数量的影响。描述了次弹性介质中波动的特征，尤其是预测了利用初始应力可阻止某些类型平面波产生的效应。

该部分内容可参考非线性弹性平面波的相关出版物，详见本章参考文献列表［1－29］。

8.1　必要的次弹性介质理论

8.1.1　介绍

第 3 章中引入了次弹性介质并进行了少量讨论。这类材料理论属于包括变形的非线性模型的经典材料力学范畴。因此我们有必要回顾一些非线性材料力学理论的经典事实，它是力学的传统分支，并且在理论求解和实验观察领域都获得了发展。因为问题的复杂性和探索的困难性，非线性材料力学直到 19 世纪才开始创建，并且也仅有极少数研究者才在该领域开展工作。在此，下面这些世界著名的科学家应该被提及：Bell、Biot、Ericksen、Eringen、John、Green、Hill、Holzapfel、Kappus、Kauderer、Lurie、Maugin、Mooney、Murnaghan、Neiber、Noll、Novozhilov、Oden、Prager、Rivlin、Seth、Signorini、Southwell、Truesdell、Toupin，等等。完整的参考文献可以在本章结尾的列表中找到。

考虑初始应力的材料理论和材料中的非线性波动理论，是力学的两个独立方向，如果不考虑这两方面的内容，任何关于次弹性材料及其力学模型的讨论都将是不清楚的。

到目前为止，考虑初始应力的材料理论已经形成了经典材料力学理论的一个独立分支。该理论在几本书（例如，参考文献［12－15］）中得到了相当充分的阐述。

如前所述，非线性弹性波动理论仍处于发展阶段。该理论积极地采用物理学其他部分的研究成果。

本章意在给出具有初始应力的条件下平面位移波的类型和数量的综合处理方法，并且由波的偏振特性引入主题。

8.1.2 基本概念

回顾一下第3章的知识，从弹性材料的概念入手开始介绍。弹性材料定义为当引起变形的因素去除后变形具有可逆性的材料。有时，弹性的性质是指物体初始形状的完全重构和变形体累积能量的完全恢复。

传统分类包括三种弹性材料：**次弹性、弹性和超弹性材料**。每种类型的定义基于应变、应变率和应力场等概念。这些场的概念是为了描述非线性变形的一般情况而引入的，因此弹性体的参考（初始）状态和实际（当前）状态存在区别是必然的。更明确地说，这些概念在很多重要时刻由自然状态初始无扰动状态和干扰状态等相关的量构成。选定的描述弹性体变形过程的方式，决定了其应变张量、应变率张量和应力张量。

为方便起见，我们回顾一些基本定义。

柯西－格林应变张量由参考系和拉格朗日坐标系 $\{x_k\}$ 中的已知位移矢量 $\vec{u}(x_k,t)$ 确定：

$$\varepsilon_{nm} = \frac{1}{2}(u_{n,m} + u_{m,n} + u^{k,n}u_{k,m}) \tag{8.1}$$

这一对称张量定义了参考系统（物体非变形状态内物体的无矩阵相关的应变）。

Almansi 应变张量由已知位移矢量 $\widehat{\vec{u}}(X_\alpha,\ t)$ 在实际结构和欧拉坐标系 $\{X_\alpha\}$ 中定义：

$$\widehat{\varepsilon}_{nm}=\frac{1}{2}(\widehat{u}_{n,m}+\widehat{u}_{m,n}+\widehat{u}^{k,n}\widehat{u}_{k,m}) \tag{8.2}$$

这一对称张量定义了与实际结构中的体矩阵相关的体应变。

矢量 $\vec{u}(x_k,\ t)$ 及张量 $\varepsilon_{nm}(x_k,\ t)$ 变量对和矢量 $\widehat{\vec{u}}(X_\alpha,\ t)$ 及张量 $\widehat{\varepsilon}_{nm}(X_\alpha,\ t)$ 变量充分地定义了材料体变形的运动学图像。

非对称皮奥拉－基尔霍夫（Piola－Kirchhoff）应力张量 $t^{nm}(x_k,\ t)$ 包含了变形状态下单元体的表面上某时刻 t 的应力，此时单元体的变形由其参考状态的面积单位进行度量。

对称拉格朗日－柯西（Lagrange－Cauchy）应力张量 $\sigma^{ik}(X_\alpha,\ t)$ 包含了变形状态下单元体的表面上某时刻 t 的应力，此时单元体的变形由其变形状态的面积单位进行度量。

尧曼（Jaumann）应力变化速率，它与拉格朗日－柯西应力张量对应，由下式定义：

$$\sigma^{\triangledown}_{ik}=(\mathrm{D}\sigma_{ik}/\mathrm{D}t)-\sigma_{in}v_{[k,n]}-\sigma_{kn}v_{[i,n]} \tag{8.3}$$

式中：$(\mathrm{D}/\mathrm{D}t)=(\partial/\partial t)+v_k(\partial/\partial x_k)$ 为时间导数的标准符号；$\vec{v}=\{v_k\}=\{(\partial x_k/\partial t)\}$ 为质点速度；$v_{[k,n]}$ 中方括号为 $v_{k,n}$ 中的非对称部分。包含分量 $W_{kn}=v_{[k,n]}$ 的旋转率的反对称张量和应变率 $V_{kn}=v_{(k,n)}$ 的对称张量在后续将会用到。

应注意旋转张量使用相对于固定坐标系应力和应变速率的改变，且在很长时间内没有非线性描述。后来，Germain[10] 才将非线性张量的概念引入了科学实践。

次弹性材料的类型由本构方程的形式定义。必须具有以下形式：

$$\sigma^{\triangledown}_{ik}=C_{iklm}(\sigma_{rs})V_{lm} \tag{8.4}$$

需要记住的是，与一般弹性材料和超弹性材料相对比，在线性近似中次弹性材料允许初始应力的存在，相对于初始应力，次弹性材料的无限小变形是可逆的。

最后请注意，在次弹性材料分析中，力学性能的对称性也很重要，因此，需要记住，对称性是如何引入（一般）弹性材料分析中的。这种材料定义为一种容许有无应力状态（自然状态）的材料，其该无应力状态附近当前的应力值可由当前时刻位移梯度或应变张量的值一一对应进行定义。

$$\sigma_{ik}^{\nabla} = F_{ik}(\varepsilon_{lm})$$

如果引入矩形对称的假设（圆柱波和扭转波需要引入曲线对称），那么上述关系转换为

$$\sigma_{ij} = A_{ijkl}\varepsilon_{kl} + A_{ijklmn}\varepsilon_{kl}\varepsilon_{mn} + A_{ijklmnpq}\varepsilon_{lm}\varepsilon_{mn}\varepsilon_{pq} + \cdots$$

此处，四阶张量A_{ijkl}的对称性值得讨论。这一张量表达了线弹性材料的弹性特性，其分量代表了具体的弹性常数。上述对称性与A_{ijkl}的对称性相关联。首先，由于应力和应变张量的对称性，独立弹性常数总数量从 81 个减少到 36 个，但是一般工程材料不具有复杂对称性，因此，材料力学过程分析中，做了有关材料性能对称性的附加假设。关于对称性的研究还将在下面对平面波的分析中持续。

8.1.3 弹性平面波的必要信息

由两个假设引入平面波：**假设 1**，某些选定方向的单位矢量$\vec{n}^o =$（$\cos\alpha^o$，$\cos\beta^o$，$\cos\gamma^o$）是确定的。**假设 2**，位移矢量由 D Alembert 波的形式给定，D Alembert 波以恒定相速度v_{ph}和幅值$\vec{u}^o$沿选定方向$\vec{n}^o$传播：

$$\vec{u}(x,t) = \vec{u}^o F[t - (\xi/v_{ph})] \tag{8.5}$$

符号为标准符号：$\xi = \vec{n}^o \cdot \vec{r} = n_1^o x_1 + n_2^o x_2 + n_3^o x_3$，$\vec{n}^o = \{n_n^k \equiv \cos\alpha_k^0\}$，$\vec{r}$是点（$x_1$，$x_2$，$x_3$）的半径矢量。

对于任何给定时刻，位移（8.5）在由等式$\xi = \vec{n}^o \cdot \vec{r} = n_1^o x_1 + n_2^o x_2 + n_3^o x_3 =$ const 定义的平面中是确定的，该平面形成波前，矢量$\vec{n}^o$垂直于波前。

那么，根据式（8.5），平面波由四个参数表征：**参数 1**，由函数F（通常是两次连续可微函数）描述的任意形状轮廓。**参数 2**，任意振幅$\vec{u}^o$。**参数 3**，振幅的固定偏振方向（振幅矢量的方向）。**参数 4**，固定的相速度v_{ph}。

为了确定未知相速度v_{ph}和幅值偏振$\vec{u}^o$（一列传播的平面波中，幅值可以是任意的，但是矢量$\vec{u}^o$的方向不能是任意的，它应是给定的），波的传播必然存在方程。

众所周知，拉格朗日坐标系中的运动方程是采用皮奥拉－基尔霍夫应力张量以如下形式表示［4，11］：

$$\nabla_i t^{ik} - \rho(\partial^2 u^k/\partial t^2) = 0 \tag{8.6}$$

然而这个等式采用拉格朗日应力张量则具有不同的形式：

$$\nabla_i[\sigma^{in}(g_n^k + \nabla_n u^k)] - \rho(\partial^2 u^k/\partial t^2) = 0 \tag{8.7}$$

进一步，式（8.6）和式（8.7）之一的运动方程应与本构方程以及通过位移矢量表达的应变张量一同研究。

假定我们仅对简单线性情形进行分析，选择拉格朗日方法，也就是式（8.7）所述的，本构方程 $\sigma_{ik}=c_{iklm}\varepsilon_{lm}$ 和应变张量的线性表示 $\varepsilon_{ik}=(1/2)(u_{i,k}+u_{k,i})$。

三者相结合给出了经典运动方程：

$$\sigma_{ik,k}-\rho(\partial^2 u_i/\partial t^2)=0 \tag{8.8}$$

或

$$c_{iklm}u_{m,lk}-\rho(\partial^2 u_i/\partial t^2)=0 \tag{8.9}$$

将平面波表达式（8.5）代入系统式（8.9），并引入克里斯托弗张量 $\Gamma_{im}=c_{iklm}n_k n_l$，则得到克里斯托弗等式：

$$\Gamma_{im}u_i^o=\rho(v_{\mathrm{ph}})^2 u_i^o \tag{8.10}$$

对式（8.10）的分析，可使我们能得到经典线性弹性材料中平面波的类型和数量信息。

首先，必须提到克里斯托弗张量的如下特性[2,9]，在一般情况下，克里斯托弗张量的特征值给出了三个不同的平面波相速值，克里斯托弗张量的特征矢量给出了不同的振幅偏振类型。

在经典连续介质力学中[21,22,29]，对于建立在超弹性材料中任意波的声波数量和声轴正交的波的传播方程（8.9），存在有一个附加的不等式系统或条件（C－E－条件、GCN 条件、H 条件，等等）

对平面波，它们还建立了克里斯托弗张量的特征值是实数和特征矢量是正交的客观现象。

因此，对任意选定方向，在线弹性介质中存在三种平面波，它们以不同的相速度和相互正交的偏振振幅沿该方向传播。

这三种波具有自己的名称。如果其偏振方向与选定方向一致，该波称为**纵向偏振波**或**纵波**。其他两种偏振相应为**垂直偏振横波**或**垂直横波**和**水平偏振横波**或**水平横波**。

利用这种方法，确定了平面波的三种基本波型，它们的区别在于偏振属性。

在真实材料中，上述情况是一种特例。典型情况是极化方向与选定方向不一致。这时，接近于选定方向的波型称为准纵波。其余两种波型称为准横波。按照规律，横波的波速较慢。应注意波的某些类型应处于“纯”或“准”的状态。

当传播方向与二阶对称轴一致时，将会出现特殊类型波。三阶对称轴是特例，该方向波的类型仍然是准纵波和准横波。根据对称性种类不同，横波具有完全相同或不同的传播速度。对于给定的对称类型，波型可以从“纯”纵波或横波状态转化到“准”纵波或横波状态。

因此，材料的对称性不能产生新类型的波，但是可以改变每种类型波的数量。各向同性材料的最简单情况由两种类型的波——纵波和横波（不能识别水平或垂直极化）表征，不同类型的波的数量等于 2。

请注意，很长一段时间，经典的弹性理论主导了材料对称性三种类型[6]：

各向同性（2 个独立弹性常数、立方对称、对称性种类 m3m，23，$\bar{4}$3m）；

横向各向同性（5 个独立弹性常数、六方对称、对称性种类 6，$\bar{6}$，6mm，$\bar{6}$m2）；

正交各向异性（9 个独立弹性常数、菱形对称、对称性种类 2mm，222）。

人们积极研究压电材料，提出了扩展材料对称性种类和考虑了所有的晶体系统的需求。例如，具有 21 个独立弹性常数的情况对应于三斜晶系的系统（种类 1，$\bar{1}$），具有 13 个独立弹性常数的情况对应于单斜晶系（种类 2，m，2/m）。

后续将会看到，使用基于初始非线性方程线性化的方法研究具有初始应力的次弹性材料时，将极大地扩展材料的对称性分类。

8.2 次弹性材料：线性化、存在初始应力和速度的情况

8.2.1 本构方程的线性化

假设存在于材料次弹性变形定律中的张量函数 $C_{iklm}(\sigma_{rs})$ 退化为常数张量 C_{iklm}，其与一般弹性体的弹性特征张量相似。由于张量 σ_{ik}^{∇} 和 V_{lm} 的对称性，四阶张量 C_{iklm} 有如下对称属性：

$$C_{ijkl} = C_{jikl}, \ C_{ijkl} = C_{ijlk} \tag{8.11}$$

因此，包含了 36 个独立变量。

利用从式（8.3）的尧曼表达式得到的量 $v_{[k,n]}$ 是旋转张量 $W_{ik} = v_{[k,n]}$ 的分量这一事实，式（8.4）可重写为如下形式：

$$(\mathrm{D}/\mathrm{D}t)\sigma_{ik} - \sigma_{in}W_{kn} - \sigma_{kn}W_{in} = C_{iklm}V_{lm} \tag{8.12}$$

注意：尽管关系式（8.12）的等号右侧类似线性表达形式，但它是非线性的。

在符合式（8.12）规律要求的初始状态附近对式（8.12）进行线性化，使用 σ_{ik}^*（应力）、W_{nm}^*（旋转张量）和 v_k^*（速度）表示其固定参数。从而得到如下公式：

$$[(\partial/\partial t) + v_j^*(\partial/\partial x_j)]\sigma_{ik} - \sigma_{in}^*W_{kn} - \sigma_{kn}^*W_{in} = C_{iklm}V_{lm} \tag{8.13}$$

线性化的本构方程（8.13）将新状态的应力 σ_{ik} 变化速率［其与 $*$ 上标表示的旧（初始）次弹性状态相叠加］与新状态的运动学参数旋转速率 W_{nm} 和应变 V_{nm} 进行了线性关联。但是线性关联的系数包括了旧（初始）状态的常数参数。

考虑两种极限情况：

情况1：$\sigma_{ik}^{*} \neq 0$，$v_{m}^{*}=0$。

情况2：$\sigma_{ik}^{*}=0$，$v_{m}^{*} \neq 0$。

8.2.2 次弹性材料：线性化本构方程（情况1）

如果线性化是针对零初始速度和非零初始应力的初始状态附近的状态进行的，那么线性化本构方程（8.13）对时间积分，将应变和应力的速率转化为应变和应力，式（8.13）变为如下关系式：

$$\sigma_{ik} = \sigma_{ik}^{*} + \sigma_{in}^{*}\omega_{kn} + \sigma_{kn}^{*}\omega_{in} + C_{iklm}\varepsilon_{lm} \tag{8.14}$$

式中：ω_{nm} 和 ε_{nm} 分别为旋转张量和应变张量。

此外，假设新状态由小变形描述。则可将本构方程（8.14）代入运动方程（8.9），重复克里斯托弗方程推导过程，那么，方程的系数中包括了初始应力状态参数：

$$\rho\ddot{u}_{,tt} = \sigma_{ik,k}$$

$$\rightarrow \rho\ddot{u}_{,tt} - C_{iklm}u_{i,mk} - (1/2)[\sigma_{im}^{*}(u_{k,mk} - u_{m,kk}) + \sigma_{km}^{*}(u_{i,mk} - u_{m,ik})] = 0$$

$$\rightarrow \rho(v_{\mathrm{ph}})u_{i}^{o} = \Gamma_{im}u_{m}^{o} - (1/2)[\sigma_{im}^{*}(u_{k}^{o}n_{m}n_{k} - u_{m}^{o}n_{k}n_{k}) + \sigma_{km}^{*}(u_{i}^{o}n_{m}n_{k} - u_{m}^{o}n_{i}n_{k})]$$

$$\rightarrow \rho(v_{\mathrm{ph}})u_{i}^{o} = [\Gamma_{im} + (1/2)\sigma_{im}^{*} + (1/2)\sigma_{km}^{*}n_{i}n_{k}]u_{m}^{o} - (1/2)(\sigma_{im}^{*}n_{m})(u_{k}^{o}n_{k}) - (1/2)(\sigma_{km}^{*}n_{m}n_{k})u_{i}^{o} \tag{8.15}$$

应注意与弹性体经典线性理论一样，位移运动方程（8.9）仅包含了二阶导数，因此，对于任意波动形式（8.5）可利用克里斯托弗方法进行处理。

式（8.15）表明的平面波的类型仍与弹性体线性经典理论中的情况相同。但是波的数量首先依赖于次弹性材料的对称性，波的数量还取决于初始状态的对称性和初始状态的相速度，这一点与弹性体线性经典理论不同，是新特征。

8.2.3 次弹性材料：线性化本构方程（情况2）

如果线性化是在非零初始速率和零初始应力初始状态附近进行的，那么，线性化的本构方程（8.13）不能对时间积分。具有如下形式：

$$[(\partial/\partial t) + v_{j}^{*}(\partial/\partial x_{j})]\sigma_{ik} = C_{iklm}V_{lm} \tag{8.16}$$

再次假设新状态由无限小应变表征，联立本构方程（8.16）和线性运动

方程（8.9）得

$$\rho[(\partial/\partial t)+v_j^*(\partial/\partial x_j)]v_i=\sigma_{ik,k}$$

$$\rightarrow(\partial/\partial t)\{\rho[(\partial/\partial t)+v_j^*(\partial/\partial x_j)]^2u_i-C_{iklm}u_{i,mk}\}=0 \tag{8.17}$$

现在应用式（8.5）所述平面波的克里斯托弗过程，系统（8.9）转化为

$$(\partial/\partial t)\{\rho[(\partial/\partial t)+v_j^*(\partial/\partial x_j)]^2u_i-C_{iklm}u_{i,mk}\}u_i^oF[t-(\xi/v_{\mathrm{ph}})]=0$$

$$\rightarrow\rho[1-(v_j^*\cos\alpha_j^o/v_{\mathrm{ph}})]^2u_i^o-C_{iklm}\frac{\cos\alpha_l^o\cos\alpha_k^o}{v_{\mathrm{ph}}}u_m^o=0$$

$$\rho(v_{\mathrm{ph}}-\vec{v}^*\cdot\vec{n}^o)^2u_i^o=\Gamma_{im}u_m^o \tag{8.18}$$

事实上，得到的是克里斯托弗方程，但它包含的相速度是 $v_{\mathrm{ph}}-\vec{v}^*\cdot\vec{n}^o$ 而不是 v_{ph}。

在新速度项中负的被加数 $\vec{v}^*\cdot\vec{n}^o$ 的特征是其与材料特性无关，实际上是由材料次弹性状态中的初始速度 $\vec{v}^*$ 形成的，且不会超过初始速度。请记住，初始速度定义了质点相对于固定坐标系的运动速度。这一被加项可从零（若初始速度与波传播方向正交）变到初始速度值（当初始速度与波传播方向共线时）。

这意味着传播波的速度在不同方向（正方向和反方向）上是不同的。在正方向波传播速度快，在反方向波传播速度慢。

可以确定，**在情况 2 中，在经典弹性波中出现的所有平面波类型及其特性都被保留了，当然，相速度得到一常数权重。**

8.3 次弹性材料：存在初始应力的平面波

8.3.1 存在初始应力的平面波：一般方法

同时存在初始应力和初始速度的一般情况稍微复杂一些，它综合了前面考虑的两种极限情况的特点。克里斯托弗方程有如下形式：

$$\rho(v_{\mathrm{ph}}-\vec{v}^*\cdot\vec{n}^o)u_i^o=[\Gamma_{im}+(1/2)\sigma_{im}^*+(1/2)\sigma_{km}^*n_in_k]u_m^o-(1/2)(\sigma_{im}^*n_m).$$
$$(u_k^on_k)-(1/2)(\sigma_{km}^*n_mn_k)u_i^o \tag{8.19}$$

为了方便，写出对应于式（8.19）系统右侧的三个方程，与平面波幅度 u_i^o 的三个未知分量有关的矩阵 A_{im}：

$$A_{im}=\Gamma_{im}+(1/2)\sigma_{im}^*+(1/2)(\sigma_{km}^*n_k)n_i-$$
$$(1/2)(\sigma_{il}^*n_l)n_m-(1/2)(\sigma_{kl}^*n_ln_k) \tag{8.20}$$

$$A_{1m}=\Gamma_{1m}+(1/2)\sigma_{1m}^*+(1/2)(\sigma_{km}^*n_k)n_1-$$

$$(1/2)(\sigma_{1l}^{*}n_l)n_m - (1/2)(\sigma_{kl}^{*}n_l n_k) \tag{8.21}$$

$$A_{2m} = \Gamma_{2m} + (1/2)\sigma_{2m}^{*} + (1/2)(\sigma_{km}^{*}n_k)n_2 - (1/2)(\sigma_{2l}^{*}n_l)n_m - (1/2)(\sigma_{kl}^{*}n_l n_k) \tag{8.22}$$

$$A_{3m} = \Gamma_{3m} + (1/2)\sigma_{3m}^{*} + (1/2)(\sigma_{km}^{*}n_k)n_3 - (1/2)(\sigma_{3l}^{*}n_l)n_m - (1/2)(\sigma_{kl}^{*}n_l n_k) \tag{8.23}$$

$$A_{im} = A_{(im)} + A_{[im]} = [\Gamma_{im} + (1/2)\sigma_{im}^{*} - (1/2)(\sigma_{kl}^{*}n_l n_k)] + [(1/2)(\sigma_{km}^{*}n_k)n_i - (1/2)(\sigma_{il}^{*}n_l)n_m] \tag{8.24}$$

矩阵 $\boldsymbol{A}$ 为非对称的。在表达式（8.19）中，方括号（等式右侧的第一个求和项）包括一个反对称部分，而圆括号（等式右侧第二个和第三个求和项）包括一个对称部分。注意此处对称部分是相对于序号 i、m 对称的。

另外，矩阵由三个不同部分组成：

第一部分：克里斯托弗张量 Γ_{im}，其形式依赖于次弹性材料的对称性。

第二部分：初始应力张量，其形式与克里斯托弗张量形式不对应。

第三部分：波的数量，其依赖于初始应力张量和波方向的选择。

注意：张量 $A_{(im)}$ 的对称性和张量 Γ_{im} 的对称性（可能与对称性减弱的传播方向有关）的区别是非常重要的。它证实了初始应力的存在可增加平面波的数量的事实。

对称性程度不是矩阵 $A_{(im)}$ 所需的唯一信息。矩阵 $A_{(im)}$ 也应满足正定性条件。该条件提供了矩阵 $A_{(im)}$ 特征值为正值的条件以及在给定材料中可能存在的波的相速度。

式（8.19）右侧第三个求和项不能改变矩阵 $A_{(im)}$ 的对称性（以及具有初始应力的材料的对称性）。这种对称性是由第二个求和项决定的。

矩阵 A_{im} 的反对称部分 $A_{[im]}$ 具有下列属性：

$$A_{[im]} = 0(i = m), A_{[im]} = -A_{[im]}(i \neq m) \tag{8.25}$$

这一点很容易检查。例如，

$$A_{[12]} = (1/2)[\sigma_{12}^{*}(n_1^2 - n_2^2) + (\sigma_{11}^{*} - \sigma_{22}^{*})n_1 n_2 + \sigma_{23}^{*}n_1 n_2 - \sigma_{13}^{*}n_2 n_3]$$

$$A_{[21]} = (1/2)[\sigma_{12}^{*}(n_2^2 - n_1^2) + (\sigma_{22}^{*} - \sigma_{11}^{*})n_1 n_2 - \sigma_{23}^{*}n_1 n_3 + \sigma_{13}^{*}n_2 n_3]$$

如果不出现反对称部分 $A_{[im]}$，在次弹性材料中偏振平面波数量的经典推理是有用的。

不出现反对称项的分析似乎是一个复杂的问题，因为需要求取包含9个未知变量 n_k、σ_{ik}（$i \neq k$）三个方程的非线性系统的解。但是，对于同时满足以下两个条件的简单情况可求出解。

条件1：初始应力张量的对角分量相等：

$$\sigma_{11}^{*} = \sigma_{22}^{*} = \sigma_{33}^{*} \tag{8.26}$$

条件 2：初始应力张量的切向分量满足下列方程：

$$\begin{aligned}
&\sigma_{12}^{*}(n_2^2 - n_1^2) - \sigma_{23}^{*}n_1n_2 + \sigma_{13}^{*}n_2n_3 = 0\\
&\sigma_{12}^{*}n_1n_3 + \sigma_{23}^{*}(n_3^2 - n_2^2) - \sigma_{13}^{*}n_1n_2 = 0\\
&-\sigma_{12}^{*}n_2n_3 + \sigma_{23}^{*}n_1n_2 + \sigma_{33}^{*}(n_1^2 - n_3^2) = 0
\end{aligned} \tag{8.27}$$

系统（8.27）在下列两种简单情况下有解：

情况 1：初始应力张量的所有切向分量为 0，且波的传播方向任意。

$$\sigma_{12}^{*} = \sigma_{23}^{*} = \sigma_{13}^{*} = 0 \tag{8.28}$$

情况 2：垂直于波前的分量相等，初始应力张量的任意切向分量相等。

$$n_1 = n_2 = n_3, \sqrt{(n_1)^2 + (n_2)^2 + (n_3)^2} = 1 \tag{8.29}$$

第一种情况：同时考虑主应力相等条件，对应于在次弹性材料中仅存在静态初始应力的情况。在这些条件下，次弹性材料中平面波的分析与经典弹性材料中平面波分析相似，此时，克里斯托弗张量的对称性非常重要。

第二种情况：对应于初始应力张量的切向分量是任意的情况。此时，仅波前的两个方向（直接和相反方向）之一有利于波的传播。在其他方向上不传播，这首先是因为矩阵 A_{im} 具有复数特征值。

当矩阵的反对称部分非零时，就会出现不能激发平面波的情况。

无应力次弹性材料（对称性由克里斯托弗张量 Γ_{im} 表征）和具有初始应力次弹性材料之间缺乏对应关系，亦即矩阵 $A_{[im]}$ 没有反对称部分而矩阵 $A_{(im)}$ 同时存在对称部分，对此可能性进行分析。

选择材料具有最高对称性的情况——各向同性。那么克里斯托弗张量具有下列形式：

$$\Gamma_{im} = (1/2)(c_{11} + c_{12})n_in_m + (1/2)(c_{11} - c_{12})(n_{kk})^2\delta_{im}$$

或

$$\Gamma_{im} = (\lambda + \mu)n_in_m + \mu(n_{kk})^2\boldsymbol{\delta}_{im}$$

或

$$(\Gamma_{im}) = \begin{pmatrix} \lambda + 2\mu & \lambda + \mu & \lambda + \mu \\ \lambda + \mu & \lambda + 2\mu & \lambda + \mu \\ \lambda + \mu & \lambda + \mu & \lambda + 2\mu \end{pmatrix} \tag{8.30}$$

假设条件（8.26）和条件（8.28）可被满足，则有

$$\sigma_{11}^{*} = \sigma_{22}^{*} = \sigma_{33}^{*} = \sigma^{*}, \sigma_{12}^{*} = \sigma_{23}^{*} = \sigma_{13}^{*} = 0, \sigma_{im}^{*}n_in_m = \sigma^{*} \tag{8.31}$$

说明矩阵 A_{im} 中不存在反对称部分。

那么矩阵可写成下列形式：

$$A_{im} = \begin{pmatrix} \lambda + 2\mu + 2\sigma^* & \lambda + \mu + \sigma^* & \lambda + \mu + \sigma^* \\ \lambda + \mu + \sigma^* & \lambda + 2\mu + 2\sigma^* & \lambda + \mu + \sigma^* \\ \lambda + \mu + \sigma^* & \lambda + \mu + \sigma^* & \lambda + 2\mu + 2\sigma^* \end{pmatrix} \tag{8.32}$$

从式（8.32）中可以看出，矩阵 A_{im} 与克里斯托弗矩阵 Γ_{im} 是相似的，且保留了其一些特性：

特性1：材料是各向同性的。

特性2：在每个方向上，都有一个纵波和一个横波传播。但是波速变了——具有一个额外的依赖于静态初始应力的常数求和项：

$$V_{\mathrm{ph}}^{L} = \sqrt{(\lambda + 2\mu + 2\sigma)/\rho},\ V_{\mathrm{ph}}^{T} = \sqrt{(\mu + \sigma^*)/\rho} \tag{8.33}$$

回到矩阵 A_{im} 的一般表达式（8.20）。通过弹性特性张量[9,11]和垂直于波前的向量表达克里斯托弗矩阵：

$$\Gamma_{im} = c_{i11m}n_1^2 + c_{i22m}n_2^2 + c_{i33m}n_3^2 + (c_{i12m} + c_{i21m})n_1n_2 + (c_{i13m} + c_{i31m})n_1n_3 + (c_{i32m} + c_{i23m})n_2n_3 \tag{8.34}$$

将矩阵 A_{im} 写成如下形式：

$$A_{im} = [\Gamma_{im} + (1/2)\sigma_{im}^* - (1/2)l_{\sigma^*}] + [(1/2)(\sigma_{km}^* n_k)n_i - (1/2)(\sigma_{il}^* n_l)n_m],\quad l_{\sigma^*} = \sigma_{kl}^* n_l n_k \tag{8.35}$$

或

$$A_{ii} = \Gamma_{ii} + (1/2)\sigma_{ii}^* - (1/2)l_{\sigma^*} \tag{8.36}$$

（即矩阵 A_{im} 中主对角线元素由于有附加常数求和项，从而与克里斯托弗矩阵中的相应元素不同，并且不能改变次弹性材料中波的数量。）

$$A_{12} = (1/2)\sigma_{12}^* - (1/2)l_{\sigma^*} + (c_{16} + \sigma_{12}^*)n_1^2 + (c_{26} - \sigma_{12}^*)n_2^2 + c_{45}n_3^2 + (c_{12} + c_{16} - \sigma_{22}^* + \sigma_{11}^*)n_1n_2 + (c_{14} + c_{56} + \sigma_{23}^*)n_1n_3 + (c_{46} + c_{25} - \sigma_{13}^*)n_2n_3 \tag{8.37}$$

$$A_{21} = (1/2)\sigma_{12}^* - (1/2)l_{\sigma^*} + (c_{16} - \sigma_{12}^*)n_1^2 + (c_{26} + \sigma_{12}^*)n_2^2 + c_{45}n_3^2 + (c_{12} + c_{16} - \sigma_{22}^* + \sigma_{11}^*)n_1n_2 + (c_{14} + c_{56} - \sigma_{23}^*)n_1n_3 + (c_{46} + c_{25} + \sigma_{13}^*)n_2n_3 \tag{8.38}$$

$$A_{13} = (1/2)\sigma_{13}^* - (1/2)l_{\sigma^*} + (c_{15} + \sigma_{13}^*)n_1^2 + c_{46}n_2^2 + (c_{35} - \sigma_{13}^*)n_3^2 + (c_{14} + c_{56} - \sigma_{23}^*)n_1n_2 + (c_{13} + c_{55} + \sigma_{33}^* - \sigma_{11}^*)n_1n_3 + (c_{36} + c_{45} - \sigma_{12}^*)n_2n_3 \tag{8.39}$$

$$A_{31} = (1/2)\sigma_{31}^* - (1/2)l_{\sigma^*} + (c_{15} - \sigma_{13}^*)n_1^2 + c_{46}n_2^2 + (c_{35} + \sigma_{13}^*)n_3^2 + (c_{14} + c_{56} + \sigma_{23}^*)n_1n_2 + (c_{13} + c_{55} - \sigma_{33}^* + \sigma_{11}^*)n_1n_3 + (c_{36} + c_{45} + \sigma_{12}^*)n_2n_3 \tag{8.40}$$

$$A_{23} = (1/2)\sigma_{23}^* - (1/2)l_{\sigma^*} + c_{56}n_1^2 + (c_{24} + \sigma_{23}^*)n_2^2 + (c_{34} - \sigma_{23}^*)n_3^2 +$$

$$(c_{46}+c_{25}+\sigma_{13}^*)n_1n_2+(c_{36}+c_{45}-\sigma_{12}^*)n_1n_3+$$
$$(c_{23}+c_{44}+\sigma_{33}^*-\sigma_{22}^*)n_2n_3 \tag{8.41}$$

$$A_{32}=(1/2)\sigma_{32}^*-(1/2)l_{\sigma^*}+c_{56}n_1^2+(c_{24}-\sigma_{23}^*)n_2^2+(c_{34}+\sigma_{23}^*)n_3^2+$$
$$(c_{46}+c_{25}-\sigma_{13}^*)n_1n_2+(c_{36}+c_{45}-\sigma_{12}^*)n_1n_3+$$
$$(c_{23}+c_{44}-\sigma_{33}^*-\sigma_{22}^*)n_2n_3 \tag{8.42}$$

因此，矩阵是非对称矩阵，有一个实特征值和两个共轭复特征值。当然，只能激励出对应于实特征值的波型。

初始应力和波传播方向固定的每种特定情况，表达式（8.36）~式（8.42）可使我们得到初始应力如何改变波的数量的某些信息。

从前面的分析可知，初始应力能像滤波器似的锁住某些波和形成某些类型的波：如果存在初始应力，那么波能被激发；如果不存在初始应力，那么波不能被激发。

8.3.2 具有初始应力的平面波：初始各向同性材料

考虑初始各向同性材料的例子。对于这种材料，克里斯托弗张量具有式（8.10）的形式，弹性常数具有下列形式：

$$c_{11}=c_{22}=c_{33},\ c_{44}=c_{55}=c_{66}=(1/2)(c_{11}-c_{12}),\ c_{12}=c_{13},$$
$$c_{14}=c_{15}=c_{16}=c_{24}=c_{25}=c_{26}=c_{34}=c_{35}=c_{36}=c_{45}=c_{46}=c_{56}=0 \tag{8.43}$$

写出张量 A_{im} 的分量：

$$A_{ii}=(1/2)[(c_{11}+c_{12})+\sigma_{ii}^*-l_{\sigma^*}]$$

$$A_{12}=\frac{1}{2}\sigma_{12}^*-\frac{1}{2}l_{\sigma^*}+\sigma_{12}^*n_1^2-\sigma_{12}^*n_2^2+\left[\frac{1}{2}(c_{11}+c_{12})+\sigma_{22}^*-\sigma_{11}^*\right]n_1n_2+$$
$$\sigma_{23}^*n_1n_3-\sigma_{13}^*n_2n_3$$

$$A_{21}=\frac{1}{2}\sigma_{12}^*-\frac{1}{2}l_{\sigma^*}-\sigma_{12}^*n_1^2+\sigma_{12}^*n_2^2+\left[\frac{1}{2}(c_{11}+c_{12})-\sigma_{22}^*+\sigma_{11}^*\right]n_1n_2-$$
$$\sigma_{23}^*n_1n_3+\sigma_{13}^*n_2n_3$$

$$A_{13}=\frac{1}{2}\sigma_{13}^*-\frac{1}{2}l_{\sigma^*}+\sigma_{13}^*n_1^2-\sigma_{13}^*n_3^2+\sigma_{23}^*n_1n_2+\left[\frac{1}{2}(c_{11}+c_{12})+\sigma_{33}^*-\sigma_{11}^*\right]\cdot$$
$$n_1n_3-\sigma_{12}^*n_2n_3$$

$$A_{31}=\frac{1}{2}\sigma_{13}^*-\frac{1}{2}l_{\sigma^*}-\sigma_{13}^*n_1^2+\sigma_{13}^*n_3^2-\sigma_{23}^*n_1n_2+\left[\frac{1}{2}(c_{11}+c_{12})+\sigma_{33}^*+\sigma_{11}^*\right]\cdot$$
$$n_1n_3+\sigma_{12}^*n_2n_3$$

$$A_{23}=\frac{1}{2}\sigma_{23}^*-\frac{1}{2}l_{\sigma^*}+\sigma_{23}^*n_2^2-\sigma_{23}^*n_3^2+\sigma_{13}^*n_1n_2-\sigma_{12}^*n_1n_3+$$

$$\left[\frac{1}{2}(c_{11}+c_{12})+\sigma_{33}^*-\sigma_{22}^*\right]n_2n_3$$

$$A_{32}=\frac{1}{2}\sigma_{23}^*-\frac{1}{2}l_{\sigma^*}-\sigma_{23}^*n_2^2+\sigma_{23}^*n_3^2-\sigma_{13}^*n_1n_2+\sigma_{12}^*n_1n_3+$$
$$\left[\frac{1}{2}(c_{11}+c_{12})-\sigma_{33}^*+\sigma_{22}^*\right]n_2n_3. \tag{8.44}$$

进一步考虑在方向 Ox_1 上的纵波，假设仅切向初始应力非零。那么，

$$\vec{n}=\{1,0,0\},\ \sigma_{kk}^*=0,\ l_\sigma=0,\ c_{11}=\lambda+2\mu \tag{8.45}$$

矩阵具有如下形式：

$$A_{im}=\begin{bmatrix} c_{11} & (3/2)\sigma_{12}^* & (3/2)\sigma_{12}^* \\ -(1/2)\sigma_{12}^* & c_{11} & (3/2)\sigma_{12}^* \\ -(1/2)\sigma_{12}^* & -(1/2)\sigma_{12}^* & c_{11} \end{bmatrix} \tag{8.46}$$

矩阵 A_{im}的特征值 S 可以从下式中得到

$$A_{im}=\begin{bmatrix} c_{11}-S & (3/2)\sigma_{12}^* & (3/2)\sigma_{12}^* \\ -(1/2)\sigma_{12}^* & c_{11}-S & (3/2)\sigma_{12}^* \\ -(1/2)\sigma_{12}^* & -(1/2)\sigma_{12}^* & c_{11}-S \end{bmatrix}=(c_{11}-S)^3+$$
$$(3/8)[(\sigma_{12}^*)^2+(\sigma_{13}^*)^2+(\sigma_{23}^*)^2](c_{11}-S)-(3/4)\sigma_{12}^*\sigma_{13}^*\sigma_{23}^*=0 \tag{8.47}$$

如果式（8.47）的常数是零，$q=(3/4)\ \sigma_{12}^*\sigma_{13}^*\sigma_{23}^*=0$（至少有一个切向应力为零），那么求解式（8.47）可给出纵波的经典线弹性理论结果。

因此，当初始切向应力非零且一起出现时，它们仅影响纵波。

如果上述条件同时存在，则一个特征值是实数，其余两个特征值是共轭复数。实特征值由下式得到：

$$c_{11}-S=\sqrt[3]{-\frac{q}{2}+\sqrt{Q}}+\sqrt[3]{-\frac{q}{2}-\sqrt{Q}},$$
$$Q=[-(3/4)\sigma_{12}^*\sigma_{13}^*\sigma_{23}^*]^2+\left\{(3/8)[(\sigma_{12}^*)^2+(\sigma_{13}^*)^2+(\sigma_{23}^*)^2]\right\}^3 \tag{8.48}$$

并且同时给出了与经典相速度的偏差（减少）。

应注意该偏差值很小，因为附加求和项的值和初始应力的数量级相同，而与它相加的数与弹性模量数量级的相同（通常比初始应力高一或两个数量级）。

下列观察更重要——初始应力阻碍了平面波的产生，并以这种方式减少了次弹性材料中的平面波数量。

练　习

1. 力学中，弹性材料分为超弹性、弹性和次弹性材料是众所周知的。材料力学中，前缀“超”和“次”用在何处（例如，有人提出分类方法——超塑性材料、塑性材料和次塑性材料）?

2. 给出区别尧曼定义的应力变化率的其他定义。

3. 推导 H - 条件公式。

4. 比较具有初始应力次弹性材料的克里斯托弗方程（8.15）和具有初始应力超弹性材料的克里斯托弗方程（参见参考文献［19］）。

5. 试对克里斯托弗方程（8.18）中初始速度的存在进行深入的评论。

6. 从力学角度，讨论在次弹性材料中激发平面波的不可能性。

7. 从力学角度，讨论次弹性材料对平面波的筛选。

参考文献

[1] Achenbach, J. D.: Wave Propagation in Elastic Solids. North-Holland, Amsterdam (1973)

[2] Cattani, C., Rushchitsky, J. J.: Generation of the third harmonic by the plane waves in materials with Murnaghan potential. Int. Appl. Mech. 38 (12), 1482 - 1487 (2002)

[3] Cattani, C., Rushchitsky, J. J.: Cubically nonlinear elastic waves: wave equations and methods of analysis. Int. Appl. Mech. 39 (10), 1115 - 1145 (2003)

[4] Cattani, C., Rushchitsky, J. J.: Cubically nonlinear elastic waves versus quadratically ones. Int. Appl. Mech. 39 (12), 1361 - 1399 (2003)

[5] Cattani, C., Rushchitsky, J. J.: Wavelet and Wave Analysis as Applied to Materials with Micro or Nanostructure. World Scientific, Singapore/London (2007)

[6] Dieulesaint, E., Royer, D.: Ondes elastiques dans les solides. Application au traitement du signal (Elastic Waves in Solids. Application to a Signal Processing). Masson et Cie, Paris (1974)

[7] Drumheller, D. S.: Introduction to Wave Propagation in Nonlinear Fluids and Solids. Cambridge University Press, Cambridge (1998)

[8] Erofeev, V. I.: Wave Processes in Solids with Microstructure. World Scientific, Singapore/London (2003)

[9] Fedorov, F. I.: Theory of Elastic Waves in Crystals. Plenum, New York, NY (1968)

[10] Germain, P.: Cours de mechanique des milieux continus. Tome 1. Theorie generale, (Course of Continuum Mechanics. vol. 1, General Theory), Masson et Cie, Editeurs, Paris

(1973)

[11] Green, A. E., Adkins, J. E.: Large Elastic Deformations and Nonlinear Continuum Mechanics. Oxford University Press/Clarendon Press, London (1960)

[12] Guz, A. N.: Uprugie volny v tielakh s nachalnymi (ostatochnymi) napriazheniiami (Elastic Waves in Bodies with Initial (Residual) Stresses). A. C. K, Kiev (2004)

[13] Guz, A. N.: Uprugie volny v tielakh s nachalnymi napriazheniiami (Elastic Waves in Bodies with Initial Stresses). Naukova dumka, Kiev (1987)

[14] Guz, A. N.: Fundamentals of the Three-Dimensional Theory of Stability of Deformable Bodies. Springer, Berlin (1999)

[15] Guz, A. N., Makhort, F. G., Gushcha, O. I., Lebedev, V. K.: Osnovy ultra-zvukovogo nierazrushaiushchego metoda opredelenia napriazhenii v tvierdykh tielakh (Foundations of Ultra-Sound Method of Determination of Stresses in Solid Bodies). Naukova Dumka, Kiev (1984)

[16] Guz, A. N., Rushchitsky, J. J.: Nanomaterials. On mechanics of nanomaterials. Int. Appl. Mech. 39 (11), 1271 - 1293 (2003)

[17] Guz, A. N., Rushchitsky, J. J.: Short Introduction to Mechanics of Nanocomposites. Scientific and Academic Publishing, Rosemead (2012)

[18] Guz, A. N., Rushchitsky, J. J., Guz, I. A.: Introduction to Mechanics of Nanocomposites. Aka-demperiodika, Kiev (2010)

[19] Guz, A. N., Zhuk, A. P., Makhort, F. G.: Volny v sloie s nachalnymi napriazheniiami. (Waves in a Layer with Initial Stresses). Naukova Dumka, Kiev (1986)

[20] Kauderer, H.: Nichtlineare Mechanik (Nonlinear Mechanics). Springer, Berlin (1958)

[21] Lur'e, A. I.: Nonlinear Theory of Elasticity. North-Holland, Amsterdam (1990)

[22] Lur'e, A. I.: Theory of Elasticity. Springer, Berlin (1999)

[23] Prager, W.: Einfu-hrung in die Kontinuumsmechanik. Birkhaüser, Basel (1961). Introduction to Mechanics of Continua. Ginn, Boston (1961)

[24] Rushchitsky, J. J.: Interaction of waves in solid mixtures. Appl. Mech. Rev. 52 (2), 35 - 74 (1999)

[25] Rushchitsky, J. J.: Development of microstructural theory of two-phase mixtures as applied to composite materials. Int. Appl. Mech. 36 (5), 315 - 335 (2000)

[26] Rushchitsky, J. J.: On types and number of plane waves in hypoelastic materials. Int. Appl. Mech. 41 (11), 1288 - 1298 (2005)

[27] Rushchitsky, J. J.: Certain class of nonlinear hyperelastic waves: classical and novel models wave equations, wave effects. Int. J. Appl. Math. Mech. 8 (6), 400 - 443 (2012)

[28] Rushchitsky, J. J., Tsurpal, S. I.: Khvyli v materialakh z mikrostrukturoiu (Waves in Materials with the Microstructure). SP Timoshenko Institute of Mechanics, Kiev (1998)

[29] Truesdell, C.: A First Course in Rational Continuum Mechanics. John Hopkins University, Baltimore, MD (1972)

第 9 章

弹性混合物（弹性复合材料）中的非线性平面波

本章主要介绍了弹性混合物（弹性复合材料的一种结构模型）中非线性平面波的分析结果。本章分为四个部分，第一部分介绍了在双组分弹性混合物中非线性方程的推导，包括各向同性和正交各向异性两种成分混合物的非线性波动方程。第二部分分析了弹性混合物中非线性纵向平面波。其中包括第一标准问题分析（初始两近似项），确定临界时间和临界距离的基本方法，以及此方法在研究弹性混合物中谐波纵向平面波（模态）时的应用。第三部分主要介绍了波束混叠。首先利用频散曲线建立了一种图像分析方法，接着建立了混叠分析方法；其次探究了波束混叠分析的一般方法；再次考虑了非共线波的情况；最后根据非线性波方程，分析了弹性混合物中多种平面波相互作用的情况。接下来，为了分析弹性混合物中三种平面波的相互作用，基于缓变振幅法对方程的解进行了推演，包括方程的化简和演化、Manley - Rowe 关系、能量守恒、谱分解以及参量放大。基于缓变振幅法的最后结果与弹性混合物中两个平面波相互作用相关。该部分推导了简化和演化方程，讨论了精确解，并且分析了自转换现象。第四部分讨论了弹性混合物中的非线性横波。在两个初始近似项框架下分析了第二标准问题，主要是模态之间的相互作用。同时，也考虑了第三标准问题，重点是波的混叠。

本章涉及的这些信息可以在关于混合物中非线性弹性波的科技出版物中找

到，详情见本章参考文献［1－54］。

9.1　双组分弹性混合物（双组分弹性复合材料）中的非线性波动方程

9.1.1　双组分弹性混合物中的基本方程（各向同性双组分弹性复合材料）

在开始介绍之前，我们必须确立一个前提，即在线性弹性理论中没有区分实际和参考状态。但是对于非线性理论，这些状态之间的区别是理论的基本要素，因为这是基于应变有限的假设得到的。在这点上，双组分混合物的非线性理论有一些特色。在这个理论中，相互作用连续允许有限形变和非无限小位移。但是，根据相互作用和相互渗透连续性的基本原理，一个组分相对另一个组分的位移只能是无穷小的。物理上，这种约束被认为是混合物整体保持连续性的条件。

该条件可以被认为是非线性混合物理论模型的**第一特征**，而**第二特征**则是局部非线性对称柯西－格林应变张量。

$$\varepsilon_{ik}^{(\alpha)} = \frac{1}{2}\left(u_{i,k}^{(\alpha)} + u_{k,i}^{(\alpha)} + u_{m,i}^{(\alpha)}u_{m,k}^{(\alpha)}\right) \tag{9.1}$$

当可以选择任意应力、应变张量表征非线性时，会使用局部非对称皮奥拉－基尔霍夫应变及应力张量。

需要注意的是，每一个组分的局部非线性参数都是独立定义的。各项之间的关联假定另外考虑。

双组分非线性弹性混合物的运动方程如下[29,32]：

$$\left[\sigma_{ik}^{(\alpha)}\left(\delta_{kn} + u_{n,k}^{(\alpha)}\right)\right]_{,i} + R_n^{(\alpha)} + F_n^{(\alpha)} = \rho_{\alpha\alpha}\ddot{u}_n^{(\alpha)} \tag{9.2}$$

通常情况下，该基本方程系统由本构方程完成，它们由内能分析得出。内能可以针对混合物整体写出，也可以对混合物中各成分分别写出。

从多种变量中选择一种变量是一项基础工作，因为它决定着确定物理常数的不同规则。对于分别表述的情况，这些常数已经根据混合物成分被分别选定，即组分的物理性质就是混合物的性质（混合物物理参数）。对于整体表述的情况，这些参数是将混合物看作某种新介质的特性。

此处，将混合物作为整体考虑，选择第二个变量。混合体理论的**第三特征**包含如下选择：所有的平衡方程都针对各组分分别列出，但是能量守恒方程用另一种方法列出。根据这种方法，可以通过实验或者混合物整体的数学模型来确定所有的物理参数。也就是说，物理参数的确定是针对整个材料而不是单个组分（相）。

对于双组分弹性混合物，选择内能 W 由基本运动参数方程 $W=W(\varepsilon_{ik}^{(1)}, \varepsilon_{ik}^{(2)}, v_k)$ 的形式表达。

如果一种混合物是各向同性的，则可以将函数 W 在其初始状态邻域进行泰勒展开，忽略高阶项，保留其中的三次项，给出概括了在弹性混合物情况下的经典 Murnaghan 势的表达式，其在第 3 章式（3.75）中已阐述：

$$W(\varepsilon_{ik}^{(1)},\varepsilon_{ik}^{(2)},v_k) = \mu_\alpha(\varepsilon_{ik}^{(\delta)})^2 + 2\mu_3\varepsilon_{ik}^{(\alpha)}\varepsilon_{ik}^{(\delta)} + \frac{1}{2}\lambda_\alpha(\varepsilon_{mm}^{(\delta)})^2 + \lambda_3\varepsilon_{mm}^{(\alpha)}\varepsilon_{mm}^{(\delta)} + \frac{1}{3}A_\alpha\varepsilon_{ik}^{(\alpha)}\varepsilon_{im}^{(\alpha)}\varepsilon_{km}^{(\alpha)} + B_\alpha\varepsilon_{mm}^{(\alpha)}(\varepsilon_{mm}^{(\alpha)})^2 + \frac{1}{3}C_\alpha(\varepsilon_{mm}^{(\alpha)})^3 + \beta(v_k)^2 + \frac{1}{3}\beta'(v_k)^3 \quad (\alpha+\delta=3) \tag{9.3}$$

为了获得非线性运动方程，需要引入局部应力张量 $t_{ik}^{(\alpha)}$，利用方程将这些应力与能量联系起来，并且在非线性累加项中只保留与 $t_{ik}^{(\alpha)}$ 有关的二次项的局部梯度。随后，定义一个组分之间相互作用的力，该力值与组分之间的相对位移（类似于线性理论）以及相对位移的平方（根据平方非线性理论）成比例。最后，非线性运动方程可以表示为

$$\rho_{\alpha\alpha}\frac{\partial^2 u_i^{(\alpha)}}{\partial t^2} - \mu_\alpha\frac{\partial^2 u_i^{(\alpha)}}{\partial x_k^2} - \mu_3\frac{\partial^2 u_i^{(\delta)}}{\partial x_k^2} - (\lambda_\alpha+\mu_\alpha)\frac{\partial^2 u_i^{(\alpha)}}{\partial x_k^2} - (\lambda_3+\mu_3)\frac{\partial^2 u_i^{(\delta)}}{\partial x_k^2} - \beta(u_i^{(\alpha)} - u_i^{(\delta)}) = F_i^{(\alpha)} \tag{9.4}$$

$$F_i^{(\alpha)} = \left(\mu_\alpha + \frac{1}{4}A_\alpha\right)\left(\frac{\partial^2 u_l^{(\alpha)}}{\partial x_k^2}\frac{\partial u_l^{(\alpha)}}{\partial x_i} + \frac{\partial^2 u_l^{(\alpha)}}{\partial x_k^2}\frac{\partial u_i^{(\alpha)}}{\partial x_l} + 2\frac{\partial^2 u_i^{(\alpha)}}{\partial x_l\partial x_k}\frac{\partial u_l^{(\alpha)}}{\partial x_k}\right) + \left(\mu_\alpha + \lambda_\alpha + \frac{1}{4}A_\alpha + B_\alpha\right)\left(\frac{\partial^2 u_l^{(\alpha)}}{\partial x_i\partial x_k}\frac{\partial u_l^{(\alpha)}}{\partial x_k} + \frac{\partial^2 u_k^{(\alpha)}}{\partial x_l\partial x_k}\frac{\partial u_i^{(\alpha)}}{\partial x_l}\right) + (\lambda_\alpha + 2\mu_\alpha - B_\alpha)\frac{\partial^2 u_i^{(\alpha)}}{\partial x_k^2}\frac{\partial u_l^{(\alpha)}}{\partial x_l} + \left(\frac{1}{4}A_\alpha + B_\alpha\right)\cdot \left(\frac{\partial^2 u_k^{(\alpha)}}{\partial x_l\partial x_k}\frac{\partial u_l^{(\alpha)}}{\partial x_i} + \frac{\partial^2 u_l^{(\alpha)}}{\partial x_i\partial x_k}\frac{\partial u_k^{(\alpha)}}{\alpha x_l}\right) + (B_\alpha + 2C_\alpha)\frac{\partial^2 u_k^{(\alpha)}}{\partial x_i\partial x_k}\frac{\partial u_l^{(\alpha)}}{\partial x_l} + 3\beta'(u_i^{(\alpha)} - u_i^{(\delta)})^2 \tag{9.5}$$

为了写出各向同性混合物中平面波传播的非线性方程，要先定义一下平面波。这个定义仅基于几何事实，而与介质的对称性（物理性质）无关。

跟先前一样，选择 Ox_1 轴作为平面的运动方向。这种情况下，局部位移矢量 $\vec{u}^{(a)}$ 只与两个变量相关：

$$\vec{u}^{(\alpha)} \equiv \{u_k^{(\alpha)}(x_1,t)\} \tag{9.6}$$

将式（9.6）代入式（9.5）并进行简化，可以将其分成三个耦合系统：

$$\rho_{\alpha\alpha}\frac{\partial^2 u_1^{(\partial)}}{\partial t^2} - (\lambda_\alpha + 2\mu_\alpha)\frac{\partial^2 u_1^{(\alpha)}}{\partial x_1^2} - (\lambda_3 + 2\mu_3)\frac{\partial^2 u_1^{(\delta)}}{\partial x_1^2} - \beta(u_1^{(\alpha)} - u_1^{(\delta)}) =$$

$$N_1^{(\alpha)}\frac{\partial^2 u_1^{(\alpha)}}{\partial x_1^2}\frac{\partial u_1^{(\alpha)}}{\partial x_1} + N_2^{(\alpha)}\left(\frac{\partial^2 u_2^{(\alpha)}}{\partial x_1^2}\frac{\partial u_2^{(\alpha)}}{\partial x_1} + \frac{\partial^2 u_3^{(\alpha)}}{\partial x_1^2}\frac{\partial u_3^{(\alpha)}}{\partial x_1}\right) \tag{9.7}$$

$$\rho_{\alpha\alpha}\frac{\partial^2 u_m^{(\alpha)}}{\partial t^2} - \mu_\alpha\frac{\partial^2 u_m^{(\alpha)}}{\partial x_1^2} - \mu_3\frac{\partial^2 u_m^{(\delta)}}{\partial x_1^2} - \beta(u_m^{(\alpha)} - u_m^{(\delta)}) =$$

$$N_2^{(\alpha)}\left(\frac{\partial^2 u_m^{(\alpha)}}{\partial x_1^2}\frac{\partial u_1^{(\alpha)}}{\partial x_1} + \frac{\partial^2 u_1^{(\alpha)}}{\partial x_1^2}\frac{\partial u_m^{(\alpha)}}{\partial x_1}\right) \quad (m = 2,3) \tag{9.8}$$

$$N_1^{(\alpha)} = 3(\lambda_\alpha + 2\mu_\alpha) + 2(A_\alpha + 3B_\alpha + C_\alpha),\ N_2^{(\alpha)} = \mu_\alpha + \frac{1}{2}A_\alpha + B_\alpha \tag{9.9}$$

显然，对应于 Murnaghan 势变量的非线性方程的结构与其他微观结构模型方程的结构是相似的——方程的线性和非线性部分可以分开。

9.1.2 弹性双组分混合物的基本方程（正交弹性双组分复合材料）

首先列出正交双组分混合物的弹性势能：

$$W(\varepsilon_{ik}^{(1)},\varepsilon_{ik}^{(2)},v_k) = -c_{ikik}^{(\alpha)}(1-\delta_{ik})(\varepsilon_{ik}^{(\alpha)})^2 - c_{ikik}^{(3)}(1-\delta_{ik})\varepsilon_{ik}^{(\alpha)}\varepsilon_{ik}^{(\delta)} + \frac{1}{2}c_{iimm}^{(\alpha)}(\varepsilon_{mm}^{(\alpha)})^2 +$$

$$\frac{1}{2}c_{iimm}^{(3)}\varepsilon_{ii}^{(\alpha)}\varepsilon_{ii}^{(\delta)} + \frac{1}{3}A_i^{(\alpha)}\varepsilon_{im}^{(\alpha)}\varepsilon_{ik}^{(\alpha)}\varepsilon_{mk}^{(\alpha)} + B_i^{(\alpha)}(\varepsilon_{ik}^{(\alpha)})^2\varepsilon_{mm}^{(\alpha)} +$$

$$\frac{1}{3}C_i^{(\alpha)}(\varepsilon_{ii}^{(\alpha)})^3 + \beta_k(v_k)^2 + \frac{1}{3}\beta_k'(v_k)^3(\alpha + \delta = 3) \tag{9.10}$$

这个势能中包括了 27 个二阶弹性常数 $c_{iimm}^{(n)}$，$c_{ikik}^{(n)}$，18 个三阶弹性常数 $A_i^{(\alpha)}$，$B_i^{(\alpha)}$，$C_i^{(\alpha)}$ 和 6 个界面相互作用常数 β_k，β_k'。

进一步简化式（9.10）并使用有关势的与位移梯度三次方有关的模型，得到下一步需要用到的与势相关的局部应力张量：

$$t_{ik}^{(\alpha)} = \mu_i^{(\alpha)}\left(\frac{\partial u_i^{(\alpha)}}{\partial x_k} + \frac{\partial u_k^{(\alpha)}}{\partial x_i}\right) + \mu_i^{(3)}\left(\frac{\partial u_i^{(\delta)}}{\partial x_k} + \frac{\partial u_k^{(\delta)}}{\partial x_i}\right) + \left(c_{iimm}^{(\alpha)} \frac{\partial u_m^{(\alpha)}}{\partial x_m} - 2\mu_i^{(\alpha)} \frac{\partial u_i^{(\alpha)}}{\partial x_i}\right)\delta_{ik} +$$
$$\left(c_{iimm}^{(3)} \frac{\partial u_m^{(\delta)}}{\partial x_m} - 2\mu_i^{(3)} \frac{\partial u_i^{(\delta)}}{\partial x_i}\right)\delta_{ik} + \left(\mu_i^{(\alpha)} + \frac{1}{4}A_i^{(\alpha)}\right)\cdot$$
$$\left(\frac{\partial u_l^{(\alpha)}}{\partial x_i}\frac{\partial u_l^{(\alpha)}}{\partial x_k} + \frac{\partial u_i^{(\alpha)}}{\partial x_l}\frac{\partial_k^{(\alpha)}}{\partial x_l} + 2\frac{\partial u_l^{(\alpha)}}{\partial x_k}\frac{\partial u_i^{(\alpha)}}{\alpha x_l}\right) + \frac{1}{2}\left(B_i^{(\alpha)} + c_{iimm}^{(\alpha)} - \mu_i^{(\alpha)}\right)\cdot$$
$$\left[\left(\frac{\partial u_m^{(\alpha)}}{\partial x_l}\right)\delta_{ik} + 2\frac{\partial u_i^{(\alpha)}}{\partial x_k}\frac{\partial u_l^{(\alpha)}}{\partial x_l}\right] + \frac{1}{4}A_i^{(\alpha)}\frac{\partial u_k^{(\alpha)}}{\partial x_l}\frac{\partial u_l^{(\alpha)}}{\partial x_i} + C_i^{(\alpha)}\left(\frac{\partial u_l^{(\alpha)}}{\partial x_l}\right)\delta_{ik} +$$
$$B_\alpha\left(\frac{\partial u_l^{(\alpha)}}{\partial x_m}\frac{\partial u_m^{(\alpha)}}{\partial x_l}\delta_{ik} + 2\frac{\partial u_k^{(\alpha)}}{\partial x_i}\frac{\partial u_l^{(\alpha)}}{\partial x_l}\right) \tag{9.11}$$

其中 $c_{ikik}^{(\alpha)} \equiv \mu_{ii}^{(\alpha)} \equiv \mu_i^{(\alpha)}$。

至此，非线性运动方程可以表示为

$$\rho_{\alpha\alpha}\frac{\partial^2 u_i^{(\alpha)}}{\partial t^2} - c_{iimm}^{(\alpha)}\frac{\partial^2 u_i^{(\alpha)}}{\partial x_m \partial x_i} - c_{iimm}^{(3)}\frac{\partial^2 u_i^{(\delta)}}{\partial x_m \partial x_i} + c_{ikik}^{(\alpha)}\left(\frac{\partial^2 u_i^{(\alpha)}}{\partial x_i^2} - \frac{\partial^2 u_i^{(\alpha)}}{\partial x_k^2}\right) +$$
$$c_{ikik}^{(3)}\left(\frac{\partial^2 u_i^{(\delta)}}{\partial x_i^2} - \frac{\partial^2 u_i^{(\delta)}}{\partial x_k^2}\right) - \beta_i\left(u_i^{(\alpha)} - u_i^{(\delta)}\right) = F_i^{(\alpha)}$$

$$F_i^{(\alpha)} = \left(\mu_i^{(\alpha)} + \frac{1}{4}A_i^{(\alpha)}\right)\left(\frac{\partial^2 u_l^{(\alpha)}}{\partial x_k^2}\frac{\partial u_l^{(\alpha)}}{\partial x_i} + \frac{\partial^2 u_l^{(\alpha)}}{\partial x_k^2}\frac{\partial u_i^{(\alpha)}}{\partial x_l} + 2\frac{\partial^2 u_i^{(\alpha)}}{\partial x_l \partial x_k}\frac{\partial u_l^{(\alpha)}}{\partial x_k}\right) +$$
$$\left(\frac{1}{2}c_{iimm}^{(\alpha)} - \mu_i^{(\alpha)} + \frac{1}{4}A_i^{(\alpha)} + B_i^{(\alpha)}\right)\left(\frac{\partial^2 u_l^{(\alpha)}}{\partial x_i \partial x_k}\frac{\partial u_l^{(\alpha)}}{\partial x_k} + \frac{\partial^2 u_k^{(\alpha)}}{\partial x_l \partial x_k}\frac{\partial u_i^{(\alpha)}}{\partial x_l}\right) +$$
$$\frac{1}{2}c_{iimm}^{(\alpha)}\left(\frac{\partial^2 u_k^{(\alpha)}}{\partial x_i \partial x_l}\frac{\partial u_k^{(\alpha)}}{\partial x_l} + \frac{\partial^2 u_i^{(\alpha)}}{\partial x_i \partial x_l}\frac{\partial u_i^{(\alpha)}}{\partial x_l}\right) + \left(\frac{1}{2}c_{iimm}^{(\alpha)} - \mu_i^{(\alpha)} - B_\alpha\right)\cdot$$
$$\frac{\partial^2 u_i^{(\alpha)}}{\partial x_k^2}\frac{\partial u_l^{(\alpha)}}{\partial x_l} + \left(\frac{1}{4}A_i^{(\alpha)} + B_i^{(\alpha)}\right)\left(\frac{\partial^2 u_k^{(\alpha)}}{\partial x_l \partial x_k}\frac{\partial u_l^{(\alpha)}}{\partial x_i} + \frac{\partial^2 u_l^{(\alpha)}}{\partial x_i \partial x_k}\frac{\partial u_k^{(\alpha)}}{\partial x_l}\right) +$$
$$\left(B_i^{(\alpha)} + 2C_i^{(\alpha)}\right)\frac{\partial^2 u_k^{(\alpha)}}{\partial x_i \partial x_k}\frac{\partial u_l^{(\alpha)}}{\partial x_l} + 3\beta_i'\left(u_i^{(\alpha)} - u_i^{(\delta)}\right)^2 \tag{9.12}$$

一种平面波动的假设使得我们可以用更简单的形式来表达这 6 个耦合方程组成的系统。如果平面波传播的方向被选为对称轴的方向，那么这种简化是必然的。这意味着波动应以如下形式表达：

$$u_k^{(\alpha)}(x_1, t) \text{ 或 } u_k^{(\alpha)}(x_2, t) \text{ 或 } u_k^{(\alpha)}(x_3, t) \tag{9.13}$$

对于 Ox_1 方向，式（9.12）系统可以写成：

$$\rho_{\alpha\alpha}\frac{\partial^2 u_1^{(\alpha)}}{\partial t^2} - c_{1111}^{(\alpha)}\frac{\partial^2 u_1^{(\alpha)}}{\partial x_1^2} - c_{1111}^{(3)}\frac{\partial^2 u_1^{(\delta)}}{\partial x_1^2} - \beta_1\left(u_1^{(\alpha)} - u_1^{(\delta)}\right) =$$

$$N_{11}^{(\alpha)} \frac{\partial^2 u_1^{(\alpha)}}{\partial x_1^2} \frac{\partial u_1^{(\alpha)}}{\partial x_1} + N_{12}^{(\alpha)} \frac{\partial^2 u_2^{(\alpha)}}{\partial x_1^2} \frac{\partial u_2^{(\alpha)}}{\partial x_1} + N_{13}^{(\alpha)} \frac{\partial^2 u_3^{(\alpha)}}{\partial x_1^2} \frac{\partial u_3^{(\alpha)}}{\partial x_1} \tag{9.14}$$

$$\rho_{\alpha\alpha} \frac{\partial^2 u_2^{(\alpha)}}{\partial t^2} - c_{2323}^{(\alpha)} \frac{\partial^2 u_2^{(\alpha)}}{\partial x_1^2} - c_{2323}^{(3)} \frac{\partial^2 u_2^{(\delta)}}{\partial x_1^2} - \beta_1 (u_2^{(\alpha)} - u_2^{(\delta)}) =$$

$$N_{12}^{(\alpha)} \left(\frac{\partial^2 u_2^{(\alpha)}}{\partial x_1^2} \frac{\partial u_1^{(\alpha)}}{\partial x_1} + \frac{\partial^2 u_1^{(\alpha)}}{\partial x_1^2} \frac{\partial u_2^{(\alpha)}}{\partial x_1} \right) \tag{9.15}$$

$$\rho_{\alpha\alpha} \frac{\partial^2 u_3^{(\alpha)}}{\partial t^2} - c_{1313}^{(\alpha)} \frac{\partial^2 u_3^{(\alpha)}}{\partial x_1^2} - c_{1313}^{(3)} \frac{\partial^2 u_3^{(\delta)}}{\partial x_1^2} - \beta_1 (u_3^{(\alpha)} - u_3^{(\delta)}) =$$

$$N_{13}^{(\alpha)} \left(\frac{\partial^2 u_3^{(\alpha)}}{\partial x_1^2} \frac{\partial u_1^{(\alpha)}}{\partial x_1} + \frac{\partial^2 u_1^{(\alpha)}}{\partial x_1^2} \frac{\partial u_3^{(\alpha)}}{\partial x_1} \right) \tag{9.16}$$

$$N_{11}^{(\alpha)} = 3c_{1111}^{(\alpha)} + 2(A_1^{(\alpha)} + 3B_1^{(\alpha)} + C_1^{(\alpha)})$$

$$N_{12}^{(\alpha)} = c_{1122}^{(\alpha)} + \frac{1}{2}A_1^{(\alpha)} + B_1^{(\alpha)},\ N_{13}^{(\alpha)} = c_{1133}^{(\alpha)} + \frac{1}{2}A_1^{(\alpha)} + B_1^{(\alpha)} \tag{9.17}$$

而对于 Ox_2 方向，系统可以写成：

$$\rho_{\alpha\alpha} \frac{\partial^2 u_2^{(\alpha)}}{\partial t^2} - c_{2222}^{(\alpha)} \frac{\partial^2 u_2^{(\alpha)}}{\partial x_2^2} - c_{2222}^{(3)} \frac{\partial^2 u_2^{(\delta)}}{\partial x_2^2} - \beta_2 (u_2^{(\alpha)} - u_2^{(\delta)}) =$$

$$N_{22}^{(\alpha)} \frac{\partial^2 u_2^{(\alpha)}}{\partial x_2^2} \frac{\partial u_2^{(\alpha)}}{\partial x_2} + N_{21}^{(\alpha)} \frac{\partial^2 u_1^{(\alpha)}}{\partial x_2^2} \frac{\partial u_1^{(\alpha)}}{\partial x_2} + N_{23}^{(\alpha)} \frac{\partial^2 u_3^{(\alpha)}}{\partial x_2^2} \frac{\partial u_3^{(\alpha)}}{\partial x_2} \tag{9.18}$$

$$\rho_{\alpha\alpha} \frac{\partial^2 u_1^{(\alpha)}}{\partial t^2} - c_{1212}^{(\alpha)} \frac{\partial^2 u_1^{(\alpha)}}{\partial x_2^2} - c_{1212}^{(3)} \frac{\partial^2 u_1^{(\delta)}}{\partial x_2^2} - \beta_2 (u_1^{(\alpha)} - u_1^{(\delta)}) =$$

$$N_{21}^{(\alpha)} \left(\frac{\partial^2 u_1^{(\alpha)}}{\partial x_2^2} \frac{\partial u_2^{(\alpha)}}{\partial x_2} + \frac{\partial^2 u_2^{(\alpha)}}{\partial x_2^2} \frac{\partial u_1^{(\alpha)}}{\partial x_2} \right) \tag{9.19}$$

$$\rho_{\alpha\alpha} \frac{\partial^2 u_3^{(\alpha)}}{\partial t^2} - c_{1313}^{(\alpha)} \frac{\partial^2 u_3^{(\alpha)}}{\partial x_2^2} - c_{1313}^{(3)} \frac{\partial^2 u_3^{(\delta)}}{\partial x_2^2} - \beta_2 (u_3^{(\alpha)} - u_3^{(\delta)}) =$$

$$N_{23}^{(\alpha)} \left(\frac{\partial^2 u_3^{(\alpha)}}{\partial x_2^2} \frac{\partial u_2^{(\alpha)}}{\partial x_2} + \frac{\partial^2 u_2^{(\alpha)}}{\partial x_2^2} \frac{\partial u_3^{(\alpha)}}{\partial x_2} \right) \tag{9.20}$$

$$N_{22}^{(\alpha)} = 3c_{2222}^{(\alpha)} + 2(A_2^{(\alpha)} + 3B_2^{(\alpha)} + C_2^{(\alpha)})$$

$$N_{21}^{(\alpha)} = c_{1122}^{(\alpha)} + \frac{1}{2}A_2^{(\alpha)} + B_2^{(\alpha)},\ N_{23}^{(\alpha)} = c_{2233}^{(\alpha)} + \frac{1}{2}A_2^{(\alpha)} + B_2^{(\alpha)} \tag{9.21}$$

在 Ox_3 方向上，对应的系统也是耦合的，由三个耦合的系统组成：

$$\rho_{\alpha\alpha}\frac{\partial^2 u_3^{(\alpha)}}{\partial t^2}-c_{3333}^{(\alpha)}\frac{\partial^2 u_3^{(\alpha)}}{\partial x_3^2}-c_{3333}^{(3)}\frac{\partial^2 u_3^{(\delta)}}{\partial x_3^2}-\beta_3(u_3^{(\alpha)}-u_3^{(\delta)})=$$

$$N_{33}^{(\alpha)}\frac{\partial^2 u_3^{(\alpha)}}{\partial x_3^2}\frac{\partial u_3^{(\alpha)}}{\partial x_3}+N_{31}^{(\alpha)}\frac{\partial^2 u_1^{(\alpha)}}{\partial x_3^2}\frac{\partial u_1^{(\alpha)}}{\partial x_3}+N_{32}^{(\alpha)}\frac{\partial^2 u_2^{(\alpha)}}{\partial x_3^2}\frac{\partial u_2^{(\alpha)}}{\partial x_3} \tag{9.22}$$

$$\rho_{\alpha\alpha}\frac{\partial^2 u_1^{(\alpha)}}{\partial t^2}-c_{1212}^{(\alpha)}\frac{\partial^2 u_1^{(\alpha)}}{\partial x_3^2}-c_{1212}^{(3)}\frac{\partial^2 u_1^{(\delta)}}{\partial x_3^2}-\beta_3(u_1^{(\alpha)}-u_1^{(\delta)})=$$

$$N_{31}^{(\alpha)}\left(\frac{\partial^2 u_3^{(\alpha)}}{\partial x_3^2}\frac{\partial u_1^{(\alpha)}}{\partial x_3}+\frac{\partial^2 u_1^{(\alpha)}}{\partial x_3^2}\frac{\partial u_3^{(\alpha)}}{\partial x_3}\right) \tag{9.23}$$

$$\rho_{\alpha\alpha}\frac{\partial^2 u_2^{(\alpha)}}{\partial t^2}-c_{2323}^{(\alpha)}\frac{\partial^2 u_2^{(\alpha)}}{\partial x_3^2}-c_{2323}^{(3)}\frac{\partial^2 u_2^{(\delta)}}{\partial x_3^2}-\beta_3(u_2^{(\alpha)}-u_2^{(\delta)})=$$

$$N_{32}^{(\alpha)}\left(\frac{\partial^2 u_3^{(\alpha)}}{\partial x_3^2}\frac{\partial u_2^{(\alpha)}}{\partial x_3}+\frac{\partial^2 u_2^{(\alpha)}}{\partial x_3^2}\frac{\partial u_3^{(\alpha)}}{\partial x_3}\right) \tag{9.24}$$

$$N_{33}^{(\alpha)}=3c_{3333}^{(\alpha)}+2(A_3^{(\alpha)}+3B_3^{(\alpha)}+C_3^{(\alpha)})$$

$$N_{31}^{(\alpha)}=c_{1133}^{(\alpha)}+\frac{1}{2}A_3^{(\alpha)}+B_3^{(\alpha)},\ N_{32}^{(\alpha)}=c_{2233}^{(\alpha)}+\frac{1}{2}A_3^{(\alpha)}+B_3^{(\alpha)} \tag{9.25}$$

用 $v_{\mathrm{ph}}[(\mathrm{P})_k]$，$v_{\mathrm{ph}}[(\mathrm{SH})_k]$ 和 $v_{\mathrm{ph}}[(\mathrm{SV})_k]$ 分别表示在 Ox_k 方向上的经典线性平面波的纵波、水平横波以及垂直横波的相速度，则有

$$v_{\mathrm{ph}}[(\mathrm{P})_k]=\sqrt{\frac{c_{kkkk}}{\rho}},\ v_{\mathrm{ph}}[(\mathrm{SH})_1]=v_{\mathrm{ph}}[(\mathrm{SV})_3]=\sqrt{\frac{c_{2323}}{\rho}}$$

$$v_{\mathrm{ph}}[(\mathrm{SH})_2]=v_{\mathrm{ph}}[(\mathrm{SV})_1]=\sqrt{\frac{c_{1313}}{\rho}},\ v_{\mathrm{ph}}[(\mathrm{SH})_3]=v_{\mathrm{ph}}[(\mathrm{SV})_2]=\sqrt{\frac{c_{1212}}{\rho}} \tag{9.26}$$

根据式（9.26）可以得出，在正交线性弹性材料中，6 个独立的相速度分量可以全面表征平面波的特性。

考虑到双相混合物模型的微观组织，可描述其波动与经典波动的区别，即每个类型的波有两种模态，且各模态都是频散的。

分别用 $v_{\mathrm{ph}}^{(\alpha)}[(\mathrm{P})_k]$，$v_{\mathrm{ph}}^{(\alpha)}[(\mathrm{SH})_k]$ 和 $v_{\mathrm{ph}}^{(\alpha)}[(\mathrm{SV})_k]$ 代表一混合物中各类型线性平面波的相速度。

上述的非线性波动方程表明，由于不同方向上混合相相互作用系数的差异，混合物中各模态线性横波的相速度不同。总的来说，存在 12 种相互区别的横波模态。

9.2　弹性双组分混合物中的非线性平面纵波

9.2.1　第一标准问题　（一阶二项近似）

该问题的描述是经典的，即初始条件下只产生纵波而不产生横波。

$$u_1^{(\alpha)}(x_1,0) = 0,\ u_1^{(\alpha)}(0,t) = u_{1o}^{(\alpha)}\cos\omega t$$
$$u_{(2,3)}^{(\alpha)}(x_1,0) = 0,\ u_{(2,3)}^{(\alpha)}(0,t) = 0 \tag{9.27}$$

如此，基本的波动方程式（9.7）和式（9.8）得以简化，只需求解下面的非线性波动方程：

$$\rho_{\alpha\alpha}\frac{\partial^2 u_1^{(\alpha)}}{\partial t^2} - (\lambda_\alpha + 2\mu_\alpha)\frac{\partial^2 u_1^{(\alpha)}}{\partial x_1^2} - (\lambda_3 + 2\mu_3)\frac{\partial^2 u_1^{(\delta)}}{\partial x_1^2} -$$
$$\beta(u_1^{(\alpha)} - u_1^{(\delta)}) = N_1^{(\alpha)}\frac{\partial^2 u_1^{(\alpha)}}{\partial x_1^2}\frac{\partial u_1^{(\alpha)}}{\partial x_1} \tag{9.28}$$

式（9.28）所表示的系统可以用以下三种方法求解。

方法一：采用类比方法用方程的已知解写出该方程的解。

方法二：根据第一近似确定第二及后续近似。

方法三：利用引言中提到的恩尚方法求解。

使用第一种方法，则必须找到一个与式（9.28）相似的非线性物理系统的方程的解。例如，所有方程都与流体方程在拉格朗日坐标系下的第二近似一致，且该流体方程的解是已知的。但对式（9.28）而言，找不到这样的相似方程。两种流体相互作用的混合物的类似问题（包括线性和非线性）将由本质上不同的方程系统描述。

接下来考虑第二种方法，则需要使用以下算法：

第一步：计算式（9.28）右边的表达式：

$$\rho_{\alpha\alpha}\frac{\partial^2 u_1^{(\alpha)**}}{\partial t^2} - (\lambda_\alpha + 2\mu_\alpha)\frac{\partial^2 u_1^{(\alpha)**}}{\partial x_1^2} - (\lambda_3 + 2\mu_3)\frac{\partial^2 u_1^{(\delta)**}}{\partial x_1^2} -$$
$$\beta(u_1^{(\alpha)**} - u_1^{(\delta)**}) = N_1^{(\alpha)}\frac{\partial^2 u_1^{(\alpha)*}}{\partial x_1^2}\frac{\partial u_1^{(\alpha)*}}{\partial x_1} \tag{9.29}$$

假设等式右边的局部位移由第一近似解表示。第一近似解是个线性量，由之前的式（4.47）给出，其中 $m=1$，则

$$u_1^{(\alpha)}(x_1,t) = A_{o1}^{(\alpha)}\mathrm{e}^{-\mathrm{i}(k_\alpha^{(1)}x-\omega t)} + l(k_\delta^{(1)})A_{o1}^{(\delta)}\mathrm{e}^{-\mathrm{i}(k_\delta^{(1)}x-\omega t)} \tag{9.30}$$

第二步：通过式（9.30）右边部分已知量来求出式（9.29）中的局部解。

这也就是第二近似解：

$$u_1^{**(\alpha)}(x_1,t) = A_1^{**(\alpha)}x_1\cos 2(\omega t - k_1^{*(\alpha)}x_1) + l(k_1^{*(\delta)})A_1^{**(\delta)}x_1\cos 2(\omega t - k_1^{*(\delta)}x_1) \tag{9.31}$$

式（9.31）所表示的是二阶谐波的解，其幅值受物理参数、振幅和频率影响。x_1 坐标被单独标示出来。但是其中并没有考虑模态之间的相互作用，而只是考虑了自激励产生的模态。

第三步：按照第一和第二近似解的框架写出的解，将是在第三近似内准确的解。

$$u_1^{(\alpha)}(x_1,t) = u_1^{(\alpha)*}(x_1,t) + u_1^{(\alpha)**}(x_1,t) = A_{o1}^{(\alpha)}\cos(k_1^{*(\alpha)}x_1 - \omega t) + l(k_\delta^{(1)})A_{o1}^{(\delta)}\cos(k_1^{*(\delta)}x_1 - \omega t) + A_1^{**(\alpha)}x_1 \cdot \cos 2(k_1^{*(\alpha)}x_1 - \omega t) + l(k_1^{*(\delta)})A_1^{**(\delta)}x_1\cos 2(k_1^{*(\delta)}x_1 - \omega t) \tag{9.32}$$

值得注意的是，在这种方法中，通过极小值连续近似构建的相同的参数仍然是未知的。因此，在经典理论中提出了一个附加假设，即新产生的二阶谐波的幅值很小。非线性物理中存在这样的过程，其表现为，当二阶谐波的幅值达到一阶谐波的一半时，则波形将发生分解（形成两种近似解），同时原先的解就无效了。这个过程的存在是由于二阶谐波的振幅与空间坐标直接相关。因此，这些新产生的波的振幅与它们的传播距离有关。最后，第二近似解的小值被限制在波传播的一定时间以及波从初始位置传播通过的一定距离内才显现。

在第三种方法求解过程中，一些参数取微小值是决定性的。现用这种方法来分析非线性系统（9.28）。首先，将整个系统整理成线性系统的形式：

$$\rho_{\alpha\alpha}\frac{\partial^2 u_1^{(\alpha)}}{\partial t^2} - \frac{\partial^2}{\partial x_1^2}\left\{\left[(\lambda_\alpha + 2\mu_\alpha) + N_1^{(\alpha)}\frac{\partial u_1^{(\alpha)}}{\partial x_1}\right]u_1^{(\alpha)}\right\} - (\lambda_3 + 2\mu_3)\frac{\partial^2 u_1^{(\delta)}}{\partial x_1^2} - \beta(u_1^{(\alpha)} - u_1^{(\delta)}) = 0 \tag{9.33}$$

式（9.33）的解可以被写成多个给定频率 ω 线性谐波的和，而振幅和波数都是未知的：

$$u_1^{(\alpha)**}(x_1,t) = C_1^{(\alpha)**}\exp[\mathrm{i}(k_1^{(\alpha)**}x_1 - \omega t)] + l_1(k_1^{(\delta)**})C_1^{(\delta)**}\exp[\mathrm{i}(k_1^{(\delta)**}x_1 - \omega t)] \tag{9.34}$$

波数和振幅相关的因子由第4章线性理论给出的公式确定，但是在这里需要将原来的 $(\lambda_\alpha + 2\mu_\alpha)$ 替换成 $[(\lambda_\alpha + 2\mu_\alpha) - ik_1^{(\alpha)**}N_1^{(\alpha)}u_1^{(\alpha)*}(x,t)]$ 代入公式。此外，式（9.34）中的波数需要写成振幅分布系数的表达式而不是第一近似解中波数的形式。未知的幅值 $C_1^{(\alpha)**}$ 由边界条件确定。

接下来，可以将表达式变换成如下形式：

$$(k_1^{(\alpha)**})^2 = \frac{\omega^2}{M_1 - M_{1H}^{(\alpha)}}\Big[M_2 - M_{2H}^{(\alpha)} - (-1)^\alpha \cdot \sqrt{(M_2 - M_{2H}^{(\alpha)})^2 - M_3(M_1 - M_{1H}^{(\alpha)})}\Big] \tag{9.35}$$

$$M_{1H}^{(\alpha)} = \mathrm{i}k_1^{(\alpha)*}[N_1^{(1)}(\lambda_2 + 2\mu_2)u_1^{(1)*}(x,t) + N_1^{(2)}(\lambda_1 + 2\mu_1)u_1^{(2)*}(x,t)] \tag{9.36}$$

$$M_{2H}^{(\alpha)} = -\frac{1}{2}\mathrm{i}k_1^{(\alpha)*}\left[N_1^{(1)}\left(\rho_{22} - \frac{\beta}{\omega^2}\right)u_1^{(1)*} + N_1^{(2)}\left(\rho_{11} - \frac{\beta}{\omega^2}\right)u_1^{(2)*}\right] \tag{9.37}$$

在这一步中，其基本假设是非线性的微扰项应该很小，它们与第一线性近似解中的 M_α 值相比应该很小。即量值 ε_α 应该很小：

$$\varepsilon_\alpha = \frac{N_1^{(\alpha)}k_1^{(\alpha)*}}{\lambda_\alpha + 2\mu_\alpha}\max u_1^{(\alpha)*} \ll 1 \tag{9.38}$$

把式（9.38）中任意线性模态的波数 $k_1^{(\alpha)*}$ 用同一模态的波长 $d_1^{(\alpha)*}$（$k_1^{(\alpha)*} = 2\pi/d_1^{(\alpha)*}$）写出

$$\varepsilon_\alpha = \frac{2\pi N_1^{(\alpha)}}{\lambda_\alpha + 2\mu_\alpha}\frac{\max u_1^{(\alpha)*}}{d_1^{(\alpha)*}} \tag{9.39}$$

需要注意的是，系数 $2\pi N_1^{(\alpha)}/(\lambda_\alpha + 2\mu_\alpha)$ 对于大多数工程复合材料来说大约是 1 或者小于 1。因此，参数 ε_α 的微小程度由 $\max u_1^{(\alpha)*}/d_1^{(\alpha)*}$ 的微小程度决定。在最后一项的比式中，分子是基于线性理论传播的谐波振幅的最大值，分母表示的是该波的波长。所以，为了使这个分式尽量小，需要使一阶波的最大振幅比其波长小一个数量级。所有参数都写成小参数的平方以增加精度。因此，在式中出现在参数右上角的两个星号就可以理解了，其表示在这里用到了第二近似解。

式（9.38）所表示的小量值条件，可理解成波剖面条件：其斜率一定是轻斜的。

只有在这种情况下，进一步建立的理论才是有效的。

进一步，采用小参数平方，进行其准确解的一些形式化构造。第二近似解式（9.39）中的波数必须变成微小被加项的级数；此外，与第一近似解中位移值（波的振幅）有关的项必须保留，经过一些代数变换后，波数可以被写成如下形式：

$$k_1^{(\alpha)**} = k_1^{(\alpha)*} + \frac{\mathrm{i}\omega}{M_1}(S_{1\alpha}u_1^{(1)*} + S_{2\alpha}u_1^{(2)*}) \tag{9.40}$$

$$l_1(k_1^{(\alpha)**}) = l_1(k_1^{(\alpha)*}) - \mathrm{i}k_1^{(\alpha)*}[c_{1\alpha}u_1^{(1)*}(x,t) + c_{2\alpha}u_1^{(2)*}(x,t)] \tag{9.41}$$

$$S_{\alpha\gamma} = \frac{1}{2}N_1^{(\alpha)}\left[a_\delta\left(\frac{k_1^{(\gamma)*}}{\omega}\right)^2 - \left(\rho_{\alpha\alpha} - \frac{\beta}{\omega^2}\right) - (-1)^\gamma \frac{M_3(\lambda_\alpha + 2\mu_\alpha) - M_2\left(\rho_{\alpha\alpha} - \frac{\beta}{\omega^2}\right)}{\sqrt{M_2^2 - M_2M_3}}\right]$$

$$c_{\gamma\alpha} = \frac{1}{(\lambda_\alpha + 2\mu_\alpha)(k_1^{(\alpha)*})^2 + \beta - \rho_{\alpha\alpha}\omega^2} \times \left\{2\omega[\lambda_3 + 2\mu_3 + (\lambda_\alpha + 2\mu_\alpha)l_1 \cdot (k_1^{(\alpha)*})]\frac{S_{\gamma\alpha}}{M_1} - l_1(k_1^{(\alpha)*})(k_1^{(\alpha)*})^2 N_1^{(\alpha)}\delta_{\gamma\alpha}\right\}$$

为了分别选出第一、第二谐波，需要将式（9.40）和式（9.41）代入式（9.34）并且做一些适当的代数变换。

在这些变换中存在一些与只保留用指数表示的一阶位移项有关的非平凡矩。

最后，解的形式如下：

$$\begin{aligned} u_1^{(\alpha)**}(x_1,t) = {} & C_1^{(\alpha)}\mathrm{e}^{-\mathrm{i}(k_1^{(\alpha)*}x_1-\omega t)} + l(k_1^{(\delta)*})C_1^{(\delta)}\mathrm{e}^{-\mathrm{i}(k_1^{(\delta)*}x_1-\omega t)} + \\ & \left[\frac{x_1\omega}{M_1}S_{\alpha\delta}l(k_1^{(\delta)*}) + \mathrm{i}k_1^{(\delta)*}c_{\delta2}\right]C_1^{(\delta)}u_{o1}^{(\delta)}\mathrm{e}^{-2\mathrm{i}(k_1^{(\delta)*}x-\omega t)} + \\ & \frac{x_1\omega}{M_1}S_{\alpha\alpha}C_1^{(\alpha)}\mathrm{e}^{-2\mathrm{i}(k_1^{(\alpha)*}x_1-\omega t)} + \left\{\frac{x_1\omega}{M_1}S_{\delta\alpha}C_1^{(\alpha)}u_{o1}^{(\delta)} + \right. \\ & \left.\left[\frac{x_1\omega}{M_1}S_{\alpha\delta}l(k_1^{(\delta)*}) + \mathrm{i}k_1^{(\delta)*}c_{\alpha\delta}\right]C_1^{(\delta)}u_{o1}^{(\alpha)}\right\}\mathrm{e}^{-\mathrm{i}[(k_1^{(\alpha)*}+k_1^{(\delta)*})x_1-2\omega t]} \end{aligned} \tag{9.42}$$

式（9.42）中的第一和第二项表示的是线性近似解，它们代表了两个具有不同波数和其他混合体线性理论定义的特性的谐波（模态）。幅值 $C_1^{(\alpha)}$ 是复数，其值以复杂的形式取决于初始振幅、频率、波数以及其他特性，这是解（9.42）与初始解的区别所在。这种区别在于，此处解的整体满足边界条件，而对于初始情况，仅第一近似解满足边界条件。

但是需要注意的是，式（9.42）本身也是近似解。它是在小参数方法的框架下利用第二近似解获得的。当初始脉冲的振幅与激励波波长相比较小时它是成立的。

式（9.42）中第三、第四项分别表示了第一、第二模态因二阶谐波产生的谐振荡情况。这些谐波由模态之间相互作用产生。请关注两个事实：① 二阶谐波的幅值更加依赖于初始脉冲的幅值和频率，而且比单组分的液体和弹性体中的情况更加复杂；② 波数不再是实数，而是复数。

最后，第五项表示的是一新合成的纵波，我们认为这是两种不同模态之间非线性作用的结果。波数 $k_1^{(1)*}$ 和 $k_1^{(2)*}$ 始终是不同的，但是二者之间的差异会随着频率向截止频率方向移动而变大。这个新的合成波表示一种空间作用的差频波 $\omega_{\text{beat}} = 2(k_1^{(1)*} - k_1^{(2)*})$，该频差只依赖于线性问题的参数。空间的调制周期为 $\Delta x_1 = \pi M_1 \sqrt{M_2^2 - M_1 M_3}$，也依赖于线性问题的参数。

这种依赖性可以解释成，这种非线性问题是在弱非线性的条件下求解的。以线性解作为非线性解的骨架的求解过程也影响这种依赖关系。

应当单独讨论一下最后这个波，它代表了一种新的微结构现象——相同纵波的两种不同模态的相互作用。这种相互作用是双相混合物特有的；在横波情况下也会产生同样的现象，因此全面研究波动图景时必须考虑这一点。

同时必须注意的是，当频率很低时，第二个模态将被阻断，因此，新的波在高频下产生（对很多真实复合材料，这意味超音速波的范围）。

9.2.2 非线性纵向平面波：确定临界时间和临界距离的总体方案

研究以下物理现象：一个初始时轮廓平滑的弹性波，传播过程中经过一定时间和距离之后波形轮廓（包络）发生变化，变得不连续。

波变得不连续的说法是指波前变得陡峭，因此这种现象也往往被称作波陡峭，整体上，波形轮廓变成了所谓的锯齿形，此时出现了波投掷（wave throwing over），波投掷现象对于流体中的波动是众所周知的。

谐波向不连续波转换过程中有两个特征被关注：不连续现象开始发生的距离 x_{crit} 和观察到反转现象的时间 t_{crit}。在物理界中已经存在了一些方法学上不同的求解 x_{crit} 和 t_{crit} 这两个临界特征值的方法。这些方法数学上以波前模糊轮廓为开始波投掷的表征。

在这里有必要指出的是，这些波的轮廓由连续变化为不连续，是连续波在非线性介质中传播过程中观察到的一个基本现象。这是非线性造成的，特别是波的非线性自激励作用造成的。

让我们演示非线性物理中最简单的方法。假设一个由不发生相互作用的粒子构成的复合介质，则其波动方程可以写成如下形式：

$$(\partial n/\partial t) + v(\partial n/\partial x) = 0 \tag{9.43}$$

其中 $n(x,t)$ 是在 x 位置和 t 时刻的微粒的密度，$v = \mathrm{d}x/\mathrm{d}t$ 代表介质的速度。

更进一步，假设一个任意的非线性依赖关系 $v = v(n)$，同时假设一个正的初始条件为 $v(x,0) = F(x)$，其中 F 是一个任意函数。则式（9.43）的解可以写为

$$n(x,t) = F[x - v(n)t] \tag{9.44}$$

式（9.44）表示了一个简单波。函数 F 表示了该波在初始时刻和接下来任意时刻波的轮廓。但是任意时刻的轮廓已由式（9.44）给出——对于给定时刻，它非线性地依赖于密度值。这种情况仅仅是简单波的属性，其传播速度会非线性地依赖于解的情况。

因为波轮廓上的不同点传播速度是不一样的，因此波的轮廓发生了扭曲变形。

在波传播理论中一直将波的初始轮廓的变化定义为波形失真。这个词意味着事物由正常形式变化成了非正常形式，由完美变为平庸，由真实变为不真实。在人类社会中，失真这个词往往联系着负面形象。但是在物理界中，这是个中性词，有时失真是不可取的，因此令人反感；而有时是可取的，因此受到欢迎。

所以，一个简谐波的轮廓一定会发生变形。如果速度 $v = v(n)$ 有一个正向的加速度，则轮廓就会以前文描述的方式发生变化。波投掷可以通过如下过程来描述：

首先，计算式（9.44）中的一阶导数：

$$\frac{\partial n}{\partial x} = \left(1 - v'\frac{\partial n}{\partial x}t\right)F',\ \frac{\partial n}{\partial t} = -\left(v + v'\frac{\partial n}{\partial t}t\right)F' \tag{9.45}$$

然后根据式（9.45）可得

$$\frac{\partial n}{\partial x} = \frac{F'}{1 + F'v't},\ \frac{\partial n}{\partial t} = -\frac{vF'}{1 + F'v't} \tag{9.46}$$

首先注意的是，这种方法中轮廓并不是任意的。它需要满足波轮廓光滑这一条件，即波轮廓各点的导数斜率存在。同时 $F' = 0$ 的临近点不变形（畸变），而对于其他所有点，发生畸变的条件是导数式（9.46）无限增大，即意味着这种情况下波轮廓斜率是垂直的，这种倾斜意味着波投掷的发生。根据式（9.46）中的分母为0，则可以获得临界时间（从该时刻开始发生波投掷）的表达式：

$$t_{\text{crit}} = (1/\max|F'v'|)(F'v' < 0) \tag{9.47}$$

因为对于考虑的问题，速度都不是常数，该式中的最大值总是某个有限值。对于加速度为正值的波，谐波的波前将发生投掷，如体波（纵波）即为此类波。

现在来看对经典黎曼波（马赫数选为小参数时，气体动力方程的二阶近似黎曼解，）发生波投掷现象的解释。这个解释可被称作几何解释。

假设波传播的方程如下：

$$\frac{\partial u}{\partial x} - \frac{\varepsilon}{c_0^2}u\frac{\partial u}{\partial \tau} = 0 \tag{9.48}$$

其中，u/c_0 为马赫数；u 为位移；$\tau = t - x/c_0$；$\varepsilon = (\gamma + 1)/2$，同时其他的参

数都是名称和意义均为已知的类型。

式（9.48）的简单波形式的解如下：

$$u = \Phi[\tau + (\varepsilon/c_0^2)ux] \tag{9.49}$$

为了形象地分析轮廓式（9.49）的演变，需要选择谐振波形式的边界条件 $u(0,t) = u_0\sin\omega\tau$ 。并且必须找到式（9.49）的反函数，这要考虑到 Φ 具有正弦函数的形式：

$$\omega\tau = \arcsin(u/u_0) - z(u/u_0)[z = (\varepsilon\omega/c_0^2)u_0x] \tag{9.50}$$

在无量纲坐标系 $((u/u_0),\omega\tau)$ 中，函数 $\omega\tau = \arcsin(u/u_0)$ 代表了初始波形。式（9.50）右边的第二个被加项与波传播的距离 x 直接相关。从几何学的观点来看，这是斜率为 z 的直线。这个值不断增加，当该值增加至 1 时，小的 u/u_0 值周围将发生模糊情况（一个轮廓变化为以切线为水平线，正弦曲线的波面变成锯齿状，且不连续）。因此，条件为

$$z = (\varepsilon\omega/c_0^2)u_0x = 1$$

定义一种基本状态，即波形开始发生变形。则上一个方程可以用来确定波形开始变形的临界传播距离：

$$x_{\text{crit}} = c_0^2/(\varepsilon\omega u_0) = \lambda/(2\pi\varepsilon M) \tag{9.51}$$

因此，当马赫数很小时，临界距离本质上来说可以大于波长。众所周知，对于非线性波，其马赫数一般为 2 ~ 4。因此，声波可以变化成冲击波。这一事实在非线性声学中已经得到证实。

再用一种方法来求解临界距离和时间。让我们研究汽车流，假设为一种简单的波动形式：

$$\rho(x,t) = \rho[x - u(\rho)t] \tag{9.52}$$

另外，假定式（9.52）的逆函数已知：

$$\psi(\rho) = x - u(\rho)t \tag{9.53}$$

且每个固定的 ρ 都代表了一条直线。因为简单波的相速度 $u(\rho)$ 不是常数，所以这些直线并不是平行的。随着在相平面（x，t）中坐标增加，这些直线终将相遇。

特征值是数学物理方法中的一个工具，可以通过它来修正不连续的出现或者存在。如果特征值不是发散的（对于正弦形轮廓，这对应其背部），而是汇聚的（对于正弦形轮廓，这对应其前部），即斜率随着时间或者距离的增加不断减小，则两个特征值在不同点穿过横轴后在某点（x_0，t_0）相遇。在该点，解不是单值的，偏导数变成无穷大，这就是所说的模糊线性。在数学物理学中这种情况也被称为梯度断层。

继续对汽车流进行分析。所讨论的方法是要寻找满足特征值的点。这个点同

时还是波形发生断裂和拐折的点。这些现象被用来确定时间和位置的临界值。

假设简单波式（9.52）的初始波形 $\rho(x)$ 已知，对式（9.53）中 x 求微分，则获得

$$1-u'\frac{\partial\rho}{\partial x}t=\psi'\frac{\partial\rho}{\partial x}\rightarrow(\psi')_{t=0}=1\Big/\left(\frac{\partial\rho}{\partial x}\right)_{t=0}\rightarrow$$

$$\frac{\partial\rho}{\partial x}=\left(\frac{\partial\rho}{\partial x}\right)_{t=0}\Big/\left[1+tu'\left(\frac{\partial\rho}{\partial x}\right)_{t=0}\right]\tag{9.54}$$

当式（9.54）中分母为0时断裂就会发生。为了寻找断裂坐标，临界量（x_{crit}，t_{crit}，ρ_{crit}）可写成如下系统：

$$\begin{aligned}-(\mathrm{d}u/\mathrm{d}\rho)_{\rho=\rho_{\text{crit}}}t_{\text{crit}}&=\psi'(\rho_{\text{crit}})\\-(\mathrm{d}^2u/\mathrm{d}\rho^2)_{\rho=\rho_{\text{crit}}}t_{\text{crit}}&=\psi''(\rho_{\text{crit}})\\x_{\text{crit}}-u(\rho_{\text{crit}})t_{\text{crit}}&=\psi(\rho_{\text{crit}})\end{aligned}\tag{9.55}$$

最后这种方法的条件可能是最任意的。

9.2.3 弹性混合物中的非线性平面纵向简谐波（模态）

进一步分析非线性弹性混合物中简谐纵向平面波的演变，考虑在低频范围内（针对复合材料在超声范围内其频率由小频率变化到截止频率）二阶模态被截止的混合物性质。

根据经典理论，截止并不是这个波消失了，而是这个波由传播波转变为了一个指数衰减波。从数学上来正式分析就是，波数从实数变化为复数或者虚数。

因此可以仅考虑在混合物两种成分中的一阶模态。对于每种混合成分，关于小参数条件下平面简谐纵波二阶近似的一阶模态可以表示为简化变异公式(9.42)形式表示。

$$u_1^{(1)}(x_1,t)=C_1^{(1)}\exp\left\{-\mathrm{i}\left[k_1^{(1)*}x_1+\omega t+\frac{\mathrm{i}\omega x_1}{M_1}\left(S_{11}u_1^{(1)}(x_1,t)+S_{12}u_1^{(2)}(x_1,t)\right)\right]\right\}\tag{9.56}$$

$$u_1^{(2)}(x_1,t)=l(k_1^{(1)*})u_1^{(1)}(x_1,t)\tag{9.57}$$

单模态表达式（9.56）和式（9.57）展示了两式所代表的波与简单波相似，并且使之可能写成经典黎曼波的形式：

$$\begin{aligned}u_1^{(1)}(x,t)&=F^{(1)}\left\{t+f^{(1)}[u_1^{(1)}(x_1,t)]x_1\right\},\\f^{(1)}[u_1^{(1)}(x_1,t)]&=v_{\text{ph}}^{(1)*}+(\mathrm{i}S_1/M_1)u_1^{(1)}(x_1,t),\\v_{\text{ph}}^{(1)*}&=k_1^{(1)*}/\omega\\F^{(1)}(z)&=C_1^{(1)}\exp\{-\mathrm{i}\omega z\},\end{aligned}$$

$$S_1 = S_{11} + S_{21} l_1 (k_1^{(1)*}) \tag{9.58}$$

利用式（9.58）的优势，并且应用上文讨论，可得出发生波投掷的临界时间 t_{crit} 和临界距离 x_{crit}。计算微分

$$\frac{\partial u_1^{(1)}}{\partial t} = \frac{F^{(1)\prime}}{1 - F^{(1)\prime} f^{(1)\prime} x_1}, \quad \frac{\partial u_1^{(1)}}{\partial x_1} = \frac{F^{(1)\prime} f^{(1)}}{1 - F^{(1)\prime} f^{(1)\prime} x_1} \tag{9.59}$$

式（9.59）中的一些表达式不能等于零，$F^{(1)\prime} = -\mathrm{i}\omega F^{(1)} \neq 0$；$f^{(1)\prime} = \mathrm{i}S_1 / M \neq 0$。

式（9.59）中分母为零的条件也同样是发生波投掷的条件。根据这个条件，可以由这个方程得出正弦波形的光滑波发生波投掷所传播的距离：

$$x_{\text{crit}} = \frac{1}{\max | F^{(1)\prime} f^{(1)\prime} |} = \frac{1}{\dfrac{\omega \max \{ F^{(1)} \}}{M_1} [S_{11} + S_{21} l_1 (k_1^{(1)*})]}$$

$$= \frac{M_1}{\omega S_1 \max | u_1^{(1)} |} \tag{9.60}$$

为了求出临界时间 t_{crit}，对式（9.58）直接求偏导：

$$\frac{\partial u_1^{(1)}}{\partial x_1} = \frac{-\mathrm{i}u_1^{(1)} (k_1^{(1)*} + S_1 u_1^{(1)})}{1 + \mathrm{i}u_1^{(1)} \left(x_1 + \dfrac{\omega t S_1}{k_1^{(1)*} + S_1 u_1^{(1)}} \right)},$$

$$\frac{\partial u_1^{(1)}}{\partial t} = \frac{-\omega u_1^{(1)}}{1 + \mathrm{i}u_1^{(1)} \left(x_1 + \dfrac{\omega t S_1}{k_1^{(1)*} + S_1 u_1^{(1)}} \right)} \tag{9.61}$$

如果此时将式（9.61）线性化，并且使线性化的分母等于零，则可得波投掷发生的条件：

$$1 + iu_1^{(1)} (x_{\text{crit}} + v_{\text{ph}}^{(1)*} S_1 t_{\text{crit}}) = 0 \tag{9.62}$$

由这个条件可以求得声波通过混合物传播开始发生波投掷的时间：

$$t_{\text{crit}} = \frac{1}{v_{\text{ph}}^{(1)*} S_1} (x_{\text{crit}} + 1/\max | u_1^{(1)} |) = \left(1 + \frac{M_1}{\omega S_1} \right) \frac{1}{v_{\text{ph}}^{(1)*} S_1 \max | u_1^{(1)} |} \tag{9.63}$$

由此可见，临界时间与相速度和最大振幅是成反比例关系的。由于混合物的散射性，随着频率逐渐增长（直到截止频率），相速度是不断减小的。因此，波形由谐波转化为冲击波的变形时间是同一量级的。

此外，增加频率相应地减小波长也额外地改变了临界时间，因为 S_1 以波数平方的量级超过 M_1。对于工程复合材料，这一量值超越随着频率增大到截止频率（$10^5 \sim 10^6$ Hz 量级）而增加 1 ~ 3 个量级。

回到求解临界距离的公式（9.60）。可以将方程写成如下形式：

$$x_{\text{crit}} = \lambda \Big/ \left(2\pi v_{\text{ph}}^{(1)} \frac{S_1}{M_1} \max |u_1^{(1)}| \right) \tag{9.64}$$

其中分母代表波长的数量，表示的是在形成不连续的路径长度 x_{crit} 上不断地堆叠的长度。对方程式中标量数量级的简单讨论表明，比值（S_1/M_1）表征了混合物中波形转变的情况。这个比值只涉及表征混合物非线性的参数。

最后需要注意的是，二阶近似（9.42）的解使得我们有可能得到（考虑到与波投掷的关系）关于二阶谐波幅值的约束。对于一阶模态，该谐波可以写成以下形式：

$$\frac{x_1 \omega}{M_1} S_{\alpha\alpha} C_1^{(\alpha)} \mathrm{e}^{-2\mathrm{i}(k_\alpha^{*(1)} x - \omega t)}$$

振幅与空间坐标 x_1 有关，这也意味着随着 x_1 逐渐增加到临界距离 x_{crit}，谐波的初始波面发生变形。此外，这个解并不是实解，因为是在二阶近似的条件下求出来的。

9.3 弹性混合物中的非线性平面偏振波：三阶

9.3.1 弹性混合物中的三阶谐波：利用频散曲线的图解分析法

在第 5 章中利用经典的二阶非线性方法研究了平面谐波的三阶谐波情况，但是其中并没有提到三阶谐波图解法。本节进一步根据图解法，提出在弹性混合物（弹性复合材料）中存在三阶谐波的见解。因此，作为经典方法的变体，简要地分析一下图解法似乎是有益的。假设三个平面谐波构成三阶谐波，则它们应该满足以下谐振条件（相位和频率匹配条件）：

$$\omega_1 \pm \omega_2 \pm \omega_3 = 0, \ \vec{k}_1 \pm \vec{k}_2 \pm \vec{k}_3 = 0 \tag{9.65}$$

根据定义，这些波都是非线性的（线性波之间不会产生相互作用）。此外，再假设每个波都有它自己的非线性频散法则，但是，通常这个法则对于每个波都是一致的。此处，考虑图解法的本质，使频散法则具有以下标准形式：

$$\omega = W(\vec{k}) \tag{9.66}$$

第二个假设如下：

所有的波都沿着同样的方向传播。

至此，就不需要考虑波数是矢量这个问题了，同时可以在（ω,k）坐标下画出“频率－波数”图像。这个图像在波理论中一般被称为频散曲线。

需要注意的是，并不是所有频散曲线都有三个点可以满足式（9.65）的条件。对于简单的情况，这种曲线一定分别有一个凸面和一个凹面，这也意味着它一定有拐点。文献［6］中的例子表明，毛细管重力波的频散曲线即如此，并且其频散曲线具有以下形式：

$$\omega = \sqrt{gk + (T/\rho)k^3} \tag{9.67}$$

该曲线对于小波数是凸面而对于大波数则是凹面，如图 9.1 所示。

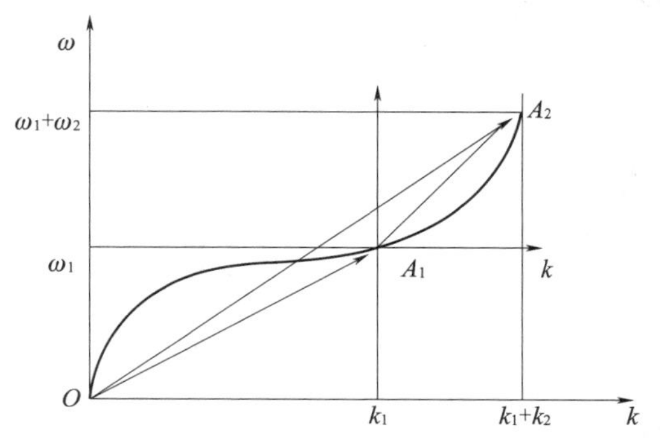

图 9.1 三次波构建范例

频散曲线中第一个点 A_1 坐标为 (ω_1, k_1)，对应于频散法则式（9.66）的具有同样坐标的半径矢量点 $(W(k_1), k_1)$。固定已经选定的 A_1 点，以不旋转的方式（平行移动）移动这个坐标系的原点到 A_1 点，并在平移的新坐标系中重新绘制频散曲线。选择对应新旧坐标系频散曲线之间的交点为 A_2。

需要注意的是，这个点并不总是存在的（并不是对任意的频散曲线或者任意的物理介质都存在）。

总的来说，在新的变换坐标系中，点 A_2 有新的坐标 (ω_2, k_2) 或者说 $(W(k_2), k_2)$，其半径矢量在新系统中也有着相同的坐标。同时，点 A_2 在旧坐标系中的坐标为 $(\omega_1 + \omega_2, k_1 + k_2)$。其在旧坐标系内的半径矢量坐标也可由此建立。不一样的是，这三个点都满足频散曲线，所以：

$$W(k_1) + W(k_2) = W(k_1 + k_2)$$

实际上，只对如下情况这一条件才能被满足，即拐点处于点 A_1 和点 A_2 之间，且分散在该段频散曲线上的各点的二阶导数不同。

从图 9.1 中可以清晰地看出，前文所述的三个半径矢量相加为零，同时它们的坐标满足以下两个方程：

$$\omega_1 + \omega_2 - \omega_3 = 0,\ k_1 + k_2 - k_3 = 0 \tag{9.68}$$

因此，通过图解法可以清晰地判断出对于给定的介质和频散法则，是否会形成三阶谐波，即两个同向传播的波是否会由于其间的相互作用产生第三个波，是要看它们之间的参数是否能满足谐振条件式（9.68）。

当波矢量不共线时，图解法能否应用呢？答案是肯定的，但是这种情况下不可以使用平面而是要将三阶谐波构建在三维空间中，因为在三维空间（ω，k_x，k_y）中存在的是频散面而不再是频散曲线，频散曲线的交点也相应地变成了频散面的相交线，满足谐振条件的三个波矢量会处在同一个平面中。

9.3.2 图解法分析频散曲线：弹性混合物中两个经典的频散实验

复合材料力学积累了很多谐波频散的实验观察结果。不同种类的频散和不同种类的波都已经被研究过。在这里我们来看两个与平面波几何频散有关的经典实验。一个与纤维复合材料相关[3,21]，另一个与层状结构相关[18,21]。

首先考虑由铝基体和周期排列的钨纤维组成的材料，其制作的过程以及微观结构在文献［3，21］中已经给出。

纤维的直径是0.13 mm，容积率为0.022～0.221。取长方形样本，研究纵波在矩形试样中的频散情况，发现纵波沿纤维横向传播。

实验数据用点的形式呈现在坐标为相速度－频率的平面上，这些点是通过二相混合物的线性模型来描述的，随后为了进行图像分析，又通过进一步计算将该频散曲线转化到了频率－波数平面，如图9.2所示。

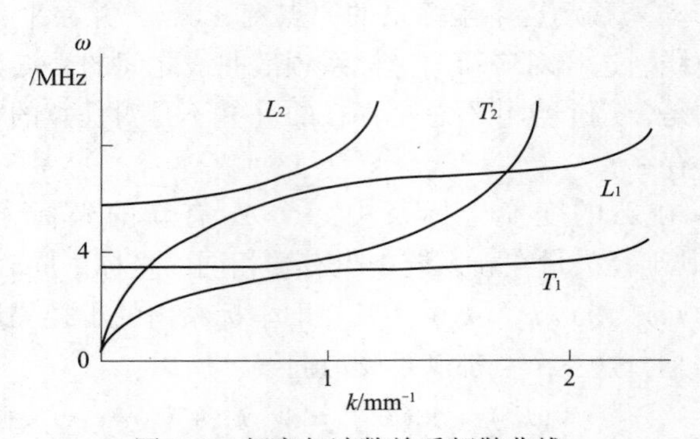

图9.2　频率与波数关系频散曲线

利用这些频散曲线我们可以通过图像法确定能形成三阶谐波的频率范围。在二组分混合物中，可以假设仅仅存在21种三阶谐波：

$$k_1(\omega_1)+k_2(\omega_2)=k_3(\omega_3),\ \omega_1+\omega_2=\omega_3 \tag{9.69}$$

$$T^{(1)}(\omega_1)+L^{(2)}(\omega_2)=L^{(1)}(\omega_3),\ L^{(1)}(\omega_1)+L^{(2)}(\omega_2)=L^{(1)}(\omega_3),$$

$$T^{(2)}(\omega_1)+L^{(1)}(\omega_2)=L^{(1)}(\omega_3),\ T^{(1)}(\omega_1)+L^{(1)}(\omega_2)=L^{(1)}(\omega_3),$$

$L^{(2)}(\omega_1)+T^{(1)}(\omega_2)=L^{(1)}(\omega_3)$，等等

以上方程中的上标表示波的模态编号。

在图 9.3 中，构建了两个三阶谐波：

$$L^{(2)}(\omega_1)+T^{(1)}(\omega_2)=L^{(1)}(\omega_3)\text{（被描述为 }1+2=3\text{）}$$

$$L^{(2)}(\omega_1)+T^{(2)}(\omega_2)=L^{(2)}(\omega_3)\text{（被描述为 }1'+2'=3'\text{）}$$

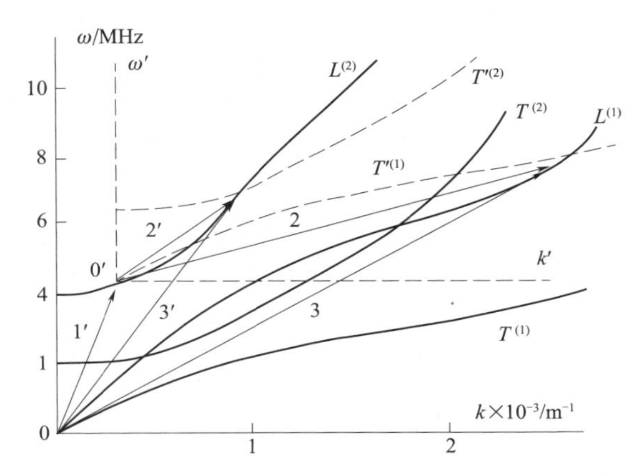

图 9.3　在纤维复合材料中用图像构建三次波的案例

对后一个三阶谐波可以进行如下描述：

参数为 (ω_1, k_1) 的二阶纵波模态与参数为 (ω_2, k_2) 的二阶横波模态相互作用形成了参数为 (ω_3, k_3) 的二阶纵波模态。

对这些三阶谐波，求出了满足谐振条件的频率范围 $D_k(\omega)$（频率以 MHz 表示，波数以 mm^{-1} 表示，波长以 mm 表示）。

$$D_1(\omega):\ \omega_1\in(4.2;36.0),\ k_1\in(0.16;4.83),\ \lambda_1\in(1.3;39.3),$$
$$\omega_{1'}\in(4.0;36.0),\ k_{1'}\in(0.00;4.83),\ \lambda_{1'}\in(1.3;\infty)\qquad(9.70)$$
$$D_2(\omega):\ \omega_2\in(3.6;7.8),\ k_2\in(2.43;4.83),\ \lambda_2\in(1.3;2.6),$$
$$\omega_{2'}\in(3.75;28.5),\ k_{2'}\in(1.08;4.83),\ \lambda_{2'}\in(1.3;5.8)\qquad(9.71)$$
$$D_3(\omega):\ \omega_3\in(7.8;14.0),\ k_3\in(2.66;4.83),\ \lambda_3\in(1.3;5.8),$$
$$\omega_{3'}\in(7.8;36.0),\ k_{3'}\in(1.08;4.83),\ \lambda_{3'}\in(1.3;5.8)\qquad(9.72)$$

在指定的范围内，下标表示三阶谐波中各波的编号。

式（9.70）~式（9.72）表示纤维复合材料产生的三阶谐波，此处，初始的一阶和二阶波属于不同种类的波或不同模态的波，即初始波必须由不同的频散曲线描述，如果仅有一条频散曲线，那么就没有办法形成三阶谐波。

上文三阶谐波中出现的二阶模态存在于超声波范围内，其波长是毫米级。特

别注意的是，式（9.70）表明该波长较小，且与材料的特性尺寸 $h=0.65$ mm 相当。

因此，纤维复合材料存在形成不同种类三阶谐波的可能性。满足谐振条件的不仅仅是频率相近的波，并且还有频率不同的波。

第二个实验与层状复合材料相关，是超声波垂直发射在钢－铜层复合材料中并传播的情况[18,21]。

试样为圆柱形，微观结构由厚度为 0.257 mm 的两种不同材料圆片交替堆叠而成。试样的总厚度为 6.858 mm，包含了 150 层双金属层。

通过实验可以从 5.0～32.0 MHz 的高频范围内获得数据，以便使其波长与微观结构的特征尺寸具有可比性。

通过实验获得了一些频散曲线，包括三个有传播的频散曲线和两个无传播（截止）的频散曲线，这些实验结果与理论有很好的一致性。

进一步，为了用绘图方法构建三波混叠，使用了文献［18］中的图 1 和文献［21］中的图 17。同时利用文献［18］中的图 2，该图描述了在第一截止频带附近频散曲线的弯曲部分，即从第一通频带曲线的末端到第二通频带曲线始端的部分。

三阶谐波：

$$L^{(1)}(\omega_1)+T^{(1)}(\omega_2)=T^{(2)}(\omega_3)$$

如图 9.4 所示，参数为 (ω_1,k_1) 的一阶体波模态与参数为 (ω_2,k_2) 的剪切模态发生相互作用从而产生参数为 (ω_3,k_3) 的第二剪切模态。这个三阶谐波混叠满足式（9.69）的条件。

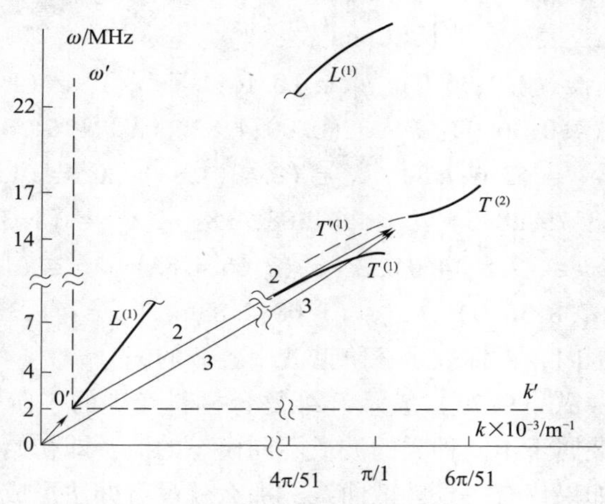

图 9.4　层状复合材料中三重波图解

满足图 9. 4 所示关于频散曲线谐振条件式（9. 59）的特点是：这些三阶谐波包含必要的一阶和二阶模态波。

上述三阶谐波中的第一个波仅对应于第一个波（一阶纵波模态）直线部分的一个较小的区域 $D_1(\omega)$，而另外两个波则对应于第一传播带一阶和二阶横波模态附近的曲线部分。

通过图 9. 4 可以找到满足谐振条件的频率、波数和波长的范围。与之前的纤维材料一样，层状材料中的三波混叠中的任何一个波都有自己的参与范围：

$$D_1(\omega):\omega_1 \in (1.9;2.2),\ k_1 \in \left(0.073\frac{\pi}{l};0.086\frac{\pi}{l}\right),\ \lambda_1 \in (2.10;2.50)$$

$$D_2(\omega):\omega_2 \in (13.15;13.45),\ k_2 \in \left(0.93\frac{\pi}{l};1.00\frac{\pi}{l}\right),\ \lambda_2 \in (0.18;0.20)$$

$$D_3(\omega):\omega_3 \in (15.3;15.6),\ k_3 \in (1.00;1.66),\ \lambda_3 \in (0.17;0.18)$$

对于由两个三波混叠波形成的同一类型，但模态不同的波，也同样满足谐振条件：

$$L^{(1)}(\omega_1)+L^{(1)}(\omega_2)=L^{(2)}(\omega_3),\ T^{(1)}(\omega_1)+T^{(1)}(\omega_2)=T^{(2)}(\omega_3) \tag{9.73}$$

这种情况下，允许的频率范围大小相同，只是在频散曲线直线区域上的位置不同。

$$D_1(\omega)=D_2(\omega):\omega \in (2.95;12.9),\ k \in \left(0.16\frac{\pi}{l};0.9\frac{\pi}{l}\right)(\text{T 波})$$

$$\omega \in (7.5;25.0),k \in \left(0.21\frac{\pi}{l};1.1\frac{\pi}{l}\right)(\text{L 波})$$

$$D_3(\omega):\omega \in (15.85;25.8),k \in \left(1.06\frac{\pi}{l};1.80\frac{\pi}{l}\right)(\text{T 波})$$

$$\omega \in (32.5;50.0),k \in \left(1.1\frac{\pi}{l};1.76\frac{\pi}{l}\right)(\text{L 波})$$

因此，利用图解法可以确定的有以下两点：

（1）在层状材料中，谐振条件得以满足，可能会产生三波混叠波。

（2）由于材料的结构性质，三波混叠波包含必要的不同模式的波，并且三波混叠波也是存在的。

因此，考虑了两种由混合物组成的复合材料，它们都具有非线性频散性质，并用线性理论描述其中的波。

三波混叠存在的可能性是由与材料内部结构有关的两个因素引起的——非线性频散和存在不同的模态。

需要注意的是，存在形成三波混叠的可能性和满足必要的谐振条件，并不能保证三波混叠确实存在（材料中存在两个波时产生出第三个波）。事实上，当材料发生线性变形时，就无法产生新的波，也就无法形成三阶谐波。三阶谐波的实现机理是波的相互作用，因此，若要在材料中产生三阶谐波，那么必须引入非线性，如果频散曲线基本上没有变化，那么它可能很弱。

因此，在具有内部结构的弱非线性介质中，提出用公式或模型表示三波混叠问题是必然的，即在建模时必须同时考虑材料的弱非线性及其内部结构。

9.3.3 弹性混合物中的三阶谐波：非共线波

初始波的非共线性，使得求解过程变得复杂。结构特征增加了模型的复杂性，以及从经典模型到混合结构模型的过渡引入了新的困难。但是基本的通用方法仍可用于混合物，也可以获得同样类型的结果。

从力学角度来说，这个问题涉及两个参数都不相同的平面波（传播方向、频率和偏振）在二阶近似框架下的相互作用。

从数学角度来说，要在一阶近似解具有两个谐频散波的叠加的形式时，可求解式（9.7）和式（9.8）：

$$\vec{u}^{(\alpha)*}(\,,\vec{r},t) = \vec{A}_{1\kappa_1}^{(\alpha\delta_1)}\cos[\omega_1 t - \vec{k}_{1\kappa_1}^{(\alpha\delta_1)}(\omega_1)\cdot\vec{r}] + \vec{A}_{2\kappa_2}^{(\alpha\delta_2)}\cos[\omega_2 t - \vec{k}_{2\kappa_2}^{(\alpha\delta_2)}(\omega_2)\cdot\vec{r}] \tag{9.74}$$

式（9.74）中的波区别于频率、波数和偏振。三个因素均由数值1和2标记，如往常一样，κ_γ 代表波的种类，δ_γ 表示模态，α 表示混合物的组分。总的来说，式（9.74）允许第一及第二求和项有四种形式，即“频率为 ω_1 的一阶纵波模态+频率为 ω_2 的二阶横波模态”等形式。全部的变化形式数量为 $\overline{C}_4^2 = C_5^2 = 10$（四种不同变量值每次取两种组合）。

矢量 $\vec{k}_{(k)}^{(\alpha)}$ 定义两个任意方向和两个波数，矢量 $\vec{A}_{\beta\kappa_2}^{(\alpha\delta_2)}$ 的方向可能与波矢的方向一致（则波是一个纵波），或者与之正交（则波是一个横波）。

值得注意的是，弹性混合物中线性谐波的二模态的通常表述，与式（9.74）相比有更简单的形式：

$$\vec{u}_{(k)}^{(\alpha)*}(\,,\vec{r},t) = \vec{C}_{(k)}^{(\alpha)}\cos[\omega t - \vec{k}_{(k)}^{(\alpha)}(\omega)\cdot\vec{r}] + l_{(k)}(k_{(k)}^{(\delta)})\vec{C}_{(k)}^{(\delta)}\cos[\omega t - \vec{k}_{(k)}^{(\delta)}(\omega)\cdot\vec{r}] \tag{9.75}$$

其中，下标 k 代表波的类型（1—纵波，2—横波），上标 α 和之前一样表示混合物的组分，所以位移 $\vec{u}_{(k)}^{(11)}(\,,\vec{r},t)$ 表示的是在混合物第一组分中的一阶模态，而位移 $\vec{u}_{(k)}^{(12)}(\,,\vec{r},t)$ 表示混合物第二组分中的一阶模态：

$$\vec{u}_{(k)}^{(11)}(\ ,\vec{r},t) = \vec{C}_{(k)}^{(1)}\cos[\omega t - \vec{k}_{(k)}^{(1)}(\omega)\cdot\vec{r}] \tag{9.76}$$

$$\begin{aligned}\vec{u}_{(k)}^{(12)}(\ ,\vec{r},t) &= l_{(k)}(k_{(k)}^{(1)})\vec{C}_{(k)}^{(1)}\cos[\omega t - \vec{k}_{(k)}^{(1)}(\omega)\cdot\vec{r}]\\ &= l_{(k)}(k_{(k)}^{(1)})\vec{u}_{(k)}^{(11)}(\ ,\vec{r},t)\end{aligned} \tag{9.77}$$

位移 $\vec{u}_{(k)}^{(21)}(\ ,\vec{r},t)$ 表示混合物第一组分中的二阶模态，同理，位移 $\vec{u}_{(k)}^{(22)}(\ ,\vec{r},t)$ 表示混合物第二组分中的二阶模态：

$$\begin{aligned}\vec{u}_{(k)}^{(21)}(\ ,\vec{r},t) &= l_{(k)}(k_{(k)}^{(2)})\vec{C}_{(k)}^{(2)}\cos[\omega t - \vec{k}_{(k)}^{(2)}(\omega)\cdot\vec{r}]\\ &= l_{(k)}(k_{(k)}^{(2)})\vec{u}_{(k)}^{(22)}(\ ,\vec{r},t)\end{aligned} \tag{9.78}$$

$$\vec{u}_{(k)}^{(22)}(\ ,\vec{r},t) = \vec{C}_{(k)}^{(2)}\cos[\omega t - \vec{k}_{(k)}^{(2)}(\omega)\cdot\vec{r}] \tag{9.79}$$

因此，表达式（9.74）仅包含式（9.76）~式（9.79）等形式的波，如果现在将式（9.74）代入式（9.7）的右边部分，并且对于所有不同类型波的相互作用，只考虑两个波之间的直接相互作用而不考虑其他的，则可以计算非线性函数 $F^{(\alpha)*}$：

$$\begin{aligned}F^{(\alpha)*}(\vec{r},t) = {}&\vec{I}^{(\alpha)+}\sin\{(\omega_1+\omega_2)t - [\vec{k}_{1\kappa_1}^{(\alpha)\delta_1}(\omega_1) + \vec{k}_{2\kappa_2}^{(\alpha)\delta_2}(\omega_2)]\vec{r}\} +\\ &\vec{I}^{(\alpha)-}\sin\{(\omega_1-\omega_2)t - [\vec{k}_{1\kappa_1}^{(\alpha)\delta_1}(\omega_1) - \vec{k}_{2\kappa_2}^{(\alpha)\delta_2}(\omega_2)]\vec{r}\}\end{aligned} \tag{9.80}$$

然后利用经典过程，对时间进行傅里叶变换：

$$\tilde{\vec{u}}^{(\alpha)**}(\ ,\vec{r},\omega) = \int_{-\infty}^{\infty}\vec{u}^{(\alpha)**}(\ ,\vec{r},t)\mathrm{e}^{\mathrm{i}\omega t}\mathrm{d}t \tag{9.81}$$

则变换后的基本系统（拉梅型）可以写成以下形式：

$$\begin{aligned}&-(\lambda_\alpha+2\mu_\alpha)\nabla[\nabla\ \tilde{\vec{u}}^{(\alpha)**}(\vec{r},\omega)] + \mu_\alpha\nabla\times\nabla\times\tilde{\vec{u}}^{(\alpha)**}(\vec{r},\omega)\\ &-(\lambda_3+2\mu_3)\nabla[\nabla\ \tilde{\vec{u}}^{(\delta)**}(\vec{r},\omega)] + \mu_3\nabla\times\nabla\times\tilde{\vec{u}}^{(\delta)**}(\vec{r},\omega)\\ &-(\beta+\rho_{\alpha\alpha}\omega^2)\ \tilde{\vec{u}}^{(\alpha)**}(\vec{r},\omega) + \beta\ \tilde{\vec{u}}^{(\delta)**}(\vec{r},\omega) = 4\pi F^{(\alpha)*}(\vec{r},\omega)\end{aligned} \tag{9.82}$$

$$\begin{aligned}\pi F^{(\alpha)*}(\vec{r},\omega) = {}&\frac{\vec{I}^{(\alpha)+}}{4\mathrm{i}}[\mathrm{e}^{-\mathrm{i}[\vec{k}_{1\kappa_1}^{(\alpha)\delta_1}(\omega_1)+\vec{k}_{2\kappa_2}^{(\alpha)\delta_2}(\omega_2)]\vec{r}}\delta(\omega+\omega_1+\omega_2) -\\ &\mathrm{e}^{\mathrm{i}[\vec{k}_{1\kappa_1}^{(\alpha)\delta_1}(\omega_1)+\vec{k}_{2\kappa_2}^{(\alpha)\delta_2}(\omega_2)]\vec{r}}\delta(\omega-\omega_1-\omega_2)] +\\ &\frac{\vec{I}^{(\alpha)-}}{4\mathrm{i}}[\mathrm{e}^{-\mathrm{i}[\vec{k}_{1\kappa_1}^{(\alpha)\delta_1}(\omega_1)-\vec{k}_{2\kappa_2}^{(\alpha)\delta_2}(\omega_2)]\vec{r}}\delta(\omega+\omega_1-\omega_2) -\\ &\mathrm{e}^{-\mathrm{i}[\vec{k}_{1\kappa_1}^{(\alpha)\delta_1}(\omega_1)-\vec{k}_{2\kappa_2}^{(\alpha)\delta_2}(\omega_2)]\vec{r}}\delta(\omega-\omega_1+\omega_2)]\end{aligned} \tag{9.83}$$

然后我们有必要假设式（9.84）中两个波的每一个波都可以形成一个在

其传播方向上可以无限传播的波束（一个截面有限的圆柱管状）。这些波束一定会相遇，同时发生交汇时区域 V 一定是非空的。因此，式（9.83）和式（9.82）的右边部分在区域 V 以外的值都为零，式（9.82）只在 V 封闭区域有定义。如果假设式（9.82）中的解满足一些 $\vec{r}$ 较大（索莫菲尔德条件）特殊条件，则解可以写成格林纵波和横波反对称等目标张量矩阵函数的形式：

$$\begin{pmatrix} \tilde{\vec{u}}^{(1)**}(\vec{r},\omega) \\ \tilde{\vec{u}}^{(2)**}(\vec{r},\omega) \end{pmatrix} = \iiint_V \begin{bmatrix} \dfrac{1}{\lambda_1+2\mu_1}G_L^{(1)} + \dfrac{1}{\mu_1}G_T^{(1)} & \dfrac{l_{2L}\omega}{\lambda_3+2\mu_3}G_L^{(2)} + \dfrac{l_{2T}\omega}{\mu_3}G_T^{(2)} \\ \dfrac{l_{1L}\omega}{\lambda_3+2\mu_3}G_L^{(1)} + \dfrac{l_{1T}\omega}{\mu_3}G_T^{(1)} & \dfrac{1}{\lambda_2+2\mu_2}G_L^{(2)} + \dfrac{1}{\mu_2}G_T^{(2)} \end{bmatrix} \cdot \begin{pmatrix} \tilde{\vec{F}}^{(1)*}(\vec{r},\omega) \\ \tilde{\vec{F}}^{(2)*}(\vec{r},\omega) \end{pmatrix} \mathrm{d}V^* \tag{9.84}$$

选择条件

$$\vec{k}_{1\kappa_1}^{(\alpha)\delta_1} R \gg 1 (\forall \vec{r}^*, \omega) \tag{9.85}$$

其中，R 为从观测点到区域 V 中心的距离；$\vec{r}^*$ 为一个积分变量。这个条件保证观测点到波相互作用域的距离大，这在波数大（对应于小频率）时是可以满足的。但是这并不是实际情况。

当 $\vec{r}$ 足够大，而相互作用区域 V 有限时，可以近似表示距离 R 为：

$$R \approx r - \vec{r}^o \vec{r}^* (\vec{r}^o = \vec{r}/r) \tag{9.86}$$

式（9.85）和式（9.86）的条件简化了格林函数，并且进一步简化了解（9.84）的表达式，因为这已经考虑了与波相互作用域（到检测点）较远的情况。如果对解进行反傅里叶变换，则解将具有如下形式：

$$\begin{aligned} \vec{u}^{(\alpha)**}(,\vec{r},t) = {} & \frac{(\vec{I}^{(\alpha)+}\cdot\vec{r}^o)\vec{r}^o}{4\pi r}\Big\{\frac{1}{\lambda_\alpha+2\mu_\alpha}\times\iiint_V \sin\{[k_L^{(\alpha)}(-\omega_1-\omega_2)\vec{r}^o - \\ & \vec{k}_{1\kappa_1}^{(\alpha)\delta_1}(\omega_1)+\vec{k}_{2\kappa2}^{(\alpha)\delta_2}(\omega_2)]\cdot\vec{r} - [\vec{k}_L^{(\alpha)}(-\omega_1-\omega_2)\cdot\vec{r} - \\ & (\omega_1+\omega_2)t]\}\mathrm{d}V^*\Big\} + \cdots + \frac{\vec{I}^{(\alpha)-}-(\vec{I}^{(\alpha)-}\cdot\vec{r}^o)\vec{r}^o}{4\pi r}\cdot \\ & \Big\{\frac{1}{\mu_\alpha}\times\iiint_V \sin\{[k_T^{(\delta)}(-\omega_1+\omega_2)\cdot\vec{r}^o - \vec{k}_{1\kappa_1}^{(\delta)\delta_1}(\omega_1) + \\ & \vec{k}_{2\kappa2}^{(\delta)\delta_2}(\omega_2)]\cdot\vec{r} - [\vec{k}_T^{(\alpha)}(-\omega_1-\omega_2)\cdot\vec{r} - \\ & (\omega_1+\omega_2)t]\}\mathrm{d}V^*\Big\} \end{aligned} \tag{9.87}$$

式（9.87）一共包含 8 个相同类型的积分，式中只写出了其中的两个。

求解式（9.87）的根本难点来自原始相互作用波的波矢和幅度分布系数对频率的依赖性，以及进行傅里叶变换时对变换参数的依赖性。但当计算如下形式的积分时，可以通过假设被积函数无限可微来克服：

$$\int_{-\infty}^{\infty} \mathrm{e}^{-k_L^{(\alpha)}(\omega)(r-\vec{r}^{o}\vec{r}^{*})}\delta(\omega+\omega_1+\omega_2)\mathrm{e}^{-\mathrm{i}\omega t} = \mathrm{e}^{-k_L^{(\alpha)}(-\omega_1-\omega_2)(r-\vec{r}^{o}\vec{r}^{*})+\mathrm{i}(\omega_1+\omega_2)t}$$

注意，式（9.87）中的八个正弦函数，定义为四对纵波和横波［每对包括两个模态和两种频率组合——和频（$\omega_1+\omega_2$）和差频（$\omega_1-\omega_2$）］。正弦符号下方括号中的第一个求和项依赖于积分变量 $\vec{r}^{*} \equiv (x_1^{*}, x_2^{*}, x_3^{*})$，并以积分的形式给出了在一定范围内周期性变化的表达式。在这种条件下，波相互作用的能量几乎向空间各个方向均匀散射。但是在满足如下条件式的方向上：

$$\omega_1 \pm \omega_2 + \omega_3 = 0,$$

$$k_{L(T)}^{(\delta)}(-\omega_1 \pm \omega_2)\vec{r}^{o} - \vec{k}_{1\kappa_1}^{(\delta)\delta_1}(\omega_1) \pm \vec{k}_{2\kappa 2}^{(\delta)\delta_2}(\omega_2) = 0 \tag{9.88}$$

这个解获得了一些新的性质：因为在这种情况下，第一个方括号内表达式的值为零，而第二项不依赖于积分变量，所以在这个方向传播的波的振幅直接与相互作用区域的大小成比例，随着相互作用区域的增大而增大。这种条件让我们想起了共振，这也是把条件（9.88）称为共振条件的基础。

新的第三个波具有和频或差频频率，波矢量用 $\vec{r}^{o}$ 来表示，事实上可以说形成了三阶谐波，所以，固体混合物中有产生三阶混叠波的可能。

谐振条件表明，产生相互作用的波可以是任意的，并且由于这种相互作用产生的共鸣波也可以是任意纵波或者横波的模态。二组分材料不存在对波类型的限制，因此，可产生的三波混叠波数量本质上在增加。与经典情况类似，共鸣波可以在和频也可以在差频下产生。

值得注意的是，当两列波形式第三个波的时候，在二组分材料中，平面偏振波形成三波混叠波的能力已得到证明，也即一个波可以分解成两个波而形成三阶谐波。这种方式形成的三阶谐波是由某个波在某些频率下分解成两个波获得的（不过这里并没有分析）。这些三波混叠波也都分别满足谐振条件式(9.88)。

提醒注意，在单组分材料中，实际上可有五种三波混叠波，确定它们的算法如下：选择原始波和共鸣波的类型与模态；确定原始波之间夹角的变化范围；确定原始波的频率限制；选择原始波的偏振方式，确定共鸣波的振幅。在应用这个算法到式（9.88）的关系时，难度也增加了，因为现在又包括了非线性函数的波矢量和频率。

共鸣波的振幅与波数成比例，因此，在高频范围内，能量转移到第三个波更加有效。此时，对于许多复合材料，连续性方法仍然有效。

9.3.4 弹性混合物中多个平面波的相互作用：缓变振幅法

1. 弹性混合物中多个平面波的相互作用：非线性波动方程

选择广义的 Murnaghan 势能式（3.74）作为出发点：

$$U(\varepsilon_{ik}^{(1)},\varepsilon_{ik}^{(2)},v_k)=\mu_\alpha(\varepsilon_{ik}^{(\alpha)})^2+2\mu_3\varepsilon_{ik}^{(\alpha)}\varepsilon_{ik}^{(\delta)}+\frac{1}{2}\lambda_\alpha(\varepsilon_{ik}^{(\alpha)})^2+$$

$$\lambda_3\varepsilon_{mm}^{(\alpha)}\varepsilon_{mm}^{(\delta)}+\frac{1}{3}A_\alpha\varepsilon_{ik}^{(\alpha)}\varepsilon_{im}^{(\alpha)}\varepsilon_{km}^{(\alpha)}+B_\alpha\varepsilon_{mm}^{(\alpha)}(\varepsilon_{ik}^{(\alpha)})^2+$$

$$\frac{1}{3}C_\alpha(\varepsilon_{ik}^{(\alpha)})^3+\frac{1}{3}A_3\varepsilon_{ik}^{(\alpha)}\varepsilon_{im}^{(\delta)}\varepsilon_{km}^{(\delta)}+2B_3\varepsilon_{mm}^{(\delta)}\varepsilon_{ik}^{(\delta)}\varepsilon_{ik}^{(\alpha)}+$$

$$C_3\varepsilon_{mm}^{(\alpha)}(\varepsilon_{mm}^{(\alpha)})^2+\beta(v_k)^2+\frac{1}{3}\beta'(v_k)^3 \tag{9.89}$$

对比来看，前面的分析基于相对简化的势函数（3.75），而这里的势函数，因为新引入了三个三阶弹性常数 A_3、B_3、C_3，所以组分变形引起的非线性相互作用变得更加复杂了。

重复混合物中平面波基本方程的推导，可以获得三个耦合形式的常用的方程系统式（9.7）~式（9.9）：

$$\rho_{\alpha\alpha}\frac{\partial^2 u_1^{(\alpha)}}{\partial t^2}-(\lambda_\alpha+2\mu_\alpha)\frac{\partial^2 u_1^{(\alpha)}}{\partial x_1^2}-(\lambda_3+2\mu_3)\frac{\partial^2 u_1^{(\delta)}}{\partial x_1^2}-\beta(u_1^{(\alpha)}-u_1^{(\delta)})$$

$$=N_1^{(\alpha)}\frac{\partial^2 u_1^{(\alpha)}}{\partial x_1^2}\frac{\partial u_1^{(\alpha)}}{\partial x_1}+N_2^{(\alpha)}\left(\frac{\partial^2 u_2^{(\alpha)}}{\partial x_1^2}\frac{\partial u_2^{(\alpha)}}{\partial x_1}+\frac{\partial^2 u_3^{(\alpha)}}{\partial x_1^2}\frac{\partial u_3^{(\alpha)}}{\partial x_1}\right)+$$

$$N_1^{(3)}\frac{\partial^2 u_1^{(\delta)}}{\partial x_1^2}\frac{\partial u_1^{(\delta)}}{\partial x_1}+N_2^{(3)}\left(\frac{\partial^2 u_2^{(\delta)}}{\partial x_1^2}\frac{\partial u_2^{(\delta)}}{\partial x_1}+\frac{\partial^2 u_3^{(\delta)}}{\partial x_1^2}\frac{\partial u_3^{(\delta)}}{\partial x_1}\right) \tag{9.90}$$

$$\rho_{\alpha\alpha}\frac{\partial^2 u_m^{(\alpha)}}{\partial t^2}-\mu_\alpha\frac{\partial^2 u_m^{(\alpha)}}{\partial x_k^2}-\mu_3\frac{\partial^2 u_m^{(\delta)}}{\partial x_k^2}-\beta(u_m^{(\alpha)}-u_m^{(\delta)})$$

$$=N_2^{(\alpha)}\left(\frac{\partial^2 u_m^{(\alpha)}}{\partial x_1^2}\frac{\partial u_1^{(\alpha)}}{\partial x_1}+\frac{\partial^2 u_1^{(\alpha)}}{\partial x_1^2}\frac{\partial u_m^{(\alpha)}}{\partial x_1}\right)+$$

$$N_2^{(3)}\left(\frac{\partial^2 u_m^{(\delta)}}{\partial x_1^2}\frac{\partial u_1^{(\delta)}}{\partial x_1}+\frac{\partial^2 u_1^{(\delta)}}{\partial x_1^2}\frac{\partial u_m^{(\delta)}}{\partial x_1}\right)\quad(m=2,3) \tag{9.91}$$

新参数的定义如下：

$$N_1^{(3)}=3(\lambda_3+2\mu_3)+2(A_3+3B_3+C_3),\ N_2^{(3)}=\mu_3+\frac{1}{2}A_3+B_3 \tag{9.92}$$

注意：非线性波动方程系统式（9.7）~式（9.9）和式（9.90）与式（9.91）之间的主要区别在于，现在的方程考虑了同种波不同模态之间的相互作用。

因此，根据已知的混合物中平面波的理论框架，我们可以得出模态之间的相互作用。

混合物波的数量加倍的特性使得相互作用更加复杂，但是另一方面，有了更大的可能性支持找出相互作用的平面波的稳定集合。其中一个解决这些期望问题的方法就是在简化和变换方程以及列出能量表达式等公式推演中重复缓变振幅法的所有步骤。

要注意的是，物理介质混合物有一特征，即在其中传播的模态永远不会单独存在，这些模态在两种混合组分中是同时存在的。如果选择一阶模态作为多波相互作用的参与者之一，那么在第一个混合组分中以这样的形式传播：其振幅是任意的常数（对于平面波的振幅无法确定），波数由频率决定（因为混合物是频散介质）：

$$u_1^{(1)}(x_1,t) = A_1^{(1)}\mathrm{e}^{\mathrm{i}(k_1^{(1)}x_1-\omega t)}$$

那么，在第二个混合组分中传播的是同样的波，但是振幅不一样，这个振幅与频率相关，且具有如下形式：

$$u_1^{(2)}(x_1,t) = l_1^{(2)}(\omega)A_1^{(1)}\mathrm{e}^{\mathrm{i}(k_1^{(1)}x_1-\omega t)}$$

如果选择二阶模态作为多波相互作用的参与者，情况也类似，在第一个组分中波具有如下形式：

$$u_1^{(1)}(x_1,t) = l_1^{(1)}(\omega)A_1^{(2)}\mathrm{e}^{\mathrm{i}(k_1^{(2)}x_1-\omega t)}$$

在第二个组分中传播同样的波，但其振幅是基础振幅，与频率无关：

$$u_1^{(2)}(x_1,t) = A_1^{(2)}\mathrm{e}^{\mathrm{i}(k_1^{(2)}x_1-\omega t)}$$

利用缓变振幅法，可以解出式（9.90）和式（9.91）所代表的非线性系统。

在之后的分析中仅针对纵波，只对纵波模态写出严格的过程。

2. 弹性混合物中多个平面波的相互作用：基于缓变振幅法的解

考虑表达纵波的表达式：

$$\rho_{\alpha\alpha}\frac{\partial^2 u_1^{(\alpha)}}{\partial t^2} - (\lambda_\alpha + 2\mu_\alpha)\frac{\partial^2 u_1^{(\alpha)}}{\partial x_1^2} - (\lambda_3 + 2\mu_3)\frac{\partial^2 u_1^{(\delta)}}{\partial x_1^2} -$$
$$\beta(u_1^{(\alpha)} - u_1^{(\delta)}) = N_1^{(\alpha)}\frac{\partial^2 u_1^{(\alpha)}}{\partial x_1^2}\frac{\partial u_1^{(\alpha)}}{\partial x_1} + N_1^{(3)}\frac{\partial^2 u_1^{(\delta)}}{\partial x_1^2}\frac{\partial u_1^{(\delta)}}{\partial x_1} \tag{9.93}$$

在这里选择对应纵波的第一个模态的波 M_1，其振幅为 $A_{1m}^{(1)}(x_1)$，频率为

ω_m，波数为 $k_{1m}^{(1)}(\omega_m)(m=1,\cdots,M_1)$。同时也选择对应于纵波的第二个模态的波 M_2，振幅为 $A_{1(M_1+m)}^{(2)}(x_1)$，频率为 ω_{M_1+m}，波数为 $k_{1(M_1+m)}^{(1)}(\omega_{M_1+m})(m=1,\cdots,M_2)$。

在这里，假设振幅依赖于空间坐标，同时必须假设振幅是缓慢变化的，慢到可以认为在一个周期内的变化是可以忽略的。

基于二组分混合物介质的本质，下述波将在第一个组分中发生相互作用：

$$A_{1m}^{(1)}(x_1)\mathrm{e}^{\mathrm{i}[k_1^{(1)}(\omega_m)x_1-\omega_m t]}\quad(m=1,\cdots,M_1)$$

$$l_1^{(1)}(\omega_{M_1+n})A_{1(M_1+n)}^{(2)}\mathrm{e}^{\mathrm{i}[k_1^{(2)}(\omega_{M_1+n})x_1-\omega_{M_1+n}t]}\quad(n=1,\cdots,M_2)\tag{9.94}$$

同样地，在第二个组分中也会发生相互作用，但是振幅不一样（它们可以被称为新的不同的波，这取决于看问题的观点）。

$$l_1^{(2)}(\omega_m)A_{1m}^{(1)}(x_1)\mathrm{e}^{\mathrm{i}[k_1^{(1)}(\omega_m)x_1-\omega_m t]}\quad(m=1,\cdots,M_1)$$

$$A_{1(M_1+n)}^{(2)}\mathrm{e}^{\mathrm{i}[k_1^{(2)}(\omega_{M_1+n})x_1-\omega_{M_1+n}t]}\quad(n=1,\cdots,M_2)\tag{9.95}$$

注意：根据模态的定义，两个不同的波数可以对应同一个频率。因此，即使频率一样，不同模态波的波长也是不同的。

由式（6.39）和式（6.40）得到的每一个波都是一个线性问题的解，所以它们的振幅是固定值，而对于变化的振幅值（如本例中，振幅是空间坐标的函数），那么每个波一定是如式（6.38）所表示的非线性系统的解。而这些波的叠加也仍是式（6.38）非线性系统的解。将这些项相加得

$$u_1^{(1)}(x_1,t)=\sum_{m=1}^{M_1}A_{1m}^{(1)}(x_1)\mathrm{e}^{\mathrm{i}[k_1^{(1)}(\omega_m)x_1-\omega_m t]}+\sum_{n=1}^{M_2}l_1^{(1)}(\omega_{M_1+n})A_{1(M_1+n)}^{(2)}\mathrm{e}^{\mathrm{i}[k_1^{(2)}(\omega_{M_1+n})x_1-\omega_{M_1+n}t]}\tag{9.96}$$

$$u_1^{(2)}(x_1,t)=\sum_{m=1}^{M_1}l_1^{(2)}(\omega_m)A_{1m}^{(1)}(x_1)\mathrm{e}^{\mathrm{i}[k_1^{(1)}(\omega_m)x_1-\omega_m t]}+\sum_{n=1}^{M_2}A_{1(M_1+n)}^{(2)}\mathrm{e}^{\mathrm{i}[k_1^{(2)}(\omega_{M_1+n})x_1-\omega_{M_1+n}t]}\tag{9.97}$$

对解式（9.96）和式（9.97）重复运用缓变振幅法，简化方程和变换方程都显得十分难处理，因此，在接下来的分析中将只分析三个相互作用的波。

3. 弹性混合物中三个平面波的相互作用：简化和变换方程

为了方便，我们从式（9.96）和式（9.97）开始分析，选择三个波，利用缓变振幅法研究它们之间的相互作用情况。首先，需要注意的是，三个被研究的波中只有六种不同的变型：

变型 1．第一模态 + 第一模态 = 第一模态；

变型2．第一模态＋第一模态＝第二模态；

变型3．第一模态＋第二模态＝第一模态；

变型4．第一模态＋第二模态＝第二模态；

变型5．第二模态＋第二模态＝第一模态；

变型6．第二模态＋第二模态＝第二模态。

变型3和变型4是最有趣而且有意义的。在这种情况下，两种不同模态发生相互作用，这在经典理论中是无法解释的。我们选择变型4并写出其和的形式：

$$u_1^{(1)}(x_1,t)=A_{11}^{(1)}(x_1)\mathrm{e}^{\mathrm{i}[k_1^{(1)}(\omega_m)x_1-\omega_1 t]}+l_1^{(1)}(\omega_2)A_{12}^{(2)}\cdot \mathrm{e}^{\mathrm{i}[k_1^{(2)}(\omega_2)x_1-\omega_2 t]}+l_1^{(1)}(\omega_3)A_{13}^{(2)}\mathrm{e}^{\mathrm{i}[k_1^{(2)}(\omega_3)x_1-\omega_3 t]} \tag{9.98}$$

$$u_1^{(2)}(x_1,t)=l_1^{(2)}(\omega_1)A_{11}^{(1)}(x_1)\mathrm{e}^{\mathrm{i}[k_1^{(1)}(\omega_m)x_1-\omega_1 t]}+A_{12}^{(2)}\mathrm{e}^{\mathrm{i}[k_1^{(2)}(\omega_2)x_1-\omega_2 t]}+A_{13}^{(2)}\mathrm{e}^{\mathrm{i}[k_1^{(2)}(\omega_3)x_1-\omega_3 t]} \tag{9.99}$$

将式（9.98）~式（9.99）代入系统（9.93），然后经过变换和简化得到

$$\begin{aligned}
&[(\lambda_1+2\mu_1)+(\lambda_3+2\mu_3)l_1^{(2)}(\omega_1)]k_1^{(1)}(\omega_1)\frac{\mathrm{d}A_{11}^{(1)}}{\mathrm{d}x_1}\mathrm{e}^{\mathrm{i}[k_1^{(1)}(\omega_1)x_1-\omega_1 t]}+\\
&[(\lambda_3+2\mu_3)+(\lambda_1+2\mu_1)l_1^{(2)}(\omega_2)]k_1^{(2)}(\omega_2)\frac{\mathrm{d}A_{12}^{(2)}}{\mathrm{d}x_1}\mathrm{e}^{\mathrm{i}[k_1^{(2)}(\omega_2)x_1-\omega_2 t]}+\\
&\quad[(\lambda_3+2\mu_3)+(\lambda_2+2\mu_2)l_1^{(2)}(\omega_3)]k_1^{(2)}(\omega_3)\frac{\mathrm{d}A_{13}^{(2)}}{\mathrm{d}x_1}\mathrm{e}^{\mathrm{i}[k_1^{(2)}(\omega_3)x_1-\omega_3 t]}\\
&=-[l_1^{(1)}(\omega_2)N_1^{(1)}+l_1^{(2)}(\omega_1)N_1^{(3)}]k_1^{(1)}(\omega_1)k_1^{(2)}(\omega_2)[k_1^{(1)}(\omega_1)+\\
&\quad k_1^{(2)}(\omega_2)]\times A_{11}^{(1)}A_{12}^{(2)}\mathrm{e}^{\mathrm{i}\{[k_1^{(1)}(\omega_1)+k_1^{(2)}(\omega_2)]x_1-(\omega_1+\omega_2)t\}}-[l_1^{(1)}(\omega_3)N_1^{(1)}+\\
&\quad l_1^{(2)}(\omega_1)N_1^{(3)}]k_1^{(1)}(\omega_1)k_1^{(2)}(\omega_3)[k_1^{(1)}(\omega_1)+k_1^{(2)}(\omega_3)]\times\\
&\quad A_{11}^{(1)}A_{13}^{(2)}\mathrm{e}^{\mathrm{i}\{[k_1^{(1)}(\omega_1)+k_1^{(2)}(\omega_3)]x_1-(\omega_1+\omega_3)t\}}-[l_1^{(1)}(\omega_2)l_1^{(2)}(\omega_3)N_1^{(1)}+\\
&\quad N_1^{(3)}]k_1^{(2)}(\omega_2)k_1^{(2)}(\omega_3)[k_1^{(2)}(\omega_2)+k_1^{(2)}(\omega_3)]\times\\
&\quad A_{12}^{(2)}A_{13}^{(2)}\mathrm{e}^{\mathrm{i}\{[k_1^{(2)}(\omega_2)+k_1^{(2)}(\omega_3)]x_1-(\omega_2+\omega_3)t\}}
\end{aligned} \tag{9.100}$$

$$\begin{aligned}
&[(\lambda_3+2\mu_3)+(\lambda_2+2\mu_2)l_1^{(1)}(\omega_1)]k_1^{(1)}(\omega_1)\frac{\mathrm{d}A_{11}^{(1)}}{\mathrm{d}x_1}\mathrm{e}^{\mathrm{i}[k_1^{(1)}(\omega_1)x_1-\omega_1 t]}+\\
&[(\lambda_2+2\mu_2)+(\lambda_3+2\mu_3)l_1^{(2)}(\omega_2)]k_1^{(2)}(\omega_2)\frac{\mathrm{d}A_{12}^{(2)}}{\mathrm{d}x_1}\mathrm{e}^{\mathrm{i}[k_1^{(2)}(\omega_2)x_1-\omega_2 t]}+\\
&[(\lambda_2+2\mu_2)+(\lambda_3+2\mu_3)l_1^{(2)}(\omega_3)]k_1^{(2)}(\omega_3)\frac{\mathrm{d}A_{13}^{(2)}}{\mathrm{d}x_1}\mathrm{e}^{\mathrm{i}[k_1^{(2)}(\omega_3)x_1-\omega_3 t]}
\end{aligned}$$

$$= -[l_1^{(1)}(\omega_2)N_1^{(2)} + l_1^{(2)}(\omega_1)N_1^{(3)}]k_1^{(1)}(\omega_1)k_1^{(2)}(\omega_2)[k_1^{(1)}(\omega_1) + k_1^{(2)}(\omega_2)] \times A_{11}^{(1)}A_{12}^{(2)}\mathrm{e}^{\mathrm{i}\{[k_1^{(1)}(\omega_1)+k_1^{(2)}(\omega_2)]x_1-(\omega_1+\omega_2)t\}} - [l_1^{(1)}(\omega_3)N_1^{(2)} + l_1^{(2)}(\omega_1)N_1^{(3)}]k_1^{(1)}(\omega_1)k_1^{(2)}(\omega_3)[k_1^{(1)}(\omega_1) + k_1^{(2)}(\omega_3)] \times A_{11}^{(1)}A_{13}^{(2)}\mathrm{e}^{\mathrm{i}\{[k_1^{(1)}(\omega_1)+k_1^{(2)}(\omega_3)]x_1-(\omega_1+\omega_3)t\}} - [l_1^{(1)}(\omega_2)l_1^{(2)}(\omega_3)N_1^{(2)} + N_1^{(3)}]k_1^{(2)}(\omega_2)k_1^{(2)}(\omega_3)[k_1^{(2)}(\omega_2) + k_1^{(2)}(\omega_3)] \times A_{12}^{(2)}A_{13}^{(2)}\mathrm{e}^{\mathrm{i}\{[k_1^{(2)}(\omega_2)+k_1^{(2)}(\omega_3)]x_1-(\omega_2+\omega_3)t\}} \tag{9.101}$$

式（9.100）和式（9.100）表示三个波在混合物第一组分中的相互作用情况，而式（9.101）是同样的三个波在混合物第二个组分中的相互作用。

现在引入频率同步的条件

$$\omega_1 + \omega_2 = \omega_3 \tag{9.102}$$

通过对复共轭表达式求和可以在两个简化方程中消除时间参量，并且它们将各自分解为在第一个混合物组分中传播的三个波的演化方程：

$$[(\lambda_1 + 2\mu_1) + (\lambda_3 + 2\mu_3)l_1^{(2)}(\omega_1)]\frac{\mathrm{d}A_{11}^{(1)}}{\mathrm{d}x_1} = [l_1^{(1)}(\omega_2)l_1^{(2)}(\omega_3)N_1^{(1)} + N_1^{(3)}]\frac{k_1^{(2)}(\omega_2)k_1^{(2)}(\omega_3)}{k_1^{(1)}(\omega_1)} \times [k_1^{(2)}(\omega_2) + k_1^{(2)}(\omega_3)] \times A_{12}^{(2)}\bar{A}_{13}^{(2)}\mathrm{e}^{\mathrm{i}[k_1^{(2)}(\omega_3)-k_1^{(2)}(\omega_2)-k_1^{(1)}(\omega_1)]x_1} \tag{9.103}$$

$$[(\lambda_3 + 2\mu_3) + (\lambda_1 + 2\mu_1)l_1^{(2)}(\omega_2)]\frac{\mathrm{d}A_{12}^{(2)}}{\mathrm{d}x_1} = [l_1^{(1)}(\omega_3)N_1^{(1)} + l_1^{(2)}(\omega_1)N_1^{(3)}]\frac{k_1^{(1)}(\omega_1)k_1^{(2)}(\omega_3)}{k_1^{(2)}(\omega_2)} \times [k_1^{(1)}(\omega_1) + k_1^{(2)}(\omega_3)] \times \bar{A}_{11}^{(1)}A_{13}^{(2)}\mathrm{e}^{\mathrm{i}[k_1^{(2)}(\omega_3)-k_1^{(2)}(\omega_2)-k_1^{(1)}(\omega_1)]x_1} \tag{9.104}$$

$$[(\lambda_3 + 2\mu_3) + (\lambda_2 + 2\mu_2)l_1^{(2)}(\omega_3)]\frac{\mathrm{d}A_{13}^{(2)}}{\mathrm{d}x_1} = [l_1^{(1)}(\omega_2)l_1^{(2)}(\omega_3)N_1^{(1)} + N_1^{(3)}]\frac{k_1^{(2)}(\omega_2)k_1^{(2)}(\omega_3)}{k_1^{(2)}(\omega_3)} \times [k_1^{(2)}(\omega_2) + k_1^{(2)}(\omega_3)] \times A_{12}^{(2)}A_{13}^{(2)}\mathrm{e}^{\mathrm{i}[k_1^{(2)}(\omega_3)-k_1^{(2)}(\omega_2)-k_1^{(1)}(\omega_1)]x_1} \tag{9.105}$$

第二个混合物组分中的波为

$$[(\lambda_3 + 2\mu_3) + (\lambda_2 + 2\mu_2)l_1^{(1)}(\omega_1)]\frac{\mathrm{d}A_{11}^{(1)}}{\mathrm{d}x_1} = [l_1^{(1)}(\omega_2)l_1^{(2)}(\omega_3)N_1^{(2)} + N_1^{(3)}] \times \frac{k_1^{(2)}(\omega_2)k_1^{(2)}(\omega_3)}{k_1^{(1)}(\omega_1)}[k_1^{(2)}(\omega_2) + k_1^{(2)}(\omega_3)] \times$$

$$A_{12}^{(2)}\overline{A}_{13}^{(2)}\mathrm{e}^{\mathrm{i}[k_1^{(2)}(\omega_3)-k_1^{(2)}(\omega_2)-k_1^{(1)}(\omega_1)]x_1} \tag{9.106}$$

$$[(\lambda_2+2\mu_2)+(\lambda_3+2\mu_3)l_1^{(2)}(\omega_2)]\frac{\mathrm{d}A_{12}^{(2)}}{\mathrm{d}x_1}$$
$$=[l_1^{(1)}(\omega_3)N_1^{(2)}+l_1^{(2)}(\omega_1)N_1^{(3)}]\times$$
$$\frac{k_1^{(1)}(\omega_1)k_1^{(2)}(\omega_3)}{k_1^{(2)}(\omega_2)}[k_1^{(1)}(\omega_1)+k_1^{(2)}(\omega_3)]\times$$
$$\overline{A}_{11}^{(1)}A_{13}^{(2)}\mathrm{e}^{\mathrm{i}[k_1^{(2)}(\omega_3)-k_1^{(2)}(\omega_2)-k_1^{(1)}(\omega_1)]x_1} \tag{9.107}$$

$$[(\lambda_2+2\mu_2)+(\lambda_3+2\mu_3)l_1^{(2)}(\omega_3)]\frac{\mathrm{d}A_{13}^{(2)}}{\mathrm{d}x_1}$$
$$=[l_1^{(1)}(\omega_2)l_1^{(2)}(\omega_3)N_1^{(2)}+N_1^{(3)}]\times$$
$$\frac{k_1^{(2)}(\omega_2)k_1^{(2)}(\omega_3)}{k_1^{(2)}(\omega_3)}[k_1^{(2)}(\omega_2)+k_1^{(2)}(\omega_3)]\times$$
$$A_{12}^{(2)}A_{13}^{(2)}\mathrm{e}^{\mathrm{i}[k_1^{(2)}(\omega_3)-k_1^{(2)}(\omega_2)-k_1^{(1)}(\omega_1)]x_1} \tag{9.108}$$

实际上，混合物的演化方程式（9.103）~式（9.108）与经典弹性介质的类似方程之间的区别不在于表达式的形式（它们的不同之处仅在于系数的不同表示以及这些系数对频率的依赖关系），而在于三个波中有两个波同时在混合物中发生相互作用。每一组的三个波按各自的规律相互作用，并且三波混叠波中每个波在混合物不同组分中的演化是不同的。

引入新的定义：

对第一混合物组分引入系数

$$\sigma_{11}=\frac{l_1^{(1)}(\omega_2)l_1^{(2)}(\omega_3)N_1^{(1)}+N_1^{(3)}}{(\lambda_1+2\mu_1)+(\lambda_3+2\mu_3)l_1^{(2)}(\omega_1)}\frac{k_1^{(2)}(\omega_2)k_1^{(2)}(\omega_3)}{k_1^{(1)}(\omega_1)}\times[k_1^{(2)}(\omega_2)+k_1^{(2)}(\omega_3)]$$

$$\sigma_{12}=\frac{l_1^{(1)}(\omega_3)N_1^{(1)}+l_1^{(2)}(\omega_1)N_1^{(3)}}{(\lambda_3+2\mu_3)+(\lambda_1+2\mu_1)l_1^{(2)}(\omega_2)}\frac{k_1^{(1)}(\omega_1)k_1^{(2)}(\omega_3)}{k_1^{(2)}(\omega_2)}\times[k_1^{(1)}(\omega_1)+k_1^{(2)}(\omega_3)]$$

$$\sigma_{13}=\frac{l_1^{(1)}(\omega_2)l_1^{(2)}(\omega_3)N_1^{(1)}+N_1^{(3)}}{(\lambda_3+2\mu_3)+(\lambda_2+2\mu_2)l_1^{(2)}(\omega_3)}\frac{k_1^{(2)}(\omega_2)k_1^{(2)}(\omega_3)}{k_1^{(2)}(\omega_3)}\times[k_1^{(2)}(\omega_2)+k_1^{(2)}(\omega_3)]$$

对第二混合物组分引入系数

$$\sigma_{21}=\frac{l_1^{(1)}(\omega_2)l_1^{(2)}(\omega_3)N_1^{(2)}+N_1^{(3)}}{(\lambda_3+2\mu_3)+(\lambda_2+2\mu_2)l_1^{(2)}(\omega_1)}\frac{k_1^{(2)}(\omega_2)k_1^{(2)}(\omega_3)}{k_1^{(1)}(\omega_3)}\times[k_1^{(2)}(\omega_2)+k_1^{(2)}(\omega_3)]$$

$$\sigma_{22}=\frac{l_1^{(1)}(\omega_3)N_1^{(2)}+l_1^{(2)}(\omega_1)N_1^{(3)}}{(\lambda_2+2\mu_2)+(\lambda_3+2\mu_3)l_1^{(2)}(\omega_2)}\frac{k_1^{(1)}(\omega_1)k_1^{(2)}(\omega_3)}{k_1^{(2)}(\omega_2)}\times[k_1^{(1)}(\omega_1)+k_1^{(2)}(\omega_3)]$$

$$\sigma_{23}=\frac{l_1^{(1)}(\omega_2)l_1^{(2)}(\omega_3)N_1^{(2)}+N_1^{(3)}}{(\lambda_2+2\mu_2)+(\lambda_3+2\mu_3)l_1^{(2)}(\omega_3)}\frac{k_1^{(2)}(\omega_2)k_1^{(2)}(\omega_3)}{k_1^{(2)}(\omega_3)}\times[k_1^{(2)}(\omega_2)+k_1^{(2)}(\omega_3)]$$

以上系数有以下特征。

特征1：这些系数只是在形式上与经典系数相似，经典的系数都是常数，而这里得到的系数是三个相互作用波 $\sigma_{mn}=\sigma_{mn}(\omega_1;\omega_2;\omega_3)$ 的频率的函数。需要注意的是，三个频率中只有两个是独立的，因为需要满足频率共鸣条件。

特征2：六个系数都是彼此不同的，包括 $\sigma_{1m}\neq\sigma_{2m}$。

对混合物来说，空间同步性的条件与经典案例是相似的，大致与前面用另外一种方法获得的条件是一致的：

$$k_1^{(1)}(\omega_1)+k_1^{(2)}(\omega_3)+k_1^{(2)}(\omega_3)=0 \tag{9.109}$$

与经典情况的主要区别在于，由于混合物的频散性，波数是频率的函数，因此，空间同步性条件式（9.109）可以看作频率约束的附加条件。

4. 弹性混合物中三个平面波的相互作用：Manley – Rowe 关系（能量守恒、谱分解和参数放大）

现在明确一下，什么情况遵从完全同步条件，即遵从式（9.102）和式(9.109)。首先，写出系数为 $\sigma_{mn}=\sigma_{mn}(\omega_1;\omega_2;\omega_3)$ 的演化方程，并保持其形式与经典情况下一致。但是对于每种混合物组分，它们各自的三个方程都依赖于频率系数。

在 Manley – Rowe 关系中也存在同样的情况。每种混合物成分都有其自身存在的系数不同的关系存在的，三个波中每一个波都满足能量守恒定律：

$$\omega_1\sigma_{i1}(\omega_1;\omega_2;\omega_3)(A_{11}^{(1)})^2+\omega_2\sigma_{i2}(\omega_1;\omega_2;\omega_3)(A_{12}^{(2)})^2+\omega_3\sigma_{i3}(\omega_1;\omega_2;\omega_3)(A_{13}^{(2)})^2=\mathrm{const} \tag{9.110}$$

根据经典的三波混叠中同样的法则，每一个独立的三波混叠波中的能量将重新分配。当三波混叠中任一个波频率发生变化时，每一个混叠波中的能量泵浦、不同混叠波和不同组分中的能量都将重新分配。

混合物中能量主要通过以下两种方式分配。

方法1：在独立三波混叠波中，参与的每个组分中的波转为另外一种波。

方法2：当频率发生改变时，由一种模态转化到另一种模态，即激励出新模态。

特别需要注意的是，对于三波混叠波的其他五个变型的分析，可以沿用之前在9.3.4节3.中对三波混叠波中第四个变型的分析方法，最后的公式仅系数不同，这六个变型都很有趣。

例如，利用变型2的演化方程，可研究二阶模态产生二阶简谐纵波谐波的演变过程，即研究第一个模态的波与自身发生相互作用并且产生了第二个模态的二阶谐波的情况。当然它也可以产生自己的二阶谐波，但是这种情景恰好是一种经典情况。

现在讨论的是非经典情况——一阶模态波与同一个相同的一阶模态波相互作用然后产生了第三个（共振）波，而这个（共鸣）波正是二阶模态下的二阶谐波。假设第三个波的初始振幅 $A_{13}^{(2)}(0)=0$，而另外两个原始波的振幅 $A_{11}^{(1)}$、$A_{12}^{(1)}$ 为常数，这在从物理上可以认为是由于振幅的微小变化引起的。

利用演化方程的经典分析过程（在空间同步条件下，需要假设 $\omega_1=\omega_2=\omega$，$\omega_3=2\omega$），就可以得到第一和第二混合物组分中共振波振幅变化的方程（幅值演化方程）。

$$A_{13(2\omega)}^{(2)}(x_1)=x_1\frac{l_1^{(2)}(2\omega)N_1^{(1)}+N_1^{(3)}}{(\lambda_3+2\mu_3)+(\lambda_2+2\mu_2)l_1^{(2)}(2\omega)}[k_1^{(1)}(\omega)]^2(A_{11}^{(1)})^2$$

$$A_{23(2\omega)}^{(2)}(x_1)=x_1\frac{l_1^{(2)}(2\omega)N_1^{(2)}+N_1^{(3)}}{(\lambda_2+2\mu_2)+(\lambda_3+2\mu_3)l_1^{(2)}(2\omega)}[k_1^{(1)}(\omega)]^2(A_{11}^{(1)})^2 \tag{9.111}$$

因此，通过同样的一阶模态就可以产生二阶模态的二阶谐波。新产生的波的振幅在不同的混合物组分中以不同的方式增长，这一事实可以被认为是观察到的新的理论现象。

引起这种现象的原因是三波混叠在两种组分混合物中的演化过程是由独特的演化方程描述的。对于混合物来说这种情况很常见。所以在双组分混合物中挑选特定的三波混叠波实际上意味着就是挑选两组具有相似的同步条件但是振幅不一样（也可以说是参与的波携带的能量比例不同）的三波混叠波，它们分别存在于混合物中。

让我们来考察一种情况，如果有两列波同时由入射点进入混合物中，其中一个波携带了大部分能量，且将这个波作为第一个波，则

$$\tilde{N}_{11}^{(1)}(0)\gg\tilde{N}_{12}^{(1)}(0),\ \tilde{N}_{13}^{(1)}(0)=0 \tag{9.112}$$

因为第三 Manley - Rowe 关系具有如下形式：

$$\sigma_3\tilde{N}_{11}^{(1)}(x_1)-\sigma_1\tilde{N}_{13}^{(1)}(x_1)=\sigma_3\tilde{N}_{11}^{(1)}(0)=C_3 \tag{9.113}$$

所以，$\tilde{N}_{13}^{(1)}(x_1)$ 只能因 $\tilde{N}_{11}^{(1)}(x_1)$ 而增大，但是，根据第一 Manley – Rowe 关系，有

$$\sigma_2 \tilde{N}_{11}^{(1)}(x_1) - \sigma_1 \tilde{N}_{12}^{(1)}(x_1) = C_1 \tag{9.114}$$

说明这种增大只能因 $\tilde{N}_{12}^{(1)}(x_1)$ 减小得到。另外，第二 Manley – Rowe 关系应得以满足：

$$\sigma_3 \tilde{N}_{12}^{(1)}(x_1) - \sigma_2 \tilde{N}_{13}^{(1)}(x_1) = \sigma_3 \tilde{N}_{12}^{(1)}(0) = C_2 \tag{9.115}$$

与 C_3 相比，C_2 是个小量，因此，$\tilde{N}_{13}^{(1)}(x_1)$ 的增长不会超过 $C_2 = \sigma_3 \tilde{N}_{12}^{(1)}(0)$，都是很小的量。

如果假设在三波混叠波中，第一个波和第二个波都是低频波，而第三个波是高频波，那么以上所述形成了非线性物理中已知的一个有趣现象。对于所讨论的情况，低频波的能量本质上是无法传输到高频波中的，一方面，我们观察到了信号频率增大的现象：低频信号（第一个波）与能量强大的闲波（第二个波）相互作用形成了一个新的高频泵浦波（第三个波）。但是另一方面，这个新产生的波能量很低，产生的效果也不明显。

我们可以再次看到经典的三波混叠波和二组分混合物中的三波混叠波的区别在于不同组分中三波混叠波之间的能量泵浦，并且这两组三波混叠波是同时存在的。

我们再来看另一种情况，假设一组三波混叠波在进入混合物时大部分能量集中在高频波中：

$$\tilde{N}_{13}^{(1)}(0) \gg \tilde{N}_{11}^{(1)}(0),\ \tilde{N}_{12}^{(1)}(0) \tag{9.116}$$

则由第一和第三 Manley – Rowe 关系：

$$\tilde{N}_{12}^{(1)}(x_1) = \frac{\sigma_2}{\sigma_3}\left[\tilde{N}_{13}^{(1)}(0) - \tilde{N}_{13}^{(1)}(x_1)\right] \tag{9.117}$$

$$\tilde{N}_{11}^{(1)}(x_1) = \frac{\sigma_1}{\sigma_3}\left[\tilde{N}_{13}^{(1)}(0) - \tilde{N}_{13}^{(1)}(x_1)\right] \tag{9.118}$$

根据这组式子，$\tilde{N}_{11}^{(1)}(x_1)$ 和 $\tilde{N}_{12}^{(1)}(x_1)$ 可同时显著增加，也就是说高频波的能量可以被泵入两个不同的低频波中。

这种在非线性物理学中[15,17,41,51]非常有名的参数振荡现象称为三波混叠波的分解不稳定性，因为它反映了高频波分解进入两个低频波中。

然而，在混合物模型的许多性质中，新模态的相互作用和混合物组分中相

互作用的重复是很基础的。

5. 弹性混合物中两个平面波的相互作用：简化和演化方程

作为上述多波相互作用的特殊情况，再次考虑两个平面波的相互作用。这里分析的主题是在非线性方法的框架下双组分弹性混合物中波的自转换现象。注意，在此之前这个问题作为波在非频散介质中传播的问题已进行过分析。现在的问题可以认为是两波相互作用在频散介质中的拓展。

选择纵波，并列出其非线性波动方程：

$$\rho_{\alpha\alpha}\frac{\partial^2 u^{(\alpha)}}{\partial t^2}-a_\alpha\frac{\partial^2 u^{(\alpha)}}{\partial x^2}-a_3\frac{\partial^2 u^{(\delta)}}{\partial x^2}-\beta(u^{(\alpha)}-u^{(\delta)})$$
$$=N^{(\alpha)}\frac{\partial^2 u^{(\alpha)}}{\partial x^2}\frac{\partial u^{(\alpha)}}{\partial x}+N^{(3)}\frac{\partial^2 u^{(\alpha)}}{\partial x^2}\frac{\partial u^{(\delta)}}{\partial x},$$
$$a_m=\lambda_m+2\mu_m,\ N^{(m)}=3a_m+2(A_m+3B_m+C_m),m=1,2,3 \tag{9.119}$$

让我们进一步只关注在双组分混合物中入射两个频率不同的纵波的情况。

再一次运用缓变振幅法，回顾一下关于振幅的基本假设，即假设它们变化的速度很缓慢，以至于在一个周期内的变化是可以忽略不计的。这种方法假设入射点处的信号波和泵浦波是谐波。这些波的表征参数有：① 取决于空间坐标的振幅 $A_{\text{pum}}(x)$，$A_{\text{sign}}(x)$；② 给定频率 ω_{pum}，ω_{sign}；③ 依赖于频率（根据混合物的频散法则）的波数 $k_{\text{pum}}=k_{\text{pum}}(\omega_{\text{pum}})$，$k_{\text{sign}}=k_{\text{sign}}(\omega_{\text{sign}})$，并具有以下表达式：

$$u_{\text{pum}}(x,t)=A_{\text{pum}}(x)\mathrm{e}^{\mathrm{i}(k_{\text{pum}}x-\omega_{\text{pum}}t)},\ u_{\text{sign}}(x,t)\mathrm{e}^{\mathrm{i}(k_{\text{sign}}x-\omega_{\text{sign}}t)} \tag{9.120}$$

或

$$u_{\text{pum}}(x,t)=\mathrm{Re}[A_{\text{pum}}(x)\mathrm{e}^{\mathrm{i}(k_{\text{pum}}x-\omega_{\text{pum}}t)}]=a_{\text{pum}}(x)\cos[k_{\text{pum}}x-\omega_{\text{pum}}t+\varphi_{\text{pum}}(x)] \tag{9.121}$$

$$u_{\text{sign}}(x,t)=\mathrm{Re}[A_{\text{sign}}(x)\mathrm{e}^{\mathrm{i}(k_{\text{sign}}x-\omega_{\text{sign}}t)}]=a_{\text{sign}}(x)\cos[k_{\text{sign}}x-\omega_{\text{sign}}t+\varphi_{\text{sign}}(x)] \tag{9.122}$$

当使用混合物模型时，需要确定纵波的模态。当给定频率时，根据相速度或者波数就可以区分模态。对于两个入射波，可能会有四种变型：

变型1： 泵浦波 = 一阶模态 + 信号波 = 一阶模态。

变型2： 泵浦波 = 一阶模态 + 信号波 = 二阶模态。

变型3： 泵浦波 = 二阶模态 + 信号波 = 一阶模态。

变型4： 泵浦波 = 二阶模态 + 信号波 = 二阶模态。

当选择两种不同的模态时，会显示出内部结构的多个效应：由于某些情况

下的混合物本身的频散性，当基频波转变为双倍频波时，相速度会随之增加；反之亦然，当频率由基频转变为原来频率的一半时，相速度也会随之降低。在混合物中，二阶模态的截止频率附近，很容易发生频散情况，对大多数复合材料来说，范围是 0.1 ~ 1.0 MHz。

式（9.120）中表达的波将会以四个波的形式传播（在混合物的二组分中各有两个），根据对应的变型修改模型得

$$u^{(1)}(x,t) = u_{\text{pum}}(x,t) + u_{\text{sign}}(x,t),$$
$$u^{(2)}(x,t) = l_{\text{pum}}^{(2)} u_{\text{pum}}(x,t) + l_{\text{sign}}^{(2)} u_{\text{sign}}(x,t) \tag{9.123}$$

$$u^{(1)}(x,t) = u_{\text{pum}}(x,t) + l_{\text{sign}}^{(1)} u_{\text{sign}}(x,t),$$
$$u^{(2)}(x,t) = l_{\text{pum}}^{(2)} u_{\text{pum}}(x,t) + u_{\text{sign}}(x,t) \tag{9.124}$$

$$u^{(1)}(x,t) = l_{\text{pum}}^{(1)} u_{\text{pum}}(x,t) + u_{\text{sign}}(x,t),$$
$$u^{(2)}(x,t) = u_{\text{pum}}(x,t) + l_{\text{sign}}^{(2)} u_{\text{sign}}(x,t) \tag{9.125}$$

$$u^{(1)}(x,t) = l_{\text{pum}}^{(1)} u_{\text{pum}}(x,t) + l_{\text{sign}}^{(1)} u_{\text{sign}}(x,t),$$
$$u^{(2)}(x,t) = u_{\text{pum}}(x,t) + u_{\text{sign}}(x,t) \tag{9.126}$$

振幅分布矩阵中的系数 $l_{\dots}^{(\alpha)} = l_{\dots}^{(\alpha)}[k_{\dots}^{(\alpha)}(\omega_{\dots})]$，对于给定的材料，给定的波数 $k_{\dots}^{(\alpha)}(\omega)$、模态和频率 $\omega_{\dots}$ 是常数

$$l_{\dots}^{(1)} = l(k_{\dots}^{(1)}) = -\frac{a_3(k_{\dots}^{(1)})^2 - \beta}{a_1(k_{\dots}^{(1)})^2 + \beta - \rho_{11}(\omega_{\dots})^2}$$

$$l_{\dots}^{(2)} = l(k_{\dots}^{(2)}) = -\frac{a_2(k_{\dots}^{(2)})^2 + \beta - \rho_{22}(\omega_{\dots})^2}{a_3(k_{\dots}^{(2)})^2 - \beta}$$

接下来考虑对于变型 1 的情况，使用缓变振幅法。首先，写出简化方程，这些方程主要牵涉两个限制条件——振幅缓慢变化和无能量流入。

在本例中，我们研究高能量波和弱能量波的相互作用，使用的假设与经典情况下是一致的——由非常独特的两组假设构成。

第一组假设如下：

假设 1：弱能量波的频率比高能量波低两倍，即

$$2\omega_{\text{sign}} = \omega_{\text{pum}} \tag{9.127}$$

假设 2：分析弱波对高能波自激励的影响，因为弱波本身就是高能波的频率；不分析高能量波的自激励，因为那是另一种波效应，与自转换效应无关。

假设 3：考虑两个波通常的非线性相互作用。

在以上假设的基础上，可以得到两个相互独立的简化波动方程，分别表示在双组分混合物中信号波和泵浦波的传播和相互作用，基于这一事实，由于在不同成分中振幅以不同的方式变化，在振符符号中引入了成分代号。

$$(a_\alpha + l_{pum}a_3)k_{pum}e^{i(k_{pum}x-\omega_{pum}t)}\frac{dA_{pum}^{(\alpha)}}{dx} + (l_{sign}a_\delta + a_3)k_{sign}\times$$

$$e^{i(k_{sign}x-\omega_{sign}t)}\frac{dA_{sign}^{(\alpha)}}{dx} = -k_{pum}k_{sign}(k_{pum}+k_{sign})[N^{(\alpha)}+l_{pum}l_{sign}N^{(3)}]\times$$

$$A_{pum}^{(\alpha)}A_{sign}^{(\alpha)}e^{i[(k_{pum}+k_{sign})x-(\omega_{pum}+\omega_{sign})t]} - (k_{sign})^3\times$$

$$[N^{(\alpha)}+(l_{sign})^2N^{(3)}](A_{sign}^{(\alpha)})^2e^{2i(k_{sign}x-\omega_{sign}t)} \quad (9.128)$$

因为在这里只考虑了变型1，所以省略了指明属于变型1的波数和振幅分布系数的索引角标。

接下来，可以根据简化方程得到演化方程，这需要用到第二组假设：

假设1：忽略低能量波对高能量波的直接相互作用的影响，因为这种影响几乎是无效的。

假设2：因为高能量波对低能量波的直接影响是本质的，所以需要考虑高能波对低能波的影响。

当以上两组条件同时满足时，可以得到由两组不耦合的方程构成的演化方程，每组方程中都有两个存在耦合关系的非线性方程。第一组方程描述了第一个混合物成分中的信号以及能量波的演化情况，第二组方程描述了在第二成分中发生的与第一组不同的演化情况：

$$\frac{dA_{pum}^{(\alpha)}}{dx} = \frac{N^{(\alpha)}+(l_{sign})^2N^{(3)}}{a_\alpha + l_{pum}a_3}\frac{(k_{sign})^2}{k_{pum}}(A_{sign}^{(\alpha)})^2e^{i(2k_{sign}-k_{pum})x} \quad (9.129)$$

$$\frac{d\bar{A}_{sign}^{(\alpha)}}{dx} = -\frac{N^{(\alpha)}+l_{pum}l_{sign}N^{(3)}}{l_{sign}a_\alpha + a_3}k_{pum}(k_{pum}+k_{sign})\bar{A}_{pum}^{(\alpha)}A_{sign}^{(\alpha)}e^{i(2k_{sign}-k_{pum})x}$$

(9.130)

根据方程 $A_{\dots}(x) = \rho_{\dots}(x)e^{i\varphi_{\dots}(x)}$，代入实际的振幅和相位，再写出演化式(9.129）和式（9.130)。将每个成分的两个耦合方程整合成关于相位差的单个方程（因此，可写出二相混合物中的两个方程)。

引入系数符号：

$$S_{pum}^{(\alpha)} = \frac{N^{(\alpha)}+(l_{sign})^2N^{(3)}}{a_\alpha + l_{pum}a_3}\frac{(k_{sign})^2}{k_{pum}},\ S_{sign}^{(\alpha)} = \frac{N^{(\alpha)}+l_{pum}l_{sign}N^{(3)}}{l_{sign}a_\alpha + a_3}k_{pum}(k_{pum}+k_{sign})$$

(9.131)

及能量波与信号波的波数不匹配性符号：

$$\Delta k = 2k_{sign} - k_{pum} \quad (9.132)$$

结果，可得三个一组的相似方程——其中两个对应实际振幅 $\rho_{pum}^{(\alpha)}(x)$ 和 $\rho_{sign}^{(\alpha)}(x)$，一个对应相位差：

$$\varphi^{(\alpha)}(x) = 2\varphi_{\text{sign}}^{(\alpha)} - \varphi_{\text{sign}}^{(\alpha)} + \Delta k \tag{9.133}$$

$$[\rho_{\text{pum}}^{(\alpha)}(x)]' = S_{\text{pum}}^{(\alpha)}[\rho_{\text{sign}}^{(\alpha)}(x)]^2\cos\varphi^{(\alpha)}(x) \tag{9.134}$$

$$[\rho_{\text{sign}}^{(\alpha)}(x)]' = -S_{\text{sign}}^{(\alpha)}\rho_{\text{sign}}^{(\alpha)}(x)\rho_{\text{pum}}^{(\alpha)}(x)\cos\varphi^{(\alpha)}(x) \tag{9.135}$$

$$[\varphi^{(\alpha)}(x)]' = \Delta k - \left\{2S_{\text{sign}}^{(\alpha)} - \rho_{\text{pum}}^{(\alpha)}(x) - S_{\text{pum}}^{(\alpha)}\frac{[\rho_{\text{sign}}^{(\alpha)}(x)]^2}{\rho_{\text{pum}}^{(\alpha)}(x)}\right\}\sin\varphi^{(\alpha)}(x) \tag{9.136}$$

因为混合物中不同成分（相）中波的演化区别仅仅是由演化方程的系数来表示的，因此可以忽略固定相位的索引符号 α。除了某些常数有差异外，以下的结果对两种组分都是有效的。首先来看第一个结果的差异，为此，引入不同成分中信号波和泵浦波的强度 $I_{\text{pum}}^{(\alpha)}(x) = |A_{\text{pum}}^{(\alpha)}(x)|^2 = [\rho_{\text{pum}}^{(\alpha)}(x)]^2$，$I_{\text{sign}}^{(\alpha)}(x) = |A_{\text{sign}}^{(\alpha)}(x)|^2 = [\rho_{\text{sign}}^{(\alpha)}(x)]^2$。

至此，可得出两个不同的 Manley - Rowe 关系。首先可以根据两个耦合方程得到两个非耦合系统：

$$\left.\begin{aligned}\frac{[\rho_{\text{pum}}^{(\alpha)}(x)]'\rho_{\text{pum}}^{(\alpha)}(x)}{S_{\text{pum}}^{(\alpha)}} &= [\rho_{\text{sign}}^{(\alpha)}(x)]^2\rho_{\text{pum}}^{(\alpha)}(x)\cos\varphi^{(\alpha)}(x),\\ -\frac{[\rho_{\text{sign}}^{(\alpha)}(x)]'\rho_{\text{sign}}^{(\alpha)}(x)}{S_{\text{sign}}^{(\alpha)}} &= [\rho_{\text{sign}}^{(\alpha)}(x)]^2\rho_{\text{pum}}^{(\alpha)}(x)\cos\varphi^{(\alpha)}(x)\end{aligned}\right\}$$

$$\rightarrow \frac{[\rho_{\text{pum}}^{(\alpha)}(x)]'\rho_{\text{pum}}^{(\alpha)}(x)}{S_{\text{pum}}^{(\alpha)}} + \frac{[\rho_{\text{sign}}^{(\alpha)}(x)]'\rho_{\text{sign}}^{(\alpha)}(x)}{S_{\text{sign}}^{(\alpha)}} = 0$$

$$\rightarrow [I_{\text{pum}}^{(\alpha)}(x)/S_{\text{pum}}^{(\alpha)}] + [I_{\text{sign}}^{(\alpha)}(x)/S_{\text{sign}}^{(\alpha)}] = F^{(\alpha)} \tag{9.137}$$

式（9.137）可以被认为是式（9.133）~式（9.136）的第一积分。其中参数 $F^{(\alpha)}$ 为任意常数，其值与在混合物的第一（$F^{(1)}$）和第二（$F^{(2)}$）成分中的能量传输有关。所以每个成分都有其自身的 Manley - Rowe 关系。

现在来讨论第三方程式（9.136），将其变换成以下形式（在此处和后续的讨论中，都将忽略符号 α）：

$$[\varphi(x)]' = \Delta k - \frac{\sin\varphi(x)}{\cos\varphi(x)}\{\ln[(\rho_{\text{sign}}(x))^2\rho_{\text{pum}}(x)]\}' \tag{9.138}$$

引入归一化强度：

$$\hat{I}_{\text{pum}}(x) = I_{\text{pum}}(x)/S_{\text{pum}}F = \frac{[\rho_{\text{pum}}(x)]^2}{S_{\text{pum}}F}$$

$$\hat{I}_{\text{sign}}(x) = I_{\text{sign}}(x)/S_{\text{sign}}F = \frac{[\rho_{\text{sign}}(x)]^2}{S_{\text{sign}}F}$$

令 $\xi = \sqrt{S_{\text{sign}}F}x$，则前述所有方程均可简化，Manley - Rowe 关系变成以下

形式：

$$\widehat{I}_{\text{pum}}(\xi)+\widehat{I}_{\text{sign}}(\xi)=1 \tag{9.139}$$

而演化方程可以写成：

$$\left[\sqrt{\widehat{I}_{\text{pum}}(\xi)}\right]'_{\xi}=-\widehat{I}_{\text{sign}}(\xi)\cos\varphi(\xi) \tag{9.140}$$

$$\left[\sqrt{\widehat{I}_{\text{sign}}(\xi)}\right]'_{\xi}=\sqrt{\widehat{I}_{\text{pum}}(\xi)\widehat{I}_{\text{sign}}(\xi)}\cos\varphi(\xi) \tag{9.141}$$

$$[\varphi(\xi)]'_{\xi}=\Delta\widehat{k}-\tan\varphi(\xi)\left\{\ln\left[\widehat{I}_{\text{sign}}(\xi)\sqrt{\widehat{I}_{\text{pum}}(\xi)}\right]\right\}'_{\xi}\quad\left(\Delta k=\sqrt{S_{\text{sign}}F}\Delta\widehat{k}\right) \tag{9.142}$$

6. 弹性混合物中两个平面波的相互作用：准确解（自转换现象）

考虑系统已经存在一阶积分的情况下，来想办法求解式（9.140）~式（9.142），传统上分为三种情况：

情况1：波数失配 Δk 很小。

情况2：波数失配 Δk 不小。

情况3：波数匹配，$\Delta k=0$。

情况2对自转换现象并没有影响，因此在这里不做分析。

首先考虑情况3，根据式（9.142），对于 $\Delta k=0$，其积分很容易得到。将式（9.142）变形成：

$$\frac{\sin\varphi^{(\alpha)}(\xi)}{\cos\varphi^{(\alpha)}(\xi)}\left[\varphi^{(\alpha)}(\xi)\right]'_{\xi}=-\left\{\ln\left[\widehat{I}^{(\alpha)}_{\text{sign}}(\xi)\sqrt{\widehat{I}^{(\alpha)}_{\text{pum}}(\xi)}\right]\right\}'_{\xi}$$

$$\rightarrow\left[\ln\sin\varphi^{(\alpha)}(\xi)\right]'_{\xi}=-\left\{\ln\left[\widehat{I}^{(\alpha)}_{\text{sign}}(\xi)\sqrt{\widehat{I}^{(\alpha)}_{\text{pum}}(\xi)}\right]\right\}'_{\xi}$$

$$\rightarrow\left\{\ln\left[\widehat{I}^{(\alpha)}_{\text{sign}}(\xi)\sqrt{\widehat{I}^{(\alpha)}_{\text{pum}}(\xi)}\right]\sin\varphi^{(\alpha)}(\xi)\right\}'_{\xi}=0$$

由积分可得

$$\widehat{I}^{(\alpha)}_{\text{sign}}(\xi)\sqrt{\widehat{I}^{(\alpha)}_{\text{pum}}(\xi)}\sin\varphi^{(\alpha)}(\xi)=G^{(\alpha)} \tag{9.143}$$

$$\begin{aligned}G^{(\alpha)}&\equiv\widehat{I}^{(\alpha)}_{\text{sign}}(0)\sqrt{\widehat{I}^{(\alpha)}_{\text{pum}}(0)}\sin\varphi^{(\alpha)}(0)\\&=\widehat{I}^{(\alpha)}_{\text{sign}}(0)\sqrt{\widehat{I}^{(\alpha)}_{\text{pum}}(0)}\sin\left[2\varphi^{(\alpha)}_{\text{sign}}(0)-\varphi^{(\alpha)}_{\text{pum}}(0)\right]\end{aligned} \tag{9.144}$$

对混合物的不同成分，常数 $G^{(\alpha)}$ 也不一样。同时，混合物还有个特性：对于选定的不同的基频 ω，同一波的第一和第二成分携带能量振幅不同。所以常数 $G^{(1)}$ 和 $G^{(2)}$ 存在较大的差异。

含有任意常数 $G^{(\alpha)}$ 的式（9.143）可以看成是式（9.140）~式（9.142）系统除式（9.137）以外的另一个积分。至此，已经得到了两个系统的两个二重积分，其中每个积分包括三个未知函数。因此，只需要找出六个函数中的两

个。现在来对两种变型情况［式（**9.140**）和式（**9.141**）］进行分析，将两种情况的演化方程变换成更便于分析的形式：

情况1：式（9.140）

$$
\begin{aligned}
&[\sqrt{\hat{I}_{\text{pum}}(\xi)}]'_{\xi} = -\hat{I}_{\text{sign}}(\xi)\cos\varphi(\xi) \\
&\rightarrow \sqrt{\hat{I}_{\text{pum}}(\xi)}[\sqrt{\hat{I}_{\text{pum}}(\xi)}]'_{\xi} = -\sqrt{\hat{I}_{\text{pum}}(\xi)[\hat{I}_{\text{sign}}(\xi)]^2}\cos\varphi(\xi) \\
&\rightarrow \frac{1}{2}[\hat{I}_{\text{pum}}(\xi)]'_{\xi} = -\sqrt{\hat{I}_{\text{pum}}(\xi)[\hat{I}_{\text{sign}}(\xi)]^2}\cos\varphi(\xi) \\
&\rightarrow \frac{1}{4}\{[\hat{I}_{\text{pum}}(\xi)]'_{\xi}\}^2 = \hat{I}_{\text{pum}}(\xi)[\hat{I}_{\text{sign}}(\xi)]^2\cos^2\varphi(\xi) \\
&\rightarrow \frac{1}{4}\{[\hat{I}_{\text{pum}}(\xi)]'_{\xi}\}^2 = \hat{I}_{\text{pum}}(\xi)[\hat{I}_{\text{sign}}(\xi)]^2[1-\sin^2\varphi(\xi)] \\
&\rightarrow \frac{1}{4}\{[\hat{I}_{\text{pum}}(\xi)]'_{\xi}\}^2 = \hat{I}_{\text{pum}}(\xi)\hat{I}^2_{\text{sign}}(\xi) - G^2 \\
&\rightarrow [\hat{I}_{\text{pum}}(\xi)]'_{\xi} = \mp 2\sqrt{\hat{I}_{\text{pum}}(\xi)\hat{I}^2_{\text{sign}}(\xi) - G^2} \\
&\rightarrow [\hat{I}_{\text{pum}}(\xi)]'_{\xi} = \mp 2\sqrt{[1-\hat{I}_{\text{pum}}(\xi)]^2\hat{I}_{\text{pum}}(\xi) - G^2} \\
&\rightarrow [\hat{I}^{(\alpha)}_{\text{pum}}(\xi)]'_{\xi} = \mp 2\sqrt{\hat{I}^{(\alpha)}_{\text{pum}}(\xi)[1-\hat{I}^{(\alpha)}_{\text{pum}}(\xi)]^2 - (G^{(\alpha)})^2}
\end{aligned}
\tag{9.145}
$$

情况2：式（9.141）

$$
\begin{aligned}
&[\sqrt{\hat{I}_{\text{sign}}(\xi)}]'_{\xi} = \sqrt{\hat{I}_{\text{pum}}(\xi)\hat{I}_{\text{sign}}(\xi)}\cos\varphi(\xi) \\
&\rightarrow \sqrt{\hat{I}_{\text{sign}}(\xi)}[\sqrt{\hat{I}_{\text{sign}}(\xi)}]'_{\xi} = \sqrt{\hat{I}_{\text{pum}}(\xi)\hat{I}^2_{\text{sign}}(\xi)}\cos\varphi(\xi)\cdots \\
&\rightarrow [\hat{I}_{\text{sign}}(\xi)]'_{\xi} = \pm 2\sqrt{[1-\hat{I}_{\text{sign}}(\xi)]\hat{I}^2_{\text{sign}}(\xi) - G^2} \\
&\rightarrow [\hat{I}^{(\alpha)}_{\text{sign}}(\xi)]'_{\xi} = \pm 2\sqrt{[1-\hat{I}^{(\alpha)}_{\text{sign}}(\xi)][\hat{I}^{(\alpha)}_{\text{sign}}(\xi)]^2 - (G^{(\alpha)})^2}
\end{aligned}
\tag{9.146}
$$

注意：式（**9.145**）和式（**9.146**）并不是完全一样的，我们再一次观察到一个现象，即两个入射波分解成两组相似的波。在双组分混合物的第一个和第二个成分中，式（**9.145**）和式（**9.146**）表示第一个和第二个组分中关于未知信号波强度的两个一阶常微分方程。这里保留了±号，因为在初始方程中由 $\cos\varphi(\xi)$ 定义了该符号。

更进一步分析式（9.145）和式（9.146），这两个式子是变量分离表达式，其解可以写成：

$$
\xi = \pm\frac{1}{2}\int_{\hat{I}^{(\alpha)}_{\text{pum}}(0)}^{\hat{I}^{(\alpha)}_{\text{pum}}(\xi)} \frac{\mathrm{d}\hat{I}^{(\alpha)}_{\text{pum}}}{\sqrt{(\hat{I}^{(\alpha)}_{\text{pum}})(1-\hat{I}^{(\alpha)}_{\text{pum}})^2 - (G^{(\alpha)})^2}} \tag{9.147}
$$

$$\xi = \pm \frac{1}{2}\int_{\hat{I}_{\text{sign}}^{(\alpha)}(0)}^{\hat{I}_{\text{sign}}^{(\alpha)}(\xi)} \frac{\mathrm{d}\hat{I}_{\text{sign}}^{(\alpha)}}{\sqrt{(\hat{I}_{\text{sign}}^{(\alpha)})^2(1-\hat{I}_{\text{sign}}^{(\alpha)})-(G^{(\alpha)})^2}} \tag{9.148}$$

式（9.147）和式（9.148）表示第一和第二混合物组分中的两个解。

对三次方程的根进行分析：

$$(\hat{I}_{\text{pum}}^{(\alpha)})(1-\hat{I}_{\text{pum}}^{(\alpha)})^2-(G^{(\alpha)})^2=0,\ (\hat{I}_{\text{sign}}^{(\alpha)})^2(1-\hat{I}_{\text{sign}}^{(\alpha)})-(G^{(\alpha)})^2=0$$

可以将解写成更加易懂的形式，三个根都是归一化强度，因此，它们都是真分数，只能在［0，1］取值。

考虑类似经典的最简单情况—— $G^{(\alpha)}=0$ 或者

$$G^{(\alpha)}=\hat{I}_{\text{sign}}^{(\alpha)}(0)\sqrt{\hat{I}_{\text{pum}}^{(\alpha)}(0)}\sin[2\varphi_{\text{sign}}^{(\alpha)}(0)-\varphi_{\text{pum}}^{(\alpha)}(0)]=0$$

这一物理条件意味着三个可能的物理实现变型：

变型 1：能量波的初始强度为 0，即 $\hat{I}_{\text{pum}}^{(\alpha)}(0)=0$。

变型 2：信号波的初始强度为 0，即 $\hat{I}_{\text{sign}}(0)=0$。

变型 3：相位不匹配，即 $2\varphi_{\text{sign}}(0)-\varphi_{\text{pum}}(0)=0$。

需要注意的是，通常情况下，不可能出现能量波或信号波的强度在混合物的一个组分中为零而在另一个组分中非零的情形，它们只可能是同时为零。问题是因为能量波或信号波在一开始入射进混合物时即已完成分配，在入射之后会立刻分解成两个波——其中一个在第一组分中，另一个在第二组分中，这两个波也永远不可能为零，这两种波被所采用的非零因子加以区分。

从三次方程的根来看：

$$(\hat{I}_{\text{pum}}^{(\alpha)})(1-\hat{I}_{\text{pum}}^{(\alpha)})^2-(G^{(\alpha)})^2=0,\ (\hat{I}_{\text{sign}}^{(\alpha)})^2(1-\hat{I}_{\text{sign}}^{(\alpha)})-(G^{(\alpha)})^2=0$$

意味着方程可以简化为

$$(\hat{I}_{\text{pum}}^{(\alpha)})(1-\hat{I}_{\text{pum}}^{(\alpha)})^2=0,\ (\hat{I}_{\text{sign}}^{(\alpha)})^2(1-\hat{I}_{\text{sign}})=0$$

则可以求得三个根：

$$\hat{I}_{\text{pum}(3)}^{(\alpha)}=\hat{I}_{\text{pum}(2)}^{(\alpha)}=1,\ \hat{I}_{\text{pum}(1)}^{(\alpha)}=0,\ \hat{I}_{\text{sign}(3)}^{(\alpha)}=\hat{I}_{\text{sign}(2)}^{(\alpha)}=0,\ \hat{I}_{\text{sign}(1)}^{(\alpha)}=1$$

在 $G^{(\alpha)}=0$ 的最简单情况下，可以利用初等函数，计算两个二重椭圆积分式（9.147）和式（9.148）：

$$\xi=\mp\frac{1}{2}\int_{\hat{I}_{\text{pum}}^{(\alpha)}(0)}^{\hat{I}_{\text{pum}}^{(\alpha)}(\xi)}\frac{\mathrm{d}\hat{I}_{\text{pum}}^{(\alpha)}}{\sqrt{\hat{I}_{\text{pum}}^{(\alpha)}}(1-\hat{I}_{\text{pum}}^{(\alpha)})^2}=\mp\int_{\hat{I}_{\text{pum}}^{(\alpha)}(0)}^{\hat{I}_{\text{pum}}^{(\alpha)}(\xi)}\frac{\mathrm{d}\sqrt{\hat{I}_{\text{pum}}^{(\alpha)}}}{1-(\sqrt{\hat{I}_{\text{pum}}^{(\alpha)}})^2}$$

$$=\mp\operatorname{Arth}\sqrt{\hat{I}_{\text{pum}}^{(\alpha)}(\xi)}\Bigg|_{\hat{I}_{\text{pum}}^{(\alpha)}(0)}^{\hat{I}_{\text{pum}}^{(\alpha)}(\xi)}$$

$$\to\xi-\xi_o^{(\alpha)}=\mp\operatorname{Arth}\sqrt{\hat{I}_{\text{pum}}^{(\alpha)}(\xi)}\left(\xi_o^{(\alpha)}=\operatorname{Arth}\sqrt{\hat{I}_{\text{pum}}^{(\alpha)}(0)}\right)$$

$$\to \sqrt{\hat{I}_{\text{pum}}^{(\alpha)}(\xi)} = \mp \operatorname{th}(\xi - \xi_o^{(\alpha)}) \tag{9.149}$$

$$\xi = \pm \frac{1}{2}\int_{\hat{I}_{\text{sign}}^{(\alpha)}(0)}^{\hat{I}_{\text{sign}}^{(\alpha)}(\xi)} \frac{\mathrm{d}\hat{I}_{\text{sign}}^{(\alpha)}}{\sqrt{(\hat{I}_{\text{sign}}^{(\alpha)})^2(1 - \hat{I}_{\text{sign}}^{(\alpha)})}} = \mp \int_{\hat{I}_{\text{sign}}^{(\alpha)}(0)}^{\hat{I}_{\text{sign}}^{(\alpha)}(\xi)} \frac{\mathrm{d}\sqrt{1 - \hat{I}_{\text{sign}}^{(\alpha)}}}{1 - (1 - \hat{I}_{\text{sign}}^{(\alpha)})^2}$$

$$= \mp \operatorname{Arth}\sqrt{1 - \hat{I}_{\text{sign}}^{(\alpha)}(\xi)}\Bigg|_{\hat{I}_{\text{sign}}^{(\alpha)}(0)}^{\hat{I}_{\text{sign}}^{(\alpha)}(\xi)}$$

$$\to \xi - \xi_o^{(\alpha)} = \mp \operatorname{Arth}\sqrt{1 - \hat{I}_{\text{sign}}^{(\alpha)}(\xi)}\left(\xi_o^{(\alpha)} = \operatorname{Arth}\sqrt{1 - \hat{I}_{\text{sign}}^{(\alpha)}(0)}\right)$$

$$\to \sqrt{\hat{I}_{\text{sign}}^{(\alpha)}(\xi)} = \mp \operatorname{th}(\xi + \xi_o^{(\alpha)}) \tag{9.150}$$

式（9.149）和式（9.150）的解是相同的，两种方法——求解第一演化方程（9.149）或求解第二演化方程（9.150）的方法都是适当的。

式（9.149）和式（9.150）中的符号需要根据某些物理条件进行选择。

由解（9.149）、解（9.150）和 Manley - Rowe 关系，就可以计算一对泵浦波和信号波的强度：

$$\sqrt{\hat{I}_{\text{sign}}^{(\alpha)}(\xi)} = \mp \operatorname{th}(\xi + \xi_o^{(\alpha)}),\ \sqrt{\hat{I}_{\text{pum}}^{(\alpha)}(\xi)} = \mp \operatorname{csh}(\xi + \xi_o) \tag{9.151}$$

$$\sqrt{\hat{I}_{\text{pum}}^{(\alpha)}(\xi)} = \mp \operatorname{th}(\xi - \xi_o^{(\alpha)}),\ \sqrt{\hat{I}_{\text{sign}}^{(\alpha)}(\xi)} = \mp \operatorname{csh}(\xi + \xi_o^{(\alpha)}) \tag{9.152}$$

解（9.151）和解（9.152）对应于波的归一化强度的假设，它们由区间[-1，1]的双曲函数（正切是关于坐标系原点的反对称函数，th0 = 0；正割是关于纵轴的对称函数，sch0 = 1）来描述。

如果两个传播的信号波的初始强度都是零（信号波的初始振幅为零）$\hat{I}_{\text{sign}}^{(\alpha)} = 0$，则常数 $\xi_o^{(\alpha)}$ 也为零。在这种情况下，两个泵浦波的初始强度随着时间增加而降低；当泵浦波的能量逐渐进入信号波中，信号波的强度随着时间而增加。

现在回到 $G^{(\alpha)} \neq 0$ 的情况，并且 $\hat{I}_{\text{sign}(3)}^{(\alpha)} \geqslant \hat{I}_{\text{sign}(2)}^{(\alpha)} \geqslant \hat{I}_{\text{sign}(1)}^{(\alpha)}$，为了方便计算，引入两个新函数：

$$[z^{(\alpha)}(\xi)]^2 = \frac{\hat{I}_{\text{sign}}^{(\alpha)}(\xi) - \hat{I}_{\text{sign}(1)}^{(\alpha)}}{\hat{I}_{\text{sign}(2)}^{(\alpha)} - \hat{I}_{\text{sign}(1)}^{(\alpha)}},\ [z^{(\alpha)}(\xi_1)]^2 = 0,\ [z^{(\alpha)}(\xi_2)]^2 = 1 \tag{9.153}$$

和

$$\theta^{(\alpha)} = \frac{1}{[z^{(\alpha)}(\xi_3)]^2} = \frac{\hat{I}_{\text{sign}(2)}^{(\alpha)} - \hat{I}_{\text{sign}(1)}^{(\alpha)}}{\hat{I}_{\text{sign}(3)}^{(\alpha)} - \hat{I}_{\text{sign}(1)}^{(\alpha)}} \leqslant 1 \tag{9.154}$$

解以第三类椭圆积分的一般形式进行表征。进一步分析第二种解：

$$\xi = \pm \frac{1}{\sqrt{\widehat{I}^{(\alpha)}_{\text{sign}(3)} - \widehat{I}^{(\alpha)}_{\text{sign}(2)}}} \int_{z^{(\alpha)}(0)}^{z^{(\alpha)}(\xi)} \frac{\mathrm{d}z}{\sqrt{(1-z^2)(1-\theta^{(\alpha)2}z^2)}} \tag{9.155}$$

式（9.155）引入的函数 $z^{(\alpha)}(\xi)$ 可通过逆运算求解，使其变成雅可比椭圆函数：

$$[z^{(\alpha)}(\xi)]^2 = \mathrm{sn}^2\left[\sqrt{\widehat{I}^{(\alpha)}_{\text{sign}(3)} - \widehat{I}^{(\alpha)}_{\text{sign}(1)}}(\xi - \xi^{(\alpha)}_o), \theta^{(\alpha)}\right]$$

或

$$\widehat{I}^{(\alpha)}_{\text{sign}}(\xi) = \widehat{I}^{(\alpha)}_{\text{sign}(1)} + (\widehat{I}^{(\alpha)}_{\text{sign}(2)} - \widehat{I}^{(\alpha)}_{\text{sign}(1)})\mathrm{sn}^2\left[\sqrt{\widehat{I}^{(\alpha)}_{\text{sign}(3)} - \widehat{I}^{(\alpha)}_{\text{sign}(1)}}(\xi - \xi^{(\alpha)}_o), \theta^{(\alpha)}\right] \tag{9.156}$$

根据 Manley – Rowe 关系式（9.139），在混合物的第一和第二成分中的泵浦波可以由以下方程确定：

$$\widehat{I}_{\text{pum}}(\xi) = 1 - \widehat{I}_{\text{sign}}(\xi) \tag{9.157}$$

至此，作为一个重要的情况，可以得到两个波（泵浦波和信号波）相互作用情况的解，但是关于自转换现象还没有进行讨论。

让我们回到关系 $2\omega_{\text{sign}} = \omega_{\text{pum}}$，它意味着 $\omega_{\text{sign}} = 2\omega$，$\omega_{\text{pum}} = \omega$，因此

$$k_{\text{sign}} = v_{\text{ph}}(2\omega)\cdot\omega,\ k_{\text{pum}} = v_{\text{ph}}(\omega)\cdot\omega \tag{9.158}$$

（这里 v_{ph} 是已知的在弹性混合物中传播的平面弹性纵波的相速度，其值可以通过频散法则计算出来。）

从式（9.158）可以发现与经典非频散弹性波的重要区别。总的来说，波数比不再保持为 2，即在非频散介质中不匹配波的数量不等于 0，即 $\Delta k \neq 0$，因此，相位差应根据一般方程计算。但对于许多真实的复合材料情况并不是这样，理论和实验观察表明，对于大多数复合材料，波数与频率之间的非线性关系只在截止频率附近存在。在线性域中，相位差可以用更简单的方程 $\varphi(\xi) = 2\varphi_{\text{sign}}(\xi) - \varphi_{\text{pum}}(\xi)$ 进行计算。

让我们记住，泵浦波是高能量波，而信号波是低能量波。将它们同时入射到混合物中，我们感兴趣的是从混合物中传出即从入射点开始传播一段距离后的波的强度值和相位差。因为对于混合物的不同组分，这些量是不一样的，不同相位波传播的距离也不一样。这些量可以这样计算：

$$\begin{gathered}\widehat{I}^{(\alpha)}_{\text{sign}}(\xi^{(\alpha)}_l) = \widehat{I}^{(\alpha)}_{\text{sign}(1)} + (\widehat{I}^{(\alpha)}_{\text{sign}(2)} - \widehat{I}^{(\alpha)}_{\text{sign}(1)})\mathrm{sn}^2\left[\sqrt{\widehat{I}^{(\alpha)}_{\text{sign}(3)} - \widehat{I}^{(\alpha)}_{\text{sign}(1)}}(\xi^{(\alpha)}_l - \xi^{(\alpha)}_o), \theta^{(\alpha)}\right],\\ \widehat{I}^{(\alpha)}_{\text{pum}}(\xi^{(\alpha)}_l) = 1 - \widehat{I}^{(\alpha)}_{\text{sign}}(\xi^{(\alpha)}_l),\ \xi^{(\alpha)}_l = l^{(\alpha)}\sqrt{S^{(\alpha)}_{\text{sign}}F^{(\alpha)}},\\ \varphi(\xi^{(\alpha)}_l) = \arcsin\frac{G^{(\alpha)}}{\widehat{I}^{(\alpha)}_{\text{sign}}(\xi^{(\alpha)}_l)\sqrt{\widehat{I}^{(\alpha)}_{\text{pum}}(\xi^{(\alpha)}_l)}}\end{gathered} \tag{9.159}$$

可以证明，当满足以下两个条件时，自转换现象在混合物的每个成分中都会发生：

$$\theta^{(\alpha)}=\frac{\hat{I}^{(\alpha)}_{\text{sign}(2)}-\hat{I}^{(\alpha)}_{\text{sign}(1)}}{\hat{I}^{(\alpha)}_{\text{sign}(3)}-\hat{I}^{(\alpha)}_{\text{sign}(1)}}\approx 1,\ \mathrm{e}^{\sqrt{\hat{I}^{(\alpha)}_{\text{sign}(3)}-\hat{I}^{(\alpha)}_{\text{sign}(1)}}(\xi_l^{(\alpha)}-\xi_0^{(\alpha)})}\gg 1 \qquad (9.160)$$

这也表示泵浦波能量高而信号波能量低，但对于这种判定应当基于混合物中的第一种和第二种成分分别进行判定：

$$\hat{I}^{(\alpha)}_{\text{pum}}(0)\approx 1,\hat{I}^{(\alpha)}_{\text{sign}}(0)\ll 1 \text{ 和} (G^{(\alpha)})^2\approx[\hat{I}^{(\alpha)}_{\text{sign}}(0)]\sin^2\varphi(0) \qquad (9.161)$$

现在考察三次方程 $(\hat{I}^{(\alpha)}_{\text{sign}})(1-\hat{I}^{(\alpha)}_{\text{sign}})^2-(G^{(\alpha)})^2=0$，当它们相位失配很小（假设频散曲线仅有很小的非线性）时，方程解可以近似写成：

$$\hat{I}^{(\alpha)}_{\text{sign}(1)}\approx[\hat{I}^{(\alpha)}_{\text{sign}}(0)]\sin^2\varphi(0),\ \hat{I}^{(\alpha)}_{\text{sign}(2,3)}\approx 1\mp\sqrt{\hat{I}^{(\alpha)}_{\text{sign}}(0)}\sin\varphi(0) \qquad (9.162)$$

方程（9.162）可以验证式（9.160）的两个条件：

$$\theta^{(\alpha)}=\frac{\hat{I}^{(\alpha)}_{\text{sign}(2)}-\hat{I}^{(\alpha)}_{\text{sign}(1)}}{\hat{I}^{(\alpha)}_{\text{sign}(3)}-\hat{I}^{(\alpha)}_{\text{sign}(1)}}=\frac{1-\sqrt{\hat{I}^{(\alpha)}_{\text{sign}}(0)}\sin\varphi(0)-\hat{I}^{(\alpha)}_{\text{sign}}(0)\sin^2\varphi(0)}{1+\sqrt{\hat{I}^{(\alpha)}_{\text{sign}}(0)}\sin\varphi(0)-\hat{I}^{(\alpha)}_{\text{sign}}(0)\sin^2\varphi(0)}\approx 1$$

$$\sqrt{\hat{I}^{(\alpha)}_{\text{sign}(3)}-\hat{I}^{(\alpha)}_{\text{sign}(1)}}(\xi_l^{(\alpha)}-\xi_o^{(\alpha)})\approx\xi_l^{(\alpha)}$$

此时，第一个条件得以满足，而第二个条件应该用不等式 $\mathrm{e}^{\xi_l}\gg 1$ 来判定（当 $\xi_l\geqslant 4$ 就可以认定条件得以满足）。

我们用经典分析方法中的近似公式来分析混合物输出信号波的强度：

$$\hat{I}^{(\alpha)}_{\text{sign}}(\xi_l^{(\alpha)})\approx\left(\frac{1-U^{(\alpha)}}{1+U^{(\alpha)}}\right)^2,\ U^{(\alpha)}\approx 4\hat{I}^{(\alpha)}_{\text{sign}}(0)\sin^2\varphi(0)\mathrm{e}^{2\xi_l^{(\alpha)}} \qquad (9.163)$$

此时波的自转换现象表现出来，下面分析以下两种特殊情况：

情况 1：初始波的强度为零，即 $\hat{I}^{(\alpha)}_{\text{sign}}=0$，则式（9.163）可证明 $\hat{I}^{(\alpha)}_{\text{sign}}(\xi_l^{(\alpha)})=\hat{I}^{(\alpha)}_{\text{pum}}(0)=1$，因此泵浦波的能量都进入了信号波中，这时观察到一种情况，给定的入射一阶谐波变成了二阶谐波，波从一阶转换成二阶，但是混合物中每种成分都有其自身特定的传播输出距离，比较典型的情况是，波在一种成分中发生自转换，而在另一种成分中不会发生。

情况 2：初始波的强度很小，但是不为零。进一步假设只有极少的能量波强度迁入了信号波，计算在混合物出口处信号波的强度得

$$\hat{I}^{(\alpha)}_{\text{sign}}(\xi_l^{(\alpha)})\approx\left(\frac{1-U^{(\alpha)}}{1+U^{(\alpha)}}\right)^2\ll 1,U^{(\alpha)}\approx 4\hat{I}^{(\alpha)}_{\text{sign}}(0)\sin^2\varphi(0)\mathrm{e}^{2\xi_l^{(\alpha)}}\approx 1 \qquad (9.164)$$

$$\to\hat{I}^{(\alpha)}_{\text{sign}}(\xi_l^{(\alpha)})\approx\frac{64\hat{I}^{(\alpha)}_{\text{sign}}(0)}{\sin^2\varphi(0)}\mathrm{e}^{-2\xi_l^{(\alpha)}}\ll 1[\sin\varphi(0)\approx 1]$$

这时观察到另一种情况，激励的信号波的强度很小时，能量波传过介质后几乎不变，在出口处，频率为 ω 的高能泵浦波和微弱的信号波均为定值。当微弱的信号波强度为零时，则会获得频率为 2ω 的信号波。当信号波从零强度变迁为弱强度时，信号波在出口处从一阶谐波变成了二阶谐波，反之亦然。这就是自转换现象。

9.4　弹性混合物中的非线性横波

9.4.1　第二标准问题：两个一阶近似（模态之间相互作用）

前面已对标准问题在经典理论框架下进行了部分讨论。第二标准问题的特点是，仅有垂直偏振的横波入射到介质。如果要用逐次逼近来求解，那么有必要先求解以下的二阶近似系统：

$$\rho_{\alpha\alpha}\frac{\partial^2 u_1^{**(\alpha)}}{\partial t^2}-(\lambda_\alpha+2\mu_\alpha)\frac{\partial^2 u_1^{**(\alpha)}}{\partial x_1^2}-(\lambda_3+2\mu_3)\frac{\partial^2 u_1^{**(\delta)}}{\partial x_1^2}-$$
$$\beta(u_1^{**(\alpha)}-u_1^{**(\delta)})=N_2^{(\alpha)}\frac{\partial^2 u_3^{*(\alpha)}}{\partial x_1^2}\frac{\partial u_3^{*(\alpha)}}{\partial x_1}\tag{9.165}$$

$$\rho_{\alpha\alpha}\frac{\partial^2 u_3^{**(\alpha)}}{\partial t^2}-\mu_\alpha\frac{\partial^2 u_3^{**(\alpha)}}{\partial x_1^2}-\mu_3\frac{\partial^2 u_3^{**(\delta)}}{\partial x_1^2}-\beta(u_3^{**(\alpha)}-u_3^{**(\delta)})=0\tag{9.166}$$

系统（9.165）和系统（9.166）的耦合方式为：与它们的经典形式（7.4）和式（7.5）是很相似的，它们也是互相耦合的，其二阶系统是自主的，而一阶系统除了包含基本的局部纵波位移外还包含非线性横波位移。这种不对称性将通过采用不同方法分析横波和纵波传播方式来进一步展现。

纵波通过两种模态形式发生自作用，纵波的自激励产生二阶谐波和其他纵波（在二阶近似的框架下）。而横波的两种模态不发生任何作用，二阶近似与一阶近似一致，二者都是线性的，因此不会产生新的模态。谐波横波的模态只会以弹性二相混合物线性理论允许的模态形式传播。

正如两个弹性横波模态所表现的其他特性，它们会产生纵波。当写出系统（9.165）和系统（9.166）的解时，可获得有关的参数信息。

让我们从系统（9.166）开始，针对以上问题，可以将边界条件设置为

$$u_3^{(\alpha)}(0,t)=u_{3\text{init}}^{(\alpha)}\cos\omega t,\ u_2^{(\alpha)}(0,t)=u_1^{(\alpha)}(0,t)=0\tag{9.167}$$

对于零初始条件，系统（9.166）的解为

$$u_3^{**(\alpha)}(x_1,t) = u_3^{o(\alpha)} \mathrm{e}^{-\mathrm{i}[k_3^{(\alpha)}x_1+\omega t]} + l_3(k_3^{(\delta)}) u_3^{o(\delta)} \mathrm{e}^{-\mathrm{i}[k_3^{(\delta)}x_1+\omega t]} \tag{9.168}$$

$$u_3^{o(\alpha)} = \frac{u_{3\mathrm{init}}^{(\alpha)} - l_3(k_3^{(\delta)}) u_{3\mathrm{init}}^{(\delta)}}{1 - l_3(k_3^{(\delta)}) l_3(k_3^{(\delta)})} \tag{9.169}$$

在这种情况下不会产生二阶谐波，因为横波在其传播过程中不会发生相互作用。方程（9.169）显示了初始振幅再分配的性质：混合物中传播的波的振幅与初始振幅不一致。

为了求解系统（9.165），我们需要首先用式（9.168）的已知解来计算其右侧表达式：

$$N_2^{(1)} \frac{\partial^2 u_3^{(1)'}}{\partial x_1^2} \frac{\partial u_3^{(1)'}}{\partial x_1} = \mathrm{i}N_2^{(1)} \{ K_1 \mathrm{e}^{2\mathrm{i}(k_3^{(1)}x_1+\omega t)} + K_2 l_3(k_3^{(1)}) \mathrm{e}^{2\mathrm{i}(k_3^{(2)}x_1+\omega t)} + K_3 l_3(k_3^{(2)}) \mathrm{e}^{\mathrm{i}[(k_3^{(1)}+k_3^{(2)})x_1+2\omega t]} \} \tag{9.170}$$

$$\begin{aligned} N_2^{(2)} \frac{\partial^2 u_3^{(2)'}}{\partial x_1^2} \frac{\partial u_3^{(2)'}}{\partial x_1} &= \mathrm{i}N_2^{(2)} \{ K_1 l_3(k_3^{(1)}) \mathrm{e}^{2\mathrm{i}(k_3^{(1)}x_1+\omega t)} + K_2 \mathrm{e}^{2\mathrm{i}(k_3^{(2)}x_1+\omega t)} + K_3 l_3(k_3^{(1)}) \mathrm{e}^{\mathrm{i}[(k_3^{(1)}+k_3^{(2)})x_1+2\omega t]} \}, \\ K_\alpha &= (k_3^{(\alpha)})^3 (k_3^{o(\alpha)'})^2, \\ K_3 &= k_3^{(1)} k_3^{(2)} (k_3^{(1)} + k_3^{(2)}) u_3^{o(1)'} u_3^{o(2)'} \end{aligned} \tag{9.171}$$

因为式（9.171）右边为指数形式，可以通过选择类似的函数从而简单地获得其解，其解可以表达成五个波叠加的形式：

$$\begin{aligned} u_1^{(\alpha)}(x_1,t) = {} & u_1^{o(\alpha)} \mathrm{e}^{-\mathrm{i}[k_1^{(\alpha)}x_1+\omega t]} + l(k_1^{(\delta)}) u_1^{o(\delta)} \mathrm{e}^{-\mathrm{i}[k_1^{(\delta)}x_1+\omega t]} + \\ & \mathrm{i}S_{1\alpha} \mathrm{e}^{-2\mathrm{i}[k_3^{(\alpha)}x_1+\omega t]} + \mathrm{i}S_{2\alpha} \mathrm{e}^{-2\mathrm{i}[k_3^{(\delta)}x_1+\omega t]} + \\ & \mathrm{i}S_{3\alpha} \mathrm{e}^{-\mathrm{i}[(k_3^{(1)}+k_3^{(2)})x_1+\omega t]} \end{aligned} \tag{9.172}$$

其中

$$\begin{aligned} S_{11} = \frac{K_1^o}{\Delta_1} \Big\{ & N_2^{(1)} \Big[(\lambda_2 + 2\mu_2)(k_3^{(1)})^2 + \frac{\beta}{4} - \rho_{22}\omega^2 \Big] - \\ & N_2^{(2)} [l_3(k_3^{(1)})]^2 \Big[(\lambda_3 + 2\mu_3)(k_3^{(1)})^2 - \frac{\beta}{4} \Big] \Big\} \end{aligned}$$

$$\begin{aligned} S_{12} = \frac{K_1^o}{\Delta_1} \Big\{ & N_2^{(1)} \Big[-(\lambda_1 + 2\mu_1)(k_3^{(1)})^2 + \frac{\beta}{4} - \rho_{11}\omega^2 \Big] + \\ & N_2^{(2)} [l_3(k_3^{(1)})]^2 \Big[(\lambda_3 + 2\mu_3)(k_3^{(1)})^2 - \frac{\beta}{4} \Big] \Big\} \end{aligned}$$

$$S_{22} = \frac{K_2^o}{\Delta_2} \Big\{ N_2^{(2)} \Big[-(\lambda_2 + 2\mu_2)(k_3^{(2)})^2 + \frac{\beta}{4} - \rho_{11}\omega^2 \Big] -$$

$$N_2^{(1)}[l_3(k_3^{(2)})]^2\left[(\lambda_3+2\mu_3)(k_3^{(2)})^2-\frac{\beta}{4}\right]\Bigg\}$$

$$S_{21}=\frac{K_2^o}{\Delta_2}\Bigg\{N_2^{(2)}\left[-(\lambda_1+2\mu_1)(k_3^{(2)})^2+\frac{\beta}{4}-\rho_{22}\omega^2\right]+$$

$$N_2^{(1)}[l_3(k_3^{(2)})]^2\left[(\lambda_3+2\mu_3)(k_3^{(2)})^2-\frac{\beta}{4}\right]\Bigg\}$$

$$S_{31}=\frac{K_3^o}{\Delta_3}\Bigg\{N_2^{(1)}[l_3(k_3^{(2)})]^2\left[(\lambda_2+2\mu_2)\left(\frac{k_3^{(1)}+k_3^{(1)}}{2}\right)^2+\frac{\beta}{4}-\rho_{22}\omega^2\right]-$$

$$N_2^{(1)}[l_3(k_3^{(1)})]^2\left[(\lambda_3+2\mu_3)\left(\frac{k_3^{(1)}+k_3^{(1)}}{2}\right)^2-\frac{\beta}{4}\right]\Bigg\}$$

$$S_{32}=\frac{K_3^o}{\Delta_3}\Bigg\{-N_2^{(1)}[l_3(k_3^{(2)})]^2\left[(\lambda_1+2\mu_1)\left(\frac{k_3^{(1)}+k_3^{(2)}}{2}\right)^2+\frac{\beta}{4}-\rho_{11}\omega^2\right]+$$

$$N_2^{(2)}[l_3(k_3^{(1)})]^2\left[(\lambda_3+2\mu_3)\left(\frac{k_3^{(1)}+k_3^{(1)}}{2}\right)^2-\frac{\beta}{4}\right]\Bigg\}$$

$$\Delta_\alpha=\omega^4[\tilde{M}_1(k_3^{(\alpha)})^4-2\tilde{M}_2(k_3^{(\alpha)})^2+\tilde{M}_3]$$

$$\Delta_3=\omega^4\left[\tilde{M}_1\left(\frac{k_3^{(1)}+k_3^{(1)}}{2}\right)^4-2\tilde{M}_2\left(\frac{k_3^{(1)}+k_3^{(1)}}{2}\right)^2+\tilde{M}_3\right]$$

系数 $\tilde{M}_k$ 可以由混合物中纵波频散方程的系数 M_k 中的参数 β 改成 $\beta/4$ 得到。分母中的量 Δ_k 永远不可能为零，因为方程 $\Delta_k=0$ 的根表示的是波数，而对于固定频率，其波数总是与横波及其他波的波数不同。

在式（9.172）中，未知振幅 $u_1^{o(\alpha)}$ 是由横波不在其上激励的边界条件决定的，也就是在边界处其振幅为零：

$$u_1^{(\alpha)}(0,t)=u_1^{(\alpha)'}(0,t)+u_1^{(\alpha)''}(0,t)=0 \tag{9.173}$$

$$u_1^{o(\alpha)}\mathrm{e}^{-\mathrm{i}\omega t}=-\frac{\mathrm{i}}{\Delta_4}[S_\alpha^*-l_1(k_1^{*(\delta)})S_\delta^*]\mathrm{e}^{-2\mathrm{i}\omega t},$$

$$\Delta_4=1-l_3(k_3^{(1)})l_3(k_3^{(2)}) \tag{9.174}$$

解式（9.172）中的前两个波基本上就是一阶线性近似解，它们实际上是两个纵波谐波，具有两种模态，除振幅外，其他所有参数都和线性纵波的参数一样。这个解中的振幅是复数，并以相当复杂的方式依赖于横波的初始振幅、频率、波数和混合物的其他特性。

解式（9.172）中的第三个和第四个波实际上是前两个波的二阶谐波。在这种情况下，就根本不会产生一阶纵波。与第一标准激励情况类似，每个纵波模态都会激励与其自身一样的二阶谐波。同样，与第一标准问题相比，式

(9.172) 的振幅表达更加复杂。且保留了二阶谐波的振幅对空间坐标显著依赖和随传播过程增大的重要特性。

解式 (9.172) 中的第五个波是最有趣的，这个新的复合波是空间调制波。这个波在弹性混合物的第一标准问题中已经出现过，它代表在经典的非线性理论中未能描述的效应——同样波的两个不同模态之间相互作用的效应。这种效应是由混合物本身的结构引起的。

让我们重点来看一下第五个波的一些性质，其特征和某一个纵波模态相似。在这种情况下，第五个波应该与解式 (9.172) 中前两个波中的某一个是一致的，但这仅仅是理论预测。注意，在复合材料中，新的同步性 ($2k_1^{(\alpha)} \approx k_3^{(1)} + k_3^{(2)}$) 将产生较小的振幅值，因为能保证两种模态存在的频率范围对应的波数范围是 $1 \sim 10^{-2}\ \mathrm{m}^{-1}$。按此规则，这种同步性应该是不存在的，当不存在同步性时，非线性效应就不会累积。

在不包含二阶模态的频率范围内考察解式 (9.172)，则解只是一个复合波：

$$u_1^{(\alpha)}(x_1,t) = S_{1\alpha}\sin\frac{1}{2}(k_1^{(1)} - 2k_3^{(2)})x_1\sin\left[\frac{k_1^{(1)} + 2k_3^{(2)}}{2}x_1 - 2\omega t\right] \tag{9.175}$$

因此，在混合物的两种成分中，出现了复合纵波，复合纵波是振幅被周期调制的空间调制波：

$$\Delta x_1 = 2\pi/(k_1^{(1)} - 2k_3^{(2)}) = 2\pi/[\omega(v_{\mathrm{ph}}^{(1)\prime} - 2v_{\mathrm{ph}}^{(3)\prime})] \tag{9.176}$$

在复合材料中，$k_1^{(1)} = 2k_3^{(2)}$ 是有可能的，总的来说，调制周期可以比载波的波长大一个数量级或更多。

对于小值 $k_1^{(1)} = 2k_3^{(2)}$ 的复合材料，叠加波式 (9.175) 的振幅与 x_1 成正比。因此，与经典的非线性弹性材料相比，即使没有通常的同步性，结构非线性材料也会导致非线性失真的累加。

9.4.2 第三标准问题：新的叠加波

对弹性二相混合物第一和第二标准问题的研究能够预测等待分析的第三标准问题的结果。经典情况与混合物情况的区别在于需要考虑不同模态的纵波和不同模态的横波之间的相互作用，因此也就必然会出现新的叠加波。这些新的叠加波的波数是不同模态（如一阶纵波模态和二阶横波模态）的纵波波数与横波波数的和。

与经典问题类似，出发点仍然是平面偏振谐波的基本运动方程式 (9.7)

和式（9.8），不过在这里以算子的形式表示：

$$L_{1\alpha}u_1^{(\alpha)} + L_{13}u_1^{(\delta)} = L_{1\alpha}^{(n)}u_1^{(\alpha)} + L_{3\alpha}^{(n)}(u_2^{(\alpha)} + u_3^{(\alpha)}) \tag{9.177}$$

$$L_{2\alpha}u_k^{(\alpha)} + L_{23}u_k^{(\delta)} = L_{4\alpha}^{(n)}(u_1^{(\alpha)}u_k^{(\alpha)})(k = 2,3) \tag{9.178}$$

其中

$$L_{1\alpha}u_1^{(\alpha)} \equiv \left[\rho_{\alpha\alpha}\frac{\partial^2}{\partial t^2} - (\lambda_\alpha + 2\mu_\alpha)\frac{\partial^2}{\partial x_1^2} - \beta\right]u_1^{(\alpha)},$$

$$L_{13}u_1^{(\alpha)} \equiv \left[-(\lambda_3 + 2\mu_3)\frac{\partial^2}{\partial x_1^2} + \beta\right]u_1^{(\alpha)},\ L_{2\alpha}u_k^{(\alpha)} \equiv \left[\rho_{\alpha\alpha}\frac{\partial^2}{\partial t^2} - \mu_\alpha\frac{\partial^2}{\partial x_1^2} - \beta\right]u_k^{(\alpha)},$$

$$L_{23}u_k^{(\alpha)} \equiv \left[-\mu_\alpha\frac{\partial^2}{\partial x_1^2} + \beta\right]u_k^{(\alpha)},\ L_{1\alpha}^{H}u_1^{(\alpha)} \equiv N_1^{(\alpha)}\frac{\partial^2 u_1^{(\alpha)}}{\partial x_1^2}\frac{\partial u_1^{(\alpha)}}{\partial x_1},$$

$$L_{3\alpha}^{H}(u_2^{(\alpha)} + u_3^{(\alpha)}) \equiv N_2^{(\alpha)}\frac{\partial^2}{\partial x_1^2}(u_2^{(\alpha)} + u_3^{(\alpha)})\frac{\partial}{\partial x_1}(u_2^{(\alpha)} + u_3^{(\alpha)}),$$

$$L_{3\alpha}^{H}(u_k^{(\alpha)}u_1^{(\alpha)}) \equiv N_2^{(\alpha)}\left(\frac{\partial^2 u_k^{(\alpha)}}{\partial x_1^2}\frac{\partial u_1^{(\alpha)}}{\partial x_1} + \frac{\partial^2 u_1^{(\alpha)}}{\partial x_1^2}\frac{\partial u_k^{(\alpha)}}{\partial x_1}\right)$$

式（9.7）和式（9.8）的非对称情况已经讨论过了，这个式子更好地表达了方程系统的非对称性和非线性特征。方程的不对称性最终会导致经常看到的纵波和横波的不对称相互影响。

激发在这里被认为是第三标准问题，在结构型介质中具有其特异性。例如，在二相混合物中，纵波和横波都有两个模态，也就是说，在弹性混合物中压缩－扩展波和剪切波同时存在，这些波具有不同的相速度。一般情况下，它们之间一定会发生相互作用。

因为波的相互作用在经典介质中不存在，所以应该首先研究这些波的相互作用。

下一步就是研究所有模态的纵波和横波之间的相互作用。

所以，先引入在第三标准问题中经常假设的限制条件，即不存在水平横波位移。此外，假设在混合物中只同时激励纵波和垂直偏振横波，然后，写出零初始条件和边界条件：

$$u_m^{(\alpha)}(x_1,0) = 0,\ u_m^{(\alpha)}(0,t) = u_m^{o(\alpha)}\cos\omega t \tag{9.179}$$

这里不存在位移 $u_2^{(\alpha)}$，而且 $u_m^{o(\alpha)} = \text{const}$，$m = 1,3$。

该波动由两个耦合系统来描述，每个系统又是两个耦合方程的系统：

$$L_{1\alpha}u_1^{(\alpha)} + L_{13}u_1^{(\delta)} = L_{1\alpha}^{(n)}u_1^{(\alpha)} + L_{3\alpha}^{(n)}u_3^{(\alpha)} \tag{9.180}$$

$$L_{2\alpha}u_k^{(\alpha)} + L_{23}u_k^{(\delta)} = L_{4\alpha}^{(n)}(u_1^{(\alpha)}u_3^{(\alpha)}) \tag{9.181}$$

对于式（9.180）和式（9.181）的右边，只考虑两个非线性项其中的一种情况；在之前讨论第一和第二标准问题时，已经得到了关于纵波系统（9.180）

的解。

接下来采用逐次逼近的方法来求解系统（9.180）和系统（9.181），其中一阶近似解已知。一阶近似解也就是线性系统的解，这已经在第 4 章中写明了。

下面，我们联合两种方法来求解这个问题：

方法 1：用来分析纵波自激励的方法，亦即分析第一标准问题的方法。

方法 2：在第二标准问题中使用的方法。

系统（9.180）和系统（9.181）的右边，给出了已知函数，它们是由已知的一阶近似解来表达的。假设叠加原理对于求解已知右侧项的线性系统的二阶近似解是有效的，那么进一步利用系统（9.180）的二阶近似已知解。因为系统（9.181）的右边只有一项，所以不需要使用叠加原理。

系统（9.180）的解可以表达成两个解的和的形式：

第一个解形式如式（9.49）的形式，描述了纵波的自激励；其中包含了五个纵波的和——两个一阶谐波（模态），两个这些模态的二阶谐波，一个叠加的空间调制波。

第二个解形式如式（9.172）的形式，描述了由横波产生的纵波；其中也包含五个同样的纵波，但是振幅不同。

将这两个解整合，进一步将相同的谐波整合，最终得到解的表达式为

$$
\begin{aligned}
u_1^{**(\alpha)}(x_1,t) = {} & C_1^{(\alpha)} \mathrm{e}^{-\mathrm{i}[k_1^{*(\alpha)}x_1+\omega t]} + l_1(k_1^{*(\delta)}) C_1^{(\delta)} \mathrm{e}^{-\mathrm{i}[k_1^{*(\delta)}x_1+\omega t]} + \\
& \left(\frac{x_1\omega}{M_1} S_{\alpha\delta} l(k_\delta^{*(1)}) + \mathrm{i}k_\delta^{*1} c_{\delta 2}\right) C_1^{(\delta)} u_{o1}^{(\delta)} \mathrm{e}^{-2\mathrm{i}[k_\alpha^{*(\delta)}x-\omega t]} + \\
& \left(\frac{x_1\omega}{M_1} S_{\alpha\alpha}\right) C_1^{(\alpha)} \mathrm{e}^{-2\mathrm{i}[k_\alpha^{*(1)}x-\omega t]} + \left\{\frac{x_1\omega}{M_1} S_{\delta\alpha} C_1^{(\alpha)} u_{o1}^{(\delta)} + \right. \\
& \left.\left[\frac{x_1\omega}{M_1} S_{\alpha\delta} l(k_\delta^{*(1)}) + \mathrm{i}k_\delta^{*(1)} c_{\alpha\delta}\right] C_1^{(\delta)} u_{o1}^{(\alpha)} \right\} \mathrm{e}^{-\mathrm{i}[(k_\alpha^{*(1)}+k_\delta^{*(1)})x-2\omega t]} + \\
& Q_{1\alpha}\mathrm{e}^{-\mathrm{i}\left[\frac{k_1^{(1)}+2k_3^{(1)}}{2}x_1+2\omega t\right]} + Q_{2\alpha}\mathrm{e}^{-\mathrm{i}\left[\frac{k_1^{(2)}+2k_3^{(2)}}{2}x_1+2\omega t\right]} + \\
& Q_{3\alpha}\mathrm{e}^{-\mathrm{i}\left[\frac{k_1^{(1)}+k_3^{(1)}+k_3^{(2)}}{2}x_1+2\omega t\right]}
\end{aligned}
\tag{9.182}
$$

其中

$$
Q_{\gamma\alpha} = S_{\gamma\alpha}\sin\frac{1}{2}(k_1^{(\gamma)} - 2k_3^{(\gamma)})x_1,\ Q_{3\alpha} = S_{3\alpha}\sin\frac{1}{2}(k_1^{(\alpha)} - k_3^{(1)} - k_3^{(2)})x_1
$$

边界条件的满足需要单独讨论，问题是这些边界条件必须由该解整体满足。同时，一阶谐波的振幅与之前标准问题中的形式有区别。

式（9.182）中的前五个波的振幅与之前讨论过的解式（9.172）中的是

完全一致的，而第六、第七和第八个波是最有趣的，因为它们表达了模态之间的相互作用。这些波呈现出解中出现了一个新的元素这样一个特征，在该新的元素中，结构和非线性效应相一致。

振幅为 $Q_{\gamma\alpha}$ 的分量是纵波，从频率上看是二阶谐波，但是具有叠加波的波数 $(1/2)(k_1^{(\gamma)}-2k_3^{(\gamma)}),(1/2)(k_1^{(\alpha)}-k_3^{(1)}-k_3^{(2)})$。这些波都是空间调制波，在较窄的可满足同步性条件的频率范围内：

$$k_1^{(\gamma)} \approx 2k_3^{(\gamma)},\ k_1^{(\alpha)} \approx k_3^{(1)}+k_3^{(2)} \tag{9.183}$$

关于第一条件（9.183）下复合材料中存在同步性的真实可能性已经在之前讨论过了，对于同样的范围，第二条件下存在同步性也是真实的，因此，新的（第六、第七、第八个）波只有在非常特殊的条件下才会产生非线性的累加效应，而这些条件需要另行研究。在其他条件下，往往很难观察到该累加效应。

当等式右边的非线性项已知，并且通过一阶近似纵波表达时，横波系统（9.181）的解可以用含有未知参数的谐波方程表示：

$$\begin{aligned} u_3^{(\alpha)}(x_1,t) &= A_3^{(\alpha)}\exp[-\mathrm{i}(k_3^{(\alpha)}x_1-\omega t)]+ \\ &\quad l_3(k_3^{(\delta)})A_3^{(\delta)}\exp[-\mathrm{i}(k_3^{(\delta)}x_1-\omega t)] \end{aligned} \tag{9.184}$$

波数 $k_3^{(\delta)}$ 和振幅分布矩阵 $\boldsymbol{l}_3(k_3^{(\delta)})$ 系数可以由下述系统通过常规方法求解：

$$\begin{aligned} &\{[\mu_\alpha-\mathrm{i}k_1^{(\alpha)}(1+(k_1^{(\alpha)}/k_3^{(\alpha)}))N_2^{(\alpha)}u_1^{(\alpha)}](k_1^{(\alpha)})^2-\beta- \\ &\rho_{\alpha\alpha}\omega^2\}A_3^{(\alpha)}+\{\mu_3(k_1^{(\alpha)})^2+\beta\}A_3^{(\delta)}=0 \end{aligned} \tag{9.185}$$

这个问题的解法与纵波产生纵波的问题相似。先根据频散方程求解波数：

$$\begin{aligned} (k_3^{(\alpha)})^2 &= \frac{\omega^2}{\widehat{M}_1-\widehat{M}_{1H}^{(\alpha)}}\left[\widehat{M}_2-\widehat{M}_{2H}^{(\alpha)}-(-1)^\alpha\sqrt{(\widehat{M}_2-\widehat{M}_{2H}^{(\alpha)})^2-\widehat{M}_3\widehat{M}_1-\widehat{M}_{1H}^{(\alpha)}}\right]\theta, \\ \widehat{M}_1 &= \mu_1\mu_2-\mu_3^2,\ 2\widehat{M}_2=\mu_1\rho_{22}+\mu_2\rho_{11}-(\mu_1+\mu_2+2\mu_3)\frac{\beta}{\omega^2}, \\ \widehat{M}_3 &= \rho_{11}\rho_{22}-(\rho_{11}+\rho_{22})\frac{\beta}{\omega^2},\ \vartheta_{\alpha\gamma}=k_{1\mathrm{lin}}^{(\alpha)}/k_{3\mathrm{lin}}^{(\gamma)}, \\ \widehat{M}_{\alpha H}^{(\gamma)} &= \mathrm{i}k_3^{(\gamma)}(\widehat{m}_{\alpha 1}^{(\gamma)}u_1^{(1)}+\widehat{m}_{\alpha 2}^{(\gamma)}u_1^{(2)}), \\ \widehat{m}_{\alpha 1}^{(\gamma)} &= [\mu_\delta N_2^{(\alpha)}+l_1(k_{1\mathrm{lin}}^{(\alpha)})\mu_\alpha N_2^{(\delta)}]k_3^{(\gamma)}\vartheta_{\alpha\gamma}(1+\vartheta_{\alpha\gamma}), \\ \widehat{m}_{\alpha 2}^{(\gamma)} &= -\frac{1}{2}\left[\left(\rho_{\delta\delta}-\frac{\beta}{\omega^2}\right)N_2^{(\alpha)}+l_1(k_{1\mathrm{lin}}^{(\alpha)})\left(\rho_{\alpha\alpha}-\frac{\beta}{\omega^2}\right)N_2^{(\delta)}\right]\vartheta_{\alpha\gamma}(1+\vartheta_{\alpha\gamma}) \end{aligned} \tag{9.186}$$

然后需要进一步根据边界条件确定幅值，利用关系式（9.185）确定振幅分布矩阵的系数。

假设满足小值条件：

$$k_1^{(\alpha)} u_1^{(\alpha)} (1 + \vartheta_{\alpha\alpha}) \ll 1 \tag{9.187}$$

这一条件在第一标准问题中已经得到了满足，它表示了在两种混合物组分中波束间的空隙限制，即波束的斜率必须比较缓。

在仅保留式（9.187）在小参数展开下的一阶小量可得到横波在二阶近似条件下的近似表达式：

$$k_{3H}^{(\alpha)} = k_{3\text{lin}}^{(\alpha)} + \frac{\mathrm{i}\omega}{\tilde{M}_1}(\tilde{S}_{1\alpha} u_1^{(1)} + \tilde{S}_{2\alpha} u_1^{(2)}) \tag{9.188}$$

$$l_3(k_{3H}^{(\alpha)}) = l_3(k_{3\text{lin}}^{(\alpha)}) - \mathrm{i}k_{3\text{lin}}^{(\alpha)}(\tilde{c}_{1\alpha} u_1^{(1)} + \tilde{c}_{2\alpha} u_1^{(2)}) \tag{9.189}$$

$$\tilde{S}_{\alpha\gamma} = \frac{1}{2}\left[\tilde{m}_{1\alpha}^{(\gamma)} \left(\frac{k_{3\text{lin}}^{(\alpha)}}{\omega}\right)^2 - \tilde{m}_{2\alpha}^{(\gamma)} - (-1)^{\gamma} \frac{\tilde{M}_3 \tilde{m}_{1\alpha}^{(\gamma)} - \tilde{M}_2 \tilde{m}_{2\alpha}^{(\gamma)}}{\sqrt{(\tilde{M}_2)^2 - \tilde{M}_1 \tilde{M}_3}} \right] \tag{9.190}$$

$$\tilde{c}_{\gamma\alpha} = [\mu_\alpha (k_{3\text{lin}}^{(\alpha)})^2 + \beta - \rho_{\alpha\alpha}\omega^2] \left\{ 2\omega[\mu_3 + \mu_\alpha l_3(k_{3\text{lin}}^{(\alpha)})] \frac{\tilde{S}_{\gamma\alpha}}{\tilde{M}_1} - l_1(k_{3\text{lin}}^{(\alpha)})(k_{3\text{lin}}^{(\alpha)})^2 N_2^{(\alpha)} \vartheta_{\alpha\gamma}(1 - \vartheta_{\alpha\gamma})\delta_{\alpha\gamma} \right\} \tag{9.191}$$

$$u_{3\text{lin}}^{(\alpha)} = u_{3\text{lin}}^{o(\alpha)} \exp[-\mathrm{i}(k_{3\text{lin}}^{(\alpha)} x_1 + \omega t)] + l_3(k_{3\text{lin}}^{(\delta)}) \exp[-\mathrm{i}(k_{3\text{lin}}^{(\delta)} x_1 + \omega t)] \tag{9.192}$$

如果我们用纵波的线性表达式来计算在一阶近似下的纵波和横波的振幅，可以得到

$$A_3^{(\alpha)} = \frac{u_{3\text{lin}}^{o(\alpha)} - U_\delta^o u_{3\text{lin}}^{o(\delta)}}{1 - U_1^o U_2^o},$$

$$U_\alpha^o = l_3(k_{3\text{lin}}^{(\alpha)}) - \mathrm{i}k_{3\text{lin}}^{(\alpha)}(\tilde{c}_{1\alpha} u_1^{o(1)} + \tilde{c}_{1\alpha} u_1^{o(2)}) \tag{9.193}$$

在二阶近似情况下得到的解将有以下形式：

$$\begin{aligned} u_3^{**(\alpha)}(x_1,t) = {} & A_3^{(\alpha)} \mathrm{e}^{-\mathrm{i}[k_3^{*(\alpha)} x_1 + \omega t]} + l_3(k_3^{*(\delta)}) A_3^{(\delta)} \mathrm{e}^{-\mathrm{i}[k_3^{*(\delta)} x_1 + \omega t]} + \\ & \left[\frac{x_1\omega}{M_1} \tilde{S}_{1\alpha} l_3(k_3^{*(\alpha)}) + \mathrm{i}k_3^{*(\alpha)} \tilde{c}_{1\alpha}\right] A_3^{(\alpha)} u_{o3}^{(\alpha)} \mathrm{e}^{-\mathrm{i}[(k_1^{*(\alpha)} + k_3^{*(\alpha)})x - 2\omega t]} + \\ & \frac{x_1\omega}{M_1} \tilde{S}_{1\alpha} A_3^{(\alpha)} u_{o3}^{(\alpha)} \mathrm{e}^{-\mathrm{i}[(k_1^{*(\alpha)} + k_3^{*(\alpha)})x - 2\omega t]} + \\ & \left[\frac{x_1\omega}{M_1} \tilde{S}_{2\delta} l_3(k_3^{*(\delta)}) + \mathrm{i}k_3^{*(\delta)} \tilde{c}_{2\delta}\right] A_3^{(\delta)} u_{o3}^{(\delta)} \mathrm{e}^{-\mathrm{i}[(k_1^{*(\delta)} + k_3^{*(\delta)})x - 2\omega t]} + \end{aligned}$$

$$\frac{x_1\omega}{M_1}\tilde{S}_{2\delta}A_3^{(\delta)}u_{o3}^{(\delta)}\mathrm{e}^{-\mathrm{i}[(k_1^{*(\delta)}+k_3^{*(\delta)})x-2\omega t]} \tag{9.194}$$

解（9.194）中包含有六个波。前两个波是在双组分混合物中的以及常见双模态表达式中的两个横波，其他的波是关于频率的二阶谐波，其波数是不同模态波的波数的线性组合，这些复合波的振幅随着其在材料中传播距离的增加而增加。但是，这些叠加波并不能与线性波形成空间调制波，通过计算机模拟，可以检测到叠加波的一些明显特征。

叠加波具有其振幅与波数成比例的常见特征。我们知道，在这种情况下，自激励产生的二阶谐波的振幅其分子上有波数的平方项，因此，变到高频率波时，增加的自激励效应是要比叠加波效应明显。所以，想要观察叠加波更加困难。另外，频率的增加会增加结构效应，在很大程度上，二阶模态截止频率附近表现得最为明显，也有可能在特殊程度上显示有叠加波。

弹性混合物中的标准问题描述了结构模型的若干波效应特性，其中主要是以下两种效应：

效应1：所有模态的自激励效应。

效应2：产生新的在空间和时域均调制的叠加波，其波数由其他不同模态的波的波数共同决定。

练　　习

1. 列举并数出在非线性波动方程式（9.7）和式（9.8）中有多少个独立的弹性常数。

2. 正确书写从势能式（9.10）到局部应力张量分量的公式的转换。

3. 比较各向同性案例模型的代表式（9.9）和正交各向异性代表式（9.17），式（9.21），式（9.25），并用公式表征它们之间的相似性。

4. 确定二阶近似解式（9.31）中的未知幅值 $A_1^{**(\alpha)}$ 。

5. 比较式（9.38）中的小值条件和缓变幅值法中的小值条件，并说明它们之间的区别。

6. 考虑含有五项被加数的解（9.42）并验证是否所有模态的相互作用都被考虑进去（一阶模态+一阶模态，二阶模态+二阶模态，一阶模态+二阶模态）。

7. 阅读9.1.1节的关于扭曲变形的描述并试着补充完整。

8. 评价一下仅含波剖面形状和速度两个参数与临界时间的依赖关系［式（9.47）］。

9. 画出对应于式（9.50）的图像。

10. 为了得到式（9.62）所示的投掷条件，应用了线性化的过程。基于力学的观点，在这个过程中丢失了什么？

11. 找到区别于图 9.1 的频散法则并证明三阶谐波是否存在。

12. 写出对应于式（9.69）的所有的三波混叠。

13. 写出 Sommerfeld 条件——有限性条件和放射条件。

14. 分别考虑满足式（9.88）条件的三波混叠的变体。

15. 比较势能式（9.89）和式（3.74），比较后在式（9.89）中确定异常的情况。

16. 根据式（9.94）和式（9.95），写出幅值分布矩阵系数 $l_1^{(1)}(\omega_{M_1+n}$，$l_1^{(2)}(\omega_n)$ 的详细公式。

17. 在每个案例中，当三波混叠中的参与波以二阶模态时的形式被选中，需要做出一个此波频率的限制，请写出这个限制。

18. 写出案例式（9.112）分析的最终结果的框架。

19. 重复从缩短式（9.128）到演变式（9.129）和式（9.130）的转换。

20. 书中第 9.3.4 节 6（波数失配性差距较大）部分情况被认为对自转换现象无影响，这个案例描述了哪种现象？

21. 深度阅读更多关于椭圆积分的问题并证实为什么式（9.147）和式（9.148）中的积分被称为椭圆积分。

22. 根据式（9.156）画出雅可比椭圆函数的图像。

23. 考虑并评价式（9.160）中的一个条件不满足时的情况。

24. 从评价解（9.172）的角度看，当初始频率变化时，会发生什么现象？

25. 证实在复合材料（允许二阶模态的存在）中等式 $k_1^{(1)} = 2k_3^{(2)}$ 成立的可能性。

26. 考虑并评价式（9.187）中的一个条件不满足时的情况。

27. 幅值式（9.139）是一个复变量，从本质上对复变量的讨论会否使接下来的分析复杂化？

参 考 文 献

[1] Bedford, A., Drumheller, D.S.: Theories of immiscible and structured mixtures. Int. J. Eng. Sci. 21 (8), 863 – 960 (1983)

[2] Bedford, A., Drumheller, D.S.: Introduction to Elastic Wave Propagation. Wiley, Chichester (1994)

[3] Bedford, A., Drumheller, D.S., Sutherland, H.J.: On modelling the dynamics of

compositematerials. In: Nemat-Nasser, S. (ed.) Mechanics Today, vol. 3, pp. 1 – 54. Pergamon, New York (1976)

[4] Bloembergen, N.: Nonlinear Optics. W. A. Benjamin, Inc., New York (1965)

[5] Bowen, P. M.: Toward a thermodynamics and mechanics of mixtures. Arch. Ration. Mech. Anal. 24 (5), 370 –403 (1967)

[6] Bretherton, F. P.: Resonant interaction between waves. The case of discrete oscillations. J. Fluid Mech. 20 (3), 457 –479 (1964)

[7] Cattani, C., Rushchitsky, J. J.: Wavelet and Wave Analysis as Applied to Materials with Micro or Nanostructure. World Scientific, Singapore (2007)

[8] Erofeev, V. I.: Wave Processes in Solids with Microstructure. World Scientific, Singapore (2003)

[9] Gaponov-Grekhov, A. V. (ed.): Nielineinyie volny. Rasprostranenie i vzaimodeistvie (Nonlinear Waves. Propagation and Interaction). Nauka, Moscow (1981)

[10] Green, A. E., Adkins, J. E.: Large Elastic Deformations and Nonlinear Continuum Mechanics. Oxford University Press, London (1960)

[11] Ingard, K. U., Pridmore-Brown, D. S.: Scattering of sound on sound. J. Acoust. Soc. Am. 28 (4), 367 –375 (1956)

[12] Jones, G. L., Kobett, D. R.: Interaction of elastic waves in an isotropic solid. J. Acoust. Soc. Am. 35 (3), 5 –10 (1963)

[13] Krylov, V. V., Krasilnilov, V. A.: Vvedieniie v fizicheskuiu akustiku (Introduction to Physical Acoustics). Nauka, Moscow (1986)

[14] Leibovich, S., Seebass, A. R. (eds.): Nonlinear Waves. Cornell University Press, Ithaka, NY (1974)

[15] Morse, P. M., Ingard, K. U.: Theoretical Acoustics. McGraw Hill, New York (1968)

[16] Porubov, A. V.: Amplification of Nonlinear Strain Waves in Solids. World Scientific, Singapore (2003)

[17] Rabinovich, M. I., Trubetskov, D. I.: Vvedenie v teoriyu kolebaniy i voln (Introduction to the Theory of Vibrations and Waves). Nauka, Moscow (1984)

[18] Robinson, C. W., Leppelmeier, G. W.: Experimental verification of dispersion relations for layered composites. Trans. ASME J. Appl. Mech. 41 (1), 89 –91 (1974)

[19] Rushchitsky, J. J.: Neliniyni khvvyli v dvo-faznomu materiali (Nonlinear Wave in Two-Phase Material). Proc. Acad. Sci. Ukraine. Ser. A1, 49 –52 (1990)

[20] Rushchitsky, J. J.: Ploski neliniyni khvyli v dvo-faznomu materiali (Plane nonlinear waves in two-phase material). Proc. Acad. Sci. Ukraine. Ser. A2, 45 –47 (1990)

[21] Rushchitsky, J. J.: Elementy teorii smesi (Elements of the Theory of Mixtures). Naukova Dumka, Kyiv (1991)

[22] Rushchitsky, J. J.: Interaction of elastic waves in two-phase material. Int. Appl. Mech. 28

(5), 284 - 290 (1992)
[23] Rushchitsky, J. J.: Neliniyni ploski khvyli v ortotropnomu tili (The nonlinear plane waves inorthotropic body). Proc. Acad. Sci. Ukraine12, 60 - 62 (1993)
[24] Rushchitsky, J. J.: Interaction of compression and shear waves in composite material with nonlinearly elastic components in microstructure. Int. Appl. Mech. 29 (4), 267 - 273 (1993)
[25] Rushchitsky, J. J.: Resonant interaction of nonlinear waves in two-phase mixtures. Int. Appl. Mech. 30 (5), 355 - 362 (1994)
[26] Rushchitsky, J. J.: Interaction of elastic waves in an isotropic multi-phase materials. J. Theor. Appl. Mech. Bulg. Acad. Sci. 5, 82 - 93 (1994 - 1995)
[27] Rushchitsky, J. J.: Wave triplets in two-phase composites. Mech. Compos. Mater. 31 (5), 660 - 670 (1995)
[28] Rushchitsky, J. J.: Three-wave interaction and the second harmonic generation in one-and two-phase hyperelastic media. Int. Appl. Mech. 32 (5), 512 - 518 (1996)
[29] Rushchitsky, J. J.: Nonlinear waves in solid mixtures (review). Int. Appl. Mech. 33 (1), 1 - 34 (1997)

[30] Rushchitsky, J. J.: New dispersive simple wave (new partial solution) in nonlinear solid mixtures. Proceedings of the 2nd European Conference on Nonlinear Vibrations, Czech Republic, Prague 4, pp. 342 - 345 (1996)
[31] Rushchitsky, J. J.: New solitary waves and their interactions in solid mixtures (composite ma-materials). ZAMM78 (Suppl. 2), 695 - 696 (1998)
[32] Rushchitsky, J. J.: Interaction of waves in solid mixtures. Appl. Mech. Rev. 52 (2), 35 - 74 (1999)
[33] Rushchitsky, J. J.: Development of microstructural theory of two-phase mixtures as applied to composite materials. Int. Appl. Mech. 36 (5), 315 - 335 (2000)
[34] Rushchitsky, J. J.: Self-switching of waves in materials. Int. Appl. Mech. 37 (11), 1492 - 1498 (2001)
[35] Rushchitsky, J. J.: Self-switching of displacement waves in elastic nonlinearly deformed materials. Comptes Rendus de l'Academie des Sciences, Serie IIb Mecanique330 (2), 175 - 180 (2002)
[36] Rushchitsky, J. J.: Features of development of the theory of elastic nonlinear waves. Matematychni metody ta fizyko-mekhanichni polia - Math. Method. Phys. Mech. Fields46 (3), 90 - 105 (2003)
[37] Rushchitsky, J. J.: Fragments of the theory of transistors: switching the plane transverse hypersound wave in nonlinearly elastic nanocomposite materials. J. Math. Sci. (Matematychni metody ta fizyko-mekhanichni polia - Mathematical Methods and Physical-Mechanical Fields) 51 (3), 186 - 192 (2008)

[38] Rushchitsky, J. J.: On phenomenon of self-switching of hypersound waves in quadratically nonlinear elastic nanocomposite materials. Int. Appl. Mech. 45 (1), 73-93 (2009)

[39] Rushchitsky, J. J.: Certain class of nonlinear hyperelastic waves: classical and novel models wave equations, wave effects. Int. J. Appl. Math. Mech. 8 (6), 400-443 (2012)

[40] Rushchitsky, J. J., Bilyi, V. A.: Pro isnuvannia odnoho typu kombinaciynoho rozsiyuvannia zvuku na zvutsi vdvo-faznomu tili (On existence of certain type of combinational scattering of sound on sound in two-phase body). Proc. Acad. Sci. Ukraine 10, 58-63 (1994) References 301

[41] Rushchitsky, J. J., Bilyi, V. A.: Pro rozpadnu nestiykist trypletiv v hiperpruzhnomu dvofaznomu seredovyshchi (On decay instability of triplets in hyperelastic two-phase medium,. Proc. Acad. Sci. Ukraine11, 63-69 (1996)

[42] Rushchitsky, J. J., Ostrakov, I. A.: Generaciya novykh harmonic neliniyno pruzhnykh khvyl v kompozytnomu materiali (Generation of new harmonics of nonlinear elastic waves in composite material,. Proc. Acad. Sci. Ukraine. Ser. A10, 63-66 (1991)

[43] Rushchitsky, J. J., Ostrakov, I. A.: Spotvorennia ploskoi harmonichnoi khvyli pry ii poshyren-ni v kompozytnomu materiali (Distortion of plane harmonic wave propagating in composite material,. Proc. Acad. Sci. Ukraine. Ser. A 11, 51-54 (1991)

[44] Rushchitsky, J. J., Savelieva, E. V.: Evolution of harmonic wave propagating through composite material. Int. Appl. Mech. 28 (9), 860-865 (1992)

[45] Rushchitsky, J. J., Tsurpal, S. I.: Khvyli v materialakh z mikrostrukturoiu (Waves in Materials with the Microstructure). SP Timoshenko Institute of Mechanics, Kiev (1998)

[46] Schubert, M., Wilgelmi, B.: Einführung in die nichtlineare Optik. Teil I. Klassische Beschrei bung (Introduction to nonlinear optics. Part I. Classical description). BSB B. G. Teubner Verlagsgesellschaft, Leipzig (1971)

[47] Shen, Y. R.: The Principles of Nonlinear Optics. Wiley, New York (1984)

[48] Sutherland, H. J.: Dispersion of acoustic waves by an alumina-epoxy mixture. J. Comp. Mater. 13 (1), 35-47 (1979)

[49] Sutherland, H. J.: On the separation of geometric and viscoelastic dispersion in composite materials. Int. J. Solids Struct. 11 (3), 233-246 (1975)

[50] Tiersten, T. R., Jahanmir, M.: A theory of composites modeled as interpenetrating solid continua. Arch. Ration. Mech. Anal. 54 (2), 153-163 (1977)

[51] Vinogradova, M. B., Rudenko, O. V., Sukhorukov, A. P.: Teoriia voln (Theory of Waves). Nauka, Moscow (1990)

[52] Whitham, J.: Linear and Nonlinear Waves. Wiley Interscience, New York (1974)

[53] Zarembo, L. K., Krasilnikov, V. A.: Vvedenie v nielineinuiu akustiku (Introduction to Nonlinear Acoustics). Nauka, Moscow (1966)

[54] Yariv, A.: Quantum electronics. Wiley, New York (1967)

第 10 章

超弹性材料中的非线性柱面波与扭转波

本章主要介绍柱面波和扭转波，共分为三个部分。这两种波有着相同的特点，即它们通常都用柱坐标表示。

第一部分给出了柱坐标系的一般说明，主要包括四种不同的基本情况。对每种情况，分别给出了关于位移和应变、Murnaghan 势、应力的必要公式的推导过程，这些公式将用于之后的关于应力和位移的非线性波动方程的推导。

第二部分主要介绍了二阶非线性柱面波，提出了在二阶近似的条件下分析初始波剖面演化的两种不同的方法。然后对得到的解析解进行数值分析，最后对在 Murnaghan 势函数模拟材料中传播的柱面波和平面波结果进行了对比，并分析了柱面波在 Signorini 势函数模拟材料中的传播。

第三部分对二阶非线性扭转波进行了分析。首先介绍了各向同性材料中的二阶非线性扭转波：非线性波动方程的推导，及其二阶近似解，基于解析解的波演化的数值模拟。然后分析了二阶非线性扭转波在横向各向同性材料中传播的情况：非线性波动方程的推导，横向各向同性材料的弹性常数，数值模拟所用的材料，二阶近似和波演化示意图。

该信息可以在许多材料方面的基本书籍中找到，书单（33 本）详见本章的参考文献部分［1－33］。

10.1　四种不同形式的柱面波和扭转波的非线性波动方程

10.1.1　四种不同的情况：位移与应变

从柱面波的非线性波动方程的推导开始。该推导过程的许多步骤都与前几章分析所用的传统笛卡儿坐标下的步骤不同，非线性波动方程的推导在很大程度上都得益于非线性力学工具的利用。

首先，引入圆柱的正交坐标系 $\theta^1=r$，$\theta^2=\vartheta$，$\theta^3=z$。

在这个坐标系下，向量长度由下式表示：

$$(\mathrm{d}s)^2 = g_{ik}\mathrm{d}\theta^i\mathrm{d}\theta^k = (\mathrm{d}r)^2 + r^2(\mathrm{d}\vartheta)^2 + (\mathrm{d}z)^2 \tag{10.1}$$

度量张量的分量如下：

$$\| g_{ik} \| = \begin{Vmatrix} 1 & 0 & 0 \\ 0 & r^2 & 0 \\ 0 & 0 & 1 \end{Vmatrix}, \quad \| g^{ik} \| = \begin{Vmatrix} 1 & 0 & 0 \\ 0 & 1/r^2 & 0 \\ 0 & 0 & 1 \end{Vmatrix} \tag{10.2}$$

基向量（$\vec{e}_1$，$\vec{e}_2$，$\vec{e}_3$），（$\vec{e}^1$，$\vec{e}^2$，$\vec{e}^3$）的长度为：

$$|\vec{e}_1| = 1, |\vec{e}_2| = r, |\vec{e}_3| = 1, |\vec{e}^1| = 1, |\vec{e}^2| = 1/r, |\vec{e}^3| = 1 \tag{10.3}$$

$$\delta_n^k = \vec{e}^k \cdot \vec{e}_n \tag{10.4}$$

只有三个第一类克里斯托弗符号 Γ_{ki}^m 不为零，即：

$$\Gamma_{22}^1 = -r, \Gamma_{12}^2 = \Gamma_{21}^2 = 1/r \tag{10.5}$$

接下来的步骤是选择弹性介质的配置（状态），分四种情况进行分析。

情况 1：该配置取决于坐标 r,ϑ，与坐标 z 无关。这种情况下的平面应变非常典型，如某些类型的波，或者空心圆柱的旋转 Volterra 畸变。

情况 2：该配置是以 Oz 为对称轴的轴对称情况，与坐标 r,z 有关，而与 ϑ 无关。这也是一种典型情况，如沿圆柱传播的纵向扭转波。

情况 3：该配置沿轴 Oz 对称，仅与角坐标 ϑ 有关，典型例子是沿圆柱体传播的横向扭转波。

情况 4：该配置是以 Oz 为对称轴的轴对称情况，只与径向坐标有关。这种情况的典型例子有经典柱面波或者空心圆柱的平移 Volterra 畸变。

在这个基础上，就可以推导位移和非线性应变张量分量的评估公式了。

情况 1：因为已经选择了特定的情况，接下来的第一步就是要表示位移矢量 $\vec{u}(\theta^1,\theta^2,\theta^3)$：

$$\vec{u} = u_k\vec{e}^k = u^k\vec{e}_k \to u_1\vec{e}^1\vec{e}_1 = u^1\vec{e}_1\vec{e}_1,\ u_2\vec{e}^2\vec{e}_2 = u^2\vec{e}_2\vec{e}_2 \to u_1 = u^1,\ u_2 = u^2r^2$$

$$\begin{aligned}\vec{u}(\theta^1,\theta^2,\theta^3) &= \vec{u}(r,\vartheta,z)\\ &= \{u_1 = u_r(r,\vartheta),\ u_2 = r\cdot u_\vartheta(r,\vartheta),\ u_3 = u_z = 0\}\end{aligned} \tag{10.6}$$

非线性柯西－格林应变张量的分量可以用位移矢量的协变分量和逆变分量的协变导数进行估算：

$$\varepsilon_{ik} = \frac{1}{2}(\nabla_i u_j + \nabla_j u_i + \nabla_i u_k \nabla_j u^k)$$

$$\nabla_i u^k = \frac{\partial u^k}{\partial\theta^i} + u^j\Gamma^k_{ji},\ \nabla_i u_j = \frac{\partial u^j}{\partial\theta^i} - u_k\Gamma^k_{ji}$$

$$\nabla_1 u_1 = u_{1,1} - u_1^{\Gamma^1}/_{11} - u_2^{\Gamma^2}/_{11} = u_{r,r},\ \nabla_1 u^1 = u^1_{,1} + u^{1\Gamma^1}/_{11} + u^{2\Gamma^1}/_{21} = u_{r,r}$$

（这里和后面的交叉和项都等于零。）

$$\nabla_1 u_2 = u_{2,1} - u_1^{\Gamma^1}/_{21} - u_2\Gamma^2_{21} = (ru_\vartheta)_{,r} - ru_\vartheta\frac{1}{r} = ru_{\vartheta,r}$$

$$\nabla_1 u^2 = u^2_{,1} + u^{1r^2}/_{11} + u_2\Gamma^2_{21} = \left(\frac{u\vartheta}{r}\right)_{,r} + \frac{u\vartheta}{r}\cdot\frac{1}{r} = \frac{u_{\vartheta.r}}{r}$$

$$\nabla_2 u_2 = u_{2,2} - u_1\Gamma^1_{22} - u_2^{r^2}/_{22} = (ru_\vartheta)_{,\vartheta} - u_r(-r) = r(u_{\vartheta,\vartheta} + u_r)$$

$$\nabla_2 u^2 = u^2_{,2} + u_1\Gamma^2_{12} + u^{2r^2}/_{22} = \left(\frac{u_\vartheta}{r}\right)_{,\vartheta} + \frac{u_r}{r} = \frac{1}{r}(u_{\vartheta,\vartheta} + u_r)$$

$$\nabla_2 u_1 = u_{1,2} - u_1^{r^1}/_{12} - u_2\Gamma^2_{12} = u_{r,\vartheta} - ru_\vartheta\left(\frac{1}{r}\right) = u_{r,\vartheta} - u_\vartheta$$

$$\nabla_2 u^1 = u^1_{,2} + u^{1r^1}/_{12} + u^2\Gamma^1_{22} = u_{r,\vartheta} + \left(\frac{u_\vartheta}{r}\right)(-r) = u_{r,\vartheta} - u_\vartheta$$

$$\begin{aligned}\varepsilon_{11} = \varepsilon_{rr} &= \nabla_{r1} u_1 + \frac{1}{2}(\nabla_1 u_1 \nabla_1 u^1) + \frac{1}{2}(\nabla_1 u_2 \nabla_1 u^2)\\ &= u_{r,r} + \frac{1}{2}(u_{r,r})^2 + \frac{1}{2}(u_{r,\vartheta})^2\end{aligned}$$

$$\begin{aligned}\varepsilon_{22} = r^2\varepsilon_{\vartheta\vartheta} &= \nabla_2 u_2 + \frac{1}{2}(\nabla_2 u_2 \nabla_2 u^2) + \frac{1}{2}(\nabla_2 u_1 \nabla_2 u^1)\\ &= r(u_{\vartheta,\vartheta} + u_r) + \frac{1}{2}(u_{r,\vartheta} - u_\vartheta)^2 + \frac{1}{2}(u_{\vartheta,\vartheta} + u_r)^2\end{aligned}$$

$$\begin{aligned}\varepsilon_{12} = r\varepsilon_{r\vartheta} &= \frac{1}{2}(\nabla_1 u_2 + \nabla_2 u_1 + \nabla_1 u_1 \nabla_2 u^1 + \nabla_1 u_2 \nabla_2 u^2)\\ &= \frac{1}{2}[ru_{\vartheta,r} - u_\vartheta + u_{r,\vartheta} + u_{r,r}(u_{r,\vartheta} - u_\vartheta) + u_{r,\vartheta}(u_{\vartheta,\vartheta} + u_r)]\end{aligned}$$

$$\varepsilon_{33} = \varepsilon_{zz} = \nabla_3 u_3 + \frac{1}{2}(\nabla_3 u_3 \nabla_3 u^3) + \frac{1}{2}(\nabla_3 u_2 + \nabla_3 u^2) + \frac{1}{2}(\nabla_3 u_1 \nabla_3 u^1) = 0$$

$$\varepsilon_{13} = \varepsilon_{rz} = \frac{1}{2}(\nabla_1 u_3 + \nabla_3 u_1 + \nabla_1 u_1 \nabla_3 u^1 + \nabla_1 u_2 \nabla_3 u^2 + \nabla_1 u_3 \nabla_3 u^3) = 0$$

$$\varepsilon_{23} = r\varepsilon_{\vartheta z} = \frac{1}{2}(\nabla_2 u_3 + \nabla_3 u_2 + \nabla_2 u_1 \nabla_3 u^1 + \nabla_2 u_2 \nabla_3 u^2 + \nabla_2 u_3 \nabla_3 u^3) = 0$$

$$(10.7)$$

情况 2：位移矢量表达式如下：

$$\vec{u}(\theta^1, \theta^2, \theta^3) = \vec{u}(r, \vartheta, z) = \{u_1 = u_r(r,z),\ u_2 = r \cdot u_\vartheta = 0,\ u_3 = u_z(r,z)\} \quad (10.8)$$

非线性柯西－格林应变张量的分量可以用位移矢量的协变分量和逆变分量的协变导数进行估算：

$$\nabla_1 u_1 = u_{1,1} - u_1^{r1}/_{11} - u_2^{r2}/_{11} = u_{r,r},$$

$$\nabla_1 u^1 = u^1_{,1} - u^{1r1}/_{11} - u^{2r1}/_{21} = u_{r,r},$$

$$\nabla_1 u_2 = u_{2,1} - u_1^{r1}/_{21} - u_2\Gamma^2_{21} = (ru_\vartheta)_{,r} - ru_\vartheta\frac{1}{r} = ru_{\vartheta,r},$$

$$\nabla_1 u^2 = u^2_{,1} + u^{1r2}/_{11} + u_2\Gamma^2_{21} = \left(\frac{u_\vartheta}{r}\right)_{,r} + \frac{u_\vartheta}{r}\cdot\frac{1}{r} = \frac{u_{\vartheta,r}}{r},$$

$$\nabla_2 u_2 = u_{2,2} - u_1\Gamma^1_{22} - u_2^{r2}/_{22} = (ru_\vartheta)_{,\vartheta} - u_r(-r) = r(u_{\vartheta,\vartheta} + u_r),$$

$$\nabla_2 u^2 = u^2_{,2} + u^1\Gamma^2_{12} + u^{2r2}/_{22} = \left(\frac{u_\vartheta}{r}\right)_{,\vartheta} + \frac{u_r}{r} = \frac{1}{r}(u_{\vartheta,\vartheta} + u_r),$$

$$\nabla_2 u_1 = u_{1,2} - u_1^{r1}/_{12} - u_2\Gamma^2_{12} = u_{r,\vartheta} - ru_\vartheta\left(\frac{1}{r}\right) = u_{r,\vartheta} - u_\vartheta,$$

$$\nabla_2 u^1 = u^1_{,2} + u^{1r1}/_{12} + u^2\Gamma^1_{22} = u_{r,\vartheta} + \left(\frac{u_\vartheta}{r}\right)(-r) = u_{r,\vartheta} - u_\vartheta,$$

$$\varepsilon_{11} = \varepsilon_{rr} = \nabla_1 u_1 + \frac{1}{2}(\nabla_1 u_1 \nabla_1 u^1) + \frac{1}{2}(\nabla_1 u_3 + \nabla_1 u^3),$$

$$= u_{r,r} + \frac{1}{2}(u_{r,r})^2 + \frac{1}{2}(u_{z,r})^2,$$

$$\varepsilon_{22} = r^2\varepsilon_{\vartheta\vartheta} = \nabla_2 u_2 + \frac{1}{2}(\nabla_2 u_2 \nabla_2 u^2) + \frac{1}{2}(\nabla_2 u_1 \nabla_2 u^1) = \frac{\partial u_2}{\partial\theta^2} - u_m\Gamma^m_{22} +$$

$$\frac{1}{2}\left(\frac{\partial u_2}{\partial\theta^2} - u_m\Gamma^m_{22}\right)\left(\frac{\partial u^2}{\partial\theta^2} + u^m\Gamma^2_{m2}\right) + \left(\frac{\partial u_1}{\partial\theta^2} - u_m\Gamma^m_{12}\right)\left(\frac{\partial u^1}{\partial\theta^2} + u^m\Gamma^1_{m2}\right)$$

$$= -u_m\Gamma_{22}^m + \frac{1}{2}(-u_m\Gamma_{22}^m)(u^m\Gamma_{m2}^2) = u_r r + \frac{1}{2}(u_r)^2,$$

$$\varepsilon_{33} = \varepsilon_{zz} = \nabla_3 u_3 + \frac{1}{2}(\nabla_3 u_3 \nabla_3 u^3) + \frac{1}{2}(\cancel{\nabla_3 u_2 \nabla_3 u^2}) + \frac{1}{2}(\nabla_3 u_1 \nabla_3 u^1)$$

$$= \frac{\partial u_3}{\partial \theta^3} - \cancel{u_m\Gamma_{33}^m} + \frac{1}{2}\left(\frac{\partial u_3}{\partial \theta^3} - \cancel{u_m\Gamma_{33}^m}\right)\left(\frac{\partial u^3}{\partial \theta^3} + \cancel{u^m\Gamma_{m3}^3}\right) +$$

$$\frac{1}{2}\left(\frac{\partial u_1}{\partial \theta^3} - \cancel{u_m\Gamma_{33}^m}\right)\left(\frac{\partial u^1}{\partial \theta^3} + \cancel{u^m\Gamma_{m3}^3}\right)^2 = u_{z,z} + \frac{1}{2}(u_{z,z})^2 + \frac{1}{2}(u_{r,z})^2,$$

$$\varepsilon_{12} = r\varepsilon_{r\vartheta} = \frac{1}{2}(\nabla_1 u_2 + \nabla_2 u_1 + \nabla_1 u_1 \nabla_2 u^1 + \nabla_1 u_2 \nabla_2 u^2) = 0,$$

$$\varepsilon_{23} = r\varepsilon_{\vartheta z} = \frac{1}{2}(\nabla_2 u_3 + \nabla_3 u_2 + \nabla_2 u_2 \nabla_3 u^2 + \nabla_2 u_3 \nabla_3 u^3 + \nabla_2 u_1 \nabla_3 u^1) = 0,$$

$$\varepsilon_{13} = \varepsilon_{rz} = \frac{1}{2}(\nabla_1 u_3 + \nabla_3 u_1 + \nabla_1 u_1 \nabla_3 u^1 + \cancel{\nabla_1 u_2 \nabla_3 u^2} + \nabla_1 u_3 \nabla_3 u^3)$$

$$= \frac{1}{2}\left[\frac{\partial u_3}{\partial \theta^1} + \frac{\partial u_1}{\partial \theta^3} - \cancel{u_m\Gamma_{31}^m} - \cancel{u_m\Gamma_{13}^m} + \left(\frac{\partial u_1}{\partial \theta^1} - \cancel{u_m\Gamma_{11}^m}\right)\left(\frac{\partial u^1}{\partial \theta^3} + \cancel{u^m\Gamma_{m3}^1}\right) +\right.$$

$$\left.\left(\frac{\partial u_3}{\partial \theta^3} - \cancel{u_m\Gamma_{33}^m}\right)\left(\frac{\partial u^3}{\partial \theta^1} + \cancel{u^m\Gamma_{m1}^3}\right)\right] = \frac{1}{2}(u_{z,r} + u_{r,z} + u_{r,r}u_{r,z} + u_{z,r}u_{z,z})$$

(10.9)

情况 3：位移矢量表达式如下：

$$\vec{u}(\theta^1,\theta^2,\theta^3) = \vec{u}(r,\vartheta,z)$$
$$= \{u^1 = u_r = 0,\ u^2 = r\cdot u_\vartheta(r,z),\ u^3 = u_z = 0\}$$

(10.10)

非线性柯西－格林应变张量的分量可以用位移矢量的协变分量和逆变分量的协变导数进行估算：

$$\varepsilon_{11} = \varepsilon_{rr} = \cancel{\nabla_1 u_1} + \frac{1}{2}(\cancel{\nabla_1 u_1 \nabla_1 u^1}) + \frac{1}{2}(\nabla_1 u_2 \nabla_1 u^2) + \frac{1}{2}(\cancel{\nabla_1 u_3 \nabla_1 u^3})$$

$$= \frac{1}{2}(u_{\vartheta,r})^2,$$

$$\varepsilon_{22} = r^2\varepsilon_{\vartheta\vartheta} = \nabla_2 u_2 + \frac{1}{2}(\nabla_2 u_2 \nabla_2 u^2) + \frac{1}{2}(\nabla_2 u_1 \nabla_2 u^1) + \frac{1}{2}(\nabla_2 u_3 \nabla_2 u^3)$$

$$= \frac{1}{2}(u_\vartheta)^2,$$

$$\varepsilon_{33} = \varepsilon_{zz} = \nabla_3 u_3 + \frac{1}{2}(\nabla_3 u_3 \nabla_3 u^3) + \frac{1}{2}(\nabla_3 u_2 \nabla_3 u^2) + \frac{1}{2}(\nabla_3 u_1 \nabla_3 u^1)$$

$$
\begin{aligned}
&= \frac{1}{2}(u_{\vartheta,z})^2,\\
\varepsilon_{12} &= r\varepsilon_{r\vartheta} = \frac{1}{2}(\nabla_1 u_2 + \nabla_2 u_1 + \nabla_1 u_1 \nabla_2 u^1 + \nabla_1 u_2 \nabla_2 u^2 + \nabla_1 u_3 \nabla_2 u^3)\\
&= r u_{\vartheta,r} - u_\vartheta,\\
\varepsilon_{23} &= r\varepsilon_{\vartheta z} = \frac{1}{2}(\nabla_2 u_3 + \nabla_3 u_2 + \nabla_2 u_3 \nabla_3 u^3 + \nabla_2 u_2 \nabla_3 u^2 + \nabla_2 u_1 \nabla_3 u^1)\\
&= r u_{\vartheta,z},\\
\varepsilon_{13} &= r_{rz} = \frac{1}{2}(\nabla_1 u_3 + \nabla_3 u_1 + \nabla_1 u_1 \nabla_3 u^1 + \nabla_1 u_2 \nabla_3 u^2 + \nabla_1 u_3 \nabla_3 u^3)\\
&= \frac{1}{2} u_{\vartheta,r} u_{\vartheta,z}
\end{aligned}
\tag{10.11}
$$

情况 4：位移矢量表达式如下：

$$
\begin{aligned}
\vec{u}(\theta^1,\theta^2,\theta^3) &= \vec{u}(r,\vartheta,z)\\
&= \{u^1 = u_r(r),\ u^2 = r\cdot u_\vartheta = 0,\ u^3 = u_z = 0\}
\end{aligned}
\tag{10.12}
$$

非线性柯西－格林应变张量的分量可以用位移矢量的协变分量和逆变分量的协变导数进行估算：

$$
\begin{aligned}
\varepsilon_{11} &= \varepsilon_{rr} = \frac{\partial u_1}{\partial\theta^1} - \cancel{u_m\Gamma^m_{11}} + \frac{1}{2}\left(\frac{\partial u_1}{\partial\theta^1} - \cancel{u_m\Gamma^m_{11}}\right)\left(\frac{\partial u^1}{\partial\theta^1} + \cancel{u^m\Gamma^1_{m1}}\right)\\
&= u_{r,r} + \frac{1}{2}(u_{r,r})^2,\\
\varepsilon_{22} &= r^2\varepsilon_{\vartheta\vartheta} = \cancel{\frac{\partial u_2}{\partial\theta^2}} - u_m\Gamma^m_{22} + \frac{1}{2}\left(\cancel{\frac{\partial u_2}{\partial\theta^2}} - u_m\Gamma^m_{22}\right)\left(\cancel{\frac{\partial u^2}{\partial\theta^2}} + u^m\Gamma^2_{m2}\right)\\
&= -u_m\Gamma^m_{22} + \frac{1}{2}(-u_m\Gamma^m_{22})(u^m\Gamma^2_{m2}) = u_r r + \frac{1}{2}(u_r)^2,\\
\varepsilon_{33} &= \varepsilon_{zz} = \frac{\partial u^3}{\partial\theta^3} + u^m\Gamma^3_{m3} + \left(\frac{\partial u^3}{\partial\theta^3} + u^m\Gamma^3_{m3}\right)^2 = 0,\\
\varepsilon_{12} &= \varepsilon_{r\vartheta} = \frac{1}{2}\left[\frac{\partial u^2}{\partial x^1} + \frac{\partial u^1}{\partial x^2} - u^m\Gamma^2_{m1} - u^m\Gamma^1_{m2}\right] = 0,\\
\varepsilon_{13} &= \varepsilon_{rz} = \frac{1}{2}\left[\frac{\partial u^3}{\partial x^1} + \frac{\partial u^1}{\partial x^3} - u^m\Gamma^3_{m1} - u^m\Gamma^1_{m3}\right] = 0,\\
\varepsilon_{23} &= \varepsilon_{\vartheta z} = \frac{1}{2}\left[\frac{\partial u^2}{\partial x^3} + \frac{\partial u^3}{\partial x^2} - u^m\Gamma^2_{m3} - u^m\Gamma^3_{m2}\right] = 0
\end{aligned}
\tag{10.13}
$$

这样，我们所讨论的四种情况下的应变张量分量计算式就推导完了。

10.1.2 四种不同的情况：Murnaghan 势函数（应力）

现在回到一般情况，写出非线性波动方程：

$$\nabla_k[\sigma^{ki}(\delta_i^n + \nabla_i u^n)] = \rho \ddot{u}^i \tag{10.14}$$

需要注意的是，利用方程（10.14）可以推导出更便于分析的方程组：

$$\nabla_n t^{nm} = \frac{\partial t^{nm}}{\partial \theta^n} + t^{km}\Gamma_{kn}^n + t^{nk}\Gamma_{kn}^m, \quad \nabla_i u^m = \frac{\partial u^m}{\partial \theta^i} + u^n \Gamma_{ni}^m, \quad \nabla_k g_n^m = 0$$

在多数情况下，将式（10.14）看作是仅与位移矢量的分量相关的等式要更便于分析。因此应力张量的分量应通过位移的形式计算［以应变张量分量的非线性函数的形式，利用公式 $\sigma_{ik} = (\partial W/\partial \varepsilon_{ik})$］：

$$\sigma^{11} = \sigma^{rr}, \quad \sigma^{22} = \frac{1}{r^2}\sigma^{\vartheta\vartheta}, \quad \sigma^{33} = \sigma^{zz},$$

$$\sigma^{12} = \frac{1}{r}\sigma^{r\vartheta}, \quad \sigma^{13} = \sigma^{rz}, \quad \sigma^{23} = \frac{1}{r}\sigma^{\vartheta z}$$

需要注意的是，做出这些推导的一个附加前提假设是保留函数的二阶非线性，忽略更高阶非线性。这些假设在利用笛卡儿坐标进行波动分析时就已经默认成立了。

当然，最主要的假设是，用 Murnaghan 弹性势表征超弹性材料的变形。

$$W(I_1, I_2, I_3) = \frac{1}{2}\lambda I_1^2 + \mu I_2 + \frac{1}{3}AI_3 + BI_1 I_2 + \frac{1}{3}CI_1^3$$

其中三个第一不变量为：

$$I_1(\varepsilon_{ik}) = \varepsilon_{ik}g^{ik} = \varepsilon_{11}\cdot 1 + \varepsilon_{22}\cdot\frac{1}{r^2} + \varepsilon_{33}\cdot 1 \tag{10.15}$$

$$I_2(\varepsilon_{ik}) = \varepsilon_{im}\varepsilon_{nk}g^{ik}g^{nm} = (\varepsilon_{11}\cdot 1)^2 + \left(\varepsilon_{22}\cdot\frac{1}{r^2}\right)^2 + (\varepsilon_{33}\cdot 1)^2 + \left(\varepsilon_{12}\cdot\frac{1}{r}\right)^2 + \left(\varepsilon_{23}\cdot\frac{1}{r}\right)^2 + (\varepsilon_{13}\cdot 1)^2 \tag{10.16}$$

$$\begin{aligned} I_3(\varepsilon_{ik}) &= \varepsilon_{pm}\varepsilon_{in}\varepsilon_{kq}g^{im}g^{pq}g^{kn} \\ &= (\varepsilon_{11})^3 + \left(\varepsilon_{22}\frac{1}{r^2}\right)^3 + (\varepsilon_{33})^3 + (\varepsilon_{13}\cdot 1)\left(\varepsilon_{13}\varepsilon_{11} + \varepsilon_{23}\varepsilon_{12}\frac{1}{r^2} + \varepsilon_{13}\varepsilon_{33}\right) + \\ &\quad \left(\varepsilon_{12}\cdot\frac{1}{r^2}\right)\left(\varepsilon_{12}\varepsilon_{11} + \varepsilon_{12}\varepsilon_{22}\frac{1}{r^2} + \varepsilon_{13}\varepsilon_{23}\right) + \end{aligned}$$

$$\left(\varepsilon_{23}\cdot\frac{1}{r^2}\right)\left(\varepsilon_{12}\varepsilon_{13}+\varepsilon_{23}\varepsilon_{22}\frac{1}{r^2}+\varepsilon_{23}\varepsilon_{33}\right)$$

$$(10.17)$$

应力张量的必要分量可以利用公式 $\sigma_{ik}=(\partial W/\partial\varepsilon_{ik})$ 进行推导，其表达式为

$$\begin{aligned}
\sigma^{11} &= \lambda I_1\frac{\partial I_1}{\partial\varepsilon_{11}}+\mu\frac{\partial I_2}{\partial\varepsilon_{11}}+\frac{1}{3}A\frac{\partial I_3}{\partial\varepsilon_{11}}+B\left(I_1\frac{\partial I_2}{\partial\varepsilon_{11}}+I_2\frac{\partial I_1}{\partial\varepsilon_{11}}\right)+CI_1^2\frac{\partial I_1}{\partial\varepsilon_{11}}\\
&= \lambda I_1+2\mu\varepsilon_{11}+A\left[(\varepsilon_{11})^2+\frac{1}{3r^2}(\varepsilon_{12})^2+\frac{1}{3}(\varepsilon_{13})^2\right]+B(2\varepsilon_{11}I_1+I_2)+CI_1^2,\\
\sigma^{22} &= \frac{1}{r^2}\left[\lambda I_1\frac{\partial I_1}{\partial\varepsilon_{22}}+\mu\frac{\partial I_2}{\partial\varepsilon_{22}}+\frac{1}{3}A\frac{\partial I_3}{\partial\varepsilon_{22}}+B\left(I_1\frac{\partial I_2}{\partial\varepsilon_{22}}+I_2\frac{\partial I_1}{\partial\varepsilon_{22}}\right)+\frac{1}{3}CI_1^2\frac{\partial I_1}{\partial\varepsilon_{kk}}\right]\\
&= \frac{1}{r^2}[\lambda I_1+2\mu\varepsilon_{22}+]+A\frac{1}{r^2}\left[\frac{1}{r^2}(\varepsilon_{22})^2+\frac{1}{3}(\varepsilon_{12})^2+\frac{1}{3r^2}(\varepsilon_{23})^2\right]+\\
&\quad B\left(\frac{2}{r^2}\varepsilon_{22}I_1+I_2\right)+CI_1^2,\\
\sigma^{33} &= \lambda I_1\frac{\partial I_1}{\partial\varepsilon_{33}}+\mu\frac{\partial I_2}{\partial\varepsilon_{33}}+\frac{1}{3}A\frac{\partial I_3}{\partial\varepsilon_{33}}+B\left(I_1\frac{\partial I_2}{\partial\varepsilon_{33}}+I_2\frac{\partial I_1}{\partial\varepsilon_{33}}\right)+CI_1^2\frac{\partial I_1}{\partial\varepsilon_{33}}\\
&= \lambda I_1+2\mu\varepsilon_{33}+A\left[(\varepsilon_{33})^2+\frac{1}{3r^2}(\varepsilon_{23})^2+\frac{1}{3}(\varepsilon_{13})^2\right](\varepsilon_{33})^2+\\
&\quad B(2\varepsilon_{33}I_1+I_2)+CI_1^2
\end{aligned}$$

$$(10.18)$$

$$\begin{aligned}
\sigma^{12} &= \cancel{\lambda I_1\frac{\partial I_1}{\partial\varepsilon_{12}}}+\mu\frac{\partial I_2}{\partial\varepsilon_{12}}+\frac{1}{3}A\frac{\partial I_3}{\partial\varepsilon_{12}}+B\left(I_1\frac{\partial I_2}{\partial\varepsilon_{12}}+\cancel{I_2\frac{\partial I_1}{\partial\varepsilon_{12}}}\right)+\cancel{CI_1^2\frac{\partial I_1}{\partial\varepsilon_{12}}}\\
&= \frac{1}{r^2}\left[2\mu\varepsilon_{12}+\left(\frac{2}{3}A+2B\right)\varepsilon_{12}I_1+\frac{2}{3r^2}A\varepsilon_{13}\varepsilon_{23}\right],
\end{aligned}$$

（交叉和项都等于零，因为第一不变量并不依赖于应力张量的切变分量。）

$$\begin{aligned}
\sigma^{13} &= \cancel{\lambda I_1\frac{\partial I_1}{\partial\varepsilon_{13}}}+\mu\frac{\partial I_2}{\partial\varepsilon_{13}}+\frac{1}{3}A\frac{\partial I_3}{\partial\varepsilon_{13}}+B\left(I_1\frac{\partial I_2}{\partial\varepsilon_{13}}+\cancel{I_2\frac{\partial I_1}{\partial\varepsilon_{13}}}\right)+\cancel{CI_1^2\frac{\partial I_1}{\partial\varepsilon_{13}}}\\
&= \left[2\mu\varepsilon_{13}+\left(\frac{2}{3}A+2B\right)\varepsilon_{13}I_1+\frac{2}{3r^2}A\varepsilon_{12}\varepsilon_{23}\right],\\
\sigma^{23} &= \cancel{\lambda I_1\frac{\partial I_1}{\partial\varepsilon_{23}}}+\mu\frac{\partial I_2}{\partial\varepsilon_{23}}+\frac{1}{3}A\frac{\partial I_3}{\partial\varepsilon_{23}}+B\left(I_1\frac{\partial I_2}{\partial\varepsilon_{23}}+\cancel{I_2\frac{\partial I_1}{\partial\varepsilon_{23}}}\right)+\cancel{CI_1^2\frac{\partial I_1}{\partial\varepsilon_{23}}}\\
&= \frac{1}{r^2}\left[2\mu\varepsilon_{23}+\left(\frac{2}{3}A+2B\right)\varepsilon_{23}I_1+\frac{2}{3r^2}A\varepsilon_{12}\varepsilon_{13}\right]
\end{aligned}$$

这里考虑了以下导数表达式：

$$\frac{\partial I_1}{\partial \varepsilon_{11}}=1,\ \frac{\partial I_1}{\partial \varepsilon_{22}}=\frac{1}{r^2},\ \frac{\partial I_1}{\partial \varepsilon_{33}}=1,\ \frac{\partial I_1}{\partial \varepsilon_{12}}=\frac{\partial I_1}{\partial \varepsilon_{13}}=\frac{\partial I_1}{\partial \varepsilon_{23}}=0,$$

$$\frac{\partial I_2}{\partial \varepsilon_{11}}=2\varepsilon_{11},\ \frac{\partial I_2}{\partial \varepsilon_{22}}=\frac{2}{r^2}\varepsilon_{22},$$

$$\frac{\partial I_2}{\partial \varepsilon_{33}}=2\varepsilon_{33},\ \frac{\partial I_2}{\partial \varepsilon_{12}}=\frac{2}{r^2}\varepsilon_{12},\ \frac{\partial I_2}{\partial \varepsilon_{23}}=\frac{2}{r^2}2\varepsilon_{23},\ \frac{\partial I_2}{\partial \varepsilon_{13}}=2\varepsilon_{13},$$

$$\frac{\partial I_3}{\partial \varepsilon_{11}}=3(\varepsilon_{11})^2,\ \frac{\partial I_3}{\partial \varepsilon_{22}}=\frac{3}{r^2}\left(\varepsilon_{22}\frac{1}{r^2}\right)^2,\ \frac{\partial I_3}{\partial \varepsilon_{33}}=3(\varepsilon_{33})^2,$$

$$\frac{\partial I_3}{\partial \varepsilon_{12}}=\frac{2}{r^2}\left[\varepsilon_{12}\left(\varepsilon_{11}+\frac{1}{r^2}\varepsilon_{22}\right)+\varepsilon_{13}\varepsilon_{23}\right],\ \frac{\partial I_3}{\partial \varepsilon_{13}}=2\left[\varepsilon_{13}(\varepsilon_{11}+\varepsilon_{33})+\frac{1}{r^2}\varepsilon_{12}\varepsilon_{23}\right],$$

$$\frac{\partial I_3}{\partial \varepsilon_{23}}=\frac{2}{r^2}\left[\varepsilon_{23}\left(\frac{1}{r^2}\varepsilon_{22}+\varepsilon_{33}\right)+\varepsilon_{12}\varepsilon_{13}\right]$$

从式（10.18）推导可得，在根据位移矢量表示应力张量的分量时，首先要表示前两个代数不变量 I_1、I_2 以及（I_1）^{2}、（ε_{kk}）^{2} 和（$\varepsilon_{ik}\varepsilon_{lm}$）。

现在回到一般的考虑，对每种情况，估算作为位移函数的应力张量的必要分量。

情况 1：先从相对比较简单的代数不变量的表示开始：

$$I_1=\varepsilon_{11}+\frac{\varepsilon_{22}}{r^2},\ I_2=(\varepsilon_{11})^2+\left(\frac{\varepsilon_{22}}{r^2}\right)^2+\left(\frac{\varepsilon_{12}}{r}\right)^2$$

利用位移梯度可将其表示为

$$\begin{aligned}I_1(\varepsilon_{ik})&=u_{r,r}+\frac{1}{2}(u_{r,r})^2+\frac{1}{2}(u_{\vartheta,r})^2+\frac{1}{r}(u_{\vartheta,\vartheta}+u_r)+\frac{1}{2}(u_{r,\vartheta}-u_\vartheta)^2+\frac{1}{2}(u_{\vartheta,\vartheta}+u_r)^2\\&=u_{r,r}+\frac{1}{r}(u_{\vartheta,\vartheta}+u_r)+\frac{1}{2}[(u_{r,r})^2+(u_{\vartheta,r})^2+(u_{r,\vartheta}-u_\vartheta)^2+(u_{\vartheta,\vartheta}+u_r)^2]\end{aligned}$$

前两项是相对于线性理论的不变性的一部分。其他项代表的是六种二阶非线性求和项。因为应变张量是二阶非线性的，所以，第一不变量不包含更高阶的非线性。

在下面的表达式中，忽略高于二阶的应变分量被加项：

$$\begin{aligned}I_2(\varepsilon_{ik})=&\left[u_{r,r}+\frac{1}{2}(u_{r,r})^2+\frac{1}{2}(u_{\vartheta,r})^2\right]^2+\\&\left[\frac{1}{r}(u_{\vartheta,\vartheta}+u_r)+\frac{1}{2r^2}(u_{r,\vartheta}-u_\vartheta)^2+\frac{1}{2r^2}(u_{\vartheta,\vartheta}+u_r)^2\right]^2+\\&\left\{\frac{1}{2r}[ru_{\vartheta,r}-u_\vartheta+u_{r,\vartheta}+u_{r,r}(u_{r,\vartheta}-u_\vartheta)+u_{\vartheta,r}(u_{\vartheta,\vartheta}+u_r)]\right\}^2\end{aligned}$$

$$\rightarrow I_2(\varepsilon_{ik}) = (u_{r,r})^2 + \frac{1}{r^2}(u_{\vartheta,\vartheta} + u_r)^2 + \frac{1}{4r^2}(ru_{\vartheta,r} - u_\vartheta + u_{r,\vartheta})^2,$$

$$(I_1)^2 = (u_{r,r})^2 + \frac{1}{r^2}(u_{\vartheta,\vartheta} + u_r)^2 + \frac{2}{r}u_{r,r}(u_{\vartheta,\vartheta} + u_r),$$

$$(\varepsilon_{11})^2 = (u_{r,r})^2,\ (\varepsilon_{22})^2 = r^2(u_{\vartheta,\vartheta} + u_r)^2,$$

$$2\varepsilon_{11}I_1 = 2\left[(u_{r,r})^2 + \frac{1}{r}u_{r,r}(u_{\vartheta,\vartheta} + u_r)\right],$$

$$2\varepsilon_{22}I_1 = 2\left[(u_{\vartheta,\vartheta} + u_r)^2 + ru_{r,r}(u_{\vartheta,\vartheta} + u_r)\right]$$

至此，用位移表示的应力张量的分量表达式可写为：

$$\begin{aligned}\sigma_{11} = \sigma_{rr} = &(\lambda + 2\mu)u_{r,r} + \lambda(u_{\vartheta,\vartheta} + u_r)\frac{1}{r} + \\ &\left[\frac{1}{2}(\lambda + 2\mu) + A + 3B + C\right](u_{r,r})^2 + \left(\frac{1}{2}\lambda + B + C\right)(u_{\vartheta,\vartheta} + u_r)^2 + \\ &\frac{2}{r}(B + C)u_{r,r}(u_{\vartheta,\vartheta} + u_r) + \frac{B}{4r^2}(ru_{\vartheta,r} + u_{r,\vartheta} - u_\vartheta)^2 + \\ &\frac{(\lambda + 2\mu)}{2}(u_{\vartheta,r})^2 + \frac{\lambda}{2}(u_{r,\vartheta} - u_\vartheta)^2\end{aligned} \tag{10.19}$$

$$\begin{aligned}\sigma_{22} = \frac{1}{r^2}\sigma_{\vartheta\vartheta} = &(\lambda + 2\mu)(u_{\vartheta,\vartheta} + u_r)\frac{1}{r} + \lambda u_{r,r} + \\ &\left[\frac{1}{2}(\lambda + 2\mu) + A + 3B + C\right]\frac{1}{r^2}(u_{\vartheta,\vartheta} + u_{r,r})^2 + \left(\frac{1}{2}\lambda + B + C\right)(u_r)^2 + \\ &\frac{2}{r}(B + C)u_{r,r}(u_{\vartheta,\vartheta} + u_r) + \frac{B}{4r^2}(ru_{\vartheta,r} + u_{r,\vartheta} - u_\vartheta)^2 + \\ &\frac{(\lambda + 2\mu)}{2}(u_{r,\vartheta} - u_\vartheta)^2 + \frac{\lambda}{2}(u_{\vartheta,r})^2\end{aligned} \tag{10.20}$$

$$\begin{aligned}\sigma^{12} = \frac{1}{r^2}\sigma^{r\vartheta} = &\frac{1}{r^2}\Big\{2\mu r\left(u_{\vartheta,r} + \frac{1}{r}u_{r,\vartheta} - \frac{1}{r}u_\vartheta\right) + \\ &\left(2\mu + \frac{2}{3}A + 2B\right)u_{r,r}(u_{\vartheta,\vartheta} + u_r) + \left(2\mu + \frac{2}{3}A + 2B\right)u_{\vartheta,r}(u_{\vartheta,\vartheta} + u_r) + \\ &\left(\frac{2}{3}A + 2B\right)\left[ru_{r,r}u_{\vartheta,r} + \frac{1}{r}(u_{r,\vartheta} - u_\vartheta)(u_{\vartheta,\vartheta} + u_r)\right]\Big\}\end{aligned} \tag{10.21}$$

非零应力张量的分量涉及九种二阶非线性求和项 $(u_{r,r})^2$，$(u_{\vartheta,\vartheta} + u_r)^2$，$u_{r,r}(u_{\vartheta,\vartheta} + u_r)$，$(u_{r,\vartheta} - u_\vartheta)^2$，$(ru_{\vartheta,r} + u_{r,\vartheta} - u_\vartheta)^2$，$(u_{\vartheta,r})^2$，$u_{r,r}u_{\vartheta,r}$，

$(u_{r,\vartheta}-u_{\vartheta})(u_{\vartheta,\vartheta}+u_r)$，$u_{\vartheta,r}(u_{\vartheta,\vartheta}+u_r)$，可以扩展成19种简单类型：① $(u_r)^2$；② $(u_\vartheta)^2$；③ $(u_{r,r})^2$；④ $(u_\vartheta u_r)$；⑤ $(u_{\vartheta,\vartheta})^2$；⑥ $(u_{\vartheta,\vartheta}u_{r,r})$；⑦ $(u_{\vartheta,\vartheta}u_\vartheta)$；⑧ $(u_{\vartheta,\vartheta}u_r)$；⑨ $(u_{r,r}u_r)$；⑩ $(u_{r,\vartheta})^2$；⑪ $(u_{r,\vartheta}u_r)$；⑫ $(u_{r,\vartheta}u_\vartheta)$；⑬ $(u_{r,\vartheta}u_{\vartheta,r})$；⑭ $(u_{\vartheta,r})^2$；⑮ $(u_{\vartheta,r}u_\vartheta)$；⑯ $(u_{r,r}u_{\vartheta,r})$；⑰ $(u_{\vartheta,\vartheta}u_{r,\vartheta})$；⑱ $(u_{\vartheta,\vartheta}u_{\vartheta,r})$；⑲ $(u_{\vartheta,r}u_r)$。

情况2：代数不变量表示如下：

$$I_1=\varepsilon_{11}+\frac{\varepsilon_{22}}{r^2}+\varepsilon_{33}$$

$$=u_{r,r}+\frac{u_r}{r}+u_{z,z}+\frac{1}{2}(u_{r,r})^2+\frac{1}{2r^2}(u_r)^2+\frac{1}{2}(u_{r,z})^2+\frac{1}{2}(u_{r,z})^2+\frac{1}{2}(u_{z,r})^2$$

上式中，前三项代表不变量中对应着线性理论的部分，其余项包含五种二阶非线性求和项。

$$I_2=(\varepsilon_{11})^2+(\varepsilon_{22})^2+(\varepsilon_{33})^2+(\varepsilon_{13})^2$$

$$=(u_{r,r})^2+\frac{1}{r^2}(u_r)^2+(u_{z,z})^2+\frac{1}{4}(u_{r,z}+u_{z,r})^2,$$

$$(I_1)^2=(u_{r,r})^2+(u_{z,z})^2+2u_{z,z}u_{r,r},(\varepsilon_{11})^2=(u_{r,r})^2,\ (\varepsilon_{33})^2=(u_{z,z})^2,$$

$$(\varepsilon_{13})^2=\frac{1}{4}(u_{r,z}+u_{z,r})^2,\ 2\varepsilon_{11}I_1=2u_{r,r}(u_{r,r}+u_{z,z}),$$

$$2\varepsilon_{22}I_1=2u_{z,z}(u_{r,r}+u_{z,z}),\ 2\varepsilon_{13}I_1=(u_{r,z}+u_{z,r})(u_{r,r}+u_{z,z}),$$

$$\sigma_{11}=\sigma_{rr}=(\lambda+2\mu)u_{r,r}+\lambda\left(\frac{u_r}{r}+u_{z,z}\right)+\left[\frac{1}{2}(\lambda+2\mu)+A+3B+C\right](u_{r,r})^2+$$
$$\left(\frac{1}{2}\lambda+B+C\right)\left[\frac{(u_r)^2}{r^2}+(u_{z,z})^2\right]+\frac{1}{6}(A+3B)u_{r,z}u_{z,r}+$$
$$\frac{1}{12}[6(\lambda+2\mu)+A+3B](u_{r,z})^2+\frac{1}{12}[6\lambda+A+3B](u_{z,r})^2+$$
$$2C\left(u_{r,r}u_{z,z}+\frac{1}{r}u_ru_{r,r}+\frac{1}{r}u_ru_{z,z}\right)\tag{10.22}$$

$$\sigma_{22}=\frac{1}{r^2}\sigma_{\vartheta\vartheta}=(\lambda+2\mu)\frac{u_r}{r}+\lambda(u_{r,r}+u_{z,z})+$$
$$\left[\frac{1}{2}(\lambda+2\mu)+A+3B+C\right]\frac{1}{r^2}(u_r)^2+$$
$$\left(\frac{1}{2}\lambda+B+C\right)[(u_{r,r})^2+(u_{z,z})^2]+\frac{1}{2}Bu_{r,z}u_{z,r}+$$

$$\frac{1}{4}(2\lambda + B)[(u_{r,z})^2 + (u_{z,r})^2] + 2Cu_{r,r}u_{z,z}$$

(10.23)

$$\sigma_{33} = \sigma_{zz} = (\lambda + 2\mu)u_{z,z} + \lambda\left(u_{r,r} + \frac{u_r}{r}\right) + \left(\frac{1}{2}\lambda + B + C\right)[(u_{r,r})^2 + (u_{z,z})^2] +$$
$$\frac{1}{2}Bu_{r,z}u_{z,r} + \left(\frac{1}{2}\lambda + B + C\right)\left[(u_{r,r})^2 + \frac{1}{r^2}(u_r)^2\right] + \frac{1}{6}(A + 3B)u_{r,z}u_{z,r} +$$
$$\frac{1}{12}[6(\lambda + 2\mu) + A + 3B](u_{z,r})^2 + \frac{1}{12}[6\lambda + A + 3B](u_{r,z}s)^2 +$$
$$2C\left(u_{r,r}u_{z,z} + \frac{1}{r}u_r u_{r,r} + \frac{1}{r}u_r u_{z,z}\right)$$

(10.24)

$$\sigma_{13} = \sigma_{rz}$$
$$= \mu(u_{r,z} + u_{z,r}) + \left(\mu + \frac{1}{3}A + B\right)(u_{r,r}u_{r,z} + u_{z,r}u_{z,z}) +$$
$$\left(\frac{1}{3}A + B\right)(u_{r,r}u_{z,r} + u_{r,z}u_{z,z})$$

(10.25)

得到的表达式中包含 12 种非线性项：① $(u_{r,r})^2$；② $(u_{z,z})^2$；③ $(u_{r,z})^2$；④ $(u_{z,r})^2$；⑤ $(u_{r,r}u_{r,z})$；⑥ $(u_{r,r}u_{z,r})$；⑦ $(u_{r,z}u_{z,z})$；⑧ $(u_{z,r}u_{z,z})$；⑨ $(u_{r,r}u_{z,z})$；⑩ $(1/r^2)(u_r)^2$；⑪ $[(1/r^2)u_r u_{r,r}]$；⑫ $[(1/r^2)u_r u_{z,z}]$。

情况 3：代数不变量以及其他的一些必要的表达式如下：

$$I_1 = \frac{1}{2}[(u_{\vartheta,r})^2 + \frac{1}{r^2}(u_\vartheta)^2 + (u_{\vartheta,z})^2],\ I_2 = \left(u_{\vartheta,r} - \frac{u_\vartheta}{r}\right)^2 + (u_{\vartheta,z})^2,$$
$$(I_1)^2 = 0,\ \varepsilon_{kk}I_1 = 0,\ \varepsilon_{11} = (1/2)(u_{\vartheta,r})^2 \to (\varepsilon_{11})^2 = 0,$$
$$\varepsilon_{22} = (1/2)(u_\vartheta)^2 \to (\varepsilon_{22})^2 = 0,\ \varepsilon_{33} = (1/2)(u_{\vartheta,z})^2 \to (\varepsilon_{33})^2 = 0,$$
$$\varepsilon_{12} = (ru_{\vartheta,r} - u_\vartheta) \to (\varepsilon_{12})^2 = (ru_{\vartheta,r} - u_\vartheta)^2,$$
$$\varepsilon_{23} = ru_{\vartheta,z} \to (\varepsilon_{23})^2 = r^2(u_{\vartheta,z})^2,\ \varepsilon_{13} = (1/2)u_{\vartheta,r}u_{\vartheta,z} \to (\varepsilon_{13})^2 = 0,$$

$$\sigma_{11} = \sigma_{rr}$$
$$= \frac{1}{6}[3(\lambda + 2\mu) + 2(A + 3B)](u_{\vartheta,r})^2 + \frac{1}{6}[3\lambda + 2(A + 3B)]\frac{1}{r^2}(u_\vartheta)^2 +$$
$$\frac{2}{3}(A + 3B)\frac{1}{r}u_\vartheta u_{\vartheta,r} + \left(\frac{\lambda}{2} + B\right)(u_{\vartheta,z})^2$$

(10.26)

$$\sigma_{22} = \frac{1}{r^2}\sigma_{\vartheta\vartheta} = \frac{1}{6}[3(\lambda + 2\mu) + 2(A + 3B)]\frac{1}{r^2}(u_\vartheta)^2 +$$

$$\frac{1}{6}[3\lambda + 2(A + 3B)](u_{\vartheta,r})^2 + \frac{2}{3}(A + 3B)\frac{1}{r}u_\vartheta u_{\vartheta,r} \quad (10.27)$$

$$\sigma_{33} = \sigma_{zz} = \frac{1}{6}[3(\lambda + 2\mu) + 2(A + 3B)](u_{\vartheta,z})^2 +$$

$$\left(\frac{\lambda}{2} + B\right)\left[(u_{\vartheta,r}) + \frac{1}{r^2}(u_\vartheta)^2\right] + 2B\frac{1}{r}u_\vartheta u_{\vartheta,r}$$

$$(10.28)$$

$$\sigma_{12} = \frac{1}{r}\sigma_{r\vartheta} = \frac{1}{r^2}\left[2\mu(ru_{\vartheta,r} - u_\vartheta) + \frac{2}{3}A\left(u_{\vartheta,r}u_{\vartheta,z} - \frac{1}{r}u_{\vartheta,z}u_\vartheta\right)\right],$$

$$\sigma_{23} = \frac{1}{r}\sigma_{\vartheta z} = \frac{2}{r^2}\mu u_{\vartheta,z},\ \sigma_{13} = \sigma_{rz} = \left(\mu + \frac{2}{3}A\right)u_{\vartheta,r}u_{\vartheta,z} - \frac{2}{3}A\frac{1}{r}u_{\vartheta,z}u_\vartheta$$

$$(10.29)$$

这种情况的特点由六种非线性项表征：① $(u_\vartheta)^2$；② $(u_{\vartheta,r})^2$；③ $(u_{\vartheta,z})^2$；④ $(u_{\vartheta,r}u_{\vartheta,z})$；⑤ $(u_\vartheta u_{\vartheta,r})$；⑥ $(u_\vartheta u_{\vartheta,z})$。

情况 4：首先要表示应力张量的非零分量：

$$\sigma_{11} = \sigma_{rr} = \lambda I_1 + 2\mu\varepsilon_{11} + A(\varepsilon_{11})^2 + B(2\varepsilon_{11}I_1 + I_2) + CI_1^2,$$

$$\sigma_{22} = \frac{1}{r^2}\sigma_{\vartheta\vartheta} = \frac{1}{r^2}\left[\lambda I_1 + 2\mu\varepsilon_{22} + A\left(\varepsilon_{22}\frac{1}{r^2}\right)^2 + B\left(\frac{2}{r^2}\varepsilon_{22}I_1 + I_2\right) + CI_1^2\right]$$

接下来是一些必要的表达式：

$$I_1 = u_{r,r} + \frac{u_r}{r} + \frac{1}{2}(u_{r,r})^2 + \frac{1}{2}(u_r)^2,\ I_2 = (u_{r,r})^2 + \frac{(u_r)^2}{r^2},$$

$$(I_1)^2 = (u_{r,r})^2 + \frac{u_r^2}{r^2} + 2\frac{u_r u_{r,r}}{r},\ (\varepsilon_{11})^2 = (u_{r,r})^2,$$

$$2\varepsilon_{11}I_1 = 2\left[(u_{r,r})^2 + \frac{1}{r}u_{r,r}u_r\right],\ 2\varepsilon_{22}I_1 = 2[(u_r)^2 + ru_{r,r}u_r]$$

应力张量的分量如下：

$$\sigma^{11} = \sigma^{rr} = \lambda\left(u_{r,r} + \frac{u_r}{r}\right) + 2\mu u_{r,r} + \frac{2}{r}(B + C)u_{r,r}u_r +$$

$$\left[\frac{1}{2}(\lambda + 2\mu) + A + 3B + C\right](u_{r,r})^2 + \left(\frac{1}{2}\lambda + B + C\right)\frac{(u_r)^2}{r^2}$$

$$(10.30)$$

$$\sigma^{22}r^2 = \sigma^{\vartheta\vartheta} = \lambda\left(u_{r,r} + \frac{u_r}{r}\right) + 2\mu\frac{u_r}{r} + \frac{2}{r}(B+C)u_{r,r}u_r + \left(\frac{1}{2}\lambda + 3B + C\right)(u_{r,r})^2 + \left[\frac{1}{2}(\lambda+2\mu) + A + B + C\right]\frac{(u_r)^2}{r^2} \tag{10.31}$$

这种情况是四种情况中最简单的，涉及的非线性项也是最少的：① $(u_{r,r})^2$；② $(u_r)^2$；③ $(u_{r,r}u_r)$。

10.1.3　四种不同的情况：非线性波动方程

这四种情况的波动方程如下所示：

$$\nabla_k[\sigma^{ki}(\delta_i^n + \nabla_i u^n)] = \rho\ddot{u}^i$$

情况 1：第三个方程退化为恒等式，前两个方程变为

$$\begin{aligned}&\sigma_{rr,r} + \frac{1}{r}\sigma_{r\vartheta,\vartheta} + \frac{1}{r}(\sigma_{rr} - \sigma_{\vartheta\vartheta}) - \rho\ddot{u}_r \\ &= -\frac{1}{r}(u_{r,r} + ru_{r,rr})\sigma_{rr} - \frac{1}{r}(u_{r,\vartheta r} + u_{r,rr} - 2u_{\vartheta,r})\sigma_{r\vartheta} - \\ &\quad \frac{1}{r^2}(u_{r,\vartheta\vartheta} - 2u_{\vartheta,\vartheta} + u_r)\sigma_{\vartheta\vartheta} - u_{r,r}\sigma_{rr,r} - \\ &\quad \frac{1}{r}(u_{r,\vartheta} - u_\vartheta)\sigma_{r\vartheta,r} - \frac{1}{r}u_{r,r}\sigma_{r\vartheta,\vartheta} - \frac{1}{r^2}(u_{r,\vartheta} - u_\vartheta)\sigma_{\vartheta\vartheta,\vartheta}\end{aligned} \tag{10.32}$$

$$\begin{aligned}&\frac{1}{r}(\sigma_{r\vartheta,r} + \sigma_{\vartheta\vartheta,\vartheta} + 2\sigma_{r\vartheta}) - \rho\ddot{u}_\vartheta \\ &= -\frac{1}{r}(u_{\vartheta,r} + ru_{\vartheta,rr})\sigma_{rr} - \frac{2}{r}(\sigma_{\vartheta,\vartheta r} + u_{r,r})\sigma_{r\vartheta} - \\ &\quad \frac{1}{r^2}(u_{\vartheta,\vartheta\vartheta} - 2u_{r,\vartheta} + u_\vartheta)\sigma_{\vartheta\vartheta} - u_{\vartheta,r}\sigma_{rr,r} - \frac{1}{r}(u_{\vartheta,\vartheta} - u_r)\sigma_{r\vartheta,r} - \\ &\quad \frac{1}{r}u_{\vartheta,r}\sigma_{r\vartheta,\vartheta} - \frac{1}{r^2}(u_{\vartheta,\vartheta} - u_r)\sigma_{\vartheta\vartheta,\vartheta}\end{aligned} \tag{10.33}$$

需要注意的是，方程（10.32）和方程（10.33）的特点在于其中对应经典波动理论的线性部分都被放在了方程左侧：

$$\begin{aligned}&\sigma_{r\vartheta,r} + \sigma_{\vartheta z,z} + \frac{2}{r}\sigma_{r\vartheta} - \rho\ddot{u}_\vartheta \\ &= 2\mu\left(u_{\vartheta,rr} - \frac{1}{r}u_{\vartheta,r} + \frac{1}{r^2}u_\vartheta\right) + \frac{2}{r}2\mu\left(u_{\vartheta,r} - \frac{1}{r}u_\vartheta\right) + 2\mu u_{\vartheta,zz} - \rho\ddot{u}_\vartheta\end{aligned}$$

$$\rightarrow u_{\vartheta,rr}+\frac{1}{r}u_{\vartheta,r}-\frac{1}{r^{2}}u_{\vartheta}+u_{\vartheta,zz}-\frac{\rho}{2\mu}\ddot{u}_{\vartheta}=0 \tag{10.34}$$

而方程的右侧，合并了两种类型的非线性被加项——含有应力张量分量以及含有应力张量分量导数的被加项。

即使应力和应变在物理线性理论下是线性关系，这些被加项形式的运动方程也是非线性的。因为存在几何非线性，所以产生了非线性波动方程。

得到的表达式的积极特征在于其与采用笛卡儿坐标时的非线性方程的相似性。这样的方程已被深入研究，可成功运用逐次逼近方法求解。

情况 2：第二个方程退化为恒等式，第一和第三个方程如下所示：

$$\begin{aligned}&\sigma_{rr,r}+\sigma_{rz,z}+\frac{1}{r}(\sigma_{rr}-\sigma_{\vartheta\vartheta})-\rho\ddot{u}_{r}\\&=-\frac{1}{r}(u_{r,r}+ru_{r,rr})\sigma_{rr}-\frac{1}{r}(2u_{r,zr}+u_{r,z})\sigma_{rz}-u_{r,zz}\sigma_{zz}-\frac{u_{r}}{r^{2}}\sigma_{\vartheta\vartheta}-\\&u_{r,r}\sigma_{rr,r}-u_{r,z}\sigma_{rz,r}-u_{r,r}\sigma_{rz,z}-u_{r,z}\sigma_{zz,z}\end{aligned} \tag{10.35}$$

$$\begin{aligned}&\sigma_{rz,r}+\sigma_{zz,z}+\frac{1}{r}\sigma_{rz}-\rho\ddot{u}_{z}\\&=-\frac{1}{r}(u_{z,r}+ru_{z,rr})\sigma_{rr}-\frac{1}{r}(2u_{z,zr}+u_{z,z})\sigma_{rz}-u_{z,zz}\sigma_{zz}-\\&u_{z,r}\sigma_{rr,r}-u_{z,z}\sigma_{rz,r}-u_{z,r}\sigma_{rz,z}-u_{z,z}\sigma_{zz,z}\end{aligned} \tag{10.36}$$

情况 3：第三个方程退化为恒等式，第一和第二个方程形式如下：

$$\begin{aligned}&-(u_{\vartheta}\sigma_{r\vartheta})_{,r}+u_{\vartheta,r}\sigma_{r\vartheta}-(u_{\vartheta}\sigma_{\vartheta z})_{,z}+u_{\vartheta,z}\sigma_{\vartheta z}=-u_{\vartheta}(\cancel{\sigma_{r\vartheta,r}+\sigma_{\vartheta z,z}})=0,\\&\cancel{\sigma_{r\vartheta,r}+\sigma_{\vartheta z,z}}+\frac{2}{r}\sigma_{r\vartheta}-\rho\ddot{u}_{\vartheta}=-\left(u_{\vartheta,rr}+\frac{1}{r}u_{\vartheta,r}\right)\sigma_{rr}-u_{\vartheta,rz}\sigma_{rz}-u_{\vartheta,zz}\sigma_{zz}-\\&\frac{1}{r^{2}}u_{\vartheta}\sigma_{\vartheta\vartheta}-u_{\vartheta,r}\sigma_{rr,r}-u_{\vartheta,r}\sigma_{rz,z}-u_{\vartheta,z}\sigma_{zz,z}\end{aligned} \tag{10.37}$$

值得一提的是，方程（10.37）等号右边的部分对应着线性理论。但是由于修正，导致该线性部分（缺少交叉项）不符合经典理论。这种情况不常见，应进行讨论。

情况 4：后两个方程都变成了恒等式，第一个方程形式如下：

$$\sigma_{rr,r}+\frac{1}{r}(\sigma_{rr}-\sigma_{\vartheta\vartheta})-\rho\ddot{u}_{r}=-\left(u_{r,rr}+\frac{1}{r}u_{r,r}\right)\sigma_{rr}-$$

$$\frac{1}{r^2}u_r\sigma_{\vartheta\vartheta} - u_{r,r}\sigma_{rr,r} \tag{10.38}$$

非线性方程（10.38）相较前面的三种情况更为简单，因此对其进行详细讨论。在特定条件下，这类方程的物理和几何非线性可以分离。事实上，在用位移矢量（本构关系）替换应力张量的表达式之前，方程的右边仅显示几何非线性。物理非线性是利用本构关系引入的。参照笛卡儿坐标系下类似方程的经验，这种情况可能有四个变式。

变式 1：在非线性本构关系中采用线性柯西－格林应变张量并忽视右侧的非线性部分（因此，非线性是纯物理的）。

变式 2：在非线性本构关系中采用非线性柯西－格林应变张量并忽视右侧的非线性部分（因此，非线性不是纯物理的）。

变式 3：在非线性本构关系中，考虑非线性柯西－格林应变张量和右侧的非线性部分（两种非线性都包含在内）。

变式 4：采用线性本构关系，非线性柯西－格林应变张量和右侧非线性部分（非线性是纯几何的）。

变式 1 和变式 2 最早用于非线性声学中，后来也被用于结构材料的非线性波动分析中。各变式之间的区别将在情况 4 的框架中进一步讨论。

10.1.4　四种不同的情况：位移的非线性波动方程

在 10.1.2 和 10.1.3 两节中，非线性波动方程是以应力张量表示的，而应力张量是位移矢量的函数。但是，只以位移矢量表示的非线性波动方程在力学中更为常见。接下来我们就这种方程形式进行介绍。

情况 1：考虑完整的变式 2，此时涉及物理非线性和部分几何非线性。

$$\begin{aligned}
&\mu\left(u_{r,rr} + \frac{1}{r^2}u_{r,\vartheta\vartheta} + \frac{1}{r}u_{r,r} - \frac{2}{r^2}u_{\vartheta,r} - \frac{1}{r^2}u_r\right) + \\
&(\lambda+\mu)\left(u_{r,rr} + \frac{1}{r}u_{\vartheta,\vartheta r} + \frac{1}{r}u_{r,r} - \frac{1}{r^2}u_r\right) - \rho\ddot{u}_r \\
&\equiv \mu\left(\Delta u_r - \frac{2}{r^2}u_{\vartheta,r} - \frac{2}{r^2}u_r\right) + (\lambda+\mu)I_{1,r} - \rho\ddot{u}_r \\
&= -\left[\lambda + 2\mu + 2(A+3B+C)\right]u_{r,r}u_{r,rr} - \\
&\quad \left[\lambda + 2\mu + 2(B+C)\right](u_{\vartheta,\vartheta r} + u_{r,r})(u_{\vartheta,\vartheta} + u_r) - \\
&\quad \frac{B}{2r^2}(ru_{\vartheta,rr} + u_{r,\vartheta r})(ru_{\vartheta,r} + u_{r,\vartheta} - u_\vartheta) -
\end{aligned}$$

$$\frac{B}{2r^2}(ru_{\vartheta,r}+u_{r,\vartheta}-u_\vartheta)^2-(\lambda+2\mu)u_{\vartheta,rr}u_{\vartheta,r}-\lambda(u_{r,\vartheta\vartheta}-u_{\vartheta,\vartheta})(u_{r,\vartheta}-u_\vartheta)-$$
$$\frac{2}{3}(A+3B)\left\{u_{r,r\vartheta}u_{\vartheta,r}+u_{\vartheta,r\vartheta}u_{r,r}+\frac{1}{r^2}[(u_{r,\vartheta\vartheta}-u_{\vartheta,\vartheta})(u_{\vartheta,\vartheta}+u_r)]\right\}-$$
$$\frac{2}{r}(B+C)\left[u_{r,rr}(u_{\vartheta,\vartheta}+u_r)+u_{r,r}(u_{\vartheta,\vartheta r}+u_{r,r})-\frac{1}{r}u_{r,r}(u_{\vartheta,\vartheta}+u_r)\right]-$$
$$\frac{1}{3r}[3\mu+2(A+3B)][(u_{r,r\vartheta}+u_{\vartheta,r\vartheta})(u_{\vartheta,\vartheta}+u_r)+(u_{\vartheta,\vartheta\vartheta}+u_{r,\vartheta\vartheta})(u_{r,r}+u_{\vartheta,r})]+$$
$$(u_{\vartheta,\vartheta\vartheta}+u_{r,\vartheta})(u_{r,\vartheta}-u_\vartheta)-\frac{1}{r}(\lambda+\mu+A+4B+2C)[(u_{r,r})^2-(u_{\vartheta,\vartheta}+u_r)^2] \tag{10.39}$$

$$\mu\left(u_{\vartheta,rr}+\frac{1}{r^2}u_{\vartheta,\vartheta\vartheta}+\frac{1}{r}u_{\vartheta,r}+\frac{2}{r^2}u_{r,\vartheta}-\frac{1}{r^2}u_\vartheta\right)+$$
$$(\lambda+\mu)\left(u_{r,r\vartheta}+\frac{1}{r}u_{\vartheta,\vartheta\vartheta}+\frac{1}{r}u_{r,\vartheta}\right)-\rho\ddot{u}_\vartheta$$
$$\equiv\mu\left(\Delta u_\vartheta+\frac{2}{r^2}u_{r,\vartheta}-\frac{2}{r^2}u_\vartheta\right)+(\lambda+\mu)I_{1,\vartheta}--\rho\ddot{u}_\vartheta$$
$$=-[\lambda+2\mu+2(B+C)]u_{r,r\vartheta}u_{r,r}-$$
$$[\lambda+2\mu+2(A+3B+C)](u_{\vartheta,\vartheta\vartheta}+u_{r,\vartheta})(u_{\vartheta,\vartheta}+u_r)-\lambda(u_{r,\vartheta\vartheta}-u_{\vartheta,\vartheta})(u_{r,\vartheta}-u_\vartheta)-$$
$$\frac{B}{2r^2}(ru_{\vartheta,r\vartheta}+u_{r,\vartheta\vartheta})(ru_{\vartheta,r}+u_{r,\vartheta}-u_\vartheta)-(\lambda+2\mu)u_{\vartheta,r\vartheta}u_{\vartheta,r}-$$
$$\frac{1}{3r}[3\mu+2(A+3B)][u_{\vartheta,r\vartheta}(u_{\vartheta,\vartheta}-u_r)+u_{r,r}(u_{\vartheta,\vartheta\vartheta}-u_{r,\vartheta})]-$$
$$\frac{1}{3r}[3\mu+2(A+3B)][(u_{r,rr}+u_{\vartheta,rr})(u_{\vartheta,\vartheta}+u_r)+(u_{\vartheta,\vartheta r}+u_{\vartheta,rr})(u_{r,r}+u_{\vartheta,r})]-$$
$$\frac{2}{3}(A+3B)\left\{\frac{1}{r}u_{r,r}u_{\vartheta,r}+(u_{r,rr}u_{\vartheta,r}+u_{\vartheta,rr}u_{r,r})+\right.$$
$$\left.\frac{1}{r^2}[(u_{r,\vartheta\vartheta}-u_{\vartheta,\vartheta})(u_{\vartheta,\vartheta}+u_r)+(u_{\vartheta,\vartheta\vartheta}+u_{r,\vartheta})(u_{r,\vartheta}-u_\vartheta)]\right\} \tag{10.40}$$

情况 2：考虑变式 4，此时只涉及几何非线性。

$$\mu\left(u_{r,rr}+u_{r,zz}+\frac{1}{r}u_{r,r}-\frac{1}{r^2}u_r\right)+(\lambda+\mu)\left(u_{r,rr}+u_{z,zr}+\frac{1}{r}u_{r,r}-\frac{1}{r^2}u_r\right)-\rho\ddot{u}_r$$
$$\equiv\mu\Delta u_r+(\lambda+\mu)I_{1,r}-\rho\ddot{u}_r=-2(\lambda+2\mu)u_{r,r}u_{r,rr}-2(\lambda+2\mu)\frac{1}{r}(u_{r,r})^2-$$
$$(\lambda+2\mu)\frac{1}{r^3}(u_r)^2-(\lambda+2\mu)u_{r,z}u_{z,zz}-(\lambda+2\mu)u_{z,z}u_{r,zz}-(\lambda+\mu)u_{r,r}u_{z,rz}-$$

$$(\lambda+2\mu)u_{r,r}u_{r,zr}-(\lambda+\mu)\frac{1}{r}(u_{r,z})^2-(\lambda+\mu)u_{r,r}u_{r,zz}-3\mu u_{r,r}u_{r,zr}-$$
$$2\mu u_{z,r}u_{r,zr}-\mu u_{r,z}u_{z,rr}-\mu\frac{1}{r}u_{r,z}u_{z,r}-\lambda u_{r,r}u_{z,z}-\lambda\frac{1}{r}u_r u_{r,zz}-$$
$$\lambda\frac{1}{r}u_r u_{r,rr}-\lambda\frac{1}{r^2}u_r u_{r,r}-\lambda\frac{1}{r^2}u_r u_{z,z}-\lambda u_{z,z}u_{r,rr}-\lambda u_{r,z}u_{r,rz}$$

(10.41)

$$\mu\left(u_{z,rr}+u_{z,zz}+\frac{1}{r}u_{z,r}\right)+(\lambda+\mu)\left(u_{r,rz}+u_{z,zz}+\frac{1}{r}u_{r,z}\right)-\rho\ddot{u}_z$$
$$\equiv\mu\Delta u_z+(\lambda+\mu)I_{1,z}-\rho\ddot{u}_z=-2(\lambda+2\mu)u_{z,z}u_{z,zz}-(\lambda+2\mu)\frac{1}{r}u_{r,r}u_{z,r}-$$
$$(\lambda+2\mu)u_{r,r}u_{z,rr}-(\lambda+2\mu)u_{z,r}u_{r,rr}-3\mu u_{z,r}u_{z,zr}-2\mu u_{r,z}u_{z,zr}-$$
$$(\lambda+\mu)u_{z,z}u_{r,rz}-(\lambda+\mu)\frac{1}{r}u_{z,z}u_{z,r}-(\lambda+\mu)\frac{1}{r}u_{z,r}u_{z,z}-$$
$$\mu u_{z,r}u_{r,zz}-\mu\frac{1}{r}u_{z,z}u_{r,z}-\lambda u_{r,r}u_{z,zz}-\lambda\frac{1}{r}u_r u_{z,rr}-$$
$$\lambda\frac{1}{r}u_{z,r}u_{r,r}-\lambda\frac{1}{r}u_{z,z}u_{r,z}-\lambda\frac{1}{r}u_r u_{z,zz}-\lambda u_{r,r}u_{z,zz}-\lambda u_{z,r}u_{z,zr}$$

(10.42)

情况 3：考虑变式 4，此时只涉及几何非线性。由于波动方程右侧的所有应力张量的分量都没有线性被加项，变式 4 的实现使得其右侧为零。因此，此时的非线性方程是三阶非线性的。在二阶近似的情况下，变式 4 与变式 3 一致。

情况 4：考虑变式 2，此时涉及物理非线性和部分几何非线性。

$$2\mu\left(u_{\vartheta,rr}+\frac{1}{r}u_{\vartheta,r}-\frac{1}{r^2}u_\vartheta+u_{\vartheta,zz}\right)-\rho\ddot{u}_\vartheta$$
$$=-\frac{2}{3}A\frac{1}{r^2}[2(u_{\vartheta,r}u_{\vartheta,z})+(u_{\vartheta,rz}u_\vartheta)+(u_{\vartheta,rr}u_{\vartheta,z})+(u_{\vartheta,rz}u_{\vartheta,z})]$$

(10.43)

情况 5：考虑变式 3，此时包含物理非线性和几何非线性。

$$(\lambda+2\mu)\left(u_{r,r}+\frac{u_r}{r}\right)_{,r}-\rho\ddot{u}_r$$
$$=-[3(\lambda+2\mu)+2(A+3B+C)]u_{r,rr}u_{r,r}-(\lambda+2B+2C)\frac{1}{r}u_{r,rr}u_r-\frac{\lambda}{r^2}u_{r,r}u_r-$$
$$(2\lambda+3\mu+A+2B+3C)\frac{1}{r}(u_{r,r})^2-(2\lambda+3\mu+A+2B+3C)\frac{1}{r^3}(u_r)^2$$

(10.44)

需要注意的是，式（10.44）第一行代表了方程的线性部分，它可以转化为如下形式：

$$\lambda\left(u_{r,r}+\frac{u_r}{r}\right)_{,r}+2\mu(u_{r,r})_{,r}+\frac{1}{r}\left[\lambda\left(u_{r,r}+\frac{u_r}{r}\right)+2\mu u_{r,r}-\lambda\left(u_{r,r}+\frac{u_r}{r}\right)-2\frac{u_r}{r}\right]-\rho\ddot{u}_r$$

$$=\lambda\left(u_{r,r}+\frac{u_r}{r}\right)_{,r}+2\mu\left(u_{r,rr}+\frac{u_{r,r}}{r}-\frac{u_r}{r^2}\right)-\rho\ddot{u}_r=(\lambda+2\mu)\left(u_{r,r}+\frac{u_r}{r}\right)_{,r}-\rho\ddot{u}_r$$

情况 6：考虑变式 2，此时包含物理非线性和部分几何非线性。

$$(\lambda+2\mu)\left(u_{r,r}+\frac{u_r}{r}\right)_{,r}-\rho\ddot{u}_r$$
$$=-[\lambda+2\mu+2(A+3B+C)]u_{r,rr}u_{r,r}-2(B+C)\frac{1}{r}u_{r,rr}u_r-$$
$$\frac{\lambda}{r^2}u_{r,r}u_r-(\mu+A+2B+2C)\frac{1}{r}(u_{r,r})^2-(\lambda+\mu+A+2B+C)\frac{1}{r^3}(u_r)^2 \tag{10.45}$$

情况 7：考虑变式 4，此时只涉及几何非线性。

$$(\lambda+2\mu)\left(u_{r,r}+\frac{u_r}{r}\right)_{,r}-\rho\ddot{u}_r=-2(\lambda+2\mu)u_{r,rr}u_{r,r}-\lambda\frac{1}{r}u_{r,rr}u_r-$$
$$\frac{\lambda}{r^2}u_{r,r}u_r-2(\lambda+\mu)\frac{1}{r}(u_{r,r})^2-(\lambda+2\mu)\frac{1}{r^3}(u_r)^2 \tag{10.46}$$

如此一来，这一小节给出了在圆柱（正交）坐标系中构造非线性波动方程的严密过程。目前，这些非线性方程非常新颖，并不为人所熟知。推导过程非常罕见地以非线性连续介质近代力学概念为基础。

10.2　二阶非线性柱面波

10.2.1　逐次逼近法：前两个一阶近似（第一种解法）

首先，要从前面提及的一系列模型中选出用于柱面波分析的模型。这里我们选择非线性的非线性波动方程（10.44）实现的模型“情况 4，变式 3”，同时考虑所有的非线性。该方程可以用下列更便于分析的形式表示：

$$\left(u_{r,r}+\frac{u_r}{r}\right)_{,r}-\frac{\rho}{\lambda+2\mu}\ddot{u}_r=S(u_r,u_{r,r},u_{r,rr}), \tag{10.47}$$

$$S(u_r,u_{r,r},u_{r,rr}) = -\tilde{N}_1 u_{r,rr}u_{r,r} - \tilde{N}_2 \frac{1}{r}u_{r,rr}u_r - \tilde{N}_3 \frac{1}{r^2}u_{r,r}u_r - \tilde{N}_4 \frac{1}{r}(u_{r,r})^2 - \tilde{N}_5 \frac{1}{r^3}(u_r)^2,$$

$$\tilde{N}_1 = \left[3 + \frac{2(A+3B+C)}{\lambda+2\mu}\right],\ \tilde{N}_2 = \frac{\lambda+2B+2C}{\lambda+2\mu},\ \tilde{N}_3 = \frac{\lambda}{\lambda+2\mu},$$

$$\tilde{N}_4 = \frac{2\lambda+3\mu+A+2B+2C}{\lambda+2\mu},\ \tilde{N}_5 = \frac{2\lambda+3\mu+A+2B+C}{\lambda+2\mu}$$

我们对柱面谐波进行了进一步的分析。它出现在方程（10.47）的含有半径为 r_o 的圆柱形空腔的超弹性材料中，此时施加于该空腔的谐波载荷为 $\sigma^{rr}(r_o,t) = p_o e^{i\omega t}$ 或者径向位移为 $u_r(r_o,t) = u_{ro}e^{i\omega t}$ 。在线性情况（一级近似）下，可以用第一类零阶 Hankel 函数表示这种波的解析解：

$$u_r^{(1)}(r,t) = u_r^o \mathrm{H}_1^{(1)}(k_L r)e^{i\omega t} \tag{10.48}$$

其中 u_r^o 为任意振幅因子，由空腔表面的边界条件决定：

$$u_{ro} = -\frac{p_o k_L}{k_L(\lambda+2\mu)\mathrm{H}_0^{(1)}(k_L r_o) - \dfrac{2\mu}{r_o}\mathrm{H}_1^{(1)}(k_L r_o)}$$

其中 $k_L = (\omega/v_L), v_L = \sqrt{(\lambda+2\mu)/\rho}$ 分别为线性平面纵波的波数和相速度。

柱面波的主要特征式（10.48）：它已经不是谐波（由于 Hankel 函数的性质，它还可以称作渐近谐波），且其强度会随传播时间降低。

其非线性近似解可以利用前文叙述的平面波的逐次逼近求解过程进行构造，在前两阶近似的框架内可以表示为

$$u_r(r,t) = u_r^{(1)}(r,t) + u_r^{(2)}(r,t) \tag{10.49}$$

鉴于方程（10.47）右边 4/5 的被加项都包含乘数 $1/r, 1/r^2, 1/r^3$ ，随着波传播（半径逐渐增大）对结果的影响足够小，方程右边剩下的只有第一项，也就是假定 $S(u_r,u_{r,r},u_{r,rr}) = -\tilde{N}_1 u_{r,rr}u_{r,r}$ 。

接下来，进行二阶近似解的计算。首先要估算表达式 $S(u_r^{(1)},u_{r,r}^{(1)},u_{r,rr}^{(1)}) = -\tilde{N}_1 u_{r,rr}^{(1)}u_{r,r}^{(1)}$ 的值，有以下两种方法。

第一种方法在于解式（10.48）能更方便地表示下列估值和评论形式。为此，采用著名的 Hankel 函数的表达式：

$$\mathrm{H}_p^{(1)}(z) \sim \sqrt{\frac{2}{\pi z}}\mathrm{e}^{\mathrm{i}\left[z-\frac{\pi}{2}\left(p+\frac{1}{2}\right)\right]}\left\{1+\mathrm{i}\frac{4p^2-1}{8z}-\frac{(4p^2-1)(4p^2-9)}{2!(8z)^2}+\cdots\right\} \tag{10.50}$$

如果利用式（10.50）将 $\mathrm{H}_1^{(1)}(z)$ 表示为

$$\mathrm{H}_1^{(1)}(z) \sim \sqrt{\frac{2}{\pi}}\mathrm{e}^{\mathrm{i}\left(z-\frac{3\pi}{4}\right)}\frac{1}{\sqrt{z}}\left(1+\frac{3\mathrm{i}}{8z}+\frac{15}{2!(8z)^2}+\cdots\right)=\sqrt{\frac{2}{\pi}}\mathrm{e}^{\mathrm{i}\left(z-\frac{3\pi}{4}\right)}\frac{P_1(z)}{\sqrt{z}} \tag{10.51}$$

然后将式（10.51）代入解式（10.48）中，柱面波为

$$u_r^{(1)}(r,t)=\left(u_r^o\sqrt{\frac{2}{\pi}}\right)\left[P_1(k_Lr)/\sqrt{k_Lr}\right]\mathrm{e}^{\mathrm{i}\left(k_Lr-\omega t-\frac{3\pi}{4}\right)} \tag{10.52}$$

就变得与纵向平面波十分相似了，除了以下三个区别外：

区别1：振幅随传播距离迅速增大。

区别2：相位变量 $k_Lr-\omega t-(3\pi/4)$ 有非零相移 $(3\pi/4)$。

区别3：表达式（10.51）在小半径情况下是不准确的。

仅保留式（10.50）~式（10.52）的前三项，用这种方式增大上述误差。那么 P_1 可以表示为

$$P_1(k_Lr)\approx 1+\frac{3\mathrm{i}}{8k_Lr}+\frac{15}{2!(8k_Lr)^2} \tag{10.53}$$

该近似方法不准确的范围如图10.1所示。图中所示的是函数（10.51）以及它的二次逼近（在区间 $z\in[0,3]$ 上，下部曲线）的图像。

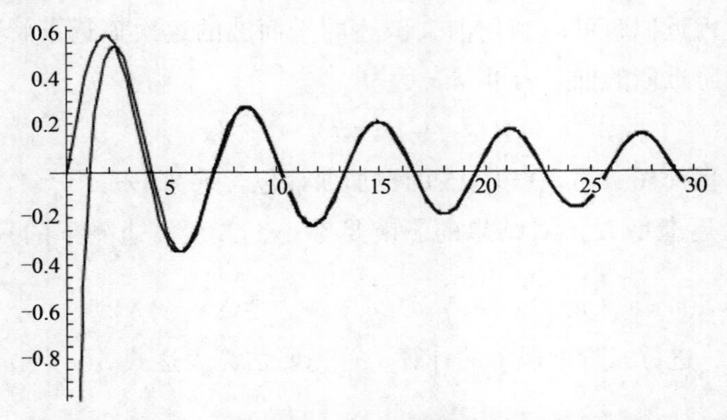

图 10.1　Hankel 函数 $\mathrm{H}_1^{(1)}(z)$ 的准确图像与近似图像

从图10.1中可以看出，二次逼近在 $z=2$ 之后非常接近真实情况。假设选择的初始参数（压力、波数、频率）使波的演化逐步发生，并且在第一次振

荡时不可见，而当 $k_L r$ 的值明显大于 1 时非线性波与其线性原型波表现出本质区别。在这种情况下，二次逼近是可以接受的，并用于后文中。

需要注意的是，把线性解的二次逼近带回线性波动方程中可以看到逼近导致的误差，其量级为 $(1/k_L r)^2$ 。

下一步，应当估算 $S(u_r^{(1)},u_{r,r}^{(1)},u_{r,rr}^{(1)})$ 的导数：

$$[\mathrm{H}_1^{(1)}(z)]' = \mathrm{H}_0^{(1)}(z) - \frac{1}{z}\mathrm{H}_1^{(1)}(z),\ [\mathrm{H}_1^{(1)}(z)]'' = -\frac{1}{z}\mathrm{H}_0^{(1)}(z) + \left(\frac{2}{z^2} - 1\right)\mathrm{H}_1^{(1)}(z),$$

$$u_{r,r}^{(1)}(r,t) = u_r^o k_L [\mathrm{H}_1^{(1)}(k_L r)]_{,r}\mathrm{e}^{\mathrm{i}\omega t} = u_r^o k_L\left[\mathrm{H}_0^{(1)}(k_L r) - \frac{1}{k_L r}\mathrm{H}_1^{(1)}(k_L r)\right]\mathrm{e}^{\mathrm{i}\omega t},$$

$$(10.54)$$

$$u_{r,rr}^{(1)}(r,t) = u_r^o(k_L)^2\{-[1/(k_L r)]\mathrm{H}_0^{(1)}(k_L r) + [(2/(k_L r)^2) - 1]\mathrm{H}_1^{(1)}(k_L r)\}\mathrm{e}^{\mathrm{i}\omega t}$$

从式（10.54）中可以看出，还应估算零阶 Hankel 函数的二阶近似值：

$$\mathrm{H}_0^{(1)}(z) \sim \sqrt{\frac{2}{\pi}}\mathrm{e}^{\mathrm{i}\left(z-\frac{\pi}{4}\right)}\frac{1}{\sqrt{z}}\left(1 - \frac{i}{8z} + \frac{9}{2!(8z)^2} + \cdots\right) = \sqrt{\frac{2}{\pi}}\mathrm{e}^{\mathrm{i}\left(z-\frac{\pi}{4}\right)}\frac{P_0(z)}{\sqrt{z}} \tag{10.55}$$

更进一步，估算乘积：

$$\begin{aligned}N_1 u_{r,rr}^{(1)}u_{r,r}^{(1)} &= N_1\{u_r^o k_L[\mathrm{H}_0^{(1)}(k_L r) - 1/(k_L r)\mathrm{H}_1^{(1)}(k_L r)]\}\mathrm{e}^{\mathrm{i}\omega t}\times\\&\{u_r^o(k_L)^2[-(1/k_L r)\mathrm{H}_0^{(1)}(k_L r) + (2/(k_L r)^2 - 1)\mathrm{H}_1^{(1)}(k_L r)]\mathrm{e}^{\mathrm{i}\omega t}\}\\&= N_1(u_r^o)^2(k_L)^3\{-[1 - 1/(k_L r)^2]\mathrm{H}_0^{(1)}(k_L r)\mathrm{H}_1^{(1)}(k_L r) -\\&1/(k_L r)[\mathrm{H}_0^{(1)}(k_L r)]^2 - [2/(k_L r)^3 - 1/(k_L r)](\mathrm{H}_1^{(1)}(k_L r))^2\}\mathrm{e}^{\mathrm{i}2\omega t}\end{aligned}$$

或者

$$\begin{aligned}S(u_r^*,u_{r,r}^*,u_{r,rr}^*) &= (u_r^o)^2(k_L)^3\mathrm{e}^{\mathrm{i}2\omega t}\Big\{[\mathrm{H}_0^{(1)}(k_L r)]^2\frac{1}{k_L r}(a_{11} - a_{21}) +\\&[\mathrm{H}_1^{(1)}(k_L r)]^2\left[\frac{1}{k_L r}(a_{21} - a_{20}) + \frac{1}{(k_L r)^3}(2a_{20} + a_{00} - a_{11} - a_{10})\right] +\\&\mathrm{H}_0^{(1)}(k_L r)\mathrm{H}_1^{(1)}(k_L r)\left[-a_{21} + \frac{1}{(k_L r)^2}(a_{21} + a_{10} - 2a_{21} - 2a_{11} - a_{20})\right]\Big\}\end{aligned}$$

根据所采用的二次逼近，进一步忽略含有 $(k_L r)^{-3}$ 因子的被加项，于是 $S(u_r^*,u_{r,r}^*,u_{r,rr}^*)$ 最终可以表示成三项的和，每一项都表示了在传播过程中被某项因素衰减了的波：

$$S(u_r^*, u_{r,r}^*, u_{r,rr}^*) = (u_r^o)^2 (k_L)^3 \Big\{ -a_{21} \frac{2}{\pi k_L r} e^{i2\left(\omega t + k_L r - \frac{\pi}{2}\right)} \left(1 + \frac{i}{4k_L r} + \frac{3}{(8k_L r)^2}\right) +$$

$$(a_{21} - a_{20}) \frac{2}{\pi k_L r} e^{i2\left(\omega t + k_L r - \frac{3\pi}{4}\right)} \left(1 + \frac{3i}{4k_L r} + \frac{6}{(8k_L r)^2}\right) \Big] +$$

$$\frac{1}{k_L r} \Big[(a_{11} - a_{21}) \frac{2}{\pi k_L r} e^{i2\left(\omega t + k_L r - \frac{\pi}{4}\right)} \left(1 - \frac{i}{4k_L r} - \frac{8}{(8k_L r)^2}\right) +$$

$$\frac{1}{(k_L r)^2} (a_{21} + a_{10} - 2a_{21} - 2a_{11} - a_{20}) \frac{2}{\pi k_L r} e^{i2\left(\omega t + k_L r - \frac{\pi}{2}\right)} \left(1 + \frac{i}{4k_L r} + \frac{3}{(8k_L r)^2}\right) \Big\}$$

最后一个表达式可以这样解释。因为介质非线性导致的初始波剖面的变化是在其缓慢演化的条件下描述的，所以，对波剖面的研究不应该选在波刚开始传播的地方，而应该选在距离圆柱空腔许多个波长的地方，也就是 $k_L r = 30 \sim 100$ 。在这种情况下，第一个被加项是决定性的，其他的被加项仅决定波剖面的轮廓形状。因此，第一步时用下面的表达式更方便：

$$S(u_r^{(1)}, u_{r,r}^{(1)}, u_{r,rr}^{(1)}) = \frac{2}{\pi r} (u_r^o)^2 (k_L)^2 N_1 e^{i2\left(k_L r - \omega t - \frac{\pi}{2}\right)} \left[1 + \frac{i}{4k_L r} + \frac{3}{64 (k_L r)^2}\right] \tag{10.56}$$

表达式（10.56）［在这里系数 $(2/\pi)(u_r^o)^2(k_L)^2 N_1$ 不予考虑］是被用于逼近 Hankel 函数的具有同等精度［直到 $1/(k_L r)^2$ ］的线性波动方程的解。在某种意义上，如果一阶谐波形如式（10.52），那么方程（10.56）可以看作是二阶谐波。因此在寻找非齐次问题的局部解时，其谐振特性必须考虑在内。

结合上述讨论，以下非齐次方程

$$\left(u_{r,r}^{(2)} + \frac{u_r^{(2)}}{r}\right)_{,r} - \frac{\rho}{\lambda + 2\mu} \ddot{u}_r^{(2)} = S(u_r^{(1)}, u_{r,r}^{(1)}, u_{r,rr}^{(1)})$$

的局部解有如下形式：

$$u_r^{**(1)}(r,t) = k_L r e^{i2\left(k_L r - \omega t - \frac{\pi}{2}\right)} \left[\frac{m_1}{k_L r} + \frac{i m_2}{(k_L r)^2} + \frac{m_3}{(k_L r)^3}\right] \tag{10.57}$$

未知常数 m_k 通过与已知的右侧项比较来确定。作为结果，对应于前两项近似的解如下：

$$u_r(r,t) = u_r^{(1)}(r,t) + u_r^{(2)}(r,t)$$

$$= \sqrt{\frac{2}{\pi}} u_r^o e^{i\left(k_L r - \omega t - \frac{\pi}{4}\right)} \frac{1}{\sqrt{k_L r}} \left[1 - \frac{1}{8} \frac{i}{k_L r} - \frac{9}{128 (k_L r)^2}\right] +$$

$$\frac{r(u_r^o)^2}{\pi k_L}(k_L)^2 N_1 \mathrm{e}^{\mathrm{i}2\left(k_L r-\omega t-\frac{\pi}{2}\right)}\left[-\frac{2}{3}\frac{1}{k_L r}+\frac{5}{18}\frac{\mathrm{i}}{(k_L r)^2}+\frac{151}{288}\frac{1}{(k_L r)^3}\right] \tag{10.58}$$

解式（10.58）是一个很好的示范，因为它显示了在两项一阶近似框架下平面和圆柱波的解的数学结构的相似性。关于平面和圆柱形非线性超弹性波的相似性与差异性的分析非常典型，这些内容将在后文讨论。

10.2.2　逐次逼近法：前两个一阶近似（第二种解法）

第二种方法的出发点与第一种方法是相似的，采用二阶近似作为非齐次线性波动方程的解，但是它的右侧没有简化：

$$\ddot{u}_r^{(2)}-(v_{\mathrm{ph}})^2\left(u_{r,r}^{(2)}+\frac{u_r^{(2)}}{r}\right)_{,r}=S(u_r^{(1)},u_{r,r}^{(1)},u_{r,rr}^{(1)}), \tag{10.59}$$

$$S(u_r^{(1)},u_{r,r}^{(1)},u_{r,rr}^{(1)})=-N_1 u_{r,rr}^{(1)}u_{r,r}^{(1)}-N_2\frac{1}{r}u_{r,rr}^{(1)}u_r^{(1)}-N_3\frac{1}{r^2}u_{r,r}^{(1)}u_r^{(1)}-N_4\frac{1}{r}(u_{r,r}^{(1)})^2-N_5\frac{1}{r^3}(u_r^{(1)})^2$$

方程（10.59）的右侧应该用 Hankel 函数表示：

$$\begin{aligned}S(u_r^{(1)},u_{r,r}^{(1)},u_{r,rr}^{(1)})={}&N_1(u_r^o)^2(k_L)^3\left[\mathrm{H}_1^{(1)}(k_L r)\right]''\left[\mathrm{H}_1^{(1)}(k_L r)\right]'\mathrm{e}^{2\mathrm{i}\omega t}-\\&\frac{1}{r}N_2(u_r^o)^2(k_L)^2\left[\mathrm{H}_1^{(1)}(k_L r)\right]'\mathrm{H}_1^{(1)}(k_L r)\mathrm{e}^{2\mathrm{i}\omega t}-\\&\frac{1}{r^2}N_3(u_r^o)^2 k_L\left[\mathrm{H}_1^{(1)}(k_L r)\right]'\mathrm{H}_1^{(1)}(k_L r)\mathrm{e}^{2\mathrm{i}\omega t}-\\&\frac{1}{r}N_4(u_r^o)^2(k_L)^2\left(\left[\mathrm{H}_1^{(1)}(k_L r)\right]'\right)^2\mathrm{e}^{2\mathrm{i}\omega t}-\frac{1}{r^3}N_5(u_r^o)^2\left[\mathrm{H}_1^{(1)}(k_L r)\right]^2\mathrm{e}^{2\mathrm{i}\omega t}\end{aligned}$$

或

$$\begin{aligned}S(u_r^{(1)},u_{r,r}^{(1)},u_{r,rr}^{(1)})={}&(k_L)^3\mathrm{e}^{2\mathrm{i}\omega t}(N_1+N_4)1/(k_L r)\left[\mathrm{H}_0^{(1)}(k_L r)\right]^2+\\&\left[N_1+(-N_1+N_2-N_3+2N_4)1/(k_L r)^2\right]\mathrm{H}_0^{(1)}(k_L r)\mathrm{H}_1^{(1)}(k_L r)+\\&\{(-N_1+N_2)1/(k_L r)+(2N_1-2N_2+N_3-N_4-N_5)\\&\left[1/(k_L r)^3\right]\}\left[\mathrm{H}_1^{(1)}(k_L r)\right]^2\end{aligned} \tag{10.60}$$

因此，式（10.60）的右侧包含三个被加项，分别是零阶和一阶 Hankel 函数的平方以及它们的乘积。这三个被加数的系数通过指数 $\mathrm{e}^{2\mathrm{i}\omega t}$（平面纵波的二阶谐波的时间分量）依赖于时间、波传播的距离 r 和问题的常值参数（弹性常数和平面纵波的波数）。

注意在上一节对第一种方法的阐述中，右端是以已知的 Hankel 函数近似表达的。在第二种方法中，不再利用这些表达式，而是探寻解的确切形式。

既然零阶和一阶 Hankel 函数的平方 $[H_0^{(1)}(k_L r)]^2, [H_1^{(1)}(k_L r)]^2$ 以及它们的乘积 $H_0^{(1)}(k_L r)H_1^{(1)}(k_L r)$ 不是对应的齐次波动方程（10.59）的解，那么求解非齐次波动方程（10.59）的过程就与求解平面纵波的相关问题的方法不同。

平面纵波的二阶近似的方程形式如下：

$$\ddot{u}^{(2)} - (v_{\mathrm{ph}})^2 u^{(2)\prime\prime} = \frac{1}{2\rho}N(u_o)^2 k^3 \sin 2(kx - \omega t) \tag{10.61}$$

方程（10.61）的右侧包含二阶谐波 $\sin 2(kx - \omega t)$，它是相应的齐次方程的解。因此，求解的方法类似于参数共振情况，也就是如下形式：

$$u^{(1)} = Ax\cos 2(kx - \omega t) \tag{10.62}$$

把式（10.62）代入式（10.60），即可得到二阶近似：

$$u^{(1)} = \frac{N}{8(\lambda + 2\mu)}(u_o)^2 k^2 x\cos 2(kx - \omega t)$$

平面纵波的解用两个一阶近似表示如下：

$$\begin{aligned} u(x,t) &= u^{(1)}(x,t) + u^{(2)}(x,t) \\ &= u_o\cos(kx - \omega t) + x\left[\frac{N}{8(\lambda + 2\mu)}(u_o)^2 k^2\right]\cos 2(kx - \omega t) \end{aligned} \tag{10.63}$$

与式（10.63）的解相比，柱面波的局部解可以用方程（10.59）右侧的形式来表示：

$$\begin{aligned} u_r^{(2)}(r,t) = \{&B_{00}[H_0^{(1)}(k_L r)]^2 + B_{11}[H_1^{(1)}(k_L r)]^2 + \\ &B_{01}H_0^{(1)}(k_L r)H_1^{(1)}(k_L r)\}e^{2i\omega t} \end{aligned} \tag{10.64}$$

未知系数 B_{00}, B_{11}, B_{01} 可以借由将表达式（10.64）代入式（10.59）的左侧，并与式（10.60）的右侧对比得到。通过比较可得：

$$[H_1^{(1)}(k_L r)]^2\left[2B_{00} + B_{11}\frac{2}{(k_L r)^2} + B_{01}\frac{2}{k_L r}\right] + [H_0^{(1)}(k_L r)]^2\left[2B_{11} + \frac{1}{(k_L r)^2}B_{00}\right] -$$

$$H_0^{(1)}(k_L r)H_1^{(1)}(k_L r)\left\{B_{01}\left[-2 + \frac{1}{(k_L r)^2}\right] + \frac{4}{k_L r}B_{11}\right\}$$

$$= \frac{(u_o)^2}{\rho\omega^2}(k_L)^3\left\{\frac{1}{k_L r}(N_1 + N_4)[H_0^{(1)}(k_L r)]^2 + \right.$$

$$\left[N_1 + (-N_1 + N_2 - N_3 + 2N_4)\frac{1}{(k_L r)^2}\right]\mathrm{H}_0^{(1)}(k_L r)\mathrm{H}_1^{(1)}(k_L r) +$$

$$\left[\frac{1}{k_L r}(-N_1 + N_2) + \frac{1}{(k_L r)^3}(2N_1 - 2N_2 + N_3 - N_4 - N_5)\right][\mathrm{H}_1^{(1)}(k_L r)]^2\Big\}$$

(10.65)

在表达式 $(u_0)^2(\rho\omega^2)^{-1}(k_L)^3$ 中使用等式 $\rho\omega^2 = (\lambda + 2\mu)(k_L)^2$，并与方程（10.65）对比可得：

$$B_{00} = (u_o)^2 k_L \frac{b_{00}}{2 - \frac{3}{2(k_L r)^4} + \frac{4}{(k_L r)^2}\frac{1}{(k_L r)^2 - 2}}, \tag{10.66}$$

$$b_{00} = \frac{1}{k_L r}\frac{-N_1 + N_2}{\lambda + 2\mu} - \frac{2k_L r}{(k_L r)^2 - 2}\frac{N_1}{\lambda + 2\mu} + \frac{2}{k_L r}\frac{1}{(k_L r)^2 - 2}\frac{-3N_1 + N_2 - N_3}{\lambda + 2\mu} + \frac{1}{(k_L r)^3}\frac{(1/2)N_1 - 2N_2 + N_3 - (5/2)N_4 - N_5}{\lambda + 2\mu}$$

(10.67)

$$B_{11} = (u_o)^2 k_L\left[\frac{1}{2k_L r}\frac{N_1 + N_4}{\lambda + 2\mu} - \frac{1}{2(k_L r)^2}\frac{b_{00}}{2 - \frac{3}{2(k_L r)^4} + \frac{4}{(k_L r)^2}\frac{1}{(k_L r)^2 - 2}}\right]$$

(10.68)

$$B_{01} = (u_o)^2 k_L\left[\frac{1}{1 - \frac{2}{(k_L r)^2}}\frac{N_1}{\lambda + 2\mu} + \frac{1}{(k_L r)^2}\frac{1}{1 - \frac{2}{(k_L r)^2}}\frac{-3N_1 + N_2 - N_3}{\lambda + 2\mu} + \frac{2}{(k_L r)^3}\frac{1}{1 - \frac{2}{(k_L r)^2}}\frac{b_{00}}{2 - \frac{3}{2(k_L r)^4} + \frac{4}{(k_L r)^2}\frac{1}{(k_L r)^2 - 2}}\right]$$

(10.69)

至此，得到了二阶近似的精确表达式，它是利用 Hankel 函数经式（10.64），式（10.66）~式（10.69）表达的。于是，在前两个一阶近似的框架内，柱面波的传播可以用以下方程表示：

$$u_r(r,t) = u_r^{(1)}(r,t) + u_r^{(2)}(r,t) = u_{ro}\mathrm{H}_1^{(1)}(k_L r)e^{i\omega t} +$$

$$\{B_{00}[\mathrm{H}_0^{(1)}(k_L r)]^2 + B_{11}[\mathrm{H}_1^{(1)}(k_L r)]^2 + B_{01}\mathrm{H}_0^{(1)}(k_L r)\mathrm{H}_1^{(1)}(k_L r)\}e^{2i\omega t}$$

(10.70)

当波传播的距离（$r - r_0$）与波长 λ_L 之间满足以下关系时，解式（10.70）可以简化为

$$k_L = 2\pi/\lambda_L \to k_L r = 2\pi r/\lambda_L \to r > 3\lambda_L \to k_L r > 20 \tag{10.71}$$

这种情况下，系数为 B_{00}，B_{11} 两个被加数和系数为 B_{01} 的被加数的一部分可以略去不计。

这样，式（10.64）简化为

$$u_r(r,t) = u_{ro}\mathrm{H}_1^{(1)}(k_L r)\mathrm{e}^{\mathrm{i}\omega t} + (u_o)^2 k_L \frac{N_1}{\lambda + 2\mu}\mathrm{H}_0^{(1)}(k_L r)\mathrm{H}_1^{(1)}(k_L r)\mathrm{e}^{2\mathrm{i}\omega t} \tag{10.72}$$

近似解式（10.72）便于对比非线性柱面波的表达式和非线性平面纵波式（10.63）的表达式。

10.2.3 逐次逼近法：前两个一阶近似（演化的数值分析实例）

更进一步地，展示一些柱面波初始轮廓失真的数值分析结果。采用的材料物理常数［密度、两个拉梅常数、三个 Murnaghan 常数］的数据来自章后参考文献［13］，见表 10.1。

表 10.1 分析中所用的 SI 体系物理常数值

材料	$\rho\times10^{-4}$	$\lambda\times10^{-10}$	$\mu\times10^{-10}$	$A\times10^{-11}$	$B\times10^{-11}$	$C\times10^{-11}$
钨	1.89	7.5	7.3	−1.08	−1.43	−9.08
钼	1.02	15.7	1.1	−0.26	−2.83	3.72
铜	0.893	10.7	4.8	−2.8	−1.72	−2.4
铁	0.78	9.4	7.9	−3.25	−3.1	−8.0
铝	0.27	5.2	2.7	−0.65	−2.05	−3.7
聚苯乙烯	0.105	0.369	0.114	−0.108	−0.078 5	−0.098 1

接下来的分析中，会用到以下数值（SI 系统）：

初始幅度 $u_r^o = 1\times10^{-4}$ m，波动频率 $\omega = 1$ MHz，波数 $k_L = 159.6\ \mathrm{m}^{-1}$。

图 10.2 ~ 图 10.6 所示为第五种材料（铝）的柱面波初始轮廓的畸变。图的类型是相同的。横轴表示对应波传播距离的值 $x = k_L r$（如图 10.2 中 $x = 30$ 对应的距离是 18.8 cm，图 10.4 中的 $x = 150$ 对应的距离约为 1 m）。纵轴表示的是振荡幅度 u_r，单位对应着 $u_r^0 = 1\times10^{-4}$ m。

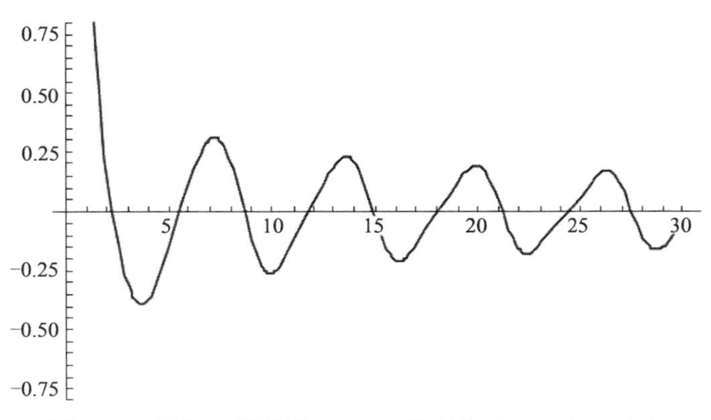

图 10.2　振幅 u_r 随距离 $x = k_L r$ 的变化（$x \in [0,30]$）

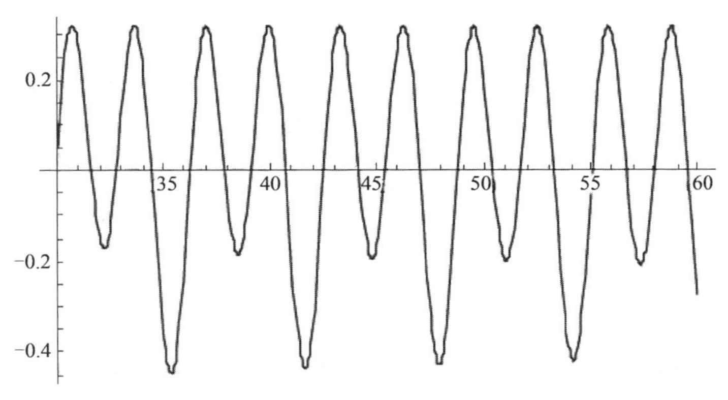

图 10.3　振幅 u_r 随距离 $x = k_L r$ 的变化（$x \in [30,60]$）

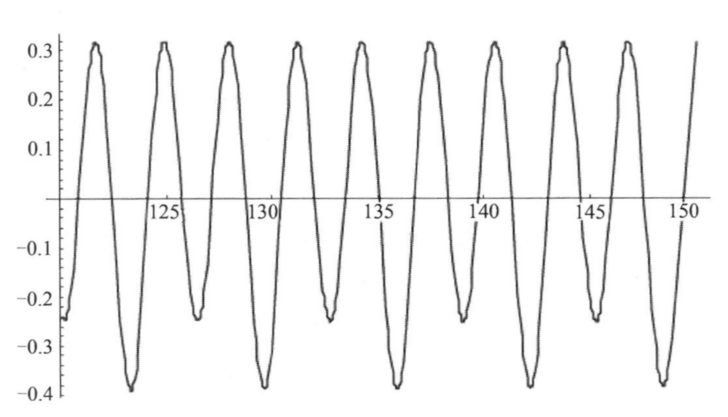

图 10.4　振幅 u_r 随距离 $x = k_L r$ 的变化（$x \in [120,150]$）

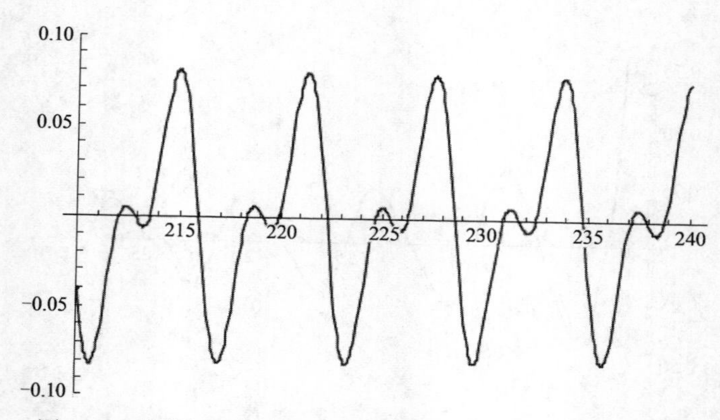

图 10.5　振幅 u_r 随距离 $x = k_L r$ 的变化（$x \in [200,240]$）

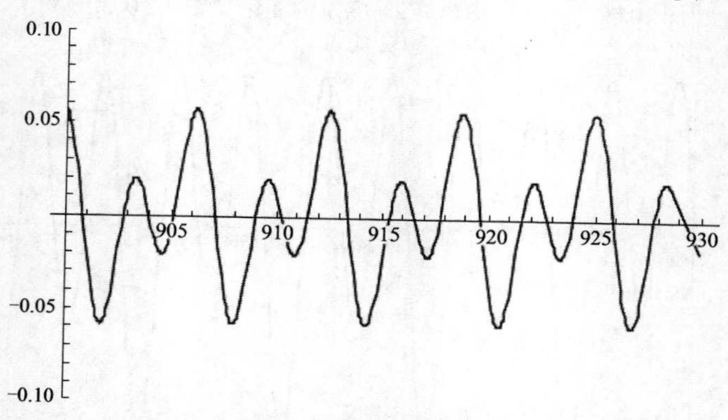

图 10.6　振幅 u_r 随距离 $x = k_L r$ 的变化（$x \in [900,930]$）

从图中可以看出，振荡的周期很快变为原来的两倍，振荡的幅度也在随时间增大。因此我们可以认为，按照之前的预定规律，一阶谐波转换成了二阶谐波——两个谐波都不是传统意义上的谐波。

需要注意的是初始轮廓类型的显著变化：在线性近似中它的幅度逐渐减小，然而非线性使其变成了幅度渐增的轮廓。看起来这种事实可以被归为非线性柱面波的特征。

10.2.4　柱面波和平面波在由 Murnaghan 势建模的材料中传播时一些结果的对比

如前面的章节所述，关于非线性平面波的分析始于 20 世纪 60 年代，主要是在 Murnaghan 模型的基础上开展的。对该模型的非线性柱面波的研究历史很短。然而，我们可以对两者做一些对比。

第一个一般区别非常明显：对平面波和柱面波的分析方法是有区别的。这一点可以通过两个认定证实。

认定一：平面波的分析遵循超弹性非线性平面波的最初成果。此处用到了位移分量 $u^n_{,m}$ 的梯度和通过弹性势 W 关联的不对称皮奥拉-基尔霍夫应力张量 $\boldsymbol{t}^{nm} = \partial W(u^i_{,j}, x^k)/\partial u^m_{,n}$。

认定二：对柱面波的分析是依据分析线性柱面波的传统方法进行的。此处采用了非线性柯西-格林应力张量和弹性势能对称的拉格朗日应力张量 $\sigma^{ij} = \partial W(\varepsilon_{nm}, \theta^k)/\partial \varepsilon_{ij}$。

在这两种方法中，利用 Murnaghan 势函数和随后的二阶非线性分析限制是很常见的。

首先给出要进行比较的解：

平面纵波式（10.63）：

$$u(x,t) = u_o\cos(kx-\omega t) + x\left[\frac{N}{8(\lambda+2\mu)}(u_o)^2k^2\right]\cos2(kx-\omega t)$$

柱面波式（10.58）和式（10.72）：

$$u(r,t) = \sqrt{\frac{2}{\pi}}u_r^o\mathrm{e}^{\mathrm{i}\left(k_Lr-\omega t-\frac{\pi}{4}\right)}\frac{1}{\sqrt{k_Lr}}\left[1-\frac{1}{8}\frac{\mathrm{i}}{k_Lr}-\frac{9}{128(k_Lr)^2}\right]+$$

$$\frac{r(u_r^o)^2}{\pi k_L}(k_L)^2N_1\mathrm{e}^{\mathrm{i}2\left(k_Lr-\omega t-\frac{\pi}{2}\right)}\left[-\frac{2}{3}\frac{1}{k_Lr}+\frac{5}{18}\frac{\mathrm{i}}{(k_Lr)^2}+\frac{151}{288}\frac{1}{(k_Lr)^3}\right],$$

$$u_r(r,t) = u_{ro}\mathrm{H}_1^{(1)}(k_Lr)\mathrm{e}^{\mathrm{i}\omega t} + (u_o)^2k_L\frac{N_1}{\lambda+2\mu}\mathrm{H}_0^{(1)}(k_Lr)\mathrm{H}_1^{(1)}(k_Lr)\mathrm{e}^{2\mathrm{i}\omega t}$$

接下来开始对比平面波和柱面波的特点。

式（10.63），式（10.58），式（10.72）的存在，让我们能够通过基本参数来比较平面波和柱面波。首先，它们的特征都由波数和频率这两个参数来描述，这是相似的。当然，决定性因素是波数相等，根据这个这两种波都被判定为纵波类型。

第二个一般区别在于平面波是谐波，而柱面波仅在某些条件下可视作谐波。

第三个一般区别为平面波是自由波，它在无穷远处产生，向无穷远处传播，因此其振幅没有定义。而柱面波是在确定的柱面上产生的，因此其振幅是由给定的边界条件确切定义的。

第四个一般区别与波前的形状有关，平面波的波前是平面，柱面波是弯曲波前（也就是圆柱面）。

考虑线性和非线性被加项，可以对解式（10.58）进行更详细的分析。从式（10.58）线性部分的形式可以推知，除了上述区别外，它们还有三个更具体的区别，柱面波变得更像平面纵波。

区别1：随着波的传播，振幅迅速减小。

区别2：相位变量 $k_L r - \omega t - (3\pi/4)$ 有（$3\pi/4$）的非零相移。

区别3：半径越小近似误差越大。

现在回到式（10.63），它表示了纵向平面波在二阶非线性弹性材料里的两种基本的非线性波动效应——自激励与二阶谐波的产生。

第一种效应说的是平面纵波在非线性弹性材料中只产生与其自身相似的纵波。原理上，这是由波动方程的形式决定的。特别是，取决于非线性的种类（如额外的三阶非线性表现为自激励伴随着其他波的产生）。

第二种效果意味着式（10.63）本质上相当准确地描述了二阶谐波的产生，在波传播一定时间或者波经过一定距离后产生。这种现象在数值模型上更便于分析。

可以看出式（10.58）几乎相同：它展示了相同的两种非线性效应，但是是对于柱面波的。为了理解这一点，波初始轮廓演化的计算机模型就显得非常有用了。该模型被用于文献［20－23］所描述的不同的微米和纳米纤维复合材料。在这些复合材料中，纤维由碳制成，基质由环氧树脂 EPON828 制成。接下来的分析，用到两种类型纤维的数据——工业碳纤维 Thornel 300 和锯齿型碳纳米管（Z-CNT）。

当一种材料对应纳米尺寸时，纳米复合材料的传统变体允许对波进行连续分析。这意味着基质应当是由纳米尺寸内部结构材料构成的。环氧树脂就具有这种必要的结构。也就是，它的基本分子（双酚 A 的二缩水甘油醚）和添加剂分子（稀释剂、硬化剂和促进剂）具有合适的尺寸。这些分子（催化剂除外）由氢碳氧原子构成，催化剂额外包含氮原子。因此，树脂分子的特征尺寸与由纳米尺度的碳原子构成的碳纳米管尺寸相当。所以，研究的纳米复合材料是经典类型的。

在接下来的分析中，假定基质由环氧树脂和聚苯乙烯的混合物制成。而且，假定聚苯乙烯的体积分数很少。这样的基质可以用微米和纳米连续模型进行数值分析。

聚苯乙烯是利用苯乙烯聚合而成的 $\left[CH_2—CH(C_6H_5) \right]_n$，密度 $\rho = 1.05 \times 10^3\ kg/m^3$；二阶弹性模量（拉梅模量）——杨氏模量 $E = 2.56$ GPa，剪切模量 $\mu = 1.14$ GPa，泊松比 $\nu = 0.30$；三阶弹性模量（Murnaghan 模量）：$A = -10.8$ GPa，$B = -7.85$ GPa，$C = -9.81$ GPa。

前三个特性非常接近环氧树脂的相应特性。

众所周知，性能相近的材料常用 Reuss-Voigt 规则进行准确的评估。例如，评估体积比 9∶1 的“EPON828－聚苯乙烯”混合物密度的过程如下：

$$\rho^{mV} = 0.9\rho_{\text{EPON}} + 0.1\rho_{\text{PS}} = 1.196 \times 10^3\ \text{kg/m}^3$$

$$\frac{1}{\rho^{mR}} = \frac{0.9}{\rho_{\text{EPON}}} + \frac{0.1}{\rho_{\text{PS}}} \rightarrow \rho^{mR} = 1.194 \times 10^3\ \text{kg/m}^3$$

$$\rho^{m2} = \frac{1}{2}(\rho^{mV} + \rho^{mR}) = 1.195 \times 10^3\ \text{kg/m}^3$$

在表 10.2 中，给出了“EPON828 – 聚苯乙烯”混合物组成的基质的所有必需参数的值：密度 ρ^{mN}，杨氏模量 E^{mN}，剪切模量 μ^{mN}，泊松比 ν^{mN}，Murnaghan 常数 A^{mN}，B^{mN}，C^{mN}。这里的参数 N 取 1，2，3，分别对应着聚苯乙烯的体积分数 $c_{\text{PS}} = 0.05, 0.10, 0.20$。

表 10.2　基质 EPON828 – 聚苯乙烯的性能

组成参数	N		
	1（c_{PS} =0.05）	2（c_{PS} =0.10）	3（c_{PS} =0.20）
$\rho/(10^3\ \text{kg}\cdot\text{m}^{-3})$	1.201	1.193	1.176
E/GPa	2.674	2.668	2.654
μ/GPa	0.968	0.977	0.994
ν	0.394	0.388	0.377
A/GPa	−0.540	−1.08	−2.16
B/GPa	−0.393	−0.785	−1.57
C/GPa	−0.491	−0.981	−1.96

因此，在下面的建模中，可以使用基质材料的三种变式。

此外，小填充的单向纤维复合材料也被考虑在内。通常，这种复合材料的连续介质模型将连续介质视作横向各向同性，在下面的建模中将会考虑这一点。

横向各向同性介质有一个对称轴，它与各向同性的平面垂直，由五个独立的常数表示：$C_{1111}, C_{3333}, C_{4444}, C_{1313}, C_{2211}$。这些常数主要用于波动分析。如果平面弹性波沿着对称轴传播，将可能产生两种偏振和两种波：沿着对称轴方向偏振相速度为 $v_{\text{ph}} = \sqrt{C_{3333}/\rho}$ 纵波，和在各向同性平面上沿着横坐标方向偏振相速度为 $v_{\text{ph}} = \sqrt{C_{1313}/\rho}$ 横波。如果该平面波垂直于对称轴传播，偏振的三种类型和三种波型为：一种是相速度为 $v_{\text{ph}} = \sqrt{C_{1111}/\rho}$ 的纵波；一种是偏振方向沿对称轴相速度 $v_{\text{ph}} = \sqrt{C_{4444}/\rho}$ 的横波；还有一种是偏振方向沿着纵轴相速度 $v_{\text{ph}} = \sqrt{(1/2)(C_{1111} - C_{2211}/\rho)}$ 的横波。这种情况下，波的传播垂直于纤维，因此考虑相速度为 $v_{\text{ph}} = \sqrt{C_{1111}/\rho}$ 的波。

还要注意与波无关的力学问题中经常使用的技术常数：纵向的杨氏模量、

剪切模量、泊松比（E,G,ν）和横向的 E',G',ν'。其中 $E'=2G'(1+\nu')$。

表 10.3 和表 10.4 所示的是三个纤维体积分数 c^f、三种基质材料变式和两种填充剂——超细纤维 Thornel 和锯齿型纳米管的必要物理常数的平均值（有效值）：密度 ρ^{eff} 和四个平均（有效）模量：

$$C_{1111}^{\text{eff}}=E\frac{1-\nu^2(E'/E)}{(1+\nu')[(1-\nu')-2\nu^2(E'/E)]},\ A^{\text{eff}},\ B^{\text{eff}},\ C^{\text{eff}}$$

表 10.3　微米级复合材料模量的平均（有效）值

纤维 Thornel	c^f								
	0.05			0.10			0.20		
	$N=1$	$N=2$	$N=3$	$N=1$	$N=2$	$N=3$	$N=1$	$N=2$	$N=3$
$\rho^{\text{eff}}/(10^3\ \text{kg}\cdot\text{m}^{-3})$	1.231 3	1.220 9	1.204 7	1.258 6	1.249 7	1.233 4	1.313 2	1.304 4	1.290 8
$C_{1111}^{\text{eff}}/\text{GPa}$	5.942								
$-A^{\text{eff}}/\text{GPa}$	0.513	0.486	0.432	1.026	0.972	0.864	2.052	1.944	1.728
$-B^{\text{eff}}/\text{GPa}$	0.373	0.354	0.314	0.746	0.707	0.628	1.492	1.413	1.256
$-C^{\text{eff}}/\text{GPa}$	0.467	0.442	0.393	0.932	0.883	0.785	1.864	1.766	1.570

表 10.4　纳米级复合材料模量的平均（有效）值

纤维 Z-CNT	c^f								
	0.05			0.10			0.20		
	$N=1$	$N=2$	$N=3$	$N=1$	$N=2$	$N=3$	$N=1$	$N=2$	$N=3$
$\rho^{\text{eff}}/(10^3\ \text{kg}\cdot\text{m}^{-3})$	1.210 3	1.216 6	1.229 2	1.199 9	1.206 7	1.220 4	1.183 7	1.191 4	1.206 8
$C_{1111}^{\text{eff}}/\text{GPa}$	6.268								
$-A^{\text{eff}}/\text{GPa}$	0.513	0.486	0.432	1.026	0.972	0.864	2.052	1.944	1.728
$-B^{\text{eff}}/\text{GPa}$	0.373	0.354	0.314	0.746	0.707	0.628	1.492	1.413	1.256
$-C^{\text{eff}}/\text{GPa}$	0.467	0.442	0.393	0.932	0.883	0.785	1.864	1.766	1.570

当表 10.3 和表 10.4 的数据收集完后，根据技术常数利用解析式对平均常数进行估算，结果与小体积分数微纤维复合材料的实验观测值具有很好的一致性[1,5,21-23]。

现在利用上述成套的力学常数来对沿着横轴传播的平面纵波（平面波前穿过纤维运动）和半径方向上传播的柱面波（也就是在选定的柱面坐标系中波前穿过纤维运动）的特点进行数值分析。

为了得到计算结果并画出图示，首先要确定一些必要的参数。

内部结构的特征尺寸 l_{CSM} 是在假设纤维排列的二次结构和固定它们的半径 r^f 与体积分数 $c^f=0.1$ 的条件下确定的：$l_{CSM}=\sqrt{10\pi r^f}$。

波长 λ_L 是固定的，因为对每种介质都极有可能适用连续介质方法也就是如果超过内部结构特征尺寸的 4π 倍，则 $\lambda_L=4\pi l_{CSM}$。

波数 k_L^* 根据已知的波长重新计算：$k_L^*=1/(2l_{CSM})$。

线性近似时的相速度 v_L^{ph} 由此式决定：$v_L^{ph}=\omega/k_L^*=\sqrt{C_{1111}^{eff}/\rho^{eff}}$。

截止频率 ω_L 由波数 k_L^* 和相速度 v_L^{ph} 决定。

初始幅度 u_L^o 的给定使在一个波动周期距离上波的轮廓变化累积是微弱的，也就是本质地小于波长 λ_L（对于所有的材料，u_L^o/λ_L 都取 0.1）。

截止时间 t_L 利用相位 $\varphi=k_L^*d_L-\omega_Lt_L=0$ 和截止距离 d_L 求得：$t_L=(d_L/v_L^{ph})$。

表 10.5 给出了由 1/10 聚苯乙烯填充基质和由 1/10 纤维填充基质的材料变体对应的所有参数值。

表 10.5　微米和纳米复合材料一些重要参数的值

纤维	参数								
	$l_{CSM}/\mu m$	n_L	$\lambda_L/\mu m$	$k_L^*\times10^4/m^{-1}$	$v_L^{ph}/(km\cdot s^{-1})$	ω_L/GHz	$u_L^o/\mu m$	$d_L/\mu m$	$t_L/\mu s$
Thornel	22.42	2.721	281.8	2.230	5.031	0.112	28.18	1.127	224.0
Z-CNT	0.028	2.815	0.352	1.785	8.037	143.4	0.035 2	1.407	0.175

其中参数 d_L 非常重要，可用作比较波在微米和纳米复合材料中传播时初始波轮廓演化情况的参数。研究表明，在其他条件相同的情况下，各种材料演化进展的距离基本是相同的。

参数 d_L 定量表示了预测到的一般事实，即波的初始轮廓的演化要在其传播一定距离后才会显现，且依赖于波长，而最小允许波长又取决于内部结构的特征尺寸。

对微米和纳米复合材料的参数 d_L 的对比表明，在平面纵波以最小允许波长传播的条件下，它们的区别按数值排序如下：

对含 8 μm 直径超细碳纤维的第一种材料，距离 d_L 超过 1 mm（1.127 mm）。

对由 10 nm Z-CNT 增强的第二种材料，所需的距离减小到了大约 1 μm（1 407 nm）。

因此，平面纵波的基本非线性现象——谐波脉冲转化为其二阶谐波——对于微米材料在微米级距离上发生，对于纳米材料在纳米级距离上发生。相应地，微米复合材料演化过程的耐久性为224 μs，纳米复合材料演化过程的耐久性为175 ns。

进一步地，给出了两套计算机图像来展现平面纵波谐波在现有的复合材料中垂直于纤维传播时的演化。

注意：平面波演化一般包含的五个阶段已在第5章中有所介绍，为方便起见，在这里重复一遍。

阶段1：最初的正弦波轮廓以一定角度倾斜向下，即最大正值减小，最大负值增大。

阶段2：随着轮廓峰点的降低，峰点逐渐变成平台。随后，平台也越来越低，平台中部开始凹陷，轮廓变成双峰，而不再是单峰。相同轮廓的重复频率与最初的振荡频率相等。从该阶段开始，振幅开始增大。

阶段3：保持之前的频率，轮廓的双峰变得更加清晰，凹陷处逐渐增加直到它接触到横坐标轴。

阶段4：凹陷增加使得轮廓变得与二阶谐波频率近似，但振幅摆动不等：向上——振幅增大，向下——振幅约为前者的一半，向上——比上一次向上的振幅稍大，向下——约是上一次向下的振幅的两倍。

阶段5：一阶谐波轮廓逐渐变为二阶谐波轮廓、一种谐波变成另一种谐波这一过程被观察到。而且，在这一过程中，振幅显著增加（一个数量级）。也就是说，为了得到二阶谐波，需要向传播的波中泵入能量。这证实了最初模型的原始不恰当性，因为Sommerfeld有限性条件禁止弹性材料中出现这种情况。

图10.7所示为以包含Thornel纤维的微米复合材料为实例，展示演化的一般形式的一组（前4个阶段）图。为了获得该图，采用了表10.2中的数据(除了初始振幅取小于表内值的1/10的值，以减缓演化过程)。

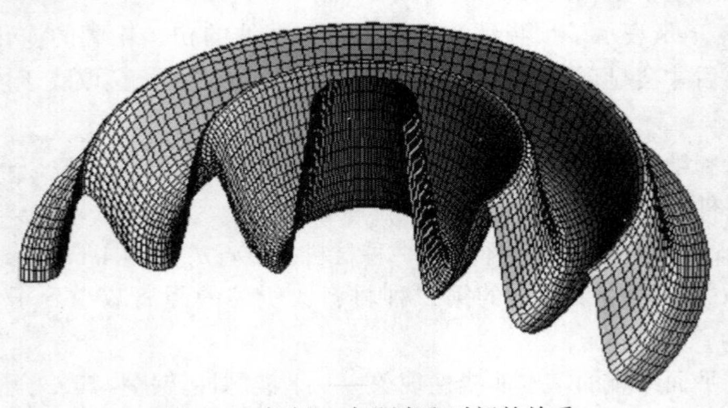

图10.7　振幅 u_r 与距离和时间的关系

图 10.8 中显示了四个波长。所有图像中，横轴表示波传播的距离 x，横轴上的距离 2π 对应波长 λ_L。纵轴表示波在固定时刻 t^* 的振幅 $u_L(x,t^*)$，纵轴的单位等于初始振幅的值 $u_L^o = 1 \times 10^{-5}$。

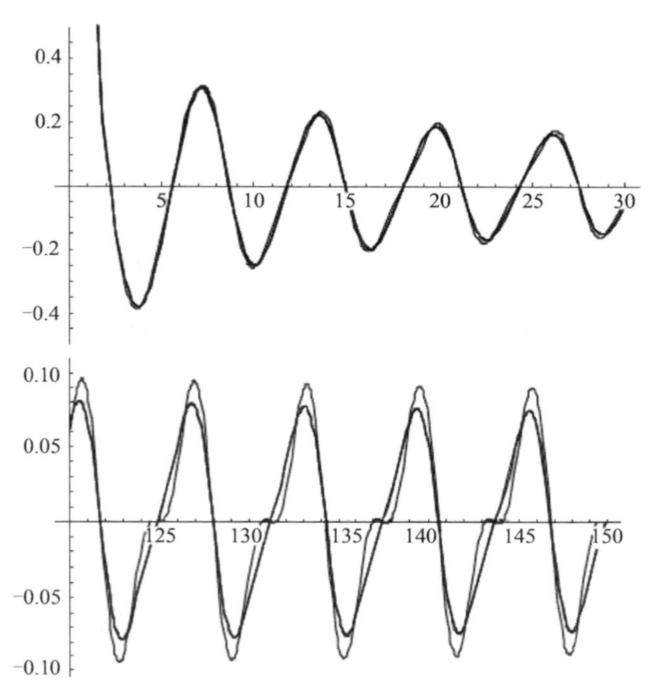

图 10.8　波的不同传播阶段的振幅与距离 $x = k_L r$ 间关系

图 10.9 所示为四个阶段的演化情况，并部分地解释了图 10.10 演化更快的原因（因为更大的初始幅度 $u_L^o = 1 \times 10^{-4}$ m）。

图 10.9（a）对应 $x \in [0,16\pi] = [0,8\lambda_3]$，$(8\lambda_3 = 2\ 254$ mm)，表示了演化的前两个阶段。

图 10.9（b）对应 $x \in [16\pi,32\pi] = [8\lambda_3,16\lambda_3]$，它延续了第一个图像，给出了演化的第三阶段。

进一步，对从 $x = 32\pi = 16\lambda_3 = 4.508$ mm 到 $x = 80\pi = 40\lambda_3 = 11.28$ mm 进行了同样的处理。图 10.9（c）（d）展示了未完成的阶段四，它们分别对应距离 $x \in [80\pi,96\pi] = [40\lambda_3,48\lambda_3]$ 和 $x \in [96\pi,112\pi] = [48\lambda_3,56\lambda_3]$。

从图 10.9 可知，前四个阶段在 16 mm 的距离上显示得十分清楚。这一距离使得实验能够检测初始谐波信号经过微米级复合材料时的失真。

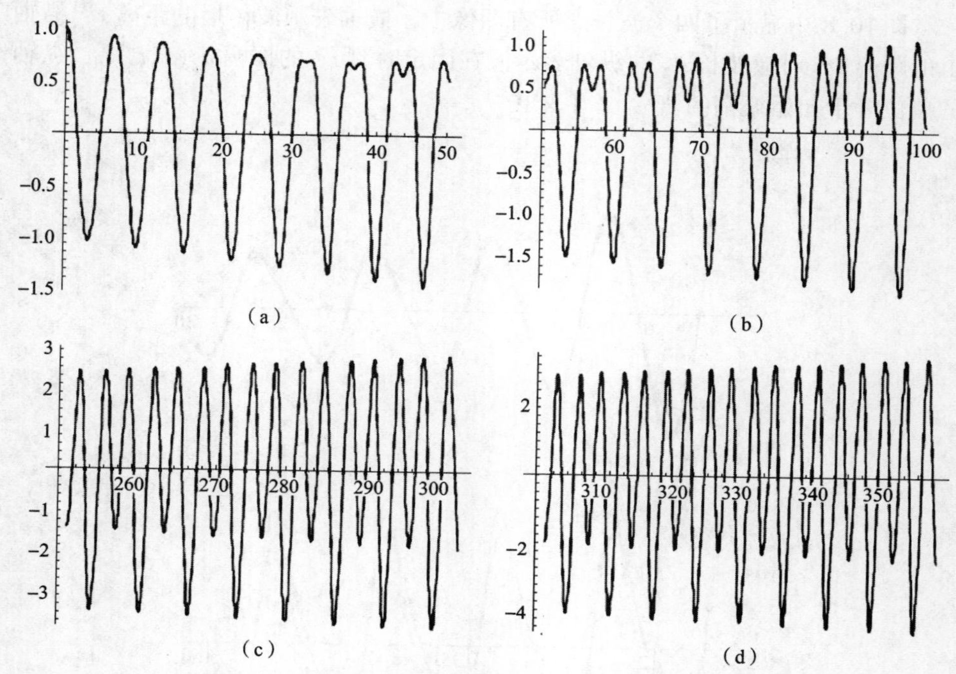

图 10.9 平面波的初始谐波轮廓在微米复合材料中的演化

图 10.10 所示为对应被分析的两种复合材料的两个图：图（a）为纤维微米复合材料；图（b）为纤维纳米复合材料。

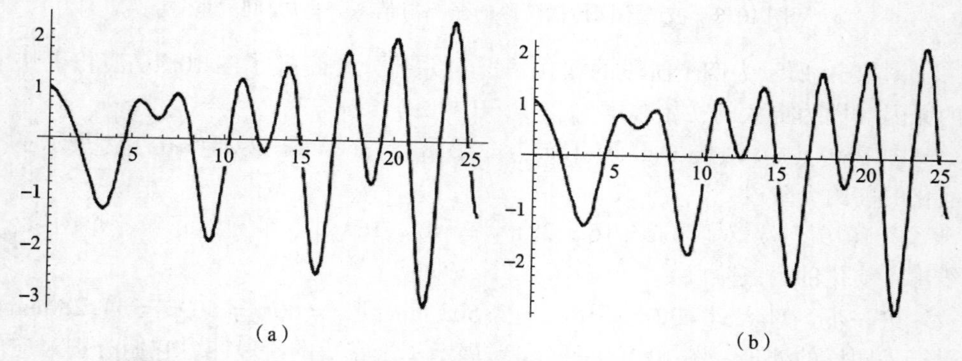

图 10.10 平面波的初始谐波轮廓在微米和纳米复合材料中的快速演化

图 10.10 显示了前四个振荡，但是对于不同的复合材料，波传播的距离 d_L 是不同的，见表 10.5。

这样的相似性印证了平面纵波演化过程的共性。

此外，以解式（10.58）和式（10.72）为基础，对柱面波初始轮廓的演化特点进行了数值分析。

首先考虑上面进行平面波分析时用到的微米复合材料。在数值建模中，选择如下参数：幅值 $u_r^o = 1 \times 10^{-4}$ m 或 1×10^{-5} m，波数 $k_L = 145.14\ \mathrm{m}^{-1}$，频率 $\omega = 1$ MHz。

图 10.11 表示了上述初始数据的柱面波初始轮廓的畸变。不同的图像对应不同的 $x = k_L r$ 数据变化范围。它们都是同一类型的图：横轴对应 $x = k_L r$，也就是波传播的距离（如图 10.11 中 $x = 30$ 对应的距离大约是 20 cm，$x = 150$ 对应的距离约为 1 m）。纵轴对应振动幅度，单位为 u_r^o。

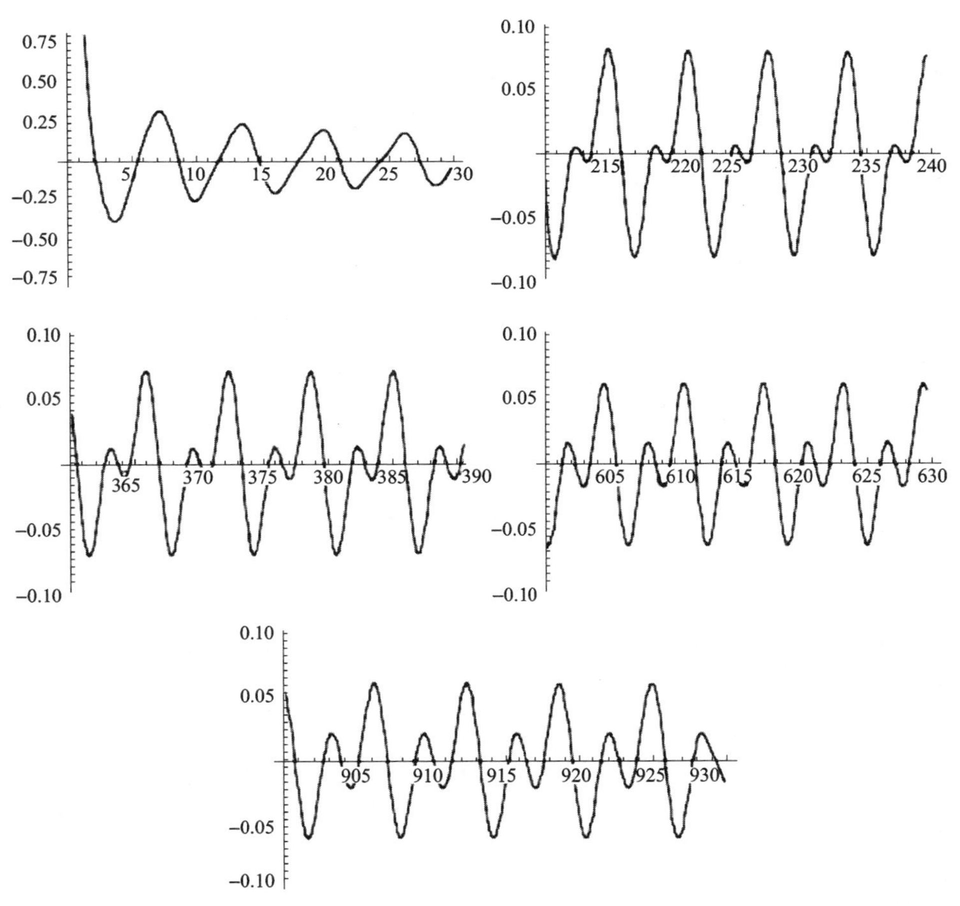

图 10.11　柱面波在微米复合材料中的中间演化过程

图 10.12 所示为微米复合材料中柱面波初始谐波轮廓的快速演化（因为初始幅度更大 $u_r^o = 1 \times 10^{-4}$ m）。

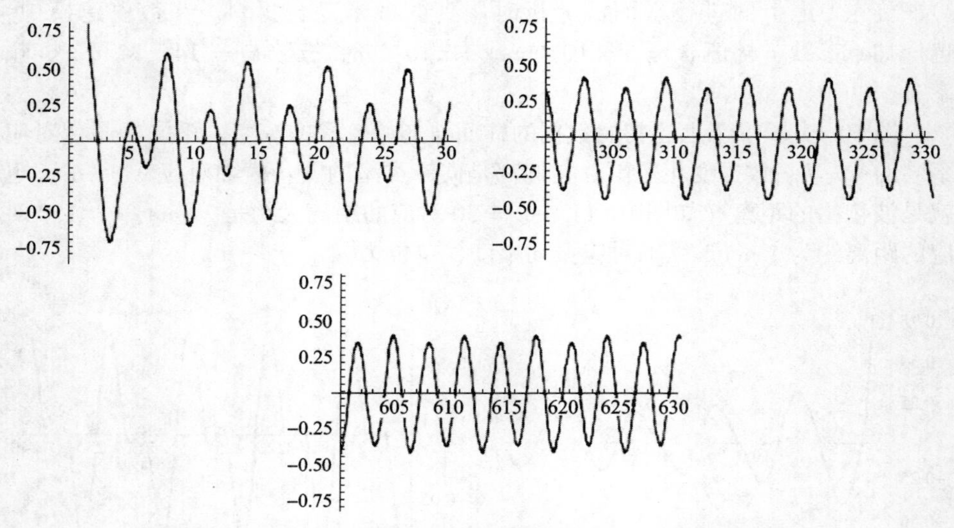

图 10.12　微米复合材料中柱面波初始谐波轮廓的快速演化

因此，以上的例子（代表 18 种被分析材料中的两种）表明，柱面波的演化机制有很大的区别，它包含四个阶段。

阶段 1：周期性衰减振荡曲线的上升分支（自下而上）随着每一个新的振荡周期越来越多地斜向横轴，下降分支（自上而下）几乎不变。

阶段 2：在倾斜分支与横轴的交叉点附近，形成了平台，该平台随后会进一步转换幅值随周期数缓慢增加的正弦波。与此同时，原来的上升分支变得与下降分支更加对称，它们一起形成一个频率趋向原始频率双倍的新的振荡周期。

阶段 3：新产生的振荡周期的小振幅逐渐增加到与基本周期的振幅相当，并且这个小振荡的频率趋近初始频率的两倍。

阶段 4：原始振荡和新产生的原始幅度较小的周期振荡由频率与振幅渐近地结合到一起，展示了从初始的基波带着上述特点向二阶谐波的转化——这两个谐波并不是传统意义上的谐波。该阶段的特点是振幅停止了降低并逐渐增加，衰减波转化成了储能波。以上关于逐渐增强的平面波的评论同样适用于现在的情况（柱面波）。

因此，纵向平面波和柱面波的演化过程的对比显示了二者的显著区别。显著性首先在于，到最后阶段两种情况都表现出了从一阶谐波到二阶谐波的转化。

10.2.5　柱面波在 Signorini 势函数建模的材料中的传播

用 Signorini 势函数来进行平面波的分析在前面已讨论过（第 6 章）。接下来要讨论的是柱面波的情形。第 6 章介绍了在直角坐标系中引入 Signorini 势函数的三个步骤。由于柱面波需要引入柱坐标系，这些步骤需要进行相应的改变。前两步不需要改变，而第三步需要改变。关键在于把 Almansi 不变量和柯西 – 格林有限应变张量式（6.41）～式（6.43）之间的关系式替换为 Signorini 势函数，并用柯西 – 格林应变张量的不变量表示 Signorini 势函数和本构方程。

因此，在考虑本构方程时，需要注意以下两个事实。

事实 1：当对应势函数的本构方程已知时，在下面的考虑中不能使用 Signorini 势函数表达式。

事实 2：当用柱坐标描述时，选择变形的简单状态（配置）（本章的情况 4）。

三步骤的过程是和第 6 章中平面波的过程相似的。这意味着在写出 Signorini 模型（6.29）的非线性本构方程时，使用度量张量 $g \equiv \{g_{ik}\}$，实际应力的欧拉 – 柯西张量 $T \equiv \{T_{ik}\}$ 和 Almansi 应变张量 $\varepsilon^A \equiv \{\varepsilon_{ik}^A\}$。

然后，通过式（6.41）～式（6.43）实现到新不变量系统的变换，这也意味着从欧拉 – 柯西真实应力张量 T^{nm} 到基尔霍夫应力张量 t^{nm}，或与之关联的实际应力张量 $\tau^{\alpha\beta}$［利用公式 $t^{nm} = \sqrt{I_3}\boldsymbol{\tau}^{nk}(g_k^n + \nabla_k u^m)$］的变换。此时，由于使用了公式 $T^{nm} = \tau^{\alpha\beta}\dfrac{\partial\Theta^n}{\partial\theta^\alpha}\dfrac{\partial\Theta^m}{\partial\theta^\beta}$，在实际和初始配置中第一次出现了曲线坐标 Θ^n, θ^α。

进一步，当所有的力场只取决于半径的时候，就可以采用形变的简单状态。此时，坐标 Θ^n, θ^α 相同，因此张量 T^{nm}，$\tau^{\alpha\beta}$ 也相同。

现在，需要做的是用位移矢量式（10.12）和式（10.13）的分量表示非线性柯西 – 格林应变张量的分量。首先要估计以下三个代数不变量：

$$I_1(\varepsilon_{ik}) = u_{r,r} + \frac{u_r}{r} + \frac{1}{2}(u_{r,r})^2 + \frac{1}{2r^2}(u_r)^2$$

$$I_2(\varepsilon_{ik}) = (u_{r,r})^2 + (u_{r,r})^3 + \frac{(u_r)^2}{r^2} + 2\frac{(u_r)^3}{r^3}$$

$$I_3(\varepsilon_{ik}) = \frac{5}{2}(u_{r,r})^3 + \frac{1}{r^3}(u_r)^3 \tag{10.73}$$

接下来是 $(I_1)^2$，$(I_1)^3$，$I_1 I_2$ 三个量：

$$(I_1)^2 = (u_{r,r})^2 + \frac{1}{r^2}(u_r)^2 + \frac{2}{r}u_r u_{r,r} + (u_{r,r})^3 + \frac{1}{r}u_r(u_{r,r})^2 + \frac{1}{r^3}(u_r)^3 + \frac{1}{r^2}(u_r)^2 u_{r,r},$$

$$(I_1)^3 = (u_{r,r})^3 + \frac{1}{r^3}(u_r)^3 + \frac{3}{r}u_r(u_{r,r})^2 + \frac{3}{r^2}(u_r)^2 u_{r,r},$$

$$I_1 I_2 = (u_{r,r})^3 + \frac{1}{r^3}(u_r)^3 + \frac{1}{r}u_r(u_{r,r})^2 + \frac{1}{r^2}(u_r)^2 u_{r,r} \tag{10.74}$$

然后是第一代数不变量 I_{A1}，I_{A2}：

$$I_{A1} = u_{r,r} + \frac{1}{r}u_r - (u_{r,r})^2 + \frac{2}{r}u_r u_{r,r} - \frac{1}{r^2}(u_r)^2 + 3(u_{r,r})^3 - \frac{13}{r}u_r(u_{r,r})^2 - \frac{13}{r^2}(u_r)^2 u_{r,r} - \frac{1}{r^3}(u_r)^3 \tag{10.75}$$

$$I_{A2} = \frac{1}{2}(u_{r,r})^2 + \frac{1}{2r^2}(u_r)^2 - \frac{1}{r}u_r u_{r,r} + \frac{7}{2}(u_{r,r})^3 + \frac{3}{r}u_r(u_{r,r})^2 - \frac{3}{r^2}(u_r)^2 u_{r,r} + \frac{1}{r^3}(u_r)^3 \tag{10.76}$$

注意：在第一不变量里出现了含有三阶非线性项，一般来说，这并不是第一不变量的特征，而是由于它是在拉格朗日坐标系中而不是在对应 Almansi 应变张量的欧拉坐标系中进行表达而引起的。

另一点需要注意的是，本构方程（6.29）中缺少了 Almansi 应变张量的第三不变量，取而代之的是转换公式（6.41）~式（6.43）中的柯西－格林应变张量的第三不变量。

现在写出本构方程：

$$\tau^{11} = \tau_{rr} = \lambda I_{A1} + 2\mu\varepsilon_{11} + \left[cI_{A2} + \frac{1}{2}\left(\lambda + \mu - \frac{c}{2}\right)(I_{A2})^2\right] - 2\left(\lambda + \mu + \frac{c}{2}\right)I_{A1}\varepsilon_{11} + 2c(\varepsilon_{11})^2 \tag{10.77}$$

$$\tau^{22}=\frac{1}{r^2}\tau_{\vartheta\vartheta}=(\lambda I_{A1}+2\mu\varepsilon_{22})\frac{1}{r^2}+$$

$$\left[cI_{A2}+\frac{1}{2}\left(\lambda+\mu-\frac{c}{2}\right)(I_{A2})^2\right]\frac{1}{r^2}-2\left(\lambda+\mu+\frac{c}{2}\right)I_{A1}\left(\frac{\varepsilon_{22}}{r^2}\right)+2c\left(\frac{\varepsilon_{22}}{r^2}\right)^2 \tag{10.78}$$

$$\tau^{33}=\tau_{zz}=\lambda I_{A1}+\left[cI_{A2}+\frac{1}{2}\left(\lambda+\mu-\frac{c}{2}\right)(I_{A1})^2\right] \tag{10.79}$$

$$\tau^{12}=\tau^{13}=\tau^{23}=0 \tag{10.80}$$

最后一个方程包含两个不变量 I_{A1}，I_{A2} 和五个需要求值的标量 $(I_{A1})^2$，$(\varepsilon_{11})^2$，$(\varepsilon_{22})^2$，$I_{A1}\varepsilon_{11}$，$I_{A1}\varepsilon_{22}$：

$$(I_{A1})^2=(u_{r,r})^2+\frac{2}{r}u_r u_{r,r}+\frac{1}{r^2}(u_r)^2-2(u_{r,r})^3+\frac{2}{r}u_r(u_{r,r})^2+$$

$$\frac{2}{r^2}(u_r)^2u_{r,r}-\frac{2}{r^3}(u_r)^3,$$

$$(\varepsilon_{11})^2=(u_{r,r})^2+(u_{r,r})^3,\ (\varepsilon_{22})^2=\frac{1}{r^2}(u_r)^2+\frac{1}{r^3}(u_r)^3, \tag{10.81}$$

$$I_{A1}\varepsilon_{11}=(u_{r,r})^2+\frac{1}{r}u_r u_{r,r}-\frac{1}{2}(u_{r,r})^3+\frac{5}{2}\frac{1}{r}u_r(u_{r,r})^2-\frac{1}{r^2}(u_r)^2u_{r,r},$$

$$I_{A1}\varepsilon_{22}=\frac{1}{r}u_r u_{r,r}+\frac{1}{r^2}(u_r)^2-\frac{1}{r}u_r(u_{r,r})^2+\frac{5}{2}\frac{1}{r}(u_r)^2u_{r,r}-\frac{1}{2}\frac{1}{r^3}(u_r)^3$$

最后，综合考虑以上所有公式，用位移表示的应力张量的非零分量可写为如下形式：

$$\tau_{rr}=(\lambda+2\mu)u_{r,r}+\lambda\frac{u_r}{r}+$$

$$\frac{1}{4}(-10\lambda-4\mu+5c)(u_{r,r})^2+\frac{1}{2}(2\lambda-2\mu-5c)\frac{1}{r}u_r u_{r,r}+\frac{1}{4}(6\lambda+2\mu+c)$$

$$\frac{1}{r^2}(u_r)^2+\frac{1}{2}(6\lambda+13c)(u_{r,r})^3+\frac{1}{4}(70\lambda-18\mu+c)\frac{1}{r}u_r u_{r,r}+$$

$$\frac{1}{4}(-42\lambda+10\mu+15c)\frac{1}{r^2}(u_r)^2+\frac{1}{2}(4\lambda-2\mu+3c)\frac{1}{r^3}(u_r)^3, \tag{10.82}$$

$$\tau_{\vartheta\vartheta}=(\lambda+2\mu)\frac{u_r}{r}+\lambda u_{r,r}+\frac{1}{4}(-2\lambda+2\mu+c)(u_{r,r})^2+$$

$$\frac{1}{2}(2\lambda-2\mu-5c)\frac{1}{r}u_r u_{r,r}+\frac{1}{4}(-2\lambda-4\mu+5c)$$

$$\frac{1}{r^2}(u_r)^2+(2\lambda-\mu+4c)(u_{r,r})^3+\frac{1}{4}(-42\lambda+10\mu+15c)\frac{1}{r}u_r u_{r,r}+$$

$$\frac{1}{4}(70\lambda-18\mu+c)\frac{1}{r^2}(u_r)^2+(-\lambda+4c)\frac{1}{r^3}(u_r)^3$$

(10.83)

这里，分别标出了线性项、二次项和三次项。另外，在方程（10.82）和（10.83）中，包含三种二阶非线性项$(u_{r,r})^2$，$(u_r)^2$，$u_{r,r}u_r$和四种三阶非线性项$u_{r,r}u_r$，$u_{r,r}u_r(u_r)^3(u_{r,r})^3$。

下一步，利用对称的拉格朗日应力张量写出相应坐标系下的非线性运动方程组：

$$\nabla_k[\tau^{ki}(\delta_i^n+\nabla_i u^n)]=\rho\ddot{u}^i$$

在情况Ⅳ下，三个方程中的后两个一致地被满足，第一个有如下形式：

$$\sigma_{rr,r}+\frac{1}{r}(\sigma_{rr}-\sigma_{\vartheta\vartheta})-\rho\ddot{u}_r=-\left(u_{r,rr}+\frac{1}{r}u_{r,r}\right)\sigma_{rr}-\frac{1}{r^2}u_r\sigma_{\vartheta\vartheta}-u_{r,r}\sigma_{rr,r}$$

(10.84)

式（10.84）的特征在于线性部分可以被分解到方程左侧，对应经典线性理论。方程右侧则包含两种类型的被加项：

类型1：包含应力张量的被加项。

类型2：包含应力张量一阶导数的被加项。

这些被加项具有这样的形式，即使应力应变关系是线性的（对应物理线性理论），运动方程依然是非线性的。这是因为几何非线性依然被保留，导致了运动方程的非线性。

式（10.84）中的正值矩，使得该非线性方程是在笛卡儿坐标系中已被详细研究过的类型，逐次逼近方法在此处是完全可用的。

非线性方程（10.84）并没有考虑势能的具体形式，常见的波动方程是以位移的形式写出的，不是这种形式，而此处，波动方程中代入的是应力张量的分量表达式。对式（10.84）进行如此处理得

$$(\lambda+2\mu)\left(u_{r,r}+\frac{u_r}{r}\right)-\rho\ddot{u}_r$$

$$=S_1 u_{r,rr}u_{r,r}+S_2\frac{1}{r}u_{r,rr}u_r+S_3\frac{1}{r}(u_{r,r})^2+S_4\frac{1}{r^2}u_{r,r}u_r+S_5\frac{1}{r^3}(u_r)^2+$$

$$S_6 u_{r,rr}(u_{r,r})^2 + S_7 \frac{1}{r^3} u_{r,rr}(u_r)^2 + S_8 \frac{1}{r} u_{r,rr} u_{r,r} u_r +$$

$$S_9 \frac{1}{r}(u_{r,r})^3 + S_{10} \frac{1}{r^4}(u_r)^3 + S_{11} \frac{1}{r^2}(u_{r,r})^2 u_r + S_{12} \frac{1}{r^3} u_{r,r}(u_r)^2 \tag{10.85}$$

$$S_1 = (1/2)(-6\lambda + 4\mu + 5c),\ S_2 = (1/2)(4\lambda - 2\mu - 5c),$$
$$S_3 = (1/2)(2\lambda - \mu - 3c),\ S_4 = (1/2)(2\mu - 5c),\ S_5 = (1/2)(5\mu - 3c),$$
$$S_6 = (1/2)(9\lambda - 12\mu + 93c),\ S_7 = (1/2)(24\lambda - 4\mu - 7c),$$
$$S_8 = 36\lambda - 10\mu - 2c,\ S_9 = (1/2)(32\lambda - 13\mu - 2c),\ S_{10} = -(1/4)(10\lambda + c),$$
$$S_{11} = (1/4)(-74\lambda + 26\mu + 33c),\ S_{12} = (1/4)(22\lambda - 18\mu + 7c)$$

因此，在二阶和三阶非线性近似，也就是所有的力学场变量仅依赖径向坐标，并且用 Signorini 势函数表示的情况下，柱面波非线性波动方程有形如式（10.85）的形式。注意，这是 Signorini 势函数诞生 60 多年以来第一次被用于柱面波分析。

式（10.85）的第一行代表的是方程的线性部分，可以写成以下形式：

$$\lambda\left(u_{r,r} \frac{u_r}{r}\right)_{,r} + 2\mu(u_{r,r})_{,r} + \frac{1}{r}\left[\lambda\left(u_{r,r} + \frac{u_r}{r}\right) + 2\mu u_{r,r} - \lambda\left(u_{r,r} + \frac{u_r}{r}\right) - 2\frac{u_r}{r}\right] - \rho\ddot{u}_r$$

$$= \lambda\left(u_{r,r} \frac{u_r}{r}\right)_{,r} + 2\mu\left(u_{r,rr} + \frac{u_{r,r}}{r} - \frac{u_r}{r^2}\right) - \rho\ddot{u}_r \equiv (\lambda + 2\mu)\left(u_{r,r} + \frac{u_r}{r}\right)_{,r} - \rho\ddot{u}_r$$

注意：与关于应力的非线性波动方程（10.84）相比，以位移表示的非线性波动方程（10.85）有更多的非线性项：描述二阶非线性的有五项 $u_{r,rr}u_{r,r}$，$u_r u_{r,rr}$，$(u_{r,r})^2$，$(u_r)^2$，$u_{r,r}u_r$，描述三阶非线性的有七项 $(u_r)^3$，$u_{r,rr}(u_{r,r})^2$，$u_{r,rr}u_{r,r}u_r$，$u_{r,rr}(u_r)^2$，$(u_{r,r})^3$，$u_r(u_{r,r})^2$，$(u_r)^2u_{r,r}$。而方程（10.84）包含三种二阶非线性项和四种三阶非线性项。

当 Signorini 常数 C 等于零时，Signorini 模型可以被简化。对于这个所谓的准线性模型，非线性波动方程（10.85）保有原来的结构，只是常数 S_m 的形式被简化了。这种情况十分有趣，因为对于同一非线性材料，利用 Murnaghan 模型和 Signorini 模型的数值模拟可以进行对比，因为这两种模型中的拉梅常数可以认为是相同的。

最后，考虑用二阶非线性方法对柱面波进行分析的两种情况：Murnaghan 模型和 Signorini 模型。

对于第一种情况，是要求解非线性波动方程：

$$\left(u_{r,r}+\frac{u_r}{r}\right)_{,r}-\frac{\rho}{\lambda+2\mu}\ddot{u}_r$$

$$=-\tilde{N}_1 u_{r,rr}u_{r,r}-\tilde{N}_2\frac{1}{r}u_{r,rr}u_r-\tilde{N}_3\frac{1}{r^2}u_{r,r}u_r-\tilde{N}_4\frac{1}{r}(u_{r,r})^2-\tilde{N}_5\frac{1}{r^3}(u_r)^2$$

对于第二种情况，是要分析 Signorini 非线性波动方程：

$$(\lambda+2\mu)\left(u_{r,r}+\frac{u_r}{r}\right)-\rho\ddot{u}_r$$

$$=S_1 u_{r,rr}u_{r,r}+S_2\frac{1}{r}u_{r,rr}u_r+S_3\frac{1}{r^2}u_{r,r}u_r+S_4\frac{1}{r}(u_{r,r})^2+S_5\frac{1}{r^3}(u_r)^2$$

上述的两个非线性波动方程的对比表明，它们是一致的（它们都包含五个完全相同的二阶非线性项，仅系数有区别）。这些方程的解也只区别于系数不同，在这个意义上它们是相同的。

10.3 二阶非线性扭转波

10.3.1 各向同性材料中的二阶非线性扭转波

1. 二阶非线性扭转波：各向同性材料（非线性波动方程）

对情况 2（纵向扭转波）和情况 3（横向扭转波）的扭转波进行研究。研究情况 2 中轴对称（对称轴是 Oz，只与坐标 r, z 有关，与坐标 ϑ 无关）的，沿着圆柱传播的纵向扭转波。

情况 2 的位移矢量 $\vec{u}(\theta^1,\theta^2,\theta^3)$ 如下表达：

$$\vec{u}(\theta^1,\theta^2,\theta^3)=\vec{u}(r,\vartheta,z)$$

$$=\{u^1=u_1=u_r=0,\ u^2=r^2\cdot u^2=r\cdot u_\vartheta(r,z),\ u^3=u_3=u_z=0\} \tag{10.86}$$

二阶方法框架下的应力非线性波动方程如下：

$$-(u_\vartheta\sigma^{r\vartheta})_{,r}+u_{\vartheta,r}\sigma^{r\vartheta}-(u_\vartheta\sigma^{\vartheta z})_{,z}+u_{\vartheta,z}\sigma^{\vartheta z}$$

$$=-u_\vartheta[(\sigma^{r\vartheta})_{,r}+(\sigma^{\vartheta z})_{,z}]=0 \tag{10.87}$$

$$(\sigma^{r\vartheta})_{,r}+(\sigma^{\vartheta z})_{,z}+\frac{2}{r}\sigma^{r\vartheta}-\rho\ddot{u}_\vartheta=-\left(u_{\vartheta,rr}+\frac{1}{r}u_{\vartheta,r}\right)\sigma^{rr}-u_{\vartheta,rz}\sigma^{rz}$$

$$-u_{\vartheta,zz}\sigma^{zz}-\frac{1}{r^2}u_\vartheta\sigma^{\vartheta\vartheta}-u_{\vartheta,r}(\sigma^{rr})_{,r}-u_{\vartheta,r}(\sigma^{rz})_{,z}-u_{\vartheta,z}(\sigma^{zz})_{,z} \tag{10.88}$$

变式 2 对应的位移非线性波动方程如下：

$$\mu\left(u_{\vartheta,rr}+\frac{1}{r}u_{\vartheta,r}-\frac{1}{r^2}u_\vartheta+u_{\vartheta,zz}\right)-\rho\ddot{u}_\vartheta$$
$$=-\frac{2A}{3r}\left[u_{\vartheta,rr}u_{\vartheta,z}+u_{\vartheta,rz}\left(u_{\vartheta,z}-\frac{1}{r}u_\vartheta\right)+u_{\vartheta,z}\left(\frac{1}{r^2}u_\vartheta-\frac{1}{r}u_{\vartheta,r}\right)\right]$$

或

$$u_{\vartheta,rr}+\frac{1}{r}u_{\vartheta,r}-\frac{1}{r^2}u_\vartheta+u_{\vartheta,zz}-\frac{1}{(v_3)^2}\ddot{u}_\vartheta$$
$$=-\frac{2P}{3r}\left(u_{\vartheta,rr}u_{\vartheta,z}+u_{\vartheta,rz}u_{\vartheta,z}-\frac{1}{r}u_{\vartheta,rz}u_\vartheta-\frac{1}{r}u_{\vartheta,z}u_{\vartheta,r}+\frac{1}{r^2}u_{\vartheta,z}u_\vartheta\right) \tag{10.89}$$
$$v_3=\sqrt{\mu/\rho},\ P=A/\mu$$

需要注意的是，经典线性纵向扭转波的解对应于式（10.89）的右侧零次项的解，具有如下形式[5,10,13]：

$$u_\vartheta(r,z,t)=u_\vartheta^o\cdot \mathrm{J}_1(mr)\cdot \mathrm{e}^{\mathrm{i}(k_3z-\omega t)}\ (u_\vartheta^o=\mathrm{const}) \tag{10.90}$$
$$m=\sqrt{(k_3)^2-k^2},\ k_3=\omega/v_2$$

在这种波的分析中最重要的假设就是无限圆柱的侧面没有应力：

$$\sigma_{rr}(r_o,\vartheta,z,t)=\sigma_{r\varphi}(r_o,\vartheta,z,t)=\sigma_{rz}(r_o,\vartheta,z,t)=0 \tag{10.91}$$

根据边界条件（10.91）可以得到相速度 v 和波数 k。因此，为了确定有波数量纲的参数 m，需要求解超越方程：

$$mr^o\mathrm{J}_o(mr^o)=2\mathrm{J}_1(mr^o) \tag{10.92}$$

几何上，纵向扭转波可解释如下：圆柱侧面 $r=r^o$ 上的物质粒子在圆柱横截面圆周方向上的位移无穷小，截面上所有粒子的位移随着半径以规律 $\mathrm{J}_1(mr)$ 变化，组成了轴对称剪切形变图像。并且，不同的截面的图像不一样，它们一起形成了沿轴坐标 z 方向遵循 $\mathrm{e}^{\mathrm{i}(k_3z-\omega t)}$ 规律传播的谐波。基于研究非线性平面和柱面波的经验，考虑到右侧的非线性项，不难用逐次逼近方法求出非线性波动方程（10.89）的解，并且用这种方法预测该非线性波的一些效应（初始波形轮廓的改变，二阶谐波的出现，幅度表示的复杂化，等等）。

2. 二阶非线性扭转波：各向同性材料［非线性波动方程的解（前两项近似）］

利用逐次逼近方法和求解二阶近似解 $u_\vartheta^{(2)}(r,z)$ 的步骤。首先将线性解式（10.90）代入式（10.89）的右边，得到以下方程：

$$u_{\vartheta,rr}^{(2)}+\frac{1}{r}u_{\vartheta,r}^{(2)}-\frac{1}{r^2}u_\vartheta^{(2)}+u_{\vartheta,zz}^{(2)}-\frac{1}{(v_3)^2}\ddot{u}_\vartheta^{(2)}$$
$$=-\frac{2P}{3r}\left[u_{\vartheta,rz}^{(1)}u_{\vartheta,z}^{(1)}+u_{\vartheta,rr}^{(1)}u_{\vartheta,z}^{(1)}+\frac{1}{r}u_{\vartheta,r}^{(1)}u_{\vartheta,z}^{(1)}-\frac{1}{r}(u_{\vartheta,rz}^{(1)}u_\vartheta^{(1)})+\frac{1}{r^2}(u_{\vartheta,rz}^{(1)}u_\vartheta^{(1)})\right] \tag{10.93}$$

估算式（10.93）右边的表达式

$$u_{\vartheta,r}^{(1)}(r,z,t) = u_{\vartheta}^{o} \cdot m\mathrm{J'}_1(mr) \cdot \mathrm{e}^{\mathrm{i}(k_3z-\omega t)},$$

$$u_{\vartheta,z}^{(1)}(r,z,t) = u_{\vartheta}^{o} \cdot \mathrm{i}k_3 \cdot \mathrm{J}_1(v) \cdot \mathrm{e}^{\mathrm{i}(k_3z-\omega t)}$$

$$u_{\vartheta,rr}^{(1)}(r,z,t) = u_{\vartheta}^{o} \cdot m^2\mathrm{J'}_1(mr) \cdot \mathrm{e}^{\mathrm{i}(k_3z-\omega t)},$$

$$u_{\vartheta,rz}^{(1)}(r,z,t) = -u_{\vartheta}^{o} \cdot (k_3)^2\mathrm{J}_1(mr) \cdot \mathrm{e}^{\mathrm{i}(k_3z-\omega t)}$$

其中的导数可以用已知的循环方程来估算：

$$\mathrm{J'}_1(mr) = (1/2)[\mathrm{J}_0(mr) - \mathrm{J}_2(mr)] \tag{10.94}$$

$$\mathrm{J''}_1(mr) = (1/2)[\mathrm{J}_0(mr) - \mathrm{J}_2(mr)]'$$

$$= (1/2)m[\mathrm{J}_1(mr) - (1/2)\mathrm{J}_1(mr) + \mathrm{J}_3(mr)]$$

因此接下来前四阶贝塞尔函数 $\mathrm{J}_0(mr)$、$\mathrm{J}_1(mr)$、$\mathrm{J}_2(mr)$、$\mathrm{J}_3(mr)$ 都要计算。

考虑式（10.92）的前三个根等于 $mr^o = 1.841, 5.331, 8.536$（对应的点如图 10.13 所示）。

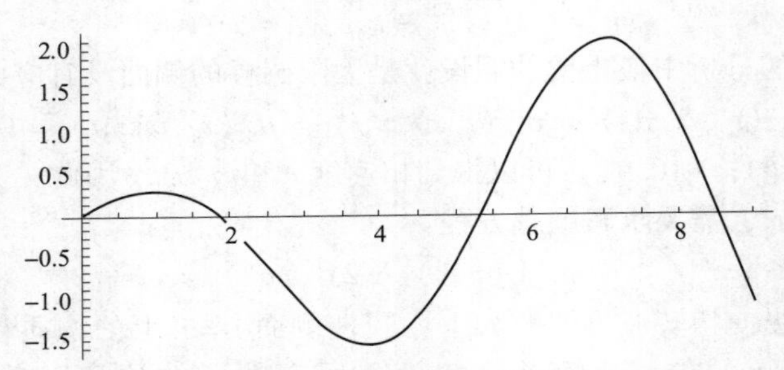

图 10.13　函数（10.92）的图像及其前三个根

接下来只对第一个根进行分析。因此考虑到的范围只有［0,1.841］，该区间对应函数 $\mathrm{J}_1(x)$ 的第一次振荡的上升分支（四个贝塞尔函数的图像都在图 10.14 中——图像的第一个分支距离纵轴越接近，那么它对应的下标越小）。

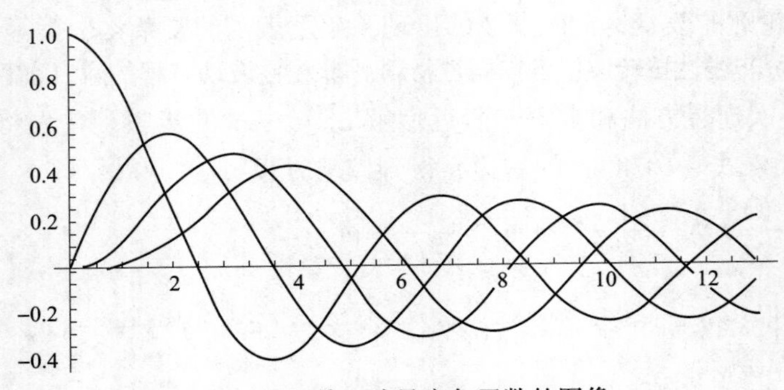

图 10.14　前四阶贝塞尔函数的图像

因此，在数值计算中，我们只需要从这些值到零范围内的贝塞尔函数的值。

采用贝塞尔函数的经典级数表达式：

$$J_n(z) = \sum_{k=0}^{\infty} \frac{(-1)^k}{k!(n+k)!}\left(\frac{z}{2}\right)^{n+2k} \tag{10.95}$$

取该数列的前三项，则前四阶贝塞尔函数可以近似地表示为

$$J_0(z) \approx 1 - \left(\frac{z}{2}\right)^2 + \frac{1}{4}\left(\frac{z}{2}\right)^4,$$

$$J_1(z) \approx \left(\frac{z}{2}\right) - \frac{1}{2}\left(\frac{z}{2}\right)^3 + \frac{1}{12}\left(\frac{z}{2}\right)^5,$$

$$J_2(z) \approx \frac{1}{2}\left(\frac{z}{2}\right)^2 - \frac{1}{6}\left(\frac{z}{2}\right)^4 + \frac{1}{48}\left(\frac{z}{2}\right)^6,$$

$$J_3(z) \approx \frac{1}{6}\left(\frac{z}{2}\right)^3 - \frac{1}{24}\left(\frac{z}{2}\right)^5 + \frac{1}{240}\left(\frac{z}{2}\right)^7$$

在所考虑的区间 [0,1.841] 中，这些表达式是可用的，图 10.15 可以证明（每个图中均有两条曲线——准确值和近似值）。

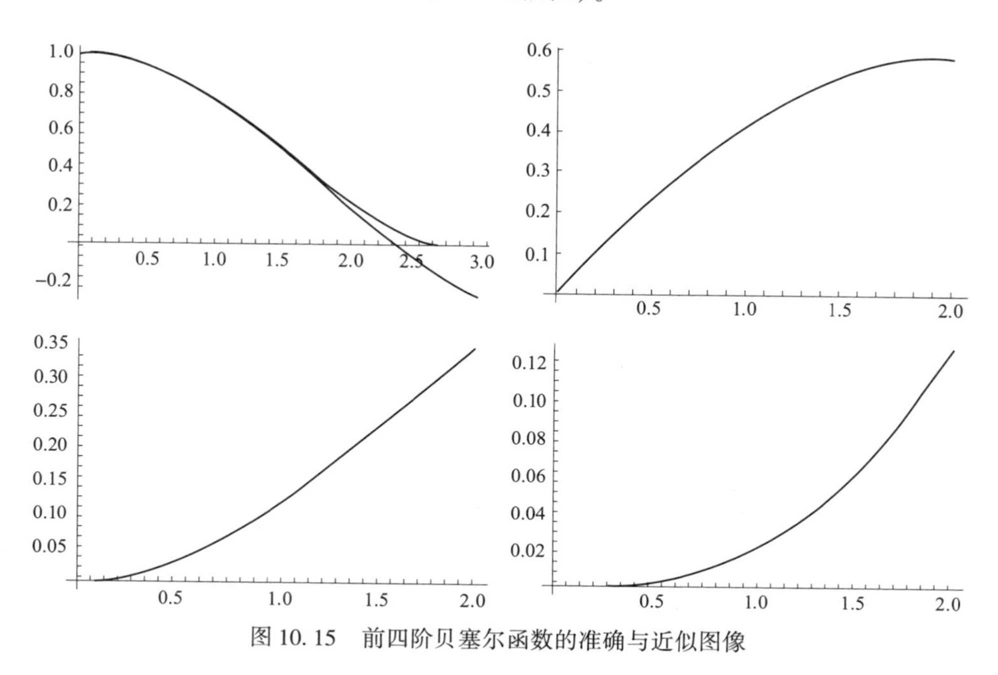

图 10.15　前四阶贝塞尔函数的准确与近似图像

进一步，利用一阶近似的解式（10.90）：

$$u_\vartheta^{(1)}(r,z,t) = u_\vartheta^o \cdot \mathrm{J}_1(mr) \cdot \mathrm{e}^{\mathrm{i}(k_3 z-\omega t)}$$

估算贝塞尔函数的导数式（10.94）和线性波动方程（10.93）的右侧，得

$$-\frac{2}{3}A\frac{1}{r^2}\left[\frac{1}{r}u_{\vartheta,r}^{(1)}u_{\vartheta,z}^{(1)} + u_{\vartheta,rz}^{(1)}u_{\vartheta,z}^{(1)} + u_{\vartheta,rr}^{(1)}u_{\vartheta,z}^{(1)} + \frac{1}{r^2}(u_{\vartheta,rz}^{(1)}u_\vartheta^{(1)}) - \frac{1}{r}(u_{\vartheta,rz}^{(1)}u_\vartheta^{(1)})\right]$$

$$= \frac{2}{3}A\,(u_\vartheta^o)^2 \cdot M(mr) \cdot \mathrm{e}^{\mathrm{i}(k_3 z-\omega t)} \tag{10.96}$$

$$M(mr) = \frac{1}{4}m^2 - (mr)^2\left[\frac{3}{8}m^2 + \frac{1}{2}(k_3)^2\right] +$$

$$(mr)^4\left[\frac{85}{768}m^2 + \frac{1}{8}(k_3)^2\right] - (mr)^6\left[\frac{49}{4\,608}m^2 + \frac{5}{384}(k_3)^2\right]$$

方程（10.96）的右侧生成了二阶近似解：

$$u_\vartheta^{(2)}(r,z,t) = A\,(u_\vartheta^o)^2 \cdot S(mr) \cdot \mathrm{e}^{2\mathrm{i}(k_3 z-\omega t)} \tag{10.97}$$

因此，前两个一阶近似框架下解的形式：

$$u_\vartheta(r,z,t) = u_\vartheta^{(1)}(r,z,t) = u_\vartheta^{(2)}(r,z,t)$$

$$= u_\vartheta^o \cdot \left[\frac{mr}{2} - \frac{1}{2}\left(\frac{mr}{2}\right)^3 + \frac{1}{12}\left(\frac{mr}{2}\right)^5\right] \cdot \mathrm{e}^{\mathrm{i}(k_3 z-\omega t)} +$$

$$Az\,(u_\vartheta^o)^2 \cdot S(mr) \cdot \mathrm{e}^{2\mathrm{i}(k_3 z-\omega t)} \tag{10.98}$$

$$S(mr) = A_1\,(mr)^2 + A_2\,(mr)^3 + A_3\,(mr)^4 + A_4\,(mr)^5 +$$

$$A_5\,(mr)^6 + A_6\,(mr)^7 + A_7\,(mr)^8,$$

$$A_1 = \frac{1}{12},\ A_3 = \frac{1}{15m^2}\left(-\frac{1}{6}\frac{\rho}{\mu}\omega^2 - \frac{3}{8}m^2 - \frac{1}{6}(k_3)^2\right),\ A_2 = A_4 = A_6 = 0$$

$$A_5 = \frac{1}{35m^2}\left\{\frac{85}{768}m^2 + \frac{1}{8}(k_3)^2 - A_3\left[\frac{2\rho}{\mu}\omega^2 - 4(k_3)^2\right]\right\},$$

$$A_7 = -\frac{1}{63m^2}\left\{\frac{49}{4\,608}m^2 + \frac{5}{384}(k_3)^2 + A_5\left[\frac{2\rho}{\mu}\omega^2 - 4(k_3)^2\right]\right\}$$

解（10.98）的结构与二阶非线性平面纵向弹性谐波和二阶非线性柱面弹性波的解相似。也许它的结构更接近平面波的情形。首先，解的表达式的相似性表现为两个波的叠加的特点，和将第一个和第二个波描述为一阶与二阶谐波

的可能性，以及在第二个波的幅度中出现来自相位变量 $\sigma_3 = k_3 z - \omega t$ 的坐标 z 的特点。

以上提到的解式（10.98）的特点让人有理由期待许多波动效应的体现。对于这种效应的分析将在下一个小节中进行。

3. 二阶非线性扭转波：各向同性材料（基于解析解的波演化数值模拟）

首先要做的是描述接下来的数值模拟中所用的材料，先给出颗粒状微米级复合材料族的一些物理常数的值。这些材料族由非线性弹性复合材料、钢制填充材料（颗粒）和聚合物基质材料组成。

以下是复合材料的组分的一些基本性能：

填充材料（钢）——密度 $\rho = 7.80 \times 10^3$ kg/m^3，剪切模量 $\mu = 79.0$ MPa，Murnaghan 模量 $A = -325$ MPa。

基质材料（聚苯乙烯）——密度 $\rho = 1.05 \times 10^3$ kg/m^3，剪切模量 $\mu = 1.14$ MPa，Murnaghan 模量 $A = -10.8$ MPa。

假设颗粒都是半径为 $r_* = 50$ μm 的球形，以立方体形状周期性地置于单位体积中。

接下来考虑六种复合材料的变型 $K1 \sim K6$，它们拥有不同的颗粒体积分数 $c_* = 0.1, 0.2, 0.3, 0.4, 0.5, 0.6$。

当然，这些不同的体积分数形成了复合材料内部结构不同的特征尺寸。

需要注意的一点是，在数值分析中，由于非频散连续介质模型的选择，确定了波长 λ_{crit}，它是复合材料微观结构特征尺寸的 100 多倍。

现在回到解式（10.98）的分析式，它包含了波长和频率。因此在数值建模中，波数应为已知的——它通过波长经由公式 $k_{crit} = 2\pi/\lambda_{crit}$ 重新估计。如果给定了材料常数的有效（平均）值。与波数对应的频率由公式 $\omega = k_{crit} v_{ph}$ 计算，其中相速度是已知的 $v_{ph} = \sqrt{\mu_{eff}/\rho_{eff}}$，建模必要的有效常数和参数见表 10.6。

表 10.6 六种不同复合材料的物理参数的值

参数	$K1$	$K2$	$K3$	$K4$	$K5$	$K6$
$\rho \times 10^{-3}$	1.725	2.400	3.075	3.750	4.425	5.100
$\mu \times 10^{-9}$	1.30	1.75	2.85	4.49	6.60	9.13
$A \times 10^{-9}$	12.4	16.3	29.2	43.9	67.2	91.2
$\mathrm{CSS} \times 10^6$	107.7	85.50	74.69	67.86	63.00	59.28
$\lambda_{crit} \times 10^4$	100.0	90.0	80.0	70.0	65.0	60.0

续表 10.6

参数	K1	K2	K3	K4	K5	K6
$k_{crit} \times 10^{-2}$	6.283	6.981	7.854	8.976	9.667	10.47
$\omega \times 10^{-6}$	0.473 75	0.508 94	0.728 06	1.077 1	1.440 3	1.874 5
$v_{ph} \times 10^{-3}$	0.754	0.729	0.927	1.20	1.49	1.79

从表 10.6 中可以得知，考虑了毫米范围波长和频率的超声波。

在进行波演化建模时，初始恒定振幅 u_{ϑ}^{0} 的值用以下方法确定：其他参数的演化必须非常显著。

圆柱直径 r^{o} 选为 2 cm。

图 10.16 ~ 图 10.19 所示的是一些波演化的数值模拟结果。横轴对应波传播的距离 z，纵轴是圆柱表面的振荡幅度 u_{ϑ}，单位是 $u_{\vartheta}^{o} = 1 \times 10^{-3}$ m。

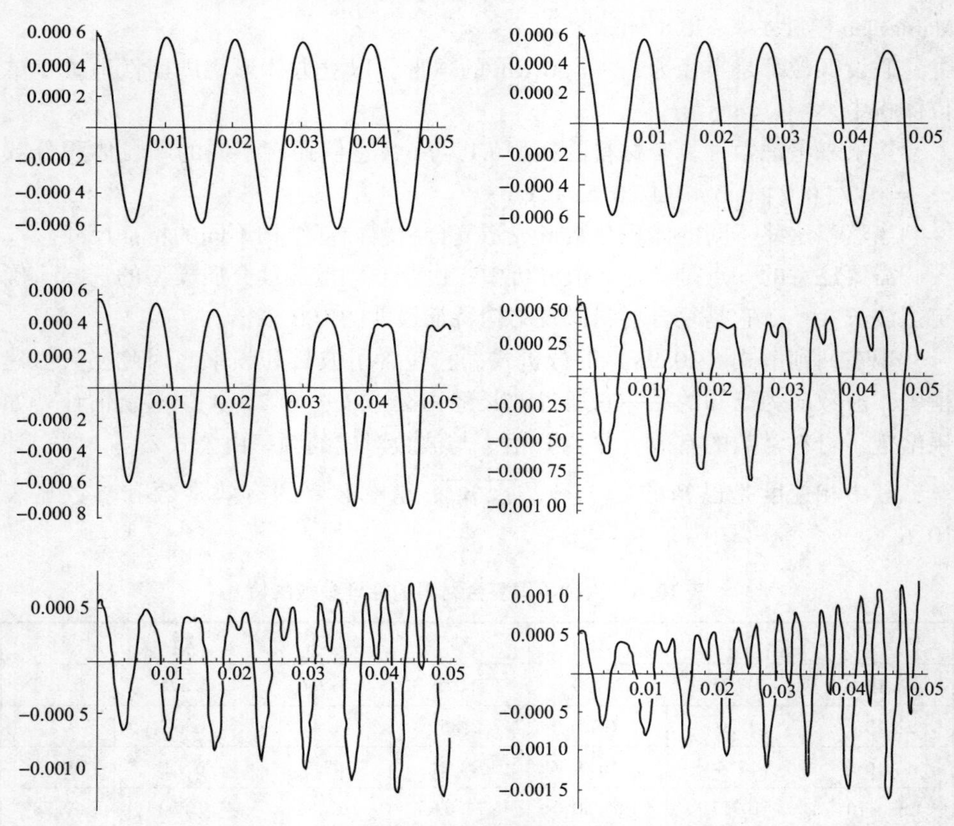

图 10.16　各向同性的圆柱中扭转波波形的演化

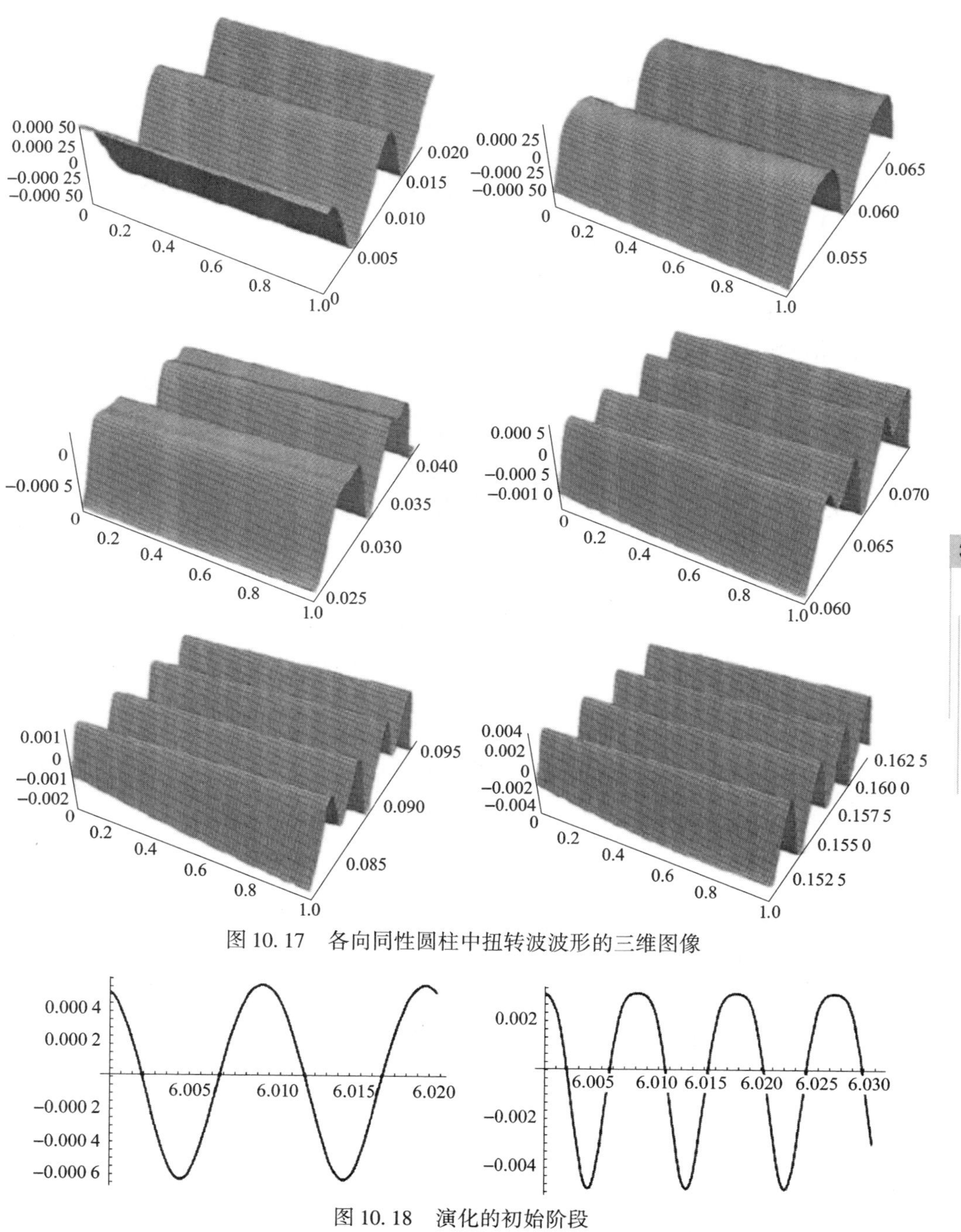

图 10. 17　各向同性圆柱中扭转波波形的三维图像

图 10. 18　演化的初始阶段

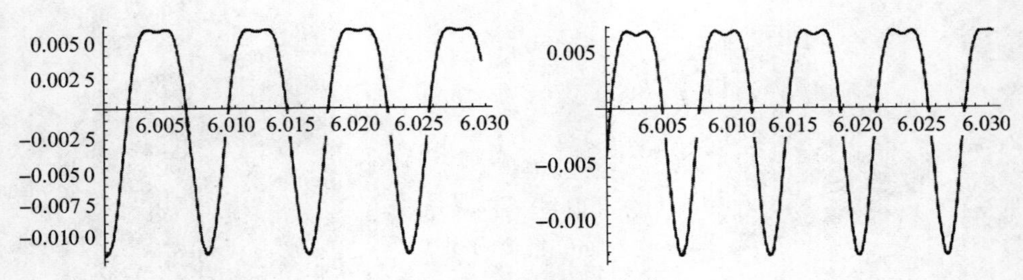

图 10.19　演化的中间阶段

图 10.16 ~ 图 10.19 显示的是波传播中某一固定的时间波形轮廓的截面，以及波形轮廓的演化，对应着表 10.6 中六种复合材料的变型。

注意： 当第一个根的形式为 $mr^o = 1.841$ 时，那么参数 $m = 92.05$，因此当扭转波的频率 ω 确定时，波数 $k = \sqrt{(k_3)^2 - m^2}$ 也确定了。

接下来每种材料变型的频率选为临界值的一半：$\omega = 235, 255, 365, 500, 720, 935$ kHz。剪切波的波数利用下式计算：

$$k_3 = \omega / v_{\text{ph}} = 311.7, 349.8, 393.7, 416.7, 483.2, 522.3$$

与频率一一对应。因此，对于不同的材料变型，它们的波数是不一样的：

$$k = 621.8, 692.3, 780.2, 893.1, 962.4, 1\,043.3$$

扭转波传播的相速度彼此不同，并且超过表 10.6 中剪切波的对应值。因此，六幅图可以针对相同的初始幅度和同一固定的时间在同一幅图中对比。

图 10.16 中有六幅图，它们对应着演化过程的不同阶段。首先表达了演化的初始阶段，朝上的驼峰上形成了高原。接下来是演化的中间阶段，高原中间出现了凹谷，接下来形成了新的驼峰。最后是演化的成熟阶段，新的驼峰基本形成，频率变为了原来的两倍。

图 10.17 所示的是波形轮廓的三维图像，更清楚地展示了在原有的驼峰中形成新驼峰的过程。

根据扭转波的传播过程的数值建模的结果我们可以得出一些结论。

结论 1： 弹性柱体的非线性，对于在其中传播的扭转谐波的参数有十分重要的影响——它们随着波的传播改变，并且使初始波的特征发生了畸变。

结论 2： 失真的情况与二阶非线性平面和柱面弹性波的情况相似。

结论 3： 当波在二阶非线性材料中传播时，它将从一阶谐波变为二阶谐波。当初始的幅度和频率满足一些关系时，转化将很快发生，并且可在实际的实验中在真实的时间和有效的距离内被观察到。

10.3.2　横向各向同性材料中的二阶非线性扭转波

1. 二阶非线性扭转波：横向各向同性材料（非线性波动方程）

横向各向同性介质（材料）的模型是各向异性材料家族中最简单的一种。研究这种模型的必要性是因为对某些经典的工程材料和两大类复合材料——分层复合材料和纤维复合材料的建模需要。

假设扭转波传播的圆柱由一种材料构成。在这种情况下，需要对上一节中的分析进行适当的推广。

把各向同性材料中的扭转波的分析过程的一些元素保留下来。首先，基本的应力非线性波动方程（10.88）保持不变。但是对应的位移非线性波动方程改变了，因为需要考虑 Murnaghan 势函数的新形式。对横向各向同性材料其 Murnaghan 势函数的表达式是 Guz 在研究准各向同向材料时（参考 3.2.4 节 3）提出的，形式如下：

$$W(I_1,I_2,I_3) = \frac{1}{2}K_{iklm}\varepsilon_{ik}\varepsilon_{lm} + \frac{c}{3}I_3 + bI_1I_2 + \frac{a}{3}I_1^3 \tag{10.99}$$

其中，K_{iklm} 为二阶弹性常数张量；a,b,c 为三阶弹性常数（各向同性材料的 Murnaghan 常数），三个代数不变量是标准形式的。

势函数（10.99）的主要特点是它的平方部分（描述线性形变）反映了各向异性，而三次方部分（描述非线性形变）则假设形变具有各向同性特点。

横向各向同性通常如此表示：材料具有对称（各向同性）平面 x_1Ox_2 和垂直于该平面的轴 Ox_3。Ox_3 方向的弹性性能与各向同性平面的弹性性能不同。

现在假设弹性张量 Ox_3 的标准符号。对于横向各向同性情况，只有五个弹性常数是独立的，线性本构方程形式如下：

$$\sigma_{11} = c_{1111}\varepsilon_{11} + c_{1122}\varepsilon_{22} + c_{1133}\varepsilon_{33},\ \sigma_{22} = c_{1122}\varepsilon_{11} + c_{1111}\varepsilon_{22} + c_{1133}\varepsilon_{33},$$

$$\sigma_{33} = c_{1133}\varepsilon_{11} + c_{1133}\varepsilon_{22} + c_{3333}\varepsilon_{33},\ \sigma_{23} = c_{2323}\varepsilon_{23},$$

$$\sigma_{31} = c_{3131}\varepsilon_{31},\ \sigma_{12} = (c_{1111} - c_{1122})\varepsilon_{12}$$

在工程实践中，通常采用的是技术弹性常数，其本构关系如下：

$$\varepsilon_{11} = \frac{1}{E}\sigma_{11} - \frac{v}{E}\sigma_{22} + \frac{v'}{E'}\sigma_{33},\ \varepsilon_{22} = -\frac{v}{E}\sigma_{11} + \frac{1}{E}\sigma_{22} - \frac{v'}{E'}\sigma_{33},$$

$$\varepsilon_{33} = -\frac{v'}{E'}\sigma_{11} - \frac{v}{E}\sigma_{22} + \frac{1}{E'}\sigma_{33},\ \varepsilon_{12} = \frac{1}{G'}\sigma_{12},\ \varepsilon_{31} = -\frac{1}{G}\sigma_{31},\ \varepsilon_{23} = -\frac{1}{G}\sigma_{23}$$

其中 E 和 G 是各向同性平面上任意方向的杨氏模量和剪切模量，ν 是描述各向同性平面的缩短的泊松比，E' 和 G' 是垂直于各向同性平面方向的杨氏模量和剪切模量，ν' 是描述各向同性平面在沿着垂直于各向同性平面的拉力作用下缩短的泊松比，ν'' 是描述在沿着垂直于各向同性平面的拉力作用下垂直于各向同性平面方向上的缩短的泊松比。因此，$\nu'/E' = \nu''/E$, $E = 2G(1+\nu)$。

综上所示，横向各向同性材料由五个独立的技术弹性常数 E, G, E', G', ν' 表征。

技术弹性常数通常用于材料的研究中。分析波动问题时采用传统的弹性常数更方便。

后面会用到下列由一组常数计算另一组常数的公式：

$$c_{1111} = \frac{1-(\nu')^2(E/E')}{1-\nu^2+(1+2\nu)(\nu')^2(E/E')}E;$$

$$c_{1122} = \frac{\nu-(\nu')^2(E/E')}{1-\nu^2+(1+2\nu)(\nu')^2(E/E')}E;$$

$$c_{1133} = \frac{\nu'(1-\nu)}{1-\nu^2+(1+2\nu)(\nu')^2(E/E')}E;$$

$$c_{3333} = \frac{1-(\nu)^2}{1-\nu^2+(1+2\nu)(\nu')^2(E/E')}E';$$

$$c_{1111} - c_{1122} = \frac{1-\nu}{1-\nu^2+(1+2\nu)(\nu')^2(E/E')}E = (1/2)G;$$

$$c_{2323} = c_{3131} = (1/2)G'$$

将势函数（10.99）变为对应横向各向同性的表达式：

$$W = \frac{1}{2}c_{1111}[(\varepsilon_{11})^2+(\varepsilon_{22})^2] + \frac{1}{2}c_{3333}(\varepsilon_{33})^2 + c_{1122}\varepsilon_{11}\varepsilon_{22} + c_{1133}(\varepsilon_{11}+\varepsilon_{22})\varepsilon_{33} + c_{2323}[(\varepsilon_{23})^2+(\varepsilon_{31})^2] + (c_{1111}-c_{1122})(\varepsilon_{12})^2 + \frac{1}{3}AI_3 + BI_1I_2 + \frac{1}{3}CI_1^3 \quad (10.100)$$

现在可以得到应力公式为：

$$\sigma^{11} = \frac{1}{6}[3c_{1111}+2(A+3B)](u_{\vartheta,r})^2 + \frac{1}{6}[2c_{1122}+2(A+3B)](u_{\vartheta})^2 + \left(\frac{1}{2}c_{1133}+B\right)(u_{\vartheta,z})^2 + \frac{2}{3}(A+3B)\frac{1}{r}u_{\vartheta}u_{\vartheta,r},$$

$$\sigma^{22} = \frac{1}{6}[3c_{1122}+2(A+3B)](u_{\vartheta,r})^2 + \frac{1}{6}[3c_{1111}+2(A+3B)]\frac{1}{r^2}(u_{\vartheta})^2 + \frac{1}{6}[3c_{1133}+2(A+3B)](u_{\vartheta,r})^2 + \frac{2}{3}(A+3B)\frac{1}{r}u_{\vartheta}u_{\vartheta,r}, \quad (10.101)$$

$$\sigma^{33}=\left(\frac{1}{2}c_{1133}+B\right)[(u_{\vartheta,r})^2+(u_\vartheta)^2]+\frac{1}{6}[3c_{3333}+2(A+3B)](u_{\vartheta,z})^2+$$

$$2B\frac{1}{r}u_\vartheta u_{\vartheta,r},$$

$$\sigma^{12}=(c_{1111}-c_{1122})(ru_{\vartheta,r}-u_\vartheta)+\frac{4}{3}A\left(u_{\vartheta,r}u_{\vartheta,z}-\frac{1}{r}u_{\vartheta,z}u_\vartheta\right),$$

$$\sigma^{23}=c_{2323}u_{\vartheta,z},\ \sigma^{13}=\left(c_{1313}+\frac{4}{3}A\right)u_{\vartheta,r}u_{\vartheta,z}-\frac{A}{3r}u_{\vartheta,z}u_\vartheta$$

因此应力状态由非线性的 6 种类型表示：①$(u_\vartheta)^2$；②$(u_{\vartheta,r})^2$；③$(u_{\vartheta,z})^2$；④$(u_{\vartheta,r}u_{\vartheta,z})$；⑤$(u_\vartheta u_{\vartheta,r})$；⑥$(u_\vartheta u_{\vartheta,z})$。

注意：应变张量中的两个分量 ε_{12}、ε_{23} 与位移矢量的分量线性相关，其他四个应变张量分量与位移矢量的分量呈二阶非线性相关。式（10.101）表明应力张量的相应分量也具有同样的性质。因此，非线性应力波动方程的右边只有三次方项，当分析仅限于二阶非线性的时候，可以不纳入考虑。但是即使是在这种情况下，方程中依然包含物理层面的非线性，因为存在表示应力的非线性项 $\sigma_{r\vartheta}=r\sigma_{12}$。

根据上述解释，现在将非线性波动方程用位移表示：

$$u_{\vartheta,rr}+\frac{1}{r}u_{\vartheta,r}-\frac{1}{r^2}u_\vartheta+\frac{c_{2323}}{(c_{1111}-c_{1122})}u_{\vartheta,zz}-\frac{\rho}{(c_{1111}-c_{1122})}\ddot{u}_\vartheta$$

$$=\frac{c_{2323}}{(c_{1111}-c_{1122})}u_{\vartheta,zz}u_\vartheta+\frac{c_{2323}}{(c_{1111}-c_{1122})}(u_{\vartheta,z})^2-$$

$$\frac{1}{r^2}(u_\vartheta)^2+(u_{\vartheta,r})^2+u_{\vartheta,rr}u_\vartheta \tag{10.102}$$

接下来考虑的事情与非线性波动方程（10.102）的初步分析有关。

2. 横向各向同性材料中的二阶非线性扭转波：弹性常数

接下来把非线性波动方程（10.102）转化为方便分析的形式。为了这个目的，在此引入新的符号：对应横向各向同性的线性剪切波的相速度 $v_{3\mathrm{tris}}=\sqrt{(c_{1111}-c_{1122})/\rho}$，波数 $k_{3\mathrm{tris}}=\omega/v_{3\mathrm{tris}}$，各向同性平面的剪切模量与沿各向同性轴向的剪切模量之间的关系：$s^2=c_{2323}/(c_{1111}-c_{1122})$。

这样式（10.102）可变为：

$$u_{\vartheta,rr}+\frac{1}{r}u_{\vartheta,r}-\frac{1}{r^2}u_\vartheta+s^2u_{\vartheta,zz}-(k_3/\omega)\ddot{u}_\vartheta$$

$$=s^2u_{\vartheta,zz}u_\vartheta+s^2(u_{\vartheta,z})^2-\frac{1}{r^2}(u_\vartheta)^2+(u_{\vartheta,r})^2+u_{\vartheta,rr}u_\vartheta \tag{10.103}$$

这里需要注意的是，各向同性圆柱中的经典线性波动方程是由对应的非线性波动方程（10.89）的左侧组成的：

$$u_{\vartheta,rr}+\frac{1}{r}u_{\vartheta,r}-\frac{1}{r^2}u_\vartheta+u_{\vartheta,zz}-(k_3^*/\omega)^2\ddot{u}_\vartheta$$

$$=-\frac{4P^*}{3r}\left(u_{\vartheta,rr}u_{\vartheta,z}+u_{\vartheta,rz}u_{\vartheta,z}+\frac{1}{r^2}u_{\vartheta,z}u_\vartheta-\frac{1}{r}u_{\vartheta,r}u_{\vartheta,z}-\frac{1}{r}u_{\vartheta,rz}u_\vartheta\right)$$

其中，$k_3^*=\omega/v_3^*=\omega/\sqrt{\mu/\rho}$，$P^*=A/2\mu$。并且其扭转波解具有式（10.90）的形式：

$$u_\vartheta(r,z,t)=u_\vartheta^o\cdot \mathrm{J}_1(m^*r)\cdot \mathrm{e}^{\mathrm{i}(k_3^*z-\omega t)}\,(u_\vartheta^o=\mathrm{const}),\ m^*=\sqrt{(k_3^*)^2-k^2}$$

对比式（10.90）（各向同性圆柱）和式（10.103）（横向各向同性圆柱），容易看出，它们的线性解的区别是贝塞尔函数的自变量不同［就是参数 m 不同，现在还包括参数 $s^2=c_{2323}/(c_{1111}-c_{1122})$］。

当方程（10.103）没有右边的非线性部分时，它的解可以写为如下形式：

$$u_\vartheta(r,z,t)=u_\vartheta^o\cdot \mathrm{J}_1(mr)\cdot \mathrm{e}^{\mathrm{i}(k_3z-\omega t)}\,(u_\vartheta^o=\mathrm{const}),$$

$$m=\sqrt{(k_3)^2-s^2k^2}\qquad(10.104)$$

研究非线性平面波和柱面波的经验使得我们能够采用逐次逼近方法来求解非线性波动方程（10.103）。那么，与前面所有的情况类似，在前两个一阶近似框架下的解析解中可以看到一些非线性效应，且可以用数值模拟进行补充。

3. 横向各向同性材料中的二阶非线性扭转波：数值模拟所采用的材料

为了进行数值分析，首先要做的就是选择非线性弹性材料，选择一些纤维微米复合材料族。它包含两种复合材料，纤维是碳纤维，基质是基于环氧树脂 EPON828 的混合物，参数为：密度 $\rho=1.21\times10^3\ \mathrm{kg/m^3}$，杨氏模量 $E=2.68\ \mathrm{GPa}$，剪切模量 $\mu=0.96\ \mathrm{GPa}$，泊松比 $\nu=0.40$。

对于每种复合材料，通过改变纤维的体积分数生成几种不同的变型。

采用的填充材料有两种：

填充材料 N1：工业超细碳纤维 Thornel 300，性能参数为：纤维平均直径 8 μm，密度 $\rho=1.75\times10^3\ \mathrm{kg/m^3}$，杨氏模量 $E=228\ \mathrm{GPa}$，剪切模量 $\mu=88\ \mathrm{GPa}$，泊松比 $\nu=0.30$。

填充材料 N2：碳晶须，性能如下：纤维平均直径 1 μm，密度 $\rho=2.25\times10^3\ \mathrm{kg/m^3}$，杨氏模量 $E=1.0\ \mathrm{TPa}$，剪切模量 $\mu=385\ \mathrm{GPa}$，泊松比 $\nu=0.30$。

混合剂由树脂 EPON828 和聚苯乙烯组成。

聚苯乙烯的性能假定如下：密度 $\rho=1.05\times10^3\ \mathrm{kg/m^3}$，杨氏模量 $E=2.56\ \mathrm{GPa}$，

剪切模量 $\mu = 1.14$ GPa，泊松比 $\nu = 0.30$，Murnaghan 模量 $A = -10.8$ GPa，$B = -7.85$ GPa，$C = -9.81$ GPa。

提出的复合材料模型是，横向各向同性弹性材料的特性由等效常数表征。全套的常数包括密度 ρ_{eff}，五个二阶弹性常数 E_{eff}，G_{eff}，ν_{eff}，E'_{eff}，G'_{eff} 和三个三阶弹性常数 A_{eff}，B_{eff}，C_{eff}。

在接下来的数值分析中，只需要四个常数：密度，两个剪切模量，Murnaghan 常数 A。因此表 10.7 和表 10.8 中只包含这几个常数和新参数 s^2 的值。

表 10.7 对应填充材料为 N1 的复合材料。

表 10.8 对应填充材料为 N2 的复合材料。

表 10.7　六种不同的复合材料的等效物理常数值（填充材料 N1）

常数	纤维体积分数/%					
	1	5	10	15	20	25
ρ^{eff} ×/（10^3 kg · m^{-3}）	1.214	1.233	1.256	1.280	1.304	1.328
E^{eff}/GPa	4.93	13.9	25.2	36.5	47.8	59.0
ν^{eff}	0.399	0.394	0.388	0.383	0.375	0.369
E'^{eff}/GPa	2.94	3.36	3.72	4.10	4.50	4.94
G'^{eff}/GPa	0.976	1.04	1.14	1.24	1.36	1.50
ν'^{eff}	0.509	0.609	0.639	0.651	0.657	0.659
s^2	0.054	0.014	0.007 7	0.005 7	0.004 7	0.004 1

表 10.8　六种不同的复合材料的等效物理常数值（填充材料 N2）

常数	纤维体积分数/%					
	1	5	10	15	20	25
ρ^{eff} ×/（10^3 kg · m^{-3}）	1.218	1.250	1.291	1.333	1.376	1.419
E^{eff}/GPa	12.7	52.9	102	152	202	252
ν^{eff}	0.399	0.394	0.388	0.382	0.375	0.369
E'^{eff}/GPa	3.13	3.46	3.81	4.17	4.58	5.04
G'^{eff}/GPa	0.977	1.05	1.14	1.25	1.37	1.51
ν'^{eff}	0.602	0.656	0.667	0.672	0.674	0.674
s^2	0.054	0.014	0.007 7	0.005 7	0.004 7	0.004 1

注意三阶常数（Murnaghan 常数）A 的评估是与复合材料的内部结构对应的：基质是由线性弹性变形的环氧树脂和添加的根据 Murnaghan 模型非线性弹性变型的聚苯乙烯制成的。因此，首先是对基质确定 Murnaghan 弹性常数，然后再根据这一规则，得出整体复合材料的 Murnaghan 弹性常数的估值：

$$A_{11}^{\text{eff}} = c^m A^m,\ B_{11}^{\text{eff}} = c^m B^m,\ C_{11}^{\text{eff}} = c^m C^m$$

这种类型复合材料的特征是其等效常数非常依赖于基质的非线性特性而不依赖于纤维的类型。这说明碳纤维不显示非线性特性。因此，非线性的依赖性体现在对纤维的体积分数和两种材料构成的基质的等效特性的依赖。

4. 横向各向同性材料中的二阶非线性扭转波：前两项近似

现在，重新考虑基本的非线性波动方程（10.103）：

$$u_{\vartheta,rr} + \frac{1}{r}u_{\vartheta,r} - \frac{1}{r^2}u_\vartheta + s^2 u_{\vartheta,zz} - (k_3/\omega)\ddot{u}_\vartheta$$

$$= s^2 u_{\vartheta,zz}u_\vartheta + s^2 (u_{\vartheta,z})^2 - \frac{1}{r^2}(u_\vartheta)^2 + (u_{\vartheta,r})^2 + u_{\vartheta,rr}u_\vartheta$$

注意：这个方程与对应的各向同性材料的方程的不同之处在于，该方程的左侧（线性部分）和右侧（非线性部分）都多了新参数 s^2。

对其应用逐次逼近方法，写出求解二阶近似的式子：

$$u_{\vartheta,rr}^{(2)} + \frac{1}{r}u_{\vartheta,r}^{(2)} - \frac{1}{r^2}u_\vartheta^{(2)} + s^2 u_{\vartheta,zz}^{(2)} - (k_3/\omega)^2 \ddot{u}_\vartheta^{(2)}$$

$$= s^2 u_{\theta,zz}^{(1)}u_\vartheta^{(1)} + s^2 (u_{\theta,z}^{(1)})^2 - \frac{1}{r^2}(u_\vartheta^{(1)})^2 + (u_{\vartheta,r}^{(1)})^2 + u_{\vartheta,rr}^{(1)}u_\vartheta^{(1)} \quad (10.105)$$

估算式（10.105）的右侧部分：

$$s^2 u_{\theta,zz}^{(1)}u_\vartheta^{(1)} + s^2 (u_{\theta,z}^{(1)})^2 - \frac{1}{r^2}(u_\vartheta^{(1)})^2 + (u_{\vartheta,r}^{(1)})^2 + u_{\vartheta,rr}^{(1)}u_\vartheta^{(1)}$$

$$= (u_\vartheta^o)^2 \cdot M(mr) \cdot e^{2i(k_3 z - \omega t)},$$

$$M(mr) = \left(\frac{mr}{2}\right)^2\left[-2s^2 (k_3)^2 - \frac{5}{4}m^2\right] +$$

$$\left(\frac{mr}{2}\right)^4\left[2s^2 (k_3)^2 + \frac{5}{3}m^2\right] - \left(\frac{mr}{2}\right)^6\left[\frac{5}{6}s^2 (k_3)^2 + \frac{49}{72}m^2\right]$$

方程（10.105）的对应解如下：

$$u_\vartheta^{(2)}(r,z,t) = (u_\vartheta^o)^2 \cdot S(mr) \cdot e^{2i(k_3 z - \omega t)},$$

$$S(mr) = A_1 (mr)^4 + A_2 (mr)^6 + A_3 (mr)^8,$$

$$A_1 = \frac{1}{60m^2}\left[-2s^2 (k_3)^2 - \frac{5}{4}m^2\right],$$

$$A_2 = \frac{1}{35m^2}\left\{\frac{1}{16}\left[2s^2\ (k_3)^2 + \frac{5}{3}m^2\right] + \frac{1}{60m^2}\left[2s^2\ (k_3)^2 + \frac{5}{4}m^2\right] \times \left[\frac{\omega^2}{(\nu_3)^2} - 4s^2\ (k_3)^2\right]\right\},$$

$$A_3 = -\frac{1}{63m^2}\left\{\frac{1}{64}\left[\frac{5}{6}s^2\ (k_3)^2 + \frac{49}{72}m^2\right] + A_2\left[-\frac{\omega^2}{(\nu_3)^2} + 4s^2\ (k_3)^2\right]\right\}$$

在前两个一阶近似的框架下，方程的解可以表示为

$$u_\vartheta(r,z,t) = u_\vartheta^o \cdot \left[\frac{mr}{2} - \frac{1}{2}\left(\frac{mr}{2}\right)^3 + \frac{1}{12}\left(\frac{mr}{2}\right)^5\right] \cdot e^{i(k_3 z - \omega t)} + z\ (u_\vartheta^o)^2 \cdot S(mr) \cdot e^{2i(k_3 z - \omega t)} \tag{10.106}$$

因此，逐次逼近法适用于横向各向同性圆柱的情形，解式（10.106）描述了扭转波在这样的柱体中的传播。

这里主要关心的是各向同性和横向各向同性圆柱中波的相速度、波数、演化速度的区别。这些差别导致了线性解和二阶近似解的差别。而且，有必要考虑关系式 $k_{\mathrm{tris}} = k_{is} s$。

采用在各向同性平面上和沿着对称轴方向的剪切模量差别很小（表 10.6 和表 10.7）的纤维复合材料，我们可以分析材料中的强化剂对在这种材料做成的圆柱中传播的非线性扭转波的演化的影响。

5. 横向各向同性材料中的二阶非线性扭转波：一些表示波演化的图

下面的数值分析是针对前一节描述的复合材料数据进行的，假设圆柱直径 $r^o = 2.0$ cm。

图 10.18 ~ 图 10.20 所示的是演化的数值分析结果。横轴表示波传播的距离 z，纵轴表示的是圆柱表面的振荡幅度 u_ϑ，单位为 $u_\vartheta^0 = 1.0$ mm。这三幅图显示的都是波传播时某一时刻波形的一部分和波形的演化情况。图中的六条曲线分别对应表 10.6 和表 10.7 所示参数的六种颗粒复合材料。

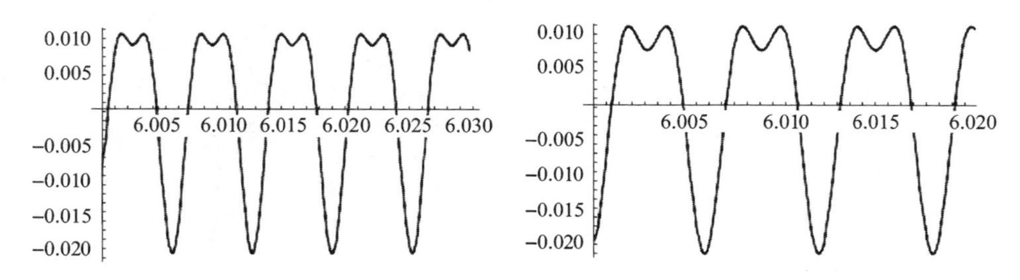

图 10.20　波演化的成熟阶段

注意： 当第一个根的形式为 $mr^0 = 1.841$ 时，那么参数 $m = 0.036\ 82$，因此当扭转波的频率 ω 确定时，波数 $k = (1/s)\sqrt{(k_3)^2 - m^2}$ 也确定了。在数值分析中，每种复合材料的频率定为临界值的一半：ω = 235,255,365,500,720,935 kHz。剪切波的波数利用公式 $k_3 = \omega/v_{ph}$ = 311.7,349.8,393.7,416.7,483.2,522.3 m^{-1} 计算。因此，不同材料中的扭转波波数不同，相速度亦然（它们比表 10.6 和表 10.7 中的剪切波的数值大）。这是图 10.18 ~ 图 10.20 中的六条曲线要在同一时刻同样的初始幅度下比较的原因。

图 10.18 对应演化过程的初始阶段，上部驼峰上形成了高原。

图 10.19 对应演化的中间阶段，高原中间出现了凹谷，接下来形成了新的驼峰。

图 10.20 是演化的成熟阶段，新的驼峰基本形成，振荡频率变为了原来的两倍。

图 10.21 所示为波形演化过程的三维图像。

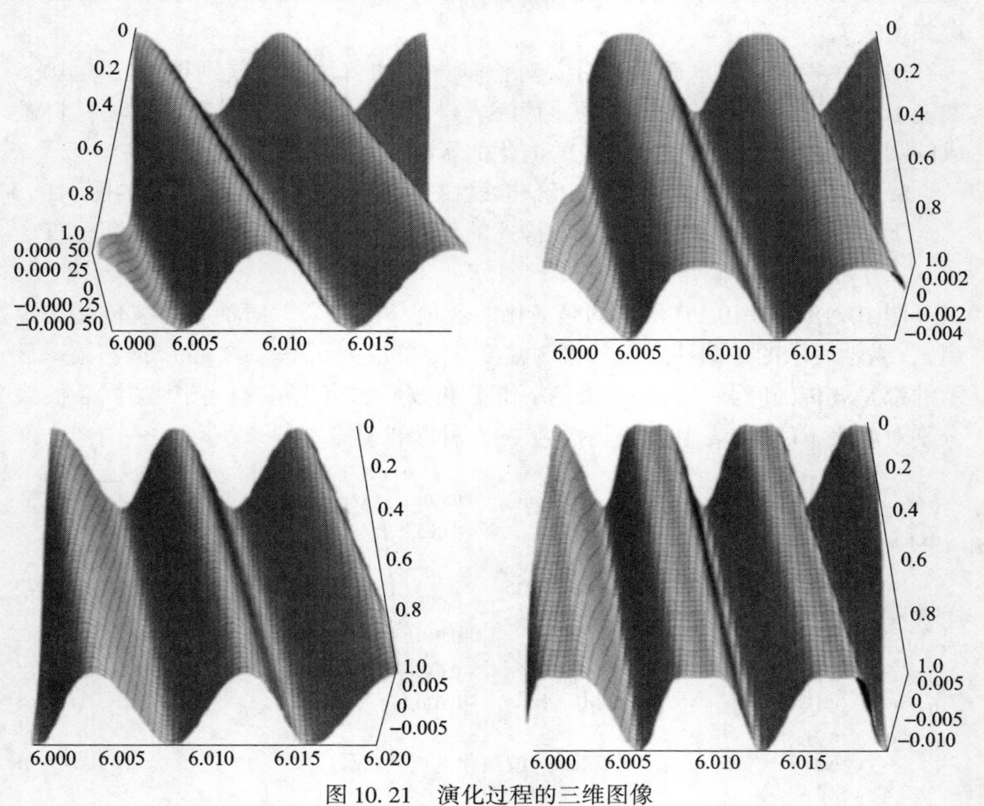

图 10.21　演化过程的三维图像

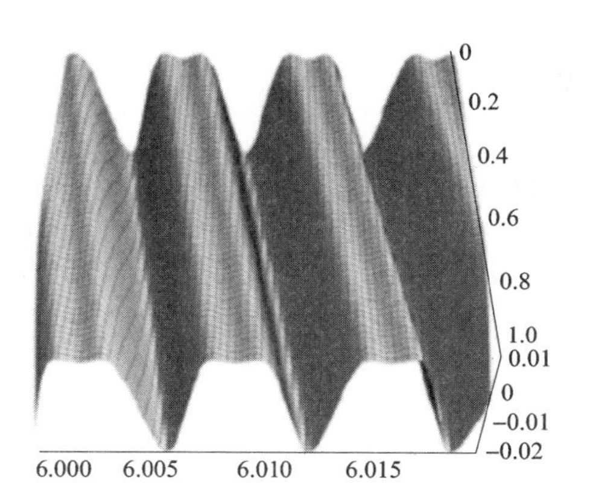

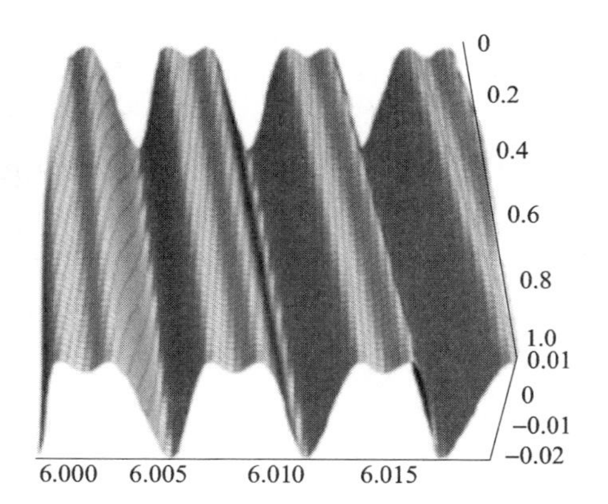

图 10.21　演化过程的三维图像（续）

因此，与各向同性情况相比，材料的横向各向同性改变了扭转波的理论表示。变化主要源于参数 $s = \sqrt{c_{2323}/(c_{1111} - c_{1122})}$，它反映了在不同方向上的弹性性能的本质区别。对于数值分析所采用的材料，参数 s 在 0.054 ~ 0.004 1 的范围变化，然而各向同性情况中 s 等于 1。这显著地改变了波数，因为 $k = (1/s)\sqrt{(k_3)^2 - m^2}$。但整体上来说，各向同性和横向各向同性两种情况下，扭转波传播的主要非线性波动效应是类似的。

练　　习

1. 指出本章分析的四种配置的区别。

2. 详细地重复不变量式（10.15）和式（10.16）的评估过程。

3. 详细地重复应力张量式（10.18）分量的评估过程。

4. 证明式（10.19）~式（10.21）简单的非线性类型数量是否是 19。

5. 式（10.32）和式（10.33）通常叫作应力方程。请尝试基于该参数项中也包含位移的事实命名该项。

6. 写出式（10.50）中的第四个被加项，并精练方程（10.53）。从图 10.1 中描绘精练的图像。

7. 向纤维的二次构型中引入内部结构的特征尺寸的概念。请寻找其他类型的构型。

8. 写出计算极限频率的方程。

9. 写出真实应力张量的定义。

10. 重复估算应力张量式（10.82）和式（10.83）的分量的过程。

11. 详细写出从伴随坐标下的运动方程推导出式（10.84）的过程。

12. 写出从式（10.82）和式（10.83）推导出位移的非线性波动方程（10.85）的过程。

13. 考虑在10.2节末尾提出的基于Murnaghan模型（五个弹性常数）和Signorini模型的非线性波动方程（三个弹性常数），提出一种利用Murnaghan弹性常数识别Signorini弹性常数的方法。

14. 重复利用式（10.87）和式（10.88）推导位移的非线性波动方程（10.89）的过程。

15. 根据式（10.92）画出贝塞尔函数$J_0(x)$,$J_1(x)$的图像。

16. 从以下角度对解式（10.98）进行分析：一阶谐波的振幅只包含mr的奇次方，而二阶振幅只包含偶次方。

17. 势函数（10.99）表示的是各向异性的一般情况。写出该函数对于横向各向同性材料情况下的表达式。

18. 从势函数（10.100）的表达式开始，重复应力张量式（10.101）的分量表达式的推导过程。

19. 比较各向同性式（10.89）与横向各向同性式（10.102）情况下的非线性波动方程，并指出它们的区别。

20. 验证方程（10.105）中的二阶近似解中表达式A_k的估值。

参 考 文 献

[1] Achenbach, J. D.: Wave Propagation in Elastic Solids. North-Holland, Amsterdam (1973)

[2] Bedford, A., Drumheller, D. S.: Introduction to Elastic Wave Propagation. Wiley, Chichester (1994)

[3] Graff, K. F.: Wave Motion in Elastic Solids. Dover, London (1991)

[4] Guz, A. N., Rushchitsky, J. J.: Nanomaterials. On mechanics of nanomaterials. Int. Appl. Mech. 39 (11), 1271-1293 (2003)

[5] Guz, A. N., Rushchitsky, J. J.: Short Introduction to Mechanics of Nanocomposites. Scientific and Academic Publishing, Rosemead (2012)

[6] Guz, I. A., Rushchitsky, J. J.: Comparison of mechanical properties and effects in micro- and nanocomposites with carbon fillers (carbon microfibers, graphite microwhiskers and carbon nanotubes). Mech. Compos. Mater. 40 (2), 179-190 (2004)

[7] Guz, I. A., Rushchitsky, J. J.: Comparison of characteristics of wave evolution in micro- and nanocomposites with carbon fillers. Int. Appl. Mech. 40 (7), 785-793 (2004)

[8] Guz, I. A., Rushchitsky, J. J.: Theoretical description of certain mechanism of debonding

in fibrous micro- and nanocomposites. Int. Appl. Mech. 40 (10), 1144 - 1152 (2004)

[9] Harris, J. G.: Linear Elastic Waves. Cambridge Texts in Applied Mathematics. Cambridge University Press, Cambridge (2001)

[10] Hudson, J. A.: The Excitation and Propagation of Elastic Waves. Cambridge University Press, Cambridge (1980)

[11] Kratzer, A., Franz, W.: Transcendente Funktionen (Transcendental Functions). Akademische Verlagsgesellschaft, Leipzig (1960)

[12] Lempriere, B. M.: Ultrasound and Elastic Waves: Frequently Asked Questions. Academic, New York (2002)

[13] Maugin, G.: Nonlinear Waves in Elastic Crystals. Oxford University Press, Oxford (2000)

[14] Miklowitz, J.: The Theory of Elastic Waves and Waveguides. North-Holland, Amsterdam (1978)

[15] Nowacki, W.: Teoria sprężystośći (Theory of Elasticity). PWN, Warszawa (1970)

[16] Olver, F. W. J.: Asymptotics and Special Functions. Academic, New York (1974)

[17] Royer, D., Dieulesaint, E.: Elastic Waves in Solids (I, II). Advanced Texts in Physics. Springer, Berlin (2000)

[18] Rushchitsky, J. J.: Quadratically nonlinear cylindrical hyperelastic waves: derivation of wave equations for plane-strain state. Int. Appl. Mech. 41 (5), 496 - 505 (2005)

[19] Rushchitsky, J. J.: Quadratically nonlinear cylindrical hyperelastic waves: derivation of wave equations for axisymmetric and other states. Int. Appl. Mech. 41 (6), 646 - 656 (2005)

[20] Rushchitsky, J. J.: Quadratically nonlinear cylindrical hyperelastic waves: primary analysis of evolution. Int. Appl. Mech. 41 (7), 770 - 777 (2005)

[21] Rushchitsky, J. J., Symchuk, Y. V.: Quadratically nonlinear wave equation for cylindrical hyperelastic axisymmetric waves propagating in the radial direction. Proc. NAS Ukraine 10, 45 - 52 (2005)

[22] Rushchitsky, J. J., Symchuk, Y. V.: Theoretical and numerical analysis of quadratically non-linear cylindrical waves propagating in composite materials of micro- and nanolevels. Proc. NAS Ukraine 3, 45 - 53 (2006)

[23] Rushchitsky, J. J., Cattani, C.: Nonlinear cylindrical waves in hyperelastic medium deforming by the Signorini law. Int. Appl. Mech. 42 (7), 765 - 774 (2006)

[24] Rushchitsky, J. J., Cattani, C.: Comparative analysis of hyperelastic waves with the plane or cylindrical front in materials with internal structure. Int. Appl. Mech. 42 (10), 1099 - 1119 (2006)

[25] Rushchitsky, J. J., Cattani, C., Symchuk, Y. V.: Evolution of the initial profile of hyperelastic cylindrical waves in fibrous nanocomposites. Proceedings of the International

Workshop "Waves & Flows", Kyiv, pp. 70 – 74 (2006)
[26] Rushchitsky, J. J., Symchuk, Y. V.: On higher approximations in analysis of nonlinear cylindrical hyperelastic waves. Int. Appl. Mech. 43 (4), 469 – 477 (2007)
[27] Rushchitsky, J. J., Symchuk, Y. V.: On modeling the cylindrical waves in nonlinearly deforming composite materials. Int. Appl. Mech. 43 (6), 642 – 649 (2007)
[28] Rushchitsky, J. J.: To evolution of nonlinear elastic cylindrical waves propagating from a cylindrical tunnel—theories of comparative analysis. In: Eberhardsteiner, J. et al. (eds.) ECCOMAS Thematic Conference on Computational Methods in Tunnelling (EURO: TUN2007) Vienna, Austria, pp. 201 – 212 (2007)
[29] Rushchitsky, J. J., Symchuk, Y. V.: Quadratically nonlinear torsional hyperelastic waves in isotropic cylinders: primary analysis of evolution. Int. Appl. Mech. 44 (3), 304 – 312 (2008)
[30] Rushchitsky, J. J., Symchuk, Y. V.: Quadratically nonlinear torsional hyperelastic waves in transversely isotropic cylinders: primary analysis of evolution. Int. Appl. Mech. 44 (5), 505 – 515 (2008)
[31] Rushchitsky, J. J.: Analysis of quadratically nonlinear hyperelastic cylindrical wave using the representation of approximations by Hankel functions. Int. Appl. Mech. 47 (6), 700 – 707 (2011)
[32] Rushchitsky, J. J.: Theory of Waves in Materials. Ventus Publishing ApS, Copenhagen (2011)
[33] Tolstoy, I.: Wave Propagation. McGraw Hill, New York (1973)

第 11 章

弹性材料中的非线性瑞利和勒夫表面波

本章主要分析对应 Murnaghan 模型的非线性弹性瑞利和勒夫表面波。分析分为两部分，第一部分分析瑞利波。第一子部分，介绍弹性表面波的概念和线性弹性瑞利表面波的基本理论。接下来讨论非线性弹性瑞利表面波，包括其基本信息（二阶非线性方程中描述依赖于两个空间坐标 x_1,x_3 和时间 t 的二维运动的新变量），基本方程，非线性波动方程的求解过程，以及得到的前两个一阶近似和对它的评论。主要的非线性影响是在波的传播过程中出现了二阶谐波，对非线性边界条件进行了单独分析。这里分别给出了小变形和大变形情况下的边界条件，并对其进行了分析。最后推导出了一个新的非线性瑞利方程并进行了讨论。主要的非线性在于相速度与初始幅度非线性相关。第二子部分，在经典描述和额外加上非线性形变假设的条件下研究了弹性勒夫表面波问题。采用了非线性 Murnaghan 模型。推导出了一个新的位移非线性波动方程，它包括线性部分和具有三阶和五阶非线性项和的部分。在允许材料非线性的条件下，在前两个一阶近似框架下利用逐次逼近方法求出了具有非线性边界条件的新的非线性方程的解。推导出了决定波数的新的非线性方程，显示了导致初始波形失真的一个新的因素——频率不变波长改变导致的失真。这些信息可以在关于弹性瑞利和勒夫波的科学出版物上找到，出版物列表（48 项）见本章的参考文献［1－48］。

11.1 非线性弹性瑞利表面波：概述、非线性波动方程

11.1.1 弹性表面波

表面波是沿着固体的自由表面（固体和真空的界面）或固体与其他介质的界面传播的波，其振幅在界面处最大，深入固体则迅速衰减。这种说法也可以表示为：如果波不集中在近表面层，那么它就不是表面波。

表面波问题的系统解是瑞利在 1885 年第一次提出的。这是基本物理现象理论预测的非常典型的例子。在线性弹性理论的框架内预测波动。在波动理论中，其他的表面波都跟瑞利波作比较。

需要注意的是平面波的一些特点。首先，观察这些波就会发现，与纵波和横波相比，它们有大振幅和大能量的特点。从弹性波的理论点来看，平面波证实自由表面可以耦合在无限大介质中彼此独立的纵波和横波。这种耦合表现为表面波不是线性偏振的，物质粒子在波传播的平面内振动，振动位移包含纵向分量和横向分量。

最著名的弹性表面波有以下几种。

经典瑞利波：它沿着半无限弹性介质与真空的界面传播。粒子的振动曲线是椭圆，长轴垂直于界面，短轴平行于波传播的方向。

柱面瑞利波：它沿着向上或向下的圆柱形表面传播，该表面是弹性圆柱与真空的界面。此处角度是波的相位变量。

球面瑞利波：它沿着向上或向下的圆弧表面传播，该表面是弹性球与真空的界面。

经典斯通利波：它沿着两种性质不同的半无限弹性介质的界面或者半无限弹性介质与液体的界面传播。与瑞利波相比，它有着完全不同的运动学结构。粒子的运动和波的能量都主要局限在液体中。这种波就像是由两个在各自的半空间中传播的瑞利波组成的。

耗散表面波：这种波可以和斯通利波同时产生，它的相速度比斯通利波大。它以一定的角度传播到界面，就像透过界面泄漏到了介质中（固体或流体）。但是因为超过一定深度它就会开始衰减，所以也归类为表面波。

环流表面波：它沿着形成二面角的两个平面表面传播。该波首先沿着一个平面传播，然后接近该夹角时发生反射，一部分变成沿着另一个平面传播——波围绕该夹角流动。如果侧壁被翻转，那么波将会沿该夹角传播而几乎不被反射。

勒夫波：它沿着半无限弹性介质和不同弹性的薄层之间的界面传播。它只

在波传播的平面内偏振。

注意：表面波和体波最主要的区别是：表面波集中在表面附近，可以在较长的距离上保持比体波大的振幅。因此，同样的初始幅度下，表面波能够累积更大的非线性效应。

11.1.2　线性弹性瑞利表面波

考虑界面是平面的情况。采用笛卡儿坐标系，界面的方程为 $x_3 = 0$，一种弹性材料占据了上半部分空间。接下来可以进一步考虑各向异性材料。但是此处，不能全面讨论关于平面波的理论。从一些步骤入手，使得解可以与数值方法相关联。因为求解各向同性问题和各向异性问题的逻辑架构在本质上是相同的，因此直接考虑各向同性情况似乎也是合理的。

尽管求解的逻辑架构相同，但两种情况的结果在某些基本的地方还是有区别的。例如，文献［12］中就阐述了五个非常显著的区别。

选用各向同性材料，并且令表面波沿着 Ox_1 轴传播。在这种情况下，波动并不依赖坐标 x_2，因此问题就变成了平面问题，这种力学状态被称为平面应变状态。平面问题的拉梅方程十分简单，可以写成两个解耦的与标量函数势 $\varphi(x_1,x_3,t)$，$\psi(x_1,x_3,t)$ 有关的波动方程：

$$u_1(x_1,x_3,t) = \frac{\partial\varphi}{\partial x_1} + \frac{\partial\psi}{\partial x_3},\quad u_3(x_1,x_3,t) = \frac{\partial\varphi}{\partial x_3} - \frac{\partial\psi}{\partial x_1} \tag{11.1}$$

也可以用势函数表示：

$$\left(\Delta - \frac{1}{c_L^2}\frac{\partial^2}{\partial t^2}\right)\varphi = 0,\quad \left(\Delta - \frac{1}{c_T^2}\frac{\partial^2}{\partial t^2}\right)\psi = 0 \tag{11.2}$$

其中的符号是瑞利问题中的标准符号：$c_L = \sqrt{(\lambda + 2\mu)/\rho}$ 为纵波相速度；$c_T = \sqrt{\mu/\rho}$ 为横波相速度；λ,μ 为拉梅弹性常数；ρ 为密度。

问题可以转换为更正式的陈述：

当界面 $x_3 = 0$ 没有应力（自由界面）时，求解方程（11.2）在上半部分空间 $x_3 > 0$ 的解。

边界条件如下：

$$\sigma_{33}(x_1,0,t) = 0,\ \sigma_{31}(x_1,0,t) = 0 \tag{11.3}$$

或

$$\left[c_L^2\frac{\partial^2\varphi}{\partial {x_3}^2} + (c_L^2 - 2c_T^2)\frac{\partial^2\varphi}{\partial {x_1}^2} - 2c_T^2\frac{\partial^2\varphi}{\partial x_1\partial x_3}\right]_{x_3=0} = 0,$$

$$\left[2\frac{\partial^2\varphi}{\partial x_1\partial x_3} + \frac{\partial^2\psi}{\partial {x_3}^2} - \frac{\partial^2\psi}{\partial {x_1}^2}\right]_{x_3=0} = 0 \tag{11.4}$$

现在关于平面波的问题可以表述如下。

当界面 $x_3 = 0$ 没有应力（自由界面）时，求解方程（11.2）在上半部分空间 $x_3 > 0$ 的解。解的形式是沿平面方向传播、振幅随着 x_3 的增加而衰减的谐波。

因此，解的形式应该为

$$\varphi(x_1, x_3, t) = A_\varphi(x_3)\mathrm{e}^{\mathrm{i}(k_R x_1 - \omega t)}$$
$$\psi(x_1, x_3, t) = A_\psi(x_3)\mathrm{e}^{\mathrm{i}(k_R x_1 - \omega t)} \tag{11.5}$$

其中振幅 $A_\varphi(x_3)$，$A_\psi(x_3)$ 应该满足随 x_3 的增加而衰减。

然后将式（11.5）代入方程（11.2）中，得到了两个关于 $A_\varphi(x_3)$，$A_\psi(x_3)$ 的方程：

$$A''_\varphi - (k_R^2 - k_L^2)A_\varphi = 0, \quad A''_\psi - (k_R^2 - k_T^2)A_\psi = 0 \tag{11.6}$$

其中 $k_L = \omega/c_L$，$k_T = \omega/c_T$。表面波波数 k_R 是未知的。式（11.6）中的系数应满足：

$$k_R^2 - k_L^2 > 0,\ k_R^2 - k_T^2 > 0 \tag{11.7}$$

条件（11.7）排除了式（11.6）的周期解，保留了衰减解。如果再加上上文所说的振幅衰减条件，那么振幅可以写成如下形式：

$$A_\varphi(x_3) = A_\varphi^0 \mathrm{e}^{-\sqrt{k^2 - k_L^2}x_3}, \quad A_\psi(x_3) = A_\psi^0 \mathrm{e}^{-\sqrt{k^2 - k_T^2}x_3} \tag{11.8}$$

其中 A_φ^0，A_ψ^0 为未知常数。

注意：上面的解包含三个未知量：两个振幅的最大值和平面波的波数。在只给定了两个边界条件的情况下，要确定这些参数，那么其中一个要用另外两个表示。

对式（11.8）进行修正作为式（11.6）的解：

$$\varphi(x_1, x_3, t) = A_\varphi^0 \mathrm{e}^{\mathrm{i}(k_R x_1 - \omega t) - \sqrt{k_R^2 - k_L^2}x_3},$$
$$\psi(x_1, x_3, t) = A_\psi^0 \mathrm{e}^{\mathrm{i}(k_R x_1 - \omega t) - \sqrt{k_R^2 - k_T^2}x_3} \tag{11.9}$$

将式（11.9）代入边界条件（11.4）中，可以得到两个关于 A_φ^0，A_ψ^0 的线性齐次代数方程：

$$\left(2k_R^2 - \frac{c_l^2}{c_t^2}k_L^2\right)A_\varphi^0 + 2\mathrm{i}k_R\sqrt{k_R^2 - k_T^2}A_\psi^0 = 0,$$

$$-2\mathrm{i}k_R\sqrt{k_R^2 - k_L^2}A_\varphi^0 + (2k_R^2 - k_T^2)A_\psi^0 = 0 \tag{11.10}$$

如果假设式（11.10）的行列式等于零，就可以得到决定波数或者相速度（代入 $\omega/k_R = c_R = 1/\theta$）的方程了。

$$\left(2k_R^2-\frac{c_l^2}{c_t^2}k_L^2\right)(2k_R^2-k_T^2)-4k_R^2\sqrt{k_R^2-k_L^2}\sqrt{k_R^2-k_T^2}=0,$$

或

$$\theta\left\{\theta^3-8\ (\theta-1)\ \left[\theta-2\left(1-\frac{c_l^2}{c_t^2}\right)\right]\right\}=0 \tag{11.11}$$

等式（11.11）表明了表面波存在的条件，是决定表面波传播速度的三次代数方程（因为零阶根不存在）。它通常被叫作瑞利方程。

注意： 式（11.11）并不依赖于频率，它的解也不依赖于频率。因此瑞利波的相速度与频率无关，也就是不频散。

在过去的 100 多年中，人们提出了许多种方法来求解，它们都满足问题的描述。

下面简要介绍一下其中的一种方法。首先，正如前文提到的，这种情况下的零阶根不存在，因此可以忽略。

根据条件式（11.7），要满足条件 $\theta<1$，也就是相速度必须小于纵波和横波的相速度。

判断一个根是否存在的最简单的方法就是图像法。根据这一方法，所求的根就是二阶抛物线 $z_2=(\theta-1)[\theta-2(1-c_t^2/c_l^2)]$ 与三阶抛物线 $z_1=(1/8)\theta^3$ 的交点的横坐标。对于 $0\leqslant c_t^2/c_l^2\leqslant 1/\sqrt{2}$ 范围内所有可能的值，唯一的交点存在于 $0.764\leqslant\theta_R\leqslant 0.912$。因此我们认为这个值对应瑞利波的相速度 $c_R=\theta_R\cdot c_t$。所以，弹性表面波确实存在，它是不频散的谐波。在应用中，采用了 Viktorov 方程：

$$\frac{c_R}{c_t}\approx\frac{0.87+1.12\nu}{1+\nu} \tag{11.12}$$

现在回到系统（11.10），用一个振幅表示另一个振幅：

$$A_\psi=-\left[2ik\sqrt{k_R^2-k_L^2}/(2k_R^2-k_T^2)\right]A_\varphi \tag{11.13}$$

因此，瑞利波的振幅是任意的。所有其他的振源不固定的自由波也具有同样的特点。

现在计算瑞利波的位移。为此，我们采用势函数的表达式（11.9）和用势函数表示的位移式（11.1）。这里需要注意的是，从式（11.9）中可以看出，第一个势函数比第二个随深度衰减得更快。所以，从某一深度开始，瑞利波几乎变成了剪切波。因此，以下公式是有效的：

$$u_1(x_1,x_3,t)=A_\psi^0\left(\frac{2k_R^2\sqrt{k_R^2-k_L^2}}{2k_R^2-k_T^2}\mathrm{e}^{-\sqrt{k_R^2-k_L^2}x_3}-\sqrt{k_R^2-k_T^2}\mathrm{e}^{-\sqrt{k_R^2-k_T^2}x_3}\right)\mathrm{e}^{\mathrm{i}(k_Rx_1-\omega t)}$$

$$u_3(x_1, x_3, t) = \mathrm{i}A_\psi^0\left(\frac{2k_R k_R^2 - k_L^2}{2k_R^2 - k_T^2}\mathrm{e}^{-\sqrt{k_R^2-k_L^2}x_3} - k_R\mathrm{e}^{-\sqrt{k_R^2-k_T^2}x_3}\right)\mathrm{e}^{\mathrm{i}(k_R x_1 - \omega t)} \tag{11.14}$$

因为忽略了位移矢量的一个分量，所以位移矢量其实是在 Ox_1x_3 平面内的。当考虑分量 u_2 时，这个平面被叫作矢状平面。

对于方程（11.14）进行两点说明，第一个要注意的是在 u_3 的表达式中有因子 i。实位移是式（11.14）的实部。i 的出现意味着粒子沿着 Ox_1 和 Ox_3 方向的振动相差 π/2 个相位。

第二个要注意的是幅值的差别。这样的差别意味着振荡发生在矢状平面内，每个粒子的运动轨迹都是椭圆。随着与表面的距离增大，椭圆的形状也在改变。

最后给出衰减的规律，以及在距离平面多远时振动位移几乎观察不到了。

通常所用的深度是幅值变为原来的 1/e 的位置。对于幅度 $A_\varphi(x_3)$，这个距离为

$$d_\varphi = \frac{\lambda_R}{2\pi\sqrt{1-(c_T^2/c_L^2)\xi^2}} = \frac{\lambda_R}{2\pi\sqrt{1-(c_R^2/c_L^2)}} \tag{11.15}$$

$$d_\psi = \frac{\lambda_R}{2\pi\sqrt{1-\xi^2}} = \frac{\lambda_R}{2\pi\sqrt{1-(c_R^2/c_T^2)}} \tag{11.16}$$

式（11.15）和式（11.16）表明，距离 d_φ、d_ψ 与纵波和横波的波长在一个数量级上，因此，也和瑞利波的波长在一个数量级上。

因此，瑞利波的波长越短，波就越集中在界面附近，波传播的近表面层也就越薄。

需要牢记的一点是，当波长与材料内部结构的特征尺寸相当时，传统的弹性介质模型就不再适用了。

如果把式（11.15）和式（11.16）代入位移的表达式（11.14）中，就可以估算位移振幅的减小特性了。但从力学的角度看，这一特点在估计波的近表面程度时显现得更为明显。

11.1.3 非线性弹性瑞利表面波基本方程概述

瑞利波被归类为表面波，并且用线性近似方法进行了充分的研究。

从 1885 年，瑞利勋爵三世第一次在理论上得到了表面波问题的解[35]开始，关于线性瑞利波的理论研究已经有了很多基本出版物。在提到的工作中，人们采用了许多不同的方法和思想。到目前，出现了 Stroh 理

论[41]。

后来人们利用许多不同的线性弹性变形模型对瑞利波进行了理论研究。例如，对允许初始应力的瑞利波的分析[15]和弹性混合物模型的瑞利波分析[37]。

实验研究方面，人们不仅在实验室的条件下对瑞利波进行研究，并且针对其本质，在地震活动中进行研究，因为只有瑞利波用于地震活动的研究[5]。表面波性能的广泛用途也激发了人们进行实验研究的兴趣。

关于非线性瑞利波的较为完整的书目信息可以从以下三类出版物中找到：早期（1974）的加拿大科学家的工作[44]，美国科学家（1992—2008）的主要的工作[19,40,47,48]，以及 1999 年的博士论文[39]。

弹性力学理论的问题中，有许多方法可以引入非线性，值得注意的是，在第一本出版物中，本构方程表达式中的应力对位移梯度和位移有二阶非线性依赖，并由线性瑞利波的谐波数列进行表达和以后的数值求解，这是比较方便的。在第二项工作中（在前面提到的系列中），采用了哈密顿形式理论，也同样包含了二阶非线性。第三项工作，采用的是非线性 John 势（假设只存在几何非线性）对应的本构方程。

人们普遍意识到，声波的非线性是高阶谐波的起源，并且公认这是瑞利最早发现的。

关于表面波非线性的第二个公认的事实是：既然表面波被局限在厚度与波长相当的近表面层中，并且其能量一般都很大，那么在这样一个薄层中，出现非线性效应是不可避免的。

现在考虑非线性瑞利波问题，用本书提到的基于非线性弹性形变的 Murnaghan 模型的方法。

出发点是 Murnaghan 势函数（3.59）的变式：

$$\begin{aligned} W = &\frac{1}{2}\lambda\,(u_{1,1}+u_{3,3})^2+\mu\left[(u_{1,1})^2+(u_{3,3})^2+\frac{1}{2}\,(u_{1,3}+u_{3,1})^2\right]+\\ &\frac{1}{2}\lambda\{(u_{1,1}+u_{3,3})[(u_{1,1})^2+(u_{3,3})^2]+2(u_{1,1}+u_{3,3})u_{1,3}u_{3,1}\}+\\ &\mu\left[(u_{1,1})^3+(u_{3,3})^3+2(u_{1,1}+u_{3,3})u_{1,3}u_{3,1}+\frac{1}{2}(u_{1,1}+u_{3,3})(u_{1,3}^2+u_{3,1}^2)\right]+\\ &\frac{1}{3}A\left[(u_{1,1})^3+(u_{3,3})^3+\frac{3}{4}(u_{1,3}+u_{3,1})(u_{1,1}+u_{3,3})\right]+\\ &B(u_{1,1}+u_{3,3})[(u_{1,1})^2+(u_{3,3})^2+(u_{1,3}+u_{3,1})^2]+\frac{1}{3}C\,(u_{1,1}+u_{3,3})^3 \end{aligned} \tag{11.17}$$

下一个基本公式是利用 $t_{mn}=\partial W/\partial u_{m,n}$ 从式（11.17）中推导的基尔霍夫应力张量的分量：

$$t_{11}=\partial W/\partial u_{1,1}=\lambda(u_{1,1}+u_{3,3})+2\mu u_{1,1}+\lambda\left[(u_{1,1})^2+u_{1,3}u_{3,1}+\frac{1}{2}(u_{1,1}+u_{3,3})^2\right]+$$
$$\mu\left[3(u_{1,1})^2+u_{1,3}u_{3,1}+\frac{1}{2}(u_{1,3}+u_{3,1})^2\right]+A\left[(u_{1,1})^2+\frac{1}{4}(u_{1,3}+u_{3,1})^2\right]+$$
$$B[3(u_{1,1})^2+2u_{1,1}u_{3,3}+(u_{3,3})^2+(u_{1,3}+u_{3,1})^2]+$$
$$C[(u_{1,1})^2+2u_{1,1}u_{3,3}+(u_{3,3})^2] \tag{11.18}$$

$$t_{33}=\partial W/\partial u_{3,3}=\lambda(u_{1,1}+u_{3,3})+2\mu u_{3,3}+\lambda\left[(u_{3,3})^2+u_{1,3}u_{3,1}+\frac{1}{2}(u_{1,1}+u_{3,3})^2\right]+$$
$$\mu\left[3(u_{3,3})^2+u_{1,3}u_{3,1}+\frac{1}{2}(u_{1,3}+u_{3,1})^2\right]+A\left[(u_{3,3})^2+\frac{1}{4}(u_{1,3}+u_{3,1})^2\right]+$$
$$B[(u_{1,1})^2+2u_{1,1}u_{3,3}+3(u_{3,3})^2+(u_{1,3}+u_{3,1})^2]+C[(u_{1,1})^2+$$
$$2u_{1,1}u_{3,3}+(u_{3,3})^2] \tag{11.19}$$

$$t_{13}=\mu(u_{1,3}+u_{3,1})+\lambda(u_{1,1}+u_{3,3})u_{3,1}+\mu(u_{1,1}+u_{3,3})(u_{1,3}+2u_{3,1})+$$
$$\frac{1}{4}A(u_{1,1}+u_{3,3})(u_{1,3}+u_{3,1})+2B(u_{1,1}+u_{3,3})(u_{1,3}+u_{3,1}) \tag{11.20}$$

$$t_{31}=\mu(u_{1,3}+u_{3,1})+\lambda(u_{1,1}+u_{3,3})u_{1,3}+\mu(u_{1,1}+u_{3,3})(2u_{1,3}+u_{3,1})+$$
$$\frac{1}{4}A(u_{1,1}+u_{3,3})(u_{1,3}+u_{3,1})+2B(u_{1,1}+u_{3,3})(u_{1,3}+u_{3,1}) \tag{11.21}$$

将式（11.18）~式（11.21）代入波动方程：

$$t_{11,1}+t_{31,3}=\rho\ddot{u}_1,\quad t_{13,1}+t_{33,3}=\rho\ddot{u}_3 \tag{11.22}$$

得到两个拉梅（位移）非线性方程：

$$\rho\ddot{u}_1-(\lambda+2\mu)u_{1,11}-(\lambda+\mu)u_{3,13}-\mu u_{1,33}$$
$$=[3(\lambda+2\mu)+2(A+3B+C)]u_{1,1}u_{1,11}+$$
$$\left[\mu+\left(\frac{A}{2}+B\right)\right](u_{1,1}u_{1,33}+u_{1,3}u_{3,11}+u_{1,3}u_{3,33}+u_{3,3}u_{1,33})+$$
$$\left[2(\lambda+\mu)+\left(\frac{A}{2}+3B+2C\right)\right](u_{1,1}u_{3,13}+u_{3,3}u_{3,13})+$$
$$[(\lambda+3\mu)+A+2B](u_{1,3}u_{1,33}+u_{3,1}u_{1,13})+$$
$$\left[(\lambda+2\mu)+\frac{A}{2}+B\right](u_{3,1}u_{3,11}+u_{3,1}u_{3,33})+$$
$$[\lambda+2(B+C)]u_{3,3}u_{1,11} \tag{11.23}$$

$$\begin{aligned}
&\rho\ddot{u}_3 - (\lambda + 2\mu)u_{3,33} - (\lambda + \mu)u_{1,13} - \mu u_{3,11} \\
&= [3(\lambda + 2\mu) + 2(A + 3B + C)]u_{3,3}u_{3,33} + \\
&\quad \left[\mu + \left(\frac{A}{2} + B\right)\right](u_{3,3}u_{3,11} + u_{3,1}u_{1,33} + u_{3,1}u_{1,11} + u_{1,1}u_{3,11}) + \\
&\quad \left[2(\lambda + \mu) + \left(\frac{A}{2} + 3B + 2C\right)\right](u_{3,3}u_{1,13} + u_{1,1}u_{1,13}) + \\
&\quad [(\lambda + 3\mu) + A + 2B](u_{3,1}u_{3,11} + u_{1,3}u_{3,13}) + \\
&\quad \left[(\lambda + 2\mu) + \frac{A}{2} + B\right](u_{1,3}u_{1,33} + u_{1,3}u_{1,11}) + [\lambda + 2(B + C)]u_{1,1}u_{3,33}
\end{aligned} \tag{11.24}$$

在这些方程中，线性项统一写在左边，相同结构的二阶非线性项写在右边——一阶导数与二阶导数的乘积。每个方程都包含 12 个非线性项，两个方程中的非线性项并不相同，因此共 24 项（四个一阶导数与六个二阶导数的乘积）。

当位移矢量的分量只包含一个变量（平面波情况的特点）时，三个运动方程中只包含三个不同的非线性项。

还有一点需要注意，在分析不同类型的柱面波之前，非线性项数量的增加是固定的。

式（11.23）和式（11.24）允许分析几何非线性和材料非线性。几何非线性用应力对位移的非线性关系来表示，它承认有限形变。材料非线性通过 Murnaghan 弹性势的三阶非线性表示，对应本构方程的二阶非线性。但是也存在这样的情况（前面的章节讨论过），变形过程是纯几何的，形变并不小，本构方程还是线性的，或者只有材料非线性，应变很小，本构方程是非线性的。

对于这两种极端情况，简化实现一般非线性的方程式（11.23）和式（11.24）（方法 1）。

对于方法 2 的情况，只考虑几何非线性，忽略材料非线性，式（11.23）和式（11.24）变为：

$$\begin{aligned}
&\rho\ddot{u}_1 - (\lambda + 2\mu)u_{1,11} - (\lambda + \mu)u_{3,13} - \mu u_{1,33} \\
&= (\lambda + 2\mu)(3u_{1,1}u_{1,11} + u_{3,1}u_{3,11} + u_{3,1}u_{3,33}) + \\
&\quad \mu(u_{1,1}u_{1,33} + u_{1,3}u_{3,11} + u_{1,3}u_{3,33} + u_{3,3}u_{1,33}) + \\
&\quad 2(\lambda + \mu)(u_{1,1}u_{3,13} + u_{3,3}u_{3,13}) + (\lambda + 3\mu)(u_{1,3}u_{1,33} + u_{3,1}u_{1,13}) + \\
&\quad \lambda u_{3,3}u_{1,11}
\end{aligned} \tag{11.25}$$

$$\begin{aligned}&\rho\ddot{u}_3-(\lambda+2\mu)u_{3,33}-(\lambda+\mu)u_{1,13}-\mu u_{3,11}\\=&(\lambda+2\mu)(3u_{3,3}u_{3,33}+u_{1,3}u_{1,33}+u_{1,3}u_{1,11})+\\&\mu(u_{3,3}u_{3,11}+u_{3,1}u_{1,33}+u_{3,1}u_{1,11}+u_{1,1}u_{3,11})+\\&2(\lambda+\mu)(u_{3,3}u_{1,13}+u_{1,1}u_{1,13})+(\lambda+3\mu)(u_{3,1}u_{3,11}+u_{1,3}u_{3,13})+\\&\lambda u_{1,1}u_{3,33}\end{aligned}\tag{11.26}$$

对于方法 3 的情况，只考虑材料非线性，忽略几何非线性，式（11. 23）和式（11. 24）变为

$$\begin{aligned}&\rho\ddot{u}_1-(\lambda+2\mu)u_{1,11}-(\lambda+2\mu)u_{3,31}-2\mu u_{1,33}\\=&2(A+3B+C)u_{1,1}u_{1,11}+\\&\left(\frac{A}{2}+B\right)(u_{1,1}u_{1,33}+u_{1,3}u_{3,11}+u_{1,3}u_{3,33}+u_{3,3}u_{1,33}+\\&2u_{1,3}u_{1,33}+2u_{3,1}u_{1,13}+u_{3,1}u_{3,11}+u_{3,1}u_{3,33})+\\&\left(\frac{A}{2}+3B+2C\right)(u_{1,1}u_{3,13}+u_{3,3}u_{3,13})+2(B+C)u_{3,3}u_{1,11}\end{aligned}\tag{11.27}$$

$$\begin{aligned}&\rho\ddot{u}_3-(\lambda+2\mu)u_{3,33}-(\lambda+2\mu)u_{1,13}-2\mu u_{3,11}\\=&2(A+3B+C)u_{3,3}u_{3,33}+\\&\left(\frac{A}{2}+B\right)(u_{3,3}u_{3,11}+u_{3,1}u_{1,33}+u_{3,1}u_{1,11}+u_{1,1}u_{3,11}+\\&2u_{3,1}u_{3,11}+2u_{1,3}u_{3,13}+u_{1,3}u_{1,33}+u_{1,3}u_{1,11})+\\&\left(\frac{A}{2}+3B+2C\right)(u_{3,3}u_{1,13}+u_{1,1}u_{1,13})+2(B+C)u_{1,1}u_{3,33}\end{aligned}\tag{11.28}$$

式（11. 23）和式（11. 24）［或者式（11. 25）与式（11. 26），或者式（11. 27）与式（11. 28）］，是分析在非线性弹性波平面（目前的情况下，是平面 Ox_1x_3）中传播的基本方程，也适用于局限在边界（表面）附近的波。其中之一就是经典的瑞利弹性表面波。

11. 2　非线性弹性瑞利表面波：在前两个一阶近似下求解非线性波动方程

对这种波的线性分析，是基于两个新函数（势函数）进行的，这两个新函数可以定义为互相独立的线性波动方程的解。在非线性情况下，它遵循基本方程式（11. 23）~式（11. 28），波动方程是非线性的，彼此耦合的。

为了分析非线性情况，引入两个经典体系的势函数：

$$u_1(x_1,x_3,t) = [\varphi(x_1,x_3,t)]_{,1} + [\psi(x_1,x_3,t)]_{,3}$$
$$u_3(x_1,x_3,t) = [\varphi(x_1,x_3,t)]_{,3} - [\psi(x_1,x_3,t)]_{,1} \tag{11.29}$$

选择一般方法 1，将式（11.29）代入式（11.25）和式（11.26）中：

$$\begin{aligned}
&[\rho\ddot{\varphi} - (\lambda+2\mu)\Delta\varphi]_{,1} + [\rho\ddot{\psi} - \mu\Delta\psi]_{,3} \\
=& \Big\{[3(\lambda+2\mu) + 2(A+3B+C)]\varphi_{,11}\varphi_{,111} + \\
&[(2\lambda+3\mu) + (A+4B+2C)](\varphi_{,11}\varphi_{,133} + \varphi_{,33}\varphi_{,133}) + \\
&\left[(\lambda+3\mu) + 2\left(\frac{A}{2}+B\right)\right](3\varphi_{,13}\varphi_{,113} + \varphi_{,13}\varphi_{,333}) + [\lambda+2(B+C)]\varphi_{,33}\varphi_{,111} + \\
&\left[(\lambda+2\mu) + \left(\frac{A}{2}+B\right)\right](\psi_{,11}\psi_{,111} + \psi_{,33}\psi_{,133}) - \\
&\left[\mu + \left(\frac{A}{2}+B\right)\right](\psi_{,11}\psi_{,133} + \psi_{,33}\psi_{,111}) + \left[(\lambda+3\mu) + 2\left(\frac{A}{2}+B\right)\right]2\psi_{,13}\psi_{,113} + \\
&\left[(2\lambda+5\mu) + 3\left(\frac{A}{2}+B\right)\right](\varphi_{,11}\psi_{,113} + \psi_{,33}\varphi_{,113}) + \\
&\left[(\lambda+2\mu) + \left(\frac{A}{2}+B\right)\right](\varphi_{,11}\psi_{,333} + \varphi_{,33}\psi_{,333} + \psi_{,33}\varphi_{,333}) + \\
&\left[(\lambda+3\mu) + 2\left(\frac{A}{2}+B\right)\right](-\varphi_{,13}\psi_{,111} + \varphi_{,13}\psi_{,133} + 2\psi_{,13}\varphi_{,111}) - \\
&\left[\mu + \left(\frac{A}{2}+B\right)\right](\varphi_{,33}\psi_{,113} + \psi_{,11}\varphi_{,333}) - \left[(\lambda+4\mu) + 3\left(\frac{A}{2}+B\right)\right]\psi_{,11}\varphi_{,113}\Big\}_{,1}
\end{aligned} \tag{11.30}$$

$$\begin{aligned}
&[\rho\ddot{\varphi} - (\lambda+2\mu)\Delta\varphi]_{,3} + [\rho\ddot{\psi} - \mu\Delta\psi]_{,1} \\
=& \Big\{[3(\lambda+2\mu) + 2(A+3B+C)]\varphi_{,33}\varphi_{,333} + \\
&[(2\lambda+3\mu) + (A+4B+2C)](\varphi_{,33}\varphi_{,113} + \varphi_{,11}\varphi_{,113}) + \\
&\left[(\lambda+3\mu) + 2\left(\frac{A}{2}+B\right)\right](3\varphi_{,13}\varphi_{,133} + \varphi_{,13}\varphi_{,111}) + [\lambda+2(B+C)]\varphi_{,11}\varphi_{,333} + \\
&\left[(\lambda+2\mu) + \left(\frac{A}{2}+B\right)\right](\psi_{,33}\psi_{,333} + \psi_{,11}\psi_{,113}) - \\
&\left[\mu + \left(\frac{A}{2}+B\right)\right](\psi_{,33}\psi_{,113} + \psi_{,11}\psi_{,333}) + [(\lambda+3\mu) + (A+2B)]2\psi_{,13}\psi_{,133} - \\
&\left[(2\lambda+5\mu) + 3\left(\frac{A}{2}+B\right)\right](\varphi_{,33}\psi_{,133} + \psi_{,11}\varphi_{,133}) -
\end{aligned}$$

$$\left[(\lambda+2\mu)+\left(\frac{A}{2}+B\right)\right](\varphi_{,33}\psi_{,111}+\varphi_{,11}\psi_{,111}+\psi_{,11}\varphi_{,111})-$$
$$[(\lambda+3\mu)+(A+2B)](-\varphi_{,13}\psi_{,333}+\varphi_{,13}\psi_{,113}+2\psi_{,13}\varphi_{,333})+$$
$$\left.\left[\mu+\left(\frac{A}{2}+B\right)\right](\varphi_{,11}\psi_{,133}+\psi_{,33}\varphi_{,111})+\left[(\lambda+4\mu)+3\left(\frac{A}{2}+B\right)\right]\psi_{,33}\varphi_{,133}\right\}_{,3}$$
$$(11.31)$$

注意：以上两式中的一个是通过把另一个的参数从 1 变成 3，从 3 变成 1 得到的。

对式（11.30）和式（11.31）应用逐次逼近法，也就是利用非线性平面波分析的经验，选择瑞利波经典表达式作为一阶线性近似解的形式：

$$\varphi^{(1)}(x_1,x_3,t)=\mathrm{e}^{\mathrm{i}(k_{R\mathrm{lin}}x_1-\omega t)}\tilde{\varphi}(x_3)$$
$$\psi^{(1)}(x_1,x_3,t)=\mathrm{e}^{\mathrm{i}(k_{R\mathrm{lin}}x_1-\omega t)}\tilde{\psi}(x_3) \qquad (11.32)$$

将其代入式（10.30）和式（10.31）的线性部分，忽略非线性部分，即可得到关于函数 $\tilde{\varphi},\tilde{\psi}$ 的一些条件：

$$\tilde{\varphi}''-k_\varphi^2\tilde{\varphi}=0,\ k_\varphi^2=k_{R\mathrm{lin}}^2-k_L^2;\ \tilde{\psi}''-k_\psi^2\tilde{\psi}=0,\ k_\psi^2=k_{R\mathrm{lin}}^2-k_T^2;$$
$$v_L=\omega/k_L=\sqrt{(\lambda+2\mu)/\rho};\ v_T=\omega/k_T=\sqrt{\mu/\rho}$$

因此，一阶近似的势函数对应频率为 ω，波数为 $k_{R\mathrm{lin}}$，当远离 $x_1=0$ 时按指数规律衰减的谐波的形式：

$$\varphi^{(1)}(x_1,x_3,t)=A_\varphi EE_L,\quad \psi^{(1)}(x_1,x_3,t)=A_\psi EE_T$$
$$E=\mathrm{e}^{\mathrm{i}(k_{R\mathrm{lin}}x_1-\omega t)},\quad E_L=\mathrm{e}^{-k_\varphi x_3}=\mathrm{e}^{-\sqrt{k_{R\mathrm{lin}}^2-k_L^2}},E_T=\mathrm{e}^{-k_\psi x_3}=\mathrm{e}^{-\sqrt{k_{R\mathrm{lin}}^2-k_T^2}} \qquad (11.33)$$

经典情况（一阶近似）下，方程式（11.30）和式（11.31）分解为两个独立的与势函数相关的波动方程。对于上面的非线性情况来说，这是不可能的。应建立分解非线性方程式（11.30）和式（11.31）的新方法。比较方便的做法是首先将方程式（11.30）对 x_1 微分，方程式（11.31）对 x_3 微分，然后把它们相加，得到与势函数 $\varphi^{(2)}$ 有关的方程。然后，将方程式（11.30）对 x_3 微分，方程式（11.31）对 x_1 微分，两式相减，得到关于势函数 $\psi^{(2)}$ 的方程。两个新的方程都是非线性耦合的，可以表示成将一阶近似解式（11.33）代入右侧的形式：

$$\Delta[\rho\ddot{\varphi}-(\lambda+2\mu)\Delta\varphi]$$
$$=\left\{[3(\lambda+2\mu)+2(A+3B+C)]\varphi_{,11}\varphi_{,111}+\right.$$
$$\left[(\lambda+2\mu)+\left(\frac{A}{2}+B\right)\right](\varphi_{,11}\varphi_{,133}+3\varphi_{,13}\varphi_{,113})+$$

$$\left[\mu+2\left(\frac{A}{2}+B\right)\right]\varphi_{,13}\varphi_{,333}+\left[(\lambda+2\mu)+\left(\frac{A}{2}+3B+2C\right)\right]\varphi_{,33}\varphi_{,133}\Big\}_{,1}+$$

$$\Big\{\left[(\lambda+2\mu)+\left(\frac{A}{2}+B\right)\right](\psi_{,11}\psi_{,111}+\psi_{,13}\psi_{,333}+2\psi_{,33}\psi_{,133})-$$

$$\left[\mu+\left(\frac{A}{2}+B\right)\right]\psi_{,11}\psi_{,133}+\left[(4\lambda+7\mu)+\left(\frac{5A}{2}+9B+4C\right)\right]2\psi_{,13}\psi_{,113}\Big\}_{,1}+$$

$$\Big\{[3(\lambda+2\mu)+2(A+3B+C)]\varphi_{,33}\varphi_{,333}+$$

$$\left[(\lambda+2\mu)+\left(\frac{A}{2}+B\right)\right](\varphi_{,33}\varphi_{,113}+3\varphi_{,13}\varphi_{,133})+$$

$$\left[\mu+\left(\frac{A}{2}+B\right)\right]\varphi_{,13}\varphi_{,111}+\left[(\lambda+2\mu)+\left(\frac{A}{2}+3B+2C\right)\right]\varphi_{,11}\varphi_{,113}\Big\}_{,3}+$$

$$\left[(\lambda+2\mu)+\left(\frac{A}{2}+B\right)\right](\varphi_{,33}\varphi_{,113}+3\varphi_{,13}\varphi_{,133})+$$

$$\left[\mu+\left(\frac{A}{2}+B\right)\right]\varphi_{,13}\varphi_{,111}+\left[(\lambda+2\mu)+\left(\frac{A}{2}+3B+2C\right)\right]\varphi_{,11}\varphi_{,113}\Big\}_{,3}+$$

$$\Big\{\left[(\lambda+2\mu)+\left(\frac{A}{2}+B\right)\right](\psi_{,33}\psi_{,333}+\psi_{,13}\psi_{,111}+2\psi_{,11}\psi_{,113})-$$

$$\left[\mu+\left(\frac{A}{2}+B\right)\right]\psi_{,33}\psi_{,113}+\left[(4\lambda+7\mu)+\left(\frac{5A}{2}+9B+4C\right)\right]2\psi_{,13}\psi_{,133}\Big\}_{,3} \tag{11.34}$$

$$\Delta[\rho\ddot{\psi}-\mu\Delta\psi]$$

$$=\Big\{[3(\lambda+2\mu)+2(A+3B+C)]\varphi_{,11}\varphi_{,111}+$$

$$\left[(\lambda+2\mu)+\left(\frac{A}{2}+B\right)\right](\varphi_{,11}\varphi_{,133}+3\varphi_{,13}\varphi_{,113})+$$

$$\left[\mu+2\left(\frac{A}{2}+B\right)\right]\varphi_{,13}\varphi_{,333}+\left[(\lambda+2\mu)+\left(\frac{A}{2}+3B+2C\right)\right]\varphi_{,33}\varphi_{,133}+$$

$$\left[(\lambda+2\mu)+\left(\frac{A}{2}+B\right)\right](\psi_{,11}\psi_{,111}+\psi_{,13}\psi_{,333}+2\psi_{,33}\psi_{,133})-$$

$$\left[\mu+\left(\frac{A}{2}+B\right)\right]\psi_{,11}\psi_{,133}+\left[(4\lambda+7\mu)+\left(\frac{5A}{2}+9B+4C\right)\right]2\psi_{,13}\psi_{,113}\Big\}_{,3}+$$

$$\Big\{[3(\lambda+2\mu)+2(A+3B+C)]\varphi_{,33}\varphi_{,333}+$$

$$\left[(\lambda+2\mu)+\left(\frac{A}{2}+B\right)\right](\varphi_{,33}\varphi_{,113}+3\varphi_{,13}\varphi_{,133})+$$

$$\left[\mu+\left(\frac{A}{2}+B\right)\right]\varphi_{,13}\varphi_{,111}+\left[(\lambda+\mu)+\left(\frac{A}{2}+3B+2C\right)\right]\varphi_{,11}\varphi_{,113}+$$

$$\left[(\lambda+2\mu)+\left(\frac{A}{2}+B\right)\right](\psi_{,33}\psi_{,333}+\psi_{,13}\psi_{,111}+2\psi_{,11}\psi_{,113})-$$
$$\left[\mu+\left(\frac{A}{2}+B\right)\right]\psi_{,33}\psi_{,113}+\left[(4\lambda+7\mu)+\left(\frac{5A}{2}+9B+4C\right)\right]\psi_{,13}\psi_{,133}\Bigg\}_{,1} \tag{11.35}$$

方法 1 ~ 3 中，引入位移的基本方程，通过忽略位移和势函数的交叉相互作用（方法 1** P ~ 3** P），可以简化势函数的方程式（11.30）和式（11.31），这种情况下，方法 2** P 的表达式如下：

$$\begin{aligned}
&\Delta[\rho\ddot{\varphi}-(\lambda+2\mu)\Delta\varphi]\\
&=[(\lambda+2\mu)(3\varphi_{,11}\varphi_{,111}+\varphi_{,11}\varphi_{,133}+3\varphi_{,13}\varphi_{,113}+\varphi_{,33}\varphi_{,133})+\mu\varphi_{,13}\varphi_{,333}]_{,1}+\\
&\quad[(\lambda+2\mu)(3\varphi_{,33}\varphi_{,333}+\varphi_{,33}\varphi_{,113}+3\varphi_{,13}\varphi_{,133}+\varphi_{,11}\varphi_{,113})+\mu\varphi_{,13}\varphi_{,111}]_{,3}+\\
&\quad\{(\lambda+2\mu)(\psi_{,11}\psi_{,111}+\psi_{,13}\psi_{,333}+2\psi_{,33}\psi_{,133})+\\
&\quad\mu\psi_{,11}\psi_{,133}+(4\lambda+7\mu)2\psi_{,13}\psi_{,113}\}_{,1}+\\
&\quad\{(\lambda+2\mu)(\psi_{,33}\psi_{,333}+\psi_{,13}\psi_{,111}+2\psi_{,11}\psi_{,113})+\\
&\quad\mu\psi_{,33}\psi_{,113}+(4\lambda+7\mu)2\psi_{,13}\psi_{,133}\}_{,3}
\end{aligned}$$

$$\begin{aligned}
&\Delta[\rho\ddot{\psi}-\mu\Delta\psi]\\
&=\{(\lambda+2\mu)(3\varphi_{,11}\varphi_{,111}+\varphi_{,11}\varphi_{,133}+3\varphi_{,13}\varphi_{,113}+\varphi_{,33}\varphi_{,133})+\mu\varphi_{,13}\varphi_{,333}\}_{,1}-\\
&\quad\{(\lambda+2\mu)(3\varphi_{,33}\varphi_{,333}+\varphi_{,33}\varphi_{,113}+3\varphi_{,13}\varphi_{,133}+\varphi_{,11}\varphi_{,113})+\mu\varphi_{,13}\varphi_{,111}\}_{,3}+\\
&\quad\{(\lambda+2\mu)(\psi_{,11}\psi_{,111}+\psi_{,13}\psi_{,333}+2\psi_{,33}\psi_{,133})+\\
&\quad\mu\psi_{,11}\psi_{,133}+(4\lambda+7\mu)2\psi_{,13}\psi_{,113}\}_{,3}-\\
&\quad\{(\lambda+2\mu)(\psi_{,33}\psi_{,333}+\psi_{,13}\psi_{,111}+2\psi_{,11}\psi_{,113})+\\
&\quad\mu\psi_{,33}\psi_{,113}+(4\lambda+7\mu)2\psi_{,13}\psi_{,133}\}_{,1}
\end{aligned}$$

现在，就可以用逐次逼近的方法求解非线性系统式（11.34）和式（11.35）了。二阶近似方程如下（为了简化最终的表达式，这里忽略了势函数的交叉作用项）：

$$\Delta\left(\ddot{\varphi}^{(2)}-\frac{\omega^2}{k_L^2}\Delta\varphi^{(2)}\right)=(A_\varphi)^2E^2(M_\varphi^{(L)}E_L^2+M_\varphi^{(T)}E_T^2+M_{\varphi\psi}^{(LT)}E_LE_T) \tag{11.36}$$

$$\Delta\left(\ddot{\psi}^{(2)}-\frac{\omega^2}{k_T^2}\Delta\psi^{(2)}\right)=-\mathrm{i}\,(A_\psi)^2E^2(M_\psi^{(L)}E_L^2+M_\varphi^{(T)}E_T^2+M_{\psi\varphi}^{(TL)}E_LE_T) \tag{11.37}$$

注意：在方法 2，3 的框架下，对应的方程式（11.36）与式（11.37）是相同的。六个系数 $M_\varphi^{(L)}, M_\varphi^{(T)}, M_\psi^{(L)}, M_\psi^{(T)}, M_{\varphi\psi}^{(LT)}, M_{\psi\varphi}^{(TL)}$ 都是同一类型的。它们的估值都考虑了一阶近似的特点。但是估算系数的算式是有区别的。以下所示的是其中两个系数的三种算法。

方法 1：

$$M_{\varphi}^{L}=-\frac{2}{\rho}\{[3(\lambda+2\mu)+2(A+3B+C)](k_{R\text{lin}}^{6}+k_{\varphi}^{6}-3k_{R\text{lin}}^{2}k_{\varphi}^{4})+[(5\lambda+12\mu)+2(2A+5B+C)]k_{R\text{lin}}^{4}k_{\varphi}^{2}\} \tag{11.38}$$

$$M_{\psi}^{L}=\frac{4\mathrm{i}}{\rho}\left\{-\left[(2\lambda+3\mu)+2\left(\frac{A}{2}+2B+C\right)\right]k_{R\text{lin}}^{2}k_{\varphi}^{4}+[\lambda+2(B+C)k_{R\text{lin}}^{4}k_{\varphi}^{2}]\right\} \tag{11.39}$$

方法 2：

$$M_{\varphi}^{L}=-\frac{2}{\rho}\{3(\lambda+2\mu)(k_{R\text{lin}}^{6}+k_{\varphi}^{6}-3k_{R\text{lin}}^{2}k_{\varphi}^{4})+(5\lambda+12\mu)k_{R\text{lin}}^{4}k_{\varphi}^{2}\} \tag{11.40}$$

$$M_{\psi}^{L}=\frac{4\mathrm{i}}{\rho}\{-(2\lambda+3\mu)k_{R\text{lin}}^{2}k_{\varphi}^{4}+\lambda k_{R\text{lin}}^{4}k_{\varphi}^{2}\} \tag{11.41}$$

方法 3：

$$M_{\varphi}^{L}=-\frac{4}{\rho}[(A+3B+C)(k_{R\text{lin}}^{6}+k_{\varphi}^{6}-3k_{R\text{lin}}^{2}k_{\varphi}^{4})+(2A+5B+C)k_{R\text{lin}}^{4}k_{\varphi}^{2}] \tag{11.42}$$

$$M_{\psi}^{L}=\frac{8\mathrm{i}}{\rho}\left[-\left(\frac{A}{2}+2B+C\right)k_{R\text{lin}}^{2}k_{\varphi}^{4}+(B+C)k_{R\text{lin}}^{4}k_{\varphi}^{2}\right] \tag{11.43}$$

方法 1 稍后分析。现求解四阶非齐次线性微分方程式（11.38）和式（11.39），允许解的右侧为指数函数，左侧为线性算子（共振情况）。二阶近似解的最终表达式为

$$\begin{aligned}\varphi^{(2)}(x_1,x_3,t)=&\frac{\rho}{4(\lambda+2\mu)}x_1x_3(A_{\varphi})^2\mathrm{e}^{2\mathrm{i}(k_{R\text{lin}}x_1-\omega t)}\times\\&\left\{-\frac{1}{4k_L^2}\frac{\sqrt{k_{R\text{lin}}^2-k_L^2}x_1+\mathrm{i}k_{R\text{lin}}x_3}{(\sqrt{k_{R\text{lin}}^2-k_L^2}x_1)^2+(k_{R\text{lin}}x_3)^2}M_{\varphi}^{L}\mathrm{e}^{-2\sqrt{k_{R\text{lin}}{}^2-k_L{}^2}x_3}-\right.\\&\frac{1}{4k_T^2}\frac{\sqrt{k_{R\text{lin}}^2-k_T^2}x_1+\mathrm{i}k_{R\text{lin}}x_3}{(\sqrt{k_{R\text{lin}}^2-k_T^2}x_1)^2+(k_{R\text{lin}}x_3)^2}M_{\varphi}^{T}\mathrm{e}^{-2\sqrt{k_{R\text{lin}}{}^2-k_T{}^2}x_3}+\\&\frac{1}{\sqrt{k_{R\text{lin}}^2-k_L^2}\sqrt{k_{R\text{lin}}^2-k_T^2}-k_{R\text{lin}}^2}\times\\&\frac{2x_1(\sqrt{k_{R\text{lin}}^2-k_L^2}+\sqrt{k_{R\text{lin}}^2-k_T^2})+4\mathrm{i}k_{R\text{lin}}x_3}{[2x_1(\sqrt{k_{R\text{lin}}^2-k_L^2}+\sqrt{k_{R\text{lin}}^2-k_T^2})]^2+16(k_{R\text{lin}}x_3)^2}\\&\left.M_{\varphi\psi}^{LT}\mathrm{e}^{-\sqrt{k_{R\text{lin}}^2-k_L^2}\sqrt{k_{R\text{lin}}^2-k_T^2}x_3}\right\}\end{aligned} \tag{11.44}$$

$$\psi^{(2)}(x_1,x_3,t)=\frac{\rho}{4\mu}x_1x_3(A_\psi)^2\mathrm{e}^{2\mathrm{i}(k_{R\mathrm{lin}}x_1-\omega t)}\times$$

$$\left\{-\frac{1}{4k_L^2}\frac{\sqrt{k_{R\mathrm{lin}}^2-k_L^2}x_1+\mathrm{i}k_{R\mathrm{lin}}x_3}{\left(\sqrt{k_{R\mathrm{lin}}^2-k_L^2}x_1\right)^2+(k_{R\mathrm{lin}}x_3)^2}M_\psi^L\mathrm{e}^{-2\sqrt{k_{R\mathrm{lin}}{}^2-k_L{}^2}x_3}-\right.$$

$$\frac{1}{4k_T^2}\frac{\sqrt{k_{R\mathrm{lin}}^2-k_T^2}x_1+\mathrm{i}k_{R\mathrm{lin}}x_3}{\left(\sqrt{k_{R\mathrm{lin}}^2-k_T^2}x_1\right)^2+(k_{R\mathrm{lin}}x_3)^2}M_\psi^T\mathrm{e}^{-2\sqrt{k_{R\mathrm{lin}}{}^2-k_T{}^2}x_3}+$$

$$\frac{1}{\sqrt{k_{R\mathrm{lin}}^2-k_L^2}\sqrt{k_{R\mathrm{lin}}^2-k_T^2}-k_{R\mathrm{lin}}^2}\times$$

$$\left.\frac{2x_1(k_\varphi+k_\psi)+4\mathrm{i}k_{R\mathrm{lin}}x_3}{[2x_1(k_\varphi+k_\psi)]^2+16(k_{R\mathrm{lin}}x_3)^2}M_{\psi\varphi}^{TL}\mathrm{e}^{-\sqrt{k_{R\mathrm{lin}}^2-k_L^2}\sqrt{k_{R\mathrm{lin}}^2-k_T^2}x_3}\right\}$$

(11.45)

注意这些方程都考虑了行波和衰退对解的影响。可写出式（11.44）和式（11.45）最简单情况的二阶近似解。

情况1——考虑行波的影响，忽略衰减的影响：

$$\varphi^{(2)}(x_1,x_3,t)=-\mathrm{i}x_1(A_\varphi)^2\frac{1}{16k_{R\mathrm{lin}}^3}\frac{\rho}{\lambda+2\mu}(M_\varphi^L+M_\varphi^T+M_{\varphi\psi}^{LT})\mathrm{e}^{2\mathrm{i}(k_{R\mathrm{lin}}x_1-\omega t)}$$

$$\psi^{(2)}(x_1,x_3,t)=\mathrm{i}x_1(A_\psi)^2\frac{1}{16k_{R\mathrm{lin}}^3}\frac{\rho}{\mu}(M_\psi^L+M_\psi^T+M_{\psi\varphi}^{LT})\mathrm{e}^{2\mathrm{i}(k_{R\mathrm{lin}}x_1-\omega t)}$$

情况2——考虑衰减的影响，忽略行波的影响：

$$\varphi^{(2)}(x_1,x_3,t)=x_3(A_\varphi)^2\frac{\rho}{\lambda+2\mu}\times$$

$$\left[\frac{1}{16\left(\sqrt{k_{R\mathrm{lin}}^2-k_L^2}\right)^3}M_\varphi^L\mathrm{e}^{-2\sqrt{k_{R\mathrm{lin}}^2-k_L^2}x_3}+\right.$$

$$\frac{1}{16\left(\sqrt{k_{R\mathrm{lin}}^2-k_T^2}\right)^3}M_\varphi^T\mathrm{e}^{-2\sqrt{k_{R\mathrm{lin}}^2-k_T^2}x_3}+$$

$$\left.\frac{1}{2\left(\sqrt{k_{R\mathrm{lin}}^2-k_L^2}+\sqrt{k_{R\mathrm{lin}}^2-k_T^2}\right)^3}M_{\varphi\psi}^{LT}\mathrm{e}^{-\sqrt{k_{R\mathrm{lin}}^2-k_L^2}\sqrt{k_{R\mathrm{lin}}^2-k_T^2}x_3}\right]$$

$$\psi^{(2)}(x_1,x_3,t)=x_3(A_\psi)^2\frac{\rho}{\mu}\times$$

$$\left[\frac{1}{16\left(\sqrt{k_{R\mathrm{lin}}^2-k_L^2}\right)^3}M_\psi^L\mathrm{e}^{-2\sqrt{k_{R\mathrm{lin}}^2-k_L^2}x_3}+\right.$$

$$\frac{1}{16\left(\sqrt{k_{R\mathrm{lin}}^{2}-k_{T}^{2}}\right)^{3}}M_{\psi}^{T}\mathrm{e}^{-2\sqrt{k_{R\mathrm{lin}}^{2}-k_{T}^{2}}x_{3}}+$$

$$\left.\frac{1}{2\left(\sqrt{k_{R\mathrm{lin}}^{2}-k_{L}^{2}}+\sqrt{k_{R\mathrm{lin}}^{2}-k_{T}^{2}}\right)^{3}}M_{\psi\varphi}^{TL}\mathrm{e}^{-\sqrt{k_{R\mathrm{lin}}^{2}-k_{L}^{2}}\sqrt{k_{R\mathrm{lin}}^{2}-k_{T}^{2}}x_{3}}\right]$$

因此，在所用方法的框架下，关于瑞利波的传播问题的前两个一阶近似解的形式如下：

$$\varphi(x_1,x_3,t)=\varphi^{(1)}(x_1,x_3,t)+\varphi^{(2)}(x_1,x_3,t),$$
$$\psi(x_1,x_3,t)=\psi^{(1)}(x_1,x_3,t)+\psi^{(2)}(x_1,x_3,t) \tag{11.46}$$

第一近似公式为式（11.9），第二近似公式为式（11.44）和式（11.45）。根据目前的分析我们可以得出一些结论。

结论 1：对应二阶近似的非线性波图是通过一阶近似（线性）的参数描述的。这一点不仅对二阶近似如此，对其他任何一阶也都如此。这是逐次逼近方法的性质。

结论 2：二阶近似包含与一阶近似相关的谐波，也就是，它包含与沿着平面坐标方向传播的谐波相关，并与竖直方向波的指数衰减相关的二阶谐波。这些新的谐波，振幅与坐标非线性相关，并且随着瑞利波传播时间的增加而增大，从而导致一阶谐波失真。

结论 3：在假设非线性较弱的逐次逼近方法中，二阶谐波的振幅通常平方地依赖于相应的一阶谐波的振幅，它有引起二阶谐波失真的效应。尤其是，对于弱非线性工程材料，该振幅通常在$10^{-3}\sim10^{-5}$ m 量级，因此，为了检测失真效应，要通过较大的波数（较高的频率）进行补偿使幅值平方微小。

结论 4：对于纯净的平面波 $x_3=0$，二阶近似最开始是零，但是对于近表面波（$x_3>0$），这种近似可以对分析波图产生重要贡献。

11.3　非线性弹性瑞利表面波：非线性边界条件分析

11.3.1　小应变和大应变情况下的边界条件

在前几个一阶近似解式（11.9），式（11.44）和式（11.46）中，波数 $k_{R\mathrm{lin}}$ 和振幅 A_φ, A_ψ 是未知的。边界条件——边界面 S 处没有应力并没有用到。这里有两种情况需要区分：

情况 1：边界面 S 是曲面。

情况 2：边界面可以看作是直的，也就是可以看作直线（目前情况就是 $x_3=0$）。

将边界条件写为一般形式：

$$t_{ik}n_k=0 \tag{11.47}$$

或者

$$t_{11}n_1+t_{13}n_3=0,\quad t_{31}n_1+t_{33}n_3=0 \tag{11.48}$$

此处，表面法向量的分量 n_1,n_3 由曲面边界 S 给出。

注意：*在波沿着边界传播的问题中，产生了新的问题，也就是边界条件应该与哪种状态（变形的还是不变形的）相关联？*

在本书中，采用了柯西－格林应变张量，不论对于小应变还是大应变都与无变形状态关联。这意味着边界条件应该是关于未变形边界的。

第二种情况是对当前边界条件做如下假设：

情况 2（$n_1=0,n_3=1$）：

$$t_{13}(x_1,0,t)=0,\quad t_{33}(x_1,0,t)=0 \tag{11.49}$$

当边界上的应力由下式决定时，情况 2 也遵循线性方法。

$$\begin{aligned}t_{33}(x_1,x_3=0,t)&=\{\lambda[u_{1,1}(x_1,x_3,t)+u_{3,3}(x_1,x_3,t)]+\\&\quad 2\mu u_{3,3}(x_1,x_3,t)\}_{x_3=0}\\&=\{\lambda\Delta[\varphi(x_1,x_3,t)]+2\mu[\varphi_{,33}(x_1,x_3,t)-\\&\quad \psi_{,13}(x_1,x_3,t)]\}_{x_3=0}\end{aligned} \tag{11.50}$$

$$\begin{aligned}t_{31}(x_1,x_3=0,t)&=\mu\,[u_{1,3}(x_1,x_3,t)+u_{3,1}(x_1,x_3,t)]_{x_3=0}\\&=\mu\{2[\varphi_{,31}(x_1,x_3,t)]+[\psi_{,33}(x_1,x_3,t)]-\\&\quad [\psi_{,11}(x_1,x_3,t)]\}_{x_3=0}\end{aligned} \tag{11.51}$$

接下来可以把势函数的线性表达式（11.9）代入式（11.50）和式（11.51）中，于是边界条件变为

$$\begin{aligned}&l_1(k_{R\mathrm{lin}})A_\varphi^{(1)}+l_2(k_{R\mathrm{lin}})A_\psi^{(1)}=0,\quad l_3(k_{R\mathrm{lin}})A_\varphi^{(1)}+l_4(k_{R\mathrm{lin}})A_\psi^{(1)}=0\\&l_1=2\mu k_{R\mathrm{lin}}^2-(\lambda+2\mu)(k_L)^2,\quad l_2=2\mathrm{i}\mu k_{R\mathrm{lin}}\sqrt{k_{R\mathrm{lin}}^2-k_T^2},\\&l_3=-2\mathrm{i}\mu k_{R\mathrm{lin}}\sqrt{k_{R\mathrm{lin}}^2-k_L^2},\quad l_4=\mu(2k_{R\mathrm{lin}}^2-k_T^2)\end{aligned} \tag{11.52}$$

对式（11.52）进行初步分析（在瑞利波线性理论框架内分析），可以得到两个重要的推论。

推论 1：两个振幅中的任意一个都可以用另一个表示，所以可以任意假设：

$$A_{\psi}^{(1)} = -[l_1(k_{R\text{lin}})/l_2(k_{R\text{lin}})]A_{\varphi}^{(1)}$$
$$= \mathrm{i}(2k_{R\text{lin}}^2 - k_T^2)/[2k_{R\text{lin}}\sqrt{k_{R\text{lin}}^2 - k_T^2}]A_{\varphi}^{(1)} \tag{11.53}$$

这里需要注意的是，振幅的任意性是表面波的内在特性，在文献［12］中有证明。

推论 2：瑞利波的波数（或相速度）由系统（11.52）的可解性条件决定，也就是，从齐次线性代数方程组的行列式等于零求解：

$$l_1 l_4 - l_2 l_3 = 0$$

或

$$(2k_{R\text{lin}}^2 - k_T^2)^2 + 4k_{R\text{lin}}^2\sqrt{k_{R\text{lin}}^2 - k_L^2}\sqrt{k_{R\text{lin}}^2 - k_T^2} = 0 \tag{11.54}$$

虽然在一定程度上形式有所改变，但式（11.54）依然是瑞利方程。

线性瑞利波问题的势函数解的形式如下：

$$\varphi^{(1)}(x_1, x_3, t) = A_{\varphi}\mathrm{e}^{\mathrm{i}(k_{R\text{lin}}x_1 - \omega t) - \sqrt{k_{R\text{lin}}{}^2 - k_L{}^2}x_3}$$
$$\psi^{(1)}(x_1, x_3, t) = A_{\psi}\mathrm{e}^{\mathrm{i}(k_{R\text{lin}}x_1 - \omega t) - \sqrt{k_{R\text{lin}}{}^2 - k_T{}^2}x_3}$$
$$= -[l_1(k_{R\text{lin}})/l_2(k_{R\text{lin}})]A_{\varphi}\mathrm{e}^{\mathrm{i}(k_{R\text{lin}}x_1 - \omega t) - \sqrt{k_{R\text{lin}}{}^2 - k_T{}^2}x_3} \tag{11.55}$$

用位移表示则为

$$u_1(x_1, x_3, t) = \mathrm{i}A_{\varphi}\mathrm{e}^{\mathrm{i}(k_{R\text{lin}}x_1 - \omega t)}\{k_{R\text{lin}}\mathrm{e}^{-\sqrt{k_{R\text{lin}}{}^2 - k_L{}^2}x_3} - (2k_{R\text{lin}}^2 - k_T^2) \times [\sqrt{k_{R\text{lin}}^2 - k_L^2}/(2k\sqrt{k_{R\text{lin}}^2 - k_T^2})]\mathrm{e}^{-\sqrt{k_{R\text{lin}}^2 - k_T^2}x_3}\} \tag{11.56}$$

$$u_3(x_1, x_3, t) = -A_{\varphi}\mathrm{e}^{\mathrm{i}(k_{R\text{lin}}x_1 - \omega t)}\{\sqrt{k_{R\text{lin}}^2 - k_L^2}\mathrm{e}^{-\sqrt{k_{R\text{lin}}^2 - k_L^2}x_3} + [(2k_{R\text{lin}}^2 - k_T^2)/(2\sqrt{k_{R\text{lin}}^2 - k_T^2})A_{\varphi}^{(1)}] \times \mathrm{e}^{-\sqrt{k_{R\text{lin}}^2 - k_T^2}x_3}\} \tag{11.57}$$

在上面的非线性表述中，应力张量包含非线性项，因此边界条件的表达式非常复杂。如果我们把边界条件用势函数来表示，那么对于势函数的不同表达式（从最精确的到最简单的），方程也不同。最简单的情况是忽略势函数与位移的交叉项，只考虑几何非线性（变式 $2^{**}P$）或者材料非线性（变式 $3^{**}P$）。

注意： 在这些公式中，都需要先计算导数，并确定其在边界处的值。例如，对于直线 $x_3 = 0$，要确定函数 $\varphi_{,ik}(x_1, 0, t)$ 和 $\psi_{,ik}(x_1, 0, t)$ 的值。

变式 $2^{**}P$：

$$-\lambda\Delta[\varphi(0,x_3,t)]-2\mu[\varphi(0,x_3,t)]_{,11}-2\mu[\psi(0,x_3,t)]_{,31}$$
$$=(\lambda+3\mu)(\varphi_{,11})^2+\left(2\lambda+\frac{17}{2}\mu\right)(\varphi_{,13})^2+\frac{1}{2}(\lambda+4\mu)(\psi_{,33})^2+$$
$$\frac{1}{2}(\lambda+4\mu)(\psi_{,11})^2+(\lambda+3\mu)(\psi_{,13})^2-\left(\lambda+\frac{9}{2}\mu\right)\psi_{,11}\psi_{,33}+$$
$$2(\lambda+3\mu)\varphi_{,11}\psi_{,13}+\left(2\lambda+\frac{15}{2}\mu\right)\varphi_{,13}\psi_{,11}-\left(2\lambda+\frac{15}{2}\mu\right)\varphi_{,13}\psi_{,33} \tag{11.58}$$

$$-\mu\{2[\varphi(0,x_3,t)]_{,13}-[\psi(0,x_3,t)]_{,33}+[\psi(0,x_3,t)]_{,11}\}$$
$$=\left(\lambda+\frac{17}{2}\mu\right)\varphi_{,11}\varphi_{,31}+\left(\lambda+\frac{17}{2}\mu\right)\varphi_{,33}\varphi_{,31}-\left(\lambda+\frac{9}{2}\mu\right)\psi_{,13}\psi_{,11}+$$
$$\left(\lambda+\frac{9}{2}\mu\right)\psi_{,13}\psi_{,11}+4\mu\psi_{,13}\psi_{,33}-4\mu\psi_{,33}\psi_{,13}-$$
$$\left(\lambda+\frac{9}{2}\mu\right)\varphi_{,33}\psi_{,11}-\left(\lambda+\frac{9}{2}\mu\right)\varphi_{,11}\psi_{,11}+4\mu\varphi_{,11}\psi_{,33}+4\mu\varphi_{,33}\psi_{,33} \tag{11.59}$$

变式 $3^{**}P$：

$$-\lambda\Delta\varphi-2\mu\varphi_{,11}-2\mu\psi_{,31}=(B+C)\ \varphi_{,11}{}^2+\ (A+3B+C)\ \varphi_{,33}{}^2$$
$$(A+4B)\ \varphi_{,13}{}^2+\left(\frac{1}{2}A+4B\right)(\varphi_{,11}\varphi_{,13}+\varphi_{,33}\varphi_{,13})\ +$$
$$\left(\frac{1}{4}A+B\right)\psi_{,33}{}^2+\ (A+2B)\ (\psi_{,13}{}^2+\psi_{,11}{}^2)\ -$$
$$\left(\frac{1}{2}A+2B\right)\psi_{,11}\psi_{,33} \tag{11.60}$$

$$-\mu(2\varphi_{,31}+\psi_{,33}-\psi_{,11})=\left(\frac{1}{2}A+B\right)[(\varphi_{,11}+\varphi_{,33})\varphi_{,13}+$$
$$(\psi_{,11}+\psi_{,33})\psi_{,13}] \tag{11.61}$$

11.3.2 对边界条件的分析，新的非线性瑞利方程

选择最简单的变式 $3^{**}P$，因为这种情况中边界可以看作是直线 $x_3=0$，并假设在非线性方法中，决定瑞利波的势函数具有较复杂的振幅和波数表达式的经典形式：

$$\varphi=A_\varphi \mathrm{e}^{\mathrm{i}(k_R x_1-\omega t)-\sqrt{k_R^2-k_L^2}x_3}=A_\varphi EE_L$$
$$\psi=A_\psi \mathrm{e}^{\mathrm{i}(k_R x_1-\omega t)-\sqrt{k_R^2-k_T^2}x_3}=A_\psi EE_T \tag{11.62}$$

在边界 $x_3=0$ 处，势函数的值为

$$\varphi(x_1,0,t)=A_\varphi \mathrm{e}^{\mathrm{i}(k_R x_1-\omega t)}=A_\varphi E,$$
$$\psi(x_1,0,t)=A_\psi \mathrm{e}^{\mathrm{i}(k_R x_1-\omega t)}=A_\psi E \tag{11.63}$$

将式（11.63）代入式（11.60）和式（11.62）中，得到

$$l_1A_\varphi+l_2A_\psi=n_1(A_\varphi)^2+n_2(A_\psi)^2,$$
$$l_3A_\varphi+l_4A_\psi=n_4(A_\varphi)^2+n_5(A_\psi)^2 \tag{11.64}$$

$$l_1=2\mu k_R^2-(\lambda+2\mu)(k_L)^2,\ l_2=2\mu\mathrm{i}k_R\sqrt{k_R^2-k_T^2},$$
$$l_3=-2\mathrm{i}k_R\mu\sqrt{k_R^2-k_L^2},\ l_4=\mu(2k_R^2-k_T^2) \tag{11.65}$$

$$n_1=\left[\frac{1}{2}Ak_R^4-\left(\frac{3}{2}A+4B+2C\right)k_R^2k_L^2+(A+3B+C)k_L^4\right]E,$$
$$n_2=\left[-2(B+C)k_R^4+\left(\frac{1}{2}A+3B+2C\right)k_R^2k_T^2+\frac{1}{2}\left(\frac{1}{2}A+B\right)k_T^4\right]E,$$
$$n_4=\left(\frac{1}{2}A+B\right)\mathrm{i}k_Rk_L^2\sqrt{k_R^2-k_L^2}E,$$
$$n_5=\left(\frac{1}{2}A+B\right)\mathrm{i}k_Rk_T^2\sqrt{k_R^2-k_T^2}E \tag{11.66}$$

注意：对本章采用的所有瑞利波的变式，方程式（11.64）的形式都是一样的，包括变式 2** P 和变式 3** P。系数式（11.66）的表达式有所区别，然而对应线性情况的系数式（11.65）对六种变式来说都不变。较小的势函数和位移之间的交互限制，仅使方程式（11.64）右侧的非线性部分变复杂，其中包括被加项 $n_3A_\varphi A_\psi$（第一个方程）和 $n_6A_\varphi A_\psi$（第二个方程）。

式（11.64）是方程组，需要新的分析方法。让我们逐步推导这个过程。

第一步：假设一个振幅可以用另一个表示：

$$A_\psi=mA_\varphi \tag{11.67}$$

（与线性情况类似，不过乘数 m 未知）。方程式（11.64）可以表示成如下形式：

$$l_1A_\varphi+l_2mA_\varphi=n_1(A_\varphi)^2+n_2(mA_\varphi)^2,$$
$$l_3A_\varphi+l_4mA_\varphi=n_4(A_\varphi)^2+n_5(mA_\varphi)^2 \tag{11.68}$$

注意：如果假设非线性被加项的所有系数 n_k 都等于零，那么从式（11.68）中可以推导出线性情况 $m=-l_1/l_2$。

第二步：将方程式（11.68）化为如下形式：

$$A_\varphi(-l_1-l_2m+n_1A_\varphi+n_2m^2A_\varphi)=0,$$

$$A_{\varphi}(-l_3-l_4m+n_4A_{\varphi}+n_5m^2A_{\varphi})=0 \tag{11.69}$$

从这样的角度考虑：我们希望从非线性边界条件的分析中得到什么？如果考虑利用线性边界条件的分析经验，那么得到这两个结果似乎是非常有用的：

第一个结果在于，振幅 A_{φ} 应该是任意的。第二个结果是获得决定瑞利波未知波数 k_R 的方程。

第三步：如果括号中的两个表达式都等于零，第一个结果很容易得到。那么振幅 A_{φ} 真的可以为任意值，因为假设括号内表达式等于零足以满足其条件。

第四步：令括号内为零，可以得到

$$-l_1-l_2m+n_1A_{\varphi}+n_2m^2A_{\varphi}=0,$$
$$-l_3-l_4m+n_4A_{\varphi}+n_5m^2A_{\varphi}=0 \tag{11.70}$$

其中未知的参数是系数 m 和波数 k_R，这里任意幅度 A_{φ} 也可以看作是参数。

第五步：将式（11.70）中的第一个表达式表示为关于 m 的二次方程：

$$-l_1-l_2m+n_1A_{\varphi}+n_2m^2A_{\varphi}=0$$

求得它的根：

$$m=\frac{1}{2n_2A_{\varphi}}l_2\pm\frac{1}{2n_2A_{\varphi}}\sqrt{l_2^2-4n_2A_{\varphi}\ (n_1A_{\varphi}-l_1)}$$

或

$$m=\frac{1}{2n_2A_{\varphi}}\left[l_2\pm l_2\sqrt{1-\frac{4n_2A_{\varphi}\ (n_1A_{\varphi}-l_1)}{l_2^2}}\right] \tag{11.71}$$

第六步：为了唯一确定 m 的值，需要确定符号。当 n_1,n_2 很小（趋近于零）时，这可以通过线性情况下 m 满足的条件 $m=-l_1/l_2$ 来确定。

$$m=\frac{1}{2n_2A_{\varphi}}\left[l_2-l_2\sqrt{1-\frac{4n_2A_{\varphi}(n_1A_{\varphi}-l_1)}{l_2^2}}\right]$$
$$\sim\frac{1}{2n_2A_{\varphi}}\left[l_2-l_2\left(1-\frac{1}{2}\frac{4n_2A_{\varphi}(n_1A_{\varphi}-l_1)}{l_2^2}\right)\right]$$
$$=\frac{1}{2n_2A_{\varphi}}\frac{1}{2}\frac{4n_2A_{\varphi}(n_1A_{\varphi}-l_1)}{l_2}\xrightarrow[n_1,n_2\to 0]{}\frac{-l_1}{l_2}$$

因此要选择负号的解。这样，我们就得到了系数 m 的唯一确定的值：

$$m=\frac{1}{2n_2A_{\varphi}}l_2-\frac{1}{2n_2A_{\varphi}}\sqrt{l_2^2-4n_2A_{\varphi}(n_1A_{\varphi}-l_1)} \tag{11.72}$$

新等式（11.72）的主要特点是，在足够复杂的非线性形式中，系数 m 不仅取决于材料的弹性常数（拉梅和 Murnaghan）和未知波数，还取决于振幅和初始波形（系数 n_1,n_2 包含 $E=e^{i(k_Rx_1-\omega t)}$）。

因此，非线性本质上复杂化了振幅 A_φ 和 A_ψ 的关系。

第七步：将系数 m 的值式（11.72）代入式（11.70）中的第二个方程，即可得到决定波数 k_R 的新方程：

$$
\begin{aligned}
&-l_1l_4+l_2l_3-\Big[\frac{1}{l_2n_5-l_4n_2}(l_3^2n_2^2+l_1^2n_5^2-2l_1l_3n_2n_5)-\\
&\frac{1}{n_2}(l_4n_1n_2+l_2n_2n_4-2l_2n_1n_5)\Big]A_\varphi-\frac{2}{l_2n_5-l_4n_2}(l_3n_1n_2n_5+\\
&l_1n_2n_4n_5-l_3n_2{}^2n_4-l_1n_1n_5{}^2)A_\varphi^2-\\
&\frac{1}{l_2n_5-l_4n_2}(n_2^2n_4^2-2n_1n_2n_4n_5-n_1^2n_5^2)A_\varphi^3=0
\end{aligned}
\tag{11.73}
$$

首先要注意的是，在系数 n_k 趋近于零（也就是变成线性情况）的条件下，式（11.73）变成了线性情况下的瑞利方程式（11.45）。

方程式（11.73）的特点是，它的解——波数 k_R 不仅取决于材料中线性平面纵波的波数 k_L 和横波的波数 k_T（这对应线性情况，与拉梅弹性常数有关），还取决于 Murnaghan 弹性常数，振幅 A_φ 和波的形状（一阶谐波 E 和它的角度）。

考虑到即使是线性情况下，对瑞利方程的分析也十分复杂（例如，合适的根的唯一性的证明），那么可以推断，对于新的非线性方程式（11.73），我们只能对其进行定性分析和数值分析。

考虑式（11.73）近似分析的两种情况简单。

情况 1：假设振幅非常小，因此可以忽略它的角度，那么式（11.73）可以简化为

$$
\begin{aligned}
&(l_1l_4-l_2l_3)(l_2n_5-l_4n_2)n_2+[n_2(l_3^2n_2^2+l_1^2n_5^2-2l_1l_3n_2n_5)-\\
&(l_2n_5-l_4n_2)(l_4n_1n_2+l_2n_2n_4-2l_2n_1n_5)]A_\varphi=0
\end{aligned}
\tag{11.74}
$$

这个方程包含八个来自方程式（11.64）的系数。其中的六个是关于 k_R 的二次多项式，余下的 n_1, n_2 是四阶的。因此，方程式（11.74）的最高阶是16。同样我们也可以看到前文提及的其解受许多新参数（相对于线性情况）的影响。

当它由式（11.74）决定其值时，关于系数 n_i 的公式（11.66）中出现的因子 $E=\mathrm{e}^{\mathrm{i}(k_Rx_1-\omega t)}$ 使我们可以得到一些关于波数 k_R 的值的性质特征的结论。

由于因子 E 的值随着波的传播而改变，因此，波数的值也会随之改变。

也就是，因为 E 的值在 -1 和 1 之间连续变化，那么波形剖面上某一点的波数的值有以下几种情况：

当 E 等于零时，波数的值与它线性情况下的值相等。

对于顶部的波峰，系数 n_i 应当取 $E=1$ 时式（10.73）的值。

对于底部的波峰，系数 n_i 应当取 $E=-1$ 时式（10.73）的值。

这意味着波数的值围绕着它在线性情况下的值上下波动。

当然，所有前文提到的关于一般方程（11.73）分析的复杂性也适用于式(11.74)。

情况 2：引入在式（11.73）的推导中的做法，假设忽略边界线与直线的区别，也就是边界线的形状不依赖波的振幅。

假设波数与振幅无关似乎也是符合逻辑的。但是这里讨论的情况，波数是由经典的线性瑞利方程式（11.54）决定的，变式 2^{**}P 对应用逐次逼近法求解非线性波动方程的过程。在这个变式中，瑞利波的波数只取决于平面线性纵波与横波的波数之比。

新的非线性瑞利方程式（11.73）和式（11.74）描述的最意想不到的波动现象，是非线性瑞利波的相速度对初始幅度的依赖性。这种现象出现在，除了初始幅度 A_φ 之外，频率 ω 和波的其他参数（材料的物理性质）固定的情况下，相速度随着初始幅度的变化而改变 $v_{\mathrm{ph}}^R=v_{\mathrm{ph}}^R(A_\varphi)=\omega/k_R(A_\varphi)$。

因此，提出了关于沿着遵循 Murnaghan 模型非线性弹性形变的半无限空间边界传播的瑞利表面波的理论分析。

11.4　非线性弹性勒夫表面波，基本概念和非线性波动方程

11.4.1　线性弹性勒夫波

瑞利表面波只在波传播的平面内偏振。在 1911 年的刊物中，勒夫展示了只存在水平偏振的波（后来称为勒夫波），它区别于瑞利波，可以出现在有边界面的弹性系统中[31]。该系统由半无限弹性空间组成，在该介质的表面，是一层另一种性质的弹性材料薄层。

用与瑞利波相似的方式考虑勒夫波的问题。假设上半部分的无限空间 $Ox_1x_2x_3$ 是各向同性的，由两个拉梅弹性常数 λ_H、μ_H 和密度 ρ_H 描述，在其上方的弹性薄层厚度为 $h(-h\leqslant x_1\leqslant 0)$，力学性能参数为 λ_L、μ_L、ρ_L，并且薄层与半无限介质在 $x_1=0$ 处理想机械接触，并且在界面 $x_1=-h$ 处没有应力（自由边界）。

现在假设对于两种组分组成的弹性系统，是否可能存在这样一种状态：

两种组分中的位移 $u_1^{L(H)}$，$u_2^{L(H)}$ 都不存在，如下形式的横向偏振波沿着 Ox_2

轴方向（界面方向）传播：

$$\vec{u}^{L(H)} = \{0;\ 0;\ \tilde{u}_3^{L(H)}(x_1)\} e^{i(kx_2-\omega t)} \tag{11.75}$$

由表达式（11.75）的形式可知，应力张量的分量中只有两个不为零：剪切应力 σ_{31} 和 σ_{32}。

在两种组分（薄层和半空间）中的运动都由拉梅方程描述，由于它们遵循机械条件的限制，因此可以转化成两个结构相同的波动方程：

$$\left[\mu_{L(H)}\left(\frac{\partial^2}{\partial x_1^2} + \frac{\partial^2}{\partial x_2^2}\right) - \rho_{L(H)}\frac{\partial^2}{\partial t^2}\right] u_3^{L(H)}(x_1, x_2, t) = 0 \tag{11.76}$$

首先，寻找满足表达式（11.75）的式（11.76）的解，对于薄层和半无限空间都相同，于是偏微分方程（11.77）就变成了常微分方程：

$$(\tilde{u}_{(1)3}^{L(H)})''_{,11} + k^2[(v/v_T^{L(H)})^2 - 1]\ \tilde{u}_{(1)3}^{L(H)} = 0,\ v_T^{L(H)} = \sqrt{\frac{\mu_{L(H)}}{\rho_{L(H)}}} \tag{11.77}$$

但是根据问题陈述（被分析的波位于界面 $x_1 = 0$ 附近），要寻找有所区别的薄层和半空间中的解。

对于半空间，要求的是随着远离界面而推迟的解：

$$\tilde{u}_3^{H(1)} = L_H e^{-\sqrt{[1-(v/v_T^H)^2]}kx_1} \tag{11.78}$$

其中强加了根和被开方数都为正数的条件 $(\beta_H)^2 = 1 - (v/v_T^H)^2 > 0$。

从这种情况可以得出线性勒夫波的速度必须小于半空间中平面垂直横波的波速。式（11.78）中的振幅 L_H 是一个未知的常数。

对于薄层，延迟条件是不必要的，它的解被认为是有两个未知振幅系数的谐波振荡形式。

$$\tilde{u}_3^{L(1)} = L_{1L}\sin\sqrt{[(v/v_T^L)^2 - 1]}kx_1 + L_{2L}\cos\sqrt{[(v/v_T^L)^2 - 1]}kx_1 \tag{11.79}$$

这里被开方数也必须是正数 $(\beta_L)^2 = (v/v_T^L)^2 - 1 > 0$。根据这一条件可以得出线性勒夫波的速度必须大于薄层中平面垂直横波的速度。

因此，当满足以下条件时，式（11.78），式（11.79）的形式对应勒夫波的线性解：

$$v_T^L < v < v_T^H \quad [k_T^H < k < k_T^L,\ \ (\mu_L/\rho_L) < v < (\mu_H/\rho_H)] \tag{11.80}$$

因此，薄层中平面垂直横波的波速小于半空间中平面垂直横波的波速。通常把这个现象看作勒夫波存在的条件，它限制了系统的物理性质的比例。

用这种方法，我们可以得到包含三个未知振幅因子的线性勒夫波问题的解：

$$u_3^{H(1)}(x_1, x_2, t) = L_H e^{-\sqrt{[1-(v/v_T^H)^2]}kx_1} e^{i(kx_2-\omega t)},\quad x_2 \in (-\infty, \infty),\quad x_1 \in [0, \infty) \tag{11.81}$$

$$u_3^{L(1)}(x_1,x_2,t) = \{L_{1L}\sin\sqrt{[(v/v_T^L)^2-1]}kx_1 + L_{2L}\cos\sqrt{[(v/v_T^L)^2-1]}kx_1\}e^{i(kx_2-\omega t)},$$
$$x_2 \in (-\infty,\infty),\quad x_1 \in [-h,0] \tag{11.82}$$

通常情况下，勒夫波表示的是在“基底附薄层”的系统中传播的波。既然在这种说法里，假设基底是无限的，那么“薄”的概念只能被定义为与量比较，而量在基底中衰减。最简单的方法是选择距离 h_H，超出这个距离，基底中的波几乎就消失了。例如，假设振幅 $e^{-\sqrt{[1-(v/v_T^H)^2]}kx_1}$ 的能量等于4（振幅减小了约50倍）。在这种情况下，问题的描述中就包含了薄层厚度 h 的特点：如果薄层的厚度约为 h_H，衬底厚度超过 h_H 的10倍，那么就可以说附层是薄层。这种情况下，有一点非常重要，就是 $h_H = 4/(\omega\sqrt{v^2-(v_T^H)^2})$ 的大小与频率成反比（频散——相速度与频率有关并不是主要的；频率改变几百倍，相速度才减小几倍），并且这种依赖关系并不随着衰减估计方法的不同而改变。

三个振幅 L_H、L_{1L}、L_{2L} 的值可以通过三个边界条件确定。

两个界面处完全机械接触的条件：

$$u_3^L(x_1=0,\ x_2) = u_3^H(x_1=0,\ x_2),\quad t_{13}^L(x_1=0,\ x_2) = t_{13}^H(x_1=0,\ x_2),$$
$$\tilde{u}_3^L(0) = \tilde{u}_3^H(0),\quad [\tilde{t}_{13}^L(0) \equiv \mu_L\tilde{u}_{3,1}^L(0)] = [\tilde{t}_{13}^H(0) \equiv \mu_H\tilde{u}_{3,1}^H(0)],$$
$$[\tilde{t}_{13}^L(0) \equiv \mu_L\tilde{u}_{3,1}^L(0)] = [\tilde{t}_{13}^H(0) \equiv \mu_H\tilde{u}_{3,1}^H(0)] \tag{11.83}$$

一个自由表面没有应力的条件：

$$t_{13}^L(-h,x_2) = 0 \quad 或 \quad [\tilde{t}_{13}^L(-h) \equiv \mu_L\tilde{u}_{3,1}^L(-h)] = 0 \tag{11.84}$$

当把解式（11.81）和式（11.82）代入这些方程中时，就得到了关于振幅的线性齐次代数方程组：

$$L_H = L_{2L},\quad l_HL_H + l_LL_{1L} = 0,\quad l_3L_{1L} + l_4L_{2L} = 0,$$
$$l_H = -\mu_H\sqrt{1-(v/v_T^H)^2},\quad l_L = -\mu_L\sqrt{(v/v_T^L)^2-1},$$
$$l_3 = C_h,\quad C_h = \cos\sqrt{[(v/v_T^L)^2-1]}kh,$$
$$l_4 = S_h,\quad S_h = \sin\sqrt{[(v/v_T^L)^2-1]}kh \tag{11.85}$$

从式（11.85）中我们可以观察到两点：① 三个振幅中有一个是任意值，证明这种波确实是传播的表面波。② 为了得到波数的值，要求解如下的超越方程：

$$l_Hl_3 - l_Ll_4 = 0 \to \mu_H\beta_H = \mu_L\beta_L\tan(\beta_Lkh)$$

或
$$[\mu_H\sqrt{1-(v/v_T^H)^2}]/[\mu_L\sqrt{(v/v_T^L)^2-1}] - \tan[kh\sqrt{(v/v_T^L)^2-1}] = 0 \tag{11.86}$$

式（11.86）中频率出现在正切符号中，表明勒夫波的相速度与频率呈非线性相关。这是勒夫波频散的直接特征。

勒夫波之所以频散是因为它不是自由波。线性弹性材料中的自由波是非频散的。在勒夫波的情况中，薄层中出现的两个边界面使得横波的传播伴随着在界面之间的连续反射，这就是几何频散。

方程式（11.86）有无穷多个根 $k_m = k_0 + m\pi$（k_0 是零模式的根，$m \in \mathbf{N}$）。这无穷多个根生成了无穷多个波数和波模。

由于振幅因子不是独立的，即

$$L_{1L} = -L_H[\mu_H \sqrt{1-(v/v_T^H)^2}]/[\mu_L \sqrt{(v/v_T^L)^2-1}],\quad L_H = L_{2L} \tag{11.87}$$

因此可以把解式（11.81）和式（11.82）写为如下形式：

$$u_3^{H(1)}(x_1,x_2,t) = L_H e^{-\sqrt{[1-(v/v_T^H)^2]}kx_1} e^{i(kx_2-\omega t)} \tag{11.88}$$

$$u_3^{L(1)}(x_1,x_2,t) = L_H\left\{-\frac{\mu_H \sqrt{1-(v/v_T^H)^2}}{\mu_L \sqrt{(v/v_T^L)^2-1}}\sin\sqrt{[(v/v_T^L)^2-1]}kx_1 + \cos\sqrt{[(v/v_T^L)^2-1]}kx_1\right\} e^{i(kx_2-\omega t)} \tag{11.89}$$

所以线性逼近的勒夫波有以下两个特点：

特点 1：它是频散的，因为式（11.86）证实相速度 v 与波数 k 非线性相关：① 当波数是零（波长无穷大）时，波速等于半空间中平面横波的相速度 v_T^H；② 随着波数的增大，相速度降低；高阶模态相速度的最大值由式 $kh\sqrt{(v/v_T^L)^2-1} = m\pi\{m \in \mathbf{N}\}$ 决定。

特点 2：通过振幅 $e^{-\sqrt{[1-(v/v_T^H)^2]}kx_1} = e^{-\sqrt{[v^2-(v_T^H)^2]}\omega x_1}$ 的关系，波的能量在薄层和基底之间重新分配：

$$\cos\sqrt{[(v/v_T^L)^2-1]}kx_1 - \frac{\mu_H \sqrt{1-(v/v_T^H)^2}}{\mu_L \sqrt{(v/v_T^L)^2-1}}\sin\sqrt{(v/v_T^L)^2-1}kx_1$$

通常，认为波向薄层和基底中传播的能量与频率有关；高频和低频的区别在于是不是满足勒夫波向衬底中的渗透距离远远大于（或小于）薄层厚度，$h \ll (\gg) h_H = 4/[\omega\sqrt{v^2-(v_T^H)^2}]$；对于低频，波对衬底的渗透更大，几乎全部能量都集中在基底中（由于厚度太小，薄层基本不参与波的传播）。

11.4.2　非线性弹性勒夫表面波：非线性波动方程

考虑在经典情况下附加非线性变形过程假设时的勒夫弹性波问题。

从几何角度看，非线性问题的很多部分都与线性情况相同，同样考虑这样一个系统：厚度不变的薄层满足条件 $-h \leqslant x_1 \leqslant 0$，上面的半空间 $x_1 \geqslant 0$ 采用笛卡儿坐标 $Ox_1x_2x_3$（横轴指向半空间，纵轴沿着界面方向）。

从力学角度看，这个问题包含几个基本假设：

（1）假设半空间和薄层由性质不同的非线性弹性材料组成（更进一步，薄层和半空间分别用下标 L 和 H 区分）。

（2）材料以 Murnaghan 模型进行变形，因此性能参数包括密度 $\rho_{L(H)}$ 和五个弹性常数：$\lambda_{L(H)}$，$\mu_{L(H)}$，$A_{L(H)}$，$B_{L(H)}$，$C_{L(H)}$。

（3）假设半空间和薄层之间是完全机械接触（界面处的位移和应力相等）并且薄层的下表面 $x_1 = -h$ 是没有应力的。

在铅直和水平方向位移都不存在的条件下研究垂直偏振的平面横谐波传播的可能性。因此，在描述 Murnaghan 势函数时通常会用到位移梯度 $u_{i,k}$，对称的柯西－格林应力张量 ε_{nm}，非对称的基尔霍夫应力张量 t_{ik} 等变量中并不包括全部的分量。首先，位移梯度 $u_{i,k}$ 的九个分量中只有两个 $u_{3,1}$，$u_{3,2}$ 不为零阶。张量 ε_{nm} 的值用以下公式计算：

$$
\begin{aligned}
\varepsilon_{nm} &= \frac{1}{2}(u_{n,m} + u_{m,n} + u_{i,n}u_{i,m}),\\
\varepsilon_{11} &= u_{1,1} + \frac{1}{2}(u_{1,1}u_{1,1} + u_{2,1}u_{2,1} + u_{3,1}u_{3,1}) = \frac{1}{2}(u_{3,1})^2,\\
\varepsilon_{22} &= u_{2,2} + \frac{1}{2}(u_{1,2}u_{1,2} + u_{2,2}u_{2,2} + u_{3,2}u_{3,2}) = \frac{1}{2}(u_{3,2})^2,\\
\varepsilon_{33} &= \frac{1}{2}(u_{3,3} + u_{3,3} + u_{k,3}u_{k,3}) = 0,\\
\varepsilon_{12} &= \frac{1}{2}(u_{1,2} + u_{2,1} + u_{1,1}u_{1,2} + u_{2,1}u_{2,2} + u_{3,1}u_{3,2}) = \frac{1}{2}u_{3,1}u_{3,2},\\
\varepsilon_{13} &= \frac{1}{2}(u_{1,3} + u_{3,1} + u_{1,1}u_{1,3} + u_{2,1}u_{2,3} + u_{3,1}u_{3,3}) = \frac{1}{2}u_{3,1},\\
\varepsilon_{23} &= \frac{1}{2}(u_{2,3} + u_{3,2} + u_{1,2}u_{1,3} + u_{2,2}u_{2,3} + u_{3,2}u_{3,3}) = \frac{1}{2}u_{3,2}
\end{aligned}
\tag{11.90}
$$

对应我们所描述的问题，Murnaghan 势函数的形式为

$$
\begin{aligned}
W = {} & \frac{1}{4}\lambda\left[(u_{3,1})^2 + (u_{3,2})^2\right]^2 + \\
& \mu\left[\frac{1}{2}(u_{3,1})^2 + \frac{1}{2}(u_{3,2})^2 + \frac{1}{4}(u_{3,1})^4 + \right.
\end{aligned}
$$

$$\frac{1}{4}(u_{3,2})^4+\frac{1}{4}(u_{3,1}u_{3,2})^2\Big]+\frac{1}{24}A\{3[(u_{3,1})^2+(u_{3,2})^2]^2+(u_{3,1})^6+(u_{3,2})^6+3(u_{3,1})^2(u_{3,2})^2[(u_{3,1})^2+(u_{3,2})^2]\}+\frac{1}{8}B[2(u_{3,1})^2+2(u_{3,2})^2+(u_{3,1})^4+(u_{3,2})^4+(u_{3,1}u_{3,2})^2][(u_{3,1})^2+(u_{3,2})^2]+\frac{1}{24}C[(u_{3,1})^2+(u_{3,2})^2]^3 \tag{11.91}$$

式（11.19）的主要特点是只有非零分量 $u_{3,1}$，$u_{3,2}$ 的偶数阶项：二阶（对应线性方法）、四阶（对应三阶非线性方法）和六阶（对应五阶非线性）。

应力张量由超弹性材料的经典公式决定：$t_{ik}=\partial W/\partial u_{k,i}$。应力张量的九个分量中只有两个不是零阶的：

$$t_{13}=\mu u_{3,1}+(\lambda+\mu)\Big[(u_{3,1})^3+\frac{1}{2}u_{3,1}(u_{3,2})^2\Big]+\frac{1}{4}A\{2u_{3,1}[(u_{3,1})^2+(u_{3,2})^2]+(u_{3,1})^5+u_{3,1}(u_{3,2})^2[2(u_{3,1})^2+(u_{3,2})^2]\}+\frac{1}{4}B[2(u_{3,1})^3+2u_{3,1}(u_{3,2})^2+(u_{3,1})^5+u_{3,1}(u_{3,2})^4+(u_{3,1})^3(u_{3,2})^2]+\frac{1}{4}Cu_{3,1}[(u_{3,1})^2+(u_{3,2})^2]^2 \tag{11.92}$$

$$t_{23}=\mu u_{3,2}+(\lambda+\mu)\Big[(u_{3,2})^3+\frac{1}{2}u_{3,2}(u_{3,1})^2\Big]+\frac{1}{4}A\{(u_{3,2})^5+u_{3,2}(u_{3,1})^2[(u_{3,1})^2+2(u_{3,2})^2]+2u_{3,2}[(u_{3,1})^2+(u_{3,2})^2]\}+\frac{1}{4}B[2(u_{3,2})^3+2u_{3,2}(u_{3,1})^2+(u_{3,2})^5+u_{3,2}(u_{3,1})^4+(u_{3,2})^3(u_{3,1})^2]+\frac{1}{4}Cu_{3,2}[(u_{3,1})^2+(u_{3,2})^2]^2 \tag{11.93}$$

现在回到问题的陈述。我们的目的是分析振幅未知 $u_3^{L(H)}(x_1)$，波数为 k 的波沿着 Ox_1 方向传播的可能性。那么这个波可以表示为以下形式：

$$u_3^{L(H)}=u_3^{L(H)}(x_1)\mathrm{e}^{\mathrm{i}(kx_2-\omega t)} \tag{11.94}$$

如果必要条件是波必须局限在界面附近，也就是它的振幅在界面处最大并且随着 x_1 绝对值的增加而减小，那么在线弹性理论框架中的描述对应着勒夫波问题的非线性描述。

在这个问题中，三个运动方程中的两个转换为恒等式，第三个如下：

$$t_{13,1} + t_{23,2} = \rho \ddot{u}_3$$

转变为下一个非线性方程：

$$\begin{aligned}
&\rho \ddot{u}_3 - \mu(u_{3,11} + u_{3,22}) = T_1 (u_{3,1})^2 u_{3,11} + T_2 (u_{3,2})^2 u_{3,11} + T_1 (u_{3,2})^2 u_{3,22} + \\
&T_2 (u_{3,1})^2 u_{3,22} + 4T_2 u_{3,1} u_{3,2} u_{3,12} + F_1 (u_{3,1})^4 u_{3,11} + F_1 (u_{3,2})^4 u_{3,22} + \\
&F_2 (u_{3,2})^4 u_{3,11} + F_2 (u_{3,1})^4 u_{3,22} + F_3 (u_{3,1})^3 u_{3,2} u_{3,12} + F_3 u_{3,1} (u_{3,2})^3 u_{3,12} + \\
&F_4 (u_{3,1})^2 (u_{3,2})^2 u_{3,11} + F_4 (u_{3,2})^2 (u_{3,1})^2 u_{3,22}, \\
&T_1 = 3\left[(\lambda + \mu) + \frac{1}{4}A + \frac{1}{2}B\right],\ T_2 = \frac{1}{2}[(\lambda + \mu) + A + B], \\
&F_1 = \frac{5}{4}(A + B + C),\ F_2 = A + \frac{1}{4}B + \frac{1}{4}C, \\
&F_3 = 2A + \frac{3}{2}B + 2C,\ F_4 = \frac{3}{4}(2A + B + 2C)
\end{aligned} \tag{11.95}$$

式（11.95）中包含三阶（五项）和五阶（八项）非线性项。之所以没有偶数阶是问题陈述的结果。之前对平面横波三阶近似的讨论中也出现过相似的情况。

只保留式（11.95）中的三阶非线性项：

$$\begin{aligned}
\rho \ddot{u}_3 - \mu(u_{3,11} + u_{3,22}) = &T_1 (u_{3,1})^2 u_{3,11} + T_2 (u_{3,2})^2 u_{3,11} + \\
&T_1 (u_{3,2})^2 u_{3,22} + T_2 (u_{3,1})^2 u_{3,22} + 4T_2 u_{3,1} u_{3,2} u_{3,12}
\end{aligned} \tag{11.96}$$

然后用逐次逼近法求解非线性波动方程（11.96）。

11.4.3 非线性弹性勒夫表面波：求解非线性波动方程

从逐次逼近的过程中可以得知，一阶近似与类似的线性方程的解一致，该解的一些特点在 11.4.2 节中介绍过。二阶近似 $u_3^{(2)}(x_1, x_2, t)$ 是右侧已知的非齐次线性方程的解：

$$\begin{aligned}
&(v_T)^{-2} \ddot{u}_3^{(2)} - (u_{3,11}^{(2)} + u_{3,22}^{(2)}) = \tilde{T}_1 (u_{3,1}^{(1)})^2 u_{3,11}^{(1)} + \tilde{T}_2 (u_{3,2}^{(1)})^2 u_{3,11}^{(1)} + \\
&\tilde{T}_1 (u_{3,2}^{(1)})^2 u_{3,22}^{(1)} + \tilde{T}_2 (u_{3,1}^{(1)})^2 u_{3,22}^{(1)} + 4\tilde{T}_2 u_{3,1}^{(1)} u_{3,2}^{(1)} u_{3,12}^{(1)}
\end{aligned} \tag{11.97}$$

其中 $\tilde{T}_\alpha = (T_\alpha / \mu)$ $(\alpha = 1, 2)$，$u_3^{(1)}(x_1, x_2, t)$ 是方程式（11.88）和式（11.89）表示的一阶（线性）近似。

首先要做的是估计方程式（11.97）右侧的值。因为对于半空间和薄层来说，它们的一阶近似式不同，因此将式（11.97）分解为两个不同的方程：

$$(v_T^{\Pi})^{-2}\ddot{u}_3^{\Pi(2)} - (u_{3,11}^{\Pi(2)} + u_{3,22}^{\Pi(2)}) = (L_{\Pi})^3 k^4 A_{\Pi}^{(2)} e^{-3\beta_{\Pi} k x_1} e^{i3(kx_2-\omega t)},$$

$$A_{\Pi}^{(2)} = \tilde{T}_1^{\Pi}[(\beta_{\Pi})^4 + 1] - 6\tilde{T}_2^{\Pi}(\beta_{\Pi})^2,\quad \tilde{T}_{\alpha}^{C(\Pi)} = T_{\alpha}^{C(\Pi)}/\mu_{C(\Pi)} \tag{11.98}$$

$$(v_T^{C})^{-2}\ddot{u}_3^{C(2)} - (u_{3,11}^{C(2)} + u_{3,22}^{C(2)})$$

$$= \frac{1}{4}(L_{\Pi})^3 k^4 e^{3i(kx_2-\omega t)}\left\{A_{C1_S}^{(2)}\sin\sqrt{(v/v_T^C)^2-1}kx_1 + A_{C1_c}^{(2)}\cos\sqrt{(v/v_T^C)^2-1}kx_1 + A_{C3_S}^{(2)}\sin 3\sqrt{(v/v_T^C)^2-1}kx_1 + A_{C3_c}^{(2)}\cos 3\sqrt{(v/v_T^C)^2-1}kx_1\right\}$$

$$A_{C1_S}^{(2)} = M\{-\tilde{T}_1^C[M^2((\beta_C)^4-3) + 3(\beta_C)^4 - 2(\beta_C)^4 - 3] - \tilde{T}_2^C(\beta_C)^2(8M^2-22)\},$$

$$A_{C1_c}^{(2)} = \tilde{T}_1^C[(\beta_C)^4(M^2+1) + 3M^2 - 3] + 3\tilde{T}_2^C(\beta_C)^2(8M^2-4),$$

$$A_{C3_S}^{(2)} = M\{\tilde{T}_1^C[-M^2((\beta_C)^4+1) + 3(\beta_C)^4 - 3] + \tilde{T}_2^C(\beta_C)^2(-4M^2+8)\},$$

$$A_{C3_c}^{(2)} = \tilde{T}_1^C[3M^2((\beta_C)^4+1) - (\beta_C)^4 - 1] + \tilde{T}_2^C(\beta_C)^2(-18M^2+6),\ M = \frac{\mu_{\Pi}\beta_{\Pi}}{\mu_C\beta_C} \tag{11.99}$$

因为非齐次线性偏微分方程（11.98）和方程（11.99）的右侧是对应的齐次方程的解，所以有一个状态与共振情况有关。

方程（11.98）和方程（11.99）本质上不同：如果方程（11.98）的右侧只包含坐标的三阶谐波，那么方程（11.99）的右侧就包含三阶谐波和一阶谐波。

在之前类似的问题中，在二阶近似中并没有观察到一阶谐波，但是在四阶近似解中观察到了四阶谐波（其中似乎也应该包含八阶谐波）。

方程（11.98）和方程（11.99）的对应解具有如下形式：

$$u_3^{H(2)} = \frac{x_1 x_2[\sqrt{1-(v/v_T^H)^2}x_2 + i x_1]}{[1-(v/v_T^H)^2](x_2)^2 + (x_1)^2} K_H^{(2)} e^{-3\beta_H k x_1} e^{i3(kx_2-\omega t)},$$

$$K_H^{(2)} = \frac{1}{6}(L_H)^3 k^3 A_H^{(2)} = \frac{1}{6}(L_H)^3 k^3\left\{\tilde{T}_1^H\{[1-(v/v_T^H)^2]^2 + 1\} - 6\tilde{T}_2^H[1-(v/v_T^H)^2]\right\} \tag{11.100}$$

$$u_3^{H(2)}(x_1,x_2,t) = x_1x_2\frac{(L_H)^3k^3}{24}\{K_{1s}\sin\sqrt{(v/v_T^L)^2-1}kx_1 + K_{1c}\cos\sqrt{(v/v_T^L)^2-1}kx_1 + K_{3H}\sin3\sqrt{(v/v_T^L)^2-1}kx_1 + K_{3L}\cos3\sqrt{(v/v_T^L)^2-1}kx_1\}e^{3i(kx_2-\omega t)},$$

$$K_{1s} = \frac{3}{[(v/v_T^L)^2-1](x_2)^2-9(x_1)^2}[\sqrt{(v/v_T^L)^2-1}A_{L1s}^{(2)}x_2 - 3iA_{L1c}^{(2)}x_1],$$

$$K_{1c} = \frac{3}{[(v/v_T^L)^2-1](x_2)^2-9(x_1)^2}[\sqrt{(v/v_T^L)^2-1}A_{L1s}^{(2)}x_2 + 3iA_{L1c}^{(2)}x_1],$$

$$K_{3s} = \frac{1}{[(v/v_T^L)^2-1](x_2)^2-(x_1)^2}[-\sqrt{(v/v_T^L)^2-1}A_{L3c}^{(2)}x_2 - iA_{L3s}^{(2)}x_1],$$

$$K_{3c} = \frac{1}{[(v/v_T^L)^2-1](x_2)^2-(x_1)^2}[\sqrt{(v/v_T^L)^2-1}A_{L3s}^{(2)}x_2 - iA_{L3c}^{(2)}x_1] \tag{11.101}$$

在前两个一阶近似的框架下，它们可以表示为

$$u_3^H(x_1,x_2,t) = u_3^{H(1)} + u_3^{H(2)} = L_He^{-\sqrt{[1-(v/v_T^H)^2]}kx_1}e^{i(kx_2-\omega t)} + \frac{x_1x_2[\sqrt{1-(v/v_T^H)^2}x_2 + ix_1]}{[1-(v/v_T^H)^2](x_2)^2+(x_1)^2}K_H^{(2)}e^{-3\beta_Hkx_1}e^{3i(kx_2-\omega t)} \tag{11.102}$$

$$x_2\in(-\infty,\infty),\ x_1\in[0,\infty)$$

$$u_3^{L(1)}(x_1,x_2,t) = \left\{\left[-L_H\frac{\mu_\Pi}{\mu_C}\frac{\sqrt{1-(v/v_T^H)^2}}{\sqrt{(v/v_T^L)^2-1}} + x_1x_2\frac{(L_H)^3k^3}{24}K_{1s}\right]\sin\sqrt{(v/v_T^L)^2-1}kx_1 + \left[L_\Pi + x_1x_2\frac{(L_H)^3k^3}{24}K_{1c}\right]\cos\sqrt{(v/v_T^L)^2-1}kx_1\right\}e^{i(kx_2-\omega t)} + K_{3s}\sin3\sqrt{(v/v_T^L)^2-1}kx_1 + K_{3c}\cos3\sqrt{(v/v_T^L)^2-1}kx_1\}e^{3i(kx_2-\omega t)}$$

$$x_2\in(-\infty,\infty),\ x_1\in[-h,0] \tag{11.103}$$

解式（11.102）和式（11.103）包含基本线性解的未知参数：振幅 L_H 和波数 k。如果根据勒夫波是传播的表面波的事实，假设振幅是任意值，则波数应该由边界条件决定。但对于手头的问题描述，这些条件都已是非线性的，因此能考虑非线性对波数的影响。

11.4.4 非线性弹性勒夫表面波：对非线性边界条件的分析

考虑只有材料非线性，问题是几何线性的情况。假设边界是直线，波动方程中的系数 T_1, T_2 被简化为

$$T_1 = (3/4)(A + 2B), \quad T_2 = (1/2)(A + B)$$

首先写出在边界条件式（11.83），式（11.84）下位移的应力，并假设位移对应经典勒夫波。那么第一个边界条件为

$$u_3^L(x_1 = 0, x_2, t) = u_3^H(x_1 = 0, x_2, t)$$

保持线性部分不变，给出两个振幅之间的关系式 $L_H = L_{2L}$。第二个和第三个条件是非线性的，可以利用第一条件表示为如下形式：

$$\begin{aligned}
&t_{13}^L(x_1 = 0, x_2) = t_{13}^H(x_1 = 0, x_2)\\
&\to l_L L_{1L} + l_H L_{2L} = n_H (L_{2L})^3 + n_{1L} (L_{1L})^3 + n_{2L} L_{1L} (L_{2L})^2,\\
&n_H = \{T_{1H} k[1 - (v/v_T^H)^2] - T_{2H} k^2\} \sqrt{1 - (v/v_T^H)^2} E^2,\\
&n_{1L} = T_{1L} [(v/v_T^L)^2 - 1]^{3/2} k^2 E^2,\\
&n_{2L} = - T_{2L} \sqrt{(v/v_T^L)^2 - 1} k^2 E^2
\end{aligned} \tag{11.104}$$

$$\begin{aligned}
&t_{13}^L(x_1 = - h, x_2) = 0\\
&\to l_3 L_{1L} + l_4 L_{2L} = n_{3L} (L_{1L})^3 + n_{4L} (L_{2L})^3 + n_{5C} (L_{1L})^2 L_{2L} + n_{6L} L_{1L} (L_{2L})^2,\\
&n_{3L} = - [T_{1L} C (C_h)^2 - T_{2L} (S_h)^2] k^2 C_h E^2,\\
&n_{4L} = - [T_{1L} C (S_h)^2 - T_{2L} (C_h)^2] k^2 S_h E^2,\\
&n_{5L} = - \{3T_{1L} C (C_h)^2 + T_{2L}[2 (C_h)^2 - (S_h)^2]\} k^2 S_h E^2,\\
&n_{6L} = - \{3T_{1L} C (S_h)^2 - T_{2L}[(C_h)^2 - 2 (S_h)^2]\} k^2 C_h E^2
\end{aligned} \tag{11.105}$$

应注意在所有非线性项中出现的乘数因子 E^2，它证明非线性取决于解对波形的非线性依赖。

采用分析二阶非线性瑞利波时提出的算法，对代数方程（11.104）和方程（11.105）的三阶非线性系统进行分析。该算法包含许多步骤，可以得出关于波数 k 的新的非线性方程。

第一步：与经典的线性情况类似，假设一个振幅可以通过未知的因子 m 用另一个表示：

$$L_{2C} = m L_{1C} \tag{11.106}$$

于是，方程组（11.104）和方程组（11.105）可以表示为

$$(l_C + l_{\Pi} m) L_{1C} = (n_{\Pi} m^3 + n_{1C} + n_{2C} m^2) (L_{1C})^3$$

$$(l_3 + l_4 m) L_{1C} = (n_{3C} + n_{4C} m^3 + n_{5C} m + n_{6C} m^2)(L_{1C})^3 \quad (11.107)$$

当非线性项中的系数 n_{Π}, n_{kC} 等于零时，式（11.107）成为线性情况 $m = -l_C / l_{\Pi} = -l_3 / l_4$。

第二步：将方程组（11.104）和方程组（11.105）化为如下形式：

$$L_{1L}[(l_L + l_H m) - (n_{1L} + n_{2L} m^2 + n_{\Pi} m^3)(L_{1L})^2] = 0 \quad (11.108)$$

$$L_{1L}[(l_3 + l_4 m) - (n_{3L} + n_{5L} m + n_{6L} m^2 + n_{4L} m^3)(L_{1L})^2] = 0 \quad (11.109)$$

从以下角度来考虑它：结合分析线性边界条件的经验，对非线性边界条件的分析或许是有用的。对两个结果感兴趣：第一个是振幅 L_{1L} 可以是任意值，第二个是确定勒夫波波数 k 的方程。

第三步：如果括号中的表达式都等于零，很容易得到第一个结果。那么振幅 L_{1L} 可以是任意值，因为如果假设括号里的数等于零，振幅为任意值也足够满足该方程组。

第四步：令括号中的表达式为零，得到新的方程组：

$$(l_L + l_H m) - (n_{1L} + n_{2L} m^2 + n_{\Pi} m^3)(L_{1L})^2 = 0 \quad (11.110)$$

$$(l_3 + l_4 m) - (n_{3L} + n_{5L} m + n_{6L} m^2 + n_{4L} m^3)(L_{1L})^2 = 0 \quad (11.111)$$

其中系数 m 和波数 k 是未知的，可取任意值的振幅 L_{1L} 可以被看作参数。

第五步：将式（11.110）化为关于 m 的三次方程的形式：

$$m^3 + \frac{n_{2L}}{n_H} m^2 - \frac{l_H}{n_H (L_{1L})^2} m + \frac{-l_L + n_{1L}(L_{1L})^2}{n_H (L_{1L})^2} = 0$$

然后用我们熟知的方法来求解它的根。接下来分析它的第一个根，一个实根：

$$m_1 = \sqrt[3]{-\frac{(n_{2L})^3}{27(n_H)^3} - \frac{n_{1L}}{2n_H} - \frac{l_H n_{2L} + 3 l_L n_H}{6(n_H)^2 (L_{1L})^2} + \sqrt{Q}} + \sqrt[3]{-\frac{(n_{2L})^3}{27(n_H)^3} - \frac{n_{1L}}{2n_H} - \frac{l_H n_{2L} + 3 l_L n_H}{6(n_H)^2 (L_{1L})^2} - \sqrt{Q}} + \frac{n_{2L}}{3n_H}$$

$$\sqrt{Q} = \frac{\mathrm{i}(l_H)^{3/2}}{3^{3/2}(L_{1L})(n_H)^{3/2}}\left[-1 + \frac{(4/9) l_L n_H n_{2L} + 27 l_L n_H}{8(l_H)^3}(L_{1L})^2\right] + \frac{54 L_L n_{1L}(n_H)^2 + (4/9) l_H n_H n_{2L} n_{1L} + 4 l_L (n_{2L})^3}{8(l_H)^3 n_H}(L_{1L})^4 + \frac{27(n_H)^2 (n_{1L})^2 + 4(n_{2L})^3 n_{1L}}{8(l_H)^3 n_H}(L_{1L})^6$$

(11.112)

结合问题的物理意义（波的幅度很小，如对于内部结构为微米级的材料来说，是 $10^{-1} \sim 10^{-2}$ mm 数量级），根据 $(L_{1L})^2$ 微小的条件估计式（11.112）的二阶和三阶根。则式（11.112）可以表示为

$$m_1 = -\frac{l_L}{l_H} + \frac{2(n_{2L})^3}{27 l_H (n_H)^3}(L_{1L})^2 \tag{11.113}$$

新方程（11.112）和方程（11.113）的主要特点是系数 m 以足够复杂的非线性形式依赖于材料的弹性常数（拉梅和 Murnaghan 常数）、未知的波数 k、振幅 L_{1L} 和初始波形［系数 n_H, n_{2L} 包含 $E = e^{i(kx_1 - \omega t)}$］。

因此，本质上来说，非线性使得振幅 L_{1L} 和 L_{2L} 之间的关系复杂化了。

第六步：利用式（11.110）中 m^3 的表达式

$$m^3 = -\frac{n_{6L}}{n_{4L}}m^2 - \frac{l - n_{4L}}{n_{4L}(L_{1L})^2}m - \frac{n_{3L}(L_{1L})^2 - l_3}{(L_{1L})^2 n_{4L}}$$

和式（11.112）中 m^2 的表达式

$$m^2 = -\frac{(l_L)^2}{(l_H)^2} - \frac{4l_L(n_{2L})^3}{27(l_H)^2(n_H)^3}(L_{1L})^2 + \frac{2^2(n_{2L})^6}{3^6(l_H)^2(n_H)^6}(L_{1L})^4$$

将式（11.111）转化为

$$\begin{aligned} m = & -\frac{1}{l_H n_{4L} - l_4 n_H + n_H n_{5L}(L_{1L})^2} \times \\ & \left\{ l_C n_{4C} - l_3 n_\Pi + \left[(n_\Pi n_{3C} - n_{1C} n_{4C}) + (n_\Pi n_{6C} - n_{2C} n_{4C}) \frac{(l_C)^2}{(l_\Pi)^2} \right] (L_{1C})^2 \times \right. \\ & \left. (n_\Pi n_{6C} - n_{2C} n_{4C}) \left[-\frac{2^2 l_C (n_{2C})^3}{3^3 (l_\Pi)^2 (n_\Pi)^3}(L_{1C})^4 + \frac{2^2(n_{2C})^6}{3^6(l_\Pi)^2(n_\Pi)^6}(L_{1C})^6 \right] \right\} \end{aligned} \tag{11.114}$$

第七步：令式（11.112）和式（11.114）中的 m 值相等，可以得到确定勒夫波波数 k 的方程：

$$\begin{aligned} & -(l_L l_4 - l_H l_3) + \\ & \left\{ \left[\frac{l_L}{l_H} n_H n_{5L} - (l_H n_{4L} - l_4 n_H) \right] \frac{2(n_{2L})^3}{27(n_H)^4} - \right. \\ & \left. \frac{l_H}{n_H}(n_H n_{3L} - n_{1L} n_{4L}) + (n_H n_{6L} - n_{2L} n_{4L}) \frac{(l_L)^2}{l_H n_H} \right\} (L_{1L})^2 + \\ & \left[(n_H n_{6L} - n_{2L} n_{4L}) \frac{2l_L}{l_H} - n_H n_{5L} \right] \frac{2(n_{2L})^3}{27(n_H)^4}(L_{1L})^4 - \end{aligned}$$

$$(n_H n_{6L} - n_{2L} n_{4L}) \frac{2^2 (n_{2L})}{3^6 l_H (n_H)} (L_{1L}) = 0 \tag{11.115}$$

注意：式（11.115）中的第一行对应线性问题，也就是说，当系数 n_{kL} 趋近于零时，式（11.115）将转化为式（11.86）。

式（11.115）有着与瑞利方程（11.73）同样的特点，就是它的解——波数 k 不仅取决于对应线性情况的材料中线性横波的波数 $k_T^{L(H)}$（与拉梅弹性常数有关），也取决于 Murnaghan 弹性常数、振幅因子 L_{1L} 和波形［关于 E 的二阶和偶数阶谐波（2^n）］。

考虑式（11.115）在非线性弹性薄层和半无限空间中的勒夫波的一般分析中的应用变式。假设振幅 L_{1L} 足够小，因此可以忽略它的平方。那么式（11.115）可以简化为

$$\begin{aligned}
&-(l_L l_4 - l_H l_3) + \\
&\left\{ [l_L n_H n_{5L} - l_H (l_H n_{4L} - l_4 n_H)] \frac{2 (n_{2L})^3}{27 l_H (n_H)^4} + \right. \\
&\left. \frac{(l_L)^2}{n_H l_H} (n_H n_{6L} - n_{2L} n_{4L}) - \frac{l_H}{n_H} (n_H n_{3L} - n_{1L} n_{4L}) \right\} (L_{1L})^2 \\
&= 0
\end{aligned} \tag{11.116}$$

当波数 k 由式（11.115）和式（11.116）决定时，系数 n_H, n_L, n_{iL} 中出现的因子 $E^2 = e^{2i(kx - \omega t)}$ 使得我们可以得出关于波数 k 值的数量特征的结论：因为当波传播时，E^2 的值会随之改变，因此，波数的值也会同时改变。E^2 的值在 1 到 0 之间连续变化，因此波数的值取决于波形上的点——当 E 等于零时，波数与线性分析时的值一致；在波形的峰顶和谷底上，当 n_H, n_L, n_{iL} 被代入式（11.115）或式（11.116）中时，E 应取 1，这意味着波数的值背离线性情况的值偏向了更大的值，反之亦然。

由式（11.115）产生的波数的可变性 $k = \omega / v_{ph}$ 意味着频率不变而波长可变 $\lambda = 2\pi / k$，并且引入了勒夫波初始谐波轮廓的新的失真因子。本章前面的内容也介绍了关于瑞利波的相同新波动现象。这一因子并没有出现在平面波的经典非线性分析中，因为彼处没有本问题描述的边界。这样的可变性可能会导致数值建模中的额外麻烦，就是每一步都要重新计算 k 值。

练　习

1. 表面波很成功的应用是在地震学中，该应用中表面波的哪个性质是最

重要的？

2. 哪个瑞利波问题在应用中更普遍（不是力学中）——是平面边界问题还是柱面边界问题？

3. 写出常系数线性常微分方程组（11.6）的显式解，并证明条件式（11.7）的必要性。

4. 重复从瑞利方程的第一个变式［式（11.11）的第一行］到瑞里方程的第二个变式［式（11.11）第二行］的转换过程。

5. 最为人熟知的证明瑞利方程存在实根的方法是找到一个瑞利波数变号的区间。基于论证的原则，核实这一最原始的方法（如像文献［1］中描述的）。

6. 更深入地研究“矢状面”运动，并证明在一般情况中瑞利波是由平面纵波和平面横波组成的。

7. 观察 Stroh 公式（如在文献［13］中），说出相较于传统方法它的主要优点。

8. 检查从式（11.18）～式（11.21）到式（11.23）的推导过程。

9. 寻找一种不利用势函数分析瑞利波的方法，并将其过程与势函数方法进行对比。

10. 考虑表达式（11.44）和式（11.45）和情况 1，2。估计对这些情况分析的用处。

11. 假设曲线边界的最简单情况（如抛物线），写出边界条件式（11.48）的显示公式。

12. 思考假设式（11.67）和最终方程（11.72）之间是否存在矛盾。

13. 计算情况 1 式（11.74）中波数的取值范围。

14. 更深入地阅读关于弹性理论的反平面问题，并将之与勒夫波的描述联系起来。

15. 为什么边界条件式（11.83）和式（11.84）只包含应力张量的一个分量？

16. 证明式（11.86）有无穷多个根。

17. 检查从势函数（11.91）到应力张量分量式（11.92）的推导过程。

18. 对应瑞利波的分析步骤，比较从基于应力的标准线性运动方程到基于边界条件式（11.106）～式（11.115）分析的非线性波动方程（11.95）的步骤，并列出它们的相同点和不同点。

参考文献

[1] Achenbach, J. D.: Wave Propagation in Elastic Solids. North-Holland, Amsterdam (1973)

[2] Biryukov, S. V., Gulyaev, Y. V., Krylov, V. V., et al. Surface Acoustic Waves in Inhomogeneous Media. Springer Series on Wave Phenomena, vol. 20. Springer, New York, NY (1995)

[3] Brekhovskikh, L. M., Goncharov, V. V.: Vvedenie v mekhaniku sploshnykh sred (Introduction to Mechanics of Continua). Nauka, Moscow (1982)

[4] Brysev, A. P., Krasil'nikov, V. A., Podgornov, A. A., et al. Direct observation of the profile of an elastic wave of wave of finite amplitude on the surface of a solid. Sov. Phys. Solid State 26, 1275 - 1276 (1984)

[5] Chapman, C. H.: Fundamentals of Seismic Wave Propagation. Cambridge University Press, Cambridge (2004)

[6] Dieulesaint, E., Royer, D.: Ondes elastiques dans les solides. Application au traitement du signal (Elastic Waves in Solids. Application to a Signal Processing). Masson et Cie, Paris (1974)

[7] Fan, J.: Surface seismic Rayleigh wave with nonlinear damping. Appl. Math. Model 28 (2), 163 - 171 (2004)

[8] Farnell, G. W.: Elastic surface waves. In: Mason, W. P., Thurston, R. N. (eds.) Physical Acoustics, vol. 6, pp. 139 - 201. Academic, New York, NY (1972)

[9] Farnell, G. W., Adler, E. L.: Elastic wave propagation in thin layers. In: Mason, W. P., Thurston, R. N. (eds.) Physical Acoustics, vol. 9, pp. 35 - 127. Academic, New York, NY (1972)

[10] Farnell, G. W.: Surface acoustic waves. In: Matthews, H. (ed.) Surface Wave Filters. Design, Construction, and Use, pp. 8 - 54. Wiley Interscience, New York, NY (1977)

[11] Farnell, G. W.: Types and properties of surface waves. In: Oliner, A. A. (ed.) Acoustic Surface Waves, vol. 24, pp. 13 - 60. Springer, New York, NY (1978)

[12] Fedorov, F. I.: Theory of Elastic Waves in Crystals. Plenum, New York, NY (1968)

[13] Goldstein, R. V., Maugin, G. A.: Surface Waves in Anisotropic and Laminated Bodies and Defects Detection. Springer, Berlin (2004)

[14] Gusev, V. E., Lauriks, W., Thoen, J.: Theory for the time evolution of nonlinear Rayleigh waves in an isotropic solid. Phys. Rev. B 55 (15), 9344 - 9347 (1997)

[15] Guz, A. N.: Uprugie volny v tielakh s nachalnymi napriazheniiami (Elastic Waves in Bodies with Initial Stresses). Naukova dumka, Kiev (1987)

[16] Guz, A. N.: Uprugie volny v tielakh s nachalnymi (ostatochnymi) napriazheniiami

(Elastic Waves in Bodies with Initial (Residual) Stresses). A. C. K., Kiev (2004)

[17] Hahn, H. G.: Elastizita ¨ tstheorie (Theory of Elasticity). B. G. Teubner, Stuttgart (1985)

[18] Hamilton, M. F., Blackstock, D. T.: Nonlinear Acoustics. Academic, San Diego, CA (1998)

[19] Hamilton, M. F., Il' inskii, Y. A., Zabolotskaya, E. A.: Model equations for nonlinear surface waves. J. Acoust. Soc. Am. 103 (5), 2925 (1998)

[20] Hunter, J. K.: Nonlinear Hyperbolic Surface Waves. In: Bressan, A., Chen, G. Q. G., Lewicka, M., Wang, D. (eds.) Nonlinear Conservation Laws and Applications. The IMA volumes in Mathematics and its Applications, vol. 153. IMA, New York, NY (2011)

[21] Hurley, D. C.: Measurements of surface-wave harmonic generation in nonpiezoelectric materials. J. Acoust. Soc. Am. 103 (5), 2926 (1998)

[22] Kalyanasundaram, N., Parker, D. F., David, E. A.: The spreading of nonlinear surface waves. J. Elast. 24, 79 – 103 (1990)

[23] Knight, E. Y., Hamilton, M. F., Il' inski, Y. A., et al. Extensions of the theory for nonlinear Rayleigh waves. J. Acoust. Soc. Am. 96 (5), 3322 (1994)

[24] Kumon, R. E.: Nonlinear surface acoustic waves in cubic crystals. Dissertation, University of Texas at Austin (1999)

[25] Lardner, R. W.: Waveform distortion and shock development in nonlinear Rayleigh waves. Int. J. Eng. Sci. 23 (1), 113 – 118 (1985)

[26] Lardner, R. W., Tupholme, G. E.: Nonlinear surface waves on cubic materials. J. Elast. 16, 251 – 256 (1986)

[27] Leibensohn, L. S.: Kratkii cours teorii uprugosti (Short Course of Theory of Elasticity). Gostekhizdat, Moscow/Leningrad (1942)

[28] Liu, M., Kim, J. -Y., Jacobs, L., et al. Experimental study of nonlinear Rayleigh wave propagation in shot-peened aluminum plates-feasibility of measuring residual stress. NDT E Int. 44 (1), 67 – 74 (2010)

[29] Ljamov, V. E., Hsu, T. -H., White, R. M.: Surface elastic wave velocity and second-harmonic generation in an elastically nonlinear medium. J. Appl. Phys. 43, 800 – 804 (1972)

[30] Lothe, J., Barnett, D. M.: On the existence of surface-wave solutions for anisotropic elastic halfspaces with free surface. J. Appl. Phys. 47, 428 – 433 (1976)

[31] Love, A. E. H.: The Mathematical Theory of Elasticity, 4th edn. Dover, New York, NY (1944)

[32] Nowacki, W.: Teoria sprezystosci (Theory of Elasticity). PWN, Warszawa (1970)

[33] Panayotaros, P.: Amplitude equations for nonlinear Rayleigh waves. Phys. Lett. A. 289,

111 - 120 (2001)

[34] Panayotaros, P.: An expansion method for nonlinear Rayleigh waves. Wave Motion 36, 1 - 21 (2002)

[35] Rayleigh, J. W.: On waves propagated along the plane surface of an elastic body. Proc. London Math. Soc. 17, 4 - 11 (1885)

[36] Rushchitsky, J. J.: Certain class of nonlinear hyperelastic waves: classical and novel models wave equations, wave effects. Int. J. Appl. Math. Mech. 8 (6), 400 - 443 (2012)

[37] Rushchitsky, J. J., Tsurpal, S. I.: Khvyli v materialakh z mikrostrukturoiu (Waves in Materials with the Microstructure). SP Timoshenko Institute of Mechanics, Kiev (1998)

[38] Sedov, L. I.: Mekhanika sploshnoi sredy (Mechanics of Continuum). In 2 vols, Nauka, Moscow (1970)

[39] Sgoureva-Philippakos, R.: Nonlinear effects in elastic Rayleigh waves. Dissertation, California Institute of Technology (1998)

[40] Shull, D. J., Hamilton, M. F., Il'inskii, Y. A., et al. Harmonic interactions in plane and cylindrical nonlinear Rayleigh waves (A). J. Acoust. Soc. Am. 92 (4), 2358 - 2368 (1992)

[41] Tanuma, K.: Stroh formalism and Rayleigh waves. J. Elast. 89, 5 - 154 (2007)

[42] Tiersten, H. F., Baumhauer, J. C.: Second harmonic generation and parametric excitation of surface waves in elastic and piezoelectric solids. J. Appl. Phys. 45, 4272 - 4287 (1974)

[43] Tiersten, H. F., Baumhauer, J. C.: An analysis of second harmonic generation of surface waves in piezoelectric solids. J. Appl. Phys. 58, 1867 - 1875 (1985)

[44] Vella, P. J., Padmore, T. C., Stegeman, G. I., et al. Nonlinear surface-wave interactions: parametric mixing and harmonic generation. J. Appl. Phys. 45 (5), 1993 - 2006 (1974)

[45] Viktorov, I. A.: Fizicheskie osnovy primenenija ultrazvukovykh voln Releya i Lemba v tekhnike (Physical Foundations of Application of Ultra-sound Rayleigh and Lamb Waves in Technics). Nauka, Moscow (1966)

[46] Viktorov, I. A.: Zvukovyie poverkhnostnyie volny v tverdykh telakh (Sound Surface Waves in Solids). Nauka, Moscow (1981)

[47] Zabolotskaya, E. A.: Nonlinear propagation of plane and circular Rayleigh waves in isotropic solids. J. Acoust. Soc. Am. 91 (5), 2569 - 2575 (1992)

[48] Zabolotskaya, E. A., Il'inskii, Y. A., Hamilton, M. F.: Nonlinear Rayleigh waves in soft tissue. J. Acoust. Soc. Am. 119 (5), 3319 (2006)

第12章

后　　记

似乎值得通过对材料中非线性波动理论新问题的延伸讨论和展望来结束本书所考虑的几类问题的论述。当然，“支持”超越了始于古罗马时代的科学方法。本书所描述的基于现代理论和成果的研究方法对非线性理论研究的促进作用远超那些兴起于古罗马时代的科学研究方法。由于无法预测哪种可能性可实现以及哪种可能性是唯一的，所以也无法预测这类问题的真正延展方法。但是，从波动理论发展的观点和工程实践需求的角度来看，展示那些目前看似可能解决的问题，是合适和必要的。

下面对七个非线性波动理论可能的发展方向进行介绍。

发展方向1：初步的观点认为：经典和现代材料的基本力学特性表现不同[2,3,7,10,11,16]。这一点体现在主要的力学模型和理论除了考虑弹性外，还考虑了黏弹性、热弹性、弹塑性、压电弹性、磁致弹性、扩散弹性等材料特性。因此，第一个发展方向表示一大类广义弹性材料中的非线性波，它包括黏弹性、热弹性、压电弹性、热黏弹性、热磁致弹性以及其他弹性材料中的非线性波问题。

发展方向2：本书分析的几类非线性问题，是基于几种特定的非线性特性模型进行的，主要是Murnaghan模型，还有一部分是John和Signorini模型。尽管这些模型在多种场合下被广泛发展和应用，但与此同时，也存在一些其他的模型。因此，第二个发展方向为基于与Murnaghan势不同的势表示形变的弹性材料中非线性的波动分析（这些与Murnaghan势不同的势有Saunders-

Rivlin[13-15]势、Signorini[17-22]势或者其他更为简单的势[4,5,8,9,12,23-27]，以及对橡胶类材料变形进行描述的更为复杂的势[1,6]）。

发展方向3：第三个发展方向为新波型研究方向，它包含对圆柱形和球形表面波、斯通利波和拉姆波及其向孤立波的过渡等问题进行分析。

发展方向4：第四个发展方向是基于无简化假设的Murnaghan模型框架内的分析。该分析应包含基于传统三阶在内至六阶非线性特性在内的所有阶的Murnaghan模型非线性波动方程分析。

发展方向5：第五个方向为近似解分析方向，特点是近似解不但包含传统的一阶、二阶近似，还同时包含后续若干高阶的近似。

发展方向6：第六个方向是关于有界波动的几何非线性描述方法的研究。表面波问题和橡胶类材料中的波动问题是此研究方向的经典问题。

发展方向7：第七个方向为基于分析解的不同类真实材料的数值建模仿真问题。

可以预测，上述七个研究发展方向的每个方向在波动理论和工程应用方面都将有其自身的新发展。

最后，表达一个期望，希望非线性理论的分析研究在未来不会成为失去的艺术，而是会得到不断的发展。

参考文献

[1] Arruda, E. M., Boyce, M. C.: A three-dimensional constitutive model for the large stretch behavior of rubber elastic materials. J. Mech. Phys. Solids 41 (2), 389-412 (1993)

[2] Ashby, M. F.: Materials Selection in Mechanical Design, 3rd edn. Elsevier, Amsterdam (2005)

[3] Birman, V., Bird, L. W.: Modeling and analysis of FGM and structures. Appl. Mech. Rev. 60, 195-216 (2007)

[4] Blatz, P. J., Ko, W. L.: Application of finite elasticity theory to deformation of ruberry materials. Trans. Soc. Rheol. 6, 223-251 (1962)

[5] Boulager, P., Hayes, M., Trimarco, C.: Finite-amplitude plane waves in deformed Hadamard materials. Geophys. J. Int. 118, 447-458 (1994)

[6] Boyce, M. C., Arruda, E. M.: Constitutive models of rubber elasticity: a review. http://www. biomechanics. stanford. edu/me338/me338/project01. pdf (2001)

[7] Daniel, I. M., Ishai, O.: Engineering Mechanics of Composite Materials, 2nd edn. Oxford University Press, Oxford, NY (2006)

[8] Destrade, M.: Finite-amplitude inhomogeneous plane waves in a deformed Mooney-Rivlin

material. Q. J. Mech. Appl. Math. 53, 343 - 361 (2000)
[9] Mooney, M.: A theory of large elastic deformations. J. Appl. Phys. 11, 582 - 592 (1940)
[10] Nalwa, H. S.: Handbook of Nanostructured Materials and Nanotechnology. Academic, San Diego (2000)